科学出版社"十三五"普通高等教育研究生规划教材
航空宇航科学与技术教材出版工程

辛数学及其工程应用

Symplectic Mathematics and Its Engineering Application

钟万勰　吴　锋　编著

科　学　出　版　社
北　京

内 容 简 介

本书讲述应用力学的辛体系，内容包括离散辛数学的基本理论及其在分析力学、分析结构力学、控制理论约束动力系统、水波等方面的应用，介绍了基于辛体系的辛本征算法、精细积分方法、祖冲之类保辛算法等特色算法。

本书不仅强调辛数学的基本理论，还强调数值算法，适用于应用力学及相关工程专业的高年级本科生、研究生及科技工作者阅读和参考。

图书在版编目(CIP)数据

辛数学及其工程应用/钟万勰，吴锋编著. —北京：科学出版社，2020. 8

航空宇航科学与技术教材出版工程

科学出版社"十三五"普通高等教育研究生规划教材

ISBN 978-7-03-065433-5

Ⅰ. ①辛… Ⅱ. ①钟… ②吴… Ⅲ. ①辛—高等学校—教材 Ⅳ. ①O1

中国版本图书馆 CIP 数据核字(2020)第 096681 号

责任编辑：徐杨峰 / 责任校对：谭宏宇
责任印制：黄晓鸣 / 封面设计：殷 靓

科学出版社 出版
北京东黄城根北街 16 号
邮政编码：100717
http://www.sciencep.com

南京展望文化发展有限公司排版
广东虎彩云印刷有限公司印刷
科学出版社发行 各地新华书店经销

*

2020 年 8 月第 一 版 开本：787×1092 1/16
2024 年 1 月第五次印刷 印张：25 1/4
字数：563 000

定价：120.00 元

（如有印装质量问题，我社负责调换）

航空宇航科学与技术教材出版工程
专家委员会

航空宇航科学与技术教材出版工程
编写委员会

丛书序

我在清华园中出生,旧航空馆对面北坡静置的一架旧飞机是我童年时流连忘返之处。1973 年,我作为一名陕北延安老区的北京知青,怀揣着一张印有西北工业大学航空类专业的入学通知书来到古城西安,开始了延绵 46 年矢志航宇的研修生涯。1984 年底,我在美国布朗大学工学部固体与结构力学学门通过 Ph. D 的论文答辩,旋即带着在 24 门力学、材料科学和应用数学方面的修课笔记回到清华大学,开始了一名力学学者的登攀之路。1994 年我担任该校工程力学系的系主任。随之不久,清华大学委托我组织一个航天研究中心,并在 2004 年成为该校航天航空学院的首任执行院长。2006 年,我受命到杭州担任浙江大学校长,第二年便在该校组建了航空航天学院。力学学科与航宇学科就像一个交互传递信息的双螺旋,记录下我的学业成长。

以我对这两个学科所用教科书的观察:力学教科书有一个推陈出新的问题,航宇教科书有一个宽窄适度的问题。从 20 世纪 80~90 年代,是我国力学类教科书发展的鼎盛时期,之后便只有局部的推进,未出现整体的推陈出新。力学教科书的现状也确实令人扼腕叹息:近现代的力学新应用还未能有效地融入力学学科的基本教材;在物理、生物、化学中所形成的新认识还没能以学科交叉的形式折射到力学学科;以数据科学、人工智能、深度学习为代表的数据驱动研究方法还没有在力学的知识体系中引起足够的共鸣。

如果说力学学科面临着知识固结的危险,航宇学科却孕育着重新洗牌的机遇。在军民融合发展的教育背景下,随着知识体系的涌动向前,航宇学科出现了重塑架构的可能性。一是知识配置方式的融合。在传统的航宇强校(如哈尔滨工业大学、北京航空航天大学、西北工业大学、国防科技大学等),实行的是航宇学科的密集配置。每门课程专业性强,但知识覆盖面窄,于是必然缺少融会贯通的教科书之作。而 2000 年后在综合型大学(如清华大学、浙江大学、同济大学等)新成立的航空航天学院,其课程体系与教科书知识面较宽,但不够健全,即宽失于泛、窄不概全,缺乏军民融合、深入浅出的上乘之作。若能够将这两类大学的教育名家聚集于一堂,互相切磋,是有可能纲举目张,塑造出一套横跨航空和宇航领域,体系完备、粒度适中的经典教科书。于是在郑耀教授的热心倡导和推动下,我们聚得 22 所高校和 5 个工业部门(航天科技、航天科工、中航、商飞、中航发)的数十位航宇专家为一堂,开启"航空宇航科学与技术教材出版工程"。在科学出版社的大力促进下,为航空与宇航一级学科编纂这套教科书。

考虑到多所高校的航宇学科，或以力学作为理论基础，或由其原有的工程力学系改造而成，所以有必要在教学体系上实行航宇与力学这两个一级学科的共融。美国航宇学科之父冯·卡门先生曾经有一句名言：“科学家发现现存的世界，工程师创造未来的世界……而力学则处在最激动人心的地位，即我们可以两者并举！”因此，我们既希望能够表达航宇学科的无垠、神奇与壮美，也得以表达力学学科的严谨和博大。感谢包为民先生、杜善义先生两位学贯中西的航宇大家的加盟，我们这个由18位专家（多为两院院士）组成的教材建设专家委员会开始使出十八般武艺，推动这一出版工程。

因此，为满足航宇课程建设和不同类型高校之需，在科学出版社盛情邀请下，我们决心编好这套丛书。本套丛书力争实现三个目标：一是全景式地反映航宇学科在当代的知识全貌；二是为不同类型教研机构的航宇学科提供可剪裁组配的教科书体系；三是为若干传统的基础性课程提供其新貌。我们旨在为移动互联网时代，有志于航空和宇航的初学者提供一个全视野和启发性的学科知识平台。

这里要感谢科学出版社上海分社的潘志坚编审和徐杨峰编辑，他们的大胆提议、不断鼓励、精心编辑和精品意识使得本套丛书的出版成为可能。

是为总序。

2019年于杭州西湖区求是村、北京海淀区紫竹公寓

前　言

中国崛起，中国应用数学应该有所贡献。可怎么体现出来呢？作者首先想到的是根。近代发展的数学是从希腊欧几里得几何等传承下来的。中国大学工科数学教材只提西方人的成就，几乎看不到中国的。中华 5 000 多年的光辉文明，难道在数学方面竟然一无所成？当然不是。中国传统称数学为算术，讲究应用，是要实实在在地算出数值来的。此即中国数学之根。

以吴文俊先生为代表的中国数学家努力接续中国古代的数学成就，在机械化证明等前沿领域取得了重要进展，在世界上独树一帜，表明中国数学并非没有成就。中国崛起，不是一句口号，而是要实实在在地体现出来，要多方齐努力。应用数学也应在其中有所体现。

当前是计算机、信息时代，看起来非常精美的图像，其实全是离散表达的，也是数值表达的，大势所趋不可违拗。中国的算术传统应在其中体现出来。机器人也是体现时代特点的重要方面。机构动力学的计算要求解微分-代数方程，成为数值计算的重要任务，有许多著作研究，并且还有外国人的著名程序系统。然而，基于中国古代数学家祖冲之计算圆周率 π 的思路而延伸出的祖冲之类算法，其数值结果远远优于这些程序。表明中国数学之根，依然可发挥重大作用，教学中不可略去，而应

贯通古今，融合中西

呈现出中国数学的成分，在世界数学中占有一席之地。

将自己的根略去不计，一味地“言必称希腊”而不尊重自己历史，人家怎么还会尊重你。“人必自重而后人重之”，很要紧。有人自称“脱亚入欧”，只因其文化没有根。华夏文化不可因一时科技后进而轻言放弃。当然也应与先进科技交流，融合中西。

中国文化是有根的。每年祭拜黄帝陵，不是做做样子，而是尊重自己历史；曾经立项“夏商周断代工程”，就是尊重自己文明的体现。中国崛起的根本应是华夏文明，而绝不是什么“脱亚入欧”。

祖冲之计算 π 的思路是割圆法，可推测为：平面上两点之间连接的短程线是直线，而约束只要在离散格点处满足即可。这一思路也可用于动力学积分，但是动力学已经不再是平面了，而是在动力学状态空间，其两个时间点之间连接的动力学短程线，就是最小作

用量变分原理。引入短线程的概念，可称之为力学的几何化。在离散时就成为“保辛”，也是中国的数学成就之一。中国数学似乎中断的发展脉络得到了接续。而这方面，外国人的理解是 geometric-preserving，可以解释为几何化，但从随后的发展看，外国人的理解出现了偏差。以下论述限于动力学。

离散后，外国权威提出“不可积系统，保辛近似算法不能使能量守恒”的误判。法国数学家 Poisson 指出，时不变 n 维位移的动力学系统有 n 个首次积分，能量守恒包含于其中。能量仅是其中一个首次积分。最小作用量变分原理导出的本是 n 对正则方程，其中没有多余。最小作用量不能用一个能量守恒来代替。n 个首次积分本应全部守恒，问题在于分析解难以求出。未能求出的分析解在离散时，并非就不重要了，只是未能分析求解而已。离散时要“保辛”是全面的近似提法；而外国人只考虑能量保守，是不全面的，违反了最小作用量原理，也就离开了短程线的几何化提法。对此可质疑：这还是正宗的动力学吗？

祖冲之方法论采用最小作用量原理，或保辛，其优越性远超外国人程序。而且祖冲之方法论还可在众多约束动力学问题中发挥。

当今，离散分析已经是大势所趋，本书是为航空航天等工程应用编写的。以前的“一般力学”现在已经改称“动力学与控制”(dynamics and control)。动力学、控制这两方面对于众多工程都是不可缺少的基础。

力学与几何化对称性有密切关系(Noether 定理等)。自 1939 年 Weyl 提出辛对称后，一些数学家从微分几何的角度开展了辛几何研究，却因为太深奥而难以为大众所接受。今日进入计算机、信息时代，不讲离散，工程师难以认知，那么如何工程应用呢？

工程师是凭数据说话的。如果大力发展出的理论，难以提供数据，不能给出数值解，则工程师就难以应用。而当今有限元分析有程序系统可用，所以今日工程师离开了有限元系统，就难以设计了。在计算机时代，离散分析是大势所趋。任何应用理论，如果不能提供数据，就不能为工程所应用。

微分几何奠基在无穷小分析基础上。而无穷小不能在计算机上表示，它只是一种微积分的基本概念，与离散格格不入。有限元法则是离散当头，离散之后再分析，故能适应计算机的要求。所以有限元法在计算机上如鱼得水。能提供数据，所以适应工程师的需求。当今世界，如果只是在理论上深入，而不能提供数据，则工程师就难以使用。那么提供分析解，不是也能计算吗？是！分析解是能计算，但寻求分析解太难了。自牛顿以来，能提供分析解的课题寥寥无几，完全不敷应用，所以有限元法应运而生，一发而不可收。即使是信息时代，也是计算机离散分析及众多科技所催生的。

科学研究最重要的是：适应时代需求，方向、思路正确。

力学与对称的关系已经得到深入认识。群论是对称的基础，也得到公认。然而作者认为，离散分析还未曾得到纯数学家的足够关注。好像一旦离散，就没水平了。理论简单了，是否就没水平？1900 年在第二届国际数家学大会上，D. Hilbert 做了一个著名报告《数学问题》，深刻影响了 20 世纪数学的发展。他指出：“在讨论数学问题时，我们相信特殊化比一般化起着更为重要的作用。可能在大多数场合，我们寻找一个问题的答案而未能成功的原因，是在于这样的事实，即有一些比手头的问题更简单、更容易的问题没有完全解决或是完全没有解决。这时，一切都有赖于找出这些比较容易的问题并使用尽可能完善的方法和能够推广的概念来解决它们。这种方法是克服数学困难的最重要的杠杆之一。”又说：“严格的方法同时也是比较简单、比较容易理解的方法。正是追求严格化的努力，驱使我们去寻求比较简单的推理方法。”这值得认真学习。

有限元名家 O. C. Zienkiewicz 被选举为英国皇家学会会员，他在皇家学会做报告时先讲解了许多成果，然后请大家提问题。冷场后得到的提问是：“您这是在讲数学吗？”表明纯数学家惯于无穷小的理论分析而对离散的有限元法还不熟悉。

今天时代变了，辛对称不在离散分析的基础上讲，使工程师难以接受，就得反躬自问。冯康院士提出“保辛”就是针对动力学积分的离散差分格式讲的，原因是辛几何不适应离散。纯数学家们喜欢微分几何，那就让他们喜欢去；而从工程应用的角度，就应考虑辛对称群，它在离散后就成为传递辛矩阵群，这样积分就完全适应数值分析的要求了。学以致用，让辛对称与离散接上口，可大放光彩。

世界潮流，浩浩汤汤，顺之者昌，逆之者亡。
白日依山尽，黄河入海流。欲穷千里目，更上一层楼。

这里特别指出，中国古代数学家也有辉煌成就。基于祖冲之的成就，可给出祖冲之方法论。祖冲之时代没有无穷小的提法，在用割圆法计算圆周率时，采用两点之间连一根直线（即欧几里得几何的短程线）的方法。而用于 DAE 求解时，可修改为“动力学状态空间时间区段的短程线”，短程线就是几何概念，这就是保辛，可命名为祖冲之方法论。在求解例如微分-代数方程（differential-algebraic equation, DAE）时不采用许多国外著作的方法论，他们拘泥于无穷小分析，走偏路了。基于祖冲之方法论得到的数值解，比国外著名算法的解更精确。中国祖师爷的优秀成果应努力予以挖掘继承，融合近代数学，发扬光大。中华文化博大精深，不应只是怀念而已，而应以实实在在的东西体现出来。当然应经历挖掘、继承、品味、提炼、融合近代数学，然后才能发扬光大。

笔者强调诸如：变分原理、计算、离散、保辛、辛代数、离散辛几何、DAE、乘法摄动、分析结构力学、分析动力学、模拟关系、约束、传递辛矩阵对称群，等等的数学名词，并联系到多体动力学、浅水波、控制算法等实用课题，实际上是讲计算应用数学。祖冲之方法论是从中国古代数学提炼出来的，一改中国数学似乎无所作为的形象，能通过许多实践检验。祖冲之方法论不能依靠外国人来发掘，只能自己来，应大声疾呼。

D. Hilbert 在《数学问题》中指出：“数学中每一步真正的进展，都与更有力的工具和更简单的方法的发现密切联系着，这些工具和方法同时会有助于理解已有的理论，并把陈旧的、复杂的东西抛到一边。数学科学发展的这种特点是根深蒂固的。因此，对于数学工作者个人来说，只要掌握了这些有力的工具和简单的方法，他就有可能在数学的各个分支中比其他科学更容易找到前进的道路。”这很有指导意义。

非线性方程的求解，少不了迭代。祖冲之类算法也要结合迭代，解决问题才是硬道理。求解 DAE，根据祖冲之类算法的迭代法逐步积分，数值效果与外国人的 Index 方法完全不同，其效果从一些简单例题中已经表达。“实践是检验真理的唯一标准”“是骡子是马，拉出来遛遛”，不可只是说说而已。

学习大学微积分，读完后没见到中国人实实在在的贡献，很遗憾。到现在信息时代，挖掘出祖冲之方法论，理应占有一席之地。今天看到祖冲之方法论的优越性，可达到贯通古今、融合中西的境界。中国人就应占有这一席之地，有什么不敢讲的？中国数学要配得上中国的崛起。祖冲之方法论难道还要等着让外国人来发扬光大吗?！可他们会吗？人必自重而后人重之，不可忘记。

屠呦呦在诺贝尔奖会上的演说重申："中国医药学是伟大宝库"。她从古籍中得到启发，贯通古今；她又以西方科学为基础，给出了提炼青蒿素的历程，融合中西，非常有启发。孙子兵法曰："出其所不趋，趋其所不意"。中医，外国人之所不趋。所以反而屠呦呦的成果出人意料！许多其他领域的成果虽然也做得非常好，但因是在人家的创意基础上发挥的，却拿不到诺贝尔奖。再说，中国传统的数学成就也不应被埋没。

说说自己的体会。我起初是做分析法的，从有限元和规划论切入离散分析。随之群论应用、最优控制和结构力学的模拟、辛体系、精细积分法等，无不从离散角度动手，后来做动力学与控制，祖冲之方法论也是离散的；数学应顺应潮流，绝不应拘泥于连续系统。

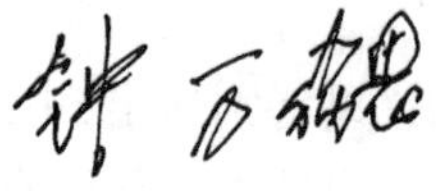

2020 年 3 月

目　　录

绪　论

从科学发展史看,近代科学是从牛顿开始的。1687 年,牛顿出版了巨著《自然哲学的数学原理》,同时发明了微积分,并给出了力学三定律,提出了万有引力,用数学分析来研究动力学,后世称分析动力学。分析动力学经过许多大数学家数个世纪的研究积累,已经相当成熟,并且成为近代物理的基础。物理系教材有四大力学之称,即经典力学、热力学与统计物理学、电动力学、量子力学。经典力学有许多著名著作,本书作者认为文献[1]比较好读,这是美国常春藤八校之一的哥伦比亚大学物理系的教材,讲的就是分析动力学。首先要讲清楚辛是什么。

辛是大数学家 H. Weyl[2] 提出的。作者写道:

"The name 'complex group' formerly advocated by me in allusion to line complexes, ... has become more and more embarrassing through collision with the word 'complex' in the connotation of complex number. I therefore propose to replace it by the Greek adjective 'symplectic'."

表达了:为了避免"complex"容易产生的混淆,特地引入了希腊形容词"symplectic",表明"symplectic group",即辛对称群之意。

H. Weyl 用对称群研究光谱分析时,发现 Hamilton 正则方程:

$$\dot{\boldsymbol{q}} = \frac{\partial H}{\partial \boldsymbol{p}},\ \dot{\boldsymbol{p}} = -\frac{\partial H}{\partial \boldsymbol{q}};\ H = H(\boldsymbol{q},\ \boldsymbol{p})$$

具有复杂的对称性,这种"对称"不能用通常的旋转对称、镜像对称或置换对称等,而要用大众所熟悉的对称来表达,因此引入希腊形容词。1946 年,我国数学家华罗庚先生应普林斯顿大学 H. Weyl 教授的邀请,访问美国。看到数学的新方向,翻译为中文时也找不到恰当的中文词来表达,因此音译为"辛"。H. Weyl 提出 Hamilton 正则方程的辛对称群特点,表明了动力系统运行的基本性质。

正则方程的变量 $\boldsymbol{q}$、$\boldsymbol{p}$ 分别是位移和动量组成的向量,它们的单位不同,将 $\boldsymbol{q}$、$\boldsymbol{p}$ 合起来就是状态向量。状态不是普通的几何量,所以辛对称不能从普通的几何角度考虑,它是在状态空间的对称性。毕竟,状态空间不是普通的几何概念,是看不见的,因此不能直观形象地给出通俗解释。

力学是基础学科,因为热力学与统计物理学、电动力学、量子力学等的发展都以分析力学为基础,所以力学又是应用学科。现代的航空航天、海洋、土木、机械、电机、化工等主干行业,离不开力学的支持。本书从工程应用的角度,切入辛对称体系。

分析动力学有几个标志性发展阶段：

（1）牛顿的动力微分方程求解，1687 年，近代科学和微积分分析开始；

（2）能量变分法，位移空间的 Euler-Lagrange 方程，1788 年；

（3）Hamilton 引入位移-动量的状态对偶空间，及正则方程体系，1834 年；

（4）H. Weyl 指出辛对称性，1939 年。

前面 3 个阶段是公认的，而辛对称性的阶段是作者的领会。

0.1 辛对称——分析动力学与分析结构力学

辛是什么？许多读者感到困惑。从大数学家 H. Weyl 指出正则方程的辛对称可以想到，这是位移-动量状态空间的对称性。位移和动量，单位不同，因此不能如同单纯位移空间那样，有空间旋转、三轴平移、镜像反射等直观形象的几何变换来描述，所以华罗庚先生引入新的形容词“辛”来表示状态空间的对称性。辛是从分析动力学来的。数学家非常重视，随后建立了称为辛几何的公理体系。辛几何公理体系是从纯数学微分几何的角度讲的[3,4]，故可称微分辛几何，简单地说，由微分形式（differential form）、纤维丛（fiber bundle，陈省身）、外乘积（exterior product，cross product）与 Cartan 几何所组成。微分辛几何公理体系得到纯数学方面的高度重视。H. Cartan 获 1980 年的 Wolf 数学大奖，陈省身随后也获 Wolf 数学大奖，继而 Arnold 后来获 Wolf 数学大奖。不过，微分辛几何非常高深，不易掌握。许多学者避而远之，感觉到玄，且不知道如何应用。

对于工程师来说，难以与如此高深的理论接轨。工程师不能接轨则实用就困难。计算机发展，使社会进展到信息时代。“计算科学已经成为与理论和物理实验同等的科学事业的第三根支柱”的论述，已广泛为前沿科学家所接受。与微分辛几何相对照，本书 1.7 节从离散的角度指出，还有离散辛几何，简单易懂，可适应广大工程技术人员的需要。切入辛数学首先应当简易通俗。

数字化时代，离散是大势所趋，不能拘泥于微分几何的无穷小分析。离散体系只需要矩阵代数，而不是微分几何的数学。也可用矩阵代数表述辛代数。应用理论发展也应考虑时代需求。我国数学家冯康院士指出动力学离散后的差分格式应当保辛[4]，这是重要贡献。国外学者也接受了[5]，但接受得是否透彻，依然是问题；保辛究竟保了什么？工程师还是不清楚。离散后就容易讲清楚。

与牛顿同时代，提出胡克定律的 R. Hooke 是结构力学的创始人，但两人长期不和，参见文献[6]，因此双方各自发展，导致结构力学没有发展出与分析动力学并行的分析理论。我们发现分析理论包含了分析动力学及分析结构力学[7]。将状态空间引入弹性力学，就改变了弹性力学从圣维南到铁摩辛柯等的传统[8,9]，表明分析力学并非只能用于动力学，结构力学同样可用分析讲述。动力学的时间坐标 t，在结构力学中就对应一个长度坐标 z。动力学差分法就是将时间坐标离散，在结构力学就是将长度坐标离散，这样就成为有限元法了。有限元程序系统已经发展成为工程师设计不可缺少的工具。状态空间离散后，辛对称的表述就应在此基础上展开，表现为辛代数，从而也可从几何的角度，展现为离散辛几何。基于结构力学与动力学的模拟关系，可在结构力学有限元的基础上切入[7]，这是最简单、最容易的表达了，读者很容易就可明白什么是辛代数、离散辛几何。

传统分析动力学成型时间早，虽然数学家非常认真、努力，但也有时代局限。首先，不是计算机时代，离散处理没条件；其次，辛对称出现晚，纯数学的微分辛几何本来就不结合离散。离散是计算机时代的要求。传统体系的局限就是我们的机会。

进入计算机时代，求解必然要离散。而微分辛几何的表述是基于连续坐标的。一旦离散近似，许多性质要重新考虑。辛对称是 H. Weyl 在连续坐标中得到的，好在离散后有依然有传递辛矩阵群，辛代数适应了离散的需求。本教材就是从离散系统切入辛。

结构力学与动力学的离散分析，是辛代数最容易的切入点，一直到传递辛矩阵对称群。拙著[7]和[10]引入了辛代数和分析结构力学。辛代数从最简单的结构力学问题引入辛，使用的是矩阵代数，可使读者很容易就理解什么是辛对称，故称辛代数。而辛本是 H. Weyl 从分析动力学引入的，文献[7]则从离散的结构力学切入辛代数，从弹簧的胡克定律，因为浅近、简单，容易为读者所接受。再说分析动力学的应用也要通过数值求解，此时离散是必要的手段。而一旦离散，仍然需要辛代数的。离散的常规是用差分法，两点间的直线最直观，也是短程线。但自 Euler-Lagrange 及 Hamilton 以来，就有状态空间、区段作用量。最小作用量变分原理提供了广泛机会。虽然说不出两点间的“直线”，然而可取而代之的是两点间的最小作用量。

动力学以时间 t 为自变量，且自变量仅有一个，适用初值条件。结构力学的自变量是一个长度坐标 z 与时间 t 对应，适用两端边界条件。初值条件与两端边界条件的区别是本质性的（从偏微分方程的分类看，双曲型偏微分方程用初始条件；而椭圆型偏微分方程用周边的边界条件，在一维时成为两端边界条件）。结构力学有丰富的变分原理。最基本的是最小势能原理。从数学看，它适用的是两端边界条件，以位移为基本未知数。将长度坐标离散后，就出现一系列首尾相连的区段。以两端位移表达的变形能就出现对称的区段刚度阵 $\boldsymbol{K}$。而动力学有因果关系，只能适用初始条件。将时间坐标离散，也得到一系列的时间区段，初始条件需要状态，积分就成为逐个区段两端状态的传递。对应地就有传递矩阵 $\boldsymbol{S}$。将结构力学的对称区段刚度阵 $\boldsymbol{K}$，转换到传递形式，也得到传递矩阵 $\boldsymbol{S}$。可验证该传递矩阵是辛矩阵，因此称传递辛矩阵。文献[7]的第一部分着重讲通过结构力学引入传递辛矩阵。物理概念讲清楚，就容易理解，解除了辛的神秘感。进一步，辛矩阵乘法自然就引入了，并且通过与正交矩阵的对比，辛矩阵乘法的几何意义出现，就是离散辛几何，随之传递辛矩阵群也就自然引入。这些推演全部使用矩阵代数，简单易懂，故称为辛代数。本章虽然简单，却将这些基本概念讲出来了，便于读者掌握。

通过分析动力学与分析结构力学的模拟看，结构力学有限元法的离散必然给出刚度矩阵，而刚度矩阵必然是对称矩阵。将对称矩阵变换到传递形式，给出的必然是传递辛矩阵[7,11]。正因为传递辛矩阵与对称矩阵的相互变换关系，保辛差分格式的意义显然就是保持其作用量矩阵为对称，具体矩阵的数值可以近似，即可以是不同的对称矩阵，但其对称阵的性质应予以保证。这是问题的本质所在。

动力学有作用量积分及正则变换的理论，适用初值的边界条件。将作用量通过有限元法离散，所谓时间有限元，也会得到离散的积分计算，依然是传递辛矩阵，而从几何的角度看就是离散辛几何。无非是将结构力学有限元的刚度阵改换成动力学的作用量对称阵。这对于最优控制及滤波有重要应用。

国外著作[5]将保持守恒量称呼为"geometric-preserving",其实不是普通的几何性质而是状态空间辛代数的动力学性质。当然也可解释其为几何性质,不过应理解为状态空间辛对称的几何性质。后面讨论祖冲之方法论、祖冲之类算法时,状态空间的几何性质,离散辛几何,就凸显出来了。

当前,动力学与控制已经成为运载的关键环节。最优控制以状态空间法为基础。1957年,苏联首先发射了洲际导弹,随着又发射了人造卫星,震动世界。美国不甘落后,奋起直追,争取最早登月。最优控制理论应运而生(通常理解为由苏联 Pontlyagin 的极大值原理,以及美国的 Bellman 动态规划而发轫的),蓬勃发展。美国率先登月后,越南战争开始用制导炸弹(smart bomb)的需求又说明了控制的重要性。以后精确制导武器的发展,凸显了最优控制、Kalman 滤波及 H_∞ 鲁棒控制等的精密算法的迫切需求。著作[11]系统提出了最优控制与结构力学的模拟关系,指出结构力学也适用 Hamilton 体系、辛数学,还建立了两端边界条件的矩阵 Riccati 方程的精细积分法,可达到数值解的计算机精度。精细积分法的数值结果给出了差分程序系统所难以达到的精度。

从应用层面看问题,我们从离散的最优控制理论及周期结构理论的模拟关系切入辛数学[11]。

在论述数学分析发展时,John von Neumann 评论道:"关于微积分最早的系统论述甚至在数学上并不严格。在牛顿之后的150多年里,唯一有的只是一个不精确的、半物理的描述!然而与这种不精确的、数学上不充分的背景形成对照的是,数学分析中的某些最重要的进展却发生在这段时间!这一时期数学上的一些领军人物,例如欧拉,在学术上显然并不严密;而其他人,总的来说与高斯或雅可比差不多。当时数学分析发展的混乱与模糊无以复加,并且它与经验的关系当然也不符合我们今天的(或欧几里得的)抽象与严密的概念。但是,没有哪一位数学家会把它排除在数学发展的历史长卷之外,这一时期产生的数学是曾经有过的第一流的数学!"后世严格的数学家,认为牛顿时代的微积分以及随后的一些发展,不够严密。发展到追求绝对严格的数学,期望能完全脱离经验的成分,一度造成了数学危机。对此,文献[12]有精彩讲述。经典动力学也称分析动力学,那是数学分析发展的出发地。但本书从离散体系进行讲述,主要是代数,并不单纯是数学分析。连接的理论纽带是能量变分原理和有限元法离散,呈现出来的是辛代数,以努力适应计算机时代的需求。

计算机时代求解必然要离散。微分辛几何的表述是基于连续坐标的,首次积分也是在连续坐标得到的,一旦离散,其数值结果必然是近似,许多性质要重新考虑。辛对称本来是在连续坐标中得到的。好在离散后有传递辛矩阵群,辛代数适应了离散的需求。但离散后的首次积分(first integral)即守恒量如何保持数值守恒,应认真分析。

分析力学表明,守恒量一般包含:总动量在3方向的守恒、总动量矩在3方向的守恒、总能量的守恒。这7个量不会转化为热量而扩散。其中总能量的守恒特别重要。前面6个守恒要看约束条件而定,而保守系统能量守恒在无外力做功的条件下必然满足。这是统计物理学的基础。

离散后,文献[13]提出"不可积系统,保辛近似算法不能使能量守恒"("approximate

symplectic algorithms cannot preserve energy for nonintegrable system”)的误判。只从差分的角度考虑问题,将首次积分(first integral,即积分守恒量)与保辛对立起来了,他们的结论是“不可得兼”! 忘记了首次积分本是正则方程的部分后果。分析解的保辛本来同时也包含了首次积分的守恒。所谓“不可得兼”,是离散方面造成的问题。要怪罪,也应怪罪离散没做好,拘泥于差分而束缚了手脚。为此,文献[14]和[15]提出了保辛-守恒可以兼得的算法。事实上,如果采用等时间步长的时间有限元算法,虽然不能保证总能量绝对守恒,但其长时间积分的总能量可以基本保持不变。

受文献[13]影响,著作[5]等将首次积分作为几何量,希望在数值积分时达到能量保守,同时也汇合了 DAE 的位移约束的几何量等,称为“geometric-preserving algorithms”。随后,有许多文章放弃了保辛,片面地只求能量的 geometric-preserving。实际上违反了动力学积分保辛的基本性质,数值效果不好。例如,动力学 Hamilton 系统的数值积分,如果只关心其能量守恒,而偏离了保辛,则就有问题: 这还是动力学吗? 将能量保守与动力学保辛对立起来不行,它们本来应当是兼容的,分析解就是兼容的。

首次积分理论是在连续坐标中提出,要求严格的分析解,一般难以满足,只能离散求解。离散条件下,作用量时间有限元法[16]是比较好的,可达到保辛,所以数值结果大体上是可以的。尤其对于时间离散的机械 DAE 系统,有祖冲之类算法。中国古人的数学值得学习继承,数值结果表明,约束条件很好满足。然而,应注意 DAE 系统的完整约束是在位移空间的约束,而首次积分是在状态空间取常数的,性质不同,不可等同。从 Euler-Lagrange 开始,分析力学就有了能量变分原理,这是非常宝贵的思路。能量守恒是数值积分非常关注的因素。差分离散格式如果只关注 geometric-preserving algorithms 而放弃了保辛的要求,就走偏路了。

本书特别着重离散、计算,这是时代和工程的需求。

重温数学大师 D. Hilbert 的著名报告《数学问题》很重要。在这篇报告中,Hilbert 讲了许多关于数学发展的哲学,并且提出了 23 个数学问题,长期影响了数学的发展。特别要指出,其中第 23 个问题是“变分法的进一步发展”。Hilbert 说:“我已经广泛地涉及了尽可能是确定的和特殊的问题……用一个一般的问题来做结束……我指的是变分法。”[17]变分法不单纯是一个数学问题,而是一个方向,是大师的远见卓识。有限元以变分原理为基础,当然也是变分法的进一步发展。当离散后纯粹的辛发生困难时,用变分原理就可以补救。

Fermat 提出自然哲学原理,大自然总是走最短的途径。变分法的数学是从 Bernoulli 的最速下降线开始的[17],其实就是短程线。时间有限元是变分法的进一步发展;而凑合的差分离散保辛格式,是否符合变分法,就有问题了,有可能就走了偏路。

虽然起步晚些,我国在变分法方面是有成就的。钱令希[18]打响了我国进军变分原理的第一炮。随后胡海昌的三类独立变量变分原理[19]蜚声世界。有限元法就是奠基在变分原理基础上的。时间有限元法自然就符合变分原理,也就自动保辛,符合动力学时间积分的正道。许多数值结果也验证了保辛算法结果的优越性。

数学与应用力学计算相结合,为工程服务是方向。1993 年钱令希先生为拙著《计算结构力学与最优控制》[11]作序时指出:“力学工作者应首先虚心地汲取状态空间法成功的经验,重新认识哈密顿体系理论的深刻意义,以及随之而来的辛数学方法及其对应用力学的应用。”表明了钱令希先生的高瞻远瞩。把方向走对,特别重要。

传统分析动力学的理论体系很难掌握。例如,Poisson 括号是如何来的、正则变换的理解,等等。这段时期主要是由数学家们在努力耕耘,工程师对于这套数学分析理论的理解还存在困难,因此与工程的融合不够充分。而辛的引入是应量子力学从光谱学(spectroscopy)来分析分子、原子的对称性的需求而出现的,时间是 1939 年,此时计算机还未出现。

辛本来是从分析动力学的对称性来的,有物理意义的依托。然而,纯数学讲究抽象,要求尽量脱离物理意义,所以与应用力学愈行愈远,与实际应用难以接轨。电脑之父、数学大师 John von Neumann 在《数学家》中指出:“许多最美妙的数学灵感来源于经验,而且很难相信会有绝对的、一成不变的、脱离人类经验的数学严密性概念。”不联系实际应用则会前途茫茫。问题在于曲高和寡,未能与工程相结合。

本书改换思路,从辛代数切入讲解,简单易懂,用的是离散系统,不同的特色思路,是传递辛矩阵群的辛对称。孙子兵法曰:“凡战者,以正合,以奇胜。”基于传统经典力学的优美体系,“以正合”。另一方面,因离散体系的计算科学,与辛数学的融合不足,抓住信息时代的计算需要离散的需求,“以奇胜”。突出要点:辛对称直取核心,“擒贼擒王”。

说到对称,就不能忘记伽罗瓦(E. Galois)关于 5 次及 5 次以上一般多项式方程不可能用根式求解的证明。M. Atiyah 提到[20]:“伽罗瓦认识到这个问题的关键之处在于方程的 5 个根的对称性,从而证明了该问题是不可解的。于是他为有关对称性的一般理论奠定了基础(即群论),这是所有数学概念中最深刻、影响最深远的概念之一。”辛对称群是经典力学正则方程所特有的数学概念,是其核心,抓住它辛讲,就是辛对称群讲。

例如,群的定义只有乘法而没有加法。这样一条基本要求,却未曾得到足够关注。例如,既然是对称群内的解,应用摄动法近似求解时,当然应当采用乘法摄动。但现在人们习惯了 Taylor 级数展开的摄动法。这违反了群的基本点,不会有理想的结果。做研究,方向最重要,走错了路,后果可知。

群虽然比较高级,但也不能包打天下。群只能用于同一维数的课题。著作[21]意在打破该限制。

动力学积分的差分格式是为了解决实际问题。当今世界科技发展的潮流是信息化、数字化,是计算科学。

美国信息技术顾问委员会给总统咨询报告(*Computational Science: Ensuring America's Competitiveness 2005*)说:“计算科学是国家保持长期技术领导地位的根本。”“计算科学同理论和物理实验并列,已成为科学事业的第三根支柱”,美国国会下属的竞争力委员会(Council on Competitiveness)2009 年发布的白皮书中提出:“从竞争中胜出就是从计算中胜出”(to out-compete is to out-compute),等等。经典力学的现代发展,也要按时代方向走,尤其航空航天、机器人、控制、制造业数字化、海洋等,迫切需要计算力学的支持。

2011 年,美国总统奥巴马亲自出马,在卡内基梅隆大学演讲推动“Advanced Manufacturing Partnership”(AMP)计划,抓国家安全与关键制造业,并由白宫新闻处发布,可见对此非常重视。美国科技之所以领先全球,与这些现代科技发展、计算科学等关系密切。

中国的研究、发展不能无视时代特点和实际需求。经典力学虽然是基础课程，但本书尽量结合现代的发展需要，结合例如最优控制、能带分析、约束动力学积分等等多方面的需求进行辛对称讲。

0.2　微分-代数方程，祖冲之方法论

事实上，运载工程非常需要求解约束动力学方程。有约束的动力学计算分析，例如机器人动力学基础的约束动力系统微分-代数方程(DAE)的求解。现代著名著作[5]和[22]大力论述 DAE 的求解，但效果不理想。一些著名外国人软件，例如广泛应用的 ADAMS，其数值结果也不理想。

基于中国古代数学家祖冲之计算圆周率 π 的思路而导出的祖冲之类算法，其数值结果远远优于这些程序。两点间的短程线就是直线，这是在欧几里得几何下的结果，而扩展到动力学状态空间，两个状态点间的短程线就是保辛，保辛使区段作用量取最小。从祖冲之类算法也可看清楚这一点。

本书第八章讲述约束动力系统的积分，第十章讲述水动力学浅水波，祖冲之类算法都发挥了重要作用，不可或缺。外国人讲究 geometric-preserving，不过在其执行过程中只关注了少数几个守恒量，太片面了，其实保辛就是 geometric-preserving 两个时间点之间的短程线，等效于变分原理。

从结构力学引入了传递辛矩阵群，再将分析动力学及分析结构力学的模拟关系讲清楚，两方面的辛数学兼顾了。按传统分析动力学体系，用动力学最简单的弹簧-质量系统为例切入讲解。通过按牛顿的微分方程求解，再讲 Lagrange 函数与变分原理和 Euler-Lagrange 方程，称 Lagrange 体系，这是一类变量的位移法，作用量在此引入。

动力学的区段作用量的概念，在结构力学就是区段变形能，于是就可以按结构力学功能原理，引入两端力，将对称矩阵转化为传递辛矩阵就得到传递形式。离散的结构力学与离散的动力学的模拟关系依然成立。区段变形能取最小，区段作用量也要取最小，这是对应的。

单自由度问题最简单。通过单自由度离散分析对比，可看清楚结构力学与动力学的模拟，易学易懂，而且可将分析力学全套运用于结构力学与动力学。尤其是看清楚，Lagrange 括号、Poisson 括号与传递辛矩阵的关系。这些括号的出现是自然的、容易理解的。封面表达了 Lagrange 括号与 Poisson 括号与传递辛矩阵的关系。哪怕是在时间离散后的近似系统中，依然有 Lagrange 括号与 Poisson 括号；而在传统分析动力学著作中，这些括号的出现有些突兀，使读者感到困难。用传递辛矩阵来讲述 Lagrange 括号与 Poisson 括号也是本书的特色。

通过辛数学体系与动力学和结构力学的模拟关系，就容易理解，不会有突然引入新定义的困惑。著作《经典力学辛讲》的优点在此得到体现。本教材中，主要是提供特色思路供读者参考，而不是提供详细结果。因此举例比较简单，着重于思路、概念。

本书尽量深入浅出，使读者通过简单课题，理解辛数学体系与经典力学的关系，然后

再推广到一般情况,这样便易于理解,以破解传统经典力学教学体系的艰涩难懂之处。既然称辛讲,转变数学体系,理当体现其特色与优点,易学易懂。

约束动力学是经典力学的重要组成部分。通常其约束的分类是完整约束和非完整约束[1]。即使对于完整约束,其约束可用位移的代数方程表达。机构动力学要求解 DAE。国外许多求解 DAE 的数值积分方法论,存在一些问题[5,22]。他们拘泥于微分方程的推导与差分离散求解,表现在将代数方程也进行微商,化归微分方程组。必要微商的次数称为 index。事实上,微分方程组的分析求解难以达到,只能数值求解。回顾 Poisson 提出的首次积分,就是要寻求代数形式的守恒量。化归的微分方程组的首次积分就是其约束代数方程。所以说,化归到微分方程组这一步,成为开倒车了。

基于我国古代数学成就,从文献[23]提炼出了祖冲之方法论,完全不同于国外求解方法的特色思路。虽然进入辛数学有些曲折,似乎在走弯路(变分法初期“最速下降线”的解是曲线,以迂为直),但却能改造传统体系的思路,更容易理解。

作者在多年教学中体会到,在数字化时代,经典力学的教学体系应重新考虑。数字化意味着要离散分析,计算机的基础是开关电路,而开关电路又是由离散数学(比如说代数)所描述的。辛几何公理体系是微分几何,是连续体系的表述,难以为工程师所理解。在数字化时代,可引入辛代数的表述,简单而容易理解,因此反复论述。

冯·诺依曼指出:“一个理论可以有两种不同的解释……能以更好的形式推广为更有效的新理论的理论将战胜另一理论……必须强调的是,这并不是一个接受正确理论、抛弃错误理论的问题,而是一个是否接受为了正确地推广而表现出更大的形式适应性的理论的问题。”讲得真好。

基于古人祖冲之的成就,可给出祖冲之方法论。祖冲之当年没有无穷小的提法,在用割圆法计算圆周率时,采用两点之间连一根直线(即欧几里得几何的短程线)的方法。而用于 DAE 求解时,可修改为“动力学状态空间时间区段的短程线”,这就是力学的几何化。该方法被命名为祖冲之方法论。在求解例如微分-代数方程时完全不采用许多国外著作的方法论。基于祖冲之方法论得到的数值解,比国外著名算法的解好很多。

中国祖先的优秀成果应努力予以挖掘继承,融合近代数学,发扬光大。中华文化博大精深,不应只是怀念而已,而应以实实在在的东西体现出来。当然应经历挖掘、品味、提炼、继承,融合近代数学,然后才能发扬光大。

学习大学微积分,读完后没见到中国人实实在在的贡献;到现在信息时代,挖掘出祖冲之方法论,理应占有一席之地。

中国科技虽然有了长足进步,现在仍是底气不足,毕竟还是后进。一定要打起精神,努力成系统地改造现存系统。“辛讲”就是对经典力学体系改造的一步尝试。

约束是很广泛的,并不局限于刚体。陀螺是内置式元件,用它定位不受外界电磁干扰的影响,所以在航空航天等领域非常重要,需要陀螺旋转的动力学分析。陀螺位置的描述,可以用欧拉角,更可以用四元数。文献[14]讲述了用四元数的积分,困难在于四元数 $e_0(t)$、$e_1(t)$、$e_2(t)$、$e_3(t)$ 有约束条件:$e_0^2+e_1^2+e_2^2+e_3^2=1$。该约束可用祖冲之类算法处理。采用了祖冲之类算法积分所得的数值结果的精度比国外最近发表的一些数值结果,有令人满意的提高。因为国外采用的算法,有他们所谓 geometric-preserving 的思路,按此思路走保辛就成为仅仅能量保守,不够!保辛不仅仅是保了能量守恒,而且代表众多首次积分守恒的量,是综合的保守,如果仅仅选择其中的部分,其数值结果会受影响导致误差增大。

数值解应当保辛。第八章从 DAE 的数值解法,以及陀螺四元数的数值积分,引入了祖冲之类算法。但祖冲之类算法决不仅仅只能用于 DAE 积分。它能用于有约束条件的广大有限元问题。第十章分析浅水波传播的问题,水是不可压缩的,讲述祖冲之类算法的应用。这些课题的数值算法有广阔的应用前景。

全书的章节安排如下。

第一章讲什么是辛。按《力、功、能量与辛数学》[7]的第一篇,从离散系统切入。以往经典力学没有结构力学。从胡克定律切入结构静力学,最简单,读者容易接受。第一章给出了框架和几何意义,直到传递辛矩阵群,很重要。

第二章讲分析力学理论是分析结构力学与分析动力学。经典力学不能回避微积分,本章从单自由度问题切入,从分析结构力学入手,以迂为直。

第三章讲线性辛数学的求解系统,讲述 Hamilton 矩阵与传递辛矩阵的本征值问题及其计算。

第四章讲述非线性的多维经典动力学,也从离散的结构力学切入,读者对结构静力学的理解更直观,对于“保辛差分格式不能守恒”的误判,给予了正名,采用辛矩阵乘法变换讲正则变换等。这些是本书基本理论的特色内容。请读者品味“辛对称群”对原有体系的改造,上了一个层次。以上是基础理论和方法,基本上与拙著《经典力学辛讲》是平行的。后面采用了祖冲之方法论的特色成果,对于传统理论是突破性的改造。第一至四章讲的是具有辛代数特色的分析力学基本理论。

第五章起讲述应用,从控制学科的基础部分讲起。

第六、七章讲述预测、Kalman 滤波及其精细积分。但本书只是数学教材,所以平滑、最优控制的计算等就不涉及。与国外的控制教材一样,本书也是主要讲线性系统的课题。更多的内容,读者可见《状态空间控制理论及计算》[24],以及这些年来的新发展。

第八章介绍的微分-代数方程(DAE),是机器人动力学的基础,祖冲之类算法的应用,比国外一些 index 算法更好。本章还介绍了刚-柔体动力学的乘法保辛摄动积分,以及等式非完整约束系统的积分。

第九章讲述近似计算方法,包括保辛摄动法等。

第十章讲述辛对称的重要方面,即海洋需要的流体力学,故不可缺少。本章中,因不可压缩条件带来的非线性偏微分方程,可用基于李代数的方法迭代求解[25]。

至此,本书涉及的内容已经很多,作为教材不敢再讲更多的内容了。

另外,还有非常重要的方面,就是电磁学方程组的求解。杨振宁-Mills 的规范场理论,是近代科学非常重要的方面。规范场理论就是以电磁学方程组为基本点的。杨振宁-Mills 在本来是线性电磁学方程组基础上,另外再加上一项非线性的规范不变项,将弱相互作用与电磁相互作用统一起来,成为系统的一套理论。后来还有物理学家引入了所谓同位旋的概念,将强相互作用的理论也考虑进来,从而当前已经发展成为强相互作用、弱相互作用与电磁相互作用统一的一套理论。这些理论全部是奠基于杨振宁-Mills 规范不变项的基础上的。然而,由于给出了造成非线性偏微分方程组求解的困难,怎么恰当求解,成为一个大问题。这些方面无法在本书涉及,只能留待以后看机会了。

精细积分法已经有许多应用,也是本书数值计算的重要内容之一,将在 0.3 节讲述。而中国算术的启萌祖冲之方法论、祖冲之类算法则在 0.4 节介绍。概率论与随机过程初步则放在附录。

0.3 精细积分法初步

精细积分法宜于处理一阶常微分方程组。常微分方程组的理论也是以一阶方程为其标准型。状态空间法哈密顿体系都将方程组化归一阶。常微分方程组的数值积分可以分为两类问题。

(1) 初值问题积分:动力学问题,发展型方程常需作初值给定条件下的积分。

(2) 两点边值问题的积分:对弹性力学、结构力学、波导、控制、滤波问题等有广泛应用。这里先介绍常系数常微分方程组初值问题的精细积分。

设有微分方程组的矩阵—向量表达为

$$\dot{\boldsymbol{v}} = \boldsymbol{A}\boldsymbol{v} + \boldsymbol{f},\ \boldsymbol{v}(0) = \boldsymbol{v}_0 = \text{已知} \tag{0.3.1}$$

式中,$\dot{\boldsymbol{v}}$ 代表 $\boldsymbol{v}$ 对时间 t 的微商;$\boldsymbol{v}(t)$ 是待求的 n 维向量函数;$\boldsymbol{A}$ 为 $n \times n$ 给定常矩阵;$\boldsymbol{f}$ 是给定外力 n 维向量函数。

0.3.1 齐次方程,指数矩阵的算法

按常微分方程求解理论,应当首先求解其齐次方程:

$$\dot{\boldsymbol{v}} = \boldsymbol{A}\boldsymbol{v} \tag{0.3.2}$$

因为 $\boldsymbol{A}$ 是定常矩阵,其通解可写成为

$$\boldsymbol{v} = \exp(\boldsymbol{A}t) \cdot \boldsymbol{v}_0 \tag{0.3.3}$$

这里出现了矩阵的指数函数。其意义与普通的表达一样[1]:

$$\exp(\boldsymbol{A}t) = \boldsymbol{I}_n + \boldsymbol{A}t + \frac{(\boldsymbol{A}t)^2}{2} + \frac{(\boldsymbol{A}t)^3}{3!} + \cdots \tag{0.3.4}$$

现在要在数值上计算出来,并尽可能精确。数值积分总要有一个时间步长,记为 η。于是一系列等步长的时刻为

$$t_0 = 0,\ t_1 = \eta,\ \cdots,\ t_k = k\eta,\ \cdots \tag{0.3.5}$$

有

$$\boldsymbol{v}_1 = \boldsymbol{v}(\eta) = \boldsymbol{T}\boldsymbol{v}_0,\ \boldsymbol{T} = \exp(\boldsymbol{A}\eta) \tag{0.3.6}$$

有了矩阵 $\boldsymbol{T}$, 逐步积分公式就成为以下的递推:

$$\boldsymbol{v}_1 = \boldsymbol{T}\boldsymbol{v}_0,\ \boldsymbol{v}_2 = \boldsymbol{T}\boldsymbol{v}_1,\ \cdots,\ \boldsymbol{v}_{k+1} = \boldsymbol{T}\boldsymbol{v}_k,\ \cdots \tag{0.3.7}$$

得到一系列的矩阵——向量乘法。于是问题归结到了式(0.3.6)矩阵 $\boldsymbol{T}$ 的数值计算,要求尽可能精确。指数矩阵的精细计算有两个要点:① 运用指数函数的加法定理,即运用 2^N 类的算法;② 将注意力放在增量上,而不是其全量。指数矩阵函数的加法定理给出:

$$\exp(\boldsymbol{A}\eta) \equiv \left[\exp\left(\frac{\boldsymbol{A}\eta}{m}\right)\right]^m \tag{0.3.8}$$

式中,m 为任意正整数,当前可选用:

$$m = 2^N,\text{例如 } N = 20,\text{则 } m = 1\ 048\ 576 \tag{0.3.9}$$

由于 η 本来是不大的时间区段,则 $\tau = \eta/m$ 将是非常小的一个时间区段。因此对 τ 的区段,有

$$\exp(\boldsymbol{A}\tau) \approx \boldsymbol{I}_n + (\boldsymbol{A}\tau) + \frac{(\boldsymbol{A}\tau)^2}{2} + \frac{(\boldsymbol{A}\tau)^3}{3!} + \frac{(\boldsymbol{A}\tau)^4}{4!} \tag{0.3.10}$$

因为 τ 很小,幂级数 5 项展开已足够。此时指数矩阵 $\boldsymbol{T}$ 与单位阵 $\boldsymbol{I}_n$ 相差不远,故写为

$$\begin{aligned} &\exp(\boldsymbol{A}\tau) \approx \boldsymbol{I}_n + \boldsymbol{T}_\mathrm{a} \\ &\boldsymbol{T}_\mathrm{a} = (\boldsymbol{A}\tau) + (\boldsymbol{A}\tau)^2 \frac{\boldsymbol{I}_n + \dfrac{(\boldsymbol{A}\tau)}{3} + \dfrac{(\boldsymbol{A}\tau)^2}{12}}{2} \end{aligned} \tag{0.3.11}$$

式中,$\boldsymbol{T}_\mathrm{a}$ 阵是一个小量的矩阵。也有人改成 Pade 的近似展开,不过是略有改进而已。

在计算中至关重要的一点是指数矩阵的存储只能是式(0.3.11)中的 $\boldsymbol{T}_\mathrm{a}$,而不是 $(\boldsymbol{I}_n + \boldsymbol{T}_\mathrm{a})$。$\boldsymbol{T}_\mathrm{a}$ 很小,当它与单位阵 $\boldsymbol{I}_n$ 相加时,就会成为其尾数,在计算机的舍入操作中,其精度将丧失殆尽。$\boldsymbol{T}_\mathrm{a}$ 就是增量。这就是以上所说的第 2 个要点。

为了计算 $\boldsymbol{T}$ 阵,应先将式(0.3.8)作分解:

$$\boldsymbol{T} = (\boldsymbol{I} + \boldsymbol{T}_\mathrm{a})^{2^N} = (\boldsymbol{I} + \boldsymbol{T}_\mathrm{a})^{2^{(N-1)}} \times (\boldsymbol{I} + \boldsymbol{T}_\mathrm{a})^{2^{(N-1)}} \tag{0.3.12}$$

这种分解一直做下去,共 N 次。其次应注意,对任意矩阵 $\boldsymbol{T}_\mathrm{b}$、$\boldsymbol{T}_\mathrm{c}$ 有

$$(\boldsymbol{I} + \boldsymbol{T}_\mathrm{b}) \times (\boldsymbol{I} + \boldsymbol{T}_\mathrm{c}) \equiv \boldsymbol{I} + \boldsymbol{T}_\mathrm{b} + \boldsymbol{T}_\mathrm{c} + \boldsymbol{T}_\mathrm{b} \times \boldsymbol{T}_\mathrm{c} \tag{0.3.13}$$

当 $\boldsymbol{T}_\mathrm{b}$、$\boldsymbol{T}_\mathrm{c}$ 小时,不应加上 $\boldsymbol{I}$ 后再执行乘法。将 $\boldsymbol{T}_\mathrm{b}$、$\boldsymbol{T}_\mathrm{c}$ 都看成为 $\boldsymbol{T}_\mathrm{a}$,式(0.3.12)的 N 次乘法相当于以下语句:

$$\text{for(iter = 0; iter < } N\text{; iter ++)} \quad \boldsymbol{T}_\mathrm{a} = 2\boldsymbol{T}_\mathrm{a} + \boldsymbol{T}_\mathrm{a} \times \boldsymbol{T}_\mathrm{a} \tag{0.3.14}$$

当以上语句循环结束后,再执行:

$$\boldsymbol{T} = \boldsymbol{I} + \boldsymbol{T}_\mathrm{a} \tag{0.3.15}$$

便可,由于 N 次乘法后,$\boldsymbol{T}_\mathrm{a}$ 已不再是很小的矩阵了,这个加法已没有严重的舍入误差了。

以上便是指数矩阵的精细计算方法。精细积分法率先在文献[22]出现。

指数矩阵用处很广,是最经常计算的矩阵函数之一。学者们提出了很多算法,但仍不够理想。文献[14]给出了 19 种可疑的(dubious)算法,且 25 年后再予以回顾,问题并未解决。应指出,采用本征向量展开的解法,在不接近出现 Jordan 型本征解的条件下,仍是有效的。常微分方程积分的基本理论要用李(Lie)群-李代数,而从李代数向李群的变换就是指数矩阵[23]。之所以要重视指数矩阵的精细积分计算,就是因为它基本。

0.3.2 非齐次方程

回到式(0.3.1),还要考虑外力 $\boldsymbol{f}(t)$。按线性微分方程的求解理论,如果求得了在任意时刻 t_1 加上脉冲的响应矩阵 $\boldsymbol{\Phi}(t, t_1)$,则由外力引起的响应可以由杜哈梅尔(Duhamel)积分求出:

$$\boldsymbol{v}(t) = \boldsymbol{\Phi}(t, t_0)\boldsymbol{v}_0 + \int_{t_0}^{t} \boldsymbol{\Phi}(t, t_1)\boldsymbol{f}(t_1)\,\mathrm{d}t_1 \tag{0.3.16}$$

式中,$\boldsymbol{\Phi}(t, t_1)$ 具有以下性质:

(1) $\boldsymbol{\Phi}(t, t) = \boldsymbol{I}$ (0.3.17)

(2) $\boldsymbol{\Phi}(t, t_1) = \boldsymbol{\Phi}(t, t_2)\boldsymbol{\Phi}(t_2, t_1)$ (0.3.18)

(3) 满足微分方程 $\dot{\boldsymbol{\Phi}}(t, t_1) = \boldsymbol{A}(t)\boldsymbol{\Phi}(t, t_1)$ (0.3.19)

式中写 $\boldsymbol{A}(t)$,表明理论上这对于时变系统也是适用的。对于时不变系统,则有

$$\boldsymbol{\Phi}(t, t_1) = \boldsymbol{\Phi}(t - t_1) = \exp[\boldsymbol{A} \cdot (t - t_1)] \tag{0.3.20}$$

是一个指数矩阵。显然 $\boldsymbol{\Phi}(\eta) = \boldsymbol{T}$。

数值计算时,只要求对一系列等间距的时刻做出计算。而且并不要求每次都要从头的 t_0 开始算起,而是由 t_k 算到 t_{k+1}。这样式(0.3.16)应改成

$$\begin{aligned}\boldsymbol{v}_{k+1} &= \boldsymbol{T}\boldsymbol{v}_k + \int_{t_k}^{t_{k+1}} \boldsymbol{\Phi}(t_{k+1} - t)\boldsymbol{f}(t)\,\mathrm{d}t \\ &= \boldsymbol{T}\boldsymbol{v}_k + \int_0^{\eta} \exp[\boldsymbol{A} \cdot (\eta - \xi)]\boldsymbol{f}(t_k + \xi)\,\mathrm{d}\xi\end{aligned} \tag{0.3.21}$$

成为外力 $\boldsymbol{f}(t_k + \xi)$ 的解析表达式给不出来。如果假定在 $t_k \sim t_{k+1}$ 之间用线性插值,有

$$\boldsymbol{f}(t_k + \xi) \approx \boldsymbol{r}_0 + \boldsymbol{r}_1 \cdot \xi \tag{0.3.22}$$

则由式(0.3.21)可积分得

$$\boldsymbol{v}_{k+1} = \boldsymbol{T}[\boldsymbol{v}_k + \boldsymbol{A}^{-1}(\boldsymbol{r}_0 + \boldsymbol{A}^{-1}\boldsymbol{r}_1)] - \boldsymbol{A}^{-1}[\boldsymbol{r}_0 + \boldsymbol{A}^{-1}\boldsymbol{r}_1 + \eta\boldsymbol{r}_1] \tag{0.3.23}$$

线性插值是很粗糙的近似。还有多种近似的解析表达式。$\boldsymbol{f}(t_k + \xi)$ 可以通过以下几种函数形式精确地积分:① 多项式;② 指数函数;③ 正弦或余弦;④ 上述这些函数的乘积。

例 0.1 考虑微分方程组的数值积分,$t = 20$,有

$$\dot{u}_1 = -2\,000u_1 + 999.75u_2 + 1\,000.25,$$
$$\dot{u}_2 = u_1 - u_2,\ u_1(0) = 0,\ u_2(0) = -2$$

解：这是常系数微分方程组。求得其 $\boldsymbol{A}$ 阵的本征值为 $\lambda_1 = -2\,000.5$，$\lambda_2 = -0.5$。本征值相差如此大，是刚性方程。其刚性比是 4 000，远大于 10。方程的分析解[17]为

$$u_1(t) = -1.499\,875\mathrm{e}^{-0.5t} + 0.499\,875\mathrm{e}^{-2\,000.5t} + 1$$
$$u_2(t) = -2.999\,75\mathrm{e}^{-0.5t} - 0.000\,25\mathrm{e}^{-2\,000.5t} + 1$$

对此方程用 4 阶 Runge-Kutta 法计算。根据计算稳定性要求，步长最大只能取 0.001 38，计算到 $t = 20$ 需 14 493 步。步数很多，计算量很大，还有误差积累。然而用精细积分法计算，不论在该时间段内划分多少段，总得 $u_1(20) = 0.999\,931\,9$，$u_2(20) = 0.999\,863\,8$，结果很精密。

式(0.3.23)有矩阵 $\boldsymbol{A}$ 的求逆，不可用于奇异矩阵。此时可运用矩阵零本征值空间的分解来求解[15]。

0.3.3 精度分析

精细时程积分的主要一步是指数矩阵 $\boldsymbol{T} = \exp(\boldsymbol{A}\eta)$ 的计算。除了计算机执行矩阵乘法时通常有一些算术舍入误差外，误差只能来自幂级数展开式(0.3.10)的截断。在 2^N 算法中采用 $\boldsymbol{T}_a$ 阵的迭代，其主要项是 $\boldsymbol{A}\tau$，因此截断误差必须与它相对比。在展开式(0.3.10)中截去的第一项是 $(\boldsymbol{A}\tau)^5/5!$，因此其相对误差可估计为

$$\frac{(\boldsymbol{A}\tau)^4}{120} \tag{0.3.24}$$

假设对矩阵 $\boldsymbol{A}$ 做出了全部本征解：

$$\boldsymbol{AY} = \boldsymbol{Y}\mathrm{diag}[\mu_i] \quad 或 \quad \boldsymbol{A} = \boldsymbol{Y}\mathrm{diag}[\mu_i]\boldsymbol{Y}^{-1} \tag{0.3.25}$$

式中，$\boldsymbol{Y}$ 为以本征向量为列所组成的矩阵；μ_i 代表全部本征值；diag 是英语 diagonal 的字首，意义是对角阵。于是就可导出：

$$\exp(\boldsymbol{A}\tau) = \boldsymbol{Y}\exp(\mathrm{diag}[\mu_i]\tau)\boldsymbol{Y}^{-1} = \boldsymbol{Y}\mathrm{diag}[\exp(\mu_i\tau)]\boldsymbol{Y}^{-1}$$

这样，式(0.3.10)的截断近似相当于下式的截断近似：

$$\exp(\mu\tau) \approx 1 + \mu\tau + \frac{(\mu\tau)^2}{2} + \frac{(\mu\tau)^3}{3!} + \frac{(\mu\tau)^4}{4!}$$

以上的分析将不同本征值的本征解所带来的误差分离出来。式(0.3.10)的相对误差对于各个本征解为 $(\mu\tau)^4/120$，因此应取其绝对值 $[\mathrm{abs}(\mu)\tau]^4/120$。注意到当前倍精度数的有效位数是十进制 16 位。因此在计算机位精度范围，应要求：

$$\frac{\left[\dfrac{\mathrm{abs}(\mu)\cdot\eta}{2^N}\right]^4}{120} < 10^{-16}$$

取 $N = 20$, $2^N \approx 10^6$, 有

$$\mathrm{abs}(\mu) \cdot \eta < 300 \tag{0.3.26}$$

考虑无阻尼自由振动问题, $\mu = i\omega$, 其中 ω 为圆频率。这表明即使积分步长 η 为 50 个周期,也不致带来展开式的误差。当然,应当考虑高频振动的 ω。然而实际课题的振动都是有阻尼的。若干个周期后高频振动本身也已成为无足轻重了,因此式(0.3.26)对于高频振动的估计也太保守。

根据这个分析,就可以理解精细积分的高度精确性了。它给出的数值结果实际上就是计算机上的精确解。

讨论: 指数矩阵 $\boldsymbol{T}$ 精细计算的成功,在于将一个步长 η 进一步地细分为 1 048 576 步。但单纯细分步长并不能达到好效果,精细积分的另一个要点是只计算其增量,以避免大数相减而造成的数值病态。如果从初值 $\boldsymbol{x}_0$ 出发,也分成 1 048 576 步,采用例如 Newmark 法进行数值积分硬做,仍旧达不到如同精细积分的精度,其原因就在于 Newmark 法的逐步积分采用了全量的数值积分。

与精细积分相比,以往的逐步积分都是差分类的近似,谈不上计算机的精确解。故在数值计算中总会面临一些数值困难,如稳定性问题、刚性(stiff)问题等。这些数值问题都是差分近似带来的。差分法采用全量积分,故将其步长取得特别小也有其不利之处。精细积分虽也有式(0.3.11)的近似,但其误差已在计算机浮点数表示精度之外,所以说在合理的积分步长 η 范围内精细积分不会发生稳定性与刚性问题。当然这个断言是在常系数微分方程,指数矩阵的范围之内的。以精细积分为基础,用于变系数方程、非线性动力方程等作数值计算,当然还要引进某种近似,例如摄动法等。由于这些近似,仍会产生一些问题,尚需继续实践探讨。

0.3.4 关于时变系统与非线性系统的讨论

大多数应用中提出的微分方程组是非线性的,有许多是时变的。数值积分无法回避这些方程。以上给出的精细积分虽然是对于时不变线性方程组的,但也给更复杂的方程提供了一个基础。可以将方程写成

$$\dot{\boldsymbol{v}} = (\boldsymbol{A}_0 + \boldsymbol{A}_1)\boldsymbol{v} + \boldsymbol{f} \tag{0.3.27}$$

式中, $\boldsymbol{A}_0$ 是定常矩阵; $\boldsymbol{A}_1$ 则是时间相关阵。如 $\boldsymbol{A}_1$ 还与未知向量 $\boldsymbol{v}$ 相关,则是非线性方程。

时变方程或非线性方程的解析求解十分困难,但表示成

$$\dot{\boldsymbol{v}} = \boldsymbol{A}_0\boldsymbol{v} + (\boldsymbol{f} + \boldsymbol{A}_1\boldsymbol{v})$$

将括号中的项合在一起当,作外力项来考虑。于是就可以先对矩阵 $\boldsymbol{A}_0$ 算出其脉冲响应矩阵 $\boldsymbol{T} = \exp(\boldsymbol{A}_0\eta)$, 并利用(0.3.21)式:

$$\boldsymbol{v}_{k+1} = \boldsymbol{T}\boldsymbol{v}_k + \int_0^{\eta} \exp[\boldsymbol{A}_0 \cdot (\eta - \xi)]\boldsymbol{f}_c(t_k + \xi)\mathrm{d}\xi, \ \boldsymbol{f}_c = \boldsymbol{f} + \boldsymbol{A}_1\boldsymbol{v} \tag{0.3.28}$$

其特点是 $\boldsymbol{f}_c$ 中有待求向量 $\boldsymbol{v}$ 出现,因此(0.3.28)成为 Volterra 型的非线性积分方程。一般

来说，其求解还得靠数值方法。有一个因素应当指出，积分的数值逼近比差分容易。

对式(0.3.28)的积分方程作具体的逼近有许多方案。大体上说起来，可以先利用多项式、指数函数、三角函数等，能将精确积分的项做出来；然后，可采用类同于差分类的算法，例如单步法、多步法、显式、隐式、予估一校正等类方法同样用于(0.3.28)的积分方程。然而，这类积分方程的方法却未曾提到保守体系时的保辛性能、保辛摄动应见第九章。

精细积分法并不只是用于初值问题的积分，对于二点边值问题也好用。这将在后文论及。精细积分法对椭圆函数计算也是好用的[24,26]，这对非线性方程求解很重要，而并不限于线性方程。

0.4 祖冲之方法论、祖冲之类算法

中国著名数学家祖冲之(429~500)在计算圆周率 π 时，已经达到 $\pi=3.1415926\sim3.1415927$，唐朝名相魏征等撰写的史书《隋书》中有记载：

古之九数，圆周率三，圆径率一，其术疏舛。自刘歆、张衡、刘徽、王蕃、皮延宗之徒，各设新率，未臻折衷。宋末，南徐州从事史祖冲之，更开密法，以圆径一亿为一丈，圆周盈数三丈一尺四寸一分五厘九毫二秒七忽，朒数三丈一尺四寸一分五厘九毫二秒六忽，正数在盈朒二限之间。密率，圆径一百一十三，圆周三百五十五。约率，圆径七，周二十二。又设开差幂，开差立，兼以正圆参之。指要精密，算氏之最者也。所著之书，名为《缀术》，学官莫能究其深奥，是故废而不理。

古代数学受到严重打击，祖冲之的《缀术》失传。幸好今天还有刘徽(三国魏人)注解的《九章算术》传世。如今只能推测祖冲之的缀术，加以发展。我们应将祖冲之算法发掘出来，融合现代数学，解决今天的问题。

众所周知，π 是现代数学不可回避的基础，作者看到中国祖师爷的重要贡献，欣喜不已。于是我们就探讨祖冲之在当年条件下是怎么计算的。由此引申下去，其实有许多数学基本概念，例如无穷序列、极限等。所以，中国数学并非一无所成，而是发掘不够。窃以为，既然在中国大学讲数学，就不应将中国数学的成就忽略，而应有所传承。

祖冲之的方法就是用直径为 1 的正多角形边的总长度代替。多角形的角点要求全部处于圆周上。角点的数目越多，多角形边的总长度就越逼近于 π。只要划分成 32 768 的内接正多角形，就可以达到一定的精度。

2014 年 5 月，作者参加了在广东工学院的工科数学教材会议，介绍了祖冲之类算法，希望大学数学教材要加入中国元素，召回中国数学之魂。本书是以实际工作贯彻该意图。不仅是讲讲而已，而要有实际行动的。下面就由探讨祖冲之的工作开始。

著作[7]的序言中讲："1999 年 5 月，教育部委托上海大学在钱伟长教授主持下召开了一次应用力学教改的会议。该会议使我下决心写出这本书，为此花费了大量的精力。"作者很早就有志于教学，虽然曾努力推动，但思路不得法，效果不理想。现在再一次努力，希望能发挥应有作用。

以下介绍祖冲之是如何计算圆周率 π(缀术)的推测。

中国人古代早就关注圆周率了，所谓“周三径一”，那只是一个估计。假设平面上有一个直径为 2 的圆，半径 $r=1$，要计算圆周长度，当然是 2π。但当年祖冲之又是如何计算的呢?

中国在东周时期就发明了算盘。算盘是古代的计算机。勾、股、弦的定理中国也早已发现，周公时期(公元前 1000 多年)已经有所记载，称商高定理。古代希腊有毕达哥拉斯者，对此有系统论述，所以大家说这是毕达哥拉斯定理。我们可仍称呼为商高定理。祖冲之未必知道有毕达哥拉斯，他实际使用中国传承下来的商高定理。

平面上两点之间的最短距离是其连接直线的长度，今天的说法是平面欧几里得几何的短程线。这些基本概念是祖冲之算法的基础。

一个圆有内接正多角形，有如切西瓜(古代称为割圆术)，1 分为 2，2 分为 4，4 分为 8……每次划分全部是 $n=2^i$，$i=0$、1、2、3、4…… 圆周生成了 n 条边的内接正多角形。当切了 $i=2$ 次，就有内接 4 边形，半径 $r=1$，此时每块等腰三角形的张角是 90°。切下的内接正多角形圆弧，不计算圆弧长度而用短程线的长度替代，成为等腰三角形。$i=2$ 时两点连直线的长度是 $l_2=\sqrt{2}$。等腰三角形有中垂线将三角形划分为 2 个直角三角形。其勾的长度是 $a=l_2/2$，弦的长度就是 $r=1$。中垂线的长度(股 b)可根据商高定理 $a^2+b^2=r^2=1$ 而计算。股的长度 b 当然小于半径 $r=1$。于是得到 $1-b$，这是将中垂线延伸到圆周点 p 的长度，见图 0.1。

以延伸长度 $1-b$ 为勾，以前面的 $a=l_2/2$ 为股，再根据商高定理可计算其弦，就是 $n=2^{i+1}$ 正内接多边形的边长 $l_{i=3}$。于是计算圆周长度 2π 的近似，内接正多角形边的总长是 $2^i\times l_i$。

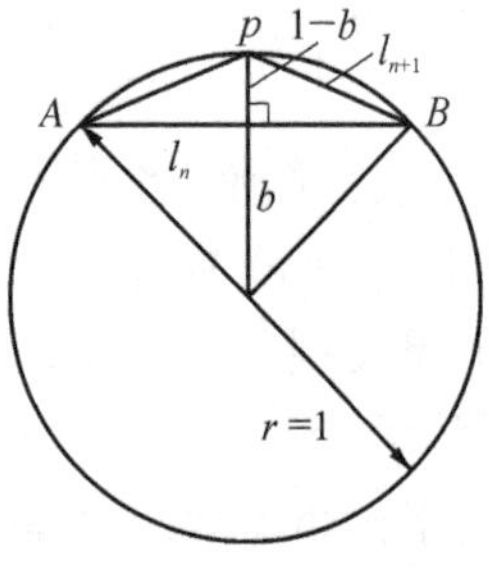

图 0.1　割圆术

图 0.1 为半径为 $r=1$ 的圆，计算圆周率，采用割圆术计算，用内接正多边形的总周长近似为圆的周长。实际计算的可以是半个圆周。假设正 n 边形的总边长为 l_i，$n=2^i$，用 l_i 作为弧长 $\widehat{AB}$ 的近似。按上文所述，勾 $a=l_i/2$，弦为 1，而按商高定理得 $b=[1-(l_i/2)^2]^{1/2}$ 的股。

再用商高定理。以伸长线 $1-b$ 为勾，$1-b=1-[1-(l_i/2)^2]^{1/2}=1-[4-l_i^2]^{1/2}/2=[2-(4-l_i^2)^{1/2}]/2$，以 $a=l_i/2$ 为股，则给出 $2l_{i+1}=2\times[(1-b)^2+(l_i/2)^2]^{1/2}=[4(1-b)^2+l_i^2]^{1/2}$。将 $4(1-b)^2=[2-(4-l_i^2)^{1/2}]^2=8-4\times(4-l_i^2)^{1/2}-l_i^2$，代入有

$$l_{i+1}=[2-(4-l_i^2)^{\frac{1}{2}}]^{\frac{1}{2}} \tag{0.4.1}$$

这样，就形成了一次等腰三角形的分割，式(0.4.1)形成了递推回归形式。无非是将 2 条边的长度 $s_{i+1}=2l_{i+1}$ 相加在一起而已。

具体计算可从半个圆开始，取 $i=1$，$s_1=l_1=2$。即计算半个圆周的弧长，半径是 1，张开角是 180°。结果弧长应该是 π，而与 $i=1$，$s_1=l_1=2$ 相差很多。再分解一次则有 l_2，而张开角成为 90°的 2 段圆弧，近似为 2 个三角形其边长之和是 $s_2=2l_2=2\sqrt{2}=2.8284$;

与 π 逼近了些但相差依然很大。再继续划分 2 个等腰三角形，90°的一段圆弧，成为张开角各为 45°的 2 段圆弧，近似长度 $s_3 = 2l_3 = 2^2 l_2$；如此继续下去……从 l_i 计算 l_{i+1} 的公式是式(0.4.1)。其数值结果罗列于表 0.1 之中。

内接正多角形的总边长，永远赶不上 2π，因为连接线是直线短程线，然而可不断逼近 2π，得到序列。所以，得到的无穷序列是无限逼近于 2π 的，2π 就是其极限。具体数值计算给出表 0.1。

表 0.1　不同正多边形对应的圆周率

正 n 边形	$s_i,\ n = 2^i$	正 n 边形	$s_i,\ n = 2^i$
$4 = 2^2$	2.828 427 12	$512 = 2^9$	3.141 572 94
$8 = 2^3$	3.061 467 46	$1\,024 = 2^{10}$	3.141 587 73
$16 = 2^4$	3.121 445 15	$2\,048 = 2^{11}$	3.141 591 42
$32 = 2^5$	3.136 548 49	$4\,096 = 2^{12}$	3.141 592 35
$64 = 2^6$	3.140 331 16	$8\,192 = 2^{13}$	3.141 592 58
$128 = 2^7$	3.141 277 25	$16\,384 = 2^{14}$	3.141 592 63
$256 = 2^8$	3.141 513 80	$32\,768 = 2^{15}$	3.141 592 65

表 0.1 为用 S*i*PESC 集成平台调用的 Python 编程计算得到的表格，可见当取正 16 384 边形时，近似计算得到圆周率为 3.141 592 63，此过程不断进行，得到了无穷序列，其极限就是圆周率 π。

所以说，祖冲之肯定有无穷序列和极限的概念。通过割圆术这样的具体问题来讲述无穷序列和极限，容易理解。教学本来应当如此。中国大学工科数学教材应在祖冲之思想的基础上进行讲授。

以吴文俊先生为代表的中国数学家努力接续中国古代数学传统。我们应继续努力接续中国数学传统：突出计算方面。然而自微积分以来，中国落后了。现今信息时代，离散分析已经势不可挡，“计算科学同理论和物理实验并列，已成为科学事业的第三根支柱”。接续中国的计算传统，可以大有作为。从祖冲之的工作，提炼出其内涵、要点，结合国外数学成就，发扬光大。

从基本概念方面提炼出祖冲之算法的特点：圆弧全部用短程线的直线代替。除节点外，短程线的点全部不在圆周上。将圆周看成约束，则除节点外，只要短程线的要求得到满足，不必再考虑其约束。这是在二维欧几里得几何条件下得到的。我们希望将祖冲之思路推广到更广泛领域中去，事实上这是成功的，在动力学 DAE 的推广，比国外许多著作用的 index 法好，详见后文。

虽然祖冲之当年未必知道有短程线之说，但直观上一定知道直线是最短距离。数学大师冯·诺伊曼的文章《数学家》[12]值得参考，不要追求绝对的严格性。

冯·诺伊曼指出：“能以更好的形式推广为更有效的新理论的理论将战胜另一理论……必须强调的是，这并不是一个接受正确理论、抛弃错误理论的问题。而是一个是否接受为了正确的推广而表现出更大的形式适应性的问题。”[12]

上文推测了祖冲之计算圆周率的方法。如果该方法只是用在二维欧几里得空间，那未免太局限。祖冲之算法的思路非常宝贵,应寻求将其使用于广大领域。

我们应当推测,祖冲之运用了两点间连直线(短程线)的方法。这个概念非常重要,因为变分法就是取最小的意思。而变分原理在应用数学与力学中是极其重要的内容。动力学的 Euler-Lagrange 方程可自最小作用量变分原理导出称为 Hamilton 原理。因此运用最小作用量变分原理,就可以代替数值积分的动力学微分方程。这就为祖冲之类算法提供了数学基础,将作用量取最小来代替两点间连直线(短程线)就可以了,这称为祖冲之方法论,相应算法就称为祖冲之类算法。动力学的数值计算,就是可以用祖冲之类算法解决。数值结果表明比差分法的结果好,因为祖冲之类算法的结果是保辛的。祖冲之方法论、祖冲之类算法用处很广,将在后文中加以展示。

练 习 题

0.1　假设某 Hamilton 函数可表示为

$$H(q,\ p) = \frac{1}{2}p^2 + \frac{1}{2}\omega q^2(1 + \sin q)^2$$

根据上述函数写出 Hamilton 正则方程。

0.2　什么是微分-代数方程,与传统微分动力学方程相比有什么区别,微分-代数方程可用在哪些实际问题中?

0.3　某 Hamilton 矩阵为 $\boldsymbol{H}$, 采用精细积分算法计算起矩阵指数 $\exp(\boldsymbol{H})$:

(1) 如果用 Matlab 编程计算,请写出代码;

(2) 如果矩阵为 $\boldsymbol{H} = \begin{bmatrix} 0 & 1 \\ -2 & 0 \end{bmatrix}$, 请给出其矩阵指数。

0.4　已知 $\cos 2\alpha = \cos^2\alpha - \sin^2\alpha$ 和 $\sin 2\alpha = 2\sin\alpha \times \cos\alpha$, 根据精细积分算法的思想,给出求解 $\cos\alpha$ 和 $\sin\alpha$ 的精细积分算法。

0.5　采用割圆术计算圆周率时,采用 1 分 2,2 分 4……的做法,每次生成 n 条边的正多边形,用多边形的周长近似圆周长。现在改进这一做法,每次细分时,采用抛物线代替直线,如练习题图 0.1 所示,在 A、B 中间细分一个 C 点,采用经过这三个点的抛物线长度代替直线长,问剖分 2^n 次时的圆周率?请给出不同 n 对应的圆周率表,请采用辛普森数值积分公式 $\int_a^b f(x)\,\mathrm{d}x = \frac{b-a}{6}\left[f(a) + 4f\left(\frac{a+b}{2}\right) + f(b)\right]$ 计算抛物线长度的积分。

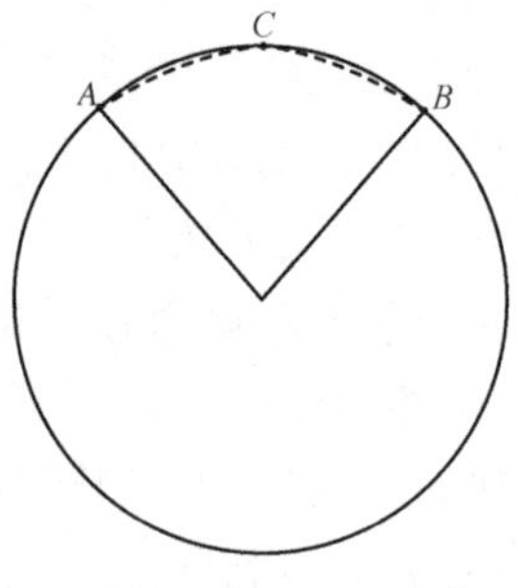

练习题图 0.1

0.6　精细积分算法的计算精度与泰勒级数的展开项数 q 及 2^N 类算法中的 N 相关。现在采用精细积分算法计算 $\sqrt{\mathrm{e}}$,要求计算结果有 13 位有效数字,请问:

(1) 如果 $q = 4$, 即展开到 $(0.5)^3/6$, 则 N 应如何选取?

(2) 如果 $N = 20$, 则 q 应如何选取?

0.7 浅谈矩阵指数的应用。

参考文献

[1] Goldstein H. Classical mechanics [M]. London: Addison-Wesley, 1980.

[2] Weyl H. The classical groups: Their invariants and representations [M]. Princeton: Princeton University Press, 1939.

[3] Arnol'd V. I. Mathematical methods of classical mechanics [M]. New York: Springer, 1997.

[4] 冯康,秦孟兆. Hamilton 体系的辛计算格式[M]. 杭州: 浙江科技出版社,2004.

[5] Hairer E, Lubich C, Wanner G. Geometric numerical integration, structure-preserving algorithms for ordinary differential equations[M]. Berlin: Springer, 2006.

[6] Jakeman J. 牛顿: 上帝、科学、炼金术[M]. 刘彬,译. 大连: 大连理工大学出版社,2008.

[7] 钟万勰. 力、功、能量与辛数学[M]. 大连: 大连理工大学出版社,2012.

[8] 钟万勰. 弹性力学求解新体系[M]. 大连: 大连理工大学出版社,1995.

[9] 姚伟岸,钟万勰. 辛弹性力学[M]. 北京: 高等教育出版社,2003.

[10] 钟万勰. 应用力学的辛数学方法[M]. 北京: 高等教育出版社,2006.

[11] 钟万勰. 计算结构力学与最优控制[M]. 大连: 大连理工大学出版社,1993.

[12] 冯·诺依曼. 数学在科学和社会中的作用[M]. 程钊,王丽霞,杨静,译. 大连: 大连理工大学出版社,2009.

[13] Zhong G, Marsden J E. Lie-Poisson Hamilton-Jacobi theory and Lie-Poisson integrators [J]. Physics Letters, 1988, 133(3): 134 - 139.

[14] 钟万勰,高强,彭海军. 经典力学辛讲[M]. 大连: 大连理工大学出版社,2013.

[15] 高强,钟万勰. Hamilton 系统的保辛-守恒积分算法[J]. 动力学与控制学报,2009,7(3): 193 - 199.

[16] 钟万勰,姚征. 时间有限元与保辛[J]. 机械强度,2005,27(2): 178 - 183.

[17] 希尔伯特. 数学问题[M]. 李文林,袁向东,译. 大连: 大连理工大学出版社,2009.

[18] 钱令希. 余能原理[J]. 中国科学,1950,2(1): 449 - 456.

[19] 胡海昌. 弹性力学的变分原理及其应用[M]. 北京: 科学出版社,1981.

[20] 阿蒂亚. 数学的统一性[M]. 袁向东,译. 大连: 大连理工大学出版社,2009.

[21] 钟万勰. 辛破茧[M]. 大连: 大连理工大学出版社,2011.

[22] Hairer E, Wanner G. Solving ordinary differential equations II [M]. Berlin: Springer, 1996.

[23] 钟万勰,高强. 约束动力系统的分析结构力学积分[J]. 动力学与控制学报,2006,4(3): 193 - 200.

[24] 钟万勰,吴志刚,谭述君. 状态空间控制理论与计算[M]. 北京: 科学出版社,2007.

[25] 钟万勰,吴锋,孙雁,等. 保辛水波动力学[J]. 应用数学和力学,2018,8(39): 855 - 874.

[26] 吴志刚,谭述君,彭海军. 现代控制系统设计与仿真[M]. 北京: 科学出版社,2012.

第一章
离散系统的辛数学

一根弹簧是胡克定律的静力学问题，通过这么简单的问题，就可讲述辛数学入门。弹簧是具体的离散部件，不需要用无穷小的概念。

教学、传播应讲究深入浅出，一味抽象、严谨，往往难懂。以往对辛数学的表述是基于微分几何的，因此可称为微分辛几何，太艰深，应让辛数学走下神坛，平易近人，用大众熟悉的概念和语言来讲述。

力、功、能量在中学已经有了较好的理解，物理概念清楚，故选择为辛数学讲述的对象。辛数学入门不需要那些难于掌握的抽象概念。辛数学并非只能用于弹簧结构、静力学，本章只是作为入门引导。

当今已经是计算机、数字化时代。离散化处理是大势所趋。与离散系统对应的是数学是代数，故以辛代数的面目出现，继而从几何的角度观察，自然提出离散辛几何。于是就与微分几何不同了。

辛数学在许多学科中发挥了重要的作用。作者的研究体会是，在结构力学、弹性力学、动力学、最优控制、电磁波导、纳米、固体的量子理论与计算等许多方面，可大量运用辛数学。这一章只用到矩阵代数。

将辛数学用最简单的物理、力学模型表达，可描述相当广泛领域内的现象。将广泛适用的新基础数学知识及早介绍给年轻人，对于他们将来的跨学科发展有很大好处。

教学首先要入门。对辛数学的理解，首先要从其物理意义着手。辛数学本来就是从力学提出的，一定要破除对其名称辛的神秘感，以利于广大读者的认知。以往对名称“辛”陌生，但对于结构力学最小势能原理是了解的。辛与最小势能是密切关联的，本书中对于这方面做了着重介绍，这些与力学的变分法密切相关。力学的变分原理可补救辛数学的局限性。本书通过最简单的力学课题着手，用浅近内容进行表述，还辛数学以本来的物理面目。

本书从结构力学的角度切入讲解，是因为结构力学与最优控制有模拟关系，学懂结构力学的辛数学方法，就很容易进入最优控制方面的算法。另外，结构力学与动力学有着相似关系，两方面除一个正负号不同之外，其余的保辛算法等都可以互相借鉴。结构静力学是静态的，易学易懂，故由此切入。

1.1 最简单结构力学问题的求解

最简单的结构力学模型是一根弹簧满足胡克定律的受力变形。设弹簧刚度为 k，长

度方向的坐标为 z。弹簧根部端 1 固定,另一端 2 在 z 方向外力 $p=f$ 作用下发生的位移 w 也在 z 方向(图 1.1)。根据弹簧刚度的意义有弹簧内力 f 与位移的关系(本构关系,constitutive relation):

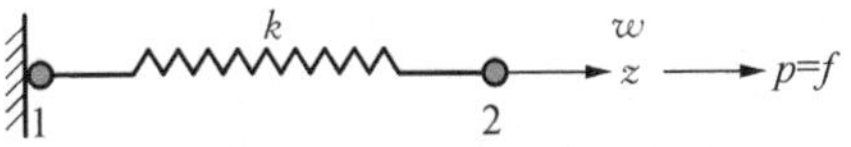

图 1.1　一根弹簧拉伸

$$f=k\cdot\Delta w,\ \Delta w=w_2-w_1 \tag{1.1.1}$$

式中,Δw 就是弹簧的伸长;内力 f 是伸长 Δw 的线性函数,在图 1.1 中表现是一根直线。

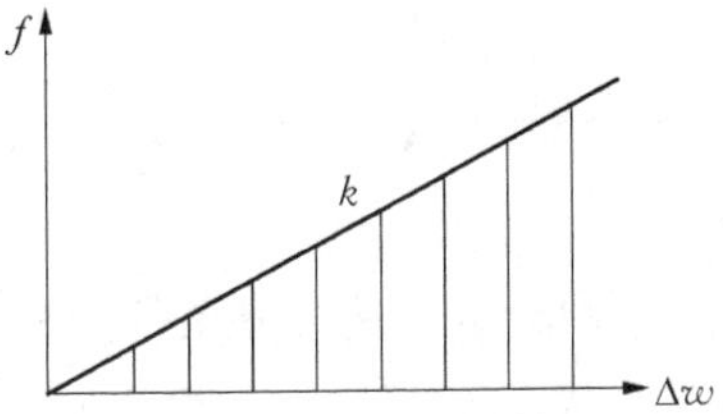

图 1.2　本构关系

内力 f 使弹簧伸长,即做功。这些功将转化为能量,成为弹簧的变形能。注意到 f 是 Δw 的函数,内力的做功并非 $f\cdot\Delta w$,而是图 1.2 中三角形的面积:

$$f\cdot\frac{\Delta w}{2} \tag{1.1.2}$$

这些功转化为弹簧变形能。将 $f=k\cdot\Delta w$ 代入,弹簧的变形能成为

$$U=\frac{k(\Delta w)^2}{2} \tag{1.1.3}$$

这是最简单的例题。注意弹簧有两个端部 1 与 2,固定端 1 的位移 $w_1=0$,而另一端 $w_2=\Delta w$。如果端 1 有给定位移 w_1,而端 2 的位移是 w_2,则弹簧的伸长为

$$\Delta w=w_2-w_1 \tag{1.1.4}$$

弹簧的变形能仍然是式(1.1.3)。

虽然只有一根弹簧,但也是一个弹性体系,一根弹簧组成的弹性体系。本章的讨论限于弹性体系。两端就是其边界,给定两端的位移 w_1、w_2,就由式(1.1.4)得到伸长 Δw,从而由本构关系式(1.1.1)得到弹簧力 f,进而得到弹簧变形能等。这是从两端位移边界条件而得到的,称位移法求解。

也可在一端给定 w_1,而在另一端给出外力 p_2,成为混合两端边界条件。节点 2 的平衡条件为 $p_2=f_2$。于是从本构关系得到弹簧的伸长 Δw,再由式(1.1.4)得到另一端的位移 w_2。注意两端的弹簧张力 f_1、$f_2=f$,因为有平衡的要求,故必然有 $f_1=f_2$。总之,给定恰当的两端边界条件就可以求解。

这是弹性体系的分析。给定两端边界条件求解,或者位移,或者力,于是自然就提出问题:为什么不是既给定两端位移又给定两端力。从一根弹簧分析知,如果给定了两端位移 w_1、w_2,则从胡克定律本构关系就确定了两端的张力,已经不可再任意给了,定解了。给定过多的条件将造成矛盾,是不可接受的。

注意,前面讲的是两端边界条件,或者位移,或者力。如果两端全部既给定位移又给定力,则不能求解。然而在某一端既给定位移也给定力,而另一端则不给出条件而要求求解,问题的提法又变成合理。做功就是(位移)乘(力),位移与力两个量是互相对偶的。

给定端 1 的位移 w_1 和内力 f_1,要求解另一端 2 的位移 w_2 和力 f_2。可进行为:根据平

衡条件有

$$f_2 = f_1 = f \tag{1.1.5}$$

这是用f_1表达了f_2。然后从本构关系的式(1.1.1)得到伸长：

$$\Delta w = \frac{f_1}{k}$$

再从伸长式(1.1.4)求出

$$w_2 = w_1 + \Delta w = w_1 + \frac{f_1}{k} \tag{1.1.6}$$

即从一端的位移与力w_1、f_1，求解了另一端的状态：w_2、f_2。这种给定一端边界条件的提法也很重要。我们讲：从一端的状态w_1、f_1传递到了另一端的状态w_2、f_2。称组合w_1、f_1为在端1的状态(state)，从而成为从端部1到端部2的状态间的传递(transfer)。

引入状态向量的概念。将端1的位移w_1，力f_1组合成状态向量$\boldsymbol{v}_1$如下：

$$\boldsymbol{v}_1 = \begin{Bmatrix} w_1 \\ f_1 \end{Bmatrix} \tag{1.1.7}$$

则由式(1.1.5)和式(1.1.6)，给出传递关系

$$\begin{Bmatrix} w_2 \\ f_2 \end{Bmatrix} = \boldsymbol{v}_2 = \boldsymbol{S} \cdot \boldsymbol{v}_1, \ \boldsymbol{S} = \begin{bmatrix} 1 & \dfrac{1}{k} \\ 0 & 1 \end{bmatrix} \tag{1.1.8}$$

式中，矩阵$\boldsymbol{S}$是传递矩阵(transfer matrix)，即只要乘上传递矩阵$\boldsymbol{S}$，就将状态向量$\boldsymbol{v}_1$传递到另一端的状态向量$\boldsymbol{v}_2$了。可注意，$\boldsymbol{S}$矩阵的右上角$s_{12} = 1/k$是弹簧刚度(stiffness)之逆，即柔度(flexibility, compliance) $f = 1/k$。以上是从力学的角度分析，得到了传递矩阵。但还应从数学结构的角度观察传递矩阵的数学内涵。

先引入辛矩阵(symplectic matrix)的概念，辛矩阵是有数学结构的矩阵。最简单的反对称矩阵是

$$\boldsymbol{J} = \begin{bmatrix} 0 & 1 \\ -1 & 0 \end{bmatrix} \tag{1.1.9}$$

而满足矩阵等式：

$$\boldsymbol{S}^{\mathrm{T}} \boldsymbol{J} \boldsymbol{S} = \boldsymbol{J} \tag{1.1.10}$$

的矩阵$\boldsymbol{S}$，在数学上定义为辛矩阵。前乘矩阵$\boldsymbol{J}$，即$\boldsymbol{J} \cdot \boldsymbol{S} = \begin{bmatrix} 0 & 1 \\ -1 & -\dfrac{1}{k} \end{bmatrix}$，就是将下面的行移动到上面；而上面的行则改符号，移动到下面。读者可自己验证，传递矩阵式

(1.1.8)的 $\boldsymbol{S}$ 就是辛矩阵,其行列式值为 1。于是我们理解了,力学的传递矩阵是数学的辛矩阵。这样力学与数学就紧密地联系在一起。于是可称 $\boldsymbol{S}$ 为传递辛矩阵。它所传递的对象,是力学结构两端的状态向量。数学结构与力学的结构汇合在一起。

矩阵 $\boldsymbol{J}$ 有特殊重要的意义。矩阵 $\boldsymbol{J}$ 本身也是辛矩阵,最简单的辛矩阵。很容易验证:

$$\boldsymbol{J}=\begin{bmatrix}0 & 1\\ -1 & 0\end{bmatrix},\ \boldsymbol{J}^2=-\boldsymbol{I},\ \boldsymbol{J}^{\mathrm{T}}=-\boldsymbol{J},\ \boldsymbol{J}^{-1}=-\boldsymbol{J} \tag{1.1.11}$$

将式(1.1.10)中的 $\boldsymbol{S}$ 用 $\boldsymbol{J}$ 代入,验证为 $\boldsymbol{J}^{\mathrm{T}}\boldsymbol{J}\boldsymbol{J}=\boldsymbol{J}$。容易验证,$\boldsymbol{I}$ 也是辛矩阵。显然 $\boldsymbol{J}$ 的行列式为 1,表达为 $\det.(\boldsymbol{J})=1$。这些性质以后经常用到。

注意,上面所讲辛的数学只用到代数,称为辛代数也可以。1993 年,国家自然科学基金委员会支持了课题“结构动力学及其辛代数方法”(19372011)。辛代数的提法不是现在才有的。

变换是数学中最常见的手段。传递辛矩阵作用在状态向量上,我们用“传递”二字来表达变换矩阵是传递辛矩阵。它作用在弹簧左端状态向量上就传递到了右端的状态向量。中间经过了一根弹簧的区段才完成了传递。当然,也可说是变换,区段两端状态向量的变换。

分析力学中要区分两种变换:点变换和正则变换。其中,点变换为一类变量的变换;正则变换为对偶变量的变换或状态向量的变换。传递辛矩阵乘法给出就是正则变换。

能量原理的解法如下。

以上的求解方法是列出全部方程,再予以求解。但运用能量原理也是最根本的方法。一个质点在球形碗内,其平衡位置一定在最低点的碗底,因重力势能最小,这就是最小总势能原理。自然界的平衡有最小总势能原理。弹性体系的势能有变形势能 U 与外力(重力)势能 V 两种,而能量是可以相加:

$$E=U+V \tag{1.1.12}$$

将位移未知数 w_2 作为基本未知数,弹簧的变形能为

$$U=\frac{k(w_2-w_1)^2}{2}=\frac{kw_2^2}{2},\ w_1=0$$

重力势能为

$$V=-p_2w_2$$

式中,p_2 是在端部外力。总势能是 w_2 的二次函数。

对二次函数的一般形式 $f(w_2)=aw_2^2+bw_2+c$ 配平方,可推导出 $f(w_2)=a(w_2+b/2a)^2+(c-b^2/4a)$,得

$$E=\frac{kw_2^2}{2}-p_2w_2=k\frac{\left(w_2-\dfrac{p_2}{k}\right)^2}{2}-\frac{p_2^2}{2k}$$

因为 $k > 0$，最小的 E 在

$$w_2 = \frac{p_2}{k}$$

时达到，符合以上的解。

势能的概念非常重要。就像重力势能一样，弹性势能（变形能）只与当前的位移状态有关，而与如何达到当前状态的变形途径是没有关系的，即与途径无关，而只与位移状态有关。举例来说，中学物理学习时一定强调，一件重物，质量 M，重力为 Mg，其中 g 是重力加速度。当将重物的位置提高 h 时，就有重力势能的增加 Mgh。不论经过任何途径，重力势能的增加总是 Mgh，即与途径无关。

进一步看到，弹簧拉伸可用最小总势能原理来求解，也可用传递辛矩阵方法求解。所以，从实际课题的角度来观察辛矩阵，除了名词辛比较特殊外，其实是朴实无华的。辛根本没有提到外乘积、Jordan 几何等抽象概念，无非是用到状态向量、传递矩阵而已，概念并不神秘。

刚度矩阵 $\boldsymbol{K}$ 与传递矩阵有密切关系。单根弹簧也有刚度矩阵：

$$\boldsymbol{K} = \begin{bmatrix} k & -k \\ -k & k \end{bmatrix},\ U = \frac{1}{2}\begin{Bmatrix} w_1 \\ w_2 \end{Bmatrix}^{\mathrm{T}} \boldsymbol{K} \begin{Bmatrix} w_1 \\ w_2 \end{Bmatrix} = \frac{\boldsymbol{w}^{\mathrm{T}}\boldsymbol{K}\boldsymbol{w}}{2} \tag{1.1.13}$$

或

$$f_1 = -kw_1 + kw_2,\ f_2 = -kw_1 + kw_2$$

表明刚度阵 $\boldsymbol{K}$ 可变换到传递辛矩阵的，从以上两式，直接就推导了 $w_2 = w_1 + f_1/k$，$f_2 = f_1$ 的式（1.1.5）和式（1.1.6），就给出了传递辛矩阵。这里要强调，刚度矩阵是对称的。对称矩阵与辛矩阵是有密切关系的。后面式（1.4.3）给出具体验证。

冯·诺依曼说：“数学构造必须很简单。”结构力学状态传递的模型十分简单，这里根本没有运用纯数学的微分形式、切丛、余切丛、交叉外乘积、Jordan 几何等抽象概念，因此不是微分几何。这里只用到代数，表明辛也可以用代数表达，称为辛代数也符合实际。

实际中一个结构不能仅仅是一根弹簧，所以下面要讲述多根弹簧的组合。

探讨：上文从两端给定位移出发，引入力向量，组成一端的状态向量 $\boldsymbol{v}_1$，讲解了传递辛矩阵及单元的刚度矩阵，并且指出，从刚度阵可推导出传递辛矩阵等。这些内容在以后的展开中，将一再出现。这里是从单根弹簧的最简单例题予以表现出来。

更深入一些，传递辛矩阵 $\boldsymbol{S}$ 以及节点的状态向量 $\boldsymbol{v}_1$ 是相对新的概念。上文只讲到式（1.1.8）中 $\boldsymbol{v}_2 = \boldsymbol{S} \cdot \boldsymbol{v}_1$ 的操作，传递辛矩阵 $\boldsymbol{S}$ 左乘，就将节点 1 的状态向量传递到了节点 2 的状态向量。不可只考虑孤立的一个状态向量，而传递辛矩阵可对其进行操作，就得到另一端的状态向量。学过微积分的读者很清楚，就如微分方程，一定要有边界条件，才可得到具体问题的数值解，所以一端的状态向量就有如微分方程的初始条件，而传递辛矩阵则如微分方程，两者相结合就可得到具体问题的数值解。

两端边界条件的表达方式如下。

第一种两端条件：既然引入截面状态向量是作为端部边界条件，原来是在区段两端给出位移的（可称为第一种两端条件），表明边界条件既可以是给定两端位移，或者是给出一端的状态向量，反正是两个边界条件就可以。

第二种两端条件：在左端给定位移，而在右端给定力也可以（可称为第二种两端条件），这就是一半在左端给定而另外一半在右端给定，那也是合理的。

第三种两端条件：其逆向提法，则是在右端给定位移而在左端给定力（可称为第三种两端条件）。

第四种两端条件：两端全部给定力的两端条件，对于一根弹簧的简单课题，有平衡条件 $f_1 = f_2$。

不过一定要注意，还有平衡条件的约束，这两个给定力不可违反约束，所以两端不可任意给定力。所以，第四类两端条件实际上只有一个任意值，缺少了一个任意值。其结果是满足了平衡条件，但位移是不能根据平衡条件积分的。一个刚体位移可取任何值，难以确定。这表明只关注一类变量有时是不够的。

作者们近来研究了二维流体力学的课题。在水波动力学领域，对于水波动力学位移的积分，遇到了很大困难。有著名学者在数学的世界顶级期刊上发表论文讲述其困难，其原因是，流体力学的未知数一般采用欧拉表示，全部以速度为基本未知数，速度相当于动力学的动量。当前课题是一根弹簧的受力分析，属于一类变量问题。哪怕求出了精确解，也就是只是满足了平衡条件而已，要积分位移，仍然不能得到其刚体位移部分的值。这在最简单的一根弹簧的课题中已经呈现出来了，值得关注。

在流体力学方面存在同样的困难，即在 Euler 表示下，积分不出位移。

还有一点应予以注意，分析力学的关键问题就是正则变换，相关内容在后文讲述。然而，正则变换通常是通过生成函数来讲解的[1]，有 4 类生成函数：第一类生成函数是两端给定位移，这与弹簧例题相同；第二类生成函数则是在左端给定位移，在右端给定力，这与前面的第二种两端条件相同；第三种生成函数则是在左端给定力而在右端给定位移，是第二种的逆向提法；第四种生成函数则是在两端给定力。这些生成函数的提法与前面的解释雷同，在单根弹簧的课题中体现出来。

1.2 两段弹簧结构的受力变形，互等定理

弹簧的不同组合构成弹性结构，而不仅仅是一个元件。简单些可先讲述弹簧的并联、串联。

1.2.1 两根弹簧的并联、串联

两根弹簧的组合，有并联与串联两种。首先介绍弹簧的并联。并联弹簧产生的刚度 $k_c = k_1 + k_2$ 是两个弹簧的刚度之和。用变形能表示：

$$U = \frac{k_1 w_1^2}{2} + \frac{k_2 w_1^2}{2} = \frac{(k_1 + k_2) w_1^2}{2}$$

就可看到弹簧刚度的相加,如图 1.3 所示。能量法是很根本、很广泛的。

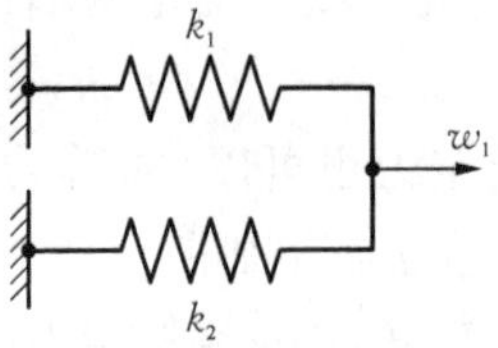

图 1.3　并联弹簧简图

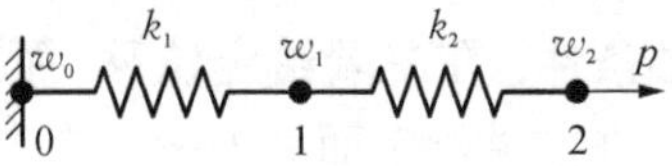

图 1.4　串联弹簧简图

再看两根弹簧的串联(图 1.4)。设有 k_1、k_2 两根弹簧串联,于是有节点 0、1、2。这个课题既可列方程求解,也可用最小总势能原理求解,还可用传递辛矩阵求解。先用最小总势能原理求解,设点 2 作用拉力 p,问题在于两段结构的连接,因为 $w_0=0$,则变形势能是 2 根弹簧的变形势能之和(变形能是相加的):

$$U=\frac{k_1w_1^2+k_2(w_2-w_1)^2}{2}=\frac{-2k_2w_1w_2+w_1^2(k_1+k_2)+k_2w_2^2}{2}$$

外力势能为

$$V=-p\cdot w_2$$

总势能 $E=U+V$ 是位移 w_1、w_2 的 2 次函数。配平方有

$$\begin{aligned}E=U+V&=\frac{-2k_2w_1w_2+w_1^2(k_1+k_2)+k_2w_2^2}{2}-p\cdot w_2\\&=(k_1+k_2)\frac{\left[\dfrac{w_1-w_2\cdot k_2}{k_1+k_2}\right]^2}{2}+\frac{\dfrac{k_2k_1}{k_1+k_2}\cdot w_2^2}{2}-p\cdot w_2\end{aligned}$$

对 w_1 取最小,有

$$w_1=\frac{w_2\cdot k_2}{k_1+k_2}$$

给出

$$E=-p\cdot w_2+\frac{\dfrac{k_1k_2}{k_1+k_2}\cdot w_2^2}{2}$$

表明串联弹簧的刚度 k_c 是

$$k_c=\frac{k_1k_2}{k_1+k_2}\tag{1.2.1}$$

这就是通常的弹簧串联公式。

将上式求逆，得 $k_c^{-1}=k_1^{-1}+k_2^{-1}$。刚度之逆是柔度，串联弹簧的柔度 k_c^{-1} 是顺次两根弹簧的柔度之和。以上对串联弹簧的求解运用了最小总势能原理，是能量法的求解。

用传递辛矩阵法的求解也有很大兴趣。k_1 弹簧的传递辛矩阵是

$$\boldsymbol{S}_1=\begin{bmatrix}1 & \dfrac{1}{k_1}\\ 0 & 1\end{bmatrix},\ \boldsymbol{v}_1=\boldsymbol{S}_1\cdot\boldsymbol{v}_0$$

k_2 弹簧的传递辛矩阵是

$$\boldsymbol{S}_2=\begin{bmatrix}1 & \dfrac{1}{k_2}\\ 0 & 1\end{bmatrix},\ \boldsymbol{v}_2=\boldsymbol{S}_2\cdot\boldsymbol{v}_1$$

两段结构的辛矩阵可综合为

$$\boldsymbol{v}_2=\boldsymbol{S}_2\cdot\boldsymbol{v}_1=\boldsymbol{S}_2\cdot(\boldsymbol{S}_1\cdot\boldsymbol{v}_0)=(\boldsymbol{S}_2\cdot\boldsymbol{S}_1)\cdot\boldsymbol{v}_0=\boldsymbol{S}\boldsymbol{v}_0,\ \boldsymbol{S}=\boldsymbol{S}_2\boldsymbol{S}_1$$

完成矩阵乘法：

$$\boldsymbol{S}=\begin{bmatrix}1 & \dfrac{1}{k_2}\\ 0 & 1\end{bmatrix}\cdot\begin{bmatrix}1 & \dfrac{1}{k_1}\\ 0 & 1\end{bmatrix}=\begin{bmatrix}1 & \dfrac{1}{k_1}+\dfrac{1}{k_2}\\ 0 & 1\end{bmatrix}\tag{1.2.2}$$

表明综合弹簧的柔度就是串联弹簧的柔度相加。这里要注意，串联结构的辛矩阵是做乘法的。变形能是相加的，而辛矩阵是相乘的。

还有列方程求解的方法。节点位移是 w_0、w_1、w_2，设 $w_0=0$，$w_2=1$，而两根弹簧的内力为 f_1、f_2。根据平衡条件有 $f_1=f_2$。从弹簧变形公式：

$$\Delta w_1=w_1-w_0=w_1,\ \Delta w_2=w_2-w_1$$

再根据本构关系：

$$f_1=k_1\Delta w_1=k_1w_1,\ f_2=k_2\Delta w_2=k_2(w_2-w_1)$$

根据平衡条件有 $k_1w_1=k_2(w_2-w_1)$，得到 $[k_2/(k_1+k_2)]\cdot w_2=k_cw_2$。当然得到同样的结果。能量法，传递辛矩阵的乘法，以及列方程的解法，给出相同结果，但代表了不同的求解思路。

1.2.2 两段弹簧结构的分析

进一步再考虑图 1.5 所示 3 根弹簧的组合，仍然是 2 段。显然弹簧 k_a、k_c 是并联，然后再与 k_b 串联。在节点上有外力 p_1、p_2 作用。

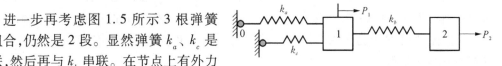

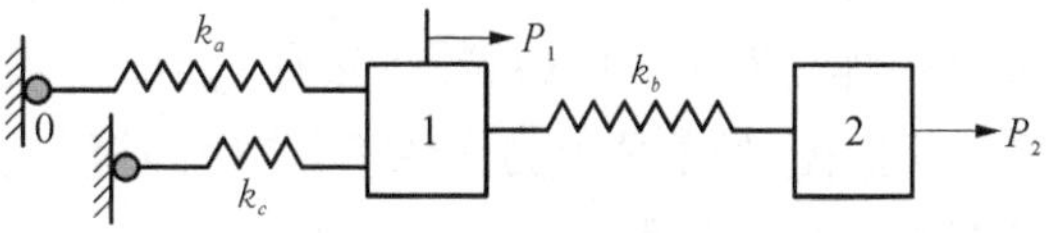

图 1.5 并联、串联弹簧

先列方程求解,此时本构关系为

$$f_a = k_a \Delta w_a,\ f_b = k_b \Delta w_b,\quad f_c = k_c \Delta w_c,\ \Delta w_c = w_1 \tag{1.2.3}$$

式中,f_a、f_b、f_c 是弹簧张力。求解,将节点的平衡方程:

$$f_a + f_c - f_b = p_1,\ f_b = p_2 \tag{1.2.4}$$

作为基本方程,将式(1.2.3)与变形方程代入,有

$$k_a w_1 + k_c w_1 - k_b (w_2 - w_1) = p_1,\ k_b (w_2 - w_1) = p_2$$

或用矩阵/向量写出为

$$\boldsymbol{K}\boldsymbol{w} = \boldsymbol{p},\ \boldsymbol{K} = \begin{bmatrix} k_{11} & k_{12} \\ k_{21} & k_{22} \end{bmatrix},\quad \begin{matrix} k_{11} = k_a + k_b + k_c & k_{12} = -k_b \\ k_{21} = k_{12} & k_{22} = k_b \end{matrix}$$

$$\boldsymbol{w} = \begin{Bmatrix} w_1 \\ w_2 \end{Bmatrix},\ \boldsymbol{p} = \begin{Bmatrix} p_1 \\ p_2 \end{Bmatrix} \tag{1.2.5}$$

式中,刚度矩阵 $\boldsymbol{K}$ 是对称的。

刚度阵的对称,表明了互等定理(reciprocal theorem)、反力互等定理。当弹性体系取 1 号点有单位位移,而其余位移为零,即 $w_1 = 1,\ w_2 = 0$ 时,在 2 号点处发生的反力 k_{12};等于 2 号点取单位位移,而其余位移为零时,在 1 号点发生的反力(约束力) k_{21}。

外力向量 $\boldsymbol{p}$ 是给定的,将式(1.2.5)求逆得到

$$\boldsymbol{w} = \boldsymbol{F}\boldsymbol{p},\ \boldsymbol{F} = \boldsymbol{K}^{-1} \tag{1.2.6}$$

刚度阵 $\boldsymbol{K}$ 的逆称为柔度阵 $\boldsymbol{F}$。可推出

$$\boldsymbol{F} = \begin{bmatrix} \dfrac{1}{k_a + k_c} & \dfrac{1}{k_a + k_c} \\ \dfrac{1}{k_a + k_c} & \dfrac{1}{k_a + k_c} + \dfrac{1}{k_b} \end{bmatrix} = \begin{bmatrix} c_{11} & c_{12} \\ c_{21} & c_{22} \end{bmatrix} \tag{1.2.7}$$

既然刚度阵是对称矩阵,其逆阵 $\boldsymbol{F}$ 也是对称矩阵。

柔度矩阵的系数 c_{ij} 的力学意义应予以解释。设结构有 $i = 1, \cdots, n$ 个节点(现在 $n = 2$),当然有 n 个位移构成 n 维位移向量 $\boldsymbol{w}$。取外力向量 $p_i = 1,\ p_j = 0,\ j \neq i$,则求解得到 $w_j = c_{ij},\ j = 1 \sim n$。这说明,$c_{ij}$ 的意义是:在第 i 号单位外力作用下,产生的第 j 号位移。柔度矩阵为对称,则其系数必然有 $c_{ji} = c_{ij}$,表明第 i 号单位外力作用下,产生的第 j 号位移,等于第 j 号单位外力作用下,产生的第 i 号位移。称为位移互等定理。它与反力互等定理互相成为对偶。

从 1.2.1 节已经熟悉弹簧的并联与串联,本课题也可用并联与串联求解。节点 0、

1 之间是并联弹簧,其刚度是两根弹簧的刚度之和,$k_1 = k_a + k_c$ 代表区段 0~1,0 代表地面(将两个地面节点看成同一点);再与区段 1~2 的弹簧 $k_2 = k_b$ 串联。柔度是刚度的倒数,即柔度为 $c_1 = 1/k_1$ 与 $c_2 = 1/k_2$ 的弹簧相串联(柔度的英文是 flexibility,但因 f 已经代表力了,故采用符号 c 代表柔度 compliance)。串联弹簧的柔度应相加,综合的柔度 c_c 是

$$c_c = c_1 + c_2 = \frac{1}{k_a + k_c} + \frac{1}{k_b} \tag{1.2.8}$$

本课题 $n = 2$, 在端部作用单位力,产生的位移就是 $c_c = c_{22}$。 可对照刚度矩阵求逆的结果。综合的刚度则是

$$k_g = \frac{1}{c_c} = \frac{1}{\dfrac{1}{k_a + k_c} + \dfrac{1}{k_b}} = \frac{(k_a + k_c)k_b}{k_a + k_b + k_c} \tag{1.2.9}$$

这是从弹簧的并联(parallel)、串联(series)推导的。

本问题也可用最小总势能原理求解。用最小总势能原理的求解也是基本方法。最小总势能原理的求解,是对二次函数总势能取最小。弹性体系的势能(potential)有变形势能 U (deformation energy)与外力(重力)势能 V (gravity potential)两种,总势能即两者之和(能量是相加的):

$$E = U + V \tag{1.2.10}$$

将位移 w_1、w_2 作为基本未知数,3 根弹簧的变形能分别为

$$U_a = \frac{k_a w_1^2}{2},\ U_b = \frac{k_b(w_2 - w_1)^2}{2},\ U_c = \frac{k_c w_1^2}{2}$$

$$U = U_a + U_b + U_c$$

重力势能为

$$V = -p_1 w_1 - p_2 w_2$$

总势能是 $\boldsymbol{w}$ 的二次函数。乘出来,有

$$E = \frac{(k_a + k_b + k_c)w_1^2 - 2k_b w_1 w_2 + k_b w_2^2}{2} - p_1 w_1 - p_2 w_2 \tag{1.2.11}$$

这是 w_1、w_2 的二次函数。用配平方法取最小,仍可予以求解。当然,2 个未知数的配平方要费点力气。附录 2 讲了在 $b^2 - 4ac < 0$ 时,2 次齐次函数:

$$f(x_1,\ x_2) = ax_1^2 + bx_1x_2 + cx_2^2$$

可以配平方求解椭圆的长轴、短轴的方向。将坐标旋转变换,再移轴,就可以求解出在何处达到能量的最小值。具体的计算可作为练习,由读者自行完成。

用传递辛矩阵法的求解有很大兴趣。区段 0~1 并联弹簧的传递辛矩阵:

$$\boldsymbol{S}_1=\begin{bmatrix}1 & \dfrac{1}{k_1}\\0 & 1\end{bmatrix}=\begin{bmatrix}1 & \dfrac{1}{k_a+k_c}\\0 & 1\end{bmatrix},\ \boldsymbol{v}_1=\boldsymbol{S}_1\cdot\boldsymbol{v}_0 \tag{1.2.12a}$$

以及

$$\boldsymbol{S}_2=\begin{bmatrix}1 & \dfrac{1}{k_b}\\0 & 1\end{bmatrix},\ \boldsymbol{v}_2=\boldsymbol{S}_2\cdot\boldsymbol{v}_1 \tag{1.2.12b}$$

综合有

$$\boldsymbol{v}_2=\boldsymbol{S}_2\cdot\boldsymbol{v}_1=\boldsymbol{S}_2\cdot(\boldsymbol{S}_1\cdot\boldsymbol{v}_0)=(\boldsymbol{S}_2\cdot\boldsymbol{S}_1)\cdot\boldsymbol{v}_0=\boldsymbol{S}\boldsymbol{v}_0,\ \boldsymbol{S}=\boldsymbol{S}_2\boldsymbol{S}_1$$

完成矩阵乘法:

$$\boldsymbol{S}=\begin{bmatrix}1 & \dfrac{1}{k_b}\\0 & 1\end{bmatrix}\cdot\begin{bmatrix}1 & \dfrac{1}{k_a+k_c}\\0 & 1\end{bmatrix}=\begin{bmatrix}1 & \dfrac{1}{k_a+k_c}+\dfrac{1}{k_b}\\0 & 1\end{bmatrix}=\begin{bmatrix}1 & c_c\\0 & 1\end{bmatrix}$$

该矩阵 $\boldsymbol{S}$ 的右上元素是串联后弹簧的柔度,柔度相加。设 $p_1=0$, $p_2=1$, 则给出方程传递:

$$w_2=w_0+c_c\cdot f_0,\ f_2=f_0,\ c_c=\frac{k_a+k_b+k_c}{k_b(k_a+k_c)}$$

边界条件是 $w_0=0$, $f_2=p_2=1$, 求解得 $w_2=c_c\cdot p_2$, $f_0=p_2$, 从而有

$$\boldsymbol{v}_0=\begin{Bmatrix}w_0\\f_0\end{Bmatrix}=\begin{Bmatrix}0\\p_2\end{Bmatrix}$$

$$\boldsymbol{v}_1=\boldsymbol{S}_1\cdot\boldsymbol{v}_0=\begin{bmatrix}1 & \dfrac{1}{k_a+k_c}\\0 & 1\end{bmatrix}\cdot\boldsymbol{v}_0=\begin{Bmatrix}\dfrac{p_2}{k_a+k_c}\\p_2\end{Bmatrix}$$

而弹簧内力的计算,应从 $\boldsymbol{v}_1$ 先取出 $w_1=\dfrac{p_2}{k_a+k_c}$, 然后分别计算两根弹簧的内力:

$$p_2\cdot\frac{k_a}{k_a+k_c},\ p_2\cdot\frac{k_c}{k_a+k_c}$$

弹簧并联的矩阵 $\boldsymbol{S}_1$ 将两根弹簧的地面看成一个点。此时根部力是 $f_0=(k_a+k_c)\Delta w_1=(k_a+k_c)\cdot w_1$。然而,多级串联弹簧(图 1.6),每级传递的是弹簧 k_a 的力,即 $k_a\cdot\Delta w$。这是有所不同的,详见下一节的例题。

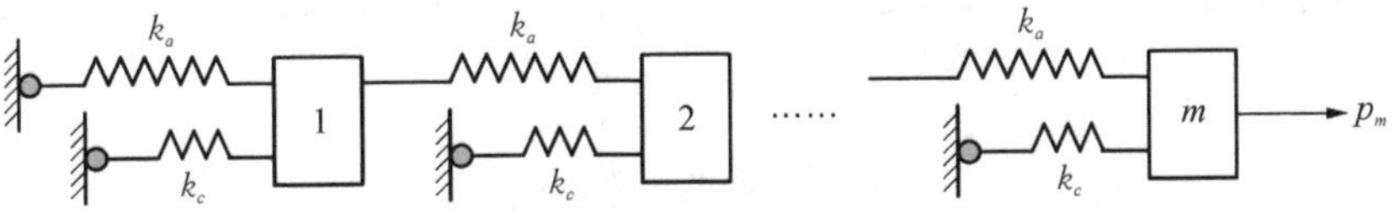

图 1.6　m 级串联

1.3　多区段受力变形的传递辛矩阵求解

从前面的讲述看到,传递矩阵的方法也是重要的,故仍应加以考虑。弹簧 k_a 与 k_c 是并联的,并联弹簧成为刚度为 $k_a + k_c$ 的一根弹簧,然后又与 k_b 串联,从站 0 到站 1 是一次传递,而从站 1 到站 2 则是下一次的传递。传递矩阵与变形能有密切关系。

将课题扩大,认为有 m 段重复的弹簧 k_a、k_c 与质点 1, …, m, 弹簧 k_a 是串联的,而 k_c 则直接与地面相连,如图 1.6 所示。在端部点 m 有外力 p_m 作用。该课题无非是弹簧的并联、串联而已。可以用列方程的方法求解,也可用最小总势能变分原理求解,还可用传递辛矩阵的方法求解。

任意选择中间的 $(j-1, j)$ 一段,称第 $j\#$ 区段。该区段所属的弹簧有 2 根,一根 k_a 弹簧连接 $j-1$、j 两点,另一根 k_c 则直接连接地面。其变形能可分别计算,而其和为

$$U_{j\#} = \frac{k_a(w_j - w_{j-1})^2}{2} + \frac{k_c w_j^2}{2} = \frac{k_a w_{j-1}^2 - 2k_a w_{j-1} w_j + (k_a + k_c) w_j^2}{2}$$

或

$$U_{j\#} = \frac{1}{2}\begin{Bmatrix} w_{j-1} \\ w_j \end{Bmatrix}^{\mathrm{T}} \boldsymbol{K}_j \begin{Bmatrix} w_{j-1} \\ w_j \end{Bmatrix}, \quad \boldsymbol{K}_j = \begin{bmatrix} k_a & -k_a \\ -k_a & k_a + k_c \end{bmatrix} \tag{1.3.1}$$

称为区段变形能 $U_{j\#}(w_{j-1}, w_j)$,它是两端位移的函数。整体结构的变形能是全体区段变形能之和:

$$U = \sum_{j=1}^{j=m} U_{j\#} \tag{1.3.2}$$

而外力势能则为

$$V = -p_m w_m \tag{1.3.3}$$

运用最小总势能原理。外力势能只影响端部位移 w_m,而与内部一个区段的变形能处理无关。传递需要用状态向量表达,因此必然要内力。$j\#$ 区段右端点 j 的内力 f_j 是

$$f_j = (k_a + k_c) w_j - k_a w_{j-1} \tag{1.3.4}$$

组成 j 站的状态向量:

$$\boldsymbol{v}_j = \begin{Bmatrix} w_j \\ f_j \end{Bmatrix} \tag{1.3.5}$$

因为平衡条件，j# 区段左端内力是 $k_a(w_j - w_{j-1})$ 一定等于区段 $(j-1)$# 的右端内力 f_{j-1}，故

$$f_{j-1} = k_a(w_j - w_{j-1}) \tag{1.3.6}$$

传递矩阵就是要从 $j-1$ 站的状态向量 $\boldsymbol{v}_{j-1}$ 传递到 $\boldsymbol{v}_j$，即

$$\boldsymbol{v}_j = \boldsymbol{S}\boldsymbol{v}_{j-1} \tag{1.3.7}$$

要推出传递矩阵 $\boldsymbol{S}$，请对比式(1.1.8)，推导很简单。从式(1.3.6)有

$$w_j = w_{j-1} + \frac{f_{j-1}}{k_a}$$

再代入式(1.3.4)有

$$f_j = (k_a + k_c)\left(w_{j-1} + \frac{f_{j-1}}{k_a}\right) - k_a w_{j-1} = k_c w_{j-1} + \left(1 + \frac{k_c}{k_a}\right) f_{j-1}$$

综合，从 $j-1$ 站到 j 站的传递辛矩阵是

$$\boldsymbol{S} = \boldsymbol{S}_{j-1\sim j} = \begin{bmatrix} 1 & \dfrac{1}{k_a} \\ k_c & 1 + \dfrac{k_c}{k_a} \end{bmatrix} \tag{1.3.8}$$

式(1.1.10)指出辛矩阵的概念是满足矩阵等式 $\boldsymbol{S}^{\mathrm{T}}\boldsymbol{J}\boldsymbol{S} = \boldsymbol{J}$。读者不妨再验证，式(1.3.8)的矩阵确实满足 $\boldsymbol{S}^{\mathrm{T}}\boldsymbol{J}\boldsymbol{S} = \boldsymbol{J}$。应注意，式(1.3.8)的传递辛矩阵的左下角有数值的而不是零，所以两端力不相等。

在此又一次看到，原来辛矩阵的物理意义，就是两端状态向量间的传递矩阵，传递辛矩阵，很简单、很清楚！辛本来是从力学而来，扎根在结构力学中。辛数学在多门学科中有应用，数学应用本来是广谱的。

注意 $\boldsymbol{S}$ 与位移 w 无关，取给定值。有了传递矩阵，还要落实到求解整体问题。状态向量的引入是 $\boldsymbol{v}_j = \boldsymbol{S}\boldsymbol{v}_{j-1}$，代表了任意区段：

$$j\#:\ (j-1,\ j)$$

整数 j 可以任意选择。于是选择 $j=1$，有 $\boldsymbol{v}_1 = \boldsymbol{S}\boldsymbol{v}_0$；选择 $j=2$，有 $\boldsymbol{v}_2 = \boldsymbol{S}\boldsymbol{v}_1$… 综合有

$$\boldsymbol{v}_2 = \boldsymbol{S}\boldsymbol{v}_1 = \boldsymbol{S}^2\boldsymbol{v}_0,\ \boldsymbol{v}_k = \boldsymbol{S}^k\boldsymbol{v}_0 \tag{1.3.9}$$

所谓递推(recurrence)、归纳(induction)。选择 $k=m$，得 $\boldsymbol{v}_m = \boldsymbol{S}^m\boldsymbol{v}_0$。展开得

$$\begin{Bmatrix} w_m \\ f_m \end{Bmatrix} = \boldsymbol{S}_{1\sim m}\begin{Bmatrix} w_0 \\ f_0 \end{Bmatrix},\ \boldsymbol{S}_{1\sim m} = \boldsymbol{S}^m = \begin{bmatrix} S_{11,m} & S_{12,m} \\ S_{21,m} & S_{22,m} \end{bmatrix} \tag{1.3.10}$$

根据两端边界条件,其中 $w_0=0$、$f_m=p_m$ 已知,而 w_m、f_0 则有待求解。因分段的 $\boldsymbol{S}$ 阵已知,故矩阵 $\boldsymbol{S}_{1\sim m}$ 的元素 $\boldsymbol{S}_{11,m}$、$S_{12,m}$、$S_{21,m}$、$S_{22,m}$ 也是可以计算的,建立联立方程:

$$\begin{aligned} w_m &= S_{11,m}w_0 + S_{12,m}f_0 \\ f_m &= S_{21,m}w_0 + S_{22,m}f_0 \end{aligned} \tag{1.3.11}$$

给定 w_0、$f_m=p_m$,由此求解 w_m、f_0 是 2 个方程求解 2 个未知数,轻而易举。

以上的例题,认为全部不同区段弹簧的 k_a、k_c 相同,沿长度不变。其实传递辛矩阵的推导只用到一段弹簧,因此即使各段弹簧 j# 的 k_a、k_c 不同,只是各段的辛矩阵数值不同,仍然全部是辛矩阵 $\boldsymbol{S}_{j\#}$。此时,无非是用 $\boldsymbol{S}_{1\sim m}=\boldsymbol{S}_m\cdot\boldsymbol{S}_{m-1}\cdots\boldsymbol{S}_2\cdot\boldsymbol{S}_1$ 代替式(1.3.10)的 $\boldsymbol{S}^m$ 而已。注意矩阵乘法是次序有关的,次序不可随意改动。

细心的读者一定会提出问题,传递矩阵式(1.3.8)与并联弹簧的传递矩阵式(1.2.12a)不同,为什么?原因是式(1.3.8)传递的并非是并联弹簧,而只是弹簧 k_a,而式(1.2.12a)传递的是并联弹簧(k_a+k_c)。式(1.2.12a)不能用于图 1.6 的 m 级串联,只能用于单级的情况。用式(1.3.8)的 $\boldsymbol{S}$ 与式(1.2.12b)的 $\boldsymbol{S}_2$ 串联,得到综合的传递矩阵是

$$\boldsymbol{S}_2\cdot\boldsymbol{S}=\begin{bmatrix} 1+\dfrac{k_c}{k_b} & \dfrac{1}{k_a}+\dfrac{1+\dfrac{k_c}{k_a}}{k_b} \\ k_c & 1+\dfrac{k_c}{k_a} \end{bmatrix} \tag{1.3.12}$$

因 $p_1=0$, $p_2=1$,方程为

$$w_2=\left(\frac{1}{k_a}+\frac{k_a+k_c}{k_ak_b}\right)f_0$$

$$f_2=p_2=\left(1+\frac{k_c}{k_a}\right)f_0$$

于是有

$$f_0=\frac{p_2k_a}{k_a+k_c},\ w_2=\frac{k_a+k_b+k_c}{k_ak_b}\cdot f_0$$

f_0 就是一根弹簧 k_a 的内力,将 f_0 代入就与上文一致了。

至此,有些概念需要归纳。辛矩阵的定义用到式(1.1.9)的矩阵 $\boldsymbol{J}$,有性质式(1.1.11):

$$\boldsymbol{J}=\begin{bmatrix} 0 & 1 \\ -1 & 0 \end{bmatrix},\ \boldsymbol{J}^2=-\boldsymbol{I},\ \boldsymbol{J}^{\mathrm{T}}=-\boldsymbol{J},\ \boldsymbol{J}^{-1}=-\boldsymbol{J},\ \det(\boldsymbol{J})=1$$

是最简单的反对称矩阵(skew-symmetric, anti-symmetric)。

从矩阵代数知,矩阵 $\boldsymbol{A}$ 与其转置阵 $\boldsymbol{A}^{\mathrm{T}}$ 的行列式相同,即 $\det(\boldsymbol{A})=\det(\boldsymbol{A}^{\mathrm{T}})$。还有任何矩阵 $\boldsymbol{A}$、$\boldsymbol{B}$ 之积 $\boldsymbol{C}=\boldsymbol{A}\cdot\boldsymbol{B}$ 的行列式有 $\det(\boldsymbol{C})=\det(\boldsymbol{A})\cdot\det(\boldsymbol{B})$。这样,对 $\boldsymbol{S}^{\mathrm{T}}\boldsymbol{J}\boldsymbol{S}=\boldsymbol{J}$ 的双方取行列式,有

$$\det(\boldsymbol{S}^{\mathrm{T}})\cdot\det(\boldsymbol{J})\cdot\det(\boldsymbol{S})=[\det(\boldsymbol{S})]^2=1,\ \det(\boldsymbol{S})=\pm 1 \tag{1.3.13}$$

选择其行列式为 1。因此,辛矩阵 $\boldsymbol{S}$ 一定有逆矩阵 $\boldsymbol{S}^{-1}$。

根据矩阵代数,可对辛矩阵归纳出以下性质:

(1) 辛矩阵的转置阵也为辛矩阵。其证明为将式(1.1.10)取逆阵,有 $\boldsymbol{S}^{-1}\boldsymbol{J}\boldsymbol{S}^{-\mathrm{T}}=\boldsymbol{J}$;左乘 $\boldsymbol{S}$, 右乘 $\boldsymbol{S}^{\mathrm{T}}$, 即得 $\boldsymbol{J}=\boldsymbol{S}\boldsymbol{J}\boldsymbol{S}^{\mathrm{T}}=(\boldsymbol{S}^{\mathrm{T}})^{\mathrm{T}}\boldsymbol{J}\boldsymbol{S}^{\mathrm{T}}$, 证毕;

(2) 辛矩阵的乘法就是普通矩阵的乘法,当然适用结合律 $(\boldsymbol{S}_1\boldsymbol{S}_2)\boldsymbol{S}_3=\boldsymbol{S}_1(\boldsymbol{S}_2\boldsymbol{S}_3)=\boldsymbol{S}_1\boldsymbol{S}_2\boldsymbol{S}_3$;

(3) 辛矩阵存在逆矩阵 $\boldsymbol{S}^{-1}$, 也是辛矩阵;

(4) 任意两个辛矩阵的乘积 $\boldsymbol{S}=\boldsymbol{S}_1\boldsymbol{S}_2$ 仍是辛矩阵,因 $\boldsymbol{S}^{\mathrm{T}}\boldsymbol{J}\boldsymbol{S}=(\boldsymbol{S}_1\boldsymbol{S}_2)^{\mathrm{T}}\boldsymbol{J}\boldsymbol{S}_1\boldsymbol{S}_2=\boldsymbol{S}_2^{\mathrm{T}}\boldsymbol{S}_1^{\mathrm{T}}\boldsymbol{J}\boldsymbol{S}_1\boldsymbol{S}_2=\boldsymbol{S}_2^{\mathrm{T}}\boldsymbol{J}\boldsymbol{S}_2=\boldsymbol{J}$;

(5) $\boldsymbol{I}$ 是其单位元素。

故不论传递多少区段,其行列式总是 1。

按代数群论的提法,辛矩阵构成辛矩阵群。辛矩阵群是一般群的一个子群,因为还有上面的第一条。一般群只有后面的 4 个条件。以上例题每站只有一个位移,过于局限。后文还要讲每站多个位移的情况。

辛与变形能的密切关系表明,保持辛结构就是保持变形能的特性,所以要保辛。从以上性质看到,辛矩阵的乘法运算可达到保辛,然而辛矩阵的加法不能保辛。群内没有加法只有乘法,这是应当注意的。

用 100 根弹簧串联的体系,有 100 个自由度,这是从整体的弹性体系看的。传递矩阵则每次只处理一根弹簧,沿结构长度方向的状态向量传递,每站只有一个位移,一个内力,这是考虑问题的基点不同之故。

讲到这里,读者就会想到结构力学中的初参数法。初参数法用一端的状态作为初始条件,其中一半的初始变量(初参数)为待定,积分到另一端,用其给定的端部边界条件以确定待定的初参数。从方法、概念的角度看,初参数法与上述传递辛矩阵法相同,是在连续坐标微分方程的求解时提出的,且初参数法出现得更早。

从上文看到,传递矩阵法的求解,其实就是离散坐标系统的初参数法。然而,初参数法没有强调传递矩阵的辛的特性,表明初参数法是从方法和技巧的角度考虑,而未曾从数学体系的本源考虑。从此看来,数学、力学要互相渗透、紧密结合。

近年来,学者们不断强调要研究交叉学科,这就是一个例证,在学科交叉处往往可以有新进展。辛,表明是有辛结构的数学,但仅仅有数学结构尚不够,还需要知道与物理、力学等的结构有何关联,才能有实际的发挥。况且辛就是从分析力学发现的。数学发展应当与应用交叉,这是大势所趋。

以上课题有特点,每站只有一个节点,且是均匀的。但弹簧可以复杂地组合,并非每站均匀地只有一个节点,这种复杂的情况,不能完全用辛矩阵传递来表达。说明辛矩阵群

也有其局限性，还要扩展。著作《辛破茧》就是针对此局限性而写的，其解决办法就是能量变分法。

1.4　势能区段合并与辛矩阵乘法的一致性

上文讲了基于传递辛矩阵的求解。然而根据最小势能原理，相应地还有区段合并的求解方法。应当指出，区段合并与传递辛矩阵相乘，是一一对应的操作。仍用上述课题来讲述。

前面讲了区段刚度阵。将区段 j#：$(j-1, j)$ 的刚度阵记为

$$\boldsymbol{K}_j = \begin{bmatrix} K_{11}^{(j)} & K_{12}^{(j)} \\ K_{12}^{(j)} & K_{22}^{(j)} \end{bmatrix},\quad \begin{matrix} K_{11}^{(j)} = k_a,\ K_{12}^{(j)} = -k_a \\ K_{22}^{(j)} = k_a + k_c \end{matrix} \tag{1.4.1}$$

刚度阵所代表的是区段变形能的特性，辛矩阵也是区段特性，两者应当有关系。可验证：

$$f_j = K_{22}^{(j)} w_j + K_{12}^{(j)} w_{j-1},\ f_{j-1} = -K_{11}^{(j)} w_{j-1} - K_{12}^{(j)} w_j \tag{1.4.2}$$

由此可推出传递辛矩阵：

$$\boldsymbol{v}_j = \boldsymbol{S}\boldsymbol{v}_{j-1}$$

$$\boldsymbol{S} = \begin{bmatrix} \boldsymbol{S}_{11} & \boldsymbol{S}_{12} \\ \boldsymbol{S}_{21} & \boldsymbol{S}_{22} \end{bmatrix},\quad \begin{matrix} S_{11} = -K_{12}^{-1}K_{11},\ \boldsymbol{S}_{22} = -K_{22}K_{12}^{-1} \\ S_{12} = -K_{12}^{-1},\ S_{21} = K_{12} - K_{22}K_{12}^{-1}K_{11} \end{matrix} \tag{1.4.3}$$

可见辛矩阵与刚度矩阵是可以互相变换的，其中上标 j 省略。读者可验证 $\boldsymbol{S}$ 确实是辛矩阵，即 $\boldsymbol{S}^{\mathrm{T}}\boldsymbol{J}\boldsymbol{S} = \boldsymbol{J}$，条件是 $\boldsymbol{K}_j$ 确实为对称矩阵。

两个相连区段 $(j-1)$#：$(j-2, j-1)$ 与 j#：$(j-1, j)$ 在节点站 $j-1$ 处是相连的。它们合并后依然是一个区段：$(j-2, j)$。其中节点 $j-1$ 的位移未知数 w_{j-1} 应当消去。综合区段 $(j-1)\# \oplus j\#$ $(j-2, j)$ 的两端位移是 w_{j-2}、w_j，其变形能是

$$U_{(j-2,j)} = \min_{w_{j-1}} \frac{1}{2}\left[\begin{Bmatrix} w_{j-2} \\ w_{j-1} \end{Bmatrix}^{\mathrm{T}} \boldsymbol{K}_{j-1} \begin{Bmatrix} w_{j-2} \\ w_{j-1} \end{Bmatrix} + \begin{Bmatrix} w_{j-1} \\ w_j \end{Bmatrix}^{\mathrm{T}} \boldsymbol{K}_j \begin{Bmatrix} w_{j-1} \\ w_j \end{Bmatrix}\right] \tag{1.4.4}$$

考虑到两个区段，$(j-1)$# 与 j# 的刚度阵，有可能不同：

$$\boldsymbol{K}_{j-1} = \begin{bmatrix} K_{11}^{(j-1)} & K_{12}^{(j-1)} \\ K_{12}^{(j-1)} & K_{22}^{(j-1)} \end{bmatrix},\ \boldsymbol{K}_j = \begin{bmatrix} K_{11}^{(j)} & K_{12}^{(j)} \\ K_{12}^{(j)} & K_{22}^{(j)} \end{bmatrix}$$

故其系数用上标 $(j-1)$ 与 (j) 区分，但全部是对称矩阵。乘出来，有

$$\begin{aligned} 2(U_{(j-1)\#} + U_{j\#}) &= \begin{Bmatrix} w_{j-2} \\ w_{j-1} \end{Bmatrix}^{\mathrm{T}} \boldsymbol{K}_{j-1} \begin{Bmatrix} w_{j-2} \\ w_{j-1} \end{Bmatrix} + \begin{Bmatrix} w_{j-1} \\ w_j \end{Bmatrix}^{\mathrm{T}} \boldsymbol{K}_j \begin{Bmatrix} w_{j-1} \\ w_j \end{Bmatrix} \\ &= w_{j-1}^2 (K_{22}^{(j-1)} + K_{11}^{(j)}) + 2w_{j-1}[K_{12}^{(j-1)} w_{j-2} + K_{12}^{(j)} w_j] \end{aligned}$$

$$+ [K_{11}^{(j-1)} \cdot w_{j-2}^2 + K_2^{(j)} \cdot w_j^2]$$

式中,合并区段的两端位移 w_{j-2}、w_j 是不消元的,消元的是内部位移 w_{j-1}。$U_{(j-1)\#} + U_{j\#}$ 是 w_{j-1} 的二次式,最小势能原理要求对 w_{j-1} 取最小。二次式配平方的方法求出

$$w_{j-1} = -\frac{K_{12}^{(j-1)} w_{j-2} + K_{12}^{(j)} w_j}{K_{22}^{(j-1)} + K_{11}^{(j)}} \tag{1.4.5}$$

代入消元,有

$$U_{(j-2,j)} = (U_{(j-1)\#} + U_{j\#}) = \frac{1}{2}\begin{Bmatrix} w_{j-2} \\ w_j \end{Bmatrix}^{\mathrm{T}} \boldsymbol{K}_c \begin{Bmatrix} w_{j-2} \\ w_j \end{Bmatrix} \tag{1.4.6}$$

式中, $\boldsymbol{K}_c$ 也是对称矩阵,有

$$\boldsymbol{K}_c = \begin{bmatrix} K_{11}^{(c)} & K_{12}^{(c)} \\ K_{12}^{(c)} & K_{22}^{(c)} \end{bmatrix}, \quad \begin{aligned} K_{11}^{(c)} &= K_{11}^{(j-1)} - \frac{[K_{12}^{(j-1)}]^2}{K_{22}^{(j-1)} + K_{11}^{(j)}} \\ K_{22}^{(c)} &= K_{22}^{(j)} - \frac{[K_{12}^{(j)}]^2}{K_{22}^{(j-1)} + K_{11}^{(j)}} \\ K_{12}^{(c)} &= -\frac{K_{12}^{(j-1)} K_{12}^{(j)}}{K_{22}^{(j-1)} + K_{11}^{(j)}} \end{aligned} \tag{1.4.7}$$

区段合并式(1.4.7),给出了合并后的刚度阵,但合并后仍是区段,合并后的区段也有其对应的辛矩阵,可通过式(1.4.3)转换得到对应的辛矩阵 $\boldsymbol{S}_c$。这是通过区段合并后再转换而得到的。

另外一种方法是先通过式(1.4.3)分别对区段 $(j-1)\#$、$j\#$ 转换得到辛矩阵 $\boldsymbol{S}_{j-1}$、$\boldsymbol{S}_j$,再用矩阵乘法 $\boldsymbol{S}_c = \boldsymbol{S}_j \cdot \boldsymbol{S}_{j-1}$ 得到合并后的辛矩阵。先合并然后再转换,与先转换到辛矩阵,然后再辛矩阵相乘(合并),这是两条不同的途径,它们是否得到同一个结果呢?回答是肯定的。读者可自行验证。这就是最小势能原理与辛矩阵乘法的一致性(consistency)。前面讲,辛矩阵是有数学结构的矩阵,现在看到辛矩阵的结构与力学的变分原理密切关联,于是就有了更多的内涵。一致性表明力学变分原理的数学结构,与数学辛的代数结构是一致的。辛的构造有局限性,传递辛矩阵只能用于每站同维数的情况。结构力学没有这类限制。著作《辛破茧》讲述了变分原理的解决之道。

当将全部区段合并为一个大区段时,其合并后大区段的刚度阵记为

$$\boldsymbol{K}_g = \begin{bmatrix} K_{11}^{(g)} & K_{12}^{(g)} \\ K_{12}^{(g)} & K_{22}^{(g)} \end{bmatrix} \tag{1.4.8}$$

式(1.4.2)成为

$$f_m = K_{22}^{(g)} w_m + K_{12}^{(g)} w_0, f_0 = -K_{11}^{(g)} w_0 - K_{12}^{(g)} w_m \tag{1.4.9}$$

如果两端是给定位移,则直接就计算了端部力。如果f_m、w_0已知,求解f_0、w_m也是轻而易举的事。

1.5 多自由度问题、传递辛矩阵群

以上例题的每个站只有一个位移,从而辛矩阵总是限于 2 × 2。现在要放宽限制,设各站的独立位移有 n 个自由度,第 j 站的位移表示为向量 $\boldsymbol{w}_j$。例如有两串弹簧,a 串与 b 串(图 1.7),两串的位移在站 j 只有 $n = 2$ 个自由度,站 j 的位移向量是

$$\boldsymbol{w}_j = \begin{Bmatrix} w_{a,j} \\ w_{b,j} \end{Bmatrix} \tag{1.5.1}$$

除本串的弹簧 k_a、k_b 如同以前外,两串相互联系在一起的有弹簧 k_c 连接 $w_{a,j}$ 与 $w_{b,j-1}$。

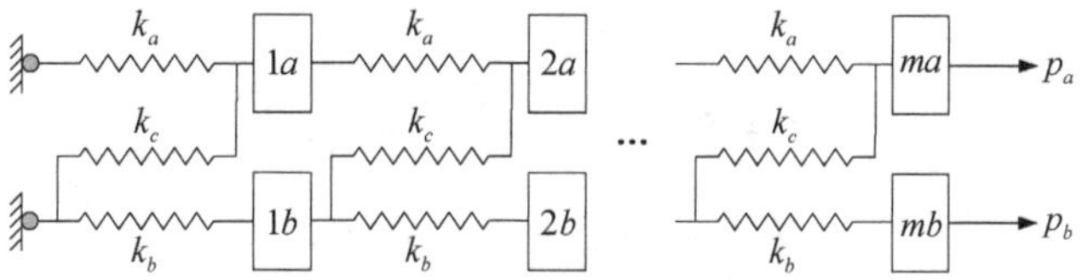

图 1.7 互相联系的两列弹簧

区段 j#: $(j-1, j)$ 的两端位移向量分别是 $\boldsymbol{w}_{j-1}$、$\boldsymbol{w}_j$,为 n 维向量。虽然是多自由度,但解决问题的思路是一样的。矩阵:

$$\boldsymbol{J} = \begin{bmatrix} \boldsymbol{0} & \boldsymbol{I}_n \\ -\boldsymbol{I}_n & \boldsymbol{0} \end{bmatrix} \tag{1.5.2}$$

式中,$\boldsymbol{0}$ 是 $n \times n$ 的零矩阵;$\boldsymbol{I}_n$ 是 $n \times n$ 的单位矩阵;$\boldsymbol{J}$ 是 $2n \times 2n$ 的矩阵。式(1.1.11)仍为

$$\boldsymbol{J} = \begin{bmatrix} \boldsymbol{0} & \boldsymbol{I}_n \\ -\boldsymbol{I}_n & \boldsymbol{0} \end{bmatrix}, \boldsymbol{J}^2 = -\boldsymbol{I}_n, \boldsymbol{J}^{\mathrm{T}} = -\boldsymbol{J}, \boldsymbol{J}^{-1} = -\boldsymbol{J}, \det(\boldsymbol{J}) = 1$$

区段变形能是

$$U_{j\#} = \frac{1}{2} \begin{Bmatrix} \boldsymbol{w}_{j-1} \\ \boldsymbol{w}_j \end{Bmatrix}^{\mathrm{T}} \boldsymbol{K}_j \begin{Bmatrix} \boldsymbol{w}_{j-1} \\ \boldsymbol{w}_j \end{Bmatrix}$$
$$\boldsymbol{K}_j = \begin{bmatrix} \boldsymbol{K}_{11}^{(j)} & \boldsymbol{K}_{12}^{(j)} \\ (\boldsymbol{K}_{12}^{(j)})^T & \boldsymbol{K}_{22}^{(j)} \end{bmatrix}, \begin{matrix} \boldsymbol{K}_{11}^{\mathrm{T}} = \boldsymbol{K}_{11} \\ \boldsymbol{K}_{22}^{\mathrm{T}} = \boldsymbol{K}_{22} \end{matrix} \tag{1.5.3}$$

这是一般的公式。设采用如图 1.7 的典型区段,则区段 j# 有 3 根弹簧元件:k_a、k_b 与 k_c。

其变形能为

$$U_{j\#}=\frac{k_a(w_{a,j}-w_{a,j-1})^2+k_b(w_{b,j}-w_{b,j-1})^2+k_c(w_{a,j}-w_{b,j-1})^2}{2}$$

表达为矩阵形式(1.5.3),有

$$\boldsymbol{K}_j=\begin{bmatrix}\boldsymbol{K}_{11}^{(j)} & \boldsymbol{K}_{12}^{(j)}\\(\boldsymbol{K}_{12}^{(j)})^{\mathrm{T}} & \boldsymbol{K}_{22}^{(j)}\end{bmatrix},\ \boldsymbol{K}_{11}^{(j)}=\begin{bmatrix}k_a & 0\\0 & k_b+k_c\end{bmatrix}$$

$$\boldsymbol{K}_{22}^{(j)}=\begin{bmatrix}k_a+k_c & 0\\0 & k_b\end{bmatrix},\ \boldsymbol{K}_{12}^{(j)}=\begin{bmatrix}-k_a & 0\\-k_c & -k_b\end{bmatrix}$$

$$2U_{j\#}=\boldsymbol{w}_j^{\mathrm{T}}\boldsymbol{K}_{22}^{(j)}\boldsymbol{w}_j+\boldsymbol{w}_{j-1}^{\mathrm{T}}\boldsymbol{K}_{11}^{(j)}\boldsymbol{w}_{j-1}+2\boldsymbol{w}_{j-1}^{\mathrm{T}}\boldsymbol{K}_{12}^{(j)}\boldsymbol{w}_j \tag{1.5.4}$$

仍然是对称的区段刚度阵,其中分块矩阵 $\boldsymbol{K}_{11}$、$\boldsymbol{K}_{22}$、$\boldsymbol{K}_{12}$ 皆为 $n\times n$。虽然式(1.4.2)给出的区段内力与两端位移的关系只是一个自由度的,但在 n 自由度时仍成立,只是要用矩阵/向量形式表示:

$$\boldsymbol{f}_j=\boldsymbol{K}_{22}^{(j)}\boldsymbol{w}_j+[\boldsymbol{K}_{12}^{(j)}]^{\mathrm{T}}\boldsymbol{w}_{j-1}, \tag{1.5.5a}$$

$$\boldsymbol{f}_{j-1}=-\boldsymbol{K}_{11}^{(j)}\boldsymbol{w}_{j-1}-\boldsymbol{K}_{12}^{(j)}\boldsymbol{w}_j \tag{1.5.5b}$$

具体说,

$$f_{a,j}=(k_a+k_c)w_{a,j}-k_aw_{a,j-1}-k_cw_{b,j-1},\ f_{b,j}=k_bw_{b,j}-k_bw_{b,j-1}$$
$$f_{a,j-1}=-k_aw_{a,j-1}+k_aw_{a,j},\ f_{b,j-1}=-(k_b+k_c)w_{b,j-1}+k_bw_{b,j}+k_cw_{a,j}$$

引入状态向量:

$$\boldsymbol{v}_j=\begin{Bmatrix}\boldsymbol{w}_j\\\boldsymbol{f}_j\end{Bmatrix},\ \boldsymbol{v}_{j-1}=\begin{Bmatrix}\boldsymbol{w}_{j-1}\\\boldsymbol{f}_{j-1}\end{Bmatrix} \tag{1.5.6}$$

传递的意思是用状态向量 $\boldsymbol{v}_{j-1}$ 表示状态向量 $\boldsymbol{v}_j$。从式(1.5.5b)有

$$\boldsymbol{w}_j=-[\boldsymbol{K}_{12}^{(j)}]^{-1}\boldsymbol{K}_{11}^{(j)}\boldsymbol{w}_{j-1}-[\boldsymbol{K}_{12}^{(j)}]^{-1}\boldsymbol{f}_{j-1}$$

将上式的 $\boldsymbol{w}_j$ 代入式(1.5.5a),得

$$\boldsymbol{f}_j=\{[\boldsymbol{K}_{12}^{(j)}]^{\mathrm{T}}-\boldsymbol{K}_{22}^{(j)}[\boldsymbol{K}_{12}^{(j)}]^{-1}\mathrm{K}_{11}^{(j)}\}\boldsymbol{w}_{j-1}-\boldsymbol{K}_{22}^{(j)}[\boldsymbol{K}_{12}^{(j)}]^{-1}\boldsymbol{f}_{j-1}$$

两者综合表达为

$$\boldsymbol{v}_j=\boldsymbol{S}_j\boldsymbol{v}_{j-1} \tag{1.5.7}$$

$$\boldsymbol{S}_j=\begin{bmatrix}\boldsymbol{S}_{11}^{(j)} & \boldsymbol{S}_{12}^{(j)}\\\boldsymbol{S}_{21}^{(j)} & \boldsymbol{S}_{22}^{(j)}\end{bmatrix}$$

$$S_{11}^{(j)}=-[K_{12}^{(j)}]^{-1}K_{11}^{(j)},\quad S_{22}^{(j)}=-K_{22}^{(j)}[K_{12}^{(j)}]^{-1}$$
$$S_{12}^{(j)}=-[K_{12}^{(j)}]^{-1},\qquad S_{21}^{(j)}=[K_{12}^{(j)}]^{\mathrm{T}}-K_{22}^{(j)}[K_{12}^{(j)}]^{-1}K_{11}^{(j)} \tag{1.5.8}$$

读者可验证 $S_j^{\mathrm{T}}JS_j=J$ 成立。具体矩阵操作为

$$S^{\mathrm{T}}=\begin{bmatrix}S_{11}^{\mathrm{T}} & S_{21}^{\mathrm{T}}\\ S_{12}^{\mathrm{T}} & S_{22}^{\mathrm{T}}\end{bmatrix},\ JS=\begin{bmatrix}S_{21} & S_{22}\\ -S_{11} & -S_{12}\end{bmatrix}$$

$$S^{\mathrm{T}}JS=\begin{bmatrix}S_{11}^{\mathrm{T}}S_{21}-S_{21}^{\mathrm{T}}S_{11} & S_{11}^{\mathrm{T}}S_{22}-S_{21}^{\mathrm{T}}S_{12}\\ S_{21}^{\mathrm{T}}S_{21}-S_{22}^{\mathrm{T}}S_{11} & S_{12}^{\mathrm{T}}S_{22}-S_{22}^{\mathrm{T}}S_{12}\end{bmatrix}$$

式中，标记 j 省略了。可检验为

$$\begin{aligned}S_{11}^{\mathrm{T}}S_{22}-S_{21}^{\mathrm{T}}S_{12}&=-K_{11}K_{12}^{-\mathrm{T}}\cdot(-K_{22}K_{12}^{-1})-(K_{12}-K_{11}K_{12}^{-\mathrm{T}}K_{22})\cdot(-K_{12}^{-1})\\&=K_{11}K_{12}^{-\mathrm{T}}\cdot K_{22}K_{12}^{-1}+I-K_{11}K_{12}^{-\mathrm{T}}K_{22}\cdot K_{12}^{-1}=I\\S_{21}^{\mathrm{T}}S_{21}-S_{22}^{\mathrm{T}}S_{11}&=-(S_{11}^{\mathrm{T}}S_{22}-S_{21}^{\mathrm{T}}S_{12})^{\mathrm{T}}=-I\\S_{12}^{\mathrm{T}}S_{22}-S_{22}^{\mathrm{T}}S_{12}&=-K_{12}^{-\mathrm{T}}\cdot(-K_{22}K_{12}^{-1})+K_{12}^{-\mathrm{T}}K_{22}\cdot K_{12}^{-1}=0\\S_{11}^{\mathrm{T}}S_{21}-S_{21}^{\mathrm{T}}S_{11}&=-K_{11}K_{12}^{-\mathrm{T}}\cdot(K_{12}^{\mathrm{T}}-K_{22}K_{12}^{-1}K_{11})+(K_{12}-K_{11}K_{12}^{-\mathrm{T}}K_{22})\cdot K_{12}^{-1}K_{11}\\&=-K_{11}+K_{11}K_{12}^{-\mathrm{T}}\cdot K_{22}K_{12}^{-1}K_{11}+K_{11}-K_{11}K_{12}^{-\mathrm{T}}K_{22}\cdot K_{12}^{-1}K_{11}=0\end{aligned}$$

所以，$S^{\mathrm{T}}JS=J$ 依然成立，故 S_j 是辛矩阵。

这样，传递矩阵仍然是辛矩阵。辛矩阵的以下突出性质仍然成立。

(1) 辛矩阵的转置阵也是辛矩阵；

(2) 辛矩阵的乘法就是普通矩阵的乘法，当然适用结合律；

(3) 辛矩阵 S 一定有逆矩阵 S^{-1}，也是辛矩阵；

(4) 任意两个辛矩阵的乘积 $S=S_1S_2$ 仍是辛矩阵，因 $S^{\mathrm{T}}JS=(S_1S_2)^{\mathrm{T}}JS_1S_2=S_2^{\mathrm{T}}S_1^{\mathrm{T}}JS_1S_2=S_2^{\mathrm{T}}JS_2=J$；

(5) I 是其单位元素。

故不论传递多少个区段，其行列式总是 1。按数学代数的群论，辛矩阵构成传递辛矩阵群。这里讲的是矩阵群，很具体。应指出，矩阵乘法只能用于维数相同的情况，群的理论也是有一定前提的，有局限性。

式(1.5.8)是从对称矩阵 K 变换到传递辛矩阵 S 的公式。反过来，由 S 变换到 K 的公式如下：

$$K_{12}=-S_{12}^{-1},\ K_{11}=S_{12}^{-1}S_{11},\ K_{22}=S_{22}S_{12}^{-1},\ K_{21}=K_{12}^{\mathrm{T}} \tag{1.5.8′}$$

只要 S 是传递辛矩阵且 S_{12} 可求逆，则一定有对应的对称矩阵。矩阵 J 也是传递辛矩阵，其对应的对称矩阵为 $\begin{bmatrix}K_{11,J} & K_{12,J}\\ K_{21,J} & K_{22,J}\end{bmatrix}$，其中，

$$\boldsymbol{K}_{12,J}=-\boldsymbol{I},\ \boldsymbol{K}_{11,J}=\boldsymbol{0},\ \boldsymbol{K}_{22,J}=\boldsymbol{0},\ \boldsymbol{K}_{21,J}=-\boldsymbol{I}$$

对各个区段推导了传递辛矩阵后,式(1.3.9)~式(1.3.11)的传递求解方法依然可用。

与以上的辛矩阵传递求解方法并行,最小总势能原理也是基本的手段。区段 $(j-1)\#$ 有

$$U_{(j-1)\#}=\frac{1}{2}\begin{Bmatrix}\boldsymbol{w}_{j-2}\\\boldsymbol{w}_{j-1}\end{Bmatrix}^{\mathrm{T}}\boldsymbol{K}_{j-1}\begin{Bmatrix}\boldsymbol{w}_{j-2}\\\boldsymbol{w}_{j-1}\end{Bmatrix},\ \boldsymbol{K}_{j-1}=\begin{bmatrix}\boldsymbol{K}_{11}^{(j-1)} & \boldsymbol{K}_{12}^{(j-1)}\\[\boldsymbol{K}_{12}^{(j-1)}]^{\mathrm{T}} & \boldsymbol{K}_{22}^{(j-1)}\end{bmatrix}$$

变形能为

$$U=\sum_{j=1}^{j=m}U_{j\#} \tag{1.5.9}$$

而外力势能则为

$$V=-\boldsymbol{p}_m^{\mathrm{T}}\boldsymbol{w}_m \tag{1.5.10}$$

总势能为

$$E=U+V=\min \tag{1.5.11}$$

同前。仍可运用区段合并方法,与 1.4 节同,将相连区段能量相加,得

$$\begin{aligned}2(U_{j\#}+U_{(j-1)\#})=&\boldsymbol{w}_j^{\mathrm{T}}\boldsymbol{K}_{22}^{(j)}\boldsymbol{w}_j+\boldsymbol{w}_{j-1}^{\mathrm{T}}\boldsymbol{K}_{11}^{(j)}\boldsymbol{w}_{j-1}+2\boldsymbol{w}_{j-1}^{\mathrm{T}}\boldsymbol{K}_{12}^{(j)}\boldsymbol{w}_j+\boldsymbol{w}_{j-1}^{\mathrm{T}}\boldsymbol{K}_{22}^{(j-1)}\boldsymbol{w}_{j-1}\\&+\boldsymbol{w}_{j-2}^{\mathrm{T}}\boldsymbol{K}_{11}^{(j-1)}\boldsymbol{w}_{j-2}+2\boldsymbol{w}_{j-2}^{\mathrm{T}}\boldsymbol{K}_{12}^{(j-1)}\boldsymbol{w}_{j-1}=2U_c\end{aligned} \tag{1.5.12}$$

其中,对中间位移 $\boldsymbol{w}_{j-1}$ 取最小。当前例题, $\boldsymbol{w}_{j-1}$ 有两个独立未知数:

$$\boldsymbol{w}_{j-1}=\begin{Bmatrix}w_{a,(j-1)}\\w_{b,(j-1)}\end{Bmatrix} \tag{1.5.13}$$

将能量对 $\boldsymbol{w}_{j-1}$ 取最小,得到用矩阵/向量表达的方程(平衡)为

$$[\boldsymbol{K}_{11}^{(j)}+\boldsymbol{K}_{22}^{(j-1)}]\boldsymbol{w}_{j-1}+\boldsymbol{K}_{12}^{(j)}\boldsymbol{w}_j+[\boldsymbol{K}_{12}^{(j-1)}]^{\mathrm{T}}\boldsymbol{w}_{j-2}=\boldsymbol{0} \tag{1.5.14}$$

用逆矩阵 $[\boldsymbol{K}_{11}^{(j)}+\boldsymbol{K}_{22}^{(j-1)}]^{-1}$ 相乘,求解有

$$\boldsymbol{w}_{j-1}=-[\boldsymbol{K}_{11}^{(j)}+\boldsymbol{K}_{22}^{(j-1)}]^{-1}\{\boldsymbol{K}_{12}^{(j)}\boldsymbol{w}_j+[\boldsymbol{K}_{12}^{(j-1)}]^{\mathrm{T}}\boldsymbol{w}_{j-2}\} \tag{1.5.15}$$

代入合并区段,再将 $\boldsymbol{w}_{j-1}$ 代入式(1.5.12),计算得能量 $2U_c$ 仍有形式:

$$2U_c=\boldsymbol{w}_j^{\mathrm{T}}\boldsymbol{K}_{22}^{(c)}\boldsymbol{w}_j+\boldsymbol{w}_{j-2}^{\mathrm{T}}\boldsymbol{K}_{11}^{(c)}\boldsymbol{w}_{j-2}+2\boldsymbol{w}_{j-2}^{\mathrm{T}}\boldsymbol{K}_{12}^{(c)}\boldsymbol{w}_j \tag{1.5.16}$$

其中,矩阵为

$$\boldsymbol{K}_{11}^{(c)}=\boldsymbol{K}_{11}^{(j-1)}-\boldsymbol{K}_{12}^{(j-1)}[\boldsymbol{K}_{22}^{(j-1)}+\boldsymbol{K}_{11}^{(j)}]^{-1}\boldsymbol{K}_{21}^{(j-1)} \tag{1.5.17a}$$

$$K_{22}^{(c)} = K_{22}^{(j)} - K_{21}^{(j)}[K_{22}^{(j-1)} + K_{11}^{(j)}]^{-1}K_{12}^{(j)} \tag{1.5.17b}$$

$$\begin{aligned} K_{12}^{(c)} &= -K_{12}^{(j-1)}[K_{22}^{(j-1)} + K_{11}^{(j)}]^{-1}K_{12}^{(j)} \\ K_{21}^{(j-1)} &= [K_{12}^{(j-1)}]^{\mathrm{T}} \end{aligned} \tag{1.5.17c}$$

最小总势能原理是基本原理，反复运用也可以求解，情况与 1.4 节相同。这样，求解有两种方法：用传递辛矩阵法求解；用最小总势能原理消元求解。仍然存在问题：两条求解的道路是否能给出相同结果。或者具体些，能量合并式(1.5.11)~式(1.5.17)的方法，是否与辛矩阵相乘一致？

$$S_{j-2,j} = S_j \times S_{j-1} \tag{1.5.18}$$

答案确实是一致的。此处不再赘述。

辛的数学结构有深刻物理内涵。保辛，就是保持其数学的辛结构之意。但辛结构究竟是什么，还没有解释清楚。保辛的意义还要更深入的理解。一致性表明：保持了数学的辛结构就是保持了原力学问题能量的特性，即刚度矩阵是对称的，这将数学与力学的基本理论联系在一起，所以非常重要。刚度阵的对称与最小势能变分原理有密切关系，所以保辛也不能脱离开变分原理。不过这是在离散的结构力学范围看问题的。

变分原理本来是从力学问题来的。按 D. Hilbert 在著名报告[2]中所言，变分问题是由 Bernoulli 提出的。在第二章讲分析力学时读者会看到分析动力学与分析结构力学与变分原理的密切关系。

虽然群论的数学很漂亮，但只能用于同维数的情况，有一定的局限性。式(1.5.8)的变换是从多维的对称刚度阵到传递辛矩阵，本书后文多次出现，非常重要。

结构力学有丰富的变分原理，并不限于最小总势能原理，还有最小总余能原理、一般变分原理及混合能变分原理等。当区段长度取得特别小时，基于最小总势能原理的数值计算有严重的数值病态，此时可采用混合能变分原理。混合能变分原理用于微分方程求解及精细积分法，是我国提出的特色算法。

以上讲解了势能区段合并与辛矩阵乘法。然后分析结构力学还有混合能的变分原理。关于混合能可参考附录 1。

1.6　拉杆的有限元近似求解

图 1.6 的并联、串联弹簧课题的实际背景是拉杆在切向弹性地基上的有限元近似模型(图 1.8)。

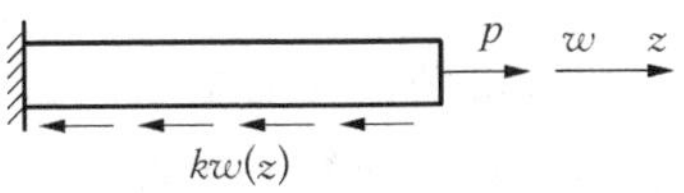

图 1.8　切向弹性支承的轴向拉杆

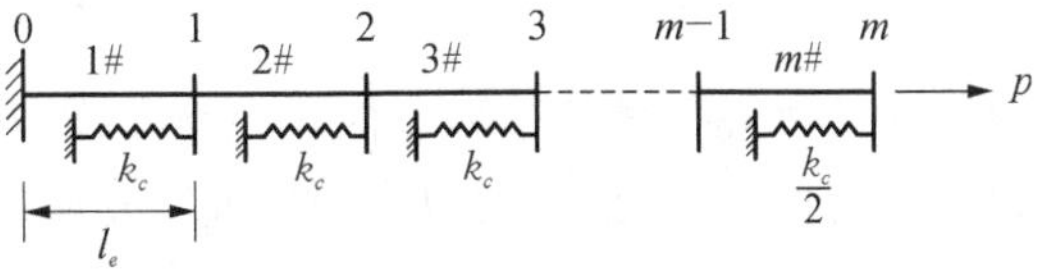

图 1.9　拉杆的有限元离散模型

有限元法(finite element method)是工程师的重大创造(著名有限元专家 O. C.

Zienkiewitz 墓碑上的抬头就是工程师)。本节以最简单的拉杆问题阐述。图 1.8 中的拉杆是连续体,可用列微分方程的方法求解。现在用有限元离散近似求解,参见图 1.9。

用有限元法的近似如下。杆件本是连续体,本来有微分方程。近似法则将长度划分为若干 m 段,每段长为 $l_e = L/m$(等长划分),节点标记为 0, 1, …, m,而各段的标记是 $j = 1, 2, \cdots, m$,第 j 段的左端、右端分别为节点 $j-1$、j,称 j 号单元。

有限元法首先要将连续体模型转化为离散模型,位移函数成为各节点的位移 w_i,$i = 0, 1, \cdots, m$。有限元法将 j 号单元用弹簧代替,其两端的位移 w_{j-1}、w_j 可计算其伸长 $\Delta w_j = w_j - w_{j-1}$,从而得到拉杆单元的变形能,拉杆的弹簧刚度可用 $k_a = EF/l_e$ 代替。全部拉杆的变形能为

$$U_{la} = \frac{1}{2}\sum_{j=1}^{m} \frac{EF}{l_e}(w_j - w_{j-1})^2$$

还有地基弹簧变形能 U_{lc},而全部变形能为 $U_l = U_{la} + U_{lc}$。分布的地基弹簧刚度是 k,将长 l_e 的地基弹簧 k 近似地集中到节点上,为

$$U_{lc} = \frac{1}{2}\left(\sum_{j=1}^{m-1} k_c w_j^2 + \frac{k_c}{2} w_m^2\right), \quad k_c = l_e k$$

集中后的节点弹簧 $k_c = l_e k$ 的量纲是 F/L,分布地基弹簧 k 量纲是 F/L^2。

以上公式表示变形能,为能量变分原理。离散模型的图 1.6 中,$k_c = l_e k$,$k_a = EF/l_e$,只是在端部点 m,其地基集中弹簧 $k_{c,m} = l_e k/2$。图 1.10 是数值结果。

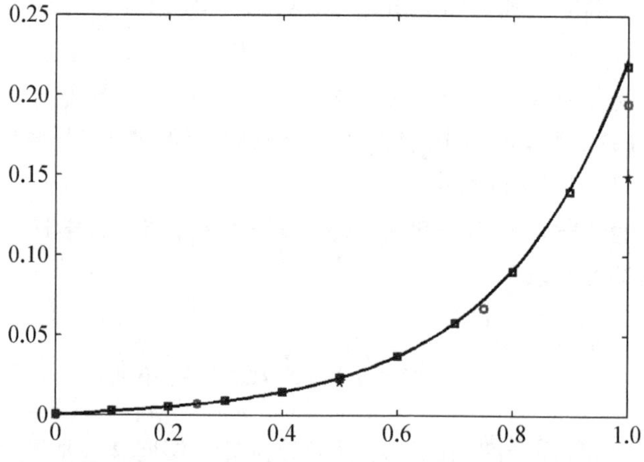

图 1.10 有限元计算结果(其中黑色实线是位移的解析解,紫色五角星、红色圆圈和蓝色方框分别为划分 2 个、4 个和 10 个单元计算得到的位移)

有限元法计算得到的结果近似。但当分段数目 m 增加时,得到很好的结果。求解通常用最小总势能原理进行,但也可用传递辛矩阵的方法执行,在近似模型上两者结果完全相同。

有限元法是计算机时代的重大贡献,已经在各种科学与工程中广泛应用。2005 年,美国总统信息科学顾问递交报告给白宫,标题是"Computational Science: Ensuring

America's Competitiveness"(计算科学: 保持美国的竞争力)。美国在计算科学方面已经领先世界,但仍然紧抓不放,其重要性可见一斑。让读者早日具备计算科学有限元的概念是有利的。

虽然辛在国外早已出现,但在数值计算方面未曾得到重视。我国数学家冯康在研究动力学的时间积分数值分析时,在世界上率先指出[1],动力学的差分计算格式,应达到保辛,这是一个重要贡献。动力学需要求解微分方程,而分析法求解一般有困难,必然要采用近似方法。将连续的时间离散,通常的做法是采用各种近似以代替微分算子。动力学微分方程求解时,传统采用差分法离散,而差分离散的格式在过去未曾考虑保辛的要求,而保辛差分格式计算所得的数值结果能保持长时间的稳定性。冯康的贡献就在于此。

历史上,分析动力学与结构力学是独立发展的。两方面各自按自己的规律取得进展,互相之间本来并无联系。后来我们发现原来在结构力学与线性二次最优控制(linear quadratic optimal control)的理论之间有模拟关系。这是在 Hamilton 变分原理的基础上建立起来的,而动力学 Hamilton 体系的理论,需要引入状态向量的描述,这也正是最优控制的基础。这样,基于 Hamilton 体系的理论又与分析动力学联系上了。然后很自然地,分析动力学的理论体系也应与结构力学及最优控制的理论相关联。从而必然会提出分析结构力学的理论[3],尽量将分析动力学与结构力学相融合。

我国对结构力学的变分原理有深入研究,而有限元法的基础就是变分原理。在有限元推导的单元列式中,单元刚度矩阵的对称性,就是从变分原理自然得到。单元刚度矩阵对称,与辛有什么联系? 通过以上力功能量与辛的讲述看到,它们紧密相关。可推想,对称的单元刚度矩阵就保证了有限元法的保辛性质。这在理论上对有限元法的认识,又深入了一步。

分析结构力学指出,有限元法具有自动保辛的性质[3]。今天有限元法得到广泛应用,有限元法自动保辛的优良性质是其重要原因。

美国前总统科学顾问爱德华・大卫说:"很少人认识到当今如此被广泛称颂的高技术在本质上是一种数学技术。" 这一方面说明了数学的基础性, 但另一方面也说明了数学要扎根在广泛科技问题中, 方能发挥出巨大的效果。发展辛数学不仅仅是为了"孤芳自赏", 而是要发挥重要推动作用。

有限元分析一般采用位移法,与最小势能原理相对应。前文还讲了辛矩阵与最小势能原理的一致性。但有限元发展中还有杂交元,是卞学鐄教授在最小余能原理与胡海昌的一般变分原理基础上提出的。分析结构力学还提出了混合能变分原理等。

有限元是计算机模拟等的主要手段,其理论基础与辛数学的密切关系尚需深入探讨。

保辛既然如此重要,就要从数学变换方面进行探讨。读者不免疑问,上文讲的是传递辛矩阵,是矩阵代数,应当称为辛代数,可为何数学家总讲辛几何呢? 数学家讲辛几何,是考虑到抽象数学,要奠基于微分几何,运用纯数学的微分形式、切丛、余切丛、外乘绩、Cartan 几何等抽象概念。这是在纯数学的基础上讲的。其实辛代数也可从数学变换与几何方面进行考虑,参见 1.7 节。既然辛几何说奠基于微分几何,那么以上讲的全部是离散的辛矩阵,两者是否协调呢? 回答: 是,离散也可以有辛几何,不妨称之为离散辛几何。不过它更多是从矩阵代数方面讲的,因此称呼为辛代数也很贴切。它简单,容易理解,所以受欢迎。

1.7 几何形态的考虑——离散辛几何

欧几里得几何是人类早期的辉煌成就之一。用普通的位移向量讲述,设平面上有一个点 (x_0, y_0) 经过位移 $(\Delta x, \Delta y)$ 到 (x_1, y_1):

$$x_1 = x_0 + \Delta x,\ y_1 = y_0 + \Delta y \tag{1.7.1}$$

用坐标向量表示:

$$\boldsymbol{p}_0 = \begin{Bmatrix} x_0 \\ y_0 \end{Bmatrix},\ \boldsymbol{p}_1 = \begin{Bmatrix} x_1 \\ y_1 \end{Bmatrix},\ \Delta\boldsymbol{p} = \begin{Bmatrix} x_1 - x_0 \\ y_1 - y_0 \end{Bmatrix} = \begin{Bmatrix} \Delta x \\ \Delta y \end{Bmatrix} \tag{1.7.2}$$

位移向量是 $\Delta\boldsymbol{p}$。 位移的绝对值可以表达为

$$d^2 = (\Delta x)^2 + (\Delta y)^2 = (\Delta\boldsymbol{p})^{\mathrm{T}}(\Delta\boldsymbol{p}) = (\Delta\boldsymbol{p})^{\mathrm{T}}\boldsymbol{I}(\Delta\boldsymbol{p}),\ \boldsymbol{I} = \begin{bmatrix} 1 & 0 \\ 0 & 1 \end{bmatrix} \tag{1.7.3}$$

因为位移向量 $\Delta\boldsymbol{p}$ 的各分量 $(\Delta x, \Delta y)$ 具有同一单位、长度。度量矩阵是单位矩阵 $\boldsymbol{I}$, 这就是欧几里得几何的度量。两点间连一根直线,计算其长度 d。

欧几里得几何的度量 $\boldsymbol{I}$ 阵是定常的,与点的位置无关,如果让度量矩阵与位置有关,那么就成为 Riemann 几何了,完全是另外的情况,这里不考虑。

设 (x, y) 平面上有两个向量 $\boldsymbol{p}_1$、$\boldsymbol{p}_2$, 其坐标轴上的投影分别为

$$p_{1x}、p_{1y}\quad p_{2x}、p_{2y}$$

则这两个向量 $\boldsymbol{p}_1$、$\boldsymbol{p}_2$ 的内积定义为

$$\boldsymbol{p}_1^{\mathrm{T}} \cdot \boldsymbol{p}_2 = p_{1x} \cdot p_{2x} + p_{1y} \cdot p_{2y} \tag{1.7.4}$$

向量长度分别是

$$d_1 = \sqrt{\boldsymbol{p}_1^{\mathrm{T}}\boldsymbol{p}_1},\ d_2 = \sqrt{\boldsymbol{p}_2^{\mathrm{T}}\boldsymbol{p}_2} \tag{1.7.5}$$

两个向量之间夹角 θ 的方向余弦 $\cos\theta$, 可用向量内积计算:

$$\cos\theta = \frac{\boldsymbol{p}_1^{\mathrm{T}} \cdot \boldsymbol{p}_2}{d_1 d_2} \tag{1.7.6}$$

中学物理学讲述力、位移、功。对位移做功 $w = |\boldsymbol{f}| \cdot |\boldsymbol{s}| \cdot \cos\theta$, 其中 $|\boldsymbol{f}|$、$|\boldsymbol{s}|$ 分别是力向量与位移向量的大小,做的功就是式(1.7.6)。或用向量内积写成 $w = \boldsymbol{f}^{\mathrm{T}} \cdot \boldsymbol{s}$。 内积的数值即表示功,当然应与坐标选择无关,这是从物理意义方面考虑的。但对数学公式(1.7.4),还需要验证确实与坐标选择无关。

给定向量 $\boldsymbol{f}$、$\boldsymbol{s}$, 则按式(1.7.4)有

$$w = \boldsymbol{f}^{\mathrm{T}} \cdot \boldsymbol{s} = f_x \cdot s_x + f_y \cdot s_y$$

$$f_x = |\boldsymbol{f}| \cos\theta_f,\ f_y = |\boldsymbol{f}| \sin\theta_f;\ s_x = |\boldsymbol{s}| \cos\theta_s,\ s_y = |\boldsymbol{s}| \sin\theta_s$$

式中,向量$\boldsymbol{f}$、$\boldsymbol{s}$间的夹角为$\theta = \theta_f - \theta_s$。代入计算,按三角公式,功为

$$\begin{aligned} w &= |\boldsymbol{f}| \cdot |\boldsymbol{s}| (\cos\theta_f \cdot \cos\theta_s + \sin\theta_f \cdot \sin\theta_s) = |\boldsymbol{f}| \cdot |\boldsymbol{s}| \cos(\theta_f - \theta_s) \\ &= |\boldsymbol{f}| \cdot |\boldsymbol{s}| \cos\theta \end{aligned}$$

注意,θ_f、θ_s与坐标选择有关,而θ则与坐标选择无关,说明内积的式(1.7.4)与坐标选择无关。

现在推广到三维空间。坐标旋转将原先的空间固定坐标$(0, x, y, z)$的三脚构架,变换到活动的三脚构架$(0, x_1, y_1, z_1)$。将$(0, x_1)$坐标轴对固定坐标的方向余弦向量$\boldsymbol{e}_1 = \{\alpha_{11} \quad \alpha_{21} \quad \alpha_{31}\}^{\mathrm{T}}$,$(0, y_1)$为$\boldsymbol{e}_2$,$(0, z_1)$为$\boldsymbol{e}_3$,这三个向量的长度皆为1,$3\times 3$坐标旋转的转换矩阵$\boldsymbol{\Theta}$构造为

$$\boldsymbol{\Theta} = [\boldsymbol{e}_1 \quad \boldsymbol{e}_2 \quad \boldsymbol{e}_3] \tag{1.7.7}$$

显然,$\boldsymbol{e}_1$、$\boldsymbol{e}_2$、$\boldsymbol{e}_3$是互相正交的单位向量。用矩阵表示:

$$\boldsymbol{\Theta}^{\mathrm{T}}\boldsymbol{\Theta} = \boldsymbol{\Theta}^{\mathrm{T}}\boldsymbol{I}_3\boldsymbol{\Theta} = \boldsymbol{I}_3 \tag{1.7.8}$$

这些全部根据欧几里得几何而得到。两个任意向量$\boldsymbol{p}_1$、$\boldsymbol{p}_2$的内积是$\boldsymbol{p}_1^{\mathrm{T}} \cdot \boldsymbol{p}_2$。在坐标旋转变换之下$\boldsymbol{\Theta p}_1$、$\boldsymbol{\Theta p}_2$的内积是不变的。验证为

$$(\boldsymbol{\Theta} p_1)^{\mathrm{T}} \cdot \boldsymbol{\Theta p}_2 = \boldsymbol{p}_1^{\mathrm{T}} \cdot (\boldsymbol{\Theta}^{\mathrm{T}}\boldsymbol{\Theta}) \cdot \boldsymbol{p}_2 = \boldsymbol{p}_1^{\mathrm{T}}\boldsymbol{p}_2$$

旋转矩阵的名称适用于三维空间内变换,然而数学需要考虑n维空间,设$\boldsymbol{e}_1, \boldsymbol{e}_2, \cdots, \boldsymbol{e}_n$是互相正交的单位向量,类似的变换矩阵的数学名词称为正交矩阵,用矩阵$\boldsymbol{\Theta}$表示。互相正交的单位向量所组成的正交矩阵同样有公式$\boldsymbol{\Theta}^{\mathrm{T}}\boldsymbol{\Theta} = \boldsymbol{\Theta}^{\mathrm{T}}\boldsymbol{I}_n\boldsymbol{\Theta} = \boldsymbol{I}_n$。进一步,$n$维空间的任意2个向量$\boldsymbol{p}_1$、$\boldsymbol{p}_2$,在正交矩阵的变换$\boldsymbol{\Theta p}_1$、$\boldsymbol{\Theta p}_2$下,同样有等式:

$$(\boldsymbol{\Theta p}_1)^{\mathrm{T}} \cdot \boldsymbol{\Theta p}_2 = \boldsymbol{p}_1^{\mathrm{T}} \cdot (\boldsymbol{\Theta}^{\mathrm{T}}\boldsymbol{\Theta}) \cdot \boldsymbol{p}_2 = \boldsymbol{p}_1^{\mathrm{T}}\boldsymbol{p}_2$$

所以说,内积是正交矩阵变换下的不变量(invariant)。不变量在数学中是具有根本重要意义的内容。

然而,欧几里得几何对于状态向量不能使用。状态向量的分量为$\boldsymbol{w}_1$、$\boldsymbol{f}_1$,是位移与力。

$$\boldsymbol{v}_1^{\mathrm{T}} \cdot \boldsymbol{v}_2 = \boldsymbol{w}_1^{\mathrm{T}} \cdot \boldsymbol{w}_2 + \boldsymbol{f}_1^{\mathrm{T}} \cdot \boldsymbol{f}_2$$

“位移×位移+力×力”是什么?该式失去了其物理、几何意义,因此对于状态向量不能运用欧几里得几何计算。欧几里得几何适用于点变换的一类变量问题。

对于状态向量一定要单独考虑。式(1.1.10) $\boldsymbol{S}^{\mathrm{T}}\boldsymbol{JS} = \boldsymbol{J}$的矩阵等式对比式(1.7.8),就是将欧几里得几何的度量矩阵$n \times n$的$\boldsymbol{I}$,更换成辛的度量矩阵$2n \times 2n$的$\boldsymbol{J}$。将$2n \times 2n$辛矩阵$\boldsymbol{S}$写成向量形式:

$$S = [\boldsymbol{\psi}_1 \quad \boldsymbol{\psi}_2 \quad \cdots \quad \boldsymbol{\psi}_n; \quad \boldsymbol{\psi}_{n+1} \quad \boldsymbol{\psi}_{n+2} \quad \cdots \quad \boldsymbol{\psi}_{n+n}] \tag{1.7.9}$$

式中，$\boldsymbol{\psi}_j$ 是 $2n$ 维的状态向量。式(1.7.10)表明共轭辛正交归一关系：

$$\begin{aligned} &\boldsymbol{\psi}_j^{\mathrm{T}} \boldsymbol{J} \boldsymbol{\psi}_i = 0,\ i \neq n+j,\ j \leqslant n \\ &\boldsymbol{\psi}_j^{\mathrm{T}} \boldsymbol{J} \boldsymbol{\psi}_{n+j} = 1,\ \boldsymbol{\psi}_{n+j}^{\mathrm{T}} \boldsymbol{J} \boldsymbol{\psi}_j = -1 \end{aligned} \tag{1.7.10}$$

可以看到，共轭辛正交归一关系，与正交矩阵的正交归一关系是相对应的，不过中间的 $\boldsymbol{I}$ 换成了 $\boldsymbol{J}$。称 $\boldsymbol{\psi}_j$、$\boldsymbol{\psi}_{n+j}$ 互相辛共轭。

两个状态向量 $\boldsymbol{v}_1$、$\boldsymbol{v}_2$ 间的辛内积定义为：$\boldsymbol{v}_1^{\mathrm{T}} \boldsymbol{J} \boldsymbol{v}_2$，而称 $\boldsymbol{v}_1^{\mathrm{T}} \boldsymbol{J} \boldsymbol{v}_2 = 0$ 为辛正交。

共轭辛正交归一关系式(1.7.10)是从 $\boldsymbol{S}^{\mathrm{T}} \boldsymbol{J} \boldsymbol{S} = \boldsymbol{J}$ 推导来的。看 $\boldsymbol{\psi}_j^{\mathrm{T}} \boldsymbol{J} \boldsymbol{\psi}_{n+i}$ 的辛内积，当 j、$i \leqslant n$ 时，给出 $\boldsymbol{J}$ 阵 j 行、$n+i$ 列的元素 $J_{j,(n+i)}$。$2n \times 2n$ 矩阵 $\boldsymbol{J}$ 的右上角是 $n \times n$ 子矩阵 $\boldsymbol{I}$ 的元素，当然也是定常矩阵。当 $i=j$ 时是 1，而 $i \neq j$ 时为 0。这就给出了共轭辛正交归一关系。

由此看到，$2n \times 2n$ 的辛矩阵 $\boldsymbol{S}$ 与正交矩阵雷同。正交矩阵的变换不改变两个向量间的内积，辛矩阵的变换也不改变两个状态向量 $\boldsymbol{v}_1$、$\boldsymbol{v}_2$ 间的辛内积 $\boldsymbol{v}_1^{\mathrm{T}} \boldsymbol{J} \boldsymbol{v}_2$。

验证：设有两个状态向量 $\boldsymbol{v}_1$、$\boldsymbol{v}_2$，在辛群元素 $\boldsymbol{S}$ 的变换下，$\boldsymbol{v}_1$、$\boldsymbol{v}_2$ 分别变换到 $\boldsymbol{S}\boldsymbol{v}_1$、$\boldsymbol{S}\boldsymbol{v}_2$，则其辛内积为 $(\boldsymbol{S}\boldsymbol{v}_1)^{\mathrm{T}} \boldsymbol{J} (\boldsymbol{S}\boldsymbol{v}_2) = \boldsymbol{v}_1^{\mathrm{T}} (\boldsymbol{S}^{\mathrm{T}} \boldsymbol{J} \boldsymbol{S}) \boldsymbol{v}_2 = \boldsymbol{v}_1^{\mathrm{T}} \boldsymbol{J} \boldsymbol{v}_2$，没有变。故说，辛内积是辛矩阵群变换下的不变量(invariant)。

那么辛内积究竟是什么物理意义呢？表示成状态向量：

$$\boldsymbol{v}_1 = \begin{Bmatrix} \boldsymbol{w}_1 \\ \boldsymbol{f}_1 \end{Bmatrix},\ \boldsymbol{v}_2 = \begin{Bmatrix} \boldsymbol{w}_2 \\ \boldsymbol{f}_2 \end{Bmatrix}$$

完成矩阵/向量乘法，有

$$\boldsymbol{v}_1^{\mathrm{T}} \boldsymbol{J} \boldsymbol{v}_2 = \begin{Bmatrix} \boldsymbol{w}_1 \\ \boldsymbol{f}_1 \end{Bmatrix}^{\mathrm{T}} \begin{bmatrix} \boldsymbol{0} & \boldsymbol{I} \\ -\boldsymbol{I} & \boldsymbol{0} \end{bmatrix} \begin{Bmatrix} \boldsymbol{w}_2 \\ \boldsymbol{f}_2 \end{Bmatrix} = \begin{Bmatrix} \boldsymbol{w}_1 \\ \boldsymbol{f}_1 \end{Bmatrix}^{\mathrm{T}} \begin{Bmatrix} \boldsymbol{f}_2 \\ -\boldsymbol{w}_2 \end{Bmatrix} = \boldsymbol{f}_2^{\mathrm{T}} \boldsymbol{w}_1 - \boldsymbol{f}_1^{\mathrm{T}} \boldsymbol{w}_2$$

产生的两项都是“力×位移”，即做功，单位相同。具体些表述为

状态 1 的力对于状态 2 的位移做功-状态 2 的力对于状态 1 的位移做功

就是相互功。辛正交则 $\boldsymbol{f}_1^{\mathrm{T}} \boldsymbol{w}_2 - \boldsymbol{f}_2^{\mathrm{T}} \boldsymbol{w}_1 = 0$，就成为功的互等。所以说，辛正交就是功的互等(work reciprocity)。由此看，将辛几何称为功的几何或能量代数，也是合理的。辛的几何涉及两类变量组成的状态向量，其变换是正则变换。

数学非常讲究不变量，人们甚至愿意用不变量反过来定义正交矩阵。如果一个 $n \times n$ 的线性变换矩阵 $\boldsymbol{\Theta}$，对 n 维空间的任意 2 个向量 $\boldsymbol{p}_1$、$\boldsymbol{p}_2$ 的变换 $\boldsymbol{\Theta p}_1$、$\boldsymbol{\Theta p}_2$，恒有不变的内积，则 $\boldsymbol{\Theta}$ 是正交矩阵。即

$$(\boldsymbol{\Theta p}_1)^{\mathrm{T}} \cdot (\boldsymbol{\Theta p}_2) = \boldsymbol{p}_1^{\mathrm{T}} (\boldsymbol{\Theta}^{\mathrm{T}} \boldsymbol{\Theta}) \boldsymbol{p}_2 \equiv \boldsymbol{p}_1^{\mathrm{T}} \cdot \boldsymbol{p}_2$$

则因 $\boldsymbol{p}_1$、$\boldsymbol{p}_2$ 的任意性，必然有

$$\boldsymbol{\Theta}^{\mathrm{T}}\boldsymbol{\Theta} = \boldsymbol{I}$$

即 $\boldsymbol{\Theta}$ 是正交矩阵。所以说,不变内积是欧几里得几何的特点。

同样,辛矩阵的变换也可反过来定义。如果一个 $2n \times 2n$ 的线性变换矩阵 $\boldsymbol{S}$, 对于 $2n$ 维空间的任意 2 个状态向量 $\boldsymbol{v}_1$、$\boldsymbol{v}_2$ 的变换 $\boldsymbol{S}\boldsymbol{v}_1$、$\boldsymbol{S}\boldsymbol{v}_2$, 恒有不变的辛内积,则 $\boldsymbol{S}$ 是辛矩阵。即

$$(\boldsymbol{S}\boldsymbol{v}_1)^{\mathrm{T}}\boldsymbol{J}(\boldsymbol{S}\boldsymbol{v}_2) = \boldsymbol{v}_1^{\mathrm{T}}(\boldsymbol{S}^{\mathrm{T}}\boldsymbol{J}\boldsymbol{S})\boldsymbol{v}_2 \equiv \boldsymbol{v}_1^{\mathrm{T}}\boldsymbol{J}\boldsymbol{v}_2$$

则必然有

$$\boldsymbol{S}^{\mathrm{T}}\boldsymbol{J}\boldsymbol{S} = \boldsymbol{J}$$

即 $\boldsymbol{S}$ 是辛矩阵。既然不变内积给出了欧几里得几何,则不变辛内积也给出了辛几何,是一样的道理。

这是离散系统的辛几何,而不是微分几何的辛几何。观察的角度不同,故不妨分别称之为离散辛几何,即纯数学家称呼的微分辛几何。

本来讲离散系统讲的是辛代数,现在又讲到离散辛几何。其实,代数与几何本来就是相通的。

本书讲的是分析力学,而变换则是应用数学最常见的内容。分析力学的中心内容就是正则变换。那么什么是正则变换?正则变换是状态向量到状态向量的变换。传递辛矩阵乘法,作用于一个状态向量给出另一个状态向量就是正则变换。状态向量是由位移与其对偶——内力共同组成。正则变换有别于点变换,点变换只对于位移向量使用。三维空间的旋转对应于一个正交变换,将原来的一个位移向量,变换到另一个位移向量,这是点变换。变换的算子是正交矩阵的乘法。点变换 $\boldsymbol{q}_{\mathrm{b}} = \boldsymbol{q}_{\mathrm{b}}(\boldsymbol{q}_{\mathrm{a}}, z)$ 是 n 维位移空间的一个点 $\boldsymbol{q}_{\mathrm{a}}$, 变换到 n 维位移空间(位形空间)的另一个点 $\boldsymbol{q}_{\mathrm{b}}$, 因此称为点变换。$n$ 维位移空间适用欧几里得几何的度量。以上是时变的点变换。时不变的点变换是

$$\boldsymbol{q}_{\mathrm{b}} = \boldsymbol{q}_{\mathrm{b}}(\boldsymbol{q}_{\mathrm{a}})$$

现在是一维单未知数,其时变的点变换是 $\boldsymbol{q}_{\mathrm{b}} = \boldsymbol{q}_{\mathrm{b}}(\boldsymbol{q}_{\mathrm{a}}, z)$。

正则变换则是状态空间到状态空间的变换。一般形式是

$$\boldsymbol{v}_{\mathrm{b}} = \boldsymbol{v}_{\mathrm{b}}(\boldsymbol{v}_{\mathrm{a}}, z) \text{ 或 } q_{\mathrm{b}} = q_{\mathrm{b}}(q_{\mathrm{a}}, p_{\mathrm{a}}, z),\ p_{\mathrm{b}} = p_{\mathrm{b}}(q_{\mathrm{a}}, p_{\mathrm{a}}, z)$$

从状态向量 $\boldsymbol{v}_{\mathrm{a}}$ 变换到状态向量 $\boldsymbol{v}_{\mathrm{b}}$。以上是时变的正则变换;时不变的正则变换则是

$$\boldsymbol{v}_{\mathrm{b}} = \boldsymbol{v}_{\mathrm{b}}(\boldsymbol{v}_{\mathrm{a}}) \text{ 或 } q_{\mathrm{b}} = q_{\mathrm{b}}(q_{\mathrm{a}}, p_{\mathrm{a}}),\ p_{\mathrm{b}} = p_{\mathrm{b}}(q_{\mathrm{a}}, p_{\mathrm{a}})$$

状态向量的分量或 q_{a} 与 p_{a} 具有不同的单位,不可运用欧几里得几何,而只能运用辛的几何。

欧几里得几何中,两点间直线就是距离,就是短程线,很直观。那么在状态空间什么是其距离呢?没法如此直观。但状态空间是从动力学来的,从变分原理看有最小作用量变分原理,因此作用量最小就成为其短程线。最小作用量变分原理要在下章讲解。

Rayleigh 商给出的本征向量是互相正交归一的,相应有 Gram-Schmidt 的正交化算法。

而相应辛矩阵的本征向量有共轭辛正交归一的关系，其构成的矩阵也是辛矩阵。对应地还有辛 Gram-Schmidt 的正交化算法。相关内容后文再涉及，部分已经在《经典力学辛讲》中讲过。

本书将辛数学回归力学常见课题，理论与应用紧密结合，就有明确的实际意义。辛数学的根，首先就在分析力学中，在分析动力学与分析结构力学中。可以认为现代科学是从牛顿开始的，力学仍是现代科学带头学科。统计力学、电动力学、量子力学、化学动力学、相对论力学，全部归为力学。这表明力学是最基本的学科。

辛数学既然扎根于力学中，表明辛数学的根还扎在更广大的领域中，数学的应用本来就是广谱的、无处不在的。数学的魅力就是其广谱的适应性。只要建立了适当的数学模型，运用数学推理就可以演绎出许多深刻结论。

这说明数、理、力学的体系，还需要更紧密地融合与改造。交叉学科一再被强调，反复提倡要关注。但真要将不同学科交叉融合，要下很大的功夫。数学在学科交叉融合中，由于其广谱的适应性，是可以大有发挥的。

应当指出，这里对离散辛几何的解释，与微分辛几何的外乘积、Jordan 几何的纯数学提法完全不同。究其原因，本文的解释引入了诸如能量、位移、力、功等物理量，所以就不再是纯数学了。而核心数学要求高度抽象，不受具体物理量的影响。然而能量的概念是近代科学的核心内容，不宜予以除外。现实世界最基本的守恒就是功、能量守恒。况且辛本来就是数学家从 Hamilton 体系的对称性引入的，本身就包含了物理、力学等的基本概念。如果严格限制在数论、几何、代数、拓扑等的概念内，构筑出纯数的学问，只怕就有些不太自然了。毕竟，物质是第一性。冯・诺依曼相信："现代数学中的一些最好的灵感，很明显地起源于自然科学。"他认为"数学来源于经验"是"比较接近于真理"的看法[4]。

以上讲述的辛数学，全部用在静力学的范围内，而且是在离散条件下讲的，所以就成为辛代数，或称为离散辛几何。在电路分析中，同样有辛数学发挥的空间。

1.8 群

H. Weyl 在研究一般对称性时，采用的数学工具就是群论。同时针对 Hamilton 正则方程体系的特点，提出了辛对称的概念。上面指出了辛矩阵的群是一般群的一种特殊的子群。

群论是数学的重要分支。许多诺贝尔奖的成果也得益于群论。实际中有许多具体的群，将其公共的性质综合，给出抽象的一般群的定义：群 G 是一批群元素 g 的集合（有限或无限），满足以下 4 个条件：

（1）群 G 内的任何两个元素 g_1、g_2 有乘法 $g_1 \times g_2 = g_c$，g_c 也是群 G 的元素，称为封闭性；

（2）群 G 存在单位元素 I，$I \times g = g \times I = g$；

（3）乘法适用结合律，$(g_1 \times g_2) \times g_3 = g_1 \times (g_2 \times g_3) = g_1 \times g_2 \times g_3$；

（4）任何元素 g 存在其逆元素 g^{-1}，$g^{-1} \times g = g \times g^{-1} = I$。

群的定义是抽象的，许多集合是符合群的这 4 个条件的，从而构成群。显然，旋转后再旋转还是一个旋转，全体旋转矩阵构成了正交矩阵群。辛矩阵乘辛矩阵仍是辛矩阵，辛矩阵也构成辛矩阵群。今天，群论已经发展成数学的重要部分。本章只能提供一点概念。从群论开始已经建立起了近世代数（modern algebra）的体系，改变了思路是对数学的极大推动。

群论的出现极不寻常，是法国天才年轻数学家伽罗瓦（E. Galois，1811～1832）在19岁时的重大贡献。伽罗瓦是中学生，没考上大学。他在研究5次代数多项式方程的根时，提出了群的概念，改变了当年数学研究的思路。这实际上开创了近世抽象代数学，开启了数学现代化的道路。近世抽象代数学现已发展并渗透到各个方面，在数学、物理、化学、力学、信息、计算机等的理论和应用中都起着基本的作用。但他投稿的论文没能被当年一些名垂青史、成就辉煌的大数学家们所理解，被搁置在抽屉内难见天日。伽罗瓦在21岁时与别人决斗，他知道要失败死去，故在决斗前夕写成遗书，将他的理论较详细地写下来。伽罗瓦决斗死去后若干年，方由大数学家刘维尔（Liouville）在他主持的数学杂志上登载出来，为后人所认识、称颂。只是，太可惜这位才华横溢的年轻数学家英年早逝了。

二次方程 $ax^2+bx+c=0$ 的求根是

$$x_1,\ x_2=\frac{-b\pm\sqrt{b^2-4ac}}{2a}$$

解是通过根式表达的。但是，一般的3次方程求根，是经过长期努力方才解决的，也可表示为根式，是当时数学的一件重要进展。在此基础上，一般的4次方程的求解在十多年后也解决了。数学家当然希望能求解一般的5次多项式方程，但长期努力未能达到。

伽罗瓦在前人基础上认识到，n 次多项式方程可分解表示为

$$x^n+a_1x^{n-1}+\cdots+a_n=(x-x_1)\cdot(x-x_2)\cdots(x-x_n)=0$$

于是 n 个根有关系：

$$\begin{aligned}&x_1+x_2+\cdots+x_n=-a_1\\&x_1x_2+x_1x_3+\cdots+x_{n-1}x_n=a_2\\&\cdots\\&x_1x_2\cdots x_n=(-1)^na_n\end{aligned}$$

将根重新排列（permutation）的变换（置换）：

$$(x_1,\ x_2,\ \cdots,\ x_n)\Rightarrow(x_{i_1},\ x_{i_2},\ \cdots,\ x_{i_n})$$

仍满足同样方程。置换变换的全体构成为一个群，伽罗瓦由此发展了他的理论，而且有更丰富的内容，后世称为伽罗瓦群。这里只是简单描述一下而已。伽罗瓦的视角超越了当年数学的传统观念，开阔了数学的思路与视野，对后世的数学发展产生了深远影响。可惜的是，正因为思路上超越了时代，一时未能为同年代的大数学家们所认识。更遗憾的是当大家接受时，伽罗瓦已经去世了。

新概念、新思路常常会有一段艰难的历程。历史上还有许多一时被误解而发生曲折

的例子。同年代,还有一位年轻的数学天才——挪威人阿贝尔(Abel)。椭圆函数的加法定理就是他贡献的。可交换群就称呼为阿贝尔群。当时等到主流数学家认识到阿贝尔有重大贡献,并聘用阿贝尔为教授时,他已经病入膏肓而去世。今天为了纪念阿贝尔的成就,挪威设立了阿贝尔奖。

我国的数学发展,一说就是西方传承的数学,所以设立祖冲之奖还不到时机,我们感觉当中国的数学真正崛起时,也会设立的。中国的数学发展还需要有文化自信。

力学大师冯·卡门在美国 *Quarterly of Applied Mathematics* 的创刊号上发表文章,钱伟长将其译文刊登在《应用数学和力学》的创刊号上(《用数学武装工程科学》,李家春,戴世强译)。冯·卡门在文章中讲:

人们常说,研究数学的主要目的之一是为物理学家和工程师们提供解决实际问题的工具。从数学的发展史看来,事实很清楚,许多重大的数学发现是在了解自然规律的迫切要求下应运而生的,许多数学方法是由主要对实际应用感兴趣的人创立的。然而,每个真正的数学家都会感到,把数学研究局限于考察那些有直接应用的问题,对这位科学的皇后来说未免有点不公道,事实上,这位"皇后"的虔诚歌颂者对于把他们的女主人贬黜为她的比较注重实际的、一时较为显赫的姐妹的"侍女",经常感到愤愤不平。

这就不难理解为什么数学家和工程师持有争论不休的分歧意见了。两种职业的代表人物不止一次地表示了这种分歧意见……

接下去是冯·卡门为数学家和工程师设计的大段对话,最后达到的共识是:把用数学武装工程科学的任务交给"真正的应用数学家"。今天回看,仍然很有教益。

随着信息时代到来,社会现代化要求数字化。而数字化处理对象是离散的,代数学是其主要方法,故代数的应用面越来越广泛。引用现代数学大师们的一些话[5]:"我们目睹了代数在数学中名副其实的到处渗透""中学的数学教学……理应受到这种发展的影响……应让青年人接触一些目前已经被公认的基础概念""今天的数学主要关心的是结构以及结构之间的关系"等。辛数学是从动力学的角度提出的,尤其是分析动力学。上文并未讲动力学,我们证明了有分析结构力学,而分析结构力学与分析动力学则是并行的[3]。本文要传播以下信息:辛数学结合多门学科,关心数学结构与物理、力学等结构间的一致性,具有很好的应用前景。

前文从一根弹簧开始,通过结构力学,引入状态向量,给出了传递辛矩阵群。但这些是在单方向位移、同维数的比较理想条件下推导的。一切似乎都很理想,然而,结构有许多不符合如此理想条件的情况,哪怕仍取单方向位移。辛数学的同维数表达并非一切都很理想。著作《辛破茧》用变分原理,讨论不同维数的问题。

结构力学离散,可出现复杂结构,各站可以有不同维数,而动力学则总是同一维数,因此辛数学不能总是局限于动力学。不同维数问题已经不是传统辛几何所能覆盖了。辛几何是在纯数学的微分几何范围内考虑的,不能涵盖离散的情况。以上的讲述在结构力学范畴。弹簧等元件的分析最容易理解掌握,使用的数学是矩阵代数,所以,称为辛代数更为准确。而力、功、能量等是力学最基本的内容,容易掌握。

以往,分析动力学与结构力学分别发展,各自成为独立发展的重要学科,其相互关联缺少考虑。下章从分析力学的角度,以连续坐标分别表达一维问题的动力学与结构力学。

展示动力学与结构力学的密切关联。两者的交叉融合可相互补充、借鉴，从更广阔的视野来分析课题。寻找课题要从我国发展的实际需要出发，而不单纯是外国人所关心的问题。

读者可看到，以上的内容特别浅显，是否就没有水平？请关注 Hilbert 在 1900 年数学世界大会上提出 23 个问题的著名报告《数学问题》中的论述：清楚的、易于理解的问题吸引着人们的兴趣，而复杂的问题却使我们望而却步……严格的方法同时也是比较简单、比较容易理解的方法。正是追求严格化的努力，驱使我们去寻求比较简单的推理方法……对于严格性要求的这种片面理解，会立即导致对一切从几何、力学和物理中提出的概念的排斥，从而堵塞来自外部世界新的材料源泉……由于排斥几何学与数学物理，一条多么重要的，关系到数学生命的神经被切断了。

当通过简明的方法学懂了，懂了就好，可继续前进而不必怀疑。请再看 Hilbert 的论述：

数学中每一步真正的进展，都与更有力的工具和更简单的方法的发现密切联系着，这些工具和方法同时会有助于理解已有的理论并把陈旧的、复杂的东西抛到一边。数学科学发展的这种特点是根深蒂固的。因此，对于数学工作者个人来说，只要掌握了这些有力的工具和简单的方法，他就有可能在数学的各个分支中比其他科学更容易地找到前进的道路。

1.9　本章小结

改革就要从教学、科研的体系着手。本书从弹簧胡克定律着手，引入状态向量，然后给出状态向量传递的概念，自然就导出了传递辛矩阵，指出传递辛矩阵的操作是矩阵乘法，并指出这就是正则变换。应用力学的辛数学方法可从功的互等定理、能量、传递矩阵等大众熟悉的理论来表述，浅近易懂。本书从中学物理中的力学、功、能量来介绍辛数学。第一章选材时没有采用微积分，更容易理解。而传递辛矩阵自然就构成了传递辛矩阵群，是离散辛几何的体系。

牛顿是从动力学发明微积分的，后来经过 Euler、Lagrange、Hamilton 等数学家们的努力构成了经典力学体系。不过从第二章可看到，结构力学的体系与动力学的体系，实际上是并行的。所以这一章从结构力学切入辛数学也可行。

用微积分的教材可见参考书[3]和[6]，其中讲述辛数学用到的基础数学方法，基本上不超过我国大学工科微积分与矩阵代数的内容，可供进一步探讨。

结构力学与控制理论的模拟理论[6]表明，它们的数学基础是相同的。这说明力学中多门学科相互间是密切关联的。它们应有一个公共的理论体系。只要换成辛对偶变量体系，就可建立起这个公共理论体系的道。经典分析力学是力学最根本的体系。Lagrange 方程、最小作用量变分原理、Hamilton 正则方程、正则变换、Hamilton-Jacobi 理论等是非常优美的数学理论体系，并且也是统计力学、电动力学、量子力学等基本学科的基础。

Hamilton 体系、保辛等既然很重要，为何应用力学过去没抓住呢？著作[1]讲到了其原因：从历史上考察人们对 Hamilton 体系的评价，Hamilton 本人是从几何光学着手创建他的理论模式的。1834 年，Hamilton 曾说："这套思想与方法业已应用到光学与力学，看来还有其他方面的应用,通过数学家的努力还将发展成为一门独立的学问。”这仅仅是他的期望。19 世纪同时代人对其反应则很冷淡,认为这套理论“漂亮而无用”。著名数学家 F. Klein 在对 Hamilton 体系的理论给予高度评价的同时,对其实用价值也持怀疑态度,他说:“这套理论对于物理学家是难望有用的,而对工程师则根本无用。”这种怀疑,至少就物理学的范畴而言,是被随后的历史所完全否定了。到了 20 世纪量子力学的创始人之一 Schroedinger 曾说:“Hamilton 原理已经成为现代物理的基石……如果您要用现代理论解决任何物理问题,首先得把它表示为 Hamilton 形式……”

F. Klein 说:“这套理论对工程师根本无用”,使得应用力学没有跟上 Hamilton 体系理论的趟。这是传统方法论的缺失,也是我们体系改革的好机会。

F. Klein 是德国哥廷根大学的著名数学家,是世界数学大会 International Congress of Mathematicians (ICM)成立大会的主席,即 1897 年第一届苏黎世大会主席(2002 年 ICM 的 24 届大会曾在北京召开,推动我国数学发展)。同时 F. Klein 也是世界上应用数学、应用力学的倡导者,哥廷根学派的创始人,影响很大。数学大师 D. Hilbert、J. von Neumann、H. Weyl、R. Courant 等和力学大师 L. Prandl、von Karman、S. P. Timoshenco 等,都是从哥廷根大学出来的,对现代数学、应用力学、航空航天等有奠基性贡献,影响深远。

现代控制论所奠基的状态空间法的起点至少也应回溯到 Hamilton 正则方程体系。Hamilton 正则方程体系也正是辛对偶变量、对偶方程的体系。线性规划、二次规划及非线性规划的基本方法也奠基于对偶变量基础上。基于以上观察,应用力学也应自觉地、系统地运用对偶变量体系于其多个学科分支。诚如钱令希先生所说,要将“辛数学方法及其对于应用力学的应用”的方向性指示做好。

对应用力学的一些学科分支引入辛对偶变量体系,有利于向不同学科领域渗透,也利于教改。作者对分析结构力学与有限元的研究表明,分析结构力学的学习比传统分析动力学的学习容易些。结合了应用力学的实际后,也暴露了传统经典分析力学的局限性:

- 它奠基于连续时间的系统,但应用力学有限元、控制与信号处理等需要离散系统;
- 动力学总是考虑同一个时间的位移向量,但应用力学有限元需要考虑不同时间的位移向量;
- 动力学要求体系的维数自始至终不变,但应用力学有限元需要变动的维数;
- 它认为物性是即时响应的,但时间滞后是常见的物性,例如黏弹性、控制理论等。

这些局限性表明传统分析力学还需要大力发展,要开阔我们的思路,这也是我们的机会。本书就不同维数的问题做了初步的探讨,表明分析结构力学是分析力学的一个新层次。著作《辛破茧》就上述的传统辛的局限性进行了初步探讨,可供进一步参考。将辛数学扎根于广大科技领域中,将辛的数学结构与力学等的结构相互关联、交叉,必将发挥出巨大作用。

现代纯数学大师、英国 1990 年皇家学会会长 M. Atiyah 说:“经常发生的是必须创造一个新的数学框架,其中的概念反映了真实世界中被研究的对象。于是,数学通过与其他领域的相互作用向深度与广度发展……从总体上讲,数学已被证明是研究物理学与工程学的相当成功与合用的钥匙。”辛数学的重要作用已经反映在结构力学、动力学等多个方面,笔者特别希望能加强数学家与力学工作者的合作。

练 习 题

1.1 练习题图 1.1 所示为两根刚度为 k 的弹簧串联,左端固定,右端受拉力 f, 三个点的位移分别记为 w_1、w_2 和 w_3, 请问:

(1) 这个系统的总势能是多少?

(2) 写出这一系统的刚度方程。

(3) 如果 $f=-2$, 则各点的位移分别是多少?

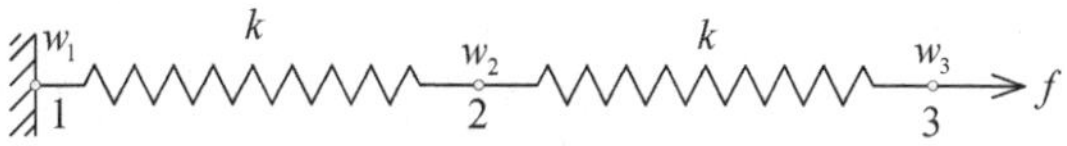

练习题图 1.1

1.2 什么是最小总势能原理? 如何根据该原理建立刚度方程? 刚度方程有什么特点?

1.3 刚度矩阵与辛矩阵之间有什么联系? 两个矩阵各有什么特点? 刚度方程与辛传递方程有什么联系和区别?

1.4 在练习题 1.1 中,两段弹簧各有一个弹性势能,其总和为系统的总弹性势能,问:

(1) 如将总弹性势能中的变量 w_2 消元,得到合并的弹性势能是什么?

(2) 利用最小总势能原理,建立 w_2 消元后的刚度方程。

(3) 令左端边界对节点 1 的作用力为 f_1, 方向向左,请写出状态向量 $(w_3, f)^{\mathrm{T}}$ 与 $(w_1, f_1)^{\mathrm{T}}$ 之间的传递辛矩阵。

1.5 有限元刚度矩阵是对称的,可推出传递矩阵是辛矩阵,所以说有限元是自动保辛。请谈谈有限差分法、无网格法、加权残数法等常用方法中哪些是保辛的。

1.6 练习题图 1.2 所示等截面弯曲梁单元,其单元刚度矩阵为

$$\boldsymbol{K}=\frac{EI}{l^3}\begin{bmatrix}12 & 6l & -12 & 6l\\ 6l & 4l^2 & -6l & 2l^2\\ -12 & -6l & 12 & -6l\\ 6l & 2l^2 & -6l & 4l^2\end{bmatrix}$$

问: 两端的状态向量是什么? 传递辛矩阵是什么?

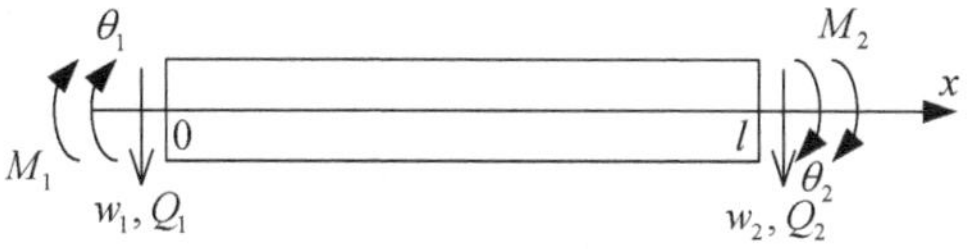

练习题图 1.2

1.7 什么是共轭辛正交归一关系,怎么推出来的? 能否证明辛矩阵 $\boldsymbol{S}$ 的特征向量也具有共轭辛正交归一关系?

1.8 矩阵指数 e^{Ht}, 其中 t 为任意实数。请证明: 包含所有 e^{Ht} 的集合为一个群。

参 考 文 献

[1] 冯康,秦孟兆. Hamilton 体系的辛计算格式[M]. 杭州: 浙江科技出版社,2004.

[2] 希尔伯特. 数学问题[M]. 李文林,袁向东,译. 大连: 大连理工大学出版社,2009.

[3] 钟万勰. 应用力学的辛数学方法[M]. 北京: 高等教育出版社,2006.

[4] 冯·诺依曼. 数学在科学与社会中的作用[M]. 程钊,王丽霞,杨静,译. 大连: 大连理工大学出版社,2009.

[5] 张贤科. 古希腊名题与现代数学[M]. 北京: 科学出版社,2007.

[6] 钟万勰. 应用力学对偶体系[M]. 北京: 科学出版社,2002.

第二章
分析力学——分析动力学与分析结构力学

第一章从结构力学离散体系的角度，解释了辛数学的物理含义。从力、功、能量的角度看到，辛矩阵就是状态向量的传递辛矩阵，传递辛矩阵构成乘法群。有限元法离散是在最小势能变分原理基础上的，但完全免除微积分的讲解不能与分析力学衔接，而分析动力学从牛顿开始发展，是近代科学的基础，发展到 Euler-Lagrange 方程、Lagrange 函数(1788)，就与变分原理紧密联系了，最小作用量变分原理。对应地，结构力学的最小势能变分原理与之相对应，可看到两者的密切关系，事实上通过分析理论，可将动力学与结构力学的分析理论建立起模拟关系。因此本章通过微积分讲述分析力学的基本内容。按牛顿定律，加速度与受到的力成正比，而速度与加速度是位移的一阶与二阶微商，表明动力学不能回避微积分学。分析动力学则是牛顿之后数百年的研究主题之一。

1687 年，牛顿给出了动力学的微分方程，Lagrange 则给出了用广义位移表示的动能减势能的 Lagrange 函数与 Euler-Lagrange 方程(1788)，后来由 Hamilton 总结为 Hamilton 变分原理，这是一类变量的最小作用量变分原理。Hamilton 给出了正则对偶方程(1834)，这是状态空间法的开始，对应有二类变量的变分原理。然后，一系列数学-力学大师们发展出正则变换、Lagrange 括号与 Poisson 括号、Hamilton-Jacobi 方程、摄动法、辛对称等，称为分析动力学[1]。分析动力学为最重大的物理发现——相对论与量子力学准备了坚实的数学基础。

与分析动力学相并行，结构力学则按结构工程的需要而独立发展。后来发现一维的结构静力学问题与分析动力学有模拟关系[2]，于是分析力学就扩展涵盖了分析动力学与分析结构力学，可以并行讲述。本章并行讲述分析动力学与分析结构力学，这样更容易理解。本章仍按用微分方程求解、一类变量的 Lagrange 体系的求解、与二类变量的 Hamilton 体系求解展开讲述。学者争论谁发明了微积分。牛顿是从动力学的角度发明了微积分；而莱布尼兹(Leibnitz)则从静力学与几何的角度发明了微积分。两者都发明了微积分，但角度不同。

本书遵循深入浅出的原则，并不追求数学的严格性，只求读者易于理解。本章通过单自由度线性问题介绍分析结构力学与分析动力学，揭示两者之间的模拟关系。数学与分析动力学的研究提出了一类变量的 Lagrange 函数、Euler-Lagrange 方程、变分法，然后是对偶变量的 Hamilton 函数、Hamilton 对偶正则方程。Hamilton 变分原理则与 Euler-Lagrange 方程对应，而对偶正则方程也有对偶变量的变分原理。结构力学方面则与此相并行，也有一类变量的最小总势能原理与二类变量的变分原理。进一步,胡海昌给出了三类变量的变分原理,意义重大。

为了读者理解动力学与结构力学间的模拟关系,下面分别介绍动力学与结构力学的对应课题。阅读时应紧密对比动力学与结构力学,例如,2.1.1 节讲解的是动力学,2.2.1 节对应结构力学课题。虽然 2.1.1 节与 2.2.1 节不在一起编排,但阅读时却应读完 2.1.1 节就阅读 2.2.1 节,对比阅读。本文还将祖冲之类算法与最小作用量变分原理相融合,突出数值举例,便于以后的数值求解。

2.1 动力学

分析力学体系是从动力学发展成熟的,因此本章先介绍动力学。本节就一维问题开始讲解。

2.1.1 单自由度弹簧-质量系统的振动

首先从动力学开始。用 m 代表滑块的质量, k 代表弹簧常数。滑块只可在 x 方向滑动(图 2.1)。滑块-弹簧系统构成了单自由度系统的振动。用 $x(t)$ 代表滑块振动的位移坐标,这是时间的函数。滑块的速度与加速度分别写为 $\dot{x}(t)$ 与 $\ddot{x}(t)$,其中上面一点代表对时间的微商 $\dot{x}(t)=\mathrm{d}x/\mathrm{d}t$。线性弹簧的力为 $k\cdot x(t)$。认为振动没有阻尼,而外力为 $f(t)$,以 x 的同方向为正。根据牛顿定理:

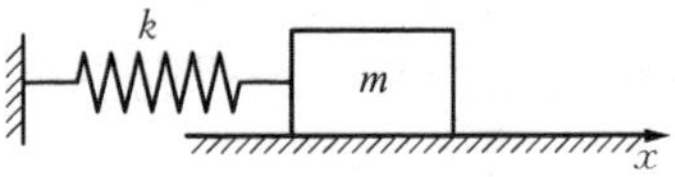

图 2.1 弹簧-滑块系统

$$m\ddot{x}(t)+kx(t)=f(t),\ x(0)=\text{已知},\dot{x}(0)=\text{已知} \tag{2.1.1}$$

这是二阶常微分方程,定解需要给出两个初始条件,也已经列在上面方程之中。该方程的求解在传统理论力学或各种振动理论教材中很常见。在此作为分析力学的引导。

式(2.1.1)是非齐次微分方程,从微分方程求解理论知,应先求解其齐次微分方程:

$$m\ddot{x}(t)+kx(t)=0 \tag{2.1.2}$$

这个方程的求解非常容易。牛顿提出了用微分方程求解的思路。

线性系统的振动分析常采用频域法。将位移用指数函数 $x(t)=a\exp(\mathrm{i}\omega t)$ 代入得

$$(k-m\omega^2)a=0 \tag{2.1.3}$$

时间坐标变换成了频率参数。这等于将自变量减少了一维,化成代数方程,便于分析。

为了展示动力学与结构力学的对比,请读者同时阅读 2.2.1 节弹性基础一维杆件的拉伸分析。

2.1.2 Lagrange 体系的表述

因为单自由度体系简单,所以用另一种推导便于理解。从物理概念看,自由振动是两种能量之间的互相交换。系统的动能为 $T=\dfrac{m\dot{x}^2}{2}$,势能就是弹簧变形能,为 $U=\dfrac{kx^2}{2}$。

Lagrange 提出了 Lagrange 函数 $L(x,\ \dot{x})$，其构成为

$$L(x,\ \dot{x}) = T - U = \frac{m\dot{x}^2}{2} - \frac{kx^2}{2} \tag{2.1.4}$$

即动能-势能。Lagrange 指出，动力学方程可自 Euler-Lagrange 方程导出[1,2]：

$$\frac{\mathrm{d}}{\mathrm{d}t}\left(\frac{\partial L}{\partial \dot{x}}\right) - \frac{\partial L}{\partial x} = 0 \tag{2.1.5}$$

动能、势能，是不同类的能量。数学上的偏微商 $\partial L/\partial \dot{x} = m\dot{x}$ 意味着只有 $\dot{x}$ 变化而 x 不变。这表明，已经将 $\dot{x}$ 与 x 之间的关系，即时间微商的关系解除，将 $\dot{x}$ 与 x 看成为互相独立的变量。这样又可算得 $\partial L/\partial x = kx$。 于是也可从式(2.1.5)给出了式(2.1.2)。

Euler-Lagrange 方程可从变分原理导出。引入作用量积分 S：

$$S = \int_0^{t_f} L(x,\ \dot{x},\ t)\mathrm{d}t,\ \delta S = 0 \tag{2.1.6}$$

式中，S 是函数 $x(t)$ 的泛函。Euler-Lagrange 方程可从变分原理 $\delta S = 0$ 导出。简单的变分推导即可验证。S 称为作用量。请务必注意，Lagrange 函数对于速度 $\dot{x}$ 一定是二次函数，是 $\dot{x}$ 的二次型。

变分原理 $\delta S = 0$ 称为 Hamilton 变分原理，其实也可称为最小作用量变分原理。在泛函 S 的 Lagrange 函数 $L(x,\ \dot{x},\ t)$ 中，只出现位移 x 的一类变量。故称 Lagrange 体系是一类基本变量的体系。

既然有最小作用量变分原理，就已经可以运用祖冲之方法论，回顾在绪论中介绍的祖冲之圆周率算法，两点之间连接一根直线，无非是短程线。动力学引入了 Lagrange 函数及其积分的作用量，表明动力学的短程线就相当于其积分形成的最小作用量变分原理，不再是欧几里得几何的直线了。所以说，最小作用量变分原理，给祖冲之类算法提供了机会，融合中西。代替求解微分方程，可以运用祖冲之类算法将最小作用量当成短程线，同样可以求解力学问题。由于在式(2.1.6)中，只出现位移一类变量，所以这是一类变量的体系。

具体的数值例题，此处不赘述。在讲解 Hamilton 的两类变量变分原理时，再举数字例题。

一类变量的体系对应二阶微分方程。为了精细积分法的需求，也应当化为两个一阶微分方程，只要转换到 Hamilton 体系的表述就可以。请同时阅读 2.2.2 节，对比动力学与结构力学的变分原理及其 Lagrange 函数。

2.1.3　Hamilton 体系的表述

式(2.1.2)是二阶微分方程，一个自由度的课题求解很方便。但以后要考虑多自由度振动的课题，此时动力学方程(2.1.5)给出的是二阶联立常微分方程。但常微分方程的基本理论针对其标准型联立一阶微分方程组。再说精细积分法也是对一阶常微分方程组的。应引入动量：

$$p = \frac{\partial L}{\partial \dot{x}} = m\dot{x} \tag{2.1.7}$$

再引入 Hamilton 函数：

$$H(x,\ p,\ t) = p\dot{x} - L(x,\ \dot{x},\ t) \tag{2.1.8}$$

式中的 $\dot{x}$ 应当用式(2.1.7)解出的表达式 $\dot{x} = p/m$ 代入消去。给出

$$H(x,\ p,\ t) = p\dot{x} - L(x,\ \dot{x},\ t) = \frac{p^2}{2m} + \frac{kx^2}{2} \tag{2.1.9}$$

将 $L(x,\ \dot{x},\ t) = p\dot{x} - H(x,\ p,\ t)$ 代入式(2.1.6)，得到二类变量的最小作用量变分原理：

$$S = \int_0^{t_f} [p\dot{x} - H(x,\ p,\ t)]\mathrm{d}t,\ \delta S = 0 \tag{2.1.10}$$

式中，x、p 是两类互为对偶且独立变分的函数。

状态空间任意两点之间的距离本来不清楚。用作用量来顶替，作用量取最小就说通了，将力学几何化。这样作用量取最小就与祖冲之方法论相连接，可用于数值计算。具体可见后面的算例。

完成变分运算给出

$$\dot{x} = \partial H/\partial p,\ \dot{p} = -\partial H/\partial x \tag{2.1.11}$$

的对偶方程，也称 Hamilton 正则方程。H. Weyl 引入辛对称，就是因为认识到对偶方程的对称性质。如果 Hamilton 函数 $H(x,\ p)$ 与时间无关，则对时间的微商为零，即

$$\frac{\mathrm{d}H(x,\ p)}{\mathrm{d}t} = \frac{\partial H}{\partial p}\cdot\dot{p} + \frac{\partial H}{\partial x}\cdot\dot{x} = \dot{x}\cdot\dot{p} - \dot{p}\cdot\dot{x} = 0$$

即机械能守恒定理。在 Hamilton 体系的表述中，出现了互为对偶的位移 x 与动量 p 的二类基本变量，所以说 Hamilton 体系是对偶变量的体系，有二类独立变量。

以上讲的 Hamilton 体系是动力学的课题。但 Hamilton 体系是一类数学框架，适用范围很广，自变量也并不限于时间 t。Hamilton 体系总有雷同于式(2.1.10)的变分原理。例如在弹性力学中也有 Hamilton 体系的应用，此时自变量是长度坐标。在动力学变分原理式(2.1.10)，看到动量 p 与速度 $\dot{x}$ 的乘积给出能量。在弹性体系中对偶变量就是应力与位移，位移对长度坐标的微商是应变，应力乘应变就成为变形能密度。总之，对偶变量的乘积是能量。电磁波导中对偶变量是横向的电场与磁场等。这些课题都有自己的物理内涵，但它们的数学形式都可以用 Hamilton 体系来描述，都有类似于式(2.1.10)变分原理。具体请阅读 2.2.3 节。

本节从 Lagrange 函数引入式(2.1.7)的对偶变量，通过式(2.1.9)推导 Hamilton 函数是 Legendre 变换。这是从动力学的角度展开。在此，对 Legendre 变换的静态的几何意义做出解释，可增进理解。

最基本的 Legendre 变换是对于一个变量函数的。二次函数 $y = f(x)$ 通常理解为

(x, y) 平面上的一条曲线，给出一个 x 值就计算一个 y，是曲线的点表示(图 2.2)。在点表示外，曲线也可以表示为许多切线所产生的包络线。通过 (x, y) 点的切线斜率是 $p = \mathrm{d}f/\mathrm{d}x$。记切线上的点 $(\bar{x}, \bar{y})$，则切线(直线)方程是

$$\frac{\bar{y} - y}{\bar{x} - x} = p = \frac{\mathrm{d}f}{\mathrm{d}x} \tag{2.1.12}$$

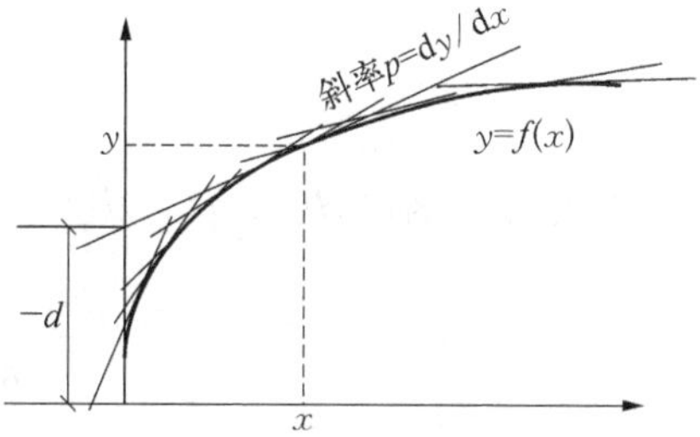

图 2.2　Legendre 变换示意图

而直线可用斜率 p 及直线与 y 轴交点坐标的负值 d (截距)表示。

截距 d 就是 $\bar{x} = 0$ 时的 $-\bar{y}$，故

$$p(x) = \frac{\mathrm{d}f}{\mathrm{d}x},\ d(p) = px - f(x) \tag{2.1.13}$$

将斜率 p 看成是独立变量。d 表达式中的 x，应从方程 $p(x) = \mathrm{d}f/\mathrm{d}x$ 解出 $x = x(p)$，再代入式(2.1.12)的后一式消去 x，于是截距只是斜率 p 的函数了，故写成 $d(p)$，意思为 d 只是 p 的函数。求解的条件是 $\mathrm{d}^2f/\mathrm{d}x^2 \neq 0$。变动 p 时，式(2.1.13)就提供了一簇切线，是切线的参变量表示，斜率 p 就是参变量。而原来的曲线就成为这一簇切线的包络线。

这是一个坐标变量 x 的 Legendre 变换，几何意义很清楚，就是用切线的包络来表示曲线。Legendre 变换从自变量 x 变换到自变量 p。要求解式(2.1.13)，对于一般的曲线 $y = f(x)$，解析求解并不总是很方便。而动力学的 $y = f(x)$ 总是二次的，比较方便。

有了 Legendre 变换的意义，就可以讲清楚从 Lagrange 函数到 Hamilton 函数是 Legendre 变换。将 Lagrange 函数 $L(x, \dot{x})$ 的变量 x、$\dot{x}$ 看成互相独立的变量，于是 $L(x, \dot{x})$ 成为只是 $\dot{x}$ 的函数，而 x 则不过是一个参数而已。将 $L(x, \dot{x})$ 对变量 $\dot{x}$ 进行 Legendre 变换。通过式(2.1.7) $p = \partial L/\partial \dot{x} = m\dot{x}$，引入对偶变量 p [式(2.1.13)的第一式]；再引入 Hamilton 函数 $H(x, p) = p\dot{x} - L(x, \dot{x})$ [式(2.1.13)的第二式]，成为二类独立变量 x、$\dot{x}$ 的函数。变换中 x 不过是一个保留的参数。

虽然 Hamilton 函数的表达式出现了 $\dot{x}$，但有将 $\dot{x}$ 求解为函数 $\dot{x}(x, p)$ 的要求，再代入消去。如果 Lagrange 函数 $L(x, \dot{x})$ 比较复杂，将 $\dot{x}$ 求解为函数 $\dot{x}(x, p)$ 存在一定难度。从数学理论看，方程求解有隐函数定理，只要求解的条件 $\partial^2 L/\partial \dot{x}^2 \neq 0$，即前面的 $\mathrm{d}^2f/\mathrm{d}x^2 \neq 0$，能够满足就可以。在线性系统的条件下求解容易，但对非线性系统分析求解并不容易，数值分析则比较简单。

胡海昌提出了 3 类变量变分原理的概念，不必立即求解方程，也就是将该方程的求解与整个系统的数值求解放在一起解决，显然更方便。

2.1.4　Hamilton 对偶方程的辛表述

引入状态向量：

$$\boldsymbol{v} = \{x \quad p\}^{\mathrm{T}} \tag{2.1.14}$$

对偶方程(2.1.11)可以合并写成联立的一阶微分方程：

$$\dot{\boldsymbol{v}}(t)=\boldsymbol{J}\cdot\frac{\partial H}{\partial \boldsymbol{v}} \tag{2.1.15}$$

其中,有纯量函数 $H(x, p)=H(\boldsymbol{v})$ 对向量 $\boldsymbol{v}$ 的微商,仍给出向量:

$$\frac{\partial H(x, p)}{\partial \boldsymbol{v}}=\left\{\frac{\partial H}{\partial x} \quad \frac{\partial H}{\partial p}\right\}^{\mathrm{T}}$$

矩阵 $\boldsymbol{J}$ 见式(1.1.9)。

将式(1.1.9)代入式(2.1.15)得对偶方程:

$$\dot{x}=\frac{p}{m}, \dot{p}=-kx \tag{2.1.16}$$

可写成矩阵/向量的形式:

$$\dot{\boldsymbol{v}}(t)=\boldsymbol{H}\boldsymbol{v} \tag{2.1.17}$$

其中, $\boldsymbol{H}$ 是 Hamilton 矩阵:

$$\boldsymbol{H}=\begin{bmatrix}0 & \dfrac{1}{m}\\ -k & 0\end{bmatrix}=\frac{\begin{bmatrix}0 & 1\\ -\omega^2 & 0\end{bmatrix}}{m}, \boldsymbol{J}=\begin{bmatrix}0 & 1\\ -1 & 0\end{bmatrix},$$

$$(\boldsymbol{JH})^{\mathrm{T}}=\boldsymbol{JH} \tag{2.1.18}$$

Hamilton 矩阵 $\boldsymbol{H}$ 的特点是 $\boldsymbol{JH}$ 为对称矩阵。

求解对偶方程组(2.1.17)可以采用精细积分法,或分离变量法。后者给出本征问题:

$$\boldsymbol{H\psi}=\mu\boldsymbol{\psi} \tag{2.1.19}$$

式中, $\boldsymbol{\psi}$ 是本征向量。本征值方程 $\det(\boldsymbol{H}-\mu\boldsymbol{I})=\mu^2+k/m=0$, 给出本征值 $\mu=\pm\mathrm{i}\omega$, $\omega=\sqrt{k/m}$。如果 μ 是本征值则 $-\mu$ 也是本征值。这是 Hamilton 矩阵本征值的特点。本征向量为

$$\mu_1=\mathrm{i}\omega, \boldsymbol{\psi}_1=\begin{Bmatrix}1\\ \mathrm{i}\omega m\end{Bmatrix}, \mu_2=-\mathrm{i}\omega, \boldsymbol{\psi}_2=\begin{Bmatrix}\mathrm{i}\omega/k\\ 1\end{Bmatrix}$$

还有

$$\boldsymbol{\psi}_1^{\mathrm{T}}\boldsymbol{J\psi}_2=1+\frac{m\omega^2}{k}=2$$

两个本征向量 $\boldsymbol{\psi}_1/\sqrt{2}$ 与 $\boldsymbol{\psi}_2/\sqrt{2}$ 相互间成辛对偶归一。该课题只有单自由度,所以没有辛正交。

最小作用量变分原理式(2.1.10)的 $\delta S=0$, 在以上是完成变分操作,列出对偶微分方程,用分离变量法求解。然而直接使用最小作用量变分原理,离散求解,不用列出对偶微分方程,也可行。这是在状态空间 (x, p) 下进行积分的。祖冲之类算法要的短程线就是

最小作用量。

离散求解动力学问题需要提供初始条件，设在初始时刻有

$$x_0 = 0,\ p_0 = 3.0 \quad 当\ t = 0$$

问题：在 $m = 1$，$k = 2$ 时，用最小作用量变分原理积分如何进行？

解：数值积分总得有一个时间步长，设为 $\Delta t = 0.2$，于是有站点（为方便阐述，这里变量均为无量纲变量）：

$$t_j = j\Delta t,\ j = 0,\ 1,\ \cdots$$

在两站 $(j-1,\ j) = j^{\#}$ 间有区段记为 $j^{\#}$，其两端就是 $j-1$ 站和 j 站。

因为 $H(x,\ p) = p\dot{x} - L(x,\ \dot{x}) = p^2/2m + kx^2/2$，设已经完成数值积分到 $t = t_{j-1}$ 站，当然 $(x_{j-1},\ p_{j-1})$ 已知，现在要积分 $t_j = t_{j-1} + \Delta t$ 的 $(x_j,\ p_j)$。于是采用最小区段作用量变分原理进行数值求解，即祖冲之类算法：

$$S_{j^{\#}}(x_j,\ p_j) = \int_{t_{j-1}}^{t_j} [p\dot{x} - H(x,\ p)]\mathrm{d}t$$

要求解 $(x_j,\ p_j)$，而 $(x_{j-1},\ p_{j-1})$ 已知。采用离散求解，在时间区段内取线性插值，即有限元法。取区段平均值：

$$x_{j^{\#}\mathrm{av}} = \frac{x_j + x_{j-1}}{2},\ p_{j^{\#}\mathrm{av}} = \frac{p_j + p_{j-1}}{2} \tag{a1}$$

取线性插值近似，得

$$\dot{x}_{j^{\#}} \approx \frac{x_j - x_{j-1}}{\Delta t} \tag{a2}$$

而 $H(x,\ p) \approx p_{j^{\#}\mathrm{av}}^2/(2m) + kx_{j^{\#}\mathrm{av}}^2/2$，从而有区段作用量：

$$S_{j^{\#}}(x_j,\ p_j) \approx \left[\frac{p_{j^{\#}_{\mathrm{av}}}(x_j - x_{j-1})}{\Delta t} - \frac{p_{j^{\#}_{av}}^2}{2m} - \frac{kx_{j^{\#}\mathrm{av}}^2}{2}\right]\cdot\Delta t$$

将区段作用量对 p_j 取偏微商为零，有

$$\frac{m(x_j - x_{j-1})}{\Delta t} = p_{j^{\#}\mathrm{av}} \tag{a3}$$

再代入作用量近似式。左侧是区段近似速度，表明它与区段平均动量的关系：

$$S_{j^{\#}}(x_{j-1},\ x_j) \approx \left[\frac{m(x_j - x_{j-1})^2}{2(\Delta t)^2} - \frac{k(x_{j-1} + x_j)^2}{8}\right]\Delta t \tag{a4}$$

很明显，这是动能减势能乘以时间区段长度，只剩下一类变量位移，其中 x_{j-1} 为已知是初

始条件。将区段作用量 $S_j(x_j)$ 对 x_j 求微商为 p_j，对 x_{j-1} 求微商为 $-p_{j-1}$：

$$\begin{cases} m\Delta t^{-1}(x_j - x_{j-1}) - 0.25k\Delta t(x_{j-1} + x_j) = p_j \\ m\Delta t^{-1}(x_j - x_{j-1}) + 0.25k\Delta t(x_{j-1} + x_j) = p_{j-1} \end{cases} \tag{a5}$$

式(a5)的第二式可整理为

$$x_j = (m\Delta t^{-1} + 0.25k\Delta t)^{-1}(p_{j-1} + m\Delta t^{-1}x_{j-1} - 0.25k\Delta t x_{j-1}) \tag{a6}$$

求得 x_j 后，再代入式(a5)的第一式，求得 p_j，完成步进数值积分。

按不同的步长，$\Delta t = 0.05$、0.1、0.2 进行数值积分，得到的位移和动量见图 2.3。

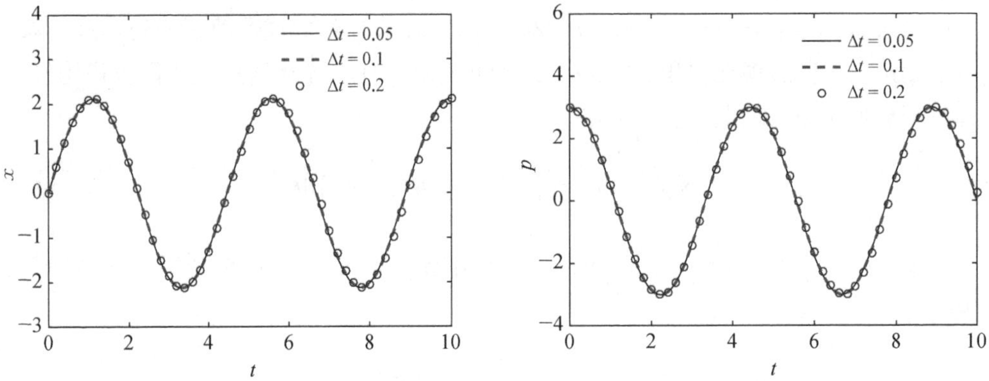

(a) 位移　　(b) 动量

图 2.3　不同时间步长计算得到的位移和动量

该问题系统的能量为 $p^2/2m + kx^2/2 = 4.5$，也即不同时间的 (x, p) 一个椭圆。根据式(a5)和式(a6)实际计算的 (x, p) 如图 2.4 所示。

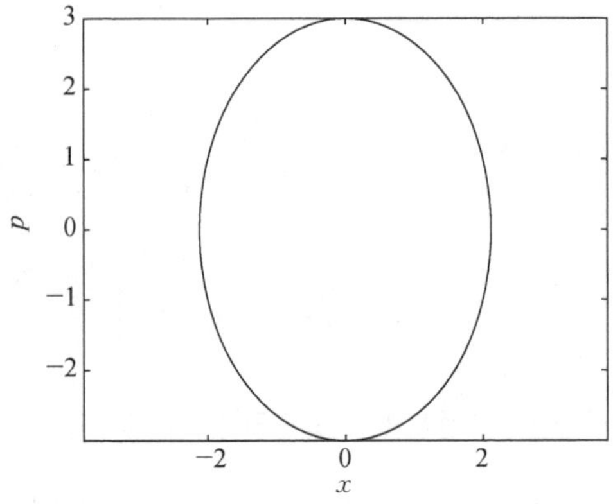

图 2.4　保辛祖冲之类算法计算得到的 (x, p)

祖冲之类算法数值例题完毕。本小节验证了祖冲之方法论的合理性。

2.1.5　单自由度系统的作用量

为简单起见，以上讲述是在线性单自由度的条件，但分析力学本来不限于线性系统，本小节的作用量讲述就不限于线性系统，因此动力学作用量的物理意义不易讲清楚。

式(2.1.6)给出了时间区段 $(0, t_f)$ 的作用量算式 $S = \int_0^{t_f} L(x, \dot{x})\mathrm{d}t$。Hamilton 变分原理认为其中的函数 $x(t)$ 是变分的自变函数。但作用量则认为区段内 $x(t)$ 是真解，而将 S 看成为两端 $t = 0$ 与 $t = t_f$ 边界条件的函数。因为动力方程式(2.1.5)是二阶微分方程，所以要提供两个边界条件以确定解 $x(t)$。通常这两个边界条件都给定在 $t = 0$ 一端，因此是初值条件。但作为另一种方案,也可以给定 $t=0$ 的位移 x_0 以及 $t=t_f$ 处的位移 x_f。$x(t)$ 就成为 x_0、x_f 与 t_0、t_f 的函数。这里将 $t=0$ 看成 $t=t_0$。这样,作用量 S 就成为两端边界量的函数,写为 $S(x_0, t_0; x_f, t_f)$。往往认为 t_0、x_0 固定不变,此时作用量就是 $S(x_f, t_f)$。既然在区域 (t_0, t_f) 内的轨道 $x(t)$ 是真解,它已经不能任意变化,一切都是端部的函数,内部变量不再出现。因此为简单起见,更愿意将 $S(x_f, t_f)$ 写成 $S(x, t)$。此时一定要明确,作用量将区段两端也作为变量,即 x、t 是端部的变量。现在要给出 $S(x, t)$ 所满足的微分方程(动力学作用量的物理意义不易讲清,请参见 2.2.5 节结构力学的作用量)。根据作用量的定义式(2.1.6),固定 t, 让 x 发生变化 δx, 则有

$$\begin{aligned}\delta S &= \int_0^t \delta L(x_1, \dot{x}_1)\,\mathrm{d}t_1 = \int_0^t \left[\left(\frac{\partial L}{\partial x_1}\right)\delta x_1 + \left(\frac{\partial L}{\partial \dot{x}_1}\right)\delta \dot{x}_1\right]\mathrm{d}t_1 \\ &= \int_0^t \left[\left(\frac{\partial L}{\partial x_1}\right) - \left(\frac{\mathrm{d}}{\mathrm{d}t_1}\right)\left(\frac{\partial L}{\partial \dot{x}_1}\right)\right]\delta x_1 \mathrm{d}t_1 + \left[\left(\frac{\partial L}{\partial \dot{x}_1}\right)\delta x_1\right]_0^t \\ &= \left(\frac{\partial L}{\partial \dot{x}}\right)\delta x = p\delta x\end{aligned}$$

式中考虑了域内轨道 $x_1(t_1)$ 随 δx 而发生的变化。推导时运用了分部积分与 Lagrange 方程。这是偏微分,因为让 t 固定而让 x 发生了变化。由此知

$$\frac{\partial S}{\partial x} = p \tag{2.1.20}$$

因为可给出全微分:

$$\mathrm{d}S = \frac{\partial S}{\partial x}\cdot \mathrm{d}x + \frac{\partial S}{\partial t}\cdot \mathrm{d}t = p\mathrm{d}x + \frac{\partial S}{\partial t}\cdot \mathrm{d}t \tag{2.1.21}$$

另一种偏微分应是 t 变化而 x 固定。全微分可以让 t、x 同时变化,当发生 $\mathrm{d}t$ 时,让轨道不变,即 $\mathrm{d}x = \dot{x}\mathrm{d}t$ 顺着轨道延伸。这种微分称为全微分。因为域内轨道不变,所以区域 $(0, t)$ 的积分也不变,只是增加了 $(t, t+\mathrm{d}t)$ 段的积分。因此全微分给出 $\mathrm{d}S = L(x, \dot{x})\mathrm{d}t$, 但数学上全微分又有式(2.1.21),故

$$\mathrm{d}S = \frac{\partial S}{\partial x}\cdot \mathrm{d}x + \frac{\partial S}{\partial t}\cdot \mathrm{d}t = \left(\frac{\partial S}{\partial x}\cdot \dot{x} + \frac{\partial S}{\partial t}\right)\cdot \mathrm{d}t = L(x, \dot{x})\mathrm{d}t$$

从而有

$$-\frac{\partial S}{\partial t} = \frac{\partial S}{\partial x}\cdot \dot{x} - L(x, \dot{x}) = p\cdot \dot{x} - L(x, \dot{x}) = H\left(x, \frac{\partial S}{\partial x}\right)$$

这样,作用量的全微分可给出为

$$\mathrm{d}S = \frac{\partial S}{\partial x}\cdot \mathrm{d}x + \frac{\partial S}{\partial t}\cdot \mathrm{d}t = p\mathrm{d}x - H(x, p, t)\cdot \mathrm{d}t \tag{2.1.22}$$

在动力学中,作用量 $S(x_0, t_0; x_f, t_f)$ 是时间区段的函数。与结构静力学相比,相当于其

区段变形能。这样就凸显了其重要性。离散的有限元法首先在结构静力学方面兴起,效果非常好,很快为工程师接受并使用,成席卷之势而发展。既然动力学的时间区段作用量相当于结构静力学长度区段变形能,那么也应当在时间区段逐步积分中发挥重要作用。这将在后文的时间有限元的讲述中表达。

2.1.6 单自由度线性系统的 Hamilton-Jacobi 方程及求解

式(2.1.22)是对作用量 $S(x, t)$ 函数的一阶偏微分方程,称为 Hamilton-Jacobi 方程。当前是线性一维振动,其哈密顿函数为

$$H(x, p) = \frac{p^2 + m^2\omega^2x^2}{2m}, \ \omega = \sqrt{\frac{k}{m}} \tag{2.1.23}$$

式中, m、k 分别是质量与弹簧常数; ω 为圆频率。式(2.1.23)的 Hamilton 函数 $H(x, p)$ 不直接依赖于时间 t。其 Hamilton-Jacobi(H-J)方程为

$$\frac{\partial S}{\partial t} + \frac{\left(\frac{\partial S}{\partial x}\right)^2 + m^2\omega^2x^2}{2m} = 0 \tag{2.1.24}$$

因该方程中 t 只出现于 $\partial S/\partial t$ 中,故其解必为

$$S(x, \alpha, t) = W(x, \alpha) - \alpha t \tag{2.1.25}$$

式中, α 为积分常数。对特征函数 W 的方程为

$$\frac{\left(\frac{\mathrm{d}W}{\mathrm{d}x}\right)^2 + m^2\omega^2x^2}{2m} = \alpha \tag{2.1.26}$$

这样 α 就是守恒的机械能,偏微分方程也就成为常微分方程。对 W 积分得

$$W = \sqrt{2m\alpha}\int\sqrt{\frac{1 - m\omega^2x^2}{2\alpha}}\mathrm{d}x = \frac{\alpha}{\omega}\cdot\left[\arcsin(wx) + wx\sqrt{1 - w^2x^2}\right]$$

$$w = \sqrt{\frac{m\omega^2}{2\alpha}}$$

$$S = \sqrt{2m\alpha}\int\sqrt{\frac{1 - m\omega^2x^2}{2\alpha}}\mathrm{d}x - \alpha t \tag{2.1.27}$$

这是分析求解所得,其中 α 为积分常数,但这只是提供了一个边界条件。既然微分方程已经分析积分,余下的未知数只能是边界条件。H-J 方程的完全解 $S(x, \alpha, t)$ 可用做正则变换的生成函数。重要的是其偏微商:

$$\beta=-\frac{\partial S}{\partial\alpha}=\frac{t-\sqrt{\frac{2m}{\alpha}}\int dx}{\sqrt{\frac{1-m\omega^2x^2}{2\alpha}}}=\frac{t-\arcsin\left(x\sqrt{\frac{m\omega^2}{2\alpha}}\right)}{\omega} \tag{2.1.28}$$

必为常数[3]，给出了另一个边界条件。由此解出 x 作为时间 t 及两个积分常数 α，β 的函数：

$$x=\sqrt{\frac{2\alpha}{m\omega^2}}\sin\omega(t-\beta) \tag{2.1.29}$$

该式就是熟知的简谐振子的解。动量则由式(2.1.20)有

$$p=\frac{\partial S}{\partial x}=\frac{\partial W}{\partial x}=\sqrt{2m\alpha-m^2\omega^2x^2}$$

将式(2.1.29)代入，得

$$p=\sqrt{2m\alpha}\cos\omega(t-\beta) \tag{2.1.30}$$

这个 p 与 $m\dot{x}$ 正相符合。为了与求解 Riccati 方程的方法相衔接，应注意下式：

$$\frac{p}{x}=m\omega\cot[\omega(t-\beta)] \tag{2.1.31}$$

两个常数 α、β 还应由初始条件 x_0、p_0 来定出。首先

$$\frac{p_0^2}{2m\alpha}+\frac{m\omega^2x_0^2}{2\alpha}=1,\ \alpha=\frac{p_0^2}{2m}+\frac{m\omega^2x_0^2}{2}$$

然后由 $\tan(\omega\beta)=-(x_0/\sqrt{2\alpha/m\omega^2})/(p_0/\sqrt{2m\alpha})=-m\omega x_0/p_0$ 定出初始相角 β_0。显然 α、β 分别代表振动的幅度与角度。

一维简谐振子是最简单的课题，但 W 或 S 的表达式已如此复杂。作用量的概念使初学者感到困难，对这个问题如此求解似乎小题大做，直接积分微分方程简单得多，但非线性问题求解困难。作用量的概念对有限元法很有用，如最小作用量变分原理、祖冲之类算法基于“动力学状态空间下的短程线”等。作用量的概念对时间有限元法也很有用。从结构静力学的角度看，作用量相当于区段变形能，有限元法就是根据变分原理来的。Hamilton-Jacobi 方程理论较深刻。正则变换可以用于非线性方程的求解、保辛摄动等。

物理学非常重视不变量，而能量则是现代科学的主要考虑对象。从 H-J 方程积分时，首先就得到能量 α 守恒，当然可以将 α 当作自变量对待。但一维系统只有一个 α，不能代替 x、p 的 2 个对偶变量，可提供的另一个变量就是相位 β 角，它就是 α 的对偶变量。

杨振宁- Mills 场，称为规范不变场，提出的 Lagrange 函数，就是在线性电磁场理论的 Lagrange 函数上，再添加一个很小的非线性项，可满足规范不变性。杨振宁- Mills 场推动

了粒子物理学的发展,统一了电磁与弱相互作用,再引入一个所谓同位旋,还可将强相互作用也纳入杨振宁-Mills场的范围。不过就是杨振宁-Mills场这一项的添加,造成非线性偏微分方程求解的困难,从而又引申出重整化理论等新发展。非线性偏微分方程的求解有很大的发展空间,本书只能稍作提及。

2.1.7 通过 Riccati 微分方程的求解

求解 Riccati 方程是控制理论的关键,其实振动理论也可通过 Riccati 方程而求解。求解对偶方程式(2.1.16)还可以引入关系:

$$p(t) = R(t) \cdot x(t) \tag{2.1.32}$$

式中,函数 $R(t)$ 待求。将式(2.1.32)代入对偶方程有

$$\dot{x} = \frac{Rx}{m},\quad \dot{R}x + R\dot{x} + kx = 0$$

消去 $\dot{x}$ 有

$$\left(\dot{R} + \frac{R^2}{m} + k\right) x = 0$$

因为 $x(t)$ 是随初始条件的任意选定而变化的,所以括号内必为零,从而给出 Riccati 微分方程如下[3]:

$$\dot{R}(t) + \frac{R^2}{m} + k = 0 \tag{2.1.33}$$

虽然方程非线性,但 m、k 取常值的一维方程仍可分析求解。因为 $-\dfrac{m\mathrm{d}R}{R^2 + mk} = \mathrm{d}t$,积分得

$$-\frac{\mathrm{d}\dfrac{R}{m\omega}}{\left(\dfrac{R}{m\omega}\right)^2 + 1} = \omega \mathrm{d}t$$

$$R(t) = m\omega \cot[\omega(t - \beta)] \tag{2.1.34}$$

对比式(2.1.31),Riccati 微分方程是一阶的,应有一个边界条件,有 $R(0) = p_0/x_0 = m\dot{x}_0/x_0$ 的初始条件,而解式(2.1.34)也确有参数 β 可调整以满足该边界条件,从而 $R(t)$ 完全确定,继而可从 $\dot{x} = Rx/m$,求解出 $x(t)$。虽然 $R(t)$ 是分析法积分的,但如果面对变系数方程就困难了。

如果是给定 x_0、x_{f} 的两端边界条件,则从式(2.1.32)有

$$p_0 = m\omega \cot\beta \cdot x_0$$

式中，参数β待定。继而从 $\dot{x}=Rx/m$，求解出$x(t)$，仍带有待定参数β。然后代入x_f的边界条件，求出β。作用量S是两端边界条件x_0、x_f的函数，$S=S(x_0, x_f)$。对于线性系统，p_0、p_f是x_0、x_f的线性函数。根据方程(2.1.20)，$dS=p_f dx_f - p_0 dx_0$，故作用量S必是x_0、x_f的二次函数。

2.1.8　三类变量变分原理——Hamilton 体系的另一种推导

Lagrange 方程(2.1.4)的导出有数学上的偏微商 $\partial L/\partial\dot{x}=m\dot{x}$，这意味着只有 $\dot{x}$ 变化而x不变。表明已经将 $\dot{x}$ 与x看成为互相独立的变量。引入变量：

$$s=\dot{x} \tag{2.1.35}$$

将变分原理式(2.1.6)中的 $\dot{x}$ 用s代替有，$\delta S=\delta\int_0^{t_f}L(x, s)dt=0$。这成为有约束条件式(2.1.35)的变分原理。为了解除约束，对约束条件(2.1.35)引入 Lagrange 参数p，于是变分原理成为

$$\delta S=\delta\int_0^{t_f}[p(\dot{x}-s)+L(x, s)]dt=0 \tag{2.1.36}$$

其中三类变量x、p、s皆可独立变分，故称三类独立变量的变分原理。完成变分推导给出

$$\dot{x}=s \tag{2.1.37a}$$

$$\dot{p}=\frac{\partial L}{\partial x} \tag{2.1.37b}$$

$$p=\frac{\partial L}{\partial s} \tag{2.1.37c}$$

对于线性系统，(2.1.37c)给出$p=ms$，由此解出$s=p/m$，再代入式(2.1.36)得二类变量的作用量变分原理：

$$\delta S=\delta\int_0^{t_f}[p\dot{x}-H(x, p)]dt=0 \tag{2.1.38}$$

以及 Hamilton 函数式(2.1.10)。完成变分运算即得对偶正则方程。然而对于非线性系统，求解代数方程式(2.1.37c)未必如此方便。三类变量的变分原理显示出其灵活性。胡海昌先生是从弹性力学的角度提出三类变量变分原理的，现在看到对于动力学也是可用的。以上的推导为阅读文献[3]做了准备。

本节从分析动力学的角度，就最简单的单自由度动力学展开，可让读者对分析动力学有一个具体的初步概念。以下转移到对应的结构力学问题。

2.2　结 构 力 学

本节构造一个特殊的一维的例题，为的是揭示结构力学的这类问题与动力学是一致

的,有对应的模拟关系。

2.2.1 弹性基础上一维杆件的拉伸分析

分析力学并不仅仅用于动力学。在结构力学中有许多柱形域的课题,例如杆件、梁、轴、条形板、薄壁杆件、柱形壳等的分析。结构力学与最优控制理论的模拟关系就是奠基于 Hamilton 体系的理论基础上的,所以对结构力学课题基于分析力学的 Hamilton 体系理论分析很重要。为了便于与单自由度振动系统的分析对比,选择弹性基础上一维杆件的拉伸,材料力学问题,用分析力学的方法进行求解来讲述。第一章讲的就是一维结构。

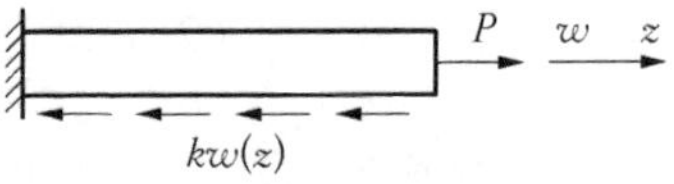

图 2.5 弹性支承的轴向拉杆

假设有一根长为 l 的杆件在端部受到拉力 P 的作用,杆件只有沿轴向 z 的位移 $w(z)$,轴向一个自由度。杆件截面的拉伸刚度为 EF(拉伸模量 E,剪切模量 G,杆件截面积 F),并且轴向还有刚度为 $k = Gh/d$ 的分布弹簧支承,这种轴向弹簧也可以理解为厚 h 宽 d 的剪力膜,如图 2.5 所示。

现在予以分析。记 $\dot{\#} = \mathrm{d}\#/\mathrm{d}z$,轴向变形与轴向力为

$$\varepsilon_z = \frac{\mathrm{d}w}{\mathrm{d}z} = \dot{w},\ N(z) = EF\varepsilon_z = EF\dot{w} \tag{2.2.1}$$

分布弹簧单位长度的支承力:

$$R(z) = k \cdot w(z) \tag{2.2.2}$$

于是取长度为 dz 的微元,可导出微分方程:

$$\frac{\mathrm{d}N(z)}{\mathrm{d}z} - R(z) = \frac{\mathrm{d}(EF\dot{w})}{\mathrm{d}z} - k \cdot w = 0$$

或

$$\ddot{w} - \mu^2 w = 0,\ \mu^2 = \frac{k}{EF} \tag{2.2.3}$$

这是常系数二阶线性微分方程,其通解为

$$w(z) = Ae^{\mu z} + Be^{-\mu z} \tag{2.2.4}$$

式中,A、B 为待定常数,由两端边界条件:

$$w(0) = 0,\ EF\dot{w}(l) = N(l) = P \tag{2.2.5}$$

确定。解为

$$w(z) = \frac{P}{\mu EF} \cdot \frac{\sin h(\mu z)}{\cos h(\mu l)}$$

$$N(z) = \frac{P \cdot \cos h(\mu z)}{\cos h(\mu l)} \tag{2.2.6}$$

这是用求解微分方程的解法。然而,求解微分方程在常系数情况下是可以的,但当变系数或非线性时,求解会面临很大困难。请读者对比阅读 2.2.1 节的动力学问题。

2.2.2 Lagrange 体系的表述,最小总势能原理

本课题很简单,选择该课题的目的在于讲述分析力学的应用,所以用能量法再作探讨。当前是静力分析问题。结构力学有最小总势能定理:一个弹性体系的总势能由变形势能与外力势能两部分组成,外力势能为负的外力做功:

$$V = -P \cdot w(L) \tag{2.2.7}$$

而变形势能 U 则由杆件本身单位长度的变形能:

$$L_1(\dot{w}) = \frac{EF\dot{w}^2}{2} \tag{2.2.8}$$

以及单位长度支承弹簧的变形能两部分相加:

$$L_2(w) = \frac{kw^2}{2},\ L(w,\ \dot{w}) = L_1 + L_2 \tag{2.2.9}$$

再积分所组成,函数 L 就是变形能密度。变形势能 U 与总势能 S 分别为

$$U = \int_0^L L(w,\ \dot{w})\,\mathrm{d}z,\ S(w) = U + V = \int_0^L L(w,\ \dot{w})\,\mathrm{d}z - Pw(L) \tag{2.2.10}$$

最小总势能原理要求 $S(w)$ 取最小,这是轴向位移 $w(z)$ 的泛函,变分原理要求 $\delta S = 0$。

与单自由度振动问题比较,当前结构力学课题的外力势能只影响端部边界条件。$L(w,\ \dot{w}) = L_1 + L_2$ 是 Lagrange 函数,也由两部分组成,$L_1(\dot{w})$ 与 $\dot{w}$ 有关,类似于振动的动能;而 $L_2(w)$ 与 w 有关,类似于振动的弹簧变形能。差别在于现在是 $L = L_1 + L_2$,而分析动力学的 Lagrange 函数构成规则是动能-势能。因此从变分原理推导的平衡方程就是 Lagrange 方程,是 Lagrange 体系的表述:

$$\frac{\mathrm{d}}{\mathrm{d}z}\left(\frac{\partial L}{\partial \dot{w}}\right) - \frac{\partial L}{\partial w} = \frac{\mathrm{d}}{\mathrm{d}z}\left(EF\frac{\mathrm{d}w}{\mathrm{d}z}\right) - kw = 0 \tag{2.2.3$'$}$$

就是式(2.2.3)。故对结构力学条形域的问题,分析力学方法仍可运用。对线性常系数课题有

$$U = \int_{z_a}^{z_b} L(w,\ \dot{w})\,\mathrm{d}z = \int_{z_a}^{z_b}\left(\frac{EF\dot{w}^2 + kw^2}{2}\right)\mathrm{d}z = \frac{K_{aa}w_a^2}{2} + K_{ba}w_a w_b + \frac{K_{bb}w_b^2}{2}$$

$$K_{aa} = K_{bb} = EF\mu\coth(\mu \cdot \Delta z)$$

$$K_{ab} = K_{ba} = -\frac{EF\mu}{\sinh(\mu \cdot \Delta z)},\ \Delta z = z_b - z_a$$

$$K = \begin{bmatrix} K_{aa} & K_{ab} \\ K_{ba} & K_{bb} \end{bmatrix} \tag{2.2.11}$$

式中，(z_a, z_b) 是一个单元；K_{aa}、K_{ba}、K_{bb} 是刚度阵 $\boldsymbol{K}$ 的系数。变系数时分析求解困难，但有限元法取得了重大突破。采用近似的作用量(区段变形能)求解，对线性系统要生成单元变形能的近似单元刚度阵。

注：这段选择的只是结构静力学的一个一维的特殊课题。结构力学本来是3D的，将长度坐标 z 模拟时间，则还有横向二维的 (x, y)，并不一定是柱形结构，所以分析力学模拟有局限性。为此有著作[4]讲述辛的局限性。再说结构力学与最优控制的模拟关系是著作[5]从离散体系建立的，其基础是离散的Hamilton体系。本章只是初步入门，难以求全。

2.2.3 Hamilton体系的表述

最小总势能原理的泛函中只有位移 $w(z)$ 一类变量，它相当于分析力学的Lagrange体系。从与分析动力学对比的角度看，还可以在Hamilton对偶变量体系中分析。为此引入对偶变量：

$$N(z) = \frac{\partial L}{\partial \dot{w}} = EF\dot{w},\ \dot{w} = \frac{N}{EF} \tag{2.2.12}$$

再引入Hamilton函数：

$$H(w, N) = N\dot{w} - L(w, \dot{w}) = \frac{N^2}{2EF} - \frac{kw^2}{2} \tag{2.2.13}$$

通过对比，可知从 $\dot{w}$ 到 N 的变换就是Legendre变换；w、N 是对偶变量，Lagrange函数变换到Hamilton函数。注意式中的减号，这在动力学时是加号。

Hamilton类型的两类变量变分原理为

$$\delta\int_0^L [N\dot{w} - H(w, N)]\mathrm{d}z = 0 \tag{2.2.14}$$

与式(2.1.10)对比，无非是将自变量更换而已，其中 w、N 是两类独立变分的函数。完成变分给出对偶方程：

$$\dot{w} = \frac{\partial H}{\partial N} = \frac{N}{EF},\ \dot{N} = -\frac{\partial H}{\partial w} = kw \tag{2.2.15}$$

也称Hamilton正则方程。Hamilton函数对长度的全微商为零 $\mathrm{d}H/\mathrm{d}z = 0$。

Hamilton函数在结构力学中可称为混合能密度。以往结构力学没有这个提法。

通常讲的Hamilton体系总是动力学课题。但Hamilton体系是一类数学框架，适用范围很广，自变量也并不限于时间 t。Hamilton体系的特点是总有类似式(2.1.10)、式(2.2.14)的变分原理。结构力学中的Hamilton体系，其自变量是长度坐标。在动力学变分原理式(2.1.10)中看到动量 p 与速度 $\dot{x}$ 的乘积，给出的是动能；而在结构力学中 $N\dot{w}$ 则给出 L_1 的变形能密度，因为这是单位长度的能量。结构力学中对偶变量是内力与位移，位移对长度坐标的微商是应变,内力乘应变就成为变形能密度。它们的数学形式都可以用 Hamilton 体系来描述,都有类似式(2.1.10)的变分原理。这些表明,分析力学不仅仅用于动力学,同样可用于结构力学。第二章的标题就是这样来的。

2.2.4　对偶方程的辛表述

引入状态向量:

$$\boldsymbol{v} = \{w \quad N\}^{\mathrm{T}} \tag{2.2.16}$$

对偶方程(2.2.15)可以合并写成联立的一阶微分方程:

$$\dot{\boldsymbol{v}}(t) = \boldsymbol{J} \cdot \frac{\partial H}{\partial \boldsymbol{v}} \tag{2.2.17}$$

其中有纯量函数 $H(w,\ N) = H(\boldsymbol{v})$ 对向量 $\boldsymbol{v}$ 的微商,给出的仍是向量。可写成

$$\dot{\boldsymbol{v}}(t) = \boldsymbol{H}\boldsymbol{v} \tag{2.2.18}$$

式中, $\boldsymbol{H}$ 是 Hamilton 矩阵:

$$\boldsymbol{H} = \begin{bmatrix} 0 & \dfrac{1}{EF} \\ k & 0 \end{bmatrix},\ (\boldsymbol{JH})^{\mathrm{T}} = \boldsymbol{JH},\ \boldsymbol{J} = \begin{bmatrix} 0 & 1 \\ -1 & 0 \end{bmatrix} \tag{2.2.19}$$

Hamilton 矩阵 $\boldsymbol{H}$ 的特点是 $\boldsymbol{JH}$ 为对称矩阵。

采用分离变量法给出本征问题:

$$\boldsymbol{H}\boldsymbol{\psi} = \mu\boldsymbol{\psi} \tag{2.2.20}$$

式中, $\boldsymbol{\psi}$ 是本征向量。本征值方程 $\det(\boldsymbol{H} - \mu\boldsymbol{I}) = \mu^2 - k/EF = 0$, 给出本征值 $\mu = \pm\sqrt{k/EF}$。其特点是:如 μ 是本征值则 $-\mu$ 也是本征值。这是 Hamilton 矩阵本征值的特点。本征向量为

$$\mu_1 = \sqrt{\frac{k}{EF}},\ \boldsymbol{\psi}_1 = \begin{Bmatrix} \dfrac{1}{EF} \\ -\mu_1 \end{Bmatrix},\ \mu_2 = -\sqrt{\frac{k}{EF}},\ \boldsymbol{\psi}_2 = \begin{Bmatrix} -\mu_2 \\ k \end{Bmatrix}$$

还有

$$\boldsymbol{\psi}_1^{\mathrm{T}}\boldsymbol{J}\boldsymbol{\psi}_2 = \frac{2k}{EF}$$

两个本征向量 $\boldsymbol{\psi}_1/\sqrt{2k/EF}$ 与 $\boldsymbol{\psi}_2/\sqrt{2k/EF}$ 相互成辛对偶归一。这个课题只有一个自由度,所以没有辛正交而只有辛归一。请对比阅读 2.1.4 小节。

2.2.5　作用量

作用量严格求解的理论与方法不免使初学者感到困难。式(2.2.10)给出了变形能

作用量的算式 $S(w)=\int_{z_a}^{z_b}L(w,\ \dot{w})\mathrm{d}z$，其中将区段换成了 $(z_a,\ z_b)$，故该区段的作用量就是该区段的变形能。作用量认为区段内的 $w(z)$ 是真解，而将 S 看成为两端 $z=z_a$ 与 $z=z_b$ 边界值 w_a 与 w_b 的函数。一维线性常系数课题的真解还可用微分方程求解，但多维或非线性课题的真解只在理论上存在，实际分析求解有困难。从前文看，即使是常系数线性的课题，精确求解也要费力气，一般情况的困难可想而知。

但时间区段 $(t_a,\ t_b)$ 的作用量对应于结构力学区段 $(z_a,\ z_b)$ 的变形能，这给有限元法的应用提供了条件。有限元法将整个区段划分成首尾相连的许多小区段。虽然每个区段精确求解困难，但有限元法的特点就是得到满意的近似解而不拘泥于分析解。有限元法奠基于变分法，变分求解可运用近似插值，求出近似的区段变形能算式，求解取得了很大成功。考虑到分析求解困难，就在变分原理的基点上，生成近似的区段作用量（区段变形能）算式，对线性系统就是生成其近似的单元刚度阵。根据边界位移条件 w_a、w_b 可确定区域内的 $w(z)$。其区段的两端 z_a 与 z_b 当然也与作用量（变形能）有关，故可写成 $S(w_a,\ z_a;\ w_b,\ z_b)$。采用线性插值有

$$K_{aa}=K_{bb}=\frac{EF}{\Delta z}+\frac{k\Delta z}{3},\ K_{ab}=K_{ba}=-\frac{EF}{\Delta z}+\frac{k\Delta z}{6}$$

因为 $\coth x=x^{-1}+\dfrac{x}{3}+O(x^3)$，$\sinh^{-1}(x)=x^{-1}-\dfrac{x}{6}+O(x^3)$，将上式与式(2.2.11)的分析公式对比知，展开式的前二项是一致的。故当 $\mu\cdot\Delta z$ 小时，有限元法的刚度阵给出了很好的近似。从实用的角度看，有限元法更简单。虽然一般理论的推导需要严谨的分析法，在应用上还是要采用有限元法。

假设 z_a、w_a 固定不变，则作用量就是 $S(w_b,\ z_b)$。理论上认为在区段内 $(z_a,\ z_b)$ 的 $w(z)$ 是真解，它已经不能任意变分，一切都是端部的函数而内部变量不再出现。因此为简单起见，更愿意将 $S(w_b,\ z_b)$ 写成 $S(w,\ z)$。此时一定要明确，作用量将区段长度也作为变量，即 w、z 是端部的变量。现要给出 $S(w,\ z)$ 满足的微分方程。区段的作用量就是其变形能，故当区段不变时（z 不变），经一番推导有 $\delta S=N\delta w$，其力学意义是区段变形能的变化等于端部力 N 乘上位移的变分 δw。但 $S(w,\ z)$ 是两个变量的函数，$\delta S=N\delta w$ 只包含 δw，给出

$$\frac{\partial S}{\partial w}=N \tag{2.2.21}$$

然而，数学上可给出全微分的算式：

$$\mathrm{d}S(w,\ z)=\frac{\partial S}{\partial w}\cdot\mathrm{d}w+\frac{\partial S}{\partial z}\cdot\mathrm{d}z=N\mathrm{d}w+\frac{\partial S}{\partial z}\cdot\mathrm{d}z \tag{2.2.22}$$

对于图 2.5 所示的线性课题，有 $w_0=0$，$S(w_2,\ z)=\dfrac{K_{bb}w_2^2}{2}+\alpha\cdot z$。

偏微商 $\partial S/\partial z$ 应是 z 变化而 w 不变。但全微分时 z、w 同时变化。在发生 $\mathrm{d}z$ 时,区段内部位移不变而 $\mathrm{d}w=\dot{w}\mathrm{d}z$,是顺着位移曲线的延伸。因全微分时区段内位移不变,所以区域 (z_a, z) 内的积分也不变,只增加了延伸段 $(z, z+\mathrm{d}z)$ 的积分。沿轨道的全微分 $\mathrm{d}S=L(w, \dot{w})\mathrm{d}z$,但数学上全微分又有式(2.2.22),故

$$\mathrm{d}S=\left(\frac{\partial S}{\partial w}\cdot\dot{w}+\frac{\partial S}{\partial z}\right)\cdot\mathrm{d}z=L(w, \dot{w})\mathrm{d}z$$

从而有

$$-\frac{\partial S}{\partial z}=\frac{\partial S}{\partial w}\cdot\dot{w}-L(w, \dot{w})=N\cdot\dot{w}-L(w, \dot{w})=H\left(w, \frac{\partial S}{\partial w}\right)$$

这运用了 Hamilton 函数(混合能密度)。结构力学的 Hamilton-Jacobi 方程为

$$\frac{\partial S}{\partial z}+H\left(w, \frac{\partial S}{\partial w}\right)=0 \tag{2.2.23}$$

当为线性系统时,有 $2\alpha=-kw^2+(\partial S/\partial w)^2/EF$。

传统结构力学不讲究混合能,故以往不采用求解 Hamilton-Jacobi 方程的方法。

2.2.6 Hamilton-Jacobi 方程的求解

式(2.2.23)是对作用量 $S(w, z)$ 的 H-J(Hamilton-Jacobi)一阶偏微分方程。当前,混合能式(2.2.13)为

$$H(w, N)=\frac{N^2-E^2F^2\mu^2w^2}{2EF}, \mu=\sqrt{\frac{k}{EF}}$$

H-J 方程成为

$$\frac{\partial S}{\partial z}+\frac{\left(\frac{\partial S}{\partial w}\right)^2-(EF\mu)^2w^2}{2EF}=0 \tag{2.2.24}$$

仍然是非线性一阶偏微分方程,对一维问题可分析求解。该方程中 z 只出现于 $\frac{\partial S}{\partial z}$ 中,故其解必为

$$S(w, \alpha, z)=W(w, \alpha)-\alpha z \tag{2.2.25}$$

式中,α 为积分常数。对 W 的方程为

$$\frac{\left(\frac{\mathrm{d}W}{\mathrm{d}w}\right)^2-(EF\mu)^2w^2}{2EF}=\alpha \tag{2.2.26}$$

这样 α 就是守恒的混合能,偏微分方程也就成为常微分方程。一维问题可分析积分得

$$W(w,\ \alpha) = \sqrt{2EF\alpha}\int\sqrt{\frac{1 + EF\mu^2 w^2}{2\alpha}}\mathrm{d}w$$

$$= \sqrt{2EF\alpha}\int\sqrt{1 + (cw)^2}\mathrm{d}w,\ \left(c^2 = \frac{EF\mu^2}{2\alpha}\right)$$

$$= \frac{\alpha}{\mu}\left[\sinh^{-1}\left(\sqrt{\frac{EF}{2\alpha}}(\mu w)\right) + \sqrt{\frac{EF}{2\alpha}}(\mu w)\sqrt{1 + \frac{EF\mu^2 w^2}{2\alpha}}\right]$$

$$S = \int\sqrt{2EF\alpha + (EF\mu)^2 w^2}\mathrm{d}w - \alpha z \tag{2.2.27}$$

H-J 方程的完全解 $S(w,\ \alpha,\ z)$ 可用为正则变换的生成函数。既然微分方程已经分析积分,余下的未定未知数只能是边界条件。故重要的是其偏微商:

$$\beta = -\frac{\partial S}{\partial\alpha} = z - \frac{EF\int\mathrm{d}w}{\sqrt{2EF\alpha + (EF\mu)^2 w^2}} = z - \frac{\mu\int\mathrm{d}(cw)}{\sqrt{1 + c^2 w^2}} = z - \left(\frac{1}{\mu}\right)\sinh^{-1}(cw)$$

$$c^2 = \frac{EF\mu^2}{2\alpha} \tag{2.2.28}$$

必为边界条件的常数[3]。由此解出的 w 是 z 及两个积分常数 α、β 的函数,转换为

$$w(z) = \sqrt{\frac{2\alpha}{EF\mu^2}}\sinh[\mu(z - \beta)] \tag{2.2.29}$$

对偶变量的内力 $N(z)$,则由式(2.2.15)有

$$N(z) = EF\dot{w} = \sqrt{2EF\alpha}\cosh(\mu(z - \beta)) \tag{2.2.30}$$

对比分析动力学的解见 2.1.6 小节,三角函数换成了双曲函数。这是因为结构力学与动力学相差一个正负号。

为了与求解 Riccati 方程的方法相衔接,应注意下式:

$$R(z) = \frac{N(z)}{w(z)} = EF\mu\coth[\mu(z - \beta)] \tag{2.2.31}$$

积分常数 α、β 还应由两端边界条件来定出。首先根据 $w(0) = 0$,得 $\beta = 0$。再根据 $N(L) = P$ 得到参数 α。分析求解比较麻烦,而有限元法近似则更加方便灵活。

一维拉杆是最简单的课题。但 W 或 S 的表达式已如此复杂。对此问题如此求解似乎小题大做,对微分方程直接积分要简单得多。但哈密顿-雅可比方程理论较深刻,采用正则变换可以用于非线性方程的求解,以后会讲到。

2.2.7　通过 Riccati 微分方程的求解

求解 Riccati 方程是近代控制理论的关键。根据结构力学与控制理论的模拟，结构力学的数学与控制理论是一致的，当然也可通过 Riccati 方程而求解的。求解对偶方程(2.2.15)还可以引入关系：

$$N(z) = R(z) \cdot w(z) \tag{2.2.32}$$

式中，刚度函数 $R(z)$ 待求。将式(2.2.32)代入式(2.2.15)有

$$\dot{w} = \frac{Rw}{EF}, \quad \dot{R}w + R\dot{w} - kw = 0$$

消去 $\dot{w}$ 有

$$\left(\dot{R} + \frac{R^2}{EF} - k\right) \cdot w = 0$$

因为 $w(z)$ 可任意选择，从而给出 Riccati 微分方程[3]：

$$\dot{R}(z) = k - \frac{R^2}{EF} \tag{2.2.33}$$

虽然非线性，但 EF、k 取常值时仍可求解。因为 $-EF\mathrm{d}R/(R^2 - EFk) = \mathrm{d}z$，边界条件是在 $z = 0$ 处 $R(z \to 0) \to \infty$。积分即得式(2.2.31)。继而可从 $\dot{w} = Rw/EF$ 求解出 $w(z)$。

给定 w_a、w_b 的两端边界条件时，作用量 S 是两端边界条件 w_a、w_b 的函数，$S = S(w_a, w_b)$。对于线性系统，N_a、N_b 是 w_a、w_b 的线性函数。根据方程 $\mathrm{d}S = N_b \mathrm{d}w_b - N_a \mathrm{d}w_a$，作用量 S 必是 w_a、w_b 的二次函数。虽然这是从一维问题分析得到的，但即使是多维线性问题，作用量依然是二次函数。这一点在对两端边值问题 Riccati 微分方程的精细积分时很有用，故对最优控制很有用。

至此看到，时间坐标的振动问题与长度坐标的结构力学问题的求解如出一辙，对比如表 2.1 所示。

表 2.1　动力学与结构力学模拟关系

动力学	拉杆结构力学
微分方程　$m\ddot{x}(t) + kx(t) = 0$	$\dfrac{\mathrm{d}(EF\dot{w})}{\mathrm{d}z} - k \cdot w = 0$
自变坐标　时间 t	长度 z
拉氏函数　$L(x, \dot{x})$ = 动能 - 势能	变形能密度 $L(w, \dot{w}) = L_1 + L_2 = \dfrac{EF\dot{w}^2 + kw^2}{2}$
作用量变分原理　$S = \int_0^{t_f} L(x, \dot{x})\mathrm{d}t,\ \delta S = 0$	$S(w) = \int_0^L L(w, \dot{w})\mathrm{d}z - Pw(L),\ \delta S = 0$

续 表

动 力 学	拉杆结构力学
对偶变量 $x,\ p = m\dot{x}$	$w,\ N = EF\dot{w}$
哈氏函数 $H(x,\ p)$ = 动能 + 势能	$H(w,\ N) = \dfrac{N^2}{2EF} - \dfrac{kw^2}{2}$(混合能密度)
对偶变分原理 $\delta\int_0^{t_f}[p\dot{x} - H(x,\ p)]\mathrm{d}t = 0$	$\delta\int_0^L[N\dot{w} - H(w,\ N)]\mathrm{d}z = 0$
区段作用量 $S(x,\ t) = \int_{t_a}^{t_b}L(x,\ \dot{x})\mathrm{d}t_1$	区段变形能 $S(w_b,\ z_b) = \int_{z_a}^{z_b}L(w,\ \dot{w})\mathrm{d}z$
H-J 方程 $\dfrac{\partial S}{\partial t} + H\left(x,\ \dfrac{\partial S}{\partial x}\right) = 0$	$\dfrac{\partial S}{\partial z_b} + H\left(w_b,\ \dfrac{\partial S}{\partial w_b}\right) = 0$
Riccati 方程 $\dot{R}(t) + \dfrac{R^2}{m} + k = 0$	$\dot{R}(z) + \dfrac{R^2}{EF} - k = 0$
解 $R(t) = \dfrac{p(t)}{x(t)} = m\omega\cot[\omega(t-\beta)]$	$R(z) = \dfrac{N(z)}{w(z)} = EF\mu\coth[\mu(z-\beta)]$

结构力学还有区段混合能,见后文。

以上给出了分析动力学与分析结构力学的对比。两者基本上是对应的,但有正负号之差,并由此引起了边界条件的不同,动力学是初值条件,而结构力学则是两端边值条件。因为正负号不同,解的性质就完全不同了。

动力学的 Lagrange 函数是 $L(x,\ \dot{x})$ = 动能 - 势能。当学生提问:Lagrange 函数为什么是“动能-势能”呢?如果物理概念解释不清楚则很难回答。同样,区段作用量到底是什么意义?解释也困难。

结构力学的 Lagrange 函数是变形能密度:

$$L(w,\ \dot{w}) = L_1 + L_2 = \frac{EF\dot{w}^2 + kw^2}{2}$$

变形能相加就很容易解释,能量相加理所当然。于是区段变形能的意义,就很容易理解。所以讲解分析力学似乎可先从分析结构力学切入,然后再讲分析动力学就比较容易些。本书先讲分析动力学,是因为在理论发展史上,数学的变分法、Euler-Lagrange 方程的理论系统等还是从分析动力学开始的,从尊重历史的角度出发,所以仍先讲分析动力学。

动力学 Lagrange 函数是 $L(x,\ \dot{x})$ = 动能 - 势能,而 Hamilton 函数却是动能+势能。而结构力学则 Lagrange 函数是“+”号,区段变形能。然而 Hamilton 函数则变成相减,而取名成为混合能。

从教学角度看,可能先讲授分析结构力学更容易理解。阅读文献[2]时,也可先看分析结构力学。

2.2.8 拉杆的有限元与保辛

有限元法是工程师的重大创造。讲解有限元法可先从最简单的拉杆问题引入。以上的讲述是连续体结构的分析求解，但分析求解只能用于常截面的拉杆。如果截面变化，例如沿长度线性变化，则微分方程为变系数，用纯分析法求解就有困难。对此，有限元法是常用的有效近似求解方法。

有限元法是基于变分原理式(2.2.10)的近似直接法。既然分析求解有困难，转而寻求近似解是合理的。杆件本是连续体，相应有微分方程(2.2.3)。近似法则将长度划分为若干 n 段，离散求解，每段长为 L/n（等长划分），节点标记为 0, 1, …, n，而各段的标记是 $j=1, 2, \cdots, n$，第 j 段的左、右端分别为节点 $j-1$、j，称 j 号单元。

有限元法首先要将连续体模型转化为离散模型，位移函数成为各节点的位移 w_i，$i=0, 1, \cdots, n$。有限元法将 j 号单元内部的位移用其两端的位移 w_{j-1}、w_j 插值决定，最简单是采用线性插值。引入单元 j 的局部坐标，将左端当作局部坐标 z_e 的零点，于是右端的局部坐标值是 $l_e=L/n$。总体坐标与局部坐标的关系是 $z=z_e+z_{j-1}$（图 2.6）。

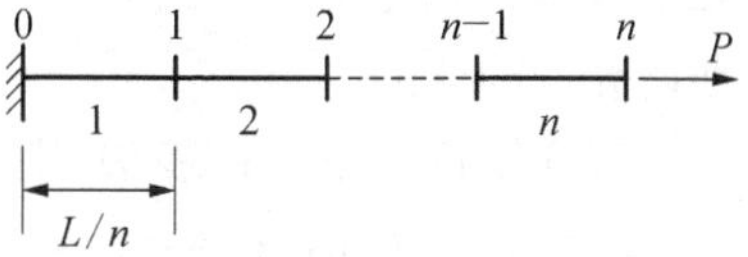

图 2.6　拉杆的有限元离散模型

在局部坐标内的位移函数 w_e 与总体坐标位移的关系是 $w_e(z_e)=w(z)-w_{j-1}$。局部坐标在右端位移 $w_e(l_e)=w_j-w_{j-1}$，线性插值给出

$$w_e(z_e)=\frac{(w_j-w_{j-1})\cdot z_e}{l_e}$$

对应总体位移：

$$w(z)=\frac{(w_j-w_{j-1})\cdot(z-z_{j-1})}{l_e+w_{j-1}}$$

于是位移函数成为由有限个节点的位移未知数 $w_i(i=0, 1, \cdots, n)$ 组成，有待求解。

将位移 $w(z)$ 代入变分原理式(2.2.10)，并将积分分段，注意 $\partial w/\partial z=(w_j-w_{j-1})/l_e=\partial w_e/\partial z_e$。将左右端分别用下标 a、b 标记，则 $w_a=w_{j-1}$，$w_b=w_j$，有

$$\begin{aligned}2U &= \sum_{j=1}^{n}\int_{z_a}^{z_b}(kw^2+EF\dot{w}^2)\mathrm{d}z \\ &\approx \sum_{j=1}^{n}\left[\frac{EF}{l_e}(w_j-w_{j-1})^2+\frac{kl_e(w_j^2+w_{j-1}^2+w_{j-1}w_j)}{3}\right]\end{aligned}$$

各单元的积分可分别进行。更简单些的模型是对弹簧采用在节点处集中的方案，即认为在单元的 z_a、z_b 处有集中的刚度为 $kl_e/2$ 的弹簧。此时有

$$\begin{aligned}2U &= \sum_{j=1}^{n}\int_{z_a}^{z_b}(kw^2+EF\dot{w}^2)\mathrm{d}z \\ &\approx \sum_{j=1}^{n}\left[\frac{EF}{l_e}(w_j-w_{j-1})^2+\frac{kl_e(w_j^2+w_{j-1}^2)}{2}\right]\end{aligned}$$

集中弹簧单元刚度阵为

$$K_{aa}=K_{bb}=\frac{EF}{l_e}+\frac{kl_e}{2},\ K_{ab}=K_{ba}=-\frac{EF}{l_e}$$

集中弹簧模型与分布弹簧当然有区别,这是近似模型,但当单元长度 l_e 比较小时,差别很小。

常截面拉杆的分析解已经求出,可将有限元模型的数值结果与分析解相比较。当单元数较多时相差很小。因为有限元法计算方便且适应性广,可用于变截面等课题,所以受到研究者的欢迎。

现介绍逐个单元拼装法,用数学归纳法求解。已知在 0 号节点处的边界条件是 $w_0=0$。最左单元的变形能为 $U_1=[(EF/l_e)+kl_e/2]\cdot w_1^2/2$。假设已拼装了 j 个单元,其最右端是 j 号节点且变形能为 $U_j=K_{jj}\cdot w_j^2/2$。这段结构相当于在右端的一个刚度为 K_{jj} 的综合弹簧。现要再拼装第 $j+1$ 号单元,此时其变形能为 U_j 与 $j+1$ 单元变形能之和:

$$\frac{K_{jj}w_j^2+K_{aa}w_j^2+K_{bb}w_{j+1}^2}{2}+K_{ab}w_jw_{j+1}=U_{j+1}$$

将 U_{j+1} 对 w_j 取最小有

$$w_j=-(K_{jj}+K_{aa})^{-1}K_{ab}w_{j+1}$$

于是

$$U_{j+1}=\frac{K_{j+1,\,j+1}w_{j+1}^2}{2},\ K_{j+1,\,j+1}=K_{bb}-K_{ba}(K_{jj}+K_{aa})^{-1}K_{ab} \tag{2.2.34}$$

这就是势能的区段合并。这样,可递推直至右端的 n 得到 $U_n=K_{nn}\cdot w_n^2/2$。然后取最小总势能:

$$\min(U+V)=\min\left(K_{nn}\cdot\frac{w_n^2}{2}-Pw_n\right),\ K_{nn}\cdot w_n-P=0 \tag{2.2.35}$$

式中,P 是右端外力,这就解出了右端位移 w_n。

然后,从 w_{j+1} 可计算 w_j,就反向推出全部位移。数值结果已经在第一章提供,见图 1.7。精细积分法以及许多数值算法,在此类课题上可以加以应用。

有限元法先从结构力学开始发展,近似效果很好,并有大规模程序可以应用,已经成为工程师手中不可缺少的工具。问题是有限元法应用的是变分原理的工具,与辛数学、保辛又有什么关系呢?第二章着重讲的是分析力学的方法,分析动力学与分析结构力学是并行的,只讲了辛表述,但未曾讲保辛。

首先明确,保辛是对于近似解而言的。动力学列出微分方程相对容易掌握,然而要分析求解,对一般问题就非常困难。许多大数学家几个世纪努力求解,也未能解决,于是只能寻求近似数值解。而近似数值解法则是五花八门的。将连续的时间离散,采用各种近似手段以代替微分算子是通常的做法。动力学微分方程求解时,传统采用差分法离散,而在过去差分离散的计算格式从未考虑保辛的要求。我国数学家冯康在研究动力学的时间积分数值分析时,在世界上率先指出,动力学的差分计算格式应达到保辛。数值实验表明,保辛差分格式计算所得的数值结果能保持长时间的稳定性。保辛是从动力学离散求解而发展的概念,而结构力学有限元的概念则是对称刚度阵。第一章已经说明两者的一致性。

保辛差分计算格式究竟是保了什么,好像尚未讲清楚。保辛当然是保持辛结构,但辛结构又是什么呢?一定要解释清楚。

辛矩阵是状态向量的传递,称传递辛矩阵。离散后仍然有离散近似系统的区段两端的传递矩阵。离散的要求是:离散近似后其传递矩阵仍然是辛的,即仍然是传递辛矩阵。1.5 小节强调,传递辛矩阵相当于其区段两端位移的刚度阵是对称的,因对称刚度阵所对应的传递矩阵一定是辛矩阵。离散后,有限元法提供的区段刚度阵是用有限元法插值计算的,当然不精确;对应地,其传递矩阵一定是辛矩阵,当然数值上还是近似的。所以,保辛要求离散近似后其传递矩阵仍然是辛的,这对应于有限元的近似刚度阵是对称的。有限元法单元刚度阵的对称性众所周知,这也意味了表示为状态向量的传递是传递辛矩阵。所以说,有限元法的刚度阵对称就是保辛。有限元法近似的效果,早已为实践证实,其实就是动力学近似的传递是辛矩阵,两方面一致,其效果当然也是好的。

以上只是就对称矩阵与传递辛矩阵的变换角度解释保辛。1.7 节从几何的角度讲解了欧几里得几何及状态空间辛的几何、度量矩阵等,还提出了离散辛几何。几何是 2 000 多年前就有的,当时只有离散的几何;而微分的概念则是牛顿后出现的,那么为何非要微分辛几何不可?离散辛几何也可以。再说,中国古代的大数学家祖冲之对于圆周率 π 计算的成就(中国古数学之根),也应发掘出来为今天所用,这就和几何有关系。所以,概念还得更深入些。

平面欧几里得几何中,在给定两点 $\boldsymbol{q}_{\mathrm{a}}$、$\boldsymbol{q}_{\mathrm{b}}$ 之间的短程线是其连接直线。从微积分的角度再讨论一次短程线。选择直角坐标系,使得点 $\boldsymbol{q}_{\mathrm{a}}$ 恰处于坐标原点 ($x_{\mathrm{a}}=0$, $y_{\mathrm{a}}=0$),而点 $\boldsymbol{q}_{\mathrm{b}}$ 在坐标轴上 ($x_b=L$, $y_b=0$)。曲线用函数 $y=f(x)$ 表达。任意取一个微段,其弧长为

$$\mathrm{d}s=[(\mathrm{d}x)^2+(\mathrm{d}y)^2]^{\frac{1}{2}}=\left[1+\left(\frac{\mathrm{d}y}{\mathrm{d}x}\right)^2\right]^{\frac{1}{2}}\mathrm{d}x$$

从此看到,其度量矩阵是 $\boldsymbol{I}$。于是有

$$L_{\mathrm{curve}}=\int_0^L\left[1+\left(\frac{\mathrm{d}y}{\mathrm{d}x}\right)^2\right]^{\frac{1}{2}}\mathrm{d}x$$

显然 $y=f(x)=0$ 最小,长度 $L_{\mathrm{curve}}=L$ 是最小,欧几里得几何的直线是短程线。

到了动力学的状态空间,情况当然不同。然而两个状态点之间取短程线的概念相同,“动力学状态空间两端 $\boldsymbol{v}_{\mathrm{a}}$、$\boldsymbol{v}_{\mathrm{b}}$ 间的短程线”推广到动力学,可称为祖冲之类算法。短程线

的程字,其实就是时间区段作用量 S。S 有式(2.1.6)和式(2.1.10)的表达式,两者相同,都进行了 Legendre 变换。采用式(2.1.6)的表达最简单,因为其中只有位移函数。于是有限元法的近似就可使用,虽然是近似,但其误差是时间区段长度的高阶小量。而有限元法得到的刚度阵一定对称,也就是保辛。既然时间区段划分得更密时,就更接近于真实解,所以说保辛就可保证最小作用量。

既然是近似的传递辛矩阵,不免仍有问题。近似解(假的)对比精确解(真的),总是有问题的。众所周知,动力学系统有所谓首次积分(first integral)的数学称谓,其实就是系统的守恒量,守恒量是动力系统最重要的性质,是物理称谓。既然传递辛矩阵是近似的,那么守恒量是否依然守恒?这个问题困扰了人们多时。有数学家甚至证明:要求差分格式保辛,则不能达到守恒;反过来说,如果要求达到守恒则差分格式就不能保辛。这是两难命题!这里指出,此命题是不成立的,是外国人的误判。他们拘泥于差分格式而排斥了作用量的变分法。事实上我们已经提出离散近似系统的“参变量保辛-守恒”算法[6],在第四章还要讲述数值计算毕竟是要实践的,不能光从理论上推导。动力学系统是连续系统,其数学理论讲究连续的李群、李代数。然而离散给出的是近似离散系统,不再能运用李群的基本理论,要从离散系统的实际考虑。离散后李代数还是能用的,这一点非常重要。

离散系统的保辛是指格点之间的传递矩阵是辛的;而守恒是说,在格点处原系统的守恒量依然守恒。至于不在格点处,则因为采用插值函数的缘故,根本不能谈保辛与守恒的。保辛-守恒算法就是保证在格点处的保辛-守恒。外国人拘泥于差分近似格式而提出两难命题,说明还不够成熟。

结构力学有限元法发展很好,得到广泛应用,而动力学的时间积分尚有差距。基于模拟关系可将有限元法移植到时间积分。其实只要关注其边界条件即可,计算了两端刚度阵,只要变换到传递辛矩阵,就是时间积分。

区段变形能、区段混合能对于结构力学近似离散系统的分析很有利。到了动力学,就成为最小作用量变分原理,Euler-Lagrange 体系与 Hamilton 体系根本是同一个思路。

法国大数学家 Poincare 说得好:“数学中的结论将向我们揭示其他事实间意想不到的亲缘关系,虽然人们早已知道这些事实但一直错以为它们互不相干。”中国古语“他山之石,可以攻玉”也是相似的意思。现代提倡多学科交叉,纯数学也不要故步自封。

2.2.9 三类变量的变分原理

弹性力学的基本变量可划分为三类:位移、应变、应力。基本方程则划分为平衡、连续、应力-应变关系(本构关系),也是三类。胡海昌先生率先提出三类独立变量的变分原理,对应于三类方程,要点是将三类变量看成互相独立无关地变分。

Lagrange 方程式(2.2.3′)的导出有偏微商 $\partial L(w,\ \dot{w})/\partial \dot{w} = EF\dot{w}$。偏微商意味着只有 $\dot{w}$ 变化而 w 不变。表明已经将 $\dot{w}$ 与 w 看成为互相独立无关的变量。引入应变 $s = \dot{w}$ 算式,它是约束条件。于是

$$\delta S = \delta \int_0^{z_f} L(w,\ s)\,\mathrm{d}z = 0$$

成为有约束条件的变分原理。针对约束条件引入 Lagrange 参数 N，于是变分原理成为

$$\delta S = \delta\int_0^{z_f}[N \cdot (\dot{w} - s) + L(w, s)]\mathrm{d}z = 0 \tag{2.2.36}$$

式中，三类变量 w、N、s 皆可独立变分，故称三类独立变量的变分原理。完成变分推导给出

$$\dot{w} = s \tag{2.2.37a}$$

$$\dot{N} = \frac{\partial L}{\partial w} \tag{2.2.37b}$$

$$N = \frac{\partial L}{\partial s} \tag{2.2.37c}$$

从 $N = \partial L/\partial s$ 解出函数 $S(w, N)$ 并消元，即得二类变量的变分原理，过程与 2.1.8 小节一样。应当指出，Legerdre 变换要求分析求解约束条件以得到函数 $S(w, N)$，这并非总是轻而易举的。三类独立变量的变分原理给近似求解提供了方便。

弹性力学三类独立变量的变分原理是胡海昌先生首先于 1954 年提出的。后来钱伟长先生指出了 Lagrange 参数的理性推导。

注：MIT 卞学鐄教授的日本博士生 Washizu 在 1955 年在博士论文中也提出了三类变量的变分原理，起先外国人称为 Washizu（鹫津）变分原理，后来卞学鐄先生主持公道，改为胡-鹫津变分原理。

2.2.10　区段混合能及其偏微分方程

2.1.5 小节与 2.2.5 小节都着重讲述了区段作用量。区段作用量就是结构力学的区段变形能。变形能是两端位移的函数，是变形能密度（Lagrange 函数）的积分。将变形能密度做 Legendre 变换，得到混合能密度（Hamilton 函数）。对于区段变形能：

$$U(w_a, w_b; z_a, z_b) \tag{2.2.38}$$

也可做 Legendre 变换，得到区段混合能。区段变形能 $U(w_a, w_b; z_a, z_b)$ 在两端的对偶变量 N_a、N_b，是

$$N_a = -\frac{\partial U}{\partial w_a},\ N_b = \frac{\partial U}{\partial w_b}$$

$$\mathrm{d}U(w_a, w_b; z_a, z_b) = -N_a\mathrm{d}w_a + N_b\mathrm{d}w_b \tag{2.2.39}$$

式中，全微分认为区段两端 z_a、z_b 未变。

由式(2.2.39)引入 w_b 的对偶变量 N_b，然后引入区段 (z_a, z_b) 的混合能[变量 (w_a, N_b) 的函数]：

$$V(w_a, N_b, z_a, z_b) = N_b w_b - S(w_a, w_b, z_a, z_b) = N_b w_b - \int_{z_a}^{z_b} L(w, \dot{w})\mathrm{d}z \tag{2.2.40}$$

这是 Legendre 变换。运用式(2.2.39),其偏微商为

$$
\begin{aligned}
\frac{\partial V(w_a, N_b)}{\partial N_b} &= w_b + N_b \frac{\partial w_b}{\partial N_b} - \frac{\partial S}{\partial w_b}\frac{\partial w_b}{\partial N_b} = w_b \\
\frac{\partial V(w_a, N_b)}{\partial w_a} &= N_b \frac{\partial w_b}{\partial w_a} - \frac{\partial S}{\partial w_a} - \frac{\partial S}{\partial w_b}\frac{\partial w_b}{\partial w_a} = N_a
\end{aligned}
\tag{2.2.41}
$$

当区段 (z_a, z_b) 不变时,区段混合能的全微分为

$$
\mathrm{d}V(w_a, N_b) = w_b \mathrm{d}N_b + N_a \mathrm{d}w_a \tag{2.2.42}
$$

线性系统时, $w_b = -K_{bb}^{-1}K_{ba}w_a + K_{bb}^{-1}N_b$,

$$
\begin{gathered}
V(w_a, N_b; z_a, z_b) = \frac{GN_b^2}{2} + Fw_aN_b - \frac{Qw_a^2}{2} \\
G = K_{bb}^{-1},\ F = -K_{bb}^{-1}K_{ba},\ Q = K_{aa} - K_{ab}K_{bb}^{-1}K_{ba}
\end{gathered}
\tag{2.2.43}
$$

对偶方程为

$$
w_b = F \cdot w_a + G \cdot N_b,\ N_a = -Q \cdot w_a + F \cdot N_b \tag{2.2.44}
$$

式中, $G(z_a, z_b)$、$F(z_a, z_b)$、$Q(z_a, z_b)$ 是两端坐标的函数。

区段混合能 $V(w_a, N_b; z_a, z_b)$ 显式表达了其与坐标的关系。与区段变形能满足 H-J 方程一样,它也应满足一个一阶偏微分方程,推导如下。将左端变量 w_a、z_a 固定,于是 $V(N_b, z_b)$ 只是右端的函数。根据偏微商 $w_b = \partial V(N_b, z_b)/\partial N_b$,有全微分:

$$
\mathrm{d}V(N_b, z_b) = w_b \cdot \mathrm{d}N_b + \left[\frac{\partial V(N_b, z_b)}{\partial z_b}\right] \cdot \mathrm{d}z_b
$$

另一方面根据式(2.2.40),全微分沿轨道延伸给出

$$
\mathrm{d}V(N_b, z_b) = w_b \cdot \mathrm{d}N_b + N_b \cdot \mathrm{d}w_b - L(w_b, \dot{w}_b)\mathrm{d}z_b
$$

综合有

$$
\frac{\partial V(N_b, z_b)}{\partial z_b} = N_b\dot{w}_b - L(w_b, \dot{w}_b, z_b) = H(w_b, N_b, z_b)
$$

将 $w_b = \dfrac{\partial V(N_b, z_b)}{\partial N_b}$ 代入,得到区段混合能 $V(N_b, z_b)$ 的一阶偏微分方程:

$$
\frac{\partial V}{\partial z_b} = H\left(\frac{\partial V}{\partial N_b}, N_b, z_b\right) \tag{2.2.45}
$$

其中, H 是 Hamilton 函数,也是混合能密度。

式(2.2.45)是区段混合能在右端的偏微分方程。让 w_a、z_a 代替 N_b、z_b 成为变量,写

成函数 $V(w_a, z_a)$。类似的推导给出

$$\frac{\partial V}{\partial z_a} + H\left(w_a, \frac{\partial V}{\partial w_a}, z_a\right) = 0 \tag{2.2.46}$$

形式上就是 H-J 方程。式(2.2.45)与式(2.2.46)就是混合能两端的偏微分方程,对非线性系统也适用。

图 2.5 所示线性系统的混合能密度为 $H(w, N) = N^2/2EA - kw^2/2$。为了免除混淆，将 EF 改写为 EA。偏微分方程(2.2.45)成为

$$\frac{\partial V}{\partial z_b} = \frac{N_b^2}{2EA} - \frac{k\left(\frac{\partial V}{\partial N_b}\right)^2}{2}$$

区段混合能形式为式(2.2.43),固定 w_a、z_a，代入上式有

$$\frac{\left(\frac{\partial G}{\partial z_b}\right) \cdot N_b^2}{2} + \frac{\partial F}{\partial z_b} \cdot w_a N_b - \frac{\partial Q}{\partial z_b} \cdot \frac{w_a^2}{2} = \frac{N_b^2}{2EA} - \frac{k(GN_b + Fw_a)^2}{2}$$

上式对任意选择的端部变量 N_b、w_a 皆成立,从而必有联立微分方程:

$$\frac{\partial F}{\partial z_b} = -kGF,\ \frac{\partial G}{\partial z_b} = \frac{1}{EA} - kG^2,\ \frac{\partial Q}{\partial z_b} = kF^2 \tag{2.2.47}$$

固定 N_b、z_b，对偏微分方程(2.2.46)同样推导,有

$$\frac{\partial G}{\partial z_a} \cdot \frac{N_b^2}{2} + \frac{\partial F}{\partial z_a} \cdot w_a N_b - \frac{\partial Q}{\partial z_a} \cdot \frac{w_a^2}{2} + \frac{(F \cdot N_b - Q \cdot w_a)^2}{2EA} - \frac{kw_a^2}{2} = 0$$

从而有

$$\frac{\partial F}{\partial z_a} = \frac{FQ}{EA},\ \frac{\partial G}{\partial z_a} = -\frac{F^2}{EA},\ \frac{\partial Q}{\partial z_a} = -k + \frac{Q^2}{EA} \tag{2.2.48}$$

对定常线性系统，$Q(z_a, z_b) = Q(z_\Delta)$，$z_\Delta = z_b - z_a$，故

$$\begin{aligned} \frac{dF}{dz_\Delta} &= -kGF = -\frac{FQ}{EA}, \\ \frac{dG}{dz_\Delta} &= \frac{1}{EF} - kG^2 = \frac{F^2}{EA}, \\ \frac{dQ}{dz_\Delta} &= kF^2 = k - \frac{Q^2}{EA} \end{aligned} \tag{2.2.49}$$

令 $G = R^{-1}$，得 $dR/dz_\Delta = k - R^2/EA$，就是 Riccati 方程(2.2.33)。最优控制计算的要点,就

是求解 Riccati 方程。

2.2.11　一维波传播问题

波传播方程：

$$\frac{\partial^2 w_t}{\partial t^2} - a^2 \cdot \frac{\partial^2 w_t}{\partial z^2} = 0 \tag{2.2.50}$$

是数学物理双曲型偏微分方程的典则型[7]。采用频域表示：

$$w_t = w(z,\ \omega)\exp(-\mathrm{i}\omega t) \tag{2.2.51}$$

式中，频率 ω 是一个参数。代入式(2.2.50)得微分方程：

$$\frac{\mathrm{d}^2 w}{\mathrm{d}z^2} + \left(\frac{\omega}{a}\right)^2 w = 0 \tag{2.2.52}$$

该方程就是式(2.2.2)的振动方程，只是现在的长度坐标 z 对比振动时的时间坐标，而边界条件常见的是两端边界条件。仍按振动同样的方法求解：

$$w = \exp(\mathrm{i}k_z z),\ k_z = \pm\omega/a$$
$$w_t = \exp[\mathrm{i}(k_z z - \omega t)] = \exp[\mathrm{i}k_z(z - at)] \tag{2.2.53}$$

波的 $\mathrm{d}\omega/\mathrm{d}k_z = a$ 是与波长 $2\pi/k_z$ 无关的常数，表明波形在运动中并不随时间而变。这种波称为非色散(dispersion)波。k_z 称为波数。$\exp[\mathrm{i}k_z(z - at)]$ 是正向传播，而 $\exp[\mathrm{i}k_z(z + at)]$ 是反向传播的波。

如果在拉力杆问题的式(2.2.3)上，再加上动力项而成为偏微分方程：

$$\frac{EA\partial^2 w_t}{\partial z^2} - k \cdot w_t - \frac{\rho A\partial^2 w_t}{\partial t^2} = 0$$

再采用频域分析，得微分方程：

$$\frac{\mathrm{d}^2 w}{\mathrm{d}z^2} + \left(\frac{\rho\omega^2}{E} - \frac{k}{EA}\right) w = 0 \tag{2.2.54}$$

同样的方法给出：

$$w = \exp(\mathrm{i}k_z z),\ k_z^2 = \frac{\rho\omega^2}{E} - \frac{k}{EA} \tag{2.2.55}$$

波的 $\mathrm{d}\omega/\mathrm{d}k_z$ 与波长 $2\pi/k_z$ 有关，表明波形在运动中将发生变化，称为波的色散。

当 $\rho A\omega^2 - k < 0$ 时，k_z 出现复值，此时不存在波的传播。其物理原因是，当频率低时，惯性力的推动作用顶不过弹性支承的作用，减小了弹性支承的作用。

直至这里就动力学与结构力学，从分析力学角度对一维问题做了对比讲述。其实，分析方法对于更多的领域同样发挥作用。

虽然以上只讲了一维的课题，但掌握了一维问题的分析力学，为推广到多维问题奠定了基础。具体可以阅读文献[2]和文献[3]等。

第二章的内容实际上与文献[2]的第一章前二节基本上一样，而正则变换这部分内容重新整理，更正了一些不妥当的部分，希望能更严密、更易懂，保辛的概念也更清晰，以及用辛矩阵乘法表达的正则变换等，也是在为进一步探讨保辛-守恒算法提供准备。

2.3　单自由度体系的正则变换

正则变换属于分析力学核心内容。传统的正则变换在分析动力学的框架下讲述，用连续时间的坐标。当前可选择分析结构力学的框架，用离散坐标讲述。分析结构力学也是分析力学，当然可借鉴分析动力学的成果；而运用离散坐标讲述，则更单纯。整个第一章讲分析结构力学、离散坐标系统的静力学，在衔接上更紧密，也更容易理解。

结构力学用长度空间坐标 z，代替分析动力学的时间坐标 t。既然是在离散坐标下，对于长度坐标的微商就没有了，但区段的概念仍然存在。结构力学的区段变形能代替了动力学的作用量，更容易接受，虽然其本质是相同的。事实上，真要将非线性动力学课题予以求解，还是要离散的，所以离散系统的正则变换特别重要。

1.7 节从几何形态角度介绍了正则变换和点变换，本节从时间坐标角度分析。

讨论正则变换应首先明确，正则变换是在状态空间的变换，与通常的点变换不同。点变换是在一类变量的 Lagrange 体系下的。如果是多个（n 个）位移未知数的向量 $\boldsymbol{q}_{\mathrm{a}}$，点变换一般可表示为（结构力学长度变量用 t 表示）：

$$\boldsymbol{q}_{\mathrm{b}} = \boldsymbol{q}_{\mathrm{b}}(\boldsymbol{q}_{\mathrm{a}},\ t)$$

这是从 n 维位移空间的一个点 $\boldsymbol{q}_{\mathrm{a}}$ 变换到 n 维位移空间（位形空间）的另一个点 $\boldsymbol{q}_{\mathrm{b}}$，因此称为点变换。$n$ 维位移空间适用欧几里得几何的度量。以上是时变的点变换，时不变的点变换是

$$\boldsymbol{q}_{\mathrm{b}} = \boldsymbol{q}_{\mathrm{b}}(\boldsymbol{q}_{\mathrm{a}})$$

现在是一维单未知数，其时变的点变换是 $q_{\mathrm{b}} = q_{\mathrm{b}}(q_{\mathrm{a}},\ t)$。典型是正交矩阵的乘法。

正则变换则是状态空间到状态空间的变换。一般形式是

$$\boldsymbol{v}_{\mathrm{b}} = \boldsymbol{v}_{\mathrm{b}}(\boldsymbol{v}_{\mathrm{a}},\ t)\ \text{或}\ q_{\mathrm{b}} = q_{\mathrm{b}}(q_{\mathrm{a}},\ p_{\mathrm{a}},\ t),\ p_{\mathrm{b}} = p_{\mathrm{b}}(q_{\mathrm{a}},\ p_{\mathrm{a}},\ t)$$

从状态向量 $\boldsymbol{v}_{\mathrm{a}}$ 变换到状态向量 $\boldsymbol{v}_{\mathrm{b}}$。以上是时变的正则变换；时不变的正则变换则是

$$\boldsymbol{v}_{\mathrm{b}} = \boldsymbol{v}_{\mathrm{b}}(\boldsymbol{v}_{\mathrm{a}})\ \text{或}\ q_{\mathrm{b}} = q_{\mathrm{b}}(q_{\mathrm{a}},\ p_{\mathrm{a}}),\ p_{\mathrm{b}} = p_{\mathrm{b}}(q_{\mathrm{a}},\ p_{\mathrm{a}})$$

状态向量的分量或 q_{a} 与 p_{a} 具有不同的单位，不可运用欧几里得几何，而只能运用辛的几何，是典型传递辛矩阵的乘法。参见 1.7 节几何形态的考虑。

正则变换考虑系统的非线性，阅读时一定要注意，当然难度会更高。

2.3.1 坐标变换的 Jacobi 矩阵

回顾微积分教材基本知识。设有二维坐标 x、y 要变换到 $\xi(x, y)$、$\eta(x, y)$，此时有 Jacobi 矩阵：

$$\boldsymbol{J}_{\mathrm{T}}=\begin{bmatrix}\dfrac{\partial\xi}{\partial x} & \dfrac{\partial\xi}{\partial y}\\ \dfrac{\partial\eta}{\partial x} & \dfrac{\partial\eta}{\partial y}\end{bmatrix}=\frac{\partial(\xi, \eta)}{\partial(x, y)} \tag{2.3.1}$$

而其 Jacobi 行列式则是

$$\det(\boldsymbol{J}_{\mathrm{T}})=\left|\frac{\partial(\xi, \eta)}{\partial(x, y)}\right|=\frac{\partial\xi}{\partial x}\frac{\partial\eta}{\partial y}-\frac{\partial\xi}{\partial y}\frac{\partial\eta}{\partial x} \tag{2.3.2}$$

应当考虑变换的合成。设有顺次的坐标变换：a，从 x、y 变换到 x_1、y_1；b，再从 x_1、y_1 变换到 ξ、η，其合成变换仍是从 x、y 变换到 ξ、η 的变换。设变换 a、b 变换阵分别为

$$\mathrm{a}: \boldsymbol{S}_{\mathrm{a}}=\begin{bmatrix}\dfrac{\partial x_1}{\partial x} & \dfrac{\partial x_1}{\partial y}\\ \dfrac{\partial y_1}{\partial x} & \dfrac{\partial y_1}{\partial y}\end{bmatrix},\ \mathrm{b}: \boldsymbol{S}_{\mathrm{b}}=\begin{bmatrix}\dfrac{\partial\xi}{\partial x_1} & \dfrac{\partial\xi}{\partial y_1}\\ \dfrac{\partial\eta}{\partial x_1} & \dfrac{\partial\eta}{\partial y_1}\end{bmatrix}$$

综合为

$$\boldsymbol{J}_{\mathrm{T}}=\boldsymbol{S}_{\mathrm{b}}\cdot\boldsymbol{S}_{\mathrm{a}},\ 即\ \frac{\partial(\xi, \eta)}{\partial(x, y)}=\frac{\partial(\xi, \eta)}{\partial(x_1, y_1)}\frac{\partial(x_1, y_1)}{\partial(x, y)} \tag{2.3.3}$$

就是矩阵乘法。传递矩阵的合成也是矩阵乘法。验证：

$$\frac{\partial\xi}{\partial x}=\frac{\partial\xi}{\partial x_1}\frac{\partial x_1}{\partial x}+\frac{\partial\xi}{\partial y_1}\frac{\partial y_1}{\partial x}$$

其实就是二维的链式微商。因此其行列式也是

$$\det(\boldsymbol{J}_{\mathrm{T}})=\det(\boldsymbol{S}_{\mathrm{b}})\cdot\det(\boldsymbol{S}_{\mathrm{a}}) \tag{2.3.4}$$

变量 (ξ, η) 是 (x, y) 的函数，则 (x, y) 就是 (ξ, η) 的逆函数。也有逆变换 $\partial(x, y)/\partial(\xi, \eta)$。正变换后再进行逆变换就是恒等变换，有

$$\frac{\partial(\xi, \eta)}{\partial(x, y)}\frac{\partial(x, y)}{\partial(\xi, \eta)}=\frac{\partial(\xi, \eta)}{\partial(\xi, \eta)}=\boldsymbol{I},\ \det\frac{\partial(x, y)}{\partial(\xi, \eta)}\cdot\det\frac{\partial(\xi, \eta)}{\partial(x, y)}=1$$

其行列式为互逆。微积分中的链式微商请复习大学微积分教材。以上是一般的二维变换的合成。以下用于分析结构力学的正则变换。

以下的表述中，位移用 q，而对偶的力则为 p（前面分别是 w, N）。

2.3.2　离散坐标下正则变换的形式

设有给定区段 (z_a, z_b)，其两端的位移分别为 q_a、q_b。考虑 (z_a, z_b) 不变，故区段势能只是两端位移 q_a、q_b 的函数 $U(q_a, q_b)$，而与如何达到该位移状态无关，这里并未作线性系统的假设。线性系统时 $U(q_a, q_b)$ 是 q_a、q_b 的二次函数。注意，结构力学的区段变形能就是动力学的时间区段作用量。

根据区段变形能 $U(q_a, q_b)$ 引入两端的对偶力：

$$p_a = -\frac{\partial U}{\partial q_a},\ p_b = \frac{\partial U}{\partial q_b}$$

$$\mathrm{d}U(q_a, q_b) = -p_a \mathrm{d}q_a + p_b \mathrm{d}q_b \tag{2.3.5}$$

并组成状态向量：

$$\boldsymbol{v}_a = \begin{Bmatrix} q_a \\ p_a \end{Bmatrix},\ \boldsymbol{v}_b = \begin{Bmatrix} q_b \\ p_b \end{Bmatrix} \tag{2.3.6}$$

正则变换是对于状态向量的变换，对于非线性系统同样可用。

现在要用离散坐标的区段变形能函数(作用量)讲述正则变换。在哈密顿体系的描述中，其变换应是状态空间中的变换。本书一开始就讲传递辛矩阵 $\boldsymbol{S}_{a-b}$，将左端的状态向量 $\boldsymbol{v}_a$ 传递到 $\boldsymbol{v}_b$，即

$$\boldsymbol{v}_b = \boldsymbol{S}_{a-b} \cdot \boldsymbol{v}_a \tag{2.3.7}$$

然而，前文是对于线性系统讲的，现在则要考虑非线性问题。

区段变形能 $U(q_a, q_b)$ 只是两端位移 q_a、q_b 的函数，而与如何达到该位移状态 q_a、q_b 无关。以下论述就在此基础上进行。其实 $U(q_a, q_b)$ 已经蕴涵着只是两端位移 q_a、q_b 函数的意思。否则，还要设法表达经过怎样的途径达到位移状态 (q_a, q_b)，仅仅写 $U(q_a, q_b)$ 就不够了。

线性系统的式(2.3.7)实际上给出了线性函数关系。例如，线性函数 $y = c \cdot x$ 表示其微商 $\mathrm{d}y/\mathrm{d}x = c$，函数 y 与自变量 x 皆为纯量，并且 c 是常数。式(2.3.7)表明，函数是向量 $\boldsymbol{v}_b$ 而自变量 $\boldsymbol{v}_a$ 也是向量，而其偏微商：

$$\frac{\partial \boldsymbol{v}_b}{\partial \boldsymbol{v}_a} = \boldsymbol{S}_{a-b} = \begin{bmatrix} \dfrac{\partial q_b}{\partial q_a} & \dfrac{\partial q_b}{\partial p_a} \\ \dfrac{\partial p_b}{\partial q_a} & \dfrac{\partial p_b}{\partial p_a} \end{bmatrix} \tag{2.3.8}$$

是传递辛矩阵。1.5 节中对于线性多个自由度问题，给出了区段刚度阵转换到传递辛矩阵的公式，并且运用矩阵操作，验证 $\boldsymbol{S}^{\mathrm{T}}\boldsymbol{J}\boldsymbol{S} = \boldsymbol{J}$ 成立，故 $\boldsymbol{S} = \boldsymbol{S}_{a-b}$ 是辛矩阵。现在不是线性问题，还要考虑非线性，但方法是相近的。首先明确，二维的向量函数对二维的向量变量就

是二维变换,其微商就是 Jacobi 矩阵。

讨论正则变换应首先明确,正则变换是在状态空间的变换,与通常的点变换不同。点变换是在一类变量的 Lagrange 体系下的。如果是多个(n 个)位移未知数的向量 $\boldsymbol{q}_a$,其变换一般可表示为(长度变量用 t 表示)点变换:

$$\boldsymbol{q}_b = \boldsymbol{q}_b(\boldsymbol{q}_a, t) \tag{2.3.9}$$

是 n 维位移空间的一个点 $\boldsymbol{q}_a$,变换到 n 维位移空间(位形空间)的另一个点 $\boldsymbol{q}_b$,因此称点变换。n 维位移空间适用欧几里得几何的度量。式(2.3.9)是时变的点变换。时不变的点变换是

$$\boldsymbol{q}_b = \boldsymbol{q}_b(\boldsymbol{q}_a) \tag{2.3.10}$$

现在一维是单未知数,其时变的点变换是 $q_b = q_b(q_a, t)$。

正则变换则是状态空间到状态空间的变换。一般形式是

$$\boldsymbol{v}_b = \boldsymbol{v}_b(\boldsymbol{v}_a, t),\text{或}\ q_b = q_b(q_a, p_a, t),\ p_b = p_b(q_a, p_a, t) \tag{2.3.11}$$

从状态向量 $\boldsymbol{v}_a$ 变换到状态向量 $\boldsymbol{v}_b$。式(2.3.11)是时变的正则变换,时不变的正则变换则是

$$\boldsymbol{v}_b = \boldsymbol{v}_b(\boldsymbol{v}_a),\text{或}\ q_b = q_b(q_a, p_a),\ p_b = p_b(q_a, p_a) \tag{2.3.12}$$

状态向量的分量或 q_a 与 p_a 具有不同的单位,不可运用欧几里得几何,而只能运用辛的几何。参考 1.7 节中几何形态的考虑。

正则变换是针对 Hamilton 体系的状态空间的,必须运用辛的几何。

传统分析动力学推导正则变换时运用生成函数方法。生成函数主要有 4 类。在结构力学中,生成函数无非是区段能量。4 类生成函数分别对应于:区段变形能、区段混合能、逆向区段混合能和区段余能。这与单根弹簧的 4 种两端条件对应。结构静力学表述的物理概念比较清楚,故在结构力学的框架下表述。

在离散坐标下,只能用传递辛矩阵来表述。在正则变换前,两端状态向量之间变分的传递是辛矩阵,则在正则变换后两端状态向量之间的变分传递仍然是辛矩阵,即保辛。

既然根据区段变形能 $U(q_a, q_b, t_a, t_b)$ 引入了两端的对偶力式(2.3.5),就可以组成两端的状态向量式(2.3.6)。两端的状态向量 $\boldsymbol{v}_a$、$\boldsymbol{v}_b$ 之间有关系,它们相当于一个变换,要证明这个变换就是正则变换。对于线性系统,变换是乘一个传递辛矩阵 $\boldsymbol{S}_{a-b}$。一般的非线性系统,则其微商是传递辛矩阵,微商用变分讲解。

正则变换要将 q_b、p_b 表达为

$$q_b = q_b(q_a, p_a, t) \tag{2.3.13a}$$

$$p_b = p_b(q_a, p_a, t) \tag{2.3.13b}$$

由式(2.3.5)知,$p_a = -\partial U/\partial q_a$,$p_b = \partial U/\partial q_b$ 都是 q_a、q_b、t_a、t_b 的函数。根据微积分的隐函数定理从式(2.3.13a)可解出

$$q_b = q_b(q_a, p_a; t_a, t_b) \tag{2.3.14a}$$

然后再代入式(2.3.13b)得到

$$p_b = p_b(q_a, p_a; t_a, t_b) \tag{2.3.14b}$$

探讨变换式(2.3.14a,b)的性质。按式(2.3.8)的推广,要证明:

$$\frac{\partial \boldsymbol{v}_b}{\partial \boldsymbol{v}_a} = \begin{bmatrix} \dfrac{\partial q_b}{\partial q_a} & \dfrac{\partial q_b}{\partial p_a} \\ \dfrac{\partial p_b}{\partial q_a} & \dfrac{\partial p_b}{\partial p_a} \end{bmatrix} = \boldsymbol{S} \tag{2.3.15}$$

是传递辛矩阵。

一定要注意,现在面临非线性问题,与线性问题不同,传递辛矩阵 $\boldsymbol{S}$ 是两端位移 q_a、q_b 的函数。非线性问题一定要存在真实解,这里记真实解的 q_a、q_b 是 q_{a*}、q_{b*}。有如变分法,一定要区分真实解 q_{a*}、q_{b*} 与可能的变分 δq_a、δq_b。两端力也有真实解与其变分。事实上,$\boldsymbol{S}$ 阵也是指 $\boldsymbol{S}_*$,即在 q_{a*}、q_{b*} 处取值。$\boldsymbol{S}$ 阵包含了 $\partial q_b/\partial q_a$、$\partial q_b/\partial p_a$、$\partial p_b/\partial q_a$、$\partial p_b/\partial p_a$,它们全部是非线性,其取值是在 q_{a*}、q_{b*} 处。邻近真实解处位移是

$$q_a = q_{a*} + \delta q_a,\ q_b = q_{b*} + \delta q_b$$

状态空间描述以 q_a、p_a 为自变量,则 $q_b(q_a, p_a)$、$p_b(q_a, p_a)$ 是非线性函数。几何上讲,偏微商代表切面上的方向,取值在 q_{a*}、q_{b*} 处就是 q_{a*}、q_{b*} 处的切面方向,意义一定要明确。讲到切面,一定要明确,是在以 q_a、p_a 为自变量的状态空间,而长度坐标 z_a、z_b 是给定不变的。当然有

$$p_a = p_{a*} + \delta p_a,\ p_b = p_{b*} + \delta p_b$$

2.3.3　传递辛矩阵、Lagrange 括号与 Poisson 括号

要验证式(2.3.15)的 $\boldsymbol{S}$ 是传递辛矩阵,就应验证等式 $\boldsymbol{S}^{\mathrm{T}}\boldsymbol{J}\boldsymbol{S} = \boldsymbol{J}$。执行矩阵运算,有

$$\boldsymbol{S}^{\mathrm{T}} = \begin{bmatrix} \dfrac{\partial q_b}{\partial q_a} & \dfrac{\partial p_b}{\partial q_a} \\ \dfrac{\partial q_b}{\partial p_a} & \dfrac{\partial p_b}{\partial p_a} \end{bmatrix},\ \boldsymbol{J}\boldsymbol{S} = \begin{bmatrix} \dfrac{\partial p_b}{\partial q_a} & \dfrac{\partial p_b}{\partial p_a} \\ -\dfrac{\partial q_b}{\partial q_a} & -\dfrac{\partial q_b}{\partial p_a} \end{bmatrix}$$

相乘,有

$$\boldsymbol{S}^{\mathrm{T}}\boldsymbol{J}\boldsymbol{S} = \begin{bmatrix} \dfrac{\partial q_b}{\partial q_a}\cdot\dfrac{\partial p_b}{\partial q_a} - \dfrac{\partial p_b}{\partial q_a}\cdot\dfrac{\partial q_b}{\partial q_a} & \dfrac{\partial q_b}{\partial q_a}\cdot\dfrac{\partial p_b}{\partial p_a} - \dfrac{\partial p_b}{\partial q_a}\cdot\dfrac{\partial q_b}{\partial p_a} \\ \dfrac{\partial q_b}{\partial p_a}\cdot\dfrac{\partial p_b}{\partial q_a} - \dfrac{\partial p_b}{\partial p_a}\cdot\dfrac{\partial q_b}{\partial q_a} & \dfrac{\partial q_b}{\partial p_a}\cdot\dfrac{\partial p_b}{\partial p_a} - \dfrac{\partial p_b}{\partial p_a}\cdot\dfrac{\partial q_b}{\partial p_a} \end{bmatrix}$$

$$= \begin{bmatrix} \{q_a, q_a\}_{q_b, p_b} & \{q_a, p_a\}_{q_b, p_b} \\ \{p_a, q_a\}_{q_b, p_b} & \{p_a, p_a\}_{q_b, p_b} \end{bmatrix} \tag{2.3.16}$$

式中，$\{q_a, p_a\}_{q_b, p_b}$ 就是 Lagrange 括号，是一种简写，也指真实解，取值在 q_{a*}、q_{b*} 处。

读者看到，根据传递辛矩阵本文的定义，Lagrange 括号的出现很自然。作者认为要对多维问题做些介绍，这是有益的。

当前讨论的是一维问题，分析动力学一般讨论的是多维问题。现在给出 n 维问题 Lagrange 括号的定义。n 维的位移与对偶向量是 n 维的 $\boldsymbol{q}_b$、$\boldsymbol{p}_b$。设有两个独立的参变量 u、v，而有 $\boldsymbol{q}_b(u, v)$、$\boldsymbol{p}_b(u, v)$ 的函数。当 u、v 变化时，给出了 $2n$ 维状态空间 $\boldsymbol{q}_b$、$\boldsymbol{p}_b$ 的二维超曲面。第四章会讲到 n 维的位移时的相关问题。在状态空间 Lagrange 括号 $\{u, v\}_{\boldsymbol{q}_b, \boldsymbol{p}_b}$ 的定义是

$$\{u, v\}_{\boldsymbol{q}_b, \boldsymbol{p}_b} = \sum_{k=1}^{n} \left(\frac{\partial q_{bk}}{\partial u} \frac{\partial p_{bk}}{\partial v} - \frac{\partial q_{bk}}{\partial v} \frac{\partial p_{bk}}{\partial u} \right) = \sum_{k=1}^{n} \left| \frac{\partial(q_{bk}, p_{bk})}{\partial(u, v)} \right| \tag{2.3.17}$$

给出 Jacobi 行列式的纯量之和。单自由度 $n=1$，没有求和号。参变量 u、v 似乎很抽象，但式(2.3.16)中出现的 $\{q_a, p_a\}_{q_b, p_b}$ 表明，u、v 就是变换前的状态 q_a、p_a，当然也可以是 q_a、q_a、p_a、p_a 等许多可能，表示成 u、v 更一般些。根据定义，Lagrange 括号具有反对称的性质：

$$\{u, v\}_{q_b, p_b} = -\{v, u\}_{q_b, p_b} \tag{2.3.18}$$

反对称性质表明 $\{u, u\}_{q_b, p_b} = 0$，故

$$\{q_a, q_a\}_{q_b, p_b} = \{p_a, p_a\}_{q_b, p_b} = 0, \ \{p_a, q_a\}_{q_b, p_b} = -\{q_a, p_a\}_{q_b, p_b}$$

于是只要再证明：

$$\{q_a, p_a\}_{q_b, p_b} = \left| \frac{\partial(q_b, p_b)}{\partial(q_a, p_a)} \right| = 1 \tag{2.3.19}$$

就表明 $\boldsymbol{S}$ 是辛矩阵了。以下开始证明。Lagrange 括号的自变量是 u、v，取值当然在 u_*、v_* 处，即 q_{a*}、p_{a*} 处等。Lagrange 括号将自变量放在括号内，而函数放在下标处，容易误解，因此 Lagrange 括号在一些著作中不常用。

单自由度 $n=1$，区段变形能 $U(q_a, q_b)$ 是两端位移的函数。可认为 $U(q_a, q_b)$ 是二阶连续可微的，因此在真实解 (q_{a*}, q_{b*}) 附近可运用 Taylor 级数展开得到

$$U(q_a, q_b) = U_{0*} - p_{a*} \cdot \delta q_a + p_{b*} \cdot \delta q_b + \frac{K_{aa*}(\delta q_a)^2}{2} + \frac{K_{bb*}(\delta q_b)^2}{2} + K_{ab*}(\delta q_a)(\delta q_b) + O[(\delta \boldsymbol{q})^3]$$

或用向量表示，令 $\boldsymbol{\delta q} = \{\delta q_a \quad \delta q_b\}^T$，有

$$U(q_a, q_b) = U_{0*} - p_{a*} \cdot \delta q_a + p_{b*} \cdot \delta q_b + \boldsymbol{\delta q}^T \cdot \boldsymbol{K}_* \cdot \frac{\boldsymbol{\delta q}}{2} + O[(\boldsymbol{\delta q})^3]$$

(2.3.20)

二阶微商的区段刚度阵仍是位移 (q_a, q_b) 的函数，其中 $\boldsymbol{K}_*$ 表示，其取值就是在点 (q_{a*}, q_{b*}) 处，端部力相同，它们已经是确定值。变分 $\boldsymbol{\delta q}$ 与 (q_a, q_b) 完全不是一回事。同样，不标注的 q_a、q_b 则还要包含增量，$q_a = q_{a*} + \delta q_a$ 等，其中 δq_a 等是小量。

在真实解点 (q_{a*}, q_{b*}) 处取值，并且运用 Taylor 级数展开，忽略高阶小量，表明是在真实解点的切面上。对于区段变形能只取其变分 $\boldsymbol{\delta q}$ 的二次式展开，表明是在切面上的线性系统。

传递辛矩阵通过微商得到，当然要考虑真实解 (q_{a*}, q_{b*}) 的邻域。Lagrange 括号、Jacobi 矩阵等全部是真实解 (q_{a*}, q_{b*}) 邻域取微商得到的，取值在真实解处。两端的对偶力是

$$p_a = -\frac{\partial U}{\partial q_a} = p_{a*} + \delta p_a,\ p_b = \frac{\partial U}{\partial q_b} = p_{b*} + \delta p_b \tag{2.3.21}$$

这样根据 Taylor 展开有

$$p_a = p_{a*} - K_{aa*}\delta q_a - K_{ab*}\delta q_b,\ p_b = p_{b*} + K_{ba*}\delta q_a + K_{bb*}\delta q_b \tag{2.3.22}$$

高阶小量 $O[(\boldsymbol{\delta q})^2]$ 省略，因此微商要注意两端的 δq、δp 等。Taylor 展开式表明，$K_{ab*} = K_{ba*}$，即刚度阵是对称的。将式(2.3.21)代入式(2.3.22)，两侧的 p_{a*}、p_{b*} 抵消，就出现 δp_a、δp_b 用 δq_a、δq_b 表示的两个方程。有两个方程、四个变分 δq_a，δq_b；δp_a，δp_b，因此其中两个变分是独立的。式(2.3.22)中，对称的刚度阵：

$$\boldsymbol{K}_* = \begin{bmatrix} K_{aa*} & K_{ab*} \\ K_{ab*} & K_{bb*} \end{bmatrix}$$

加上标记 K_{aa*} 等是明确非线性系统取值于真实解处，为了简便可以省略。于是运用矩阵/向量来表达：

$$\boldsymbol{p} = \boldsymbol{p}_* + \boldsymbol{K} \cdot \boldsymbol{\delta q},\ \boldsymbol{p} = \{-p_a \quad p_b\}^T,\ \boldsymbol{\delta p} = \boldsymbol{K} \cdot \boldsymbol{\delta q} \tag{2.3.23}$$

负号从式(2.3.21)的规定产生。

$\boldsymbol{\delta q}$、$\boldsymbol{\delta p}$ 共有 4 个分量，式(2.3.23)表明 $\boldsymbol{\delta p}$ 由 $\boldsymbol{\delta q}$ 决定，而 $\boldsymbol{\delta q}$ 则是任意的。问题又回到 1.1 节就讲的，两端边界条件可以化到传递形式，从而得到传递辛矩阵。将式(2.3.23)分解写成

$$\delta p_a = -(K_{aa}\delta q_a + K_{ab}\delta q_b),\ \delta p_b = (K_{ba}\delta q_a + K_{bb}\delta q_b)$$

将 δq_b、δp_b 求解为状态变量 δq_a、δp_a 的函数，当然应 $K_{ab} \neq 0$，有

$$\delta q_{\mathrm{b}} = -K_{\mathrm{ab}}^{-1}K_{\mathrm{aa}} \cdot \delta q_{\mathrm{a}} - K_{\mathrm{ab}}^{-1} \cdot \delta p_{\mathrm{a}}$$

$$\delta p_{\mathrm{b}} = (K_{\mathrm{ba}} - K_{\mathrm{bb}}K_{\mathrm{ab}}^{-1}K_{\mathrm{aa}}) \cdot \delta q_{\mathrm{a}} - K_{\mathrm{bb}}K_{\mathrm{ab}}^{-1} \cdot \delta p_{\mathrm{a}}$$

变分形式,实际上就成为 Jacobi 矩阵的形式,然后写成矩阵/向量形式:

$$\frac{\partial \boldsymbol{v}_{\mathrm{b}}}{\partial \boldsymbol{v}_{\mathrm{a}}} = \frac{\partial(q_{\mathrm{b}}, p_{\mathrm{b}})}{\partial(q_{\mathrm{a}}, p_{\mathrm{a}})} = \begin{bmatrix} \dfrac{\partial q_{\mathrm{b}}}{\partial q_{\mathrm{a}}} & \dfrac{\partial q_{\mathrm{b}}}{\partial p_{\mathrm{a}}} \\ \dfrac{\partial p_{\mathrm{b}}}{\partial q_{\mathrm{a}}} & \dfrac{\partial p_{\mathrm{b}}}{\partial p_{\mathrm{a}}} \end{bmatrix} = \begin{bmatrix} -K_{\mathrm{ab}}^{-1}K_{\mathrm{aa}} & -K_{\mathrm{ab}}^{-1} \\ (K_{\mathrm{ba}} - K_{\mathrm{bb}}K_{\mathrm{ab}}^{-1}K_{\mathrm{aa}}) & -K_{\mathrm{bb}}K_{\mathrm{ab}}^{-1} \end{bmatrix} = \boldsymbol{S}$$

(2.3.24)

如同 1.5 节,算一遍就可检验 $\boldsymbol{S}$ 是辛矩阵,也就验证了 Lagrange 括号 $\{q_{\mathrm{a}}, p_{\mathrm{a}}\}_{q_{\mathrm{b}}, p_{\mathrm{b}}} = 1$。证明毕。

这里又看到在 1.5 节的从对称矩阵到传递辛矩阵转换,这是一般的规律,在第四章的证明中还要再出现的。

于是 $\boldsymbol{S} = \partial \boldsymbol{v}_{\mathrm{b}}/\partial \boldsymbol{v}_{\mathrm{a}}$ 确实是传递辛矩阵,采用区段的传递辛矩阵,当然是离散系统。情况又与线性系统时的式(2.3.8)吻合。这表明用区段变形能,即动力学的作用量产生的 $\boldsymbol{v}_{\mathrm{a}}$、$\boldsymbol{v}_{\mathrm{b}}$,就是正则变换。这里看清楚了正则变换与辛矩阵的密切关系。

按区段变形能 $U(q_{\mathrm{a}}, q_{\mathrm{b}})$ 给出的两端状态向量式(2.3.6),就是从 $\boldsymbol{v}_{\mathrm{a}}$ 到 $\boldsymbol{v}_{\mathrm{b}}$ 的变换,这无非是区段 $(z_{\mathrm{a}}, z_{\mathrm{b}})$ 的两端变换。如果紧接着有区段 $(z_{\mathrm{b}}, z_{\mathrm{c}})$,则同样处理得到从 $\boldsymbol{v}_{\mathrm{b}}$ 到 $\boldsymbol{v}_{\mathrm{c}}$ 的变换。两个正则变换的合成依然是正则变换。即辛矩阵乘法给出的仍是辛矩阵,辛矩阵有群的性质已经讲过多次。

前面讲的 Lagrange 括号全部是给出下标的 $\{u, v\}_{q_{\mathrm{b}}, p_{\mathrm{b}}}$ 等,表明 Lagrange 括号式(2.3.17)针对对偶变量 $(q_{\mathrm{b}}, p_{\mathrm{b}})$ 计算。如果将对偶变量 $(q_{\mathrm{b}}, p_{\mathrm{b}})$ 再进行一次正则变换,得到 $(q_{\mathrm{c}}, p_{\mathrm{c}})$ 又会有什么结果?

根据 Jacobi 行列式表示的变换矩阵式(2.3.1),其合成是式(2.3.3)的矩阵乘法,有

$$\boldsymbol{S}_{\mathrm{a}\sim\mathrm{c}} = \boldsymbol{S}_{\mathrm{b}\sim\mathrm{c}} \cdot \boldsymbol{S}_{\mathrm{a}\sim\mathrm{b}} = \left(\frac{\partial \boldsymbol{v}_{\mathrm{c}}}{\partial \boldsymbol{v}_{\mathrm{b}}}\right) \cdot \left(\frac{\partial \boldsymbol{v}_{\mathrm{b}}}{\partial \boldsymbol{v}_{\mathrm{a}}}\right) = \frac{\partial(q_{\mathrm{c}}, p_{\mathrm{c}})}{\partial(q_{\mathrm{b}}, p_{\mathrm{b}})} \cdot \frac{\partial(q_{\mathrm{b}}, p_{\mathrm{b}})}{\partial(q_{\mathrm{a}}, p_{\mathrm{a}})} = \frac{\partial(q_{\mathrm{c}}, p_{\mathrm{c}})}{\partial(q_{\mathrm{a}}, p_{\mathrm{a}})}$$

运用了微积分链式微商。用 Lagrange 括号来表达,$\{q_{\mathrm{a}}, p_{\mathrm{a}}\}_{q_{\mathrm{c}}, p_{\mathrm{c}}} = \{q_{\mathrm{a}}, p_{\mathrm{a}}\}_{q_{\mathrm{b}}, p_{\mathrm{b}}}$。Lagrange 括号是一般的,应证明 n 维的变换。如果从 $(\boldsymbol{q}_{\mathrm{b}}, \boldsymbol{p}_{\mathrm{b}})$ 到 $(\boldsymbol{q}_{\mathrm{c}}, \boldsymbol{p}_{\mathrm{c}})$ 的变换是正则变换,则必定有

$$\{u, v\}_{\boldsymbol{q}_{\mathrm{c}}, \boldsymbol{p}_{\mathrm{c}}} = \{u, v\}_{\boldsymbol{q}_{\mathrm{b}}, \boldsymbol{p}_{\mathrm{b}}} \tag{2.3.25}$$

其证明依然是运用 Jacobi 矩阵链式微商的规则。既然在正则变换下 Lagrange 括号不变,就不必将下标的状态向量写明,只写 $\{u, v\}$ 就可以。

这里证明是对于单自由度问题的,以后还要讲多自由度问题,其实根本的思路一致,所以将单自由度问题讲清楚,非常重要。

与 Lagrange 括号对应，还有 Poisson 括号。设有 n 维自由度问题，在 $2n$ 维状态空间有两个参变量 (u, v)，有函数 $\boldsymbol{q}(u, v)$、$\boldsymbol{p}(u, v)$，则 Poisson 括号 $[u, v]_{\boldsymbol{q}, \boldsymbol{p}}$ 的定义是

$$[u, v]_{q, p} \underset{\text{def}}{=} \sum_{k=1}^{n}\left(\frac{\partial u}{\partial q_k}\frac{\partial v}{\partial p_k} - \frac{\partial u}{\partial p_k}\frac{\partial v}{\partial q_k}\right) = \sum_{k=1}^{n}\det\left[\frac{\partial(u, v)}{\partial(q_k, p_k)}\right] \quad (2.3.26)$$

在 $n = 1$ 时，$[u, v]_{q, p} = \det\left[\frac{\partial(u, v)}{\partial(q, p)}\right]$，而 $\{u, v\}_{q, p} = \det\left[\frac{\partial(q, p)}{\partial(u, v)}\right]$，两者互逆。Poisson 括号同样也有反对称性质 $[u, v]_{\boldsymbol{q}, \boldsymbol{p}} = -[v, u]_{\boldsymbol{q}, \boldsymbol{p}}$。

前面已经验证，将 $\boldsymbol{S}^{\mathrm{T}}\boldsymbol{J}\boldsymbol{S} = \boldsymbol{J}$ 乘出来是 Lagrange 括号的矩阵。同样的思路可用于 Poisson 括号。根据辛矩阵群的性质，$\boldsymbol{S}$ 是辛矩阵则其转置阵 $\boldsymbol{S}^{\mathrm{T}}$ 也是辛矩阵。将 $\boldsymbol{S}\boldsymbol{J}\boldsymbol{S}^{\mathrm{T}} = \boldsymbol{J}$ 乘出来，就得到用 Poisson 括号组成的矩阵。为了看清楚 Poisson 括号，将 $\boldsymbol{S}\boldsymbol{J}\boldsymbol{S}^{\mathrm{T}} = \boldsymbol{J}$ 具体表达为

$$\boldsymbol{S} = \begin{bmatrix} \dfrac{\partial q_{\mathrm{b}}}{\partial q_{\mathrm{a}}} & \dfrac{\partial q_{\mathrm{b}}}{\partial p_{\mathrm{a}}} \\ \dfrac{\partial p_{\mathrm{b}}}{\partial q_{\mathrm{a}}} & \dfrac{\partial p_{\mathrm{b}}}{\partial p_{\mathrm{a}}} \end{bmatrix}, \quad \boldsymbol{J}\boldsymbol{S}^{\mathrm{T}} = \begin{bmatrix} \dfrac{\partial q_{\mathrm{b}}}{\partial p_{\mathrm{a}}} & \dfrac{\partial p_{\mathrm{b}}}{\partial p_{\mathrm{a}}} \\ \dfrac{-\partial q_{\mathrm{b}}}{\partial q_{\mathrm{a}}} & \dfrac{-\partial p_{\mathrm{b}}}{\partial q_{\mathrm{a}}} \end{bmatrix}$$

$$\boldsymbol{S}\boldsymbol{J}\boldsymbol{S}^{\mathrm{T}} = \begin{bmatrix} \dfrac{\partial q_{\mathrm{b}}}{\partial q_{\mathrm{a}}}\dfrac{\partial q_{\mathrm{b}}}{\partial p_{\mathrm{a}}} - \dfrac{\partial q_{\mathrm{b}}}{\partial p_{\mathrm{a}}}\dfrac{\partial q_{\mathrm{b}}}{\partial q_{\mathrm{a}}} & \dfrac{\partial q_{\mathrm{b}}}{\partial q_{\mathrm{a}}}\dfrac{\partial p_{\mathrm{b}}}{\partial p_{\mathrm{a}}} - \dfrac{\partial q_{\mathrm{b}}}{\partial p_{\mathrm{a}}}\dfrac{\partial p_{\mathrm{b}}}{\partial q_{\mathrm{a}}} \\ \dfrac{\partial p_{\mathrm{b}}}{\partial q_{\mathrm{a}}}\dfrac{\partial q_{\mathrm{b}}}{\partial p_{\mathrm{a}}} - \dfrac{\partial p_{\mathrm{b}}}{\partial p_{\mathrm{a}}}\dfrac{\partial q_{\mathrm{b}}}{\partial q_{\mathrm{a}}} & \dfrac{\partial p_{\mathrm{b}}}{\partial q_{\mathrm{a}}}\dfrac{\partial p_{\mathrm{b}}}{\partial p_{\mathrm{a}}} - \dfrac{\partial p_{\mathrm{b}}}{\partial p_{\mathrm{a}}}\dfrac{\partial p_{\mathrm{b}}}{\partial q_{\mathrm{a}}} \end{bmatrix}$$

$$\boldsymbol{S}\boldsymbol{J}\boldsymbol{S}^{\mathrm{T}} = \begin{bmatrix} \dfrac{\partial(q_{\mathrm{b}}, q_{\mathrm{b}})}{\partial(q_{\mathrm{a}}, p_{\mathrm{a}})} = [q_{\mathrm{b}}, q_{\mathrm{b}}]_{q_{\mathrm{a}}, p_{\mathrm{a}}} & \dfrac{\partial(q_{\mathrm{b}}, p_{\mathrm{b}})}{\partial(q_{\mathrm{a}}, p_{\mathrm{a}})} = [q_{\mathrm{b}}, p_{\mathrm{b}}]_{q_{\mathrm{a}}, p_{\mathrm{a}}} \\ \dfrac{\partial(p_{\mathrm{b}}, q_{\mathrm{b}})}{\partial(q_{\mathrm{a}}, p_{\mathrm{a}})} = [p_{\mathrm{b}}, q_{\mathrm{b}}]_{q_{\mathrm{a}}, p_{\mathrm{a}}} & \dfrac{\partial(p_{\mathrm{b}}, p_{\mathrm{b}})}{\partial(q_{\mathrm{a}}, p_{\mathrm{a}})} = [p_{\mathrm{b}}, p_{\mathrm{b}}]_{q_{\mathrm{a}}, p_{\mathrm{a}}} \end{bmatrix} = \boldsymbol{J}$$

根据 Poisson 括号的反对称性质 $[q_{\mathrm{b}}, q_{\mathrm{b}}]_{q_{\mathrm{a}}, p_{\mathrm{a}}} = [p_{\mathrm{b}}, p_{\mathrm{b}}]_{q_{\mathrm{a}}, p_{\mathrm{a}}} = 0$，这是显而易见的，所以 Lagrange 括号与 Poisson 括号密切关联。

同样，Poisson 括号 $[u, v]_{q, p}$ 在 $\boldsymbol{q}$、$\boldsymbol{p}$ 作正则变换下不变，故可将下标取消，就写成 $[u, v]$，证明略。

前文是从区段变形能讲的，适用于离散坐标体系。离散坐标体系的理论与连续坐标体系希望能够联系起来。事实上，通过 Hamilton-Jacobi 方程可联系到连续坐标系统。变分原理式(2.2.14)是对于连续坐标讲的。变分原理得到的 Hamilton 对偶方程：

$$\dot{q} = \frac{\partial H}{\partial p}, \quad \dot{p} = -\frac{\partial H}{\partial q}, \quad \text{或} \; \dot{\boldsymbol{v}} = \boldsymbol{J}\frac{\partial H}{\partial \boldsymbol{v}}$$

而用 Poisson 括号就可写出 Hamilton 对偶方程：

$$\dot{q} = [q,\ H],\ \dot{p} = [p,\ H],\ 或\ \dot{\boldsymbol{v}} = [\boldsymbol{v},\ H] \tag{2.3.27}$$

Poisson 括号从离散系统的传递辛矩阵导出，来路很清楚，而另一方面 Poisson 括号又表达了连续时间坐标系统的 Hamilton 对偶方程。因为它连接了离散系统与连续系统，所以 Poisson 括号更多地得到了关注。这也表明，离散系统的传递辛矩阵并没有什么不妥。虽然区段变形能等概念本来是结构力学的，但只要更换成对应的生成函数概念，就可运用于分析动力学，因为这两个方面本来是互相模拟的。当然结构力学、最优控制运用的是两端边界条件，而动力学则运用初值边界条件。它们的区别就在于此，反映为微分方程正负号不同。然而这对于正则变换的理论并无影响。

通过以上讲述，可以理解 Lagrange 括号和 Poisson 括号与正则变换的关系。前文多次讲保辛，正则变换就使离散坐标的变换保辛。反过来讲，保辛就使离散坐标的变换是正则变换，对保辛的认识又增进了一步。

补充：以上论述是在一维条件下进行的，将来总要考虑多维。前面讲了二维自变量对于二维函数的微商。以后要考虑 n 维自变量对于 m 维向量函数 $\boldsymbol{f}(\boldsymbol{q})$ 进行微商，其定义为

$$\frac{\partial \boldsymbol{f}}{\partial \boldsymbol{q}} = \begin{bmatrix} \dfrac{\partial f_1}{\partial q_1} & \dfrac{\partial f_1}{\partial q_2} & \cdots & \dfrac{\partial f_1}{\partial q_n} \\ \dfrac{\partial f_2}{\partial q_1} & \cdots & \cdots & \dfrac{\partial f_2}{\partial q_n} \\ \vdots & & & \vdots \\ \dfrac{\partial f_m}{\partial q_1} & \dfrac{\partial f_m}{\partial q_2} & \cdots & \dfrac{\partial f_m}{\partial q_n} \end{bmatrix}$$

这里的规定与 Jacobi 矩阵相同。为一般起见，将 $\boldsymbol{f}(\boldsymbol{q})$ 写成 m 维向量函数，当然适用于 $m = n$。

2.3.4 辛矩阵乘法表达正则变换

正则变换是基本理论，但也是应用的基础。在动力学积分与结构力学与最优控制的分析计算方面，需要便于应用在计算分析的理论公式与算法。

一般非线性的动力学、最优控制等课题，一概要求严格的分析解是不现实的。在计算机数值时代，近似数值求解是自然的选择。分析力学的近似数值求解一般要进行离散。对于非线性系统，常使用摄动法(perturbation，物理学称微扰)近似。正则变换对于摄动法近似分析是很重要的手段。

许多分析动力学著作讲述正则变换，最常用的是变分原理与生成函数的方法[1]。这只能适用于连续坐标系统。但这并不是唯一的方法，正则变换也可以通过传递辛矩阵乘法来表述，可适用于离散坐标系统。在数学理论上两者是一致的，但形式上相差很

大。在数值计算的应用方面，辛矩阵乘法的正则变换有优点。用辛矩阵乘法表达正则变换，可显式提供式(2.3.11)的变换公式，便于应用。用 Poisson 括号就得到 Hamilton 对偶方程，又回到了连续时间系统。辛矩阵乘法正则变换以后在讲述多自由度正则变换时还要表达。

然而，传递辛矩阵表达的正则变换毕竟不是连续坐标的正则变换。读者不免要问，怎样将传递辛矩阵的正则变换与连续坐标的正则变换关联起来？Hamilton 函数的变换何在？

原问题的真实解是存在的，但认真求解其真实解则存在困难。只能找到近似解，近似解的 Hamilton 函数与原来的不同，但很接近，而且能离散保辛求解。根据该离散的保辛的近似解，可执行一个正则变换。其所对应的系统也近似。离散近似解用区段变形能表达，于是就有传递辛矩阵等。离散后就有许多手段可使用了。

传递辛矩阵的表达相对于离散系统的，是从区段作用量，引入对偶变量推导来的。如果希望回到连续坐标的表达，就应提供任意区段的连续坐标的区段变形能函数 $U(q_a, q_b; z_a, z_b)$，其中长度坐标 z_a、z_b 是任意值。于是可引入任意坐标的对偶变量，并引入对偶变量的 Hamilton 函数 $H(q, p)$，于是就可导出 Hamilton-Jacobi 方程。虽然是近似解，要求严格满足连续坐标的全部方程，但除线性系统外，也不能随心所欲，所以不妨认为近似系统是线性系统。

一般多自由度线性体系便于数值求解。例如，运用状态空间的本征向量展开，共轭辛正交归一关系等。离散后每个区段在精确线性系统解的逼近基础上，运用辛矩阵乘法的正则变换表达就可将近似线性系统的成果融合、消化，同时将正则变换后的 Hamilton 函数，对偶微分方程等给出。正则变换后，得到的仍是 Hamilton 体系，可用例如作用量的时间有限元法，结合参变量方法，进行数值求解，以达到保辛-守恒[6]。在数值化时代，离散求解是大势所趋，所以也没有必要一定要连续系统表述，当然也不排斥连续系统。

分析力学始于 1687 年牛顿的巨著，经过几百年的发展，其体系很优美，成为许多学科的基础。前面从正面讲了辛的系统，但也提到了其局限性。著作《辛破茧》讲述了其局限性。

2.3.5　数值计算、精细积分方面的考虑

前面讲到四类生成函数，而关于 Lagrange 括号与 Poisson 的导出，式(2.3.24)中的 K_{aa}、K_{ab}、K_{bb} 表明，这是按第一类两端位移的表述进行的。2.2.10 节还讲了区段混合能，K_{aa}、K_{ab}、K_{bb} 变换为式(2.2.43)：

$$G = K_{bb}^{-1},\ F = -K_{bb}^{-1}K_{ba},\ Q = K_{aa} - K_{ab}K_{bb}^{-1}K_{ba}$$

那么这两种表述 K_{aa}、K_{ab}、K_{bb} 和相应于第二类两端条件的 G、F、Q 有什么区别，各有何种特性，这是数值计算很关注的。

它们在理论方面都适用，第四章在多自由度问题时，依然通过第一类的两端位移条件切入讲解，然而它们在数值方面区别很大。在计算时，采用 G、F、Q 的表述在数值方面有

很大优点。可以注意到，在单根弹簧的胡克定律时，K_{bb} 的数值是弹簧刚度 k，而在精细积分时，该弹簧将进一步划分为 $2^{20}=1\ 048\ 576$ 个细分段，对应于每个细分段，其刚度将为 $k_{20}=2^{20}k$，表明细分段的刚度非常大。而对应的 $G_{20}=1/(2^{20}k)$ 成为很小的柔度。在区段合并时，$k_{20}=2^{20}k$ 将跌落到正常的 k，在从很大的 $k_{20}=2^{20}k$ 跌落时有 6 位有效数值的损失；另一方面 $G=1/k$ 则成为的正常值，没有数值损失。所以在控制中，数值计算喜欢用求解 Riccati 方程的方法，正好相当于采用了混合能的表述。

前面指出最小作用量变分原理对应于 Euler-Lagrange 及 Hamilton 正则方程，而基于最小作用量变分原理可以用基于祖冲之类算法来计算，但没有给出数值例题，现在要补充说明。

为了表达清楚，通过具体数值例题来说明。

例题 2.1 先用结构力学的课题，弹性切向地基上的拉伸问题，如图 2.5 所示。取梁长 $L=12$ m，截面高 $h=1$ m，宽 $B=0.5$ m，右端拉力为 $P=800$ kN，梁的弹性模量 $E=2\times10^7$ kN/m^2，切向刚度 $k=600$ kN/m。按式(2.35)计算，取不同单元数进行计算，计算得到的不同位置 z_i 的位移列于表 2.2。图 2.7 中给出了不同单元数 n 计算得到的位移的相对误差 e_w 的关系，其中竖向坐标采用的是对数坐标 $\lg e_w$。

表 2.2 取不同单元计算得到的位移

z_i/m	取不同单元数 n 计算的数值位移/mm						解析位移/mm
	4	8	16	32	64	128	
3	0.238 967	0.238 983	0.238 987	0.238 988	0.238 988	0.238 988	0.238 988
6	0.478 063	0.478 095	0.478 103	0.478 105	0.478 106	0.478 106	0.478 106
9	0.717 417	0.717 465	0.717 478	0.717 481	0.717 481	0.717 482	0.717 482
12	0.957 159	0.957 223	0.957 239	0.957 243	0.957 244	0.957 245	0.957 245

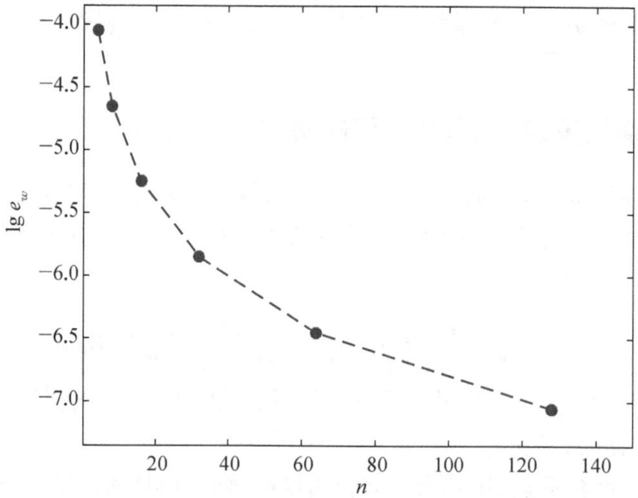

图 2.7 单元数 n 与相对误差 e_w 的关系

例题 2.2　非线性摆的例题。这是动力学问题。质量 m 的单摆振动,取 $\boldsymbol{q}(t) = \{x, y\}^{\mathrm{T}}$ 为未知数,约束条件 $g(\boldsymbol{q}) = r^2 - (x^2 + y^2) = 0$, $r = 1$。成为有约束条件的动力学问题,可用祖冲之类算法求数值解。初始条件 $x(0) = 0.99$, $\dot{x}(0) = 0$, 也即 $q(0)$、$p(0)$ 已知。按祖冲之方法论处理,直接从最小作用量(短程线)进行离散,再用 Lagrange 乘子法处理约束条件,于是在一个时间区段内的作用量为

$$S_{\lambda,k}(\boldsymbol{q}_{k-1}, \boldsymbol{q}_k, \boldsymbol{\lambda}_k) = \int_{t_{k-1}}^{t_k} \left[\frac{m(\dot{x}^2 + \dot{y}^2)}{2} + mg_{\mathrm{r}} y\right] \mathrm{d}t - \boldsymbol{\lambda}_k^{\mathrm{T}} g(x_k, y_k)$$

式中,参变量 $\boldsymbol{\lambda}_k$ 用于 t_k 处的位移约束条件。单元内位移则用有限元插值:

$$\boldsymbol{q}(t) = \boldsymbol{N}(t)\boldsymbol{d}_k, \ \boldsymbol{d}_k = \{\boldsymbol{q}_{k-1}^{\mathrm{T}}, \boldsymbol{q}_k^{\mathrm{T}}\}^{\mathrm{T}}$$

积分就得区段作用量 $S_{\lambda,k}(\boldsymbol{q}_{k-1}, \boldsymbol{q}_k, \boldsymbol{\lambda}_k)$ 为

$$S_{\lambda,k}(\boldsymbol{q}_{k-1}, \boldsymbol{q}_k, \boldsymbol{\lambda}_k) = S_{k0}(\boldsymbol{q}_{k-1}, \boldsymbol{q}_k) - \boldsymbol{\lambda}_k^{\mathrm{T}} \cdot \boldsymbol{g}(\boldsymbol{q}_k)$$

根据:

$$\boldsymbol{p}_{k-1}(\boldsymbol{q}_{k-1}, \boldsymbol{q}_k, \boldsymbol{\lambda}_k) = \frac{-\partial S_{\lambda,k}}{\partial \boldsymbol{q}_{k-1}}, \ \boldsymbol{p}_k(\boldsymbol{q}_{k-1}, \boldsymbol{q}_k, \boldsymbol{\lambda}_k) = \frac{\partial S_{\lambda,k}}{\partial \boldsymbol{q}_k}$$

与无约束系统相比,多了线性参变量 $\boldsymbol{\lambda}_k$,将位移和动量写成状态向量:

$$\boldsymbol{v}_k = \{\boldsymbol{q}_k^{\mathrm{T}}, \boldsymbol{p}_k^{\mathrm{T}}\}^{\mathrm{T}}$$

按分析结构力学方法进行,从 $\boldsymbol{v}_{k-1}$ 可递推 $\boldsymbol{v}_k$,该变换保辛,但带有参变量 $\boldsymbol{\lambda}_k$。确定 $\boldsymbol{\lambda}_k$ 要根据节点约束条件 $\boldsymbol{g}(\boldsymbol{q}_k) = \boldsymbol{0}$。这样,初始条件具备,时间有限元的逐步保辛积分即可执行。因积分点的约束要求预先满足,数值积分计算结果,其约束条件必然很好满足。图 2.8 显示,积分很长时间,其轨迹确实在圆上,符合真实情况。

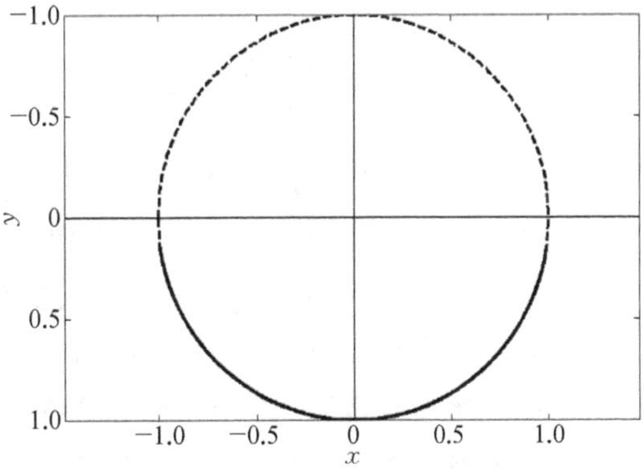

图 2.8　实线是单摆轨迹图,虚线是单位圆,积分步长 0.01 s

练　习　题

2.1　Lagrange 函数为 $L(x, \dot{x}) = \dfrac{m\dot{x}^2}{2} - \dfrac{kx^2}{2}$, 作用量 $S = \int_0^t L(x, \dot{x}) \mathrm{d}\tau$。请根据 Hamilton 变分原理,导出 $m\ddot{x} + kx = 0$, 并证明这一动力系统机械能守恒。

2.2　如何理解最小作用量就是动力学的短程线?

2.3　如果矩阵 $\boldsymbol{H}$ 是 Hamilton 矩阵,证明该矩阵的矩阵指数 e^{H} 是辛矩阵。

2.4　刚度矩阵与辛矩阵之间有什么联系,两个矩阵各有什么特点,刚度方程与辛传递方

程有什么联系和区别?

2.5 最小作用量变分原理与最小势能变分原理,两者有什么区别和联系?

2.6 非线性动力微分方程: $m\ddot{x}+k(x+0.1x^2)=0$, 写出:

(1) 一类变量的变分原理;

(2) 二类变量的变分原理;

(3) 三类变量的变分原理。

2.7 动力微分方程: $2\ddot{x}+3x=0$, 写出其 Riccati 方程和 Hamilton-Jacobi 方程。

2.8 动力学与结构力学之间的模拟关系指的是什么,这一理论可能有哪些应用?

2.9 动力学中存在能量守恒定律,根据动力学与结构力学之间的模拟关系,结构力学中存在对应的守恒律吗? 如果存在,对于线性拉杆问题是什么守恒呢?

2.10 假设某区段变形能为

$$U(x_1,x_2)=\frac{1}{2\tau}(x_2-x_1)^2+\frac{1}{2}\tau\left(\frac{x_1+x_2}{2}\right)^2-f_2x_2+f_1x_1$$

(1) 如果 f_1 和 f_2 已知,求解 x_1 和 x_2;

(2) 如果 f_1 和 x_1 已知,求解 f_2 和 x_2, 并证明 Jacobi 矩阵 $\boldsymbol{S}=\dfrac{(x_2,f_2)}{(x_1,f_1)}$ 是辛矩阵。

2.11 已知某大挠度小变形梁的控制方程为

$$\begin{cases}\dfrac{\mathrm{d}^2u}{\mathrm{d}x^2}+\dfrac{\mathrm{d}w}{\mathrm{d}x}\dfrac{\mathrm{d}^2w}{\mathrm{d}x^2}=0\\ EI\dfrac{\mathrm{d}^4w}{\mathrm{d}x^4}-EA\left[\dfrac{\mathrm{d}^2w}{\mathrm{d}x^2}\dfrac{\mathrm{d}u}{\mathrm{d}x}+\dfrac{1}{2}\left(\dfrac{\mathrm{d}^2w}{\mathrm{d}x^2}\right)\left(\dfrac{\mathrm{d}w}{\mathrm{d}x}\right)^2\right]=q\end{cases}$$

其中, u 和 w 分别表示水平和竖向位移; E、I、A 分别表示梁的弹性模量、截面惯性矩和截面积; q 表示竖向均布荷载。梁长为 L, 左右两端固定,问:

(1) 该梁的最小总势能泛函是什么?

(2) 写出该梁的 Hamilton 对偶方程。

参考文献

[1] Goldstein H. Classical Mechanics [M]. London: Addison-Wesley, 1980.

[2] 钟万勰. 应用力学的辛数学方法[M]. 北京: 高等教育出版社,2006.

[3] 钟万勰. 应用力学对偶体系[M]. 北京: 科学出版社,2002.

[4] 钟万勰. 辛破茧[M]. 大连理工大学出版社,2011.

[5] 钟万勰. 计算结构力学与最优控制[M]. 大连: 大连理工大学出版社,1993.

[6] 高强,钟万勰. Hamilton 系统的保辛-守恒积分算法[J]. 动力学与控制学报. 2009,7(3): 3-9.

[7] Courant R, Hilbert D. Methods of mathematical physics[J]. New York Interscience Publication, 1953, 305(3-4): 121-132.

第三章
多维线性经典力学的求解

钱学森在《我对今日力学的认识》一文中指出："总起来一句话：今日力学要充分利用计算机和现代计算技术去回答一切宏观的实际科学技术问题，计算方法非常重要；另一个辅助手段是巧妙设计的实验。"实际上也强调了计算机模拟的方向。

计算机模拟并不是叫口号，而是要实干的，要对问题的理解，要模型，要算法，要计算机程序系统，要集成，要与工程师结合，等等，与工程结合要简明，这还有很长的路要走。

多维的线性动力学有大量著作，结构振动是工程中不可缺少的部分。惯性系统内的振动有很多参考著作，然而，有关陀螺系统振动的著作却还不多，状态空间的数值分析也很少，有必要深入研究。

本章标题说明是讲线性振动的，首先将线性问题讲清楚，然后可再讲非线性动力学问题。

动力学方程本来是非线性的，为何要讲线性近似呢？因为非线性微分方程组难以分析求解。Lagrange 函数是动能-势能，$L(\boldsymbol{q},\dot{\boldsymbol{q}})=T(\boldsymbol{q},\dot{\boldsymbol{q}})-U(\boldsymbol{q})$，其中偏微商 $\partial L/\partial\dot{\boldsymbol{q}}$ 将位移向量 $\boldsymbol{q}$ 看成只是一个参变量。而动力学的动能对于 $\dot{\boldsymbol{q}}(t)$ 总是二次型函数。对 $\dot{\boldsymbol{q}}$ 执行 Legendre 变换时易于求解。直接在位移空间 $\boldsymbol{q}$ 求解，称为切丛（tangent bundle）。而将动量在对 $\dot{\boldsymbol{q}}$ 执行 Legendre 变换后所引入的动量 $\boldsymbol{p}$ 与位移 $\boldsymbol{q}$ 共同构成的状态空间 $(\boldsymbol{q},\boldsymbol{p})$ 称为余切丛（cotangent bundle）。但位移向量 $\boldsymbol{q}$ 没有变，只有动量 $\boldsymbol{p}$ 取代了 $\dot{\boldsymbol{q}}$ 而构成了 $(\boldsymbol{q},\boldsymbol{p})$ 的状态空间。这还不是微分方程组的线性化。线性化还有其动能 $T(\boldsymbol{q},\dot{\boldsymbol{q}})$ 是速度 $\dot{\boldsymbol{q}}$ 的二次式，还可包括陀螺项，以及其势能 $U(\boldsymbol{q})$ 是二次函数的要求。

线性问题求完全解是有办法的。本章的共轭辛正交归一关系和展开定理为解该问题提供了思路。然而，面对时变或非线性系统还要进一步考虑，详见第九章的近似计算方法。

逐步积分法可用于求解时变或者非线性系统。类似第二章，在适当时候，将动力学对的多自由度微分方程逐步积分予以介绍。

3.1 线性动力系统的分离变量求解

线性动力系统的分离变量求解应分几个层次表述。

3.1.1 多维线性分析动力学求解

众多结构振动著作,是惯性系统内的振动。线性动力方程:

$$\boldsymbol{M}\ddot{\boldsymbol{q}} + \boldsymbol{K}\boldsymbol{q} = \boldsymbol{f}_1(t)$$

式中, $n \times n$ 的质量阵 $\boldsymbol{M}$ 对称正定; $n \times n$ 的刚度阵 $\boldsymbol{K}$ 对称; $\boldsymbol{q}(t)$ 是 n 维广义位移独立向量。多年以来该动力方程的求解,已经做得非常精致,提供了成熟的程序系统。本征值问题 $(\boldsymbol{K} - \omega^2\boldsymbol{M})\boldsymbol{\psi} = \boldsymbol{0}$ 则导致 Rayleigh 商变分原理:

$$\omega^2 = \min_{\psi}\left[\frac{\boldsymbol{\psi}^{\mathrm{T}}\boldsymbol{K}\boldsymbol{\psi}}{\boldsymbol{\psi}^{\mathrm{T}}\boldsymbol{M}\boldsymbol{\psi}}\right]$$

有 n 个本征解, $(\omega_1^2, \boldsymbol{\psi}_1), \cdots, (\omega_n^2, \boldsymbol{\psi}_n)$。它们有自共轭正交归一关系。相应有 Gram-Schmidt 正交归一算法等。

线性动力方程在工程问题中有成熟的应用,例如工程抗震问题,尤其是基于本征向量展开处理随机荷载问题。读者可参考多种结构振动的著作。应当指出,林家浩教授在世界上首创随机激励下的响应分析,给出了效率远远超出国外算法的虚拟激励法[1]。这已经为公路桥梁等规范采用。国内高校做高铁振动的团队也都纷纷采用虚拟激励法,成为特色技术之一,在世界上也得到了广泛关注。

特别是反问题逆虚拟激励法,更是我国自主发展的重要成果,在航空航天等领域中有重要应用价值,但还没得到足够关注。

在旋转坐标(非惯性坐标)内,位移法的多 (n 个) 自由度的一般线性振动方程为

$$\boldsymbol{M}\ddot{\boldsymbol{q}} + \boldsymbol{G}\dot{\boldsymbol{q}} + \boldsymbol{K}\boldsymbol{q} = \boldsymbol{f}_1(t) \tag{3.1.1}$$

式中, $\boldsymbol{M}$、$\boldsymbol{G}$、$\boldsymbol{K}$ 为 $n \times n$ 矩阵。$\boldsymbol{M}$ 对称正定,刚度阵 $\boldsymbol{K}$ 虽然对称但未必保证正定, $\boldsymbol{G}$ 为反对称陀螺矩阵。如果 $\boldsymbol{G}$ 为对称正定的话,就是阻尼矩阵。通常阻尼很小,可在解出本征向量之后再加以考虑。$\boldsymbol{q}(t)$ 为待求 n 维位移向量。$\boldsymbol{f}_1(t)$ 为给定 n 维外力,是非齐次项。应在求解了齐次方程后再加以考虑。齐次方程为

$$\boldsymbol{M}\ddot{\boldsymbol{q}} + \boldsymbol{G}\dot{\boldsymbol{q}} + \boldsymbol{K}\boldsymbol{q} = \boldsymbol{0} \tag{3.1.2}$$

对应的系统是保守的。其时不变 Lagrange 函数为

$$L(\boldsymbol{q}, \dot{\boldsymbol{q}}) = \frac{\dot{\boldsymbol{q}}^{\mathrm{T}}\boldsymbol{M}\dot{\boldsymbol{q}}}{2} + \frac{\dot{\boldsymbol{q}}^{\mathrm{T}}\boldsymbol{G}\boldsymbol{q}}{2} - \frac{\boldsymbol{q}^{\mathrm{T}}\boldsymbol{K}\boldsymbol{q}}{2} \tag{3.1.3}$$

对应的作用量 [$L(\boldsymbol{q}, \dot{\boldsymbol{q}}, t)$ 代表时变之意] 为

$$S(\boldsymbol{q}_{\mathrm{a}}, \boldsymbol{q}_{\mathrm{b}}, t_{\mathrm{a}}, t_{\mathrm{b}}) = \int_{t_{\mathrm{a}}}^{t_{\mathrm{b}}} L(\boldsymbol{q}, \dot{\boldsymbol{q}}, t)\,\mathrm{d}t \tag{3.1.4}$$

式(3.1.4)是待求位移 $\boldsymbol{q}(t)$ 的泛函。时不变系统 Lagrange 方程可从变分原理 $\delta S = 0$ 导出,对时不变系统即给出式(3.1.2)。

将式(3.1.2)对比单自由度方程,多了陀螺项 $\boldsymbol{G}\dot{\boldsymbol{q}}$, 其中 $\boldsymbol{G}$ 为反对称矩阵。式

(3.1.2)依然是二阶微分方程,许多振动著作的多自由度振动系统只考虑其动能 $T = \dot{\boldsymbol{q}}^{\mathrm{T}}\boldsymbol{M}\dot{\boldsymbol{q}}/2$ 及势能 $U = \boldsymbol{q}^{\mathrm{T}}\boldsymbol{K}\boldsymbol{q}/2$, 因只考虑在惯性坐标内的振动之故。此时动力方程为 $\boldsymbol{M}\ddot{\boldsymbol{q}} + \boldsymbol{K}\boldsymbol{q} = \boldsymbol{0}$, 可用分离变量法求解。分离变量后导致本征值问题,有 Rayleigh 商的变分原理,本征值还有极大-极小原理等,解决得很好。因为该方法已经成熟,教材也很丰富,所以本书不再多讲。

由于陀螺项 $\boldsymbol{G}\dot{\boldsymbol{q}}$ 的出现,通常的分离变量法就无法对式(3.1.2)顺利实施了。这是因为式(3.1.2)是二阶联立常微分方程,所以有三项。其对应的变量只有一类变量,位移 $\boldsymbol{q}(t)$。所以说这是在一类变量的 Lagrange 体系之中描述的。在一维振动问题中,陀螺项必定是零,不出现,所以解决得很好。求解多自由度有陀螺项的振动方程应作变换后再求解。引入对偶变量(动量),进入 Hamilton 体系状态空间:

$$\boldsymbol{p} = \frac{\partial L}{\partial \dot{\boldsymbol{q}}} = \boldsymbol{M}\dot{\boldsymbol{q}} + \frac{\boldsymbol{G}\boldsymbol{q}}{2} \tag{3.1.5}$$

$\det(\boldsymbol{M}) \neq 0$ 时,求解给出

$$\dot{\boldsymbol{q}} = -\frac{\boldsymbol{M}^{-1}\boldsymbol{G}\boldsymbol{q}}{2} + \boldsymbol{M}^{-1}\boldsymbol{p} \tag{3.1.6}$$

进行 Legendre 变换,引入哈密顿函数:

$$H(\boldsymbol{q}, \boldsymbol{p}) = \boldsymbol{p}^{\mathrm{T}}\dot{\boldsymbol{q}} - L(\boldsymbol{q}, \dot{\boldsymbol{q}}) = \frac{\boldsymbol{p}^{\mathrm{T}}\boldsymbol{D}\boldsymbol{p}}{2} + \boldsymbol{p}^{\mathrm{T}}\boldsymbol{A}\boldsymbol{q} + \frac{\boldsymbol{q}^{\mathrm{T}}\boldsymbol{B}\boldsymbol{q}}{2}$$

$$\boldsymbol{D} = \boldsymbol{M}^{-1},\ \boldsymbol{A} = -\frac{\boldsymbol{M}^{-1}\boldsymbol{G}}{2},\ \boldsymbol{B} = \boldsymbol{K} + \frac{\boldsymbol{G}^{\mathrm{T}}\boldsymbol{M}^{-1}\boldsymbol{G}}{4} \tag{3.1.7}$$

$\boldsymbol{D}$ 阵对称正定,而对称阵 $\boldsymbol{B}$ 未必能保证正定。二类变量变分原理依然为

$$S = \int_{t_0}^{t_f} [\boldsymbol{p}^{\mathrm{T}}\dot{\boldsymbol{q}} - H(\boldsymbol{q}, \boldsymbol{p})]\mathrm{d}t = 0,\ \delta S = 0 \tag{3.1.8}$$

完成变分推导,得到一对 Hamilton 正则方程:

$$\dot{\boldsymbol{q}} = \frac{\partial H}{\partial \boldsymbol{p}} = \boldsymbol{A}\boldsymbol{q} + \boldsymbol{D}\boldsymbol{p} \tag{3.1.9a}$$

$$\dot{\boldsymbol{p}} = -\frac{\partial H}{\partial \boldsymbol{q}} = -\boldsymbol{B}\boldsymbol{q} - \boldsymbol{A}^{\mathrm{T}}\boldsymbol{p} \tag{3.1.9b}$$

其中前一式就是式(3.1.6)。根据 Hamilton 矩阵式(3.1.7)的 $\boldsymbol{D}$、$\boldsymbol{A}$、$\boldsymbol{B}$ 也可返回位移法的 $\boldsymbol{M}$、$\boldsymbol{G}$、$\boldsymbol{K}$。Hamilton 正则方程:

$$\dot{\boldsymbol{q}} = \frac{\partial H}{\partial \boldsymbol{p}},\ \dot{\boldsymbol{p}} = -\frac{\partial H}{\partial \boldsymbol{q}} \tag{3.1.10}$$

对于非线性体系依然适用。分别乘以 $\dot{\boldsymbol{p}}$、$\dot{\boldsymbol{q}}$ 并相减,有

$$0=\left(\frac{\partial H}{\partial \boldsymbol{p}}\right)\cdot\dot{\boldsymbol{p}}+\left(\frac{\partial H}{\partial \boldsymbol{q}}\right)\dot{\boldsymbol{q}}=\frac{\mathrm{d}H}{\mathrm{d}t}-\frac{\partial H}{\partial t}$$

表明定常系统的 Hamilton 函数守恒。

将 $\boldsymbol{q}$、$\boldsymbol{p}$ 合在一起组成状态向量 $\boldsymbol{v}(t)$，于是对偶正则方程便可写成矩阵/向量形式：

$$\dot{\boldsymbol{v}}=\boldsymbol{H}\boldsymbol{v} \tag{3.1.11}$$

其中，

$$\boldsymbol{H}=\begin{bmatrix}\boldsymbol{A} & \boldsymbol{D}\\ -\boldsymbol{B} & -\boldsymbol{A}^{\mathrm{T}}\end{bmatrix},\ \boldsymbol{v}=\begin{Bmatrix}\boldsymbol{q}\\ \boldsymbol{p}\end{Bmatrix},\text{或}\quad \dot{\boldsymbol{v}}=\boldsymbol{J}\cdot\frac{\partial H}{\partial \boldsymbol{v}} \tag{3.1.12}$$

初值条件是

$$\boldsymbol{q}_0\underset{\mathrm{def}}{=}\boldsymbol{q}(0)=\text{已知},\dot{\boldsymbol{q}}_0\underset{\mathrm{def}}{=}\dot{\boldsymbol{q}}(0)=\text{已知} \tag{3.1.13}$$

但在求解本征向量与本征值时，暂时还用不到初值条件。

Hamilton 矩阵是实数的，下面要讲其本征值问题。实数矩阵的本征解有性质：如果其本征值是复数，则其复数共轭也是本征值，且其两个对应的本征向量，也是相互复数共轭的。

在 Hamilton 框架下，当然就有最小作用量变分原理，直接使用最小作用量变分原理，离散求解也是一个选择。当然现在是多自由度问题，可联立微分方程的数值积分求解，这是典型的初值问题。前面在单自由度时就讲过数值积分问题，过程类似。Lagrange 函数、Hamilton 函数及作用量见式(3.3.1.3)、式(3.3.1.7)、式(3.3.1.8)。

最小作用量变分原理式(3.3.1.8)的 $\delta S=0$，在是可以完成变分操作，列出对偶微分方程，用分离变量法求解的。然而，直接使用最小作用量变分原理，离散求解。不用列出对偶微分方程，也可数值求解。这是在状态空间 $(\boldsymbol{q},\boldsymbol{p})$ 下进行积分的。祖冲之类算法要的短程线就是最小作用量。在 2.1.4 小节已经就单位移问题，用最小作用量变分原理表达了离散时间直接积分法。以下例题是最小作用量变分原理表达的多自由度离散时间的直接积分法。

动力学问题需要提供初始条件。设在初始时刻有

$$\boldsymbol{q}_0=\text{给定},\ \boldsymbol{p}_0=\text{给定};\ \text{当}\ t=0$$

用最小作用量变分原理积分如何进行?

解：数值积分总得有一个时间步长，设为 $\Delta t=0.2\ \mathrm{s}$，于是有站点：

$$t_j=j\Delta t,\ j=0,\ 1,\ \cdots$$

在两站 $(j-1,j)=j^{\#}$ 间的区段记为 $j^{\#}$，其两端就是 $j-1$ 站和 j 站。

因连续时的表达式是

$$H(\boldsymbol{q},\boldsymbol{p})=\boldsymbol{p}^{\mathrm{T}}\dot{\boldsymbol{q}}-L(\boldsymbol{q},\dot{\boldsymbol{q}})=\frac{\boldsymbol{p}^{\mathrm{T}}\boldsymbol{D}\boldsymbol{p}}{2}+\boldsymbol{p}^{\mathrm{T}}\boldsymbol{A}\boldsymbol{q}+\frac{\boldsymbol{q}^{\mathrm{T}}\boldsymbol{B}\boldsymbol{q}}{2}$$

$$\boldsymbol{D}=\boldsymbol{M}^{-1},\ A=-\frac{\boldsymbol{M}^{-1}\boldsymbol{G}}{2},\ \boldsymbol{B}=\boldsymbol{K}+\frac{\boldsymbol{G}^{T}\boldsymbol{M}^{-1}\boldsymbol{G}}{4} \tag{3.1.7}$$

设已经完成数值积分到 $t=t_{j-1}$ 站，当然 $(\boldsymbol{q}_{j-1},\ \boldsymbol{p}_{j-1})$ 已知。现在要积分 $t_j=t_{j-1}+\Delta t$ 的 $(\boldsymbol{q}_j,\ \boldsymbol{p}_j)$。 于是采用最小区段作用量变分原理进行数值求解

$$S_{j^{\#}}(\boldsymbol{q}_j,\ \boldsymbol{p}_j)=\int_{t_{j-1}}^{t_j}[\boldsymbol{p}^{\mathrm{T}}\dot{\boldsymbol{q}}-H(\boldsymbol{q},\ \boldsymbol{p})]\mathrm{d}t$$

要求解 $(\boldsymbol{q}_j,\ \boldsymbol{p}_j)$，而 $(\boldsymbol{q}_{j-1},\ \boldsymbol{p}_{j-1})$ 已知。取区段平均值：

$$\boldsymbol{q}_{j^{\#}\mathrm{av}}=\frac{\boldsymbol{q}_j+\boldsymbol{q}_{j-1}}{2},\ \boldsymbol{p}_{j^{\#}\mathrm{av}}=\frac{\boldsymbol{p}_j+\boldsymbol{p}_{j-1}}{2} \tag{a1}$$

取近似

$$\dot{\boldsymbol{q}}_{j\mathrm{a}}\approx\frac{\boldsymbol{q}_j-\boldsymbol{q}_{j-1}}{\Delta t} \tag{a2}$$

而

$$H(\boldsymbol{q},\ \boldsymbol{p})\approx\frac{\boldsymbol{p}^{\mathrm{T}}_{j^{\#}\mathrm{av}}\boldsymbol{D}\boldsymbol{p}_{j^{\#}\mathrm{av}}}{2}+\boldsymbol{p}^{\mathrm{T}}_{j^{\#}\mathrm{av}}\boldsymbol{A}\boldsymbol{q}_{j^{\#}\mathrm{av}}+\frac{\boldsymbol{q}^{\mathrm{T}}_{j^{\#}\mathrm{av}}\boldsymbol{B}\boldsymbol{q}_{j^{\#}\mathrm{av}}}{2}$$

从而近似的作用量为

$$S_{j^{\#}}(\boldsymbol{q}_j,\ \boldsymbol{p}_j)\approx\left[\boldsymbol{p}^{\mathrm{T}}_{j^{\#}\mathrm{av}}(\boldsymbol{q}_j-\boldsymbol{q}_{j-1})-\left(\frac{\boldsymbol{p}^{\mathrm{T}}_{j^{\#}\mathrm{av}}\boldsymbol{D}\boldsymbol{p}_{j^{\#}\mathrm{av}}}{2}+\boldsymbol{p}^{\mathrm{T}}_{j^{\#}\mathrm{av}}\boldsymbol{A}\boldsymbol{q}_{j^{\#}\mathrm{av}}+\frac{\boldsymbol{q}^{\mathrm{T}}_{j^{\#}\mathrm{av}}\boldsymbol{B}\boldsymbol{q}_{j^{\#}\mathrm{av}}}{2}\right)\cdot\Delta t\right]$$

将作用量 $S_{j^{\#}}(\boldsymbol{q}_j,\ \boldsymbol{p}_j)$ 对 $\boldsymbol{p}_j$ 取偏微商为零，有

$$(\boldsymbol{q}_j-\boldsymbol{q}_{j-1})=(\boldsymbol{D}\boldsymbol{p}_{j^{\#}\mathrm{av}}+\boldsymbol{A}\boldsymbol{q}_{j^{\#}\mathrm{av}})\cdot\Delta t \tag{a3}$$

再代回作用量近似式。左侧是区段近似速度差，表明它与区段平均动量的关系，回顾对偶微分方程 $\dot{\boldsymbol{q}}=\partial H/\partial\boldsymbol{p}=\boldsymbol{A}\boldsymbol{q}+\boldsymbol{D}\boldsymbol{p}$，式(a3)是其离散形式。再将作用量对 $\boldsymbol{q}_j$ 取偏微商为 $\boldsymbol{p}_j$，作用量对 $\boldsymbol{q}_{j-1}$ 取偏微商为 $-\boldsymbol{p}_{j-1}$，于是最终可得

$$\boldsymbol{p}_j=\boldsymbol{p}_{j-1}-(\boldsymbol{B}\boldsymbol{q}_{j^{\#}\mathrm{av}}+\boldsymbol{A}^{\mathrm{T}}\boldsymbol{p}_{j^{\#}\mathrm{av}})\cdot\Delta t \tag{a4}$$

式(a4)其实是对 $\dot{\boldsymbol{p}}=-\partial H/\partial\boldsymbol{p}=-\boldsymbol{B}\boldsymbol{q}-\boldsymbol{A}^{\mathrm{T}}\boldsymbol{p}$ 的离散形式。可将式(a3)和式(a4)按初始条件：

$$t_j=j\Delta t,\ j=0,\ 1,\ \cdots$$

逐步求解。设现在给的质量矩阵、刚度矩阵和陀螺矩阵分别为

$$\boldsymbol{M}=\begin{bmatrix}1&0\\0&1\end{bmatrix},\ \boldsymbol{K}=\begin{bmatrix}5&0\\0&8\end{bmatrix},\ \boldsymbol{G}=\begin{bmatrix}0&2\\-2&0\end{bmatrix}$$

初试条件为

$$\boldsymbol{q}_0 = [0 \quad 0]^{\mathrm{T}}, \boldsymbol{p}_0 = [3 \quad 2]^{\mathrm{T}}$$

采用不同时间步长计算,计算得到的位移和动量分别列于表 3.1 和表 3.2,其中 t 表示时间,Δt 表示时间步长,表格中数据均为无量纲数据。

表 3.1　不同时间步长条件下的位移

位移	Δt \ t	1	2	3	4	5	6
q_1	0.1	0.31	0.71	-1.25	0.09	1.12	-0.67
	0.05	0.31	0.70	-1.21	0.02	1.20	-0.73
	0.01	0.31	0.69	-1.19	0.00	1.22	-0.75
	0.001	0.31	0.69	-1.19	0.00	1.22	-0.75
q_2	0.1	0.38	-0.38	-0.57	1.25	-0.68	-0.21
	0.05	0.36	-0.34	-0.60	1.26	-0.64	-0.32
	0.01	0.35	-0.33	-0.61	1.26	-0.62	-0.36
	0.001	0.35	-0.33	-0.61	1.26	-0.62	-0.37

表 3.2　不同时间步长条件下的动量

动量	Δt \ t	1	2	3	4	5	6
p_1	0.1	0.19	-2.41	0.88	0.66	1.05	-2.76
	0.05	0.22	-2.50	0.98	0.64	0.90	-2.50
	0.01	0.24	-2.53	1.01	0.64	0.85	-2.41
	0.001	0.24	-2.53	1.02	0.64	0.84	-2.41
p_2	0.1	-3.68	1.57	0.53	0.25	-0.98	-1.30
	0.05	-3.70	1.54	0.68	-0.03	-0.70	-1.44
	0.01	-3.71	1.53	0.73	-0.12	-0.61	-1.47
	0.001	-3.71	1.53	0.74	-0.12	-0.61	-1.47

3.1.2　线性动力系统的分离变量法与本征问题

求解振动方程最常用的两类方法是直接积分法和分离变量法。直接积分法通常是逐步积分。以往总是用差分近似来推导逐步积分公式,有了精细积分法后,可积分达到计算机精度。保辛积分也有时间有限元法[2]可供选择。下文讲述分离变量法。

分离变量之后,一般导向本征值问题。先讲述其要点,矩阵 $\boldsymbol{K}$ 只要对称,不必正定。状态动力方程式(3.1.11)有时间坐标,向量的各个分量相当于一个自变量,离散的自变量,由其向量的下标来代表。分离变量就是要将时间 t 与这个下标分离。令

$$\boldsymbol{v}(t) = \boldsymbol{\psi} \cdot \varphi(t)$$

式中,$\boldsymbol{\psi}$ 是一个常值 $2n$ 维状态向量;$\varphi(t)$ 是纯量函数而与向量的下标无关。代入式

(3.1.12)导向：

$$\boldsymbol{\psi}\cdot\frac{\dot{\varphi}}{\varphi}=\boldsymbol{H}\boldsymbol{\psi}$$

右侧与时间无关,故 $\dot{\varphi}/\varphi=\mu$ 一定是一个常数,从而分离了变量：

$$\boldsymbol{H}\boldsymbol{\psi}=\mu\boldsymbol{\psi},\ \varphi=\exp(\mu t) \tag{3.1.14}$$

导向了 $2n\times 2n$ 的 $\boldsymbol{H}$ 矩阵本征问题。

$\boldsymbol{H}$ 是哈密顿矩阵,因

$$\left.\begin{aligned}&\boldsymbol{JH}=\begin{bmatrix}-\boldsymbol{B} & -\boldsymbol{A}^{\mathrm{T}}\\ -\boldsymbol{A} & -\boldsymbol{D}\end{bmatrix}=(\boldsymbol{JH})^{\mathrm{T}},\ \boldsymbol{J}=\begin{bmatrix}\boldsymbol{0} & \boldsymbol{I}_n\\ -\boldsymbol{I}_n & \boldsymbol{0}\end{bmatrix}\\ &\boldsymbol{JJ}=-\boldsymbol{I}_{2n},\ \boldsymbol{J}^{\mathrm{T}}=\boldsymbol{J}^{-1}=-\boldsymbol{J},\ \boldsymbol{JHJ}=\boldsymbol{H}^{\mathrm{T}}\end{aligned}\right\} \tag{3.1.15}$$

Hamilton 矩阵 $\boldsymbol{H}$ 的定义是：$\boldsymbol{JH}=(\boldsymbol{JH})^{\mathrm{T}}$ 是对称矩阵。$\boldsymbol{J}$ 既是辛矩阵,也是正交矩阵。线性系统的哈密顿矩阵 $\boldsymbol{H}$ 与 Hamilton 函数的关系是 $H(\boldsymbol{q},\boldsymbol{p})=H(\boldsymbol{v})=-\boldsymbol{v}^{\mathrm{T}}(\boldsymbol{JH})\boldsymbol{v}/2$。任意两个 Hamilton 矩阵之和仍是 Hamilton 矩阵;Hamilton 矩阵 $\boldsymbol{H}$ 的逆阵 $\boldsymbol{H}^{-1}$(假定能求逆)也是 Hamilton 矩阵。请自行验证。

哈密顿矩阵的本征问题具有许多特点。若 μ 是其本征值,则 $-\mu$ 也一定是其本征值。证明如下。

由式(3.1.14),有

$$-\boldsymbol{JHJJ}_{\psi}=\mu\boldsymbol{J}\boldsymbol{\psi},\ \boldsymbol{H}^{\mathrm{T}}(\boldsymbol{J}\boldsymbol{\psi})=-\mu(\boldsymbol{J}\boldsymbol{\psi})$$

这表明 $(\boldsymbol{J}\boldsymbol{\psi})$ 是 $\boldsymbol{H}^{\mathrm{T}}$ 的本征向量,而本征值为 $-\mu$。但 $\boldsymbol{H}^{\mathrm{T}}$ 的本征值也必是 $\boldsymbol{H}$ 的本征值,证毕。

于是 $\boldsymbol{H}$ 阵的 $2n$ 个本征值可以划分为二类：

$$\begin{aligned}&(\alpha)\ \mu_i,\ \mathrm{Re}(\mu_i)<\text{或}\ \mathrm{Re}(\mu_i)=0\hat{}\mathrm{Im}(\mu_i)>0\\ &(\beta)\ \mu_{n+i},\ \mu_{n+i}=-\mu_i,\ i=1,2,\cdots,n\end{aligned} \tag{3.1.16}$$

其中, $\mathrm{Re}(\mu_i)=0$ 是特殊情况,表明随时间增加, α 类的解不会随时间增加而趋于 0, β 类解也不会趋于无穷。

若 $\mu=0$ 是本征值时,它必是一个重根,因为 $\mu=-\mu$,并且会出现 Jordan 型。弹性力学中常有这种情况[3]。μ_i 与 μ_{n+i} 的一对本征解称为互相辛共轭。

出现 $\boldsymbol{J}$ 阵,就表示有辛的性质。以下证明 $\boldsymbol{H}$ 阵的本征向量有辛正交的性质。假设：

$$\boldsymbol{H}\boldsymbol{\psi}_i=\mu_i\boldsymbol{\psi}_i,\ \boldsymbol{H}\boldsymbol{\psi}_j=\mu_j\boldsymbol{\psi}_j$$

则

$$\begin{aligned}&\boldsymbol{H}^{\mathrm{T}}(\boldsymbol{J}\boldsymbol{\psi}_i)=-\mu_i\boldsymbol{J}\boldsymbol{\psi}_i,\ \boldsymbol{JH}\boldsymbol{\psi}_j=\mu_j\boldsymbol{J}\boldsymbol{\psi}_j\\ &\boldsymbol{\psi}_j^{\mathrm{T}}\boldsymbol{H}^{\mathrm{T}}\boldsymbol{J}\boldsymbol{\psi}_i=-\mu_i\boldsymbol{\psi}_j^{\mathrm{T}}\boldsymbol{J}\boldsymbol{\psi}_i,\ \boldsymbol{\psi}_i^{\mathrm{T}}\boldsymbol{JH}\boldsymbol{\psi}_j=\mu_j\boldsymbol{\psi}_i^{\mathrm{T}}\boldsymbol{J}\boldsymbol{\psi}_j\\ &\boldsymbol{\psi}_i^{\mathrm{T}}\boldsymbol{JH}\boldsymbol{\psi}_j=-\mu_i\boldsymbol{\psi}_i^{\mathrm{T}}\boldsymbol{J}\boldsymbol{\psi}_j\end{aligned}$$

从而 $(\mu_i+\mu_j)\boldsymbol{\psi}_i^{\mathrm{T}}\boldsymbol{J}\boldsymbol{\psi}_j=0$。以上二列的下一行是从上一行推导的。以上证明表明,除非 $j=n+i$ 或 $i=n+j$ 的互相辛共轭, $\mu_i+\mu_j=0$, 否则本征向量 $\boldsymbol{\psi}_i$ 与 $\boldsymbol{\psi}_j$ 一定互相辛正交,即

$$\boldsymbol{\psi}_i^{\mathrm{T}}\boldsymbol{J}\boldsymbol{\psi}_j=0,\ \boldsymbol{\psi}_j^{\mathrm{T}}\boldsymbol{J}\boldsymbol{\psi}_i=0,\ \mu_i+\mu_j\neq 0 \tag{3.1.17}$$

这种正交称为辛正交,因为中间出现了 $\boldsymbol{J}$ 阵。普通的对称矩阵本向量之间也有正交性,但中间是 $\boldsymbol{I}$ 阵,或者对于广义本征问题,中间有非负的对称质量阵 $\boldsymbol{M}$。现在的 $\boldsymbol{J}$ 阵反对称,这是辛的特征。任何状态向量必定自相辛正交。当然也一定有

$$\boldsymbol{\psi}_i^{\mathrm{T}}\boldsymbol{J}\boldsymbol{H}\boldsymbol{\psi}_j=0,\ \mu_i+\mu_j\neq 0 \tag{3.1.18}$$

本征向量可以任意乘一个常数因子。因此可以要求:

$$\boldsymbol{\psi}_i^{\mathrm{T}}\boldsymbol{J}\boldsymbol{\psi}_{n+i}=1, \text{取转置有 } \boldsymbol{\psi}_{n+i}^{\mathrm{T}}\boldsymbol{J}\boldsymbol{\psi}_i=-1 \tag{3.1.19}$$

这种关系称为归一化,因此常称共轭辛正交归一关系。应当注意, $\boldsymbol{\psi}_i$ 与 $\boldsymbol{\psi}_{n+i}$ 各有一个常数可乘,当 $\mathrm{Re}(\mu_i)<0$ 时,为此可以再规定,例如 $\boldsymbol{\psi}_i^{\mathrm{T}}\boldsymbol{\psi}_i=\boldsymbol{\psi}_{n+i}^{\mathrm{T}}\boldsymbol{\psi}_{n+i}$。

将全部本征向量按编号排成列,而构成 $2n\times 2n$ 阵:

$$\boldsymbol{\Psi}=[\boldsymbol{\psi}_1,\ \boldsymbol{\psi}_2,\ \cdots,\ \boldsymbol{\psi}_n;\ \boldsymbol{\psi}_{n+1},\ \boldsymbol{\psi}_{n+2},\ \cdots,\ \boldsymbol{\psi}_{2n}] \tag{3.1.20}$$

则根据共轭辛正交归一关系,有

$$\boldsymbol{\Psi}^{\mathrm{T}}\boldsymbol{J}\boldsymbol{\Psi}=\boldsymbol{J} \tag{3.1.21}$$

由此知, $\boldsymbol{H}$ 的本征向量矩阵 $\boldsymbol{\Psi}$ 也是一个辛矩阵。本征向量矩阵 $\boldsymbol{\Psi}$ 可分块为

$$\boldsymbol{\Psi}=\begin{bmatrix}\boldsymbol{Q}_{\mathrm{a}} & \boldsymbol{Q}_{\mathrm{b}}\\ \boldsymbol{P}_{\mathrm{a}} & \boldsymbol{P}_{\mathrm{b}}\end{bmatrix}\begin{matrix}n\\ n\end{matrix}$$

式中, $n\times n$ 矩阵 $\boldsymbol{Q}_{\mathrm{a}}$、$\boldsymbol{Q}_{\mathrm{b}}$ 是位移; $\boldsymbol{P}_{\mathrm{a}}$、$\boldsymbol{P}_{\mathrm{b}}$ 是对偶力。$\boldsymbol{\Psi}$ 的行列式值为 1,故知其所有的列向量张成了 $2n$ 维空间的一组基底。因此, $2n$ 维空间(相空间)内任何向量都可由这组本征向量展开。即任意向量 $\boldsymbol{v}$ 可表示为

$$\begin{aligned}\boldsymbol{v}&=\sum_{i=1}^{n}(a_i\boldsymbol{\psi}_i+b_i\boldsymbol{\psi}_{n+i})\\ a_i&=-\boldsymbol{\psi}_{n+i}^{\mathrm{T}}\boldsymbol{J}\boldsymbol{v},\ b_i=\boldsymbol{\psi}_i^{\mathrm{T}}\boldsymbol{J}\boldsymbol{v}\end{aligned} \tag{3.1.22}$$

这就是运用哈密顿矩阵本征向量的展开定理。

本征向量矩阵 $\boldsymbol{\Psi}$ 满足方程:

$$\dot{\boldsymbol{\Psi}}=\boldsymbol{H}\boldsymbol{\Psi}=\boldsymbol{\Psi}\boldsymbol{D}_p,\ \boldsymbol{D}_p=\mathrm{diag}[\mathrm{diag}(\mu_i),\ -\mathrm{diag}(\mu_i)] \tag{3.1.23}$$

式中, $\mathrm{diag}(\mu_i)=\mathrm{diag}(\mu_1,\ \mu_2,\ \cdots,\ \mu_n)$。应当指出,以上的推导是在所有的本征值 μ_i 都为单根的条件下做出的。在此条件下还应当补充一个证明,即相互辛共轭的本征向量 $\boldsymbol{\psi}_i$ 与 $\boldsymbol{\psi}_{n+i}$ 不可能互相辛正交。否则任意常数因子无法达成式(3.1.19)的辛共轭归一性质。

Rayleigh 商本征问题早已为大家所熟知,是结构振动求解非常重要的基础。Rayleigh 商给出的本征向量互相正交。因为相互正交,所以各个本征向量互相独立无关。但

Rayleigh 商本征问题处理的是对称矩阵,其本征向量具有自共轭(self-adjoint)的性质,自己对自己共轭。因为独立性,故可选择若干个本征向量进行后续处理,等等。由此发展出来的多种应用已经为工程实践所证实,并已经得到广泛认可。

辛矩阵的本征问题,得到的本征向量也有类似性质,本征向量是共轭辛正交归一。其特点也是相互间的独立无关,不过情况更复杂,因为任何状态向量一定自己对自己辛正交,只有其辛共轭的向量,才可能相互辛共轭,因此称为共轭辛正交归一。

寻求到辛矩阵的对偶本征解,则其相互辛共轭的一对本征解就有独立性,因为它有独立性的特点。在其对偶子空间内的求解,就与其余的补空间的解分离了,因为有共轭辛正交归一关系。根据共轭辛正交归一关系,就有展开定理。Rayleigh 商本征解,因为自共轭,所以一个本征向量就有独立性,但 Hamilton 矩阵的本征向量,只有相互辛共轭的本征向量,才有独立性。

展开定理可用于非齐次方程的求解:

$$\dot{\boldsymbol{v}}(t) = \boldsymbol{H}\boldsymbol{v} + \boldsymbol{f},\ \boldsymbol{v}(0) = \boldsymbol{v}_0 = \text{已知} \tag{3.1.24}$$

式(3.1.24)很有用。对 $\boldsymbol{v}$ 的展开就采用式(3.1.22),对 $\boldsymbol{f}$ 则公式也类同,只是 a_i、b_i 换成 f_{ai}、f_{bi} 而已。当然,a_i、b_i 等都是 t 的函数。采用本征向量展开后,利用本征方程得

$$\dot{a}_i = \mu_i a_i + f_{ai},\ \dot{b}_i = -\mu_i b_i + f_{bi};\ a_i(0) = a_{i0},\ b_i(0) = b_{i0} \tag{3.1.25}$$

对 a_i 及 b_i 的脉冲响应函数为简单的纯量函数:

$$\Phi_{ai}(t,\ \tau) = \exp[\mu_i(t-\tau)],\ \Phi_{bi}(t,\ \tau) = \exp[-\mu_i(t-\tau)] \tag{3.1.26}$$

原因是本征向量将向量方程最大限度地解耦。然后根据 Duhamel 积分得

$$\begin{aligned} a_i &= a_{i0}\mathrm{e}^{\mu_i t} + \int_0^t \Phi_{ai}(t,\ \tau) f_{ai}(\tau)\,\mathrm{d}\tau \\ b_i &= b_{i0}\mathrm{e}^{-\mu_i t} + \int_0^t \Phi_{bi}(t,\ \tau) f_{bi}(\tau)\,\mathrm{d}\tau \end{aligned} \tag{3.1.27}$$

这些就是常规的。

于是问题现在归结为怎样将 $\boldsymbol{H}$ 阵的本征值与本征向量求解出来。可以看到,这里的思路与通常的多自由度振动是平行的。从式(3.1.23)知 $\boldsymbol{H} = \boldsymbol{\Psi}\boldsymbol{D}_p\boldsymbol{\Psi}^{-1}$,又得到了 Hamilton 矩阵。

观察 Hamilton 函数为正定的情况。运用式(3.1.5)和式(3.1.7)得

$$\boldsymbol{p} = \frac{\partial L}{\partial \dot{\boldsymbol{q}}} = \boldsymbol{M}\dot{\boldsymbol{q}} + \frac{\boldsymbol{G}\boldsymbol{q}}{2}$$

进行 Legendre 变换,引入哈密顿函数,推导给出

$$\begin{aligned} H(\boldsymbol{q},\ \boldsymbol{p}) &= \boldsymbol{p}^{\mathrm{T}}\dot{\boldsymbol{q}} - L(\boldsymbol{q},\ \dot{\boldsymbol{q}}) \\ &= \left(\boldsymbol{M}\dot{\boldsymbol{q}} + \frac{\boldsymbol{G}\boldsymbol{q}}{2}\right)^{\mathrm{T}}\dot{\boldsymbol{q}} - \left(\frac{\dot{\boldsymbol{q}}^{\mathrm{T}}\boldsymbol{M}\dot{\boldsymbol{q}}}{2} + \frac{\dot{\boldsymbol{q}}^{\mathrm{T}}\boldsymbol{G}\boldsymbol{q}}{2} - \frac{\boldsymbol{q}^{\mathrm{T}}\boldsymbol{K}\boldsymbol{q}}{2}\right) \end{aligned}$$

$$= \left(\dot{q}^{\mathrm{T}} M - \frac{q^{\mathrm{T}} G}{2} \right) \dot{q} - \left(\frac{\dot{q}^{\mathrm{T}} M \dot{q}}{2} + \frac{\dot{q}^{\mathrm{T}} G q}{2} - \frac{q^{\mathrm{T}} K q}{2} \right)$$

$$= \frac{\dot{q}^{\mathrm{T}} M \dot{q}}{2} + \frac{q^{\mathrm{T}} K q}{2}$$

因为 $\boldsymbol{G}$ 是反对称矩阵,有 $-(\boldsymbol{q}^{\mathrm{T}}\boldsymbol{G}\dot{\boldsymbol{q}})/2 - \dot{\boldsymbol{q}}^{\mathrm{T}}\boldsymbol{G}\boldsymbol{q}/2 = 0$, 故有上式。这样,只要质量阵与刚度阵 $\boldsymbol{M}$、$\boldsymbol{K}$ 为正定,Hamilton 函数成为 2 个正定项之和,所以,Hamilton 函数正定。从速度 $\dot{\boldsymbol{q}}$ 变换到动量 $\boldsymbol{p}$, 不过是向量变换而已,不影响其正定性质。陀螺矩阵 $\boldsymbol{G}$ 与正定性质无关。变换到 $\boldsymbol{A}$、$\boldsymbol{B}$、$\boldsymbol{D}$ 表达的状态空间后,Hamilton 函数成为

$$H(\boldsymbol{q}, \boldsymbol{p}) = \frac{1}{2}\begin{Bmatrix} \boldsymbol{q} \\ \boldsymbol{p} \end{Bmatrix}^{\mathrm{T}} \begin{bmatrix} -\boldsymbol{B} & -\boldsymbol{A}^{\mathrm{T}} \\ -\boldsymbol{A} & -\boldsymbol{D} \end{bmatrix} \begin{Bmatrix} \boldsymbol{q} \\ \boldsymbol{p} \end{Bmatrix}$$

而动力方程与 Hamilton 矩阵是

$$\dot{\boldsymbol{v}} = \boldsymbol{H}\boldsymbol{v},\ \boldsymbol{H} = \begin{bmatrix} \boldsymbol{A} & \boldsymbol{D} \\ -\boldsymbol{B} & -\boldsymbol{A}^{\mathrm{T}} \end{bmatrix},\ H(\boldsymbol{q}, \boldsymbol{p}) = \frac{1}{2}\begin{Bmatrix} \boldsymbol{q} \\ \boldsymbol{p} \end{Bmatrix}^{\mathrm{T}} (-\boldsymbol{J}\boldsymbol{H}) \begin{Bmatrix} \boldsymbol{q} \\ \boldsymbol{p} \end{Bmatrix}$$

Hamilton 函数 $H(\boldsymbol{q}, \boldsymbol{p})$ 正定,就是矩阵 $(-\boldsymbol{J}\boldsymbol{H})$ 为正定之意。对于任意不为 0 的状态向量 $\boldsymbol{v}$, 有 $H(\boldsymbol{v}) > 0$。

Hamilton 函数 $H(\boldsymbol{v})$ 正定对其本征值赋予了一个性质,即此时哈密顿矩阵的本征值问题 $\boldsymbol{H}\boldsymbol{\psi} = \mu\boldsymbol{\psi}$, 其本征值 μ 全为纯虚数。以下给出证明。

最简单是考虑其哈密顿函数。因根据 $H(\boldsymbol{v})$ 应保持为常值,即

$$\frac{\mathrm{d}H}{\mathrm{d}t} = \left(\frac{\partial H}{\partial \boldsymbol{q}}\right)^{\mathrm{T}} \dot{\boldsymbol{q}} + \left(\frac{\partial H}{\partial \boldsymbol{p}}\right)^{\mathrm{T}} \dot{\boldsymbol{p}} = -\dot{\boldsymbol{p}}^{\mathrm{T}}\dot{\boldsymbol{q}} + \dot{\boldsymbol{q}}^{\mathrm{T}}\dot{\boldsymbol{p}} = 0$$

$H(\boldsymbol{v})$ 函数在运行时应守恒。令本征值取复数值,其状态向量解为

$$\boldsymbol{v} = \boldsymbol{\psi}_i \mathrm{e}^{\mu_i t}$$

将 Hamilton 函数扩展到复值向量,写成

$$H(\boldsymbol{v}) = -\boldsymbol{v}^{H} \frac{(-\boldsymbol{J}\boldsymbol{H})\boldsymbol{v}}{2}$$

则

$$H(\boldsymbol{v}) = -\frac{\boldsymbol{\psi}_i^{H}\boldsymbol{J}\boldsymbol{H}\boldsymbol{\psi}_i}{2} \cdot \exp[(\mu_i + \bar{\mu}_i)t]$$

式中,上标 H 表示取厄米(Hermite)转置(取复数共轭后再转置);$\bar{\mu}_i$ 则表示取 μ_i 的复数共轭。

既然哈密顿函数为正定,即矩阵 $(-\boldsymbol{J}\boldsymbol{H})$ 为正定对称。因此 $\boldsymbol{\psi}_i^{H}(-\boldsymbol{J}\boldsymbol{H})\boldsymbol{\psi}_i/2$ 取正值而不为零, $H(\boldsymbol{v})$ 函数在运行时守恒必然要求 $\mu_i + \bar{\mu}_i = 0$, 即本征值 μ_i 为纯虚数。并且即

使出现重根,因 $H(\boldsymbol{v})$ 守恒也不会出现 Jordan 型。证毕。

这里出现了复数运算。复数运算理解上有一定难度。但哈密顿阵的本征向量却无法避免出现复数。现在从另一角度再给一个证明,这对以后也有用处。因为,$\boldsymbol{H\psi}=\mu\boldsymbol{\psi}$,意味着 $-\boldsymbol{\psi}^H\boldsymbol{JH\psi}=\boldsymbol{\psi}^H\boldsymbol{J\psi}\cdot(-\mu)=$ 正实数。但是,$\boldsymbol{\psi}^H\boldsymbol{J\psi}=\boldsymbol{q}^H\boldsymbol{p}-\boldsymbol{p}^H\boldsymbol{q}$,右侧的两项互为复共轭,故得纯虚数。因此本征值 μ 必须也是纯虚数方能等于正实数,证毕。

证明都很简单。线性问题求出全部共轭辛正交的本征向量表明,任意状态向量可用全部本征向量展开求解。就是说在切面内已经得到了完全解。

纯虚数本征值的重要特点是本征值的共轭复数也就是其辛共轭的本征值。

变分原理、本征值的瑞利商、极大-极小性质、约束下的本征值、本征值计数等理论,在 Hamilton 函数为正定的条件下,可以进一步探讨。

辛正交 $\boldsymbol{\psi}_i^{\mathrm{T}}\boldsymbol{J\psi}_j=0$ 的物理意义是什么？这是在 $2n$ 维状态向量空间的正交。在 1.7 节中已经从类比的角度介绍了其几何意义,并且还提出了离散辛几何的思路。状态空间因此是 $2n$ 维,辛正交相当于功的互等定理等,也已经在 1.7 节讲过。但在力学意义上,尚需深入剖析。例如 n 维 Rayleigh 商的本征向量正交,$\boldsymbol{q}_i^{\mathrm{T}}\boldsymbol{Kq}_j=\delta_{ij}$,是 j 状态的力对于 i 状态的位移做功为零之意。本征解的每个本征向量的子空间积分时不会影响其他的本征向量子空间,表明其独立性。从结构力学的角度解释,在状态空间成为功的互等 $\boldsymbol{\psi}_i^{\mathrm{T}}\boldsymbol{J\psi}_j=0$(当 $i\neq n+j$),即

j 状态的力对于 i 状态的位移做功 = i 状态的力对于 j 状态的位移做功

这是熟知的概念。既然是本征向量,则必然有独立性。状态空间的独立性对应于辛对偶子空间 $(i,\ n+i)$,$\boldsymbol{\psi}_i^{\mathrm{T}}\boldsymbol{J\psi}_{n+i}=1$。总体 $2n$ 维状态向量矩阵 $\boldsymbol{\Psi}=[\boldsymbol{\psi}_1,\boldsymbol{\psi}_2,\cdots,\boldsymbol{\psi}_n;\boldsymbol{\psi}_{n+1},\boldsymbol{\psi}_{n+2},\cdots,\boldsymbol{\psi}_{2n}]$,共轭辛正交归一关系是 $\boldsymbol{\Psi}^{\mathrm{T}}\boldsymbol{J\Psi}=\boldsymbol{J}$。重新编排本征向量的次序为

$$\boldsymbol{\Psi}_{j1}=[\boldsymbol{\psi}_1,\boldsymbol{\psi}_{n+1};\boldsymbol{\psi}_2,\boldsymbol{\psi}_{n+2};\cdots;\boldsymbol{\psi}_n,\boldsymbol{\psi}_{2n}]$$

则对应地其共轭辛正交归一关系也成为 $\boldsymbol{\Psi}_{j1}^{\mathrm{T}}\boldsymbol{J}_{j1}\boldsymbol{\Psi}_{j1}=\boldsymbol{J}_{j1}$,其中,

$$\boldsymbol{J}_{j1}=\mathrm{diag}_n[\boldsymbol{J}_1]$$

状态空间的独立性对应于辛对偶子空间 $(i,\ n+i)$。

将 $2n$ 维矩阵 $\boldsymbol{\Psi}$ 写成分块形式:

$$\boldsymbol{\Psi}=\begin{bmatrix}\boldsymbol{Q}_{\mathrm{a}} & \boldsymbol{Q}_{\mathrm{b}}\\ \boldsymbol{P}_{\mathrm{a}} & \boldsymbol{P}_{\mathrm{b}}\end{bmatrix}=[\boldsymbol{\Psi}_{\mathrm{a}}\quad\boldsymbol{\Psi}_{\mathrm{b}}],\ \boldsymbol{\Psi}_{\mathrm{a}}=\begin{bmatrix}\boldsymbol{Q}_{\mathrm{a}}\\ \boldsymbol{P}_{\mathrm{a}}\end{bmatrix},\ \boldsymbol{\Psi}_{\mathrm{b}}=\begin{bmatrix}\boldsymbol{Q}_{\mathrm{b}}\\ \boldsymbol{P}_{\mathrm{b}}\end{bmatrix}\begin{matrix}n\\ n\end{matrix}\tag{3.1.28}$$

其中每列全部是辛本征向量。按式(3.1.16),前 n 列下标是 a,属于 α 类,随时间增加而衰减;而后 n 列下标是 b 随时间增加而发散。这些衰减和发散的解也逐对成为辛对偶。这些解的特点是其局部性质。只要时间区段 $(t_{\mathrm{a}},\ t_{\mathrm{b}})$ 足够长,则 t_{b} 处的状态对于 t_{a} 端没什么影响。反之,t_{a} 处的状态对于 t_{b} 端没什么影响。

从分析动力学与分析结构力学两方面看,虽然其边界条件的提法不同,但在分析理论方面一致。以上分析是在线性动力学方面展开的,没有讲边界条件,所以对于结构力学也

可用。当然涉及边界条件时,两者就完全不同。

文献[4]第五章讲结构力学与最优控制的模拟关系,因为最优控制的边界条件是两端边界条件,与结构力学一致。最优控制的关键是求解矩阵 Riccati 微分方程,其实它的解的物理意义就是结构区段的端部刚度阵(LQ 控制)或柔度阵(Kalman 滤波)。用本征解展开可以求解,但最优控制理论要求达到可控制性(controllable)与可观测性(observable),这些条件在结构力学看来,就相当于要求变形能密度(Lagrange 函数)为正定。后文已证明,此时不存在纯虚数的辛本征值解,因此沿长度成为局部的解。求解 Riccati 矩阵微分方程,完全可以用例如精细积分法求解之,已在绪论介绍。对于 Kalman 滤波,其 Riccati 矩阵微分方程的求解在第七章给出。

结构力学的周期结构或能带分析,在频率域求解时,沿结构的长度分析也是两端边值条件。当 $\mathrm{Re}(\mu_i)=0$ 时,成为等振幅的波动。其中还要区分:α 类是向无穷远处传播的波,而 β 类是从无穷远处入射的波,需要更深入分析。将本征值在单位圆 $\mu_i=\exp(\pm \mathrm{j}\theta)$ 的通带解分离出去后,也就成为局部的解,即禁带解。在禁带部分用本征向量展开,也可写成

$$\boldsymbol{v}=\begin{Bmatrix}\boldsymbol{q}\\ \boldsymbol{p}\end{Bmatrix}=\boldsymbol{\Psi}_{\mathrm{a}}\boldsymbol{a}+\boldsymbol{\Psi}_{\mathrm{b}}\boldsymbol{b}=\begin{Bmatrix}\boldsymbol{Q}_{\mathrm{a}}\boldsymbol{a}+\boldsymbol{Q}_{\mathrm{b}}\boldsymbol{b}\\ \boldsymbol{P}_{\mathrm{a}}\boldsymbol{a}+\boldsymbol{P}_{\mathrm{b}}\boldsymbol{b}\end{Bmatrix}\begin{matrix}n\\ n\end{matrix} \tag{3.1.29}$$

式中,$\boldsymbol{a}$、$\boldsymbol{b}$ 皆为 n 维向量,当然包含了禁带的全部本征解。但只要求出全部通带辛本征解,则其余部分的禁带解也可不用求解全部辛本征解了。此时也可用矩阵 Riccati 方程的解法。这些在文献[4]第七章介绍。

3.1.3 多维线性分析结构力学求解

前面讲述的是动力学,对应地应当考虑结构静力学的 Hamilton 函数的本征值问题。此时变形能密度(Lagrange 函数)的表达式为

$$U_d=\frac{\dot{\boldsymbol{q}}^{\mathrm{T}}\boldsymbol{K}_{11}\dot{\boldsymbol{q}}}{2}+\dot{\boldsymbol{q}}^{\mathrm{T}}\boldsymbol{K}_{12}\boldsymbol{q}+\frac{\boldsymbol{q}^{\mathrm{T}}\boldsymbol{K}_{22}\boldsymbol{q}}{2} \tag{3.1.30}$$

式中,长度方向的坐标是 z, $\dot{\boldsymbol{q}}=\mathrm{d}\boldsymbol{q}/\mathrm{d}z$; $\boldsymbol{q}$ 是 n 维的位移向量; $\boldsymbol{K}_{11}$ 是对称正定矩阵; $\boldsymbol{K}_{22}$ 是对称矩阵。如果同时也正定,则是正定 Lagrange 函数。已经一再解释,与动力问题的 Lagrange 函数:

$$L(\boldsymbol{q},\dot{\boldsymbol{q}})=\frac{\dot{\boldsymbol{q}}^{\mathrm{T}}\boldsymbol{M}\dot{\boldsymbol{q}}}{2}+\frac{\dot{\boldsymbol{q}}^{\mathrm{T}}\boldsymbol{G}\boldsymbol{q}}{2}-\frac{\boldsymbol{q}^{\mathrm{T}}\boldsymbol{K}\boldsymbol{q}}{2}$$

的差别就在 $\boldsymbol{K}_{22}$ 前的正负号变化,其他只是矩阵记号不同而已,所以不再赘述。下面继续讲本征值问题。

正定 Hamilton 矩阵动力学的辛本征值全部在虚轴上,而对于分析结构力学,当 $\boldsymbol{K}_{22}$ 正定时,本征值又如何分布?

动力学的正定是 Hamilton 函数正定,而结构力学则体现在 Lagrange 函数为正定。关

于结构力学的辛本征值的性质,应在 Lagrange 函数为正定的基础上证明。此时可证明,沿长度 z 轴,不可能存在位移的周期解,即不可能有 $\boldsymbol{q}(z)=\boldsymbol{q}\exp(\mathrm{i}\mu z)$, $\mu\neq 0$ 的周期解。

证明:取一个周期长 $l=2\pi/\mu$ 区段 $[z_a, z_b(=z_a+l)]$,而两端的力是 $-\boldsymbol{p}_a=\boldsymbol{p}$, $\boldsymbol{p}_b=\boldsymbol{p}$,全部是 $\boldsymbol{p}$,因为周期;位移是全部是 $\boldsymbol{q}$,所以两端做功之和为零。而长 $l=2\pi/\mu$ 的区段有正定的变形能,于是两端外力做功不等于变形能,不符合功能原理,所以不可能有沿长度方向的周期解。证明毕。

所以,当 Lagrange 函数为正定时,本征值为纯虚数的本征值是不可能的。恰好与正定的 $\boldsymbol{M}$、$\boldsymbol{G}$、$\boldsymbol{K}$ 振动问题本征值相反。

以上讲的是连续坐标系统分离变量法的求解,适用于线性系统,但经典力学经常面临的是非线性系统。基于结构力学与状态空间控制理论的模拟关系,表明它们实际上是同一问题。线性控制系统的求解见文献[4]第五章。而非线性控制系统的求解问题则应采用不同思路。在结构力学的有限元分析有丰富的算法,应予以借鉴,在文献[4]第六章讲述了多层次算法,取得了有效结果。

虽然讲了许多辛本征向量矩阵 $\boldsymbol{\Psi}$ 的理论与性质,但并非完全的分析解。毕竟,一般情况的 $\boldsymbol{\Psi}$ 要用数值方法求解计算。辛矩阵 $\boldsymbol{\Psi}$ 可用于时不变正则变换,这在第四章中要介绍。

在计算科学时代,离散求解是大势所趋。结构力学沿长度方向离散,就成为一系列的区段。而 Hamilton 矩阵也变换为传递辛矩阵。它也有本征值问题,下节讲述。

普通振动问题 n 维 Rayleigh 商在数值求解时,Gramme-Schmidt 正交化很重要,其意义就是独立性。让剩余空间内的任意向量,与已经得到的本征向量子空间互相正交,即独立无关。提供完全解。

对应地,$2n$ 维状态空间在数值求解时,辛 Gramme-Schmidt 正交归一也很重要,其意义也就是独立性。看问题一定要基于对偶子空间。让剩余对偶子空间内的任意状态向量,与已经得到的对偶辛本征向量的对偶子空间互相辛正交,即其状态对偶子空间的独立无关性。既然是线性体系,独立无关性意味着在其独立状态子空间内可以独立处理。

3.2　传递辛矩阵的本征问题

传递辛矩阵是对于离散坐标体系讲的。第一章就是从结构力学离散坐标体系切入。假设有 $2n\times 2n$ 的对称矩阵 $\boldsymbol{K}$:

$$\boldsymbol{K}=\begin{bmatrix}\boldsymbol{K}_{aa} & \boldsymbol{K}_{ab}\\ \boldsymbol{K}_{ba} & \boldsymbol{K}_{bb}\end{bmatrix}\begin{matrix}n\\ n\end{matrix},\quad \begin{matrix}\boldsymbol{K}_{aa}^{\mathrm{T}}=\boldsymbol{K}_{aa},\ \boldsymbol{K}_{bb}^{\mathrm{T}}=\boldsymbol{K}_{bb}\\ \boldsymbol{K}_{ab}^{\mathrm{T}}=\boldsymbol{K}_{ba}\end{matrix}$$

则在 $\boldsymbol{K}_{ab}$ 可求逆时,其对应的传递辛矩阵 $\boldsymbol{S}$ 是

$$\boldsymbol{S}=\begin{bmatrix}\boldsymbol{S}_{11} & \boldsymbol{S}_{12}\\ \boldsymbol{S}_{21} & \boldsymbol{S}_{22}\end{bmatrix},\quad \begin{matrix}\boldsymbol{S}_{11}=-\boldsymbol{K}_{ab}^{-1}\boldsymbol{K}_{aa},\ \boldsymbol{S}_{22}=-\boldsymbol{K}_{bb}\boldsymbol{K}_{ab}^{-1}\\ \boldsymbol{S}_{12}=-\boldsymbol{K}_{ab}^{-1},\ \boldsymbol{S}_{21}=\boldsymbol{K}_{ab}^{\mathrm{T}}-\boldsymbol{K}_{bb}\boldsymbol{K}_{ab}^{-1}\boldsymbol{K}_{aa}\end{matrix}$$

辛矩阵定义的等式 $S^{T}JS = J$ 可自行验证,详见 1.5 节。

传递辛矩阵本身表明它对于实际问题非常有用,例如周期结构的分析。物质到了微细尺度,分子、原子的效应就呈现出来,必然就离散,出现周期性质的结构。跨越一个结构周期,就是一次传递辛矩阵的乘法。

对于 $2n \times 2n$ 的传递辛矩阵 S, 该矩阵的本征值问题:

$$Sv = \lambda v \tag{3.2.1}$$

既然是 $2n \times 2n$ 矩阵,有 $2n$ 个本征值。设 λ 是 S 的本征值,则用 $S^{T}J$ 左乘式(3.2.1),根据辛矩阵的等式 $S^{T}JS = J$, 得

$$S^{T}(Jv) = \lambda^{-1}(Jv)$$

表明其转置矩阵 S^{T} 的本征值是 λ^{-1}, 其对应的本征向量是 Jv。

但按矩阵理论,转置矩阵的本征值与原矩阵同。故知 λ^{-1} 也是矩阵 S 的本征值:

$$Sv_{r} = \lambda^{-1}v_{r} \tag{3.2.2}$$

于是 S 的本征值可划分为 2 类:

$$\begin{aligned} &(\alpha)\ \lambda_{i},\ \mathrm{abs}(\lambda_{i}) < 1 \text{ 或 } \mathrm{abs}(\lambda_{i}) = 1 \hat{}\, \mathrm{Im}(\lambda_{i}) > 0 \\ &(\beta)\ \lambda_{n+i},\ \lambda_{n+i} = \lambda_{i}^{-1},\ i = 1, 2, \cdots, n \end{aligned} \tag{3.2.3}$$

式中, $\mathrm{abs}(\lambda_{i}) = 1$ 的情况很特殊。若 $\lambda_{i} = 1$ 是本征值时,它必是一个重根,此时 $\lambda = \lambda^{-1}$, 并且通常会出现 Jordan 型的指数型。

λ_{i} 与 λ_{n+i} 的一对本征解称为互相辛共轭。以下证明 S 阵的本征向量有辛正交的性质。设

$$S\psi_{i} = \lambda_{i}\psi_{i},\ S\psi_{j} = \lambda_{j}\psi_{j}$$

则有

$$S^{T}(J\psi_{i}) = \lambda_{i}^{-1}(J\psi_{i}),\ JS\psi_{j} = \lambda_{j}J\psi_{j}$$

$$\psi_{j}^{T}S^{T}J\psi_{i} = \lambda_{i}^{-1}\psi_{j}^{T}J\psi_{i},\ \psi_{i}^{T}JS\psi_{j} = \lambda_{j}\psi_{i}^{T}J\psi_{j}$$

取转置, $\psi_{i}^{T}JS\psi_{j} = \lambda_{i}^{-1}\psi_{i}^{T}J\psi_{j}$。以上二列的下一行是从上一行推导出来的。对比双方有

$$(\lambda_{i}^{-1} - \lambda_{j})\psi_{i}^{T}J\psi_{j} = 0 \tag{3.2.4}$$

式(3.2.4)表明,除非 $j = n + i$ 或 $i = n + j$, 互相辛共轭, $\lambda_{i}^{-1} = \lambda_{n+i}$, 否则本征向量 ψ_{i} 与 ψ_{j} 一定互相辛正交

$$\psi_{i}^{T}J\psi_{j} = 0,\ \psi_{j}^{T}J\psi_{i} = 0,\ \lambda_{i}^{-1} \neq \lambda_{j} \tag{3.2.5}$$

这种正交称为辛正交,因为中间出现 J 阵。

本征向量可任意乘一个常数因子,互相辛共轭的本征向量有两个常数乘法因子,可要求归一化:

$$\psi_{i}^{T}J\psi_{n+i} = 1,\ \psi_{n+i}^{T}J\psi_{i} = -1 \tag{3.2.6}$$

因为有两个条件,可再要求例如 $\boldsymbol{\psi}_i^{\mathrm{T}}\boldsymbol{\psi}_i = \boldsymbol{\psi}_{n+i}^{\mathrm{T}}\boldsymbol{\psi}_{n+i}$ 以最终确定本征向量。情况与 Hamilton 矩阵的本征解类似。

将全部本征向量按编号排成列,而构成 $2n \times 2n$ 阵:

$$\boldsymbol{\Psi} = [\boldsymbol{\psi}_1, \boldsymbol{\psi}_2, \cdots, \boldsymbol{\psi}_n; \boldsymbol{\psi}_{n+1}, \boldsymbol{\psi}_{n+2}, \cdots, \boldsymbol{\psi}_{2n}] \tag{3.2.7}$$

则根据共轭辛正交归一关系,有

$$\boldsymbol{\Psi}^{\mathrm{T}}\boldsymbol{J}\boldsymbol{\Psi} = \boldsymbol{J} \tag{3.2.8}$$

由此知,辛矩阵 $\boldsymbol{S}$ 的本征向量矩阵 $\boldsymbol{\Psi}$ 也是一个辛矩阵。$\boldsymbol{\Psi}$ 的行列式值为 1,故知其所有的列向量,即辛本征向量,张成了 $2n$ 维空间的一组基底。因此,$2n$ 维空间(相空间)内任意一个向量皆可由本征向量展开。即任意向量 $\boldsymbol{v}$ 可表示为

$$\begin{aligned} \boldsymbol{v} &= \sum_{i=1}^{n}(a_i\boldsymbol{\psi}_i + b_i\boldsymbol{\psi}_{n+i}) \\ a_i &= -\boldsymbol{\psi}_{n+i}^{\mathrm{T}}\boldsymbol{J}\boldsymbol{v},\ b_i = \boldsymbol{\psi}_i^{\mathrm{T}}\boldsymbol{J}\boldsymbol{v} \end{aligned} \tag{3.2.9}$$

分别用 $\boldsymbol{\psi}_{n+i}^{\mathrm{T}}$、$\boldsymbol{\psi}_i^{\mathrm{T}}$ 左乘,运用共轭辛正交归一定理就可证明。这就是运用辛矩阵本征向量的展开定理。

本征向量矩阵 $\boldsymbol{\Psi}$ 满足方程:

$$\boldsymbol{S}\boldsymbol{\Psi} = \boldsymbol{\Psi}\boldsymbol{D}_e,\ \boldsymbol{D}_e = \mathrm{diag}[\mathrm{diag}(\lambda_i),\ \mathrm{diag}(\lambda_i^{-1})] \tag{3.2.10}$$

式中,$\mathrm{diag}(\lambda_i) = \mathrm{diag}(\lambda_1, \lambda_2, \cdots, \lambda_n)$。应当指出,以上的推导是在所有的本征值 λ_i 都是单根的条件下做出的。在此条件下还应当补充一个证明,即相互辛共轭的本征向量 $\boldsymbol{\psi}_i$ 与 $\boldsymbol{\psi}_{n+i}$ 不可能互相辛正交。否则任意常数因子是无法达成式(3.2.6)的辛共轭归一性质。情况与 Hamilton 矩阵的本征值问题相对应。事实上,传递辛矩阵群也有对应的李代数,就是 Hamilton 矩阵乘区段长,此处不再证明。

应当看清楚 Hamilton 矩阵与传递辛矩阵的关系。Hamilton 矩阵 $\boldsymbol{H} \cdot \Delta t$ 的指数函数 $\exp(\boldsymbol{H} \cdot \Delta t) = \boldsymbol{S}$ 就是传递辛矩阵。

证明: 指数函数有 Taylor 展开式:

$$\boldsymbol{S} = \exp(\boldsymbol{H} \cdot \Delta t) = \boldsymbol{I} + \boldsymbol{H} \cdot \Delta t + \frac{(\boldsymbol{H} \cdot \Delta t)^2}{2!} + \cdots + \frac{(\boldsymbol{H} \cdot \Delta t)^k}{k!} + \cdots$$

而 Hamilton 矩阵 $\boldsymbol{H} \cdot \Delta t$ 有本征向量展开:

$$\boldsymbol{H} = \boldsymbol{\Psi}\boldsymbol{D}_p\boldsymbol{\Psi}^{-1} = \boldsymbol{\Psi}\begin{bmatrix} \mathrm{diag}(\mu_i) & \boldsymbol{0} \\ \boldsymbol{0} & \mathrm{diag}(-\mu_i) \end{bmatrix}\boldsymbol{\Psi}^{-1}$$

将该表示代入:

$$\frac{(\boldsymbol{H} \cdot \Delta t)^k}{k!} = \frac{\boldsymbol{\Psi}(\boldsymbol{D}_p \cdot \Delta t)^k\boldsymbol{\Psi}^{-1}}{k!}$$

$$\boldsymbol{D}_p^k = \begin{bmatrix} \mathrm{diag}(\mu_i)^k & \boldsymbol{0} \\ \boldsymbol{0} & \mathrm{diag}(-\mu_i)^k \end{bmatrix}$$

所以，

$$\boldsymbol{S} = \exp(\boldsymbol{H} \cdot \Delta t) = \boldsymbol{\Psi} \begin{bmatrix} \mathrm{diag}(\lambda_i) & \boldsymbol{0} \\ \boldsymbol{0} & \mathrm{diag}(\lambda_i^{-1}) \end{bmatrix} \boldsymbol{\Psi}^{-1}$$

$$\lambda_i = \exp(\mu_i \Delta t) = 1 + \mu_i \Delta t + \cdots + \frac{(\mu_i \Delta t)^k}{k!} + \cdots \tag{3.2.11}$$

这就是式(3.2.10)。注意 $\boldsymbol{\Psi}$ 就是 Hamilton 矩阵 $\boldsymbol{H} \cdot \Delta t$ 的本征向量矩阵，因此知传递辛矩阵 $\boldsymbol{S}$ 的本征向量阵就是对应 $\boldsymbol{H} \cdot \Delta t$ 的本征向量阵，同时有其本征值关系：

$$\lambda_i = \exp(\mu_i \Delta t) \tag{3.2.12}$$

Hamilton 矩阵 $\boldsymbol{H} \cdot \Delta t$ 与其对应的传递辛矩阵之间的关系有深刻的意义。

展开定理可用于齐次差分方程初始问题的求解。设有周期结构，其对应的传递辛矩阵是 $\boldsymbol{S}$，所传递的状态向量是 $\boldsymbol{v}$。周期结构有一系列编号的站，设为 $i = 0, 1, \cdots$，对应地有状态向量 $\boldsymbol{v}_0, \boldsymbol{v}_1, \cdots$。传递就是

$$\boldsymbol{v}_i = \boldsymbol{S}\boldsymbol{v}_{i-1}, \ i > 0 \tag{3.2.13}$$

设初始条件是给出状态向量 $\boldsymbol{v}_0$：

$$\boldsymbol{v}(0) = \boldsymbol{v}_0 = \text{已知} \tag{3.2.14}$$

则传递就是一系列的矩阵 $\boldsymbol{S}$ 的左乘。计算 $\boldsymbol{S}$ 的本征值可展现定常系统传递的性质。要计算例如 $\boldsymbol{v}_{100}$，当然可进行 100 次矩阵 $\boldsymbol{S}$ 的乘法，但也可用本征向量展开法。将 $\boldsymbol{v}_0$ 用本征向量展开：

$$\boldsymbol{v}_0 = \sum_{i=1}^n (a_{i0}\boldsymbol{\psi}_i + b_{i0}\boldsymbol{\psi}_{n+i}), \ a_{i0} = -\boldsymbol{\psi}_{n+i}^{\mathrm{T}}\boldsymbol{J}\boldsymbol{v}_0, \ b_{i0} = \boldsymbol{\psi}_i^{\mathrm{T}}\boldsymbol{J}\boldsymbol{v}_0$$

然后，每站的状态就可得

$$\boldsymbol{v}_k = \sum_{i=1}^n (a_{ik}\boldsymbol{\psi}_i + b_{ik}\boldsymbol{\psi}_{n+i}), \ a_{ik} = a_{i0}\lambda_i^k, \ b_{ik} = b_{i0} \cdot \lambda_i^{-k} \tag{3.2.15}$$

初始条件问题通常可用于系统性质随时间周期变化的系统，例如 Floquet 问题等。初值问题怕出现 $|\lambda_i| \neq 1$ 的本征值，此时系统不稳定。双曲型偏微分方程的离散可用时间-空间混合有限元离散求解，要求积分结果不发散，就应考察其传递辛矩阵的本征值。

前面提到，Hamilton 矩阵 $\boldsymbol{H} \cdot \Delta t$ 的指数函数 $\exp(\boldsymbol{H} \cdot \Delta t) = \boldsymbol{S}$ 就是传递辛矩阵。后文将论述，$\boldsymbol{S}$ 是 Δt 时间区段的传递辛矩阵群的元素，而 $\boldsymbol{H} \cdot \Delta t$ 是与其对应的李代数体的元素。

结构力学、固体物理等的能带分析问题，也是周期微分方程，不过用的是两端边界条件。文献[4]的第七章讲周期结构的能带分析，很有实际意义。

以上是基本理论，没有涉及计算方法。在计算科学、制造业数字化的时代，需要进一

步讲述如何得到数值解。

3.3　本征问题的数值求解

3.3.1　动力学与结构静力学的本征问题计算

以上就一般的 Hamilton 矩阵及辛矩阵的本征值问题性质进行了讨论，不过主要从数学理论方面讨论，没有展示动力学的振动及结构力学的静力分析问题的特点。本节要联系这些方面的问题进行讲述。

首先讲振动的本征值问题，有质量矩阵、陀螺矩阵与弹性矩阵 $\boldsymbol{M}$、$\boldsymbol{G}$、$\boldsymbol{K}$ 维数是 $n\times n$，是 Lagrange 体系位移 $\boldsymbol{q}$ 的表达。$\boldsymbol{M}$、$\boldsymbol{K}$ 为对称阵而 $\boldsymbol{G}$ 是反对称阵。陀螺系统的动力分析本征值问题在文献[4]的第八章讲到陀螺的四元数分析。

首先是 Hamilton 函数为正定的情况。此时运用式(3.1.5)和式(3.1.7)：

$$\boldsymbol{p}=\frac{\partial L}{\partial\dot{\boldsymbol{q}}}=\boldsymbol{M}\dot{\boldsymbol{q}}+\frac{\boldsymbol{G}\boldsymbol{q}}{2}$$

进行 Legendre 变换，引入哈密顿函数，推导给出

$$\begin{aligned}H(\boldsymbol{q},\boldsymbol{p})&=\boldsymbol{p}^{\mathrm{T}}\dot{\boldsymbol{q}}-L(\boldsymbol{q},\dot{\boldsymbol{q}})\\&=\left(\boldsymbol{M}\dot{\boldsymbol{q}}+\frac{\boldsymbol{G}\boldsymbol{q}}{2}\right)^{\mathrm{T}}\dot{\boldsymbol{q}}-\left(\frac{\dot{\boldsymbol{q}}^{\mathrm{T}}\boldsymbol{M}\dot{\boldsymbol{q}}}{2}+\frac{\dot{\boldsymbol{q}}^{\mathrm{T}}\boldsymbol{G}\boldsymbol{q}}{2}-\frac{\boldsymbol{q}^{\mathrm{T}}\boldsymbol{K}\boldsymbol{q}}{2}\right)\\&=\left(\dot{\boldsymbol{q}}^{\mathrm{T}}\boldsymbol{M}-\frac{\boldsymbol{q}^{\mathrm{T}}\boldsymbol{G}}{2}\right)\dot{\boldsymbol{q}}-\left(\frac{\dot{\boldsymbol{q}}^{\mathrm{T}}\boldsymbol{M}\dot{\boldsymbol{q}}}{2}+\frac{\dot{\boldsymbol{q}}^{\mathrm{T}}\boldsymbol{G}\boldsymbol{q}}{2}-\frac{\boldsymbol{q}^{\mathrm{T}}\boldsymbol{K}\boldsymbol{q}}{2}\right)\\&=\frac{\dot{\boldsymbol{q}}^{\mathrm{T}}\boldsymbol{M}\dot{\boldsymbol{q}}}{2}+\frac{\boldsymbol{q}^{\mathrm{T}}\boldsymbol{K}\boldsymbol{q}}{2}\end{aligned}$$

因为 $\boldsymbol{G}$ 是反对称矩阵，有 $-(\boldsymbol{q}^{\mathrm{T}}\boldsymbol{G}\dot{\boldsymbol{q}})/2-\dot{\boldsymbol{q}}^{\mathrm{T}}\boldsymbol{G}\boldsymbol{q}/2=0$，故有上式。这样，只要质量阵与刚度阵 $\boldsymbol{M}$、$\boldsymbol{K}$ 为正定，Hamilton 函数成为 2 个正定项之和，所以，Hamilton 函数正定。从速度 $\dot{\boldsymbol{q}}$ 变换到动量 $\boldsymbol{p}$，不过是向量变换而已，不影响其正定性质。陀螺矩阵 $\boldsymbol{G}$ 与正定性质无关。变换到 $\boldsymbol{A}$、$\boldsymbol{B}$、$\boldsymbol{D}$ 表达的状态空间后，Hamilton 函数：

$$H(\boldsymbol{q},\boldsymbol{p})=\frac{1}{2}\begin{Bmatrix}\boldsymbol{q}\\\boldsymbol{p}\end{Bmatrix}^{\mathrm{T}}\begin{bmatrix}-\boldsymbol{B}&-\boldsymbol{A}^{\mathrm{T}}\\-\boldsymbol{A}&-\boldsymbol{D}\end{bmatrix}\begin{Bmatrix}\boldsymbol{q}\\\boldsymbol{p}\end{Bmatrix}\tag{3.3.1}$$

动力方程与 Hamilton 矩阵是

$$\dot{\boldsymbol{v}}=\boldsymbol{H}\boldsymbol{v},\ \boldsymbol{H}=\begin{bmatrix}\boldsymbol{A}&\boldsymbol{D}\\-\boldsymbol{B}&-\boldsymbol{A}^{\mathrm{T}}\end{bmatrix},\ H(\boldsymbol{q},\boldsymbol{p})=\frac{1}{2}\begin{Bmatrix}\boldsymbol{q}\\\boldsymbol{p}\end{Bmatrix}^{\mathrm{T}}(-\boldsymbol{J}\boldsymbol{H})\begin{Bmatrix}\boldsymbol{q}\\\boldsymbol{p}\end{Bmatrix}$$

因此 Hamilton 函数正定，即矩阵 $-\boldsymbol{J}\boldsymbol{H}$ 为正定。

Hamilton 函数 $H(\boldsymbol{v})$ 正定对其本征值赋予了一个性质，即此时哈密顿矩阵的本征值问

题 $\boldsymbol{H}\boldsymbol{\psi}=\mu\boldsymbol{\psi}$，其本征值 μ 全为纯虚数。

纯虚数本征值的重要特点是本征值的共轭复数也就是其辛共轭的本征值。在物理上说，振动不会随时间衰减，而是不断重复。这符合无阻尼振动的特点。

3.3.2 动力学本征值的变分原理

既然已证明，当哈密顿函数为正定时相应哈密顿矩阵的本征值必为纯虚数，记为

$$\boldsymbol{H}\boldsymbol{\psi}=\mu\boldsymbol{\psi},\ \mu=\mathrm{i}\omega,\ \boldsymbol{\psi}=\boldsymbol{\psi}_{\mathrm{r}}+\mathrm{i}\boldsymbol{\psi}_{\mathrm{i}} \tag{3.3.2}$$

式中，ω 为实数，即本征值的虚部；$\boldsymbol{\psi}$ 为复向量，故有其实部的 $\boldsymbol{\psi}_{\mathrm{r}}$ 及虚部的 $\boldsymbol{\psi}_{\mathrm{i}}$，它们都是 $2n$ 维的实状态向量。

纯虚数本征值 $\mu=\mathrm{i}\omega$ 有辛共轭本征值 $-\mathrm{i}\omega$，等于其复数共轭的特点。因此本征方程的复共轭就是辛共轭本征方程：$\boldsymbol{H}(\boldsymbol{\psi}_{\mathrm{r}}-\mathrm{i}\boldsymbol{\psi}_{\mathrm{i}})=-\mathrm{i}\omega(\boldsymbol{\psi}_{\mathrm{r}}-\mathrm{i}\boldsymbol{\psi}_{\mathrm{i}})$ 其辛共轭本征向量为 $\boldsymbol{\psi}_{\mathrm{i}}+\mathrm{i}\boldsymbol{\psi}_{\mathrm{r}}$。

而本征向量的复共轭乘 $-\mathrm{i}$ 即其辛共轭向量。将方程划分为两个实型方程：

$$\boldsymbol{H}\boldsymbol{\psi}_{\mathrm{r}}=-\omega\boldsymbol{\psi}_{\mathrm{i}},\ \boldsymbol{H}\boldsymbol{\psi}_{\mathrm{i}}=\omega\boldsymbol{\psi}_{\mathrm{r}} \tag{3.3.3}$$

以 $-\boldsymbol{\psi}_{\mathrm{r}}^{\mathrm{T}}\boldsymbol{J}$ 左乘其第一个方程，$-\boldsymbol{\psi}_{\mathrm{i}}^{\mathrm{T}}\boldsymbol{J}$ 左乘其第二个方程，相加即导出：

$$\omega=\frac{\boldsymbol{\psi}_{\mathrm{r}}^{\mathrm{T}}(-\boldsymbol{J}\boldsymbol{H})\boldsymbol{\psi}_{\mathrm{r}}+\boldsymbol{\psi}_{\mathrm{i}}^{\mathrm{T}}(-\boldsymbol{J}\boldsymbol{H})\psi_{\mathrm{i}}}{2\boldsymbol{\psi}_{\mathrm{r}}^{\mathrm{T}}\boldsymbol{J}\boldsymbol{\psi}_{\mathrm{i}}} \tag{3.3.3′}$$

这个推导只是表明本征值虚部可以由本征向量的实部与虚部计算，但这可以扩展为变分原理，其变分的向量写为 $\boldsymbol{u}_{\mathrm{r}}$ 与 $\boldsymbol{u}_{\mathrm{i}}$ 以代替 $\boldsymbol{\psi}_{\mathrm{r}}$ 与 $\boldsymbol{\psi}_{\mathrm{i}}$，对 $\boldsymbol{u}_{\mathrm{i}}$ 的选用要求上式分母取正值。则对 ω 有变分原理：

$$\omega=\min_{\boldsymbol{u}_{\mathrm{r}}^{\mathrm{T}}\boldsymbol{J}\boldsymbol{u}_{\mathrm{i}}>0}\frac{\boldsymbol{u}_{\mathrm{r}}^{\mathrm{T}}(-\boldsymbol{J}\boldsymbol{H})\boldsymbol{u}_{\mathrm{r}}+\boldsymbol{u}_{\mathrm{i}}^{\mathrm{T}}(-\boldsymbol{J}\boldsymbol{H})\boldsymbol{u}_{\mathrm{i}}}{2\boldsymbol{u}_{\mathrm{r}}^{\mathrm{T}}\boldsymbol{J}\boldsymbol{u}_{\mathrm{i}}} \tag{3.3.4}$$

可称广义 Rayleigh 商。

证明：该泛函的 2 个实型自变状态向量 $\boldsymbol{u}_{\mathrm{r}}$ 与 $\boldsymbol{u}_{\mathrm{i}}$，只有一个不等式条件。分子则因 Hamilton 函数为正定，两项分别为正定，相加也正定，所以分式是有下界的，可以取最小。现在取变分为零，有

$$\delta\omega=\frac{\delta\boldsymbol{u}_{\mathrm{r}}^{\mathrm{T}}(-\boldsymbol{J}\boldsymbol{H}\boldsymbol{u}_{\mathrm{r}}-\boldsymbol{J}\boldsymbol{u}_{\mathrm{i}}\omega)+\delta\boldsymbol{u}_{\mathrm{i}}^{\mathrm{T}}(-\boldsymbol{J}\boldsymbol{H}\boldsymbol{u}_{\mathrm{i}}+\boldsymbol{J}\boldsymbol{u}_{\mathrm{r}}\omega)}{\boldsymbol{u}_{\mathrm{r}}^{\mathrm{T}}\boldsymbol{J}\boldsymbol{u}_{\mathrm{i}}}=0$$

因为有不等式条件，故 $-\delta\boldsymbol{u}_{\mathrm{r}}^{\mathrm{T}}$ 与 $-\delta\boldsymbol{u}_{\mathrm{i}}^{\mathrm{T}}$ 所乘的项应分别为零，导致式(3.3.3)的两套实型方程。证毕。

变分原理是一阶变分为零，毕竟不如取最小、最大。于是 Rayleigh 商的最大-最小性质在当前依然成立吗？以下就要建立当前的本征值最小-最大性质。

由于采用了实型 $\boldsymbol{u}_{\mathrm{r}}$ 与 $\boldsymbol{u}_{\mathrm{i}}$ 作为变分向量，因此要将辛正交条件用实型向量来表示。为

免于混淆，下标 r 与 i 专门用来标记实部与虚部，而用 j、k 来表示本征向量序号。辛正交：

$$\boldsymbol{\psi}_{rj}^{\mathrm{T}}\boldsymbol{J}\boldsymbol{\psi}_{rk}-\boldsymbol{\psi}_{ij}^{\mathrm{T}}\boldsymbol{J}\boldsymbol{\psi}_{ik}=0,\ \boldsymbol{\psi}_{rj}^{\mathrm{T}}\boldsymbol{J}\boldsymbol{\psi}_{ik}+\boldsymbol{\psi}_{ij}^{\mathrm{T}}\boldsymbol{J}\boldsymbol{\psi}_{rk}=0,\ 当\ \mu_k+\mu_j\neq 0 \tag{3.3.5a}$$

以及

$$\begin{aligned}&\boldsymbol{\psi}_{rj}^{\mathrm{T}}\boldsymbol{J}\boldsymbol{H}\boldsymbol{\psi}_{rk}-\boldsymbol{\psi}_{ij}^{\mathrm{T}}\boldsymbol{J}\boldsymbol{H}\boldsymbol{\psi}_{ik}=0\\&\boldsymbol{\psi}_{rj}^{\mathrm{T}}\boldsymbol{J}\boldsymbol{H}\boldsymbol{\psi}_{ik}+\boldsymbol{\psi}_{ij}^{\mathrm{T}}\boldsymbol{J}\boldsymbol{H}\boldsymbol{\psi}_{rk}=0,当\ \mu_k+\mu_j\neq 0\end{aligned} \tag{3.3.5b}$$

根据当前讨论的是 $-\boldsymbol{JH}$ 为正定阵的情况，复共轭就是辛共轭。式(3.3.5)的辛正交式中，除非 $n+j=k$ 的辛共轭情形，否则加、减号都可改成“ ±” 号。既然辛共轭的一对本征向量即互相复共轭的一对，故可一起考虑其辛正交，于是可写成实型的形式：

$$\begin{aligned}&\boldsymbol{\psi}_{rj}^{\mathrm{T}}\boldsymbol{J}\boldsymbol{\psi}_{rk}=0,\ \boldsymbol{\psi}_{ij}^{\mathrm{T}}\boldsymbol{J}\boldsymbol{\psi}_{ik}=0,\ \boldsymbol{\psi}_{rj}^{\mathrm{T}}\boldsymbol{J}\boldsymbol{\psi}_{ik}=\frac{\delta_{jk}}{2},\ \boldsymbol{\psi}_{ij}^{\mathrm{T}}\boldsymbol{J}\boldsymbol{\psi}_{rk}=-\frac{\delta_{jk}}{2},\\&\boldsymbol{\psi}_{rj}^{\mathrm{T}}\boldsymbol{J}\boldsymbol{H}\boldsymbol{\psi}_{rk}=\boldsymbol{\psi}_{ij}^{\mathrm{T}}\boldsymbol{J}\boldsymbol{H}\boldsymbol{\psi}_{ik}=-\frac{\omega_j\delta_{jk}}{2},\ \boldsymbol{\psi}_{rj}^{\mathrm{T}}\boldsymbol{J}\boldsymbol{H}\boldsymbol{\psi}_{ik}=\boldsymbol{\psi}_{ij}^{\mathrm{T}}\boldsymbol{J}\boldsymbol{H}\boldsymbol{\psi}_{rk}=0,\ j,\ k\leqslant n\end{aligned} \tag{3.3.6}$$

其中，本征值的编排为

$$0<\omega_1<\omega_2<\cdots<\omega_n \tag{3.3.7}$$

现在要证明这些本征值 ω_j，编排如式(3.3.5)具有最大-最小性质。

既已证明正定 Hamilton 函数时其本征值全部取虚数，则 ω^2 必定为实值，式(3.3.7)的编排对 ω^2 成立，因此可采用对于 ω^2 的变分原理。将式(3.3.3)的两个方程综合，可导出

$$-\boldsymbol{H}^2\boldsymbol{\psi}_{\mathrm{r}}=\omega^2\boldsymbol{\psi}_{\mathrm{r}},\ [-\boldsymbol{H}^2\boldsymbol{\psi}_{\mathrm{i}}=\omega^2\boldsymbol{\psi}_{\mathrm{i}}]$$

虽然这是本征值方程，但矩阵 $\boldsymbol{H}^2$ 并不是对称矩阵。然而 $-\boldsymbol{JH}$ 是对称矩阵，并且因 Hamilton 函数的正定性，$-\boldsymbol{JH}$ 也是对称正定阵。因此，将上式乘上 $-\boldsymbol{JH}$ 阵，给出

$$\boldsymbol{J}\boldsymbol{H}^3\boldsymbol{\psi}_{\mathrm{r}}=\omega^2(-\boldsymbol{J}\boldsymbol{H})\boldsymbol{\psi}_{\mathrm{r}} \tag{3.3.8}$$

还要验证矩阵 $\boldsymbol{JH}^3$ 的对称正定性。因为 $\boldsymbol{J}^{\mathrm{T}}\boldsymbol{J}=\boldsymbol{I}$，对称性的验证为

$$(\boldsymbol{J}\boldsymbol{H}^3)^{\mathrm{T}}=[(\boldsymbol{JH})\boldsymbol{J}(\boldsymbol{JH})\boldsymbol{J}(\boldsymbol{JH})]^{\mathrm{T}}=(\boldsymbol{JH})\boldsymbol{J}^{\mathrm{T}}(\boldsymbol{JH})\boldsymbol{J}^{\mathrm{T}}(\boldsymbol{JH})=\boldsymbol{J}\boldsymbol{H}^3$$

又

$$\boldsymbol{v}^{\mathrm{T}}\boldsymbol{J}\boldsymbol{H}^3\boldsymbol{v}=\boldsymbol{v}^{\mathrm{T}}(\boldsymbol{JH})^{\mathrm{T}}\boldsymbol{H}(\boldsymbol{Hv})=-\boldsymbol{v}^{\mathrm{T}}\boldsymbol{H}^{\mathrm{T}}\boldsymbol{JH}(\boldsymbol{Hv})=(\boldsymbol{Hv})^{\mathrm{T}}(-\boldsymbol{JH})(\boldsymbol{Hv})>0$$

而根据 $-\boldsymbol{JH}$ 为正定的性质，$\boldsymbol{Hv}$ 必定不是零向量。所以只要 $\boldsymbol{v}$ 不是零向量，则上面不等式成立，这就是 $\boldsymbol{JH}^3$ 正定之意，验证毕。

这样，本征值问题式(3.1.23)就成为两个对称正定的 $2n\times 2n$ 矩阵 $\boldsymbol{JH}$ 与 $\boldsymbol{JH}^3$ 的广义本征值问题，可组成相应的 Rayleigh 商变分原理：

$$\omega^2=\min_{\boldsymbol{u}}\left[\frac{\boldsymbol{u}^{\mathrm{T}}\boldsymbol{J}\boldsymbol{H}^3\boldsymbol{u}}{\boldsymbol{u}^{\mathrm{T}}(-\boldsymbol{JH})\boldsymbol{u}}\right] \tag{3.3.9}$$

于是这就相当于典型的 $2n$ 维振动问题的本征值问题。所以,上文关于本征值包含定理、本征值计数定理,W-W(Wittrick-Williams)算法等都成立。本征值方程是

$$\boldsymbol{J}\boldsymbol{H}^3\boldsymbol{\psi}_{\mathrm{i}}=\omega^2(-\boldsymbol{J}\boldsymbol{H})\boldsymbol{\psi}_{\mathrm{i}} \tag{3.3.10}$$

Rayleigh 商的计算方法是成熟的,所以不再赘述。只要归化到 Rayleigh 商,那么计算问题就算解决了。式(3.3.10)与式(3.3.9)等价。本来是 n 自由度的陀螺振动系统,有 n 个本征值,因此一定出现重根。到了 Rayleigh 商,极大-极小性质也就成立了。

回顾 $n\times n$ 的 Hermite 矩阵的本征问题,可归化到实数表达的 $2n\times 2n$ 矩阵的本征值问题,也一定出现重根。实际两者是一回事。

前文介绍了许多 Hamilton 矩阵 $2n\times 2n$ 的本征问题,其本征向量组成的 $2n\times 2n$ 矩阵是辛矩阵。$\boldsymbol{H}\boldsymbol{\psi}=\mu\boldsymbol{\psi}$ 是 $\boldsymbol{H}$ 阵的本征问题,$\boldsymbol{H}$ 不是对称矩阵。而 $-\boldsymbol{J}\boldsymbol{H}\boldsymbol{\psi}=-\mu\boldsymbol{J}\boldsymbol{\psi}$ 称为对称阵 $-\boldsymbol{J}\boldsymbol{H}$ 的辛本征问题,因为右侧格外出现了矩阵 $-\boldsymbol{J}$。其实两个方程是相同的。一般情况下,我们愿意处理对称矩阵的本征问题的,所以导出方程(3.3.9),用 Rayleigh 商来计算。

回到式(3.1.2)的齐次方程,因为有3项,普通的分离变量法难以操作,故将方程转换到 Hamilton 体系而分离变量。如果硬是用时间域法求解,将

$$\boldsymbol{q}=\boldsymbol{\psi}\mathrm{e}^{i\omega t}$$

代入式(3.1.2),则得到复数方程:

$$(-\boldsymbol{M}\omega^2+\boldsymbol{K}-i\omega\boldsymbol{G})\cdot\boldsymbol{\psi}\mathrm{e}^{i\omega t}=\boldsymbol{0}$$

则只有

$$(-\boldsymbol{M}\omega^2+\boldsymbol{K}-i\omega\boldsymbol{G})\cdot\boldsymbol{\psi}=\boldsymbol{H}_{\mathrm{M}}\cdot\boldsymbol{\psi}=\boldsymbol{0}$$

时方才可以满足。要寻求厄米矩阵 $\det\boldsymbol{H}_{\mathrm{M}}=0$ 的根。本征值 ω 在矩阵的实数部分和虚数部分都出现。

设有 $n\times n$ 的 Hermite 矩阵 $\boldsymbol{H}_{\mathrm{h}}=\boldsymbol{H}_{\mathrm{h}}^{\mathrm{H}}$,上标 H 代表 Hermite 转置。求解其全部本征解:

$$\boldsymbol{H}_{\mathrm{h}}\boldsymbol{\psi}_i=\mu_i\boldsymbol{\psi}_i,\ i=1,\ \cdots,\ n$$

式中,本征值 μ_i 全部是实数,而本征向量 $\boldsymbol{\psi}_i$ 可以是复数向量。这些复数向量相互 Hermite 正交归一,即 $\boldsymbol{\psi}_i^{\mathrm{H}}\cdot\boldsymbol{\psi}_j=\delta_{ij}$,于是必然有 $\boldsymbol{\psi}_i^{\mathrm{H}}\cdot\boldsymbol{H}_{\mathrm{h}}\cdot\boldsymbol{\psi}_j=\mathrm{diag}_n(\mu_i)\delta_{ij}$。实际上 Hermite 矩阵 $\boldsymbol{H}_{\mathrm{h}}$ 也可通过 Rayleigh 商求解其本征解:

$$\omega^2=\min_{\boldsymbol{\psi}}\left(\frac{\boldsymbol{\psi}^{\mathrm{H}}\boldsymbol{H}_{\mathrm{h}}\boldsymbol{\psi}}{\boldsymbol{\psi}^{\mathrm{H}}\boldsymbol{\psi}}\right)$$

两个对称正定矩阵组成的本征值问题,一定给出正定的本征值 ω^2,所以辛本征值 $\mu=\mathrm{i}\omega$ 全部在虚轴上。这个结论是在动力学问题正定 Hamilton 矩阵的基础上得到的。原线性动力学问题的矩阵 $\boldsymbol{M}$、$\boldsymbol{G}$、$\boldsymbol{K}$ 为 $n\times n$ 矩阵,$\boldsymbol{M}$ 阵对称正定,$\boldsymbol{G}$ 阵为反对称陀螺矩阵,刚度阵 $\boldsymbol{K}$ 同时也保证正定的条件下,可得到正定 Hamilton 矩阵。

厄米矩阵是复数矩阵,复数处理起来较为复杂,因此也可化到实数表达。不过实数表达时,就出现了 $2n\times 2n$ 阵。将厄米阵写成

$$H_h = A + Bi$$

其中,A 是实对称矩阵;B 是反对称矩阵,而本征向量则为 $\psi = \psi_r + i\psi_i$。将本征方程也区分为实部与虚部,则有

$$\begin{bmatrix} A & -B \\ B & A \end{bmatrix} \begin{Bmatrix} \psi_r \\ \psi_i \end{Bmatrix} = \mu \begin{Bmatrix} \psi_r \\ \psi_i \end{Bmatrix}$$

其中,分块矩阵是 $2n \times 2n$ 的对称阵,而本征向量也是实数 $2n$ 向量。此时有 $2n$ 个本征值,是二重重复的。

以往在处理 Rayleigh 商时,有 W-W 算法[5]。简单地说,针对给定频率 $\omega^2 = \omega_\#^2$ 的动力刚度阵 $R(\omega_\#^2) = K - \omega_\#^2 M$, 运用 Sturm 序列的性质并加以改造,成为对动力刚度阵三角化 $R(\omega_\#^2) = LDL^{\mathrm{T}}$ 算法完成后,再统计对角矩阵 D 出现的负元素的个数,就是 $\omega^2 \leqslant \omega_\#^2$ 的本征值计数。文献[5]中已经介绍。W-W 算法给计算 Rayleigh 商本征值提供了方便,而且可给出完全解。

3.3.3　分析结构力学本征值的变分原理

前面讲述的是线性动力学,对应地应当考虑正定的结构静力学的 Hamilton 函数的本征值问题。此时变形能密度(Lagrange 函数)的表达式为

$$U_d = \frac{\dot{q}^{\mathrm{T}} K_{11} \dot{q}}{2} + \dot{q}^{\mathrm{T}} K_{12} q + \frac{q^{\mathrm{T}} K_{22} q}{2} \tag{3.3.11}$$

式中,长度方向的坐标是 z, $\dot{q} = \mathrm{d}q/\mathrm{d}z$; q 是 n 维的位移向量; K_{11}、K_{22} 是对称正定矩阵。前文已经一再解释,与动力问题的差别就在 K_{22} 前的正负号变化。

发生变形能密度不正定的原因在于频率域的动力刚度阵。本来有时间变量 t, 但 t 转换到频率域 ω 后,有因子 $\exp(-\mathrm{j}\omega t)$, 在长度方向就有 $-m\omega^2 q$ 的分布惯性力。将该惯性力考虑后,就相当于负弹簧。此时就可能发生变形能密度不正定。下面就用频率域惯性力产生的动力刚度阵密度考虑。

设 $2n \times 2n$ 变形能密度矩阵:

$$K_d(\omega^2) = \begin{bmatrix} K_{11} & K_{12} \\ K_{21} & K_{22} \end{bmatrix}, \begin{matrix} K_{11} = K_{11}^{\mathrm{T}} \\ K_{22} = K_{22}^{\mathrm{T}} \end{matrix}, K_{21} = K_{12}^{\mathrm{T}} \tag{3.3.12}$$

该矩阵对称正定,即 K_{11}、K_{22} 对称正定,并且 K_{12} 不很大。当 $m\omega^2$ 很小时, $K_d(\omega^2)$ 是正定的。

关于本征值问题,其性质在后文介绍,所以 Lagrange 函数为正定时,本征值为纯虚数的本征值不可能存在。恰与正定 M、G、K 振动问题本征值相反,这其实是相互补充的。

3.3.4　结构力学 Lagrange 函数不正定的情况

考虑 Lagrange 函数不正定,即矩阵 K_d 不正定。此时不排除有沿长度的周期解,仍以

转换到 Hamilton 对偶状态系统为好。

$$\boldsymbol{p} = \boldsymbol{K}_{11}\dot{\boldsymbol{q}} + \boldsymbol{K}_{12}\boldsymbol{q} \tag{3.3.13}$$

其 Hamilton 函数的混合能密度为

$$H(\boldsymbol{q},\ \boldsymbol{p}) = \frac{\boldsymbol{p}^{\mathrm{T}}\boldsymbol{D}\boldsymbol{p}}{2} + \boldsymbol{p}^{\mathrm{T}}\boldsymbol{A}\boldsymbol{q} + \frac{\boldsymbol{q}^{\mathrm{T}}\boldsymbol{B}\boldsymbol{q}}{2} \tag{3.3.14}$$

其中并无对 z 的微商。

式(3.3.14)的二次齐次的 Hamilton 函数仍可以应用。齐次对偶方程为

$$\dot{\boldsymbol{q}} = \boldsymbol{A}\boldsymbol{q} + \boldsymbol{D}\boldsymbol{p},\ \dot{\boldsymbol{p}} = \boldsymbol{B}\boldsymbol{q} - \boldsymbol{A}^{\mathrm{T}}\boldsymbol{p} \tag{3.3.15a, b}$$

其相应的变分原理为

$$S = \int_{z_0}^{z_f} [\boldsymbol{p}^{\mathrm{T}}\dot{\boldsymbol{q}} - H(\boldsymbol{q},\ \boldsymbol{p})]\,\mathrm{d}t,\ \delta S = 0 \tag{3.3.16}$$

将 $\boldsymbol{q}$、$\boldsymbol{p}$ 合在一起组成状态向量 $\boldsymbol{v}(t)$，于是对偶正则方程便可写成矩阵/向量形式:

$$\dot{\boldsymbol{v}} = \boldsymbol{H}\boldsymbol{v}$$

其中,

$$\boldsymbol{H} = \begin{bmatrix} \boldsymbol{A} & \boldsymbol{D} \\ \boldsymbol{B} & -\boldsymbol{A}^{\mathrm{T}} \end{bmatrix},\ \boldsymbol{v} = \begin{Bmatrix} \boldsymbol{q} \\ \boldsymbol{p} \end{Bmatrix} \quad 或 \quad \dot{\boldsymbol{v}} = \boldsymbol{J}\cdot\frac{\partial H}{\partial \boldsymbol{v}} \tag{3.3.17}$$

与式(3.1.12)对比,子矩阵 $\boldsymbol{B}$ 前面少了负号。以下的推导全部一样,分析结构力学与分析动力学分析理论方面有相似性。

设有 $\boldsymbol{q}(z) = \boldsymbol{q}\exp(\mathrm{j}\mu z)$，$\mu \neq 0$, Hamilton 系统的本征值成对出现，$\pm\mathrm{j}\mu$ 同时为辛本征值。这样,连同频率因子有

$$\exp[\mathrm{j}(\pm\mu z - \omega t)] \tag{3.3.18}$$

显然,$\mu > 0$ 时是波传播到 z 的正向,而当 $\mu < 0$ 时,波传播向 z 的反向。这样,出现了波传播问题。在波动方程的基础上,引入频率域因子 $\exp(-\mathrm{j}\omega t)$，于是只剩下长度坐标,化到辛对偶状态变量求解,就出现以上的情况。

波的传播将状态 Hamilton 矩阵的式(3.1.11)分离变量,出现了式(3.3.18)的因子,体现了波的双向传播。分析结构力学在频率域分析,如果给定频率 ω^2 不大,则出现的变形能密度(Lagrange 函数)虽然不能达到正定,但负的位移状态也不多。负的位移状态,对应于波的传播。所以,将这些波传播的辛本征解:

$$[\pm\mathrm{j}\mu_i,\ \boldsymbol{\psi}_i] \quad i = 1 \sim m_{\mathrm{pb}} \tag{3.3.19}$$

予以全部求解,共 m_{pb} 对,其中 m_{pb} 的下标代表 pass-band(通带)。

前面的讲解给出 ω^2 而生成动力刚度阵,然后转换到状态向量 $\boldsymbol{v}$ 空间。通过分离变量,得到 Hamilton 矩阵的本征问题。这些对于分析动力学、分析结构力学,在分析层面是

一样的,可统称分析力学。如果考虑边界条件,则完全不同。Hamilton 矩阵为正定时,体现出动力学问题的辛本征值全部在虚数轴上。而当 Lagrange 函数为正定时,体现出变形能密度的矩阵 $\boldsymbol{K}_{\mathrm{d}}$ 正定,辛本征值必定不在虚数轴上。双方性质的对偶,可谓壁垒分明。

当前假设 $\boldsymbol{K}_{\mathrm{d}}$ 加入了惯性因素,给定 ω^2 而成为动力刚度阵密度,于是不能保证正定。如何求解辛本征问题?改变思路,设定波状态向量传播的通带辛本征值 $\pm \mathrm{j}\mu$,反过来求解振动频率 ω^2。此时,成为求解 Hermite 对称矩阵的 Rayleigh 商的问题。一旦到了求解 Rayleigh 商的阶段,这已经有大量研究,问题就基本解决了。

式(3.3.18)出现了 $\exp[\mathrm{j}(\pm\mu z-\omega t)]$ 因子,这显然是波传播问题。文献[4]第七章对于周期结构讲述了波传播、波的散射,以及能带分析等问题,所以本书不再重复。

3.3.5　动力学 Hamilton 函数不完全正定的情况

前面考虑的分析结构力学的变形能密度的矩阵 $\boldsymbol{K}_{\mathrm{d}}$ 不能达到正定的问题,可用于波的传播问题。

考虑 Hamilton 函数不是正定的情况,此时 $\boldsymbol{M}$、$\boldsymbol{G}$、$\boldsymbol{K}$ 的刚度阵 $\boldsymbol{K}$ 不能达到正定。Rayleigh 商要求 $-\boldsymbol{JH}$ 为正定。如果 $-\boldsymbol{JH}$ 不能达到正定,则 Hamilton 函数不正定,此时计算变得困难。往往出现的情况是,维数 n 大但刚度阵 $\boldsymbol{K}$ 如果对角化时,只有少数几个本征值是负的,设为 n_n 个。

当 $-\boldsymbol{JH}$ 不能达到正定时,一定要寻求其本征值。矩阵运算给出

$$(\boldsymbol{JH}^2)^{\mathrm{T}}=-\boldsymbol{H}^{\mathrm{T}}\boldsymbol{H}^{\mathrm{T}}\boldsymbol{J}=-(\boldsymbol{JHJ})(\boldsymbol{JHJ})\boldsymbol{J}=-(\boldsymbol{JH}^2) \tag{3.3.20}$$

可知 $\boldsymbol{JH}^2$ 是反对称矩阵。对 Hamilton 矩阵本征值方程 $\boldsymbol{H\psi}=\mu\boldsymbol{\psi}$,双方左乘 $\boldsymbol{JH}$ 阵有

$$\boldsymbol{JH}^2\boldsymbol{\psi}=\mu\boldsymbol{J}(\boldsymbol{H\psi})=\mu^2\boldsymbol{J\psi} \tag{3.3.21}$$

得到对于反对称矩阵 $\boldsymbol{JH}^2$ 的辛本征值问题。文献[5]的 2.3.3.3 节和文献[6]的 2.5.2.3 节给出了反对称满矩阵的本征值问题算法。虽然用于大规模矩阵的本征值问题并不理想,但是如果只关心部分重要的本征值,则还有文献[4]7.4 节的共轭辛子空间迭代法可用。

既然不能保证正定 Hamilton 矩阵,那么本征值也不是全部在虚数轴上。不正定 Hamilton 矩阵的本征向量依然具有共轭辛正交归一的性质,因此可分为本征值为纯虚数的本征向量组成辛对偶子空间,以及本征值为非纯虚数的辛对偶子空间。

从理论上看,正定 Hamilton 矩阵的本征解,在考虑了正定阻尼后,可产生渐近稳定,即当 $t\to\infty$ 时,$\boldsymbol{q}\to\boldsymbol{0}$,不可能不稳定。但对于不正定 Hamilton 矩阵的情况,虽然得到纯虚数本征值的本征解稳定,但若有一点很小的阻尼,仍可能发生不稳定的结果。就是说本来 $\boldsymbol{M}$、$\boldsymbol{G}$、$\boldsymbol{K}$ 的系统就不稳定,而是靠陀螺项导致稳定,这样就会因阻尼反而产生不稳定[5]。通过分析二维的例题,就可以明白。

具体举例利于理解。设有不稳定的二自由度系统:

$$\ddot{q}_1+k_1q_1=0,\ \ddot{q}_2+k_2q_2=0(k_1<0,\ k_2<0)$$

现在再加上陀螺力,成为方程组:

$$\ddot{q}_1 + \Gamma\dot{q}_2 + k_1 q = 0,\ \ddot{q}_2 - \Gamma\dot{q}_1 + k_2 q = 0$$

或

$$\boldsymbol{M}\ddot{\boldsymbol{q}} + \boldsymbol{G}\dot{\boldsymbol{q}} + \boldsymbol{K}\boldsymbol{q} = \boldsymbol{0},\ H(\boldsymbol{q}, \boldsymbol{p}) = \frac{\boldsymbol{p}^{\mathrm{T}}\boldsymbol{D}\boldsymbol{p}}{2} + \boldsymbol{p}^{\mathrm{T}}\boldsymbol{A}\boldsymbol{q} + \frac{\boldsymbol{q}^{\mathrm{T}}\boldsymbol{B}\boldsymbol{q}}{2}$$

$$\boldsymbol{M} = \begin{bmatrix} 1 & 0 \\ 0 & 1 \end{bmatrix},\ \boldsymbol{K} = \begin{bmatrix} k_1 & 0 \\ 0 & k_2 \end{bmatrix},\ \boldsymbol{G} = \begin{bmatrix} 0 & \Gamma \\ -\Gamma & 0 \end{bmatrix} \tag{3.3.22}$$

$$\boldsymbol{D} = \boldsymbol{M}^{-1} = \boldsymbol{I},\ \boldsymbol{A} = \begin{bmatrix} 0 & -\dfrac{\Gamma}{2} \\ \dfrac{\Gamma}{2} & 0 \end{bmatrix},\ \boldsymbol{B} = \begin{bmatrix} k_1 + \dfrac{\Gamma^2}{4} & 0 \\ 0 & k_2 + \dfrac{\Gamma^2}{4} \end{bmatrix}$$

当 $k_1 < 0$、$k_2 < 0$ 时,这是 Hamilton 函数不正定的情形。Hamilton 矩阵及本征问题为

$$\boldsymbol{H} = \begin{bmatrix} \boldsymbol{A} & \boldsymbol{D} \\ -\boldsymbol{B} & -\boldsymbol{A}^{\mathrm{T}} \end{bmatrix},\ \boldsymbol{H}\boldsymbol{\psi} = \mu\boldsymbol{\psi}$$

本征值 μ 的方程由 $\det(\boldsymbol{H} - \mu\boldsymbol{I}) = 0$ 导出:

$$\mu^4 + (\Gamma^2 + k_1 + k_2)\mu^2 + k_1 k_2 = 0$$

如

$$k_1 k_2 > 0,\ \Gamma^2 + k_1 + k_2 > 0,\ (\Gamma^2 + k_1 + k_2)^2 - 4k_1 k_2 > 0$$

则 μ^2 的根取负值,从而 μ 为纯虚数,运动就是稳定的,但并非渐近稳定。而 $k_1 < 0$, $k_2 < 0$ 已保证第一个条件满足,这表明只要陀螺项够大,系统就稳定。

结论是陀螺项对于稳定是有利的,而且只有偶数个纯虚数本征值才可能发生依靠陀螺项而达到稳定的辛模态。

偶数自由度才能依靠陀螺项而达到稳定,为什么? 因为达到稳定的是辛共轭的一对。达到稳定前,实数本征值互为倒数。必然产生共轭辛正交的一对,所以一定是偶数自由度。虽然是陀螺系统,也有其 Hamilton 函数。在陀螺项增大时,本征值连续变化,如果有两个本征值突然变为稳定,必然本来是互为实倒数的一对。刚达到稳定时,一定在本征值 1 附近。

但依靠陀螺项而达到稳定的辛模态,在正定阻尼的作用下,有可能反而造成不稳定[4]。而正定 Hamilton 体系的本征值向量,在正定阻尼作用下,不可能不稳定,因此需要将正定的 Hamilton 体系部分区分出来。就是说,除不在虚轴的本征值,要将虚数部分的依靠陀螺项才达到稳定的 n_z 对辛模态区分出来。

通常有 $n_z < n$。剩下的就是正定的 Hamilton 体系部分,通常是 $n - n_z$ 对正定的

Hamilton 函数部分。只要排除了这 n_z 对共轭辛本征向量。剩下的就是正定的 Hamilton 函数部分，计算可用 Rayleigh 商方法，效率得到提高。

前文介绍了共轭辛子空间迭代法，现要用于将 n_z 对本征向量，即不属于正定的 Hamilton 函数的部分予以生成。只要得到 n_z 对辛本征向量，运用辛正交归一关系，就可排除这 n_z 对共轭辛本征向量的辛子空间，于是剩下的就是 $n-n_z$ 对正定的 Hamilton 函数部分。对子空间仍需要求解非正定 Hamilton 矩阵的本征值。求解方程(3.3.13)的方法见文献[5]和文献[6]的有关算法。

总维数 n 可能比较大，而 n_z 却是有限的几个，而且绝对值不大。正好可用共轭辛子空间迭代法将这些 n_z 对本征解找到。然后就有

$$\omega^2=\min_u\left[\frac{\boldsymbol{u}^{\mathrm{T}}\boldsymbol{J}\boldsymbol{H}^3\boldsymbol{u}}{\boldsymbol{u}^{\mathrm{T}}(-\boldsymbol{J}\boldsymbol{H})\boldsymbol{u}}\right]$$

计算出 Rayleigh 商。当然其中的 $\boldsymbol{H}$ 阵是排除了这些 n_z 对本征解后的辛对偶子空间。

针对辛本征值问题的移轴方法，考虑反对称矩阵的方程：

$$\boldsymbol{J}\boldsymbol{H}^2\boldsymbol{\psi}=\mu\boldsymbol{J}(\boldsymbol{H}\boldsymbol{\psi})=\mu^2\boldsymbol{J}\boldsymbol{\psi}$$

可先求解：

$$\boldsymbol{J}(\boldsymbol{H}^2+\chi\boldsymbol{I})\boldsymbol{\psi}=(\mu^2+\chi)\boldsymbol{J}\boldsymbol{\psi} \tag{3.3.23}$$

式中，χ 就是移轴量，并且不改变本征向量。

迭代法要运用共轭辛正交关系生成子空间，并且不断得到其辛本征值。移轴可加速迭代法的收敛。

移轴后本征值方程所给出的本征值是 $\mu^2+\chi$。先从动力学本征值问题开始，首先 $\mu=\mathrm{i}\omega$，$\mu^2=-\omega^2$。当 $\boldsymbol{K}$、$\boldsymbol{M}$ 都正定时，μ^2 必定是负数。

当 $\boldsymbol{M}$ 正定而 $\boldsymbol{K}$ 不能保证正定时，$-\boldsymbol{J}\boldsymbol{H}$ 也不能保证正定。共轭辛子空间迭代法可用子空间迭代的移轴加速收敛。

3.3.6　传递辛矩阵的本征值问题

Hamilton 矩阵本征值问题已经在前文介绍。现在要转换到传递辛矩阵 $\boldsymbol{S}$ 的本征值问题 $\boldsymbol{S}\boldsymbol{\psi}=\lambda\boldsymbol{\psi}$。已经证明：

$$\boldsymbol{S}\boldsymbol{\Psi}=\boldsymbol{\Psi}\boldsymbol{D}_e,\ \boldsymbol{D}_e=\mathrm{diag}[\mathrm{diag}(\lambda_i),\ \mathrm{diag}(\lambda_i^{-1})] \tag{3.3.24}$$

或者说，辛矩阵的分解形式是

$$\boldsymbol{S}=\boldsymbol{\Psi}\boldsymbol{D}_e\boldsymbol{\Psi}^{-1} \tag{3.3.25}$$

式中，$\boldsymbol{\Psi}$ 恰是需要求解的本征向量所构成的辛矩阵。数值求解还需要有可执行的计算途径。从 Hamilton 矩阵的求解看，通过将全部本征值化到重根，再求解反对称矩阵的辛本征值问题。

辛矩阵与 Hamilton 矩阵同出一源，连本征向量也相同，当然仍可顺着同样思路求解。

不过本征值变成 $\lambda_{\pm} = \exp(\pm j\theta)$，$\mu = \theta$。

将以上的辛矩阵求逆，得到

$$S^{-1} = \boldsymbol{\Psi} D_e^{-1} \boldsymbol{\Psi}^{-1},\ D_e^{-1} = \mathrm{diag}[\mathrm{diag}(\lambda_i^{-1}),\ \mathrm{diag}(\lambda_i)]$$

这样有

$$S + S^{-1} = \boldsymbol{\Psi}[D_e + D_e^{-1}]\boldsymbol{\Psi}^{-1} \tag{3.3.26}$$

而简单推导可得到

$$(D_e + D_e^{-1}) = \mathrm{diag}[\mathrm{diag}(\lambda_i^{-1} + \lambda_i),\ \mathrm{diag}(\lambda_i^{-1} + \lambda_i)]$$

依然得到了 $(\lambda_i^{-1} + \lambda_i)$，$i = 1 \sim n$ 的重根，而本征向量矩阵是 $\boldsymbol{\Psi}$。

下面的问题是引入矩阵 $S_c = S + S^{-1}$ 后，矩阵 JS_c 是否仍是反对称矩阵。验证为，从 $S^{\mathrm{T}}JS = J$ 可得到等式 $S^{\mathrm{T}} = -JS^{-1}J$，$S^{-\mathrm{T}} = -JSJ$，且本征向量阵也是辛矩阵，也容易验证 $J(D_e + D_e^{-1})J = -(D_e + D_e^{-1})$。这样有

$$\begin{aligned}(JS_c)^{\mathrm{T}} &= -[\boldsymbol{\Psi}(D_e + D_e^{-1})\boldsymbol{\Psi}^{-1}]^{\mathrm{T}}J = -\boldsymbol{\Psi}^{-\mathrm{T}}(D_e + D_e^{-1})\boldsymbol{\Psi}^{\mathrm{T}}J \\ &= -(-J\boldsymbol{\Psi}J)(D_e + D_e^{-1})(-J\boldsymbol{\Psi}^{-1}J)J = -J[\boldsymbol{\Psi}(D_e + D_e^{-1})\boldsymbol{\Psi}^{-1}] \\ &= -JS_c,\ S_c = S + S^{-1}\end{aligned} \tag{3.3.27}$$

验证了 JS_c 确是反对称矩阵。其实从 Hamilton 矩阵有 $H^2\boldsymbol{\Psi} = \boldsymbol{\Psi}D_H^2$，而根据 JH^2 是反对称矩阵的命题，已经可想到 JS_c 也是反对称矩阵。

直接计算 S^{-1} 工作量比较大，运用辛矩阵的定义 $S^{\mathrm{T}}JS = J$ 知 $S^{-1} = -JS^{\mathrm{T}}J$，避免了矩阵求逆。而转置与乘 J 则是简单操作。

这样，求解就归结到 $2n \times 2n$ 反对称矩阵 A 的辛本征值问题：

$$A\boldsymbol{\psi} = \mu^2 J\boldsymbol{\psi} \tag{3.3.28}$$

这方面的算法请见文献[5]和文献[6]，然而加快收敛还有移轴的技术应予以关注。这与对应的辛矩阵本征值问题有相同线路。

以下讲本征值移轴的算法。无阻尼结构振动：

$$M\ddot{q} + Kq = 0$$

式中，M 是对称正定矩阵。分离变量导致频率 ω^2 的本征值问题：

$$(K - \omega^2 M)q = 0$$

导出 Rayleigh 商变分原理：

$$\omega^2 = \min_q\left(\frac{q^{\mathrm{T}}Kq}{q^{\mathrm{T}}Mq}\right)$$

对称矩阵的本征值问题已经有详细研究。如果刚度阵 K 只对称但不是正定，则可运用移轴的方法进行计算，实践已经证明很有效。

考虑辛本征值问题的移轴方法,反对称矩阵:

$$\boldsymbol{J}\boldsymbol{H}^2\boldsymbol{\psi} = \mu\boldsymbol{J}(\boldsymbol{H}\boldsymbol{\psi}) = \mu^2\boldsymbol{J}\boldsymbol{\psi}$$

可先求解

$$\boldsymbol{J}(\boldsymbol{H}^2 + \chi\boldsymbol{I})\boldsymbol{\psi} = (\mu^2 + \chi)\boldsymbol{J}\boldsymbol{\psi} \tag{3.3.29}$$

式中,χ 就是移轴量。以上讲的是 Hamilton 矩阵的本征值 μ。

现在要求解辛矩阵的本征值问题:

$$\boldsymbol{S}\boldsymbol{\psi} = \lambda\boldsymbol{\psi}$$

此时要考虑维数 $2n \times 2n$ 的辛矩阵。

对于周期结构有能带分析。按辛矩阵本征值的分布,在单位圆上的辛本征值表征通带。其对应的反对称辛本征值方程是

$$\boldsymbol{J}\boldsymbol{S}_c\boldsymbol{\psi} = (\lambda + \lambda^{-1})\boldsymbol{J}\boldsymbol{\psi} \tag{3.3.30}$$

注意 $\boldsymbol{S}_c$ 本身已经不是辛矩阵。单位圆的本征值必然有以下实数:

$$\lambda = \exp(\mathrm{j}\theta),\ \lambda + \lambda^{-1} = 2\cos\theta,\ \mu = \theta \tag{3.3.31}$$

禁带解的本征值 λ 如果是实数,则必然 $\lambda + \lambda^{-1} > 2$; 而禁带解的本征值如果是复数,则必然是复数。在迭代过程中有近似的 χ 就用它作为移轴量,求解:

$$\boldsymbol{J}(\boldsymbol{S}_c - \chi)\boldsymbol{\psi} = (\lambda + \lambda^{-1} - \chi)\boldsymbol{J}\boldsymbol{\psi} \tag{3.3.32}$$

$\boldsymbol{A} = \boldsymbol{J}\boldsymbol{S}_c - \chi \cdot \boldsymbol{J}$ 仍是反对称矩阵,对应地其本征值问题成为

$$\boldsymbol{A}\boldsymbol{\psi} = (\lambda + \lambda^{-1} - \chi)\boldsymbol{J}\boldsymbol{\psi} \tag{3.3.33}$$

选择恰当移轴量 χ 而迭代求解 $\lambda + \lambda^{-1}$, 从而计算 $\lambda + \lambda^{-1}$ 的收敛速度必然会大幅度加快。给出了 ω^2 就有了动力刚度阵,寻找通带本征值 λ。按照式(3.3.18),移轴量就有公式,可以移轴迭代,与以往的 Rayleigh 商迭代求解类似。

然而,辛矩阵本征值的移轴是新生事物,这方面的工作还非常不足,数值例题的验证也很不够。相比 Rayleigh 商的移轴差很多,说明这是一个工作发展点,有待大量的数值分析。

以上讲述了从 Hamilton 矩阵 $\boldsymbol{H}$ 或传递辛矩阵 $\boldsymbol{S}$ 的本征问题,可推导出反对称矩阵的本征问题。但任意给出一个反对称矩阵 $\boldsymbol{A}$, 并未证明一定是有对应的传递辛矩阵 $\boldsymbol{S}$。当前既然讲的是经典力学,所以就认为反对称矩阵 $\boldsymbol{A}$ 是从 Hamilton 矩阵 $\boldsymbol{H}$ 或传递辛矩阵 $\boldsymbol{S}$ 的本征问题而来。

假设 $\boldsymbol{A}$ 是从传递辛矩阵 $\boldsymbol{S}$ 来的,求解得到以下方程的本征解:

$$\boldsymbol{A}\boldsymbol{\psi} = (\lambda + \lambda^{-1})\boldsymbol{J}\boldsymbol{\psi} \tag{3.3.34}$$

即本征值 $\lambda + \lambda^{-1}$ 和对应的本征向量,则 $\lambda + \lambda^{-1}$ 必定是重根。而对应的本征向量一定是对应 $\boldsymbol{S}$ 阵的辛共轭的一对本征向量的线性组合。按照对应 $\boldsymbol{S}$ 阵的本征值的特点,其为通带或者禁带。在通带时,其本征值 $(\lambda + \lambda^{-1}) \leqslant 2$ 一定是实数。而在禁带本征值时,还应

区分 λ 是实数和 λ 是复数的两种情况。禁带实数本征值时 $(\lambda + \lambda^{-1}) \geqslant 2$，而禁带复数本征值时 $\lambda + \lambda^{-1}$ 一定仍取复数，容易区分。

与动力问题的 Hamilton 函数正定相对照，结构力学问题讲究 Lagrange 函数为正定，也就是变形能密度正定。当 Lagrange 函数为正定时，不存在纯虚数的本征值，即没有通带。最优控制的可控制性，以及可观测性条件(文献[4]第五章)在一起，就相当于结构力学变形能密度正定的条件。但固体物理周期结构要求解能带。具有通带的辛矩阵，是周期结构波传播的重要问题。文献[4]第七章就周期结构能带分析的通带本征值求解算法进行了讲述。

下节介绍反对称矩阵 $\boldsymbol{A}$ 的回代求解算法。

3.3.7 反对称矩阵的计算

辛矩阵的计算与反对称矩阵的计算有密切关系。最简单的反对称矩阵是 2×2 的矩阵：

$$\boldsymbol{J}_1 = \begin{bmatrix} 0 & 1 \\ -1 & 0 \end{bmatrix} \tag{3.3.35}$$

在辛数学中，它如同单位元素。

在动力学 Hamilton 体系分析中，未知数总是以对偶形式出现的，广义位移 $\boldsymbol{q}$ 与广义动量 $\boldsymbol{p}$ 皆为 n 维向量。将它们组成在一起的状态向量 $\boldsymbol{v}$ 是 $2n$ 维的，所以反对称矩阵是 $2n\times 2n$ 的。状态向量 $\boldsymbol{v}$ 的编排习惯上是

$$\boldsymbol{v} = \{q_1, \cdots, q_n; p_1, \cdots, p_n\}^{\mathrm{T}} \tag{3.3.36}$$

因此前文看到的共轭辛正交归一关系以 $\boldsymbol{J}_n$ 为辛度量矩阵：

$$\boldsymbol{J}_n = \begin{bmatrix} 0 & \boldsymbol{I}_n \\ -\boldsymbol{I}_n & 0 \end{bmatrix}, \quad \boldsymbol{J}_n^{\mathrm{T}} = \boldsymbol{J}_n^{-1} = -\boldsymbol{J}_n \tag{3.3.37}$$

从反对称矩阵计算的角度看，$\boldsymbol{J}_n$ 矩阵很像对称矩阵中的单位矩阵。

然而状态向量并非一定要编排成为式(3.3.21)的形式。从计算的角度看，也可以编排成为如下形式：

$$\boldsymbol{v}' = \{q_1, p_1; q_2, p_2; \cdots, q_n, p_n\}^{\mathrm{T}} \tag{3.3.38}$$

自然，状态向量的重新编排在矩阵方面也要对应地执行。例如矩阵 $\boldsymbol{J}_n$ 也应重新编排为

$$\boldsymbol{J}_n' = \begin{bmatrix} 0 & 1 & 0 & 0 & 0 & 0 \\ -1 & 0 & 0 & 0 & 0 & 0 \\ 0 & 0 & 0 & 1 & 0 & 0 \\ 0 & 0 & -1 & 0 & 0 & 0 \\ 0 & 0 & 0 & 0 & \ddots & \\ 0 & 0 & 0 & 0 & & \ddots \end{bmatrix} = \mathrm{diag}_n[\boldsymbol{J}_1, \boldsymbol{J}_1, \cdots, \boldsymbol{J}_1] \tag{3.3.39}$$

这里看到，矩阵 $\boldsymbol{J}_1$ 就好像单位元素的角色，而 $2n\times 2n$ 矩阵则可以看成为：以 2×2 的小矩

阵(称为胞块 cell)为元素的 $n \times n$ 胞块阵。因此可以设想,在求解 $2n \times 2n$ 反对称矩阵的联立方程时,就可以将反对称矩阵看成为以胞块成基本元素的 $n \times n$ 矩阵。

通常的联立方程求解,其基本元素是实数。三角化分解是广泛采用的算法。同样的思路可运用于反对称矩阵,因为其基本元素已经用胞块取代。对称矩阵常用的 LDLT 分解可以用于反对称矩阵 $\boldsymbol{A}$, 得到胞块的三角化分解:

$$\boldsymbol{A} = \boldsymbol{L}\boldsymbol{D}_J\boldsymbol{L}^{\mathrm{T}},\ \boldsymbol{D}_J = \mathrm{diag}_n[d_i \cdot \boldsymbol{J}_1] \tag{3.3.40}$$

式中, $d_i(i = 1, 2, \cdots, n)$ 是纯量。在执行分解时,最好用选择大元之法,还要求行、列同时互换。在上式分解中 $\boldsymbol{L}$ 是胞块的下三角矩阵,其对角胞块为 $\boldsymbol{I}_2$。因 $\boldsymbol{D}_J$ 是反对称矩阵,所以 $\boldsymbol{L}\boldsymbol{D}_J\boldsymbol{L}^{\mathrm{T}}$ 也是反对称的。

分解算法的公式可表述为

$$\begin{aligned} \boldsymbol{L}_{ij} &= \left(\boldsymbol{A}_{ij} - \sum_{k=1}^{j-1} \boldsymbol{L}_{ik}\boldsymbol{D}_{Jk}\boldsymbol{L}_{jk}^{\mathrm{T}}\right)\boldsymbol{D}_{Jj}^{-1},\ j < i \\ \boldsymbol{D}_{Ji} &= \left(\boldsymbol{A}_{ii} - \sum_{k=1}^{i-1} \boldsymbol{L}_{ik}\boldsymbol{D}_{Jk}\boldsymbol{L}_{ik}^{\mathrm{T}}\right),\ j = i \end{aligned} \tag{3.3.41}$$

先按 $i = 1, \cdots, n$, 再对 $j = 1, \cdots, i$ 的顺序执行上式,就完成了三角化分解。该算法公式其实与普通的 LDLT 算法相同,只是将原来的实数操作更换成为胞块操作而已。

回代求解联立方程 $\boldsymbol{Ax} = \boldsymbol{b}$, 其中 $\boldsymbol{A} = \boldsymbol{L}\boldsymbol{D}_J\boldsymbol{L}^{\mathrm{T}}$ 已经胞块三角化,而右端 $\boldsymbol{b}$ 为给定,求解 $\boldsymbol{x}$ 的算法。其公式与对称矩阵的情形同,详情略去。

例题 3.1　设给定 $n = 3$, $\boldsymbol{A}$ 就是 6×6 的反对称矩阵,有

$$\boldsymbol{A} = \begin{bmatrix} 0 & 2 & -5 & -7 & -4 & -2 \\ -2 & 0 & -6 & -8 & -2 & -2 \\ 5 & 6 & 0 & 10 & -5 & -2 \\ 7 & 8 & -10 & 0 & -6 & -2 \\ 4 & 2 & 5 & 6 & 0 & 4 \\ 2 & 2 & 2 & 2 & -4 & 0 \end{bmatrix},\ \boldsymbol{b} = \begin{Bmatrix} 1 \\ 2 \\ 3 \\ 4 \\ 5 \\ 6 \end{Bmatrix}$$

执行胞块三角化后得

$$\boldsymbol{L} = \begin{bmatrix} \begin{matrix} 1 & 0 \\ 0 & 1 \end{matrix} & \boldsymbol{0} & \boldsymbol{0} \\ \begin{matrix} 3 & -2.5 \\ 4 & -3.5 \end{matrix} & \begin{matrix} 1 & 0 \\ 0 & 1 \end{matrix} & \boldsymbol{0} \\ \begin{matrix} 1 & -2 \\ 1 & 1 \end{matrix} & \begin{matrix} -\dfrac{3}{11} & \dfrac{2}{11} \\ \dfrac{3}{11} & -\dfrac{1}{11} \end{matrix} & \begin{matrix} 1 & 0 \\ 0 & 1 \end{matrix} \end{bmatrix},\ \boldsymbol{D}_J = \mathrm{diag}\left(\begin{bmatrix} 0 & 2 \\ -2 & 0 \end{bmatrix} \begin{bmatrix} 0 & 11 \\ -11 & 0 \end{bmatrix} \begin{bmatrix} 0 & \dfrac{25}{11} \\ -\dfrac{25}{11} & 0 \end{bmatrix}\right)$$

最后执行回代求解,有

$$x = \{0.16 \quad -2.88 \quad -2.36 \quad 1.28 \quad -2.76 \quad 3.56\}^{\mathrm{T}}$$

解毕。

以上求解只能用于偶数维矩阵。现在要证明奇数维反对称矩阵一定是奇异矩阵。证明如下:

设有 $m \times m$ 矩阵 $\boldsymbol{A}$, m 为奇数,故 $m = 2n + 1$。$\boldsymbol{A}$ 阵的构成为

$$\boldsymbol{A} = \begin{bmatrix} 0 & -\boldsymbol{b}_{2n}^{\mathrm{T}} \\ \boldsymbol{b}_{2n} & \boldsymbol{A}_{2n} \end{bmatrix} \begin{matrix} 1 \\ 2n \end{matrix}$$

式中,子矩阵 $\boldsymbol{A}_{2n}$ 是非奇异的反对称矩阵; $\boldsymbol{b}_{2n}$ 是向量。只要证明 $\boldsymbol{A}$ 阵第一列可由其余列的线性组合表示,则 $\boldsymbol{A}$ 一定是奇异矩阵。

构造方程:

$$\boldsymbol{A}_{2n}\boldsymbol{x} = \boldsymbol{b}_{2n} \tag{3.3.42}$$

按前面所述,可求解得到 $\boldsymbol{x}$。这表明第一列的 2 ~ $2n$ 元素已经由 $\boldsymbol{A}_{2n}$ 列线性表达。还有第一个元素要求验证也是0。将上面方程取转置,因为 $\boldsymbol{A}_{2n}$ 是反对称矩阵,故 $-\boldsymbol{A}_{2n} = \boldsymbol{A}_{2n}^{\mathrm{T}}$, 有

$$(\boldsymbol{A}_{2n}\boldsymbol{x})^{\mathrm{T}} = -\boldsymbol{x}^{\mathrm{T}}\boldsymbol{A}_{2n} = \boldsymbol{b}_{2n}^{\mathrm{T}}$$

对式(3.3.27)左乘向量 $\boldsymbol{x}^{\mathrm{T}}$, 故有 $\boldsymbol{x}^{\mathrm{T}}\boldsymbol{A}_{2n}\boldsymbol{x} = \boldsymbol{x}^{\mathrm{T}}\boldsymbol{b}_{2n}$。但 $\boldsymbol{A}_{2n}$ 是反对称矩阵,故 $\boldsymbol{x}^{\mathrm{T}}\boldsymbol{A}_{2n}\boldsymbol{x} = 0$, 这验证了 $\boldsymbol{b}_{2n}^{\mathrm{T}}\boldsymbol{x} = 0$, 表明第一列的第一个元素也用其余的列表达,所以奇数反对称矩阵的行列式为零,一定是奇异矩阵。证明毕。

3.3.8 共轭辛子空间迭代法

前文讲到 $2n \times 2n$ 反对称矩阵 $\boldsymbol{A}$ 的辛本征值问题 $\boldsymbol{A\psi} = \mu^2 \boldsymbol{J\psi}$ 的求解,以及移轴的方程。

当维数 n 大时,往往通带的数目 n_{pb} 不大,也可设计子空间迭代法,将 n_{pb} 本征解对计算出来,再用共轭辛正交归一算法,将 n_{pb} 对子空间排除。

于是辛矩阵就排除了通带解,但并非保证正定 Lagrange 函数。排除通带解,表明剩余的全部传递辛矩阵的本征值是实数, $\boldsymbol{JS}_c\boldsymbol{\psi} = (\mu + \mu^{-1})\boldsymbol{J\psi}$ 的本征值必然 $|\mu + \mu^{-1}| > 2$, 因此可用反对称矩阵移轴的方法求解。

Rayleigh 商的本征值求解有成熟的程序模块可调用,常用子空间移轴迭代法。在排除了通带辛本征值后,同样可用于反对称矩阵的本征值问题。

动力学积分有直接积分法和本征向量展开法两种求解方法。上文介绍的是辛本征向量展开法。直接积分法在空间坐标上对应的边界条件是两端边界条件,需求解 Riccati 方程。这是最优控制问题最常用的方法。

在最优控制问题中,正定 Lagrange 函数所对应的 Riccati 微分方程非常重要。第五章

开始就介绍最优控制。然而一般的动力刚度阵转换来的辛矩阵，即使排除了通带解，也不能保证 Lagrange 函数为正定。线性系统时，Lagrange 函数是二次型。

以上讲了辛矩阵和 Hamilton 矩阵的本征问题及其求解方法。本征值问题针对线性系统，然而实际问题往往是非线性的。我们应看到，一般非线性系统很难直接求出分析解，因此要采用各种近似求解方法。摄动法(perturbation，钱学森称之为 PLK 方法[7])是经常采用的计算方法。摄动法的基本出发点就是线性近似，此时必须将近似后线性系统求解好，此时本征向量展开法是很有用处的。求解了近似线性系统后，摄动应当采用正则变换，以改造原来系统，辛对称群的性质要充分使用。在第四章提出用辛矩阵乘法显式表达的正则变换，本征向量展开的线性系统解，很起作用。

练　习　题

3.1　线性动力方程 $\boldsymbol{M}\ddot{\boldsymbol{q}}+\boldsymbol{G}\dot{\boldsymbol{q}}+\boldsymbol{K}\boldsymbol{q}=\boldsymbol{0}$，其中刚度矩阵和质量矩阵对称，$\boldsymbol{G}$ 为反对称矩阵，证明该系统能量守恒。

3.2　请从 Rayleigh 商的变分原理推导本征方程。

3.3　对偶正则方程 $\dot{\boldsymbol{v}}=\boldsymbol{H}\boldsymbol{v}$，其中，

$$\boldsymbol{H}=\begin{bmatrix}0 & 1\\ -0.5 & 0\end{bmatrix},\quad \boldsymbol{v}(0)=\begin{pmatrix}1\\ 0\end{pmatrix}$$

(1) 采用精细积分方法，计算状态向量 $\boldsymbol{v}(t)$ 在 $t=1$、2、3、4、5 s 的值；

(2) 采用分离变量法，计算状态向量 $v(t)$ 在 $t=1$、2、3、4、5 s 的值；

(3) 写出该系统的 Hamilton 函数，并证明该函数是与时间无关的常数。

3.4　Hamilton 矩阵的本征向量和本征值有什么特点？什么是 Hamilton 矩阵本征向量展开定理，与动力学中振型分解法有何联系与区别？

3.5　Hamilton 矩阵与辛矩阵有什么联系，两者的本征向量有什么联系？

3.6　求解 Hamilton 矩阵 $\boldsymbol{H}$ 的本征值问题，如何转化为反对称矩阵的本征值问题求解？如何转化为对称矩阵的本征值问题求解？

3.7　某辛矩阵为

$$\boldsymbol{S}=\begin{bmatrix}-1 & 2 & 0 & 1\\ -2 & 1 & -1 & 0\\ 0 & 2 & 1 & 2\\ -2 & 0 & -2 & -1\end{bmatrix}$$

求解该矩阵的逆矩阵 $\boldsymbol{S}^{-1}$。

3.8　结构力学 Lagrange 函数不正定，对于传递辛矩阵的本征值有什么影响？当动力学 Hamilton 函数不正定，对于 Hamilton 矩阵的本征值有什么影响？

3.9　动力学问题，当 Hamilton 矩阵的出现实部不为零的本征值，会对振动状态造成什么样的影响？

3.10 结构力学问题,当传递辛矩阵出现实部不为零的本征值,对应的本征态有什么特点?

3.11 求解辛矩阵的本征值问题可采用哪些方法?共轭辛子空间迭代法和移轴法各有什么特点?

参 考 文 献

[1] 林家浩,张亚辉.随机振动的虚拟激励法[M].北京:科学出版社,2007.
[2] 钟万勰,姚征.时间有限元与保辛[J].机械强度,2005,27(2):178-183.
[3] 钟万勰.弹性力学求解新体系[M].大连:大连理工大学出版社,1995.
[4] 钟万勰,高强,彭海军.经典力学—辛讲[M].大连:大连理工大学出版社,2013.
[5] 钟万勰.应用力学对偶体系[M].北京:科学出版社,2002.
[6] 钟万勰.应用力学的辛数学方法[M].北京:高等教育出版社,2006.
[7] Tsien H S. The Poincaré-Lighthill-Kuo Method [J]. Advances in Applied Mechanics. 1956, 4: 281-349.

第四章 多维经典力学

经典力学从牛顿时代开始发展,是近代科学的基础。本章通过微积分讲述经典力学的基本内容。按牛顿定律,加速度与受到的力成正比,而速度与加速度是位移的一阶与二阶微商,表明动力学不能回避微积分学。而分析动力学则是牛顿之后数百年的研究主题之一。关于微积分,人称计算机之父的 John von Neumann 有论述[1]:现代数学中的一些最好的灵感,很明显地起源于自然科学。他提出“数学来源于经验”是“比较接近于真理”的看法。他论述数学分析的发展时说:“关于微积分最早的系统论述甚至在数学上并不严格。在牛顿之后的 150 多年里,唯一有的只是一个不精确的、半物理的描述!然而与这种不精确的、数学上不充分的背景形成对照的是,数学分析中的某些最重要的进展却发生在这段时间!这一时期数学上的一些领军人物,例如欧拉,在学术上显然并不严密;而其他人,总的来说与高斯或雅可比差不多。当时数学分析发展的混乱与模糊无以复加,并且它与经验的关系当然也不符合我们今天的(或欧几里得的)抽象与严密的概念。但是,没有哪一位数学家会把它排除在数学发展的历史长卷之外,这一时期产生的数学是曾经有过的第一流的数学!”后世严格的数学家,认为牛顿时代的微积分以及随后的一些发展不够严密。他们期望发展到追求绝对严格的数学,能完全脱离经验的成分。这在一段时间内造成了数学危机,对此文献[1]有精彩讲述。

前面已经介绍过线性动力学,本章讲的是非线性动力学。这方面有大量研究,但哪怕采用了不是那么严格的推导,仍难以得到分析解。近似求解是不可避免的出路。信息时代就要对时间 t 离散求解。离散求解是本书的要点,讲传递辛矩阵从离散系统开始。

1957 年,作者担任钱伟长教授工程力学研究班的应用数学课程助教。钱伟长先生写的讲义中,相当大的篇幅是差分法求解,包括 Euler 向前差分、向后差分、中央差分、多步差分等。以后计算力学有限元法等的发展,说明了钱伟长先生的远见。原来离散求解是发展方向,而方向是最重要的。后来,我跟上了计算力学、有限元法的世界潮流,这得益于钱令希先生的指教。

虽然强调离散的重要性,但并非说分析法无用。有限元法的基础是变分原理,这是分析理论的重要部分,所以少不了分析法。

传统分析动力学通常并不另外讲约束,因为 Lagrange 的 n 维广义位移 $\boldsymbol{q}(t)$,认为已经将约束全部消除而成为 n 维独立向量。本章讲 $\boldsymbol{q}(t)$ 是无约束体系的求解。如约束不能完全消除而另外还有约束时,则 $\boldsymbol{q}(t)$ 已经不是完全独立的向量,成为有约束体系的求解。第八章有专门的讲述,祖冲之方法论将起重要作用,而本章则先讲解 n 维的无约束动力体系。动力学的动能对于 $\dot{\boldsymbol{q}}(t)$ 总是二次型函数。

著作[2]将约束条件区分为完整约束和非完整约束。而著作《经典力学辛讲》则认为,这样的分类不理想,应区分为完整约束、等式非完整约束及不等式约束。这也是第八章的论题。

非线性分析动力学的一般解很难找到,Poisson 指出寻求首次积分的思路,这是在状态空间 $\boldsymbol{q}$、$\boldsymbol{p}$ 取常数的函数,例如能量守恒等。数值积分时如将这些守恒量看成约束,得到的是等式非完整约束,所以非完整约束条件下的数值积分是必要的,当然会是“保辛”近似解。按第二章的最小作用量变分原理,“保辛”使得作用量最小。最小作用量原理推导给出的就是 Hamilton 正则方程,辛对称由此而来,保辛也是由此来的。如果违反了正则方程那就不能称之为动力学。

4.1 多维的经典力学

第二章介绍了未知数为一维的经典力学,但经典力学毕竟要考虑多维的,假设为 n 维,初始时刻给定了 n,则以后总是 n 维。分析力学对象的维数是不变的,要求解 n 维的微分方程组,群就要求维数不变。一般问题是非线性的,分析求解非常困难。在数字化时代,离散求解是常用计算方法。

M. F. Atiyah 在《数学与计算机革命》文中说:“人们更重视的将是离散数学而不再是研究连续现象的微积分……它将会刺激产生数学的一些令人兴奋的新分支……”“我们很习惯利用分得越来越细小的离散量去逼近一个连续量……”又指出,“这是因为计算机的基础是开关电路,而开关电路又是由离散数学比如说代数所描述的。”[3] 这表明计算机时代离不开离散数学。离散系统的分析将占有越来越重要的位置。

将连续的时间坐标离散进行近似数值求解,已经是研究人员的共识。首先是对于经典动力学系统的时间坐标离散求解,系统维数 n 恒定、保守而有 Lagrange 函数、Hamilton 变分原理、作用量等,对于所有自由度的离散是划一的等步长,不过系统是非线性的。这样就成为离散时间系统。

首先,要明确离散系统基本理论的概念。离散近似系统的基本数学理论,已经不再适用数学的李群理论(Lie Group Theory)了。李群是对于时间 t 的连续群,对应的描述对象是微分方程组,只能用于恒定维数 n 的系统。而且对于全部自由度,时间是同步的。著作[4]和[5]中讲了许多李群理论,但也只是适用于连续时间分析动力学。离散近似系统虽然也是恒定维数系统,并且时间离散也是同步的,但已经不再是微分方程组。李群理论的无穷小变换(infinitesimal transformation)等基础手段也不能采用。读本书并不一定要掌握李群的深奥理论。

离散后李群理论就不能使用,那么有什么群可取代李群?

这就是离散的传递辛矩阵群,第一章和著作[6]、[7]强调了传递辛矩阵群,它所传递的是各离散时间点的状态向量。传递辛矩阵群就是离散群,如时间一直延伸下去,则给出无限元素的离散群。

采用传递辛矩阵群是因为非线性微分方程组的分析求解困难,只能离散近似数值求解。从基本概念的角度看，离散系统的数值求解随着离散网格的细分应当逼近微分方程的分析解，也就是收敛于精确的分析解。于是可推论，传递辛矩阵群也必然逼近对应的李群[8]。可是，航空航天等多种工程的需求也要考虑，例如柔性绳系结构等，其运动不能达到处处可微分，而当今随着航空航天的发展，柔性结构应用很多，因此要从发展的眼光看问题，不可单纯拘泥于李群理论，离散分析是必要的。

面对非线性联立微分方程求解的困难，摄动法（Perturbation，钱学森称 PLK method[9]）是有效的近似手段。冯康提出差分格式近似要保辛，其实保守系统的任何近似方法皆应保辛，摄动法近似也应保辛。既然已经知道分析动力学与分析结构力学的类同性质，所以就可以一起讲述。本章多维分析力学的讲述，其实与一维的分析力学很接近。当然一维问题总是更简单。

虽然离散分析在所难免，总不免心中无底，是不是不够严格？其实，微商的定义：

$$\frac{\mathrm{d}f}{\mathrm{d}t}=\lim_{\Delta t\to 0}\frac{f(t+\Delta t)-f(t)}{\Delta t}$$

也是从离散表示取极限而得到。虽然分析理论很漂亮，但也不能将离散分析完全排除。

4.1.1　多维经典力学体系

经典动力学是牛顿以来发展的热点，尤其是现在受到航空航天等高科技蓬勃发展的推动。牛顿是求解微分方程的。经许多数学和力学大师的研究，Lagrange 提出了 Lagrange 函数：

$$L(\boldsymbol{q},\dot{\boldsymbol{q}},t)=T-U \tag{4.1.1}$$

式中，T 是动能；U 是势能函数，是能量的表达方式；$\boldsymbol{q}$ 代表广义位移；$\dot{\boldsymbol{q}}=\partial\boldsymbol{q}/\partial t$。$L(\boldsymbol{q},\dot{\boldsymbol{q}},t)$ 代表时变系统，而 $L(\boldsymbol{q},\dot{\boldsymbol{q}})$ 则为时不变系统。牛顿之后的数学家发展了变分法的描述，适合用 Lagrange 的能量体系。为简单起见，以后就讲时不变系统。动力学 Lagrange 函数 $L(\boldsymbol{q},\dot{\boldsymbol{q}})$ 对于速度 $\dot{\boldsymbol{q}}$ 一定是二次函数。

为了达到保辛，可运用恒定维数的对称矩阵对应于传递辛矩阵的性质。这是文献[6]、[7]和[10]中反复讲解的性质。时间区段 $(t_{\mathrm{a}},t_{\mathrm{b}})$ 的作用量本是

$$S(\boldsymbol{q}_{\mathrm{a}},\boldsymbol{q}_{\mathrm{b}},t_{\mathrm{a}},t_{\mathrm{b}})=\int_{t_{\mathrm{a}}}^{t_{\mathrm{b}}}L(\boldsymbol{q},\dot{\boldsymbol{q}},t)\mathrm{d}t \tag{4.1.2}$$

这是待求位移 $\boldsymbol{q}(t)$ 的泛函，$\boldsymbol{q}_{\mathrm{a}}$、$\boldsymbol{q}_{\mathrm{b}}$ 则分别是 t_{a}、t_{b} 时刻的位移向量。从变分原理 $\delta S=0$（白体 S 是纯量）推导，即给出动力 Euler-Lagrange 方程：

$$\frac{\mathrm{d}}{\mathrm{d}t}\left(\frac{\partial L}{\partial\dot{\boldsymbol{q}}}\right)-\frac{\partial L}{\partial\boldsymbol{q}}=\boldsymbol{0} \tag{4.1.3}$$

根据两端位移 $\boldsymbol{q}_{\mathrm{a}}$、$\boldsymbol{q}_{\mathrm{b}}$，可采用时间有限元插值的近似方法，积分得到近似作用量。以下转向分析结构力学的表述，此时作用量成为区段变形能，所以记为 $U(\boldsymbol{q}_{\mathrm{a}},\boldsymbol{q}_{\mathrm{b}},t_{\mathrm{a}},t_{\mathrm{b}})$ 以代替 $S(\boldsymbol{q}_{\mathrm{a}},\boldsymbol{q}_{\mathrm{b}},t_{\mathrm{a}},t_{\mathrm{b}})$。

设有给定区段 (t_a, t_b)。区段作用量 $U(\boldsymbol{q}_a, \boldsymbol{q}_b, t_a, t_b)$ 只是两端位移 $\boldsymbol{q}_a$、$\boldsymbol{q}_b$ 的函数[(t_a, t_b) 不变],而与如何达到该位移状态无关,这里并未作线性系统的假设。线性系统时,$U(\boldsymbol{q}_a, \boldsymbol{q}_b, t_a, t_b)$ 是 $\boldsymbol{q}_a$、$\boldsymbol{q}_b$ 的二次函数。注意动力学的时间区段作用量对应于结构力学的区段变形能。表示成 $U(\boldsymbol{q}_a, \boldsymbol{q}_b)$ 已经蕴涵着只是两端位移 $(\boldsymbol{q}_a, \boldsymbol{q}_b)$ 函数的意思。否则,还要设法表达经过怎样的途径达到位移状态 $(\boldsymbol{q}_a, \boldsymbol{q}_b)$,只写 $U(\boldsymbol{q}_a, \boldsymbol{q}_b)$ 就不够了。写成 $U(\boldsymbol{q}_a, \boldsymbol{q}_b)$ 就是结构力学的思路。

分别引入对于 $\boldsymbol{q}_a$、$\boldsymbol{q}_b$ 的对偶向量:

$$\boldsymbol{p}_a = -\frac{\partial U}{\partial \boldsymbol{q}_a}, \ \boldsymbol{p}_b = \frac{\partial U}{\partial \boldsymbol{q}_b}$$

或

$$p_{aj} = -\frac{\partial U}{\partial q_{aj}} \tag{4.1.4a}$$

$$p_{bj} = \frac{\partial U}{\partial q_{bj}} \tag{4.1.4b}$$

与位移向量一起,共同组成两端的状态向量:

$$\boldsymbol{v}_a = \begin{Bmatrix} \boldsymbol{q}_a \\ \boldsymbol{p}_a \end{Bmatrix}, \ \boldsymbol{v}_b = \begin{Bmatrix} \boldsymbol{q}_b \\ \boldsymbol{p}_b \end{Bmatrix} \tag{4.1.5}$$

根据微积分的偏微商次序无关规则,有

$$-\frac{\partial p_{ai}}{\partial q_{bj}} = \frac{\partial p_{bj}}{\partial q_{ai}} \quad \left(= \frac{\partial^2 U}{\partial q_{ai} \partial q_{bj}} \right)$$

其中的偏微商是两端位移的函数。以下就分析结构力学讲述,时间 (t_a, t_b) 变成长度坐标 (z_a, z_b),或者将符号 t 就看成坐标 z。

将式(4.1.4a)对 $\boldsymbol{q}_b$ 求解(求解的可能性是微积分教材的隐函数定理),可得

$$\boldsymbol{q}_b = \boldsymbol{q}_b(\boldsymbol{q}_a, \boldsymbol{p}_a; z_a, z_b) \tag{4.1.6a}$$

将式(4.1.6a)的 $\boldsymbol{q}_b$ 代入式(4.1.4b)给出

$$\boldsymbol{p}_b = \boldsymbol{p}_b(\boldsymbol{q}_a, \boldsymbol{p}_a; z_a, z_b) \tag{4.1.6b}$$

这样,式(4.1.6)成为从原对偶变量 $\boldsymbol{q}_a$、$\boldsymbol{p}_a$ 到新对偶变量 $\boldsymbol{q}_b$、$\boldsymbol{p}_b$ 的变换[方程(4.1.6)只是数学理论,并不真正要求数值求解]。

正则变换是 $2n$ 维的变换,是状态向量的变换,而点变换则是 n 维位移的变换。验证状态向量沿 z 方向的变换是正则变换。$\boldsymbol{q}_a$、$\boldsymbol{p}_a$ 是在 z_a 处的状态对偶变量,而 $\boldsymbol{q}_b$、$\boldsymbol{p}_b$ 则是在 z_b 处的状态对偶变量,力学意义很清楚。现采用微商的链式法则以导出变换,便于理解。动力学可将时间有限元采用两端边值条件,给定 $\boldsymbol{q}_a$、$\boldsymbol{q}_b$,而将两端的对偶向量 $\boldsymbol{p}_a$、$\boldsymbol{p}_b$ 用

$\boldsymbol{q}_{\mathrm{a}}$、$\boldsymbol{q}_{\mathrm{b}}$ 确定。分析力学则通常采用对偶状态向量 $\boldsymbol{q}_{\mathrm{a}}$、$\boldsymbol{p}_{\mathrm{a}}$ 的初值条件，而将另一端的对偶变量 $\boldsymbol{q}_{\mathrm{b}}$、$\boldsymbol{p}_{\mathrm{b}}$ 当成一个变换，即辛矩阵乘法的变换。

规定 m 维向量函数 $\boldsymbol{f}(\boldsymbol{q})$ 对 n 维向量变量 $\boldsymbol{q}$ 的微商为

$$\frac{\partial \boldsymbol{f}}{\partial \boldsymbol{q}} = \begin{bmatrix} \dfrac{\partial f_1}{\partial q_1} & \dfrac{\partial f_1}{\partial q_2} & \cdots & \dfrac{\partial f_1}{\partial q_n} \\ \dfrac{\partial f_2}{\partial q_1} & \cdots & \cdots & \dfrac{\partial f_2}{\partial q_n} \\ \vdots & \vdots & & \vdots \\ \dfrac{\partial f_m}{\partial q_1} & \dfrac{\partial f_m}{\partial q_2} & \cdots & \dfrac{\partial f_m}{\partial q_n} \end{bmatrix} \tag{4.1.7}$$

这里的规定与 Jacobi 矩阵相同。为一般起见，将 $\boldsymbol{f}$（就是 $\boldsymbol{q}_{\mathrm{b}}$）写成 m 维向量，当然适用于 $m = n$。

这里先讲解点变换与正则变换的关系。线性点变换可用 $n \times n$ 的非奇异矩阵 $\boldsymbol{U}$ 代表，$\boldsymbol{q}_{\mathrm{a}} = \boldsymbol{U}\boldsymbol{q}_{\mathrm{a}U}$ 代表从 $\boldsymbol{q}_{\mathrm{a}}$ 与 $\boldsymbol{q}_{\mathrm{a}U}$ 相互间的变换，如果从区段 $[a,\ b]$ 看，则 $\boldsymbol{q}_{a} = \boldsymbol{U}\boldsymbol{q}_{\mathrm{a}U}$、$\boldsymbol{q}_{\mathrm{b}} = \boldsymbol{U}\boldsymbol{q}_{\mathrm{b}U}$ 两端按同一矩阵进行点变换。对应地，区段作用量不变，而刚度阵也要变换，从而对偶力也要变换。

正则变换则是 $2n$ 维状态空间，将位移与其对偶变量一起变换，体现为状态向量的传递辛矩阵乘法。

设积分到 k 号时间区段 $(t_{\mathrm{a}},\ t_{\mathrm{b}})$，$t_{\mathrm{a}} = t_{k-1}$，$t_{\mathrm{b}} = t_k$，函数是向量 $\boldsymbol{v}_{\mathrm{b}}(\boldsymbol{v}_{\mathrm{a}})$ 而自变量 $\boldsymbol{v}_{\mathrm{a}}$ 也是向量。其偏微商是

$$\frac{\partial \boldsymbol{v}_k}{\partial \boldsymbol{v}_{k-1}} = \begin{bmatrix} \dfrac{\partial \boldsymbol{q}_k}{\partial \boldsymbol{q}_{k-1}} & \dfrac{\partial \boldsymbol{q}_k}{\partial \boldsymbol{p}_{k-1}} \\ \dfrac{\partial \boldsymbol{p}_k}{\partial \boldsymbol{q}_{k-1}} & \dfrac{\partial \boldsymbol{p}_k}{\partial \boldsymbol{p}_{k-1}} \end{bmatrix} = \boldsymbol{S}_k \tag{4.1.8}$$

要探讨的是变换式(4.1.6)的性质。现在要证明 $2n \times 2n$ 矩阵：

$$\frac{\partial \boldsymbol{v}_{\mathrm{b}}}{\partial \boldsymbol{v}_{\mathrm{a}}} = \begin{bmatrix} \dfrac{\partial \boldsymbol{q}_{\mathrm{b}}}{\partial \boldsymbol{q}_{\mathrm{a}}} & \dfrac{\partial \boldsymbol{q}_{\mathrm{b}}}{\partial \boldsymbol{p}_{\mathrm{a}}} \\ \dfrac{\partial \boldsymbol{p}_{\mathrm{b}}}{\partial \boldsymbol{q}_{\mathrm{a}}} & \dfrac{\partial \boldsymbol{p}_{\mathrm{b}}}{\partial \boldsymbol{p}_{\mathrm{a}}} \end{bmatrix} \tag{4.1.9}$$

是传递辛矩阵，其中 $\partial \boldsymbol{q}_{\mathrm{b}}/\partial \boldsymbol{p}_{\mathrm{a}}$ 等都为 $n \times n$ 矩阵。

一定要注意，现在面临非线性问题，与线性问题的传递辛矩阵 $\boldsymbol{S}$ 取常值不同，传递辛矩阵 $\boldsymbol{S}$ 是两端位移 $\boldsymbol{q}_{\mathrm{a}}$、$\boldsymbol{q}_{\mathrm{b}}$ 的函数。非线性问题要求存在真实解，这里标记真实解的 $\boldsymbol{q}_{\mathrm{a}}$、$\boldsymbol{q}_{\mathrm{b}}$

为 $\boldsymbol{q}_{a*}$、$\boldsymbol{q}_{b*}$。有如变分法,一定要区别真实解 $\boldsymbol{q}_{a*}$、$\boldsymbol{q}_{b*}$ 与可能的变分 $\delta\boldsymbol{q}_a$、$\delta\boldsymbol{q}_b$,这是两回事。两端对偶向量也有真实解与其变分。当 $\boldsymbol{S}$ 阵在 $\boldsymbol{q}_{a*}$、$\boldsymbol{q}_{b*}$ 处取值,则记为 $\boldsymbol{S}_*$。显然有

$$\boldsymbol{q}_a = \boldsymbol{q}_{a*} + \delta\boldsymbol{q}_a,\ \boldsymbol{q}_b = \boldsymbol{q}_{b*} + \delta\boldsymbol{q}_b \tag{4.1.10}$$

注意,离散系统只是对于时间坐标的离散,而状态变量则仍然是连续的。分析动力学的 Lagrange 括号、Poisson 括号一般在连续系统下讲述。以下对非线性离散系统的讲述涉及 Jacobi 矩阵等内容。

4.1.2 传递辛矩阵,Lagrange 括号与 Poisson 括号

要验证式(4.1.9)的 $\boldsymbol{S}$ 是传递辛矩阵,就应验证等式 $\boldsymbol{S}^{\mathrm{T}}\boldsymbol{J}\boldsymbol{S} = \boldsymbol{J}$ 成立。执行矩阵乘法,有

$$\boldsymbol{S}^{\mathrm{T}} = \begin{bmatrix} \left(\dfrac{\partial \boldsymbol{q}_b}{\partial \boldsymbol{q}_a}\right)^{\mathrm{T}} & \left(\dfrac{\partial \boldsymbol{p}_b}{\partial \boldsymbol{q}_a}\right)^{\mathrm{T}} \\ \left(\dfrac{\partial \boldsymbol{q}_b}{\partial \boldsymbol{p}_a}\right)^{\mathrm{T}} & \left(\dfrac{\partial \boldsymbol{p}_b}{\partial \boldsymbol{p}_a}\right)^{\mathrm{T}} \end{bmatrix} \tag{4.1.11}$$

$$\boldsymbol{J}\boldsymbol{S} = \begin{bmatrix} \dfrac{\partial \boldsymbol{p}_b}{\partial \boldsymbol{q}_a} & \dfrac{\partial \boldsymbol{p}_b}{\partial \boldsymbol{p}_a} \\ -\dfrac{\partial \boldsymbol{q}_b}{\partial \boldsymbol{q}_a} & -\dfrac{\partial \boldsymbol{q}_b}{\partial \boldsymbol{p}_a} \end{bmatrix} \tag{4.1.12}$$

相乘,有

$$\boldsymbol{S}^{\mathrm{T}}\boldsymbol{J}\boldsymbol{S} = \begin{bmatrix} \{\boldsymbol{q}_a, \boldsymbol{q}_a\}_{q_b, p_b} & \{\boldsymbol{q}_a, \boldsymbol{p}_a\}_{q_b, p_b} \\ \{\boldsymbol{p}_a, \boldsymbol{q}_a\}_{q_b, p_b} & \{\boldsymbol{p}_a, \boldsymbol{p}_a\}_{q_b, p_b} \end{bmatrix} \tag{4.1.13}$$

式中,$\{\boldsymbol{q}_a, \boldsymbol{p}_a\}_{q_b, p_b}$ 就是 Lagrange 括号,是一种简写,也指在真实解处,其定义是

$$\{\boldsymbol{q}_a, \boldsymbol{q}_a\}_{q_b, p_b} = \left(\frac{\partial \boldsymbol{q}_b}{\partial \boldsymbol{q}_a}\right)^{\mathrm{T}} \cdot \frac{\partial \boldsymbol{p}_b}{\partial \boldsymbol{q}_a} - \left(\frac{\partial \boldsymbol{p}_b}{\partial \boldsymbol{q}_a}\right)^{\mathrm{T}} \cdot \frac{\partial \boldsymbol{q}_b}{\partial \boldsymbol{q}_a}$$

$$\{\boldsymbol{q}_a, \boldsymbol{p}_a\}_{q_b, p_b} = \left(\frac{\partial \boldsymbol{q}_b}{\partial \boldsymbol{q}_a}\right)^{\mathrm{T}} \cdot \frac{\partial \boldsymbol{p}_b}{\partial \boldsymbol{p}_a} - \left(\frac{\partial \boldsymbol{p}_b}{\partial \boldsymbol{q}_a}\right)^{\mathrm{T}} \cdot \frac{\partial \boldsymbol{q}_b}{\partial \boldsymbol{p}_a}$$

$$\{\boldsymbol{p}_a, \boldsymbol{q}_a\}_{q_b, p_b} = \left(\frac{\partial \boldsymbol{q}_b}{\partial \boldsymbol{p}_a}\right)^{\mathrm{T}} \cdot \frac{\partial \boldsymbol{p}_b}{\partial \boldsymbol{q}_a} - \left(\frac{\partial \boldsymbol{p}_b}{\partial \boldsymbol{p}_a}\right)^{\mathrm{T}} \cdot \frac{\partial \boldsymbol{q}_b}{\partial \boldsymbol{q}_a}$$

$$\{\boldsymbol{p}_{\rm a},\boldsymbol{p}_{\rm a}\}_{q_{\rm b},p_{\rm b}}=\left(\frac{\partial\boldsymbol{q}_{\rm b}}{\partial\boldsymbol{p}_{\rm a}}\right)^{\rm T}\cdot\frac{\partial\boldsymbol{p}_{\rm b}}{\partial\boldsymbol{p}_{\rm a}}-\left(\frac{\partial\boldsymbol{p}_{\rm b}}{\partial\boldsymbol{p}_{\rm a}}\right)^{\rm T}\cdot\frac{\partial\boldsymbol{q}_{\rm b}}{\partial\boldsymbol{p}_{\rm a}}$$

许多时候不显式表示出是在真实解处,要由读者自行辨识。Lagrange 括号和 Poisson 括号在以往著作中是独立出现的,本书将 Lagrange 括号与 $\boldsymbol{S}^{\rm T}\boldsymbol{J}\boldsymbol{S}$ 的定义联系起来。

分析力学一般讨论的是多维情况。现在给出 n 维问题 Lagrange 括号的定义。n 维的位移与对偶向量是 n 维的 $\boldsymbol{q}_{\rm b}$、$\boldsymbol{p}_{\rm b}$,状态空间是 $2n$ 维。设有 2 个独立的参变量 u、v,而有 $\boldsymbol{q}_{\rm b}(u,v)$、$\boldsymbol{p}_{\rm b}(u,v)$ 的函数。当 u、v 变化时,给出了 $2n$ 维状态空间的 2 维 u、v 的超曲面。在状态空间 Lagrange 括号 $\{u,v\}_{q_{\rm b},p_{\rm b}}$ 的定义是

$$\begin{aligned}\{u,v\}_{q_{\rm b},p_{\rm b}}&=\sum_{k=1}^{n}\left(\frac{\partial q_{{\rm b}k}}{\partial u}\frac{\partial p_{{\rm b}k}}{\partial v}-\frac{\partial q_{{\rm b}k}}{\partial v}\frac{\partial p_{{\rm b}k}}{\partial u}\right)\\&=\sum_{k=1}^{n}\left|\frac{\partial(q_{{\rm b}k},p_{{\rm b}k})}{\partial(u,v)}\right|=\sum_{k=1}^{n}\det\frac{\partial(q_{{\rm b}k},p_{{\rm b}k})}{\partial(u,v)}\end{aligned}\tag{4.1.14}$$

式(4.1.14)给出 Jacobi 行列式的纯量之和(不是取绝对值之和)。单自由度 $n=1$ 时,没有求和号。参变量 u、v 似乎很抽象,但式(4.1.14)中出现的 $\{\boldsymbol{q}_{\rm a},\boldsymbol{p}_{\rm a}\}_{q_{\rm b},p_{\rm b}}$ 表明,向量 $\boldsymbol{q}_{\rm b}$、$\boldsymbol{p}_{\rm b}$ 只出现在 Lagrange 括号的定义中,而参变量 u、v 的地位是向量 $\boldsymbol{q}_{\rm a}$、$\boldsymbol{p}_{\rm a}$,即取 u、v 是变换前状态 $\boldsymbol{q}_{\rm a}$、$\boldsymbol{p}_{\rm a}$ 的任意分量。这表明可取

$$u=q_{{\rm a},i},\ v=q_{{\rm a},j};\ u=q_{{\rm a},i},\ v=p_{{\rm a},j};\ u=p_{{\rm a},i},\ v=q_{{\rm a},j};\ u=p_{{\rm a},i},\ v=p_{{\rm a},j};\ 0<i,j\leqslant n$$

等 4 种选择,写成 u、v 更有一般性。现在检验 Lagrange 括号,因为

$$\frac{\partial\boldsymbol{q}_{\rm b}}{\partial\boldsymbol{q}_{\rm a}}=\begin{bmatrix}\dfrac{\partial q_{{\rm b},1}}{\partial q_{{\rm a},1}} & \dfrac{\partial q_{{\rm b},1}}{\partial q_{{\rm a},2}} & \cdots & \dfrac{\partial q_{{\rm b},1}}{\partial q_{{\rm a},n}}\\ \vdots & \ddots & & \vdots\\ \dfrac{\partial q_{{\rm b},n-1}}{\partial q_{{\rm a},1}} & & \ddots & \vdots\\ \dfrac{\partial q_{{\rm b},n}}{\partial q_{{\rm a},1}} & \cdots & \dfrac{\partial q_{{\rm b},n}}{\partial q_{{\rm a},n-1}} & \dfrac{\partial q_{{\rm b},n}}{\partial q_{{\rm a},n}}\end{bmatrix}$$

有

$$\begin{aligned}\{q_{{\rm a},i},q_{{\rm a},j}\}_{q_{\rm b},p_{\rm b}}&=\left(\frac{\partial\boldsymbol{q}_{\rm b}}{\partial q_{{\rm a},i}}\right)^{\rm T}\cdot\left(\frac{\partial\boldsymbol{p}_{\rm b}}{\partial q_{{\rm a},j}}\right)-\left(\frac{\partial\boldsymbol{p}_{\rm b}}{\partial q_{{\rm a},i}}\right)^{\rm T}\cdot\left(\frac{\partial\boldsymbol{q}_{\rm b}}{\partial q_{{\rm a},j}}\right)\\&=\sum_{k=1}^{n}\left[\frac{\partial q_{{\rm b}k}}{\partial q_{{\rm a},i}}\frac{\partial p_{{\rm b}k}}{\partial q_{{\rm a},j}}-\frac{\partial q_{{\rm b}k}}{\partial q_{{\rm a},j}}\frac{\partial p_{{\rm b}k}}{\partial q_{{\rm a},i}}\right]=\sum_{k=1}^{n}\left|\frac{\partial(q_{{\rm b}k},p_{{\rm b}k})}{\partial(q_{{\rm a},i},q_{{\rm a},j})}\right|\end{aligned}$$

这符合 Lagrange 括号的定义式(4.1.14)。

注：$q_{a,i}$、$p_{a,i}$ 全部是独立变量，而 $q_{b,i}$、$p_{b,i}$ 是 $q_{a,i}$、$p_{a,i}$ 的函数，所以按多维的传递辛矩阵定义，就有了以下的证明。下标 k 的求和，因为是多维而 k 是一个哑元。

用 4 个 $n \times n$ 子矩阵 $\boldsymbol{S}_{qq}$、$\boldsymbol{S}_{qp}$、$\boldsymbol{S}_{pq}$、$\boldsymbol{S}_{pp}$ 表达辛矩阵 $\boldsymbol{S}$：

$$\boldsymbol{S} = \begin{bmatrix} \boldsymbol{S}_{qq} & \boldsymbol{S}_{qp} \\ \boldsymbol{S}_{pq} & \boldsymbol{S}_{pp} \end{bmatrix}, \quad \begin{matrix} \boldsymbol{S}_{qq} = \{\boldsymbol{q}_a, \boldsymbol{q}_a\}_{\boldsymbol{q}_b, \boldsymbol{p}_b}, & \boldsymbol{S}_{qp} = \{\boldsymbol{q}_a, \boldsymbol{p}_a\}_{\boldsymbol{q}_b, \boldsymbol{p}_b} \\ \boldsymbol{S}_{pq} = \{\boldsymbol{p}_a, \boldsymbol{q}_a\}_{\boldsymbol{q}_b, \boldsymbol{p}_b}, & \boldsymbol{S}_{pp} = \{\boldsymbol{p}_a, \boldsymbol{p}_a\}_{\boldsymbol{q}_b, \boldsymbol{p}_b} \end{matrix} \tag{4.1.15}$$

具体表达为

$$\boldsymbol{S}_{qq} = \begin{bmatrix} \{q_{a1}, q_{a1}\}_{\boldsymbol{q}_b, \boldsymbol{p}_b} & \cdots & \cdots & \{q_{a1}, q_{a,n}\}_{\boldsymbol{q}_b, \boldsymbol{p}_b} \\ \vdots & \ddots & \ddots & \vdots \\ \vdots & \{q_{ai}, q_{aj}\}_{\boldsymbol{q}_b, \boldsymbol{p}_b} & \ddots & \vdots \\ \{q_{an}, q_{a1}\}_{\boldsymbol{q}_b, \boldsymbol{p}_b} & \cdots & \{q_{a,n}, q_{a,n-1}\}_{\boldsymbol{q}_b, \boldsymbol{p}_b} & \{q_{an}, q_{a,n}\}_{\boldsymbol{q}_b, \boldsymbol{p}_b} \end{bmatrix}$$

$$\boldsymbol{S}_{qp} = \begin{bmatrix} \{q_{a1}, p_{a1}\}_{\boldsymbol{q}_a, \boldsymbol{p}_b} & \cdots & \cdots & \{q_{a1}, p_{a,n}\}_{\boldsymbol{q}_b, \boldsymbol{p}_b} \\ \vdots & \ddots & \ddots & \vdots \\ \vdots & \{q_{ai}, p_{aj}\}_{\boldsymbol{q}_b, \boldsymbol{p}_b} & \ddots & \vdots \\ \{q_{a,n}, p_{a1}\}_{\boldsymbol{q}_b, \boldsymbol{p}_b} & \cdots & \{q_{a,n}, p_{a,n-1}\}_{\boldsymbol{q}_b, \boldsymbol{p}_b} & \{q_{a,n}, p_{a,n}\}_{\boldsymbol{q}_b, \boldsymbol{p}_b} \end{bmatrix}$$

$$\boldsymbol{S}_{pq} = \begin{bmatrix} \{p_{a1}, q_{a1}\}_{\boldsymbol{q}_b, \boldsymbol{p}_b} & \cdots & \cdots & \{p_{a1}, q_{a,n}\}_{\boldsymbol{q}_b, \boldsymbol{p}_b} \\ \vdots & \ddots & \ddots & \vdots \\ \vdots & \{p_{ai}, q_{aj}\}_{\boldsymbol{q}_b, \boldsymbol{p}_b} & \ddots & \vdots \\ \{p_{a,n}, q_{a1}\}_{\boldsymbol{q}_b, \boldsymbol{p}_b} & \cdots & \{p_{a,n}, q_{a,n-1}\}_{\boldsymbol{q}_b, \boldsymbol{p}_b} & \{p_{a,n}, q_{a,n}\}_{\boldsymbol{q}_b, \boldsymbol{p}_b} \end{bmatrix}$$

$$\boldsymbol{S}_{pp} = \begin{bmatrix} \{p_{a1}, p_{a1}\}_{\boldsymbol{q}_b, \boldsymbol{p}_b} & \cdots & \cdots & \{p_{a1}, p_{a,n}\}_{\boldsymbol{q}_b, \boldsymbol{p}_b} \\ \vdots & \ddots & \ddots & \vdots \\ \vdots & \{p_{ai}, p_{aj}\}_{\boldsymbol{q}_b, \boldsymbol{p}_b} & \ddots & \vdots \\ \{p_{a,n}, p_{a1}\}_{\boldsymbol{q}_b, \boldsymbol{p}_b} & \cdots & \{p_{a,n}, p_{a,n-1}\}_{\boldsymbol{q}_b, \boldsymbol{p}_b} & \{p_{a,n}, p_{a,n}\}_{\boldsymbol{q}_b, \boldsymbol{p}_b} \end{bmatrix}$$

式中，全部标记了下标 $\boldsymbol{q}_b$、$\boldsymbol{p}_b$，矩阵当然包含了 $0 < i \leqslant n$、$0 < j \leqslant n$ 顺序的全部元素。读者看到对应于辛矩阵的定义，Lagrange 括号的出现是自然的，而不是突然冒出来的。

根据定义，Lagrange 括号具有反对称的性质：

$$\{u, v\}_{\boldsymbol{q}_b, \boldsymbol{p}_b} = -\{v, u\}_{\boldsymbol{q}_b, \boldsymbol{p}_b} \tag{4.1.16}$$

因为按定义，这是 Jacobi 行列式之和。而行列式换列后就取负值。反对称性质表明：

$$\boldsymbol{S}_{qq} = -\boldsymbol{S}_{qq}^{T}, \ \boldsymbol{S}_{pp} = -\boldsymbol{S}_{pp}^{T}, \ \boldsymbol{S}_{qp} = -\boldsymbol{S}_{pq}^{T} \tag{4.1.17}$$

但这并不足以说明 $\boldsymbol{S}$ 是传递辛矩阵。以下来证明 $\boldsymbol{S}$ 确是传递辛矩阵。

区段作用量 $U(\boldsymbol{q}_a, \boldsymbol{q}_b)$ 是两端位移的函数。认为 $U(\boldsymbol{q}_a, \boldsymbol{q}_b)$ 是二次连续可微的,因此在 $(\boldsymbol{q}_{a*}, \boldsymbol{q}_{b*})$ 的邻域可运用 Taylor 展开而得到

$$U(\boldsymbol{q}_a, \boldsymbol{q}_b) = U_{0*} - \boldsymbol{p}_{a*}^{\mathrm{T}} \cdot \delta\boldsymbol{q}_a + \boldsymbol{p}_{b*}^{\mathrm{T}} \cdot \delta\boldsymbol{q}_b + \frac{(\delta\boldsymbol{q}_a^{\mathrm{T}})\boldsymbol{K}_{aa*}(\delta\boldsymbol{q}_a)}{2} + \frac{(\delta\boldsymbol{q}_b^{\mathrm{T}})\boldsymbol{K}_{bb*}(\delta\boldsymbol{q}_b)}{2} + (\delta\boldsymbol{q}_a^{\mathrm{T}})\boldsymbol{K}_{ab*}(\delta\boldsymbol{q}_b) + O[(\delta\boldsymbol{q})^3] \tag{4.1.18}$$

或用向量表示,令 $2n$ 维的两端位移变分向量:

$$\delta\boldsymbol{q} = \begin{Bmatrix} \delta\boldsymbol{q}_a \\ \delta\boldsymbol{q}_b \end{Bmatrix} \tag{4.1.19}$$

则可写出

$$U(\boldsymbol{q}_a, \boldsymbol{q}_b) = U_{0*} - \boldsymbol{p}_{a*}^{\mathrm{T}} \cdot \delta\boldsymbol{q}_a + \boldsymbol{p}_{b*}^{\mathrm{T}} \cdot \delta\boldsymbol{q}_b + \frac{\delta\boldsymbol{q}^{\mathrm{T}} \cdot \boldsymbol{K}_* \cdot \delta\boldsymbol{q}}{2} + O[(\delta\boldsymbol{q})^3] \tag{4.1.20}$$

二次微商的区段刚度阵仍是位移 $(\boldsymbol{q}_a, \boldsymbol{q}_b)$ 或 $\boldsymbol{q}$ 的函数,其中 $\boldsymbol{K}_*$ 表示其取值就是在真实解的 $(\boldsymbol{q}_{a*}, \boldsymbol{q}_{b*})$ 处,是对称矩阵(国外著作称为 Hessian 矩阵)。端部对偶向量 $(\boldsymbol{p}_{a*}, \boldsymbol{p}_{b*})$ 相同,它们已经是确定值了。$\delta\boldsymbol{q}$ 与 $(\boldsymbol{q}_a, \boldsymbol{q}_b)$ 完全不是一回事,是独立的。同样,不标注的 $(\boldsymbol{q}_a, \boldsymbol{q}_b)$ 则还要包含增量,$\boldsymbol{q}_a = \boldsymbol{q}_{a*} + \delta\boldsymbol{q}_a$ 等,当然 $\delta\boldsymbol{q}_a$ 等是小量。

传递辛矩阵通过微商得到,要考虑处于真实解的邻域。Lagrange 括号、Jacobi 矩阵等全部是真实解在其邻域经过微商后再取值在真实解处得到。两端的对偶力是

$$\boldsymbol{p}_a = -\frac{\partial U}{\partial \boldsymbol{q}_a} = \boldsymbol{p}_{a*} + \delta\boldsymbol{p}_a, \quad \boldsymbol{p}_b = \frac{\partial U}{\partial \boldsymbol{q}_b} = \boldsymbol{p}_{b*} + \delta\boldsymbol{p}_b \tag{4.1.21}$$

根据 Taylor 展开有

$$\begin{aligned} \boldsymbol{p}_a &= \boldsymbol{p}_{a*} - \boldsymbol{K}_{aa*} \cdot \delta\boldsymbol{q}_a - \boldsymbol{K}_{ab*} \cdot \delta\boldsymbol{q}_b \\ \boldsymbol{p}_b &= \boldsymbol{p}_{b*} + \boldsymbol{K}_{ba*} \cdot \delta\boldsymbol{q}_a + \boldsymbol{K}_{bb*} \cdot \delta\boldsymbol{q}_b \end{aligned} \tag{4.1.22}$$

省略高阶小量 $O[(\delta\boldsymbol{q})^2]$。因此,微商要注意上面的 $\delta\boldsymbol{q}$、$\delta\boldsymbol{p}$ 等。Taylor 展开式表明,$\boldsymbol{K}_{ab*} = \boldsymbol{K}_{ba*}^{\mathrm{T}}$,即刚度阵是对称的。从式(4.1.22)看到,有 $2n$ 个方程、4 个向量变分 $\delta\boldsymbol{q}_a$、$\delta\boldsymbol{q}_b$、$\delta\boldsymbol{p}_a$、$\delta\boldsymbol{p}_b$,因此其中 2 个向量变分是独立的。式(4.1.22)中,刚度阵:

$$\boldsymbol{K}_* = \begin{bmatrix} \boldsymbol{K}_{aa*} & \boldsymbol{K}_{ab*} \\ \boldsymbol{K}_{ba*} & \boldsymbol{K}_{bb*} \end{bmatrix}, \text{简化为 } \boldsymbol{K} = \begin{bmatrix} \boldsymbol{K}_{aa} & \boldsymbol{K}_{ab} \\ \boldsymbol{K}_{ba} & \boldsymbol{K}_{bb} \end{bmatrix} \tag{4.1.23}$$

加上标记的 $\boldsymbol{K}_{aa*}$ 等无非是明确非线性系统取值于真实解处,简单起见就省略了。$U(\boldsymbol{q}_a, \boldsymbol{q}_b)$ 是非线性两阶连续可微函数,$\boldsymbol{K}$ 阵在 Taylor 展开时出现,也是 $\boldsymbol{q}_a$、$\boldsymbol{q}_b$ 的函数。这样就

有在何处取值的问题。因为 Taylor 展开式是在真实位移 $(\boldsymbol{q}_{a*}, \boldsymbol{q}_{b*})$ 处,所以应在 $(\boldsymbol{q}_{a*}, \boldsymbol{q}_{b*})$ 处取值,写成 $\boldsymbol{K}_*$。为了简单起见而写成 $\boldsymbol{K}$,是 $2n \times 2n$ 对称矩阵。

于是运用矩阵/向量来表达:

$$\boldsymbol{p} = \boldsymbol{p}_* + \boldsymbol{K} \cdot \delta\boldsymbol{q},\ \boldsymbol{p} = \{-\boldsymbol{p}_a^{\mathrm{T}}\quad \boldsymbol{p}_b^{\mathrm{T}}\}^{\mathrm{T}},\ \delta\boldsymbol{p} = \boldsymbol{K} \cdot \delta\boldsymbol{q} \tag{4.1.24}$$

负号从式(4.1.4)的规定而来。

$\delta\boldsymbol{q}$、$\delta\boldsymbol{p}$ 各有 $2n$ 个分量,式(4.1.24)表明 $\delta\boldsymbol{p}$ 由 $\delta\boldsymbol{q}$ 决定,而 $\delta\boldsymbol{q}$ 的 $2n$ 个分量则是独立变分,这是按两端边界条件的提法而来的。情况又一次回到 1.1 节就开始讲的:两端边界条件可转化到传递形式,从而得到传递辛矩阵。同样,将式(4.1.24)分解写成

$$\delta\boldsymbol{p}_a = -(\boldsymbol{K}_{aa}\delta\boldsymbol{q}_a + \boldsymbol{K}_{ab}\delta\boldsymbol{q}_b),\ \delta\boldsymbol{p}_b = (\boldsymbol{K}_{ba}\delta\boldsymbol{q}_a + \boldsymbol{K}_{bb}\delta\boldsymbol{q}_b) \tag{4.1.25}$$

将 $\delta\boldsymbol{q}_b$、$\delta\boldsymbol{p}_b$ 求解为状态变量 $\delta\boldsymbol{q}_a$、$\delta\boldsymbol{p}_a$ 的函数,当然应在

$$\det(\boldsymbol{K}_{ab}) \neq 0 \tag{4.1.26}$$

的条件下实行转化:

$$\begin{aligned} \delta\boldsymbol{q}_b &= -\boldsymbol{K}_{ab}^{-1}\boldsymbol{K}_{aa} \cdot \delta\boldsymbol{q}_a - \boldsymbol{K}_{ab}^{-1} \cdot \delta\boldsymbol{p}_a \\ \delta\boldsymbol{p}_b &= (\boldsymbol{K}_{ba} - \boldsymbol{K}_{bb}\boldsymbol{K}_{ab}^{-1}\boldsymbol{K}_{aa}) \cdot \delta\boldsymbol{q}_a - \boldsymbol{K}_{bb}\boldsymbol{K}_{ab}^{-1} \cdot \delta\boldsymbol{p}_a \end{aligned} \tag{4.1.27}$$

变分形式的 $\delta\boldsymbol{q}_a$、$\delta\boldsymbol{p}_a$、$\delta\boldsymbol{q}_b$、$\delta\boldsymbol{p}_b$ 可化成 Jacobi 矩阵的形式,写成矩阵-向量形式:

$$\frac{\partial\boldsymbol{v}_b}{\partial\boldsymbol{v}_a} = \frac{\partial(\boldsymbol{q}_b, \boldsymbol{p}_b)}{\partial(\boldsymbol{q}_a, \boldsymbol{p}_a)} = \begin{bmatrix} \dfrac{\partial\boldsymbol{q}_b}{\partial\boldsymbol{q}_a} & \dfrac{\partial\boldsymbol{q}_b}{\partial\boldsymbol{p}_a} \\ \dfrac{\partial\boldsymbol{p}_b}{\partial\boldsymbol{q}_a} & \dfrac{\partial\boldsymbol{p}_b}{\partial\boldsymbol{p}_a} \end{bmatrix} = \begin{bmatrix} -\boldsymbol{K}_{ab}^{-1}\boldsymbol{K}_{aa} & -\boldsymbol{K}_{ab}^{-1} \\ (\boldsymbol{K}_{ba} - \boldsymbol{K}_{bb}\boldsymbol{K}_{ab}^{-1}\boldsymbol{K}_{aa}) & -\boldsymbol{K}_{bb}\boldsymbol{K}_{ab}^{-1} \end{bmatrix} = \boldsymbol{S} \tag{4.1.28}$$

计算 $\boldsymbol{S}^{\mathrm{T}}\boldsymbol{J}\boldsymbol{S} = \boldsymbol{J}$ 就可检验 $\boldsymbol{S}$ 是辛矩阵,在式(1.5.8)之后已经用矩阵乘法验证过了。

式(4.1.15)验证了 Lagrange 括号有

$$\{\boldsymbol{q}_a, \boldsymbol{q}_a\}_{\boldsymbol{q}_b, \boldsymbol{p}_b} = \boldsymbol{0},\ \{\boldsymbol{p}_a, \boldsymbol{p}_a\}_{\boldsymbol{q}_b, \boldsymbol{p}_b} = \boldsymbol{0},\ \{\boldsymbol{q}_a, \boldsymbol{p}_a\}_{\boldsymbol{q}_b, \boldsymbol{p}_b} = \boldsymbol{I}_n \tag{4.1.29}$$

具体表示,当 $0 < i, j \leqslant n$ 时,有

$$\{q_{ai}, q_{aj}\}_{\boldsymbol{q}_k, \boldsymbol{p}_k} = \sum_{k=1}^{n}\left(\frac{\partial q_{bk}}{\partial q_{ai}}\frac{\partial p_{bk}}{\partial q_{aj}} - \frac{\partial q_{bk}}{\partial q_{aj}}\frac{\partial p_{bk}}{\partial q_{ai}}\right) = \sum_{k=1}^{n}\left|\frac{\partial(q_{bk}, p_{bk})}{\partial(q_{ai}, q_{aj})}\right| = 0 \tag{4.1.30a}$$

同理,

$$\{p_{ai}, p_{aj}\}_{\boldsymbol{q}_k, \boldsymbol{p}_k} = \sum_{k=1}^{n}\left(\frac{\partial q_{bk}}{\partial p_{ai}}\frac{\partial p_{bk}}{\partial p_{aj}} - \frac{\partial q_{bk}}{\partial p_{aj}}\frac{\partial p_{bk}}{\partial p_{ai}}\right) = \sum_{k=1}^{n}\left|\frac{\partial(q_{bk}, p_{bk})}{\partial(p_{ai}, p_{aj})}\right| = 0 \tag{4.1.30b}$$

及

$$\{q_{ai}, p_{aj}\}_{q_k, p_k} = \sum_{k=1}^{n}\left(\frac{\partial q_{bk}}{\partial q_{ai}}\frac{\partial p_{bk}}{\partial p_{aj}} - \frac{\partial q_{bk}}{\partial p_{aj}}\frac{\partial p_{bk}}{\partial q_{ai}}\right) = \sum_{k=1}^{n}\left|\frac{\partial(q_{bk}, p_{bk})}{\partial(q_{ai}, p_{aj})}\right| = \delta_{ij} \tag{4.1.30c}$$

这些公式给出从 $\boldsymbol{q}_a$、$\boldsymbol{p}_a$ 到 $\boldsymbol{q}_b$、$\boldsymbol{p}_b$ 的传递辛矩阵的充分必要条件。读者可以对比看到，这些与一维时(1.5 节)的证明如出一辙。证明毕。

于是 $\boldsymbol{S} = \partial \boldsymbol{v}_b / \partial \boldsymbol{v}_a$ 确实是传递辛矩阵，情况又与线性系统时相符合。这表明用区段变形能，即动力学的作用量产生的 $\boldsymbol{v}_a$、$\boldsymbol{v}_b$ 的变分是传递辛矩阵的乘法关系。以后会讲清楚：传递辛矩阵乘法就是正则变换。正则变换是 Hamilton 体系的本性，用摄动法(perturbation)近似求解时，正则变换是很重要的。

传递辛矩阵 $\boldsymbol{S} = \partial \boldsymbol{v}_b / \partial \boldsymbol{v}_a$ 是偏微商，偏微商是对于增量讲的，代表着区段两端状态向量 $\boldsymbol{v}_a$、$\boldsymbol{v}_b$ 之间的传递。

按区段作用量 $U(\boldsymbol{q}_a, \boldsymbol{q}_b)$ 给出的两端状态向量增量，是区段 (t_a, t_b) 的两端变换。如果紧接着有区段 (t_b, t_c)，则同样处理得到从 $\boldsymbol{v}_b$ 到 $\boldsymbol{v}_c$ 的增量变换。两个正则变换的合成依然是正则变换，即辛矩阵乘法给出的仍是辛矩阵，因为辛矩阵有群的性质。

顺次两个变换的合成是讲从 $\boldsymbol{q}_a$、$\boldsymbol{p}_a$ 到 $\boldsymbol{q}_b$、$\boldsymbol{p}_b$ 再到 $\boldsymbol{q}_c$、$\boldsymbol{p}_c$ 的变换，并不涉及对纵向坐标 t 的微商，因此适用于离散坐标体系。设从 $\boldsymbol{q}_a$、$\boldsymbol{p}_a$ 到 $\boldsymbol{q}_b$、$\boldsymbol{p}_b$ 的传递辛矩阵 $\boldsymbol{S}_{a-b} = \partial \boldsymbol{v}_b / \partial \boldsymbol{v}_a$，而从 $\boldsymbol{q}_b$、$\boldsymbol{p}_b$ 到 $\boldsymbol{q}_c$、$\boldsymbol{p}_c$ 的传递辛矩阵 $\boldsymbol{S}_{b-c} = \partial \boldsymbol{v}_c / \partial \boldsymbol{v}_b$，合成就是

$$\boldsymbol{S}_{a-c} = \boldsymbol{S}_{b-c} \cdot \boldsymbol{S}_{a-b} = \left(\frac{\partial \boldsymbol{v}_c}{\partial \boldsymbol{v}_b}\right) \cdot \left(\frac{\partial \boldsymbol{v}_b}{\partial \boldsymbol{v}_a}\right) = \frac{\partial \boldsymbol{v}_c}{\partial \boldsymbol{v}_a}$$

辛矩阵的乘法，其实就是 Jacobi 矩阵的乘法。进一步还应证明：传递辛矩阵乘法的合成相当于两个相邻区段的区段变形能合并，即两者是一致的。具体分析省略。

将式(4.1.30)表达成分量：

$$\{q_i, q_j\} = 0,\ \{p_i, p_j\} = 0,\ \{q_i, p_j\} = \delta_{ij} \tag{4.1.31}$$

虽然 Lagrange 括号写的是全量，但注意其定义式(4.1.14)是偏微商，蕴涵了是增量。

与 Lagrange 括号相对应的有 Poisson 括号。Poisson 括号则相反，将 u、v 看成为状态向量 $\boldsymbol{q}$、$\boldsymbol{p}$ 的任意两个函数 $u(\boldsymbol{q}, \boldsymbol{p})$、$v(\boldsymbol{q}, \boldsymbol{p})$。Poisson 括号的定义参见式(1.35)用辛的形式表达：

$$\begin{aligned}[u, v]_{q,p} &\overset{\text{def}}{=} \left(\frac{\partial u}{\partial \boldsymbol{q}}\right)^{\mathrm{T}} \frac{\partial v}{\partial \boldsymbol{p}} - \left(\frac{\partial u}{\partial \boldsymbol{p}}\right)^{\mathrm{T}} \frac{\partial v}{\partial \boldsymbol{q}} \\ &= \sum_{k=1}^{n}\begin{vmatrix} \dfrac{\partial u}{\partial q_k} & \dfrac{\partial u}{\partial p_k} \\ \dfrac{\partial v}{\partial q_k} & \dfrac{\partial v}{\partial p_k} \end{vmatrix} = \sum_{k=1}^{n}\left|\frac{\partial(u, v)}{\partial(q_k, p_k)}\right| \end{aligned} \tag{4.1.32}$$

式中，$\partial u/\partial \boldsymbol{q}$ 是向量，其转置 $(\partial u/\partial \boldsymbol{q})^{\mathrm{T}}$ 是行向量，乘积仍然是纯量，于是 Poisson 括号给出一个纯量；其中 u、v 也可是坐标 t 的函数，t 只是一个参数。显然也有 $[u, v]_{q,p}=-[v, u]_{q,p}$，即 Poisson 括号是反对称的。Poisson 括号是传统分析动力学的主要内容，其应用很广泛。式(4.1.32)也可简单采用辛的表达式(4.1.35)，具体见后文。

如果 $\boldsymbol{u}$ 是一个向量而 v 是纯量，则 $\partial \boldsymbol{u}/\partial \boldsymbol{q}$ 是矩阵，$(\partial \boldsymbol{u}/\partial \boldsymbol{q})^{\mathrm{T}}$ 是其转置阵，于是 $(\partial \boldsymbol{u}/\partial \boldsymbol{q})^{\mathrm{T}}\cdot(\partial v/\partial \boldsymbol{q})$ 仍给出向量；如果 $\boldsymbol{u}$、$\boldsymbol{v}$ 全部是向量，则 Poisson 括号给出的就是矩阵。该矩阵 i、j 行列的元素是 $[u_i, v_j]_{q,p}$。

揭示 Lagrange 括号及 Poisson 括号与辛矩阵的关系有启发意义。记 $\boldsymbol{v}_{\mathrm{b}}=\boldsymbol{v}_{\mathrm{b}}(\boldsymbol{v}_{\mathrm{a}})$，则

$$\frac{\partial \boldsymbol{v}_{\mathrm{b}}}{\partial \boldsymbol{v}_{\mathrm{a}}}=\boldsymbol{S}$$

就是式(4.1.9)。前面证明 $\boldsymbol{S}$ 是辛矩阵，$\boldsymbol{S}^{\mathrm{T}}\boldsymbol{J}\boldsymbol{S}=\boldsymbol{J}$ 满足，就给出了 Lagrange 括号的式(4.1.30)。故 Lagrange 括号的式(4.1.30)与 $\boldsymbol{S}$ 为辛矩阵互为因果关系，Lagrange 括号的式(4.1.30)就是共轭辛正交归一关系。

根据 $\boldsymbol{S}$ 为辛矩阵，就可验证 Poisson 括号的特征。根据辛矩阵群的性质，知道 $\boldsymbol{S}^{\mathrm{T}}$ 也是辛矩阵，有 $\boldsymbol{S}\boldsymbol{J}\boldsymbol{S}^{\mathrm{T}}=\boldsymbol{J}$。将 $\boldsymbol{S}\boldsymbol{J}\boldsymbol{S}^{\mathrm{T}}=\boldsymbol{J}$ 乘出来，就得到用 Poisson 括号组成的矩阵。为了看清楚 Poisson 括号，完成 $\boldsymbol{S}\boldsymbol{J}\boldsymbol{S}^{\mathrm{T}}=\boldsymbol{J}$ 的矩阵乘法，具体表达为

$$\boldsymbol{S}=\begin{bmatrix}\dfrac{\partial \boldsymbol{q}_{\mathrm{b}}}{\partial \boldsymbol{q}_{\mathrm{a}}} & \dfrac{\partial \boldsymbol{q}_{\mathrm{b}}}{\partial \boldsymbol{p}_{\mathrm{a}}}\\[2ex] \dfrac{\partial \boldsymbol{p}_{\mathrm{b}}}{\partial \boldsymbol{q}_{\mathrm{a}}} & \dfrac{\partial \boldsymbol{p}_{\mathrm{b}}}{\partial \boldsymbol{p}_{\mathrm{a}}}\end{bmatrix},\quad \boldsymbol{J}\boldsymbol{S}^{\mathrm{T}}=\begin{bmatrix}\left(\dfrac{\partial \boldsymbol{q}_{\mathrm{b}}}{\partial \boldsymbol{p}_{\mathrm{a}}}\right)^{\mathrm{T}} & \left(\dfrac{\partial \boldsymbol{p}_{\mathrm{b}}}{\partial \boldsymbol{p}_{\mathrm{a}}}\right)^{\mathrm{T}}\\[2ex] -\left(\dfrac{\partial \boldsymbol{q}_{\mathrm{b}}}{\partial \boldsymbol{q}_{\mathrm{a}}}\right)^{\mathrm{T}} & -\left(\dfrac{\partial \boldsymbol{p}_{\mathrm{b}}}{\partial \boldsymbol{q}_{\mathrm{a}}}\right)^{\mathrm{T}}\end{bmatrix}$$

$$\boldsymbol{S}\boldsymbol{J}\boldsymbol{S}^{\mathrm{T}}=\begin{bmatrix}\dfrac{\partial \boldsymbol{q}_{\mathrm{b}}}{\partial \boldsymbol{q}_{\mathrm{a}}}\left(\dfrac{\partial \boldsymbol{q}_{\mathrm{b}}}{\partial \boldsymbol{p}_{\mathrm{a}}}\right)^{\mathrm{T}}-\dfrac{\partial \boldsymbol{q}_{\mathrm{b}}}{\partial \boldsymbol{p}_{\mathrm{a}}}\left(\dfrac{\partial \boldsymbol{q}_{\mathrm{b}}}{\partial \boldsymbol{q}_{\mathrm{a}}}\right)^{\mathrm{T}} & \dfrac{\partial \boldsymbol{q}_{\mathrm{b}}}{\partial \boldsymbol{q}_{\mathrm{a}}}\left(\dfrac{\partial \boldsymbol{p}_{\mathrm{b}}}{\partial \boldsymbol{p}_{\mathrm{a}}}\right)^{\mathrm{T}}-\dfrac{\partial \boldsymbol{q}_{\mathrm{b}}}{\partial \boldsymbol{p}_{\mathrm{a}}}\left(\dfrac{\partial \boldsymbol{p}_{\mathrm{b}}}{\partial \boldsymbol{q}_{\mathrm{a}}}\right)^{\mathrm{T}}\\[2ex] \dfrac{\partial \boldsymbol{p}_{\mathrm{b}}}{\partial \boldsymbol{q}_{\mathrm{a}}}\left(\dfrac{\partial \boldsymbol{q}_{\mathrm{b}}}{\partial \boldsymbol{p}_{\mathrm{a}}}\right)^{\mathrm{T}}-\dfrac{\partial \boldsymbol{p}_{\mathrm{b}}}{\partial \boldsymbol{p}_{\mathrm{a}}}\left(\dfrac{\partial \boldsymbol{q}_{\mathrm{b}}}{\partial \boldsymbol{q}_{\mathrm{a}}}\right)^{\mathrm{T}} & \dfrac{\partial \boldsymbol{p}_{\mathrm{b}}}{\partial \boldsymbol{q}_{\mathrm{a}}}\left(\dfrac{\partial \boldsymbol{p}_{\mathrm{b}}}{\partial \boldsymbol{p}_{\mathrm{a}}}\right)^{\mathrm{T}}-\dfrac{\partial \boldsymbol{p}_{\mathrm{b}}}{\partial \boldsymbol{p}_{\mathrm{a}}}\left(\dfrac{\partial \boldsymbol{p}_{\mathrm{b}}}{\partial \boldsymbol{q}_{\mathrm{a}}}\right)^{\mathrm{T}}\end{bmatrix}=\boldsymbol{J}$$

上述矩阵分为 2×2 的 4 个子矩阵，先分析第 1 行、第 1 列的子矩阵，记为 $(\boldsymbol{S}\boldsymbol{J}\boldsymbol{S}^{\mathrm{T}})_{\mathrm{qq}}$，取其 i、j 行列的元素，为

$$(\boldsymbol{S}\boldsymbol{J}\boldsymbol{S}^{\mathrm{T}})_{\mathrm{qq}}=\left(\frac{\partial q_{\mathrm{b},i}}{\partial \boldsymbol{q}_{\mathrm{a}}}\right)^{\mathrm{T}}\cdot\frac{\partial q_{\mathrm{b},j}}{\partial \boldsymbol{p}_{\mathrm{a}}}-\left(\frac{\partial q_{\mathrm{b},i}}{\partial \boldsymbol{p}_{\mathrm{a}}}\right)^{\mathrm{T}}\cdot\frac{\partial q_{\mathrm{b},j}}{\partial \boldsymbol{q}_{\mathrm{a}}}=[q_{\mathrm{b},i}, q_{\mathrm{b},j}]_{\boldsymbol{q}_{\mathrm{a}},\boldsymbol{p}_{\mathrm{a}}}$$

省略 Poisson 括号的下标 $\boldsymbol{q}_{\mathrm{a}}$、$\boldsymbol{p}_{\mathrm{a}}$，有

$$(\boldsymbol{S}\boldsymbol{J}\boldsymbol{S}^{\mathrm{T}})_{\mathrm{qq}}=\begin{bmatrix}[q_{\mathrm{b},1}, q_{\mathrm{b},1}] & \cdots & \cdots & [q_{\mathrm{b},1}, q_{\mathrm{b},n}]\\ \vdots & [q_{\mathrm{b},i}, q_{\mathrm{b},j}] & \ddots & \vdots\\ \vdots & \ddots & \ddots & \vdots\\ [q_{\mathrm{b},n}, q_{\mathrm{b},1}] & \cdots & \cdots & [q_{\mathrm{b},n}, q_{\mathrm{b},n}]\end{bmatrix}=\boldsymbol{0}$$

$$(\boldsymbol{SJS}^{\mathrm{T}})_{\mathrm{qp}}=\begin{bmatrix}[q_{\mathrm{b},1},p_{b,1}] & \cdots & \cdots & [q_{\mathrm{b},1},p_{\mathrm{b},n}]\\ \vdots & [q_{\mathrm{b},i},p_{\mathrm{b},j}] & \ddots & \vdots\\ \vdots & \ddots & \ddots & \vdots\\ [q_{\mathrm{b},n},p_{\mathrm{b},1}] & \cdots & \cdots & [q_{\mathrm{b},n},p_{\mathrm{b},n}]\end{bmatrix}=\boldsymbol{I}$$

$$(\boldsymbol{SJS}^{\mathrm{T}})_{\mathrm{pq}}=\begin{bmatrix}[p_{\mathrm{b},1},q_{\mathrm{b},1}] & \cdots & \cdots & [p_{\mathrm{b},1},q_{\mathrm{b},n}]\\ \vdots & [p_{\mathrm{b},i},q_{\mathrm{b},j}] & \ddots & \vdots\\ \vdots & \ddots & \ddots & \vdots\\ [p_{\mathrm{b},n},q_{\mathrm{b},1}] & \cdots & \cdots & [p_{\mathrm{b},n},q_{\mathrm{b},n}]\end{bmatrix}=-\boldsymbol{I}$$

$$(\boldsymbol{SJS}^{\mathrm{T}})_{\mathrm{pp}}=\begin{bmatrix}[p_{\mathrm{b},1},p_{\mathrm{b},1}] & \cdots & \cdots & [p_{\mathrm{b},1},p_{\mathrm{b},n}]\\ \vdots & [p_{\mathrm{b},i},p_{\mathrm{b},j}] & \ddots & \vdots\\ \vdots & \ddots & \ddots & \vdots\\ [p_{\mathrm{b},n},p_{\mathrm{b},1}] & \cdots & \cdots & [p_{\mathrm{b},n},p_{\mathrm{b},n}]\end{bmatrix}=\boldsymbol{0}$$

这符合 Poisson 括号的反对称性质。所以 Lagrange 括号与 Poisson 括号密切关联——若 $\boldsymbol{S}$ 为辛矩阵，则根据辛矩阵群的性质，知道 $\boldsymbol{S}^{\mathrm{T}}$ 也是辛矩阵。按上面辛矩阵的性质有

$$[q_{\mathrm{a}i},q_{\mathrm{a}j}]_{\boldsymbol{q},\boldsymbol{p}}=0,\ [p_{\mathrm{a}i},p_{\mathrm{a}j}]_{\boldsymbol{q},\boldsymbol{p}}=0,\ [q_{\mathrm{a}i},p_{\mathrm{a}j}]_{\boldsymbol{q},\boldsymbol{p}}=\delta_{ij} \tag{4.1.33}$$

这也是共轭辛正交归一关系。

式(4.1.33)没有涉及 $[u, v]$。其实

$$[u,v]_{\boldsymbol{q},\boldsymbol{p}}\overset{=}{_{\mathrm{def}}}\left(\frac{\partial u}{\partial \boldsymbol{q}}\right)^{\mathrm{T}}\frac{\partial v}{\partial \boldsymbol{p}}-\left(\frac{\partial u}{\partial \boldsymbol{p}}\right)^{\mathrm{T}}\frac{\partial v}{\partial \boldsymbol{q}}=\sum_{k=1}^{n}\begin{vmatrix}\dfrac{\partial u}{\partial q_k} & \dfrac{\partial u}{\partial p_k}\\ \dfrac{\partial v}{\partial q_k} & \dfrac{\partial v}{\partial p_k}\end{vmatrix}$$

取括号 $[u, q_i]$ 或 $[u, p_i]$，即取 $v(\boldsymbol{q}, \boldsymbol{p}) = q_i$ 或 $v(\boldsymbol{q}, \boldsymbol{p}) = p_i$，有

$$[u,q_i]=\sum_{k=1}^{n}\begin{vmatrix}\dfrac{\partial u}{\partial q_k} & \dfrac{\partial u}{\partial p_k}\\ \dfrac{\partial q_i}{\partial q_k} & \dfrac{\partial q_i}{\partial p_k}\end{vmatrix}=\sum_{k=1}^{n}\begin{vmatrix}\dfrac{\partial u}{\partial q_k} & \dfrac{\partial u}{\partial p_k}\\ \delta_{ik} & 0\end{vmatrix}=-\frac{\partial u}{\partial p_i}$$

$$[u,p_i]=\sum_{k=1}^{n}\begin{vmatrix}\dfrac{\partial u}{\partial q_k} & \dfrac{\partial u}{\partial p_k}\\ \dfrac{\partial p_i}{\partial q_k} & \dfrac{\partial p_i}{\partial p_k}\end{vmatrix}=\sum_{k=1}^{n}\begin{vmatrix}\dfrac{\partial u}{\partial q_k} & \dfrac{\partial u}{\partial p_k}\\ 0 & \delta_{ik}\end{vmatrix}=\frac{\partial u}{\partial q_i}$$

如果将上式中的函数 $u(\boldsymbol{q}, \boldsymbol{p})$ 取为 Hamilton 函数 $H(\boldsymbol{q}, \boldsymbol{p})$，则就成为方程：

$$[q_i, H] = \frac{\partial H}{\partial p_i}, [p_i, H] = -\frac{\partial H}{\partial q_i}$$

又成为连续时间系统的正则方程,与式(4.1.37)衔接。

$\boldsymbol{q}_a$、$\boldsymbol{p}_a$ 与 $\boldsymbol{q}$、$\boldsymbol{p}$ 是传递辛矩阵乘法变换关系,根据链式微商的规则,有

$$[u, v]_{q,p} = \sum_{k=1}^{n} \begin{vmatrix} \frac{\partial u}{\partial p_k} & \frac{\partial u}{\partial p_k} \\ \frac{\partial v}{\partial q_k} & \frac{\partial v}{\partial p_k} \end{vmatrix} = \sum_{k=1}^{n} \sum_{i=1}^{n} \begin{vmatrix} \frac{\partial u}{\partial q_{ai}} & \frac{\partial u}{\partial p_{ai}} \\ \frac{\partial v}{\partial q_{ai}} & \frac{\partial v}{\partial p_{ai}} \end{vmatrix} \begin{vmatrix} \frac{\partial q_{ai}}{\partial q_k} & \frac{\partial q_{ai}}{\partial p_k} \\ \frac{\partial p_{ai}}{\partial q_k} & \frac{\partial q_{ai}}{\partial p_k} \end{vmatrix}$$

$$= [u, v]_{\boldsymbol{q}_a, \boldsymbol{p}_a} = [u, v] \tag{4.1.34}$$

表明 Poisson 括号在正则变换(传递辛矩阵乘法变换)下不变,故可将其下标省略。在此看到,Lagrange 括号和 Poisson 括号的出现是很自然的,两者关系也很清楚。过去的分析力学著作,只讲 Poisson 括号而不讲 Lagrange 括号,这不妥。因为以往按连续时间的分析而推导,没有离散的概念,所以不会有传递辛矩阵群的思路。而本书的讲解是从离散系统切入的。回顾微商的定义也是从离散的差商再取极限而得到。

采用辛的表示也许更简洁,有

$$[u_1, u_2]_{\boldsymbol{v}} = \left(\frac{\partial u_1}{\partial \boldsymbol{v}}\right)^{\mathrm{T}} \boldsymbol{J} \left(\frac{\partial u_2}{\partial \boldsymbol{v}}\right), \ \boldsymbol{v} = \{\boldsymbol{q}^{\mathrm{T}}, \boldsymbol{p}^{\mathrm{T}}\}^{\mathrm{T}} \tag{4.1.35}$$

式中,u_1、u_2 是 $\boldsymbol{q}$、$\boldsymbol{p}$ 的函数。如果 u_1、u_2 直接选自正则变量的分量,易知

$$[q_i, q_j] = 0, \ [p_i, p_j] = 0,$$
$$[q_i, p_j] = \delta_{ij}, \ [p_i, q_j] = -\delta_{ij}, \ i, j, = 1, \cdots, n$$

这些正则变量都是 $\boldsymbol{v}$ 的分量,若将泊松括号写成 $2n \times 2n$ 矩阵,有

$$[\boldsymbol{v}, \boldsymbol{v}] = \boldsymbol{J} \tag{4.1.36}$$

对时不变的线性系统,$\boldsymbol{S}$ 是定常辛矩阵;对变系数线性方程则 $\boldsymbol{S}$ 是随坐标 t 而变的辛矩阵;对非线性系统则 $\boldsymbol{S}$ 是状态的辛矩阵。以上阐述并无对长度坐标 t 的微商,故适用于离散系统。事实上这一节的理论就是在离散坐标下推导的,因此离散系统才能与有限元法相衔接。再说,一般非线性系统的求解要离散,所以适用于离散系统很重要。以上是分析力学理论一般的描述。

以上讲的 Lagrange 括号与 Poisson 括号在传递辛矩阵的基础上建立,切合本书的要点——辛矩阵,离散辛几何。按传递辛矩阵群的性质,自然就将它们建立起来了,相互之间的关系也表达得很清楚,容易理解。从教学的角度看的,辛矩阵的优点在此得到体现。传递辛矩阵就是从区段能量来的,结构力学是区段变形能,动力学是区段作用量。因此第二章着力讲解分析动力学与分析结构静力学模拟关系。

Poisson 括号的出现是从离散系统的传递辛矩阵导出,而另一方面用 Poisson 括号又

可表达连续时间坐标系统的 Hamilton 对偶方程。这样 Poisson 括号连接时间坐标的离散系统与连续系统,所以 Poisson 括号得到了更多关注。这也表明,离散系统传递辛矩阵的方法没有什么过错。中国的哲学讲究和而不同,吸纳各方面的成果加以融合,可以集思广益。

既然讲传递辛矩阵,就是讲离散系统。但 Poisson 括号也可用于 Hamilton 正则方程。Poisson 括号只出现对于状态向量分量的偏微商,而连续坐标系统的 Hamilton 正则方程也只有对于 $\boldsymbol{q}$、$\boldsymbol{p}$ 的偏微商,所以可用 Poisson 括号来表示 Hamilton 正则方程。

哈密顿正则方程的要点是在正则变换下其形式不变。现在泊松括号也是在正则变换下不变。事实上正则方程是可以用泊松括号来表示如下:

$$\dot{\boldsymbol{q}} = [\boldsymbol{q},\ H],\ \dot{\boldsymbol{p}} = [\boldsymbol{p},\ H],\text{或}\quad \dot{\boldsymbol{v}} = [\boldsymbol{v},\ H] \tag{4.1.37}$$

括号中一个是向量,一个是哈密顿函数 H 为纯量,结果仍是向量。无非是将 n 个方程写在一起。采用泊松括号的辛表示:

$$[\boldsymbol{v},\ H] = \boldsymbol{J}\frac{\partial H}{\partial \boldsymbol{v}} \tag{4.1.38}$$

式(4.1.37)和式(4.1.38)是将正则变量直接代入泊松括号。如对任意函数 $u(\boldsymbol{q},\ \boldsymbol{p},\ t)$ 求 t 的全微商,则有

$$\begin{aligned}\dot{u} &= \frac{\mathrm{d}u}{\mathrm{d}t} = \left(\frac{\partial u}{\partial \boldsymbol{q}}\right)^{\mathrm{T}}\dot{\boldsymbol{q}} + \left(\frac{\partial u}{\partial \boldsymbol{p}}\right)^{\mathrm{T}}\dot{\boldsymbol{p}} + \frac{\partial u}{\partial t}\\ &= \left(\frac{\partial u}{\partial \boldsymbol{q}}\right)^{\mathrm{T}}\frac{\partial H}{\partial \boldsymbol{p}} - \left(\frac{\partial u}{\partial \boldsymbol{p}}\right)^{\mathrm{T}}\frac{\partial H}{\partial \boldsymbol{q}} + \frac{\partial u}{\partial t}\\ &= [u,\ H] + \frac{\partial u}{\partial t}\end{aligned} \tag{4.1.39}$$

或

$$\dot{u} = \left(\frac{\partial u}{\partial \boldsymbol{v}}\right)^{\mathrm{T}}\dot{\boldsymbol{v}} + \frac{\partial u}{\partial t} = \left(\frac{\partial u}{\partial \boldsymbol{v}}\right)^{\mathrm{T}}\boldsymbol{J}\frac{\partial H}{\partial \boldsymbol{v}} + \frac{\partial u}{\partial t} \tag{4.1.39$'$}$$

这就是辛表示。

如果将哈密顿函数 H 代替上式中的 u,则因对于任意的向量 $\boldsymbol{v}_a$ 恒有 $\boldsymbol{v}_a^{\mathrm{T}}\boldsymbol{J}\boldsymbol{v}_a = 0$,故有

$$\frac{\mathrm{d}H}{\mathrm{d}t} = \frac{\partial H}{\partial t}$$

正则坐标 $\boldsymbol{q}$、$\boldsymbol{p}$ 用于描述运动的坐标系统,而哈密顿函数 H 是针对某一运动而给的,因此说哈密顿函数 H 生成了一个运动。

本书的 Poisson 括号来自时间离散系统,又适应衔接了连续时间系统,显得分外重要。

如果将辛矩阵代入 Poisson 括号中成为 $[S,\ H]$,给出的就是矩阵。

作者将本书基础部分在大连理工大学课堂上粗糙地讲解了。一部分学生听下来了,

得到一个问题：Poisson 括号不难理解，但没有学过传统分析动力学，不知道以前分析动力学是怎么讲的。说来话长，以前的分析动力学著作，Poisson 括号是突然之间就冒出来了。至于 Poisson 怎么推导出来，作者也说不清楚。从式(4.1.37)看到，它与 Hamilton 正则方程的密切关系，就接受了。传统分析动力学是四大力学之首，但理解不易，工程专业干脆就不讲。Poisson 是大数学家，在固体力学方面也有重要建树：Poisson 比。但结构力学与动力学之间的相似性，以往没见过。

也有同志说：Lagrange 括号、Poisson 括号很简单。如果早就这么讲，大家对分析动力学也不会望而生畏了。因此，这成为本书封面的标记。

4.2　Poisson 括号的代数，李代数

4.1 节看到泊松括号的重要性，因此对泊松括号的代数运算也有极大的兴趣了。从代数的角度看，泊松括号的运算可以看成为两个函数 $[u_1(\boldsymbol{q},\ \boldsymbol{p})$ 与 $u_2(\boldsymbol{q},\ \boldsymbol{p})]$ 的双目运算。

(1) 反对称性：

$$[u_1,\ u_2] = -[u_2,\ u_1],\ [u,\ u] = 0 \tag{4.2.1}$$

(2) 线性分配律：

$$[au_1 + bu_2,\ u_3] = a[u_1,\ u_3] + b[u_2,\ u_3] \tag{4.2.2}$$

式中，a、b 为任意常数；u_1、u_2、u_3 是任意 $\boldsymbol{q}$、$\boldsymbol{p}$ 的函数。根据反对称性质，可推导出后一个元素的线性分配律：

$$\begin{aligned}[u_3,\ (au_1 + bu_2)] &= -[au_1 + bu_2,\ u_3] = -a[u_1,\ u_3] - b[u_2,\ u_3]\\ &= a[u_3,\ u_1] + b[u_3,\ u_2]\end{aligned}$$

(3) 乘法元素 $(u_1 \cdot u_2)$ 代入时，有规则：

$$[(u_1 \cdot u_2),\ u_3] = [u_1,\ u_3]u_2 + u_1[u_2,\ u_3] \tag{4.2.3}$$

(4) Poisson 括号还有一个性质，就是雅可比(Jacobi)恒等式：

$$[u,\ [v,\ w]] + [v,\ [w,\ u]] + [w,\ [u,\ v]] \equiv 0 \tag{4.2.4}$$

即双重泊松括号，将任意三个函数 $u(\boldsymbol{q},\ \boldsymbol{p})$、$v(\boldsymbol{q},\ \boldsymbol{p})$、$w(\boldsymbol{q},\ \boldsymbol{p})$ 循环一周时其和为零。

现证明上式。式(4.2.4)中第 1 项只有 u 的一阶微商，只有第 2 第 3 的二项有 u 的二阶微商。式(4.2.4)的展开式中，全都是两个一阶微商与一个二阶微商的乘积。按二阶微商项的组集，当其系数都为零时，全式就成为零。

将式(4.2.4)的第三项展开，首先是以 ζ 当作正则变量，采用 Poisson 括号的辛表示式(4.1.35)，便有

$$[u,\ v] = \left(\frac{\partial u}{\partial \zeta}\right)^{\mathrm{T}} \boldsymbol{J}\left(\frac{\partial v}{\partial \zeta}\right)$$

它也是 ζ 的一个函数，于是式(4.2.4)的第三个双重泊松括号成为

$$[w,[u,v]]=\left(\frac{\partial w}{\partial\zeta}\right)^{\mathrm{T}}\boldsymbol{J}\frac{\partial}{\partial\zeta}\left[\left(\frac{\partial u}{\partial\zeta}\right)^{\mathrm{T}}\boldsymbol{J}\frac{\partial v}{\partial\zeta}\right]=\left(\frac{\partial w}{\partial\zeta}\right)^{\mathrm{T}}\boldsymbol{J}\left(\frac{\partial^2 u}{\partial\zeta\partial\zeta}\boldsymbol{J}\frac{\partial v}{\partial\zeta}-\frac{\partial^2 v}{\partial\zeta\partial\zeta}\boldsymbol{J}\frac{\partial u}{\partial\zeta}\right)$$

式中，只有前一项有 u 的二阶偏微商，并且 $\partial^2 u/(\partial\zeta\partial\zeta)$ 是一个对称 $2n\times 2n$ 阵。将 u、v、w 这 3 个函数循环，有

$$[v,[w,u]]=\left(\frac{\partial v}{\partial\zeta}\right)^{\mathrm{T}}\boldsymbol{J}\left(\frac{\partial^2 w}{\partial\zeta\partial\zeta}\boldsymbol{J}\frac{\partial u}{\partial\zeta}-\frac{\partial^2 u}{\partial\zeta\partial\zeta}\boldsymbol{J}\frac{\partial w}{\partial\zeta}\right)$$

式中，包含 u 的二阶偏微商只有一项，该项是一个纯量。取转置有

$$-\left(\frac{\partial v}{\partial\zeta}\right)^{\mathrm{T}}\boldsymbol{J}\left(\frac{\partial^2 u}{\partial\zeta\partial\zeta}\right)\boldsymbol{J}\left(\frac{\partial w}{\partial\zeta}\right)=-\left(\frac{\partial w}{\partial\zeta}\right)^{\mathrm{T}}\boldsymbol{J}\left(\frac{\partial^2 u}{\partial\zeta\partial\zeta}\right)\boldsymbol{J}\left(\frac{\partial v}{\partial\zeta}\right)$$

可知 u 的二阶微商的项，相互抵消。同理，$\boldsymbol{v}$ 与 $\boldsymbol{w}$ 的二阶微商的项也相互抵消。雅可比恒等式得证。

从代数的角度看，Poisson 括号的运算可以看成两个函数 u_1 与 u_2 的乘法。乘法的普通规则常常服从结合律，例如对矩阵乘法，$(\boldsymbol{AB})\boldsymbol{C}=\boldsymbol{A}(\boldsymbol{BC})$。但如果将 Poisson 括号当成乘法，则结合律不成立而有 $[u,[v,w]]\neq[[u,v],w]=-[w,[u,v]]$。雅可比恒等式取代了乘法结合律。

式(4.2.1)~式(4.2.4)定义了一种非结合律的代数，称为李代数(Lie algebra)。Poisson 括号并不是仅有的李代数。将矩阵的交叉乘：

$$[\boldsymbol{A},\boldsymbol{B}]=\boldsymbol{AB}-\boldsymbol{BA}$$

看成为乘法，也是一种李代数的例子。

验证：

(1) 因 $[\boldsymbol{B},\boldsymbol{A}]=\boldsymbol{BA}-\boldsymbol{AB}=-\{\boldsymbol{A},\boldsymbol{B}]$，反对称性是显然的。

(2) 线性分配律：$[(a\boldsymbol{A}_1+b\boldsymbol{A}_2),\boldsymbol{B}]=(a\boldsymbol{A}_1+b\boldsymbol{A}_2)\boldsymbol{B}-\boldsymbol{B}(a\boldsymbol{A}_1+b\boldsymbol{A}_2)$

$$=a(\boldsymbol{A}_1\boldsymbol{B}-\boldsymbol{BA}_1)+b(\boldsymbol{A}_2\boldsymbol{B}-\boldsymbol{BA}_2)=a[\boldsymbol{A}_1,\boldsymbol{B}]+b[\boldsymbol{A}_2,\boldsymbol{B}]$$

其中，将 $\boldsymbol{u}_1$、$\boldsymbol{u}_2$、$\boldsymbol{u}_3$ 分别记为 $\boldsymbol{A}_1$、$\boldsymbol{A}_2$、$\boldsymbol{B}$。

(3) 将乘法元素 $\boldsymbol{u}_1$、$\boldsymbol{u}_2$、$\boldsymbol{u}_3$ 分别用 $\boldsymbol{A}_1$、$\boldsymbol{A}_2$、$\boldsymbol{B}$ 代入，有

$$[(\boldsymbol{A}_1\cdot\boldsymbol{A}_2),\boldsymbol{B}]=(\boldsymbol{A}_1\cdot\boldsymbol{A}_2)\boldsymbol{B}-\boldsymbol{B}(\boldsymbol{A}_1\cdot\boldsymbol{A}_2)=\boldsymbol{A}_1(\boldsymbol{A}_2\boldsymbol{B}-\boldsymbol{BA}_2)+(\boldsymbol{A}_1\boldsymbol{B}-\boldsymbol{BA}_1)\boldsymbol{A}_2$$

其中，$-\boldsymbol{A}_1\boldsymbol{BA}_2+\boldsymbol{A}_1\boldsymbol{BA}_2$ 自行抵消。

(4) 将全部项都乘出来，将验明 Jacobi 恒等式是满足的。验证毕。

反对称矩阵的交叉乘积，也是李代数的例子。$\boldsymbol{A}+\boldsymbol{A}^{\mathrm{T}}=\boldsymbol{0}$ 是反对称矩阵的特点。

验证：

将两个反对称矩阵记为 $\boldsymbol{A}$、$\boldsymbol{B}$，则交叉乘积的反对称性质如下。

(1) 因 $[\boldsymbol{A},\boldsymbol{B}]=\boldsymbol{AB}-\boldsymbol{BA}$，则 $[\boldsymbol{A},\boldsymbol{B}]^{\mathrm{T}}=(\boldsymbol{AB}-\boldsymbol{BA})^{\mathrm{T}}=(\boldsymbol{B}^{\mathrm{T}}\boldsymbol{A}^{\mathrm{T}}-\boldsymbol{A}^{\mathrm{T}}\boldsymbol{B}^{\mathrm{T}})=(\boldsymbol{BA}-\boldsymbol{AB})=-[\boldsymbol{A},\boldsymbol{B}]$。

(2) 线性分配律：与前面一样。

(3) 将乘法元素代入时，验证同前。

(4) Jacobi 恒等式也同前。验证毕。

在计算正交矩阵群时，反对称矩阵是其李代数。在计算时，精细积分法就发挥作用了。

李代数很重要，它与李群密切相关。传递辛矩阵群在离散时间系统的前提下给出，而动力学的正则方程本是在连续时间条件下的，微分方程给出的是李群。当离散节点非常密集时，可证明传递辛矩阵群收敛于辛李群[8]，就要用到李代数。

Poisson 括号给出了李代数。而 Poisson 括号又是从区段传递辛矩阵 $\boldsymbol{S}$、$\boldsymbol{SJS}^{\mathrm{T}}=\boldsymbol{J}$ 而来的。在实际应用中，区段长度 $\eta=t_k-t_{k-1}$ 总是很小。离散后，传递辛矩阵 $\boldsymbol{S}$ 应当有对应的李代数。区段传递辛矩阵所对应的是区段变形能所推导的 Hamilton 矩阵 $\boldsymbol{H}$ 再乘以区段长度 $\Delta z=z_{\mathrm{b}}-z_{\mathrm{a}}$。区段变形能本身就是连续系统区段作用量的近似。在区段内部由有限元插值得到，因此矩阵 $\boldsymbol{H}$ 实际上也是平均意义上的矩阵，可近似认为在区段内是时不变矩阵。这样，区段传递辛矩阵 $\boldsymbol{S}$ 与矩阵 $\boldsymbol{H}$，就是指数函数的关系：

$$\boldsymbol{S}=\exp(\boldsymbol{H}\cdot\Delta z),\ \Delta z=z_{\mathrm{b}}-z_{\mathrm{a}} \tag{4.2.5}$$

当在区段内为时不变的 H 时，指数矩阵可用精细积分法计算得接近于计算机精度的结果。

首先讲 Hamilton 矩阵，连续时间系统的 Hamilton 对偶方程是 $\dot{\boldsymbol{q}}=\partial H/\partial \boldsymbol{p}$，$\dot{\boldsymbol{p}}=-\partial H/\partial \boldsymbol{q}$。在积分区段 $(t_{\mathrm{a}},t_{\mathrm{b}})$ 的开始时间，有给定的初始状态 $\boldsymbol{q}_{\mathrm{a}}$、$\boldsymbol{p}_{\mathrm{a}}$。将 H 函数在 $\boldsymbol{q}_{\mathrm{a}}$、$\boldsymbol{p}_{\mathrm{a}}$ 附近进行 Taylor 级数展开有

$$\begin{aligned}H(\boldsymbol{q},\boldsymbol{p})=&H_{\mathrm{a}}+\left(\frac{\partial H}{\partial \boldsymbol{q}\mid_{\mathrm{a}}}\right)^{\mathrm{T}}\cdot\mathrm{d}\boldsymbol{q}+\left(\frac{\partial H}{\partial \boldsymbol{p}\mid_{\mathrm{a}}}\right)^{\mathrm{T}}\cdot\mathrm{d}\boldsymbol{p}\\&+(\mathrm{d}\boldsymbol{v})^{\mathrm{T}}\left(\frac{\partial^2 H}{\partial \boldsymbol{v}\partial \boldsymbol{v}}\right)\bigg|_{\mathrm{a}}\cdot\mathrm{d}\boldsymbol{v}+\mathrm{O}[(\mathrm{d}t)^3]\end{aligned}$$

式中，对 H 的二价偏微商是对称矩阵，即

$$\frac{\partial^2 H}{\partial \boldsymbol{v}\partial \boldsymbol{v}}\bigg|_{\mathrm{a}}=\begin{bmatrix}\boldsymbol{H}_{\mathrm{qq}} & \boldsymbol{H}_{\mathrm{qp}}\\ \boldsymbol{H}_{\mathrm{pq}} & \boldsymbol{H}_{\mathrm{pp}}\end{bmatrix}_{\mathrm{a}},\quad \begin{matrix}(\boldsymbol{B}=)\boldsymbol{H}_{\mathrm{qq}}=\boldsymbol{H}_{\mathrm{qq}}^{\mathrm{T}},\ (\boldsymbol{D}=)\boldsymbol{H}_{\mathrm{pp}}=\boldsymbol{H}_{\mathrm{pp}}^{\mathrm{T}}\\ (\boldsymbol{A}=)\boldsymbol{H}_{\mathrm{pq}}=\boldsymbol{H}_{\mathrm{qp}}^{\mathrm{T}}\end{matrix}$$

Hamilton 矩阵是

$$\boldsymbol{H}=\begin{bmatrix}\boldsymbol{A} & \boldsymbol{D}\\ -\boldsymbol{B} & -\boldsymbol{A}^{\mathrm{T}}\end{bmatrix},\quad \begin{matrix}\boldsymbol{D}=\boldsymbol{D}^{\mathrm{T}}\\ \boldsymbol{B}=\boldsymbol{B}^{\mathrm{T}}\end{matrix},\ (\boldsymbol{JH})^{\mathrm{T}}=\boldsymbol{JH}$$

区段的状态向量动力方程是 $\dot{\boldsymbol{v}}=\boldsymbol{Hv}$，其中 $\boldsymbol{H}$ 认为是时不变矩阵，已将高阶小量忽略。

离散群的元素是传递辛矩阵，而对应的李代数就是 Hamilton 矩阵。讲李代数就需要两个 Hamilton 矩阵 $\boldsymbol{H}_1$、$\boldsymbol{H}_2$ 的交叉乘积（Commutor）的定义，用矩阵交叉乘积所定义的是李代数。两个 Hamilton 矩阵 $\boldsymbol{H}_1$、$\boldsymbol{H}_2$ 的交叉乘积：

$$[\boldsymbol{H}_1,\boldsymbol{H}_2]=\boldsymbol{H}_1\cdot\boldsymbol{H}_2-\boldsymbol{H}_2\cdot\boldsymbol{H}_1 \tag{4.2.6}$$

仍给出 Hamilton 矩阵。验证为

$$
\begin{aligned}
(\boldsymbol{J}[\boldsymbol{H}_1, \boldsymbol{H}_2])^{\mathrm{T}} &= [\boldsymbol{J}(\boldsymbol{H}_1 \cdot \boldsymbol{H}_2 - \boldsymbol{H}_2 \cdot \boldsymbol{H}_1)]^{\mathrm{T}} = -[(\boldsymbol{H}_1 \cdot \boldsymbol{H}_2 - \boldsymbol{H}_2 \cdot \boldsymbol{H}_1)]^{\mathrm{T}}\boldsymbol{J} \\
&= -(\boldsymbol{H}_2^{\mathrm{T}}\boldsymbol{H}_1^{\mathrm{T}} - \boldsymbol{H}_1^{\mathrm{T}}\boldsymbol{H}_2^{\mathrm{T}})\boldsymbol{J} = -(\boldsymbol{J}\boldsymbol{H}_2\boldsymbol{J}\boldsymbol{J}\boldsymbol{H}_1\boldsymbol{J} - \boldsymbol{J}\boldsymbol{H}_1\boldsymbol{J}\boldsymbol{J}\boldsymbol{H}_2\boldsymbol{J})\boldsymbol{J} \\
&= -(\boldsymbol{J}\boldsymbol{H}_2\boldsymbol{H}_1 - \boldsymbol{J}\boldsymbol{H}_1\boldsymbol{H}_2) = \boldsymbol{J}(\boldsymbol{H}_1\boldsymbol{H}_2 - \boldsymbol{H}_2\boldsymbol{H}_1) = \boldsymbol{J}[\boldsymbol{H}_1, \boldsymbol{H}_2]
\end{aligned}
$$

所以,两个 Hamilton 矩阵 $\boldsymbol{H}_1$、$\boldsymbol{H}_2$ 的李代数乘法 $[\boldsymbol{H}_1, \boldsymbol{H}_2]$,仍是 Hamilton 矩阵。离散后,即使乘了区段长度而成为 $\boldsymbol{H}_1\Delta z_1$、$\boldsymbol{H}_2\Delta z_2$,仍然适用 $[\boldsymbol{H}_1\Delta z_1, \boldsymbol{H}_2\Delta z_2] = (\boldsymbol{H}_1 \cdot \boldsymbol{H}_2 - \boldsymbol{H}_2 \cdot \boldsymbol{H}_1)\Delta z_1 \cdot \Delta z_2$,所以仍是李代数,是离散系统时的李代数。

两个 Hamilton 矩阵 $\boldsymbol{H}_1$、$\boldsymbol{H}_2$ 的普通加法 $\boldsymbol{H}_1 + \boldsymbol{H}_2$ 就是李代数的加法,仍给出 Hamilton 矩阵。显然有

反对称性质:
$$[\boldsymbol{H}_1, \boldsymbol{H}_2] = -[\boldsymbol{H}_2, \boldsymbol{H}_1] \tag{4.2.7}$$

线性分配律:
$$[a\boldsymbol{H}_1 + b\boldsymbol{H}_2, \boldsymbol{H}_3] = a[\boldsymbol{H}_1, \boldsymbol{H}_3] + b[\boldsymbol{H}_2, \boldsymbol{H}_3] \tag{4.2.8}$$

乘法规则:将元素 $(\boldsymbol{H}_1 \cdot \boldsymbol{H}_2)$ 代入时可验证:

$$
\begin{aligned}
[(\boldsymbol{H}_1 \cdot \boldsymbol{H}_2), \boldsymbol{H}_3] &= (\boldsymbol{H}_1\boldsymbol{H}_2) \cdot \boldsymbol{H}_3 - \boldsymbol{H}_3 \cdot (\boldsymbol{H}_1\boldsymbol{H}_2) \\
&= \boldsymbol{H}_1(\boldsymbol{H}_2\boldsymbol{H}_3) - (\boldsymbol{H}_1\boldsymbol{H}_3)\boldsymbol{H}_2 - [\boldsymbol{H}_1(\boldsymbol{H}_3\boldsymbol{H}_2) - (\boldsymbol{H}_1\boldsymbol{H}_3)\boldsymbol{H}_2] \\
&= \boldsymbol{H}_1[\boldsymbol{H}_2, \boldsymbol{H}_3] + [\boldsymbol{H}_1, \boldsymbol{H}_3]\boldsymbol{H}_2
\end{aligned} \tag{4.2.9}
$$

其中省略了 Δz。式(4.2.9)表明 Jacobi 恒等式也满足,因此 Hamilton 矩阵在交叉乘积下构成李代数。所以说,传递辛矩阵群的对应李代数就是区段 Hamilton 矩阵 $\boldsymbol{H} \cdot \Delta z$。

顺次两个区段合并就是它们的传递辛矩阵的乘积,每个传递辛矩阵都对应一个 Hamilton 矩阵。传递辛矩阵的乘积是次序有关的,不能变更其次序,表现为其交叉乘积不为零。设 $\boldsymbol{S}_c = \boldsymbol{S}_2 \cdot \boldsymbol{S}_1$,而 $\boldsymbol{S}_2$、$\boldsymbol{S}_1$ 分别对应于 $\boldsymbol{H}_2 \cdot \Delta z_2$、$\boldsymbol{H}_1 \cdot \Delta z_1$,取 $\Delta z_c = (\Delta z_1 + \Delta z_2)$ 而 $\boldsymbol{S}_c$ 则对应于 $\boldsymbol{H}_c \cdot \Delta z_c$。但并不能说 $\boldsymbol{H}_c = (\boldsymbol{H}_2 + \boldsymbol{H}_1)/2$,虽然它也是 Hamilton 矩阵,除非 $\boldsymbol{H}_1$、$\boldsymbol{H}_2$ 的交叉乘积为零。当 $[\boldsymbol{H}_1, \boldsymbol{H}_2] = \boldsymbol{0}$ 时,$\boldsymbol{S}_2 \cdot \boldsymbol{S}_1 = \boldsymbol{S}_1 \cdot \boldsymbol{S}_2$ 也可交换次序。

非线性系统逐步积分时,Hamilton 函数不是时不变的,而是随着状态的变化而变化。在很小的区段长度内可看成为时不变。

以上验证了 Hamilton 矩阵 $\boldsymbol{H} \cdot \Delta z$ 是传递辛矩阵的李代数。其实还有:正交矩阵的李代数就是反对称矩阵。以后在面对刚体动力学时有用。

验证反对称矩阵的交叉乘积为李代数如下:

反对称性质:
$$[\boldsymbol{A}_1, \boldsymbol{A}_2] = -[\boldsymbol{A}_2, A_1] \tag{4.2.10}$$

线性分配律:
$$[a\boldsymbol{A}_1 + b\boldsymbol{A}_2, \boldsymbol{A}_3] = a[\boldsymbol{A}_1, \boldsymbol{A}_3] + b[\boldsymbol{A}_2, \boldsymbol{A}_3] \tag{4.2.11}$$

乘法规则:将元素 $(\boldsymbol{A}_1 \cdot \boldsymbol{A}_2)$ 代入时,可验证:

$$
\begin{aligned}
[(\boldsymbol{A}_1 \cdot \boldsymbol{A}_2), A_3] &= (\boldsymbol{A}_1\boldsymbol{A}_2) \cdot \boldsymbol{A}_3 - \boldsymbol{A}_3 \cdot (\boldsymbol{A}_1\boldsymbol{A}_2) = \boldsymbol{A}_1(\boldsymbol{A}_2\boldsymbol{A}_3) - (\boldsymbol{A}_1\boldsymbol{A}_3)\boldsymbol{A}_2 \\
&\quad - [\boldsymbol{A}_1(\boldsymbol{A}_3\boldsymbol{A}_2) - (\boldsymbol{A}_1\boldsymbol{A}_3)\boldsymbol{A}_2] = \boldsymbol{A}_1[\boldsymbol{A}_2, \boldsymbol{A}_3] + [\boldsymbol{A}_1, A_3]\boldsymbol{A}_2
\end{aligned} \tag{4.2.12}
$$

雅可比(Jacobi)恒等式也满足。前面已经讲过,矩阵的交叉乘积就是李代数,当然也不排斥反对称矩阵。

前面介绍了长度方向为一个独立坐标的经典力学,其横方向为 n 维位移的体系。结构力学沿长度方向与动力学沿时间方向,都适用 Hamilton 体系,只有两端边界条件的不同。动力学适用初始条件,而结构力学则适用两端边界条件。两者皆可用长度(时间)方向离散的方法求解。设为等长度 $\eta = t_k - t_{k-1}$ 的离散,在结构力学则出现区段变形能,而在动力学则出现作用量的生成函数。区段长度 η 很小,可以认为对应的 $2n \times 2n$ Hamilton 矩阵是区段 $k^{\#}$: $[(k-1) \sim k]$ 内时不变的矩阵 $\boldsymbol{H}_k$。沿区段积分,则得到传递辛矩阵群 $\boldsymbol{S}(t)$。非线性系统涉及时变的辛矩阵。而 $\boldsymbol{H}_k \cdot \eta$ 则是传递辛矩阵 $\boldsymbol{S}_{k^{\#}}$ 的李代数,其中下标 $k^{\#}$ 是区段号。$k^{\#}$ 代替了辛李群理论的时间坐标。非线性系统表明,每个区段的传递辛矩阵不同。从开始到 k 站,其传递辛矩阵是一系列传递辛矩阵的顺序乘积:

$$\boldsymbol{S}(k\eta) = \boldsymbol{S}_{k^{\#}} \cdots \boldsymbol{S}_{2^{\#}} \cdot \boldsymbol{S}_{1^{\#}} = \boldsymbol{S}_{k^{\#}} \cdot \boldsymbol{S}_{(k-1)^{\#}} \tag{4.2.13}$$

请注意,乘法次序不可随意改变。$\boldsymbol{S}_{k^{\#}}$ 的李代数是 $\boldsymbol{H}_k \cdot \eta$。

假设 $\boldsymbol{S}_{(k-1)^{\#}}$ 的积分已经完成,当前在积分的是 $\boldsymbol{S}_{k^{\#}}$。当区段长度 η 非常小时, $\boldsymbol{S}_{(k-1)^{\#}}$ 趋近于 $\boldsymbol{S}(t-\eta)$,而 $\boldsymbol{H}_k \cdot \eta$ 趋近于 $\boldsymbol{H}(t) \cdot \eta$。表明:

$$\begin{gathered} \dot{\boldsymbol{S}}(t) = \lim_{\eta \to 0} \frac{\boldsymbol{S}(t) - \boldsymbol{S}(t-\eta)}{\eta} \\ \boldsymbol{S}_{k^{\#}} = \exp(\boldsymbol{H}_k \cdot \eta) \end{gathered} \tag{4.2.14}$$

离散后,李代数 $\boldsymbol{H}_k \cdot \eta$ 与传递辛矩阵 $\boldsymbol{S}_{k^{\#}}$ 是指数函数的关系。

一般的非线性微分方程很难求解,数值求解是必然的选择。近年来,我们用位移法求解水波动力学时,因为水的不可压缩性质,遇到非线性偏微分方程要数值求解。寻求分析解的道路走不通,只能选择近似解法,非线性方程只能迭代求解。于是运用李代数、李群,进行松弛法来迭代求解,取得了很好效果。

4.3 保辛-守恒积分的参变量方法

固体有弹塑性的性质,工程中不能回避,因此计算力学要解决这些问题,尤其机械工程中常见的接触问题。这些情况的特点是本构关系出现转折而不能微商。为此计算力学提出了参变量变分原理及对应的参变量二次规划算法[11,12],有效地予以解决。此时不能非微积分不可,否则不可解。

冯康提出,动力学方程的积分采用差分近似,其差分格式应当保辛。但外国人随后的研究却得到“不可积系统,保辛近似算法不能使能量守恒”(approximate symplectic algorithms cannot preserve energy for nonintegrable system)[13]的误判,随后著作[3]又肯定了该误判,将保辛与守恒对立起来。

采用参变量方法就能达成离散近似系统在保辛的同时,依然可让能量保守,即可破除“保辛则能量不能守恒”的误判,见文献[14]。

参变量方法对于动力学是否也有效呢？以下以一个最简单的一维非线性振动问题为例，看参变量方法如何解决离散系统的保辛-守恒算法。最简单的问题就是：无阻尼 Duffing 弹簧振动的求解。

方法论：Hilbert 在《数学问题》报告中说："在讨论数学问题时，我们相信特殊化比一般化起着更为重要的作用。可能在大多数场合，我们寻找一个问题的答案而未能成功的原因，是在于这样的事实，即有一些比手头的问题更简单、更容易的问题没有完全解决或是完全没有解决。这时，一切都有赖于找出这些比较容易的问题并使用尽可能完善的方法和能够推广的概念来解决它们。这种方法是克服数学困难的最重要的杠杆之一。"

下面用无阻尼 Duffing 弹簧自由振动为例来介绍。微分方程原来是

$$\ddot{q}(t)+[\omega_s^2+\beta q^2]q(t)=0 \tag{4.3.1}$$

初始条件为 $q(0)$ 和 $\dot{q}(0)$。Lagrange 函数为

$$L(q,\dot{q})=\frac{\dot{q}^2-\omega_s^2q^2-\dfrac{\beta q^4}{2}}{2} \tag{4.3.2}$$

该方程有 Jacobi 椭圆函数的分析解[15]，而 Jacobi 椭圆函数可用精细积分法计算[16]，数值上可达到计算机精度。这里不采用椭圆函数的分析解，而是进行离散数值求解。

非线性方程一般难以分析求解，只能用近似数值积分。近似系统应当也是 Hamilton 系统，其保辛是近似系统的保辛。近似系统保辛不能保证近似解对于原系统保辛，甚至原系统的能量也未必保守，故应使用参变量等多种方法。注意，近似方法中还有摄动法可用。

在选择摄动出发点的基本近似解时也应遵循保辛的性质。原系统式(4.3.1)是非线性微分方程的初值问题，设积分已经到达时刻 t_a，得到了 q_a、p_a；而下一步是 t_b，要求计算此时的 q_b、p_b。作为时间区段 $t_a\sim t_b$ 的基本近似解，可选择常系数线性振动的解。即取时间区段 $t_a\sim t_b$ 的近似系统的作用量为

$$S_c(q_a,q_b)=\int_{t_a}^{t_b}L_c(q,\dot{q})\mathrm{d}t,\ L_c(q,\dot{q})=\frac{\dot{q}^2}{2}-\frac{\omega^2q^2}{2} \tag{4.3.3}$$

其中，弹簧力 ω^2q 的选择是切线或某割线近似。虽然有保辛的要求，近似方法仍然有选择余地，即常系数 ω^2 的选择。对应的微分方程为

$$\ddot{q}_c(t)+\omega^2q_c(t)=0 \tag{4.3.4}$$

保辛近似解不难求解，只要找一个近似保守系统的分析解就保辛了，困难的是原系统的精确解。现在就是单自由度线性常系数系统 ω^2 的选择，对于任意的参变量 ω^2，其分析解当然就是保辛，但这毕竟不是原系统的精确解。至于常系数参变量 ω^2 的选择可根据某个条件来选定，成为留有余地的所谓参变量。初值问题求解比较简单，当然是按给定线性常值参变量 ω^2 而求解，得到时段结束时 t_b 的状态向量 q_b、p_b。参变量 ω^2 尚未完全选定，由于

希望保持能量守恒,恰好可通过调整参变量 ω^2 使原系统能量在时段结束时刻 t_b 守恒。由于近似方程(4.3.4)为 Hamilton 系统并可解析求解,能确保保辛,并且在保辛基础上通过调整参变量 ω^2 以保证能量在积分格点上守恒。

还可以通过摄动得到更精细的方法。近似系统式(4.3.4)的 Hamilton 函数为

$$H_c(\boldsymbol{v}) = \frac{p^2}{2} + \frac{\omega^2 q^2}{2}$$

这是线性时不变系统,利用它可执行时变正则变换。引入 Hamilton 函数 $H_c(\boldsymbol{v})$ 标志的近似线性系统,就是要基于它进行基于线性时不变系统的时变正则变换。因此要将二次 Hamilton 函数表达为

$$H_c(\boldsymbol{v}) = -\frac{\boldsymbol{v}^T(\boldsymbol{J}\boldsymbol{H}_c)\boldsymbol{v}}{2} \tag{4.3.5}$$

根据矩阵 $\boldsymbol{H}_c$,容易计算本征向量辛矩阵 $\boldsymbol{\Psi}_c$,而单位初始矩阵的响应辛矩阵为

$$\boldsymbol{S}_c(t) = \exp(\boldsymbol{H}_c t) \tag{4.3.6}$$

可验证 $\boldsymbol{S}_c^T\boldsymbol{J}\boldsymbol{S}_c = \boldsymbol{J}$。运用 $\boldsymbol{S}_c(t)$ 可进行时变的正则变换

$$\boldsymbol{v} = \boldsymbol{S}_c(t)\cdot\boldsymbol{v}_e \quad 或 \quad \boldsymbol{v}_e = \boldsymbol{S}_c^{-1}\boldsymbol{v} = -\boldsymbol{J}\boldsymbol{S}_c^T\boldsymbol{J}\boldsymbol{v} \tag{4.3.7}$$

变换后待求状态向量函数是 $\boldsymbol{v}_e(t)$,微分方程是

$$\dot{\boldsymbol{v}}_e = \boldsymbol{H}_e\boldsymbol{v}_e,\ \boldsymbol{H}_e = \boldsymbol{J}\boldsymbol{S}_c^T\boldsymbol{J}(\boldsymbol{H}_c - \boldsymbol{H})\boldsymbol{S}_c = \boldsymbol{S}_c^{-1}(\boldsymbol{H} - \boldsymbol{H}_c)\boldsymbol{S}_c \tag{4.3.8}$$

其中,

$$\boldsymbol{H}_c - \boldsymbol{H} = \begin{bmatrix} 0 & 0 \\ \omega_s^2 + \beta q^2 - \omega^2 & 0 \end{bmatrix} \tag{4.3.9}$$

ω_s^2 见式(4.3.2)。容易验证 $\boldsymbol{H}_e$ 是 Hamilton 矩阵。参变量 ω^2 仍待定,根据格点处能量保守,t_b 时刻原系统的能量守恒成为补充条件,可提供增加的一个方程,用以确定参变量 ω^2。非线性方程的求解要迭代。作为参变量的初值,在普通情况下可用切线的 ω^2,或用通常的保辛差分法,例如保辛 Euler 差分法结合割线近似等。虽然开始的参变量初值不够准确,但在迭代中可以逐步修正。

变换后的微分方程式(4.3.8)的求解也要初始条件。根据式(4.3.7),并且由于 $\boldsymbol{S}_a(t_0) = \boldsymbol{I}$,故

$$\boldsymbol{v}_{e0} = \boldsymbol{v}_0 \tag{4.3.10}$$

式(4.3.8)也是 Hamilton 系统,对此可用保辛差分或时间有限元等保辛近似方法求解。因为 $\boldsymbol{H}_c$ 是原系统 H 的主要部分,而近似系统 $\boldsymbol{H}_c$ 是分析求解或非常精细地求解,并且正则变换本身是精确的,所以 H 的主要部分已经“消化”了。从而对于 $\boldsymbol{H}_e$ 的近似求解所带来

的误差是高阶小量,可以得到令人满意的数值解。通过能量守恒求解参变量 ω^2 必然导向迭代。迭代有多种方法,区段 $[t_a, t_b]$ 积分可设想如下:

(1) 根据 q_a、p_a 采用参变量 ω^2 的初值问题。最粗糙是用切线近似的 ω^2,更精确可用简单的差分法近似计算一个 q_b,再采用割线近似的 ω^2 等;

(2) 根据 q_a、p_a、ω^2 精细求解初值问题,得到辛矩阵及 q_b、p_b;

(3) 根据辛矩阵进行其乘法的正则变换得到矩阵 $\boldsymbol{H}_e$,见式(4.3.8);

(4) 摄动后的初值边界条件见式(4.3.10);

(5) 近似保辛求解变换后 $\boldsymbol{H}_e$ 的系统,并计算 t_b 处的 q_b、p_b 与能量 H_b;

(6) 比较初始 Hamilton 函数 $H_a = H(q_a, p_a)$ 与 $H_b = H(q_b, p_b)$ 之差 $\Delta H(\omega^2) = H_b - H_a$,如果误差 ΔH 满足指定精度则接受,否则修改新的参变量 ω_{new}^2;

(7) 修改 ω_{new}^2 的方法可以是,根据临近两次的 ω^2 和对应的 Hamilton 函数,通过割线按直线插值确定新的参变量 ω_{new}^2,然后返回步骤 2。

不论参变量 ω^2 选择什么数值,以上的积分总是保辛。证明:因为变换用辛矩阵乘法 $\boldsymbol{v} = \boldsymbol{S}_c(t) \cdot \boldsymbol{v}_e$,故

$$\boldsymbol{v}_a = \boldsymbol{S}_{ca} \cdot \boldsymbol{v}_{ea}, \ \boldsymbol{v}_b = \boldsymbol{S}_{cb} \cdot \boldsymbol{v}_{eb}$$

式中,$\boldsymbol{S}_{ca}$、$\boldsymbol{S}_{cb}$ 是辛矩阵。又因正则变换后,采用例如区段变形能的有限元法推导的传递:

$$\boldsymbol{v}_{eb} = \boldsymbol{S}_{e\Delta} \cdot \boldsymbol{v}_{ea}$$

式中,$\boldsymbol{S}_{e\Delta}$ 也是辛矩阵。从而得到

$$\boldsymbol{v}_b = \boldsymbol{S}_{cf}\boldsymbol{S}_{e\Delta}\boldsymbol{v}_{ea} = (\boldsymbol{S}_{cf}\boldsymbol{S}_{e\Delta}\boldsymbol{S}_{ca}^{-1})\boldsymbol{v}_a = \boldsymbol{S}_{\Delta} \cdot \boldsymbol{v}_a, \ \boldsymbol{S}_{\Delta} = \boldsymbol{S}_{cb}\boldsymbol{S}_{e\Delta}\boldsymbol{S}_{ca}^{-1}$$

则传递矩阵 $\boldsymbol{S}_{\Delta}$ 是 3 个辛矩阵的乘积。根据传递辛矩阵群的性质,$\boldsymbol{S}_{\Delta}$ 也是辛矩阵。故不论 ω^2 如何选择,状态传递总是保辛的。

这样,在保辛条件外,还有参变量 ω^2 的选择余地,可满足更多的条件,当前应选择格点处能量守恒条件得以满足。通俗地讲,参变量方法是挺有弹性的。

状态传递保辛后,能量是否守恒也重要。任意选择的参变量 ω^2 不能保证格点处的状态使原系统的能量守恒。好在参变量 ω^2 的选择可在格点处按能量守恒而求解。因此在参变量 ω^2 辛矩阵乘法的正则变换后,再进行保辛近似,既保辛又使能量守恒,打破了所谓保辛则能量不能守恒,能量守恒就不能保辛的两难命题。这个相互冲突的结论只适用于刚性的有限差分积分格式,因为差分格式没有参变量,故要求保辛后就没有选择余地了。运用含有参变量的辛矩阵乘法正则变换可达到能量守恒,故可称为“保辛-守恒算法”。

从数学的角度看,以上的算法依赖于参变量 ω^2 的选择,因为每步时间区段的离散积分,给出的数值结果对于参变量 ω^2 是连续变化的,符合拓扑学的同伦。就如同有两个点 $(x_1, y_1 < 0)$ 和 $(x_2, y_2 > 0)$,两点间连通一根连续曲线,则必然会与 $y = 0$ 的线相交。关键点是连续变化,这是最简单的同伦(homotopy),采用同伦的概念有助于理解。

前面讲述是在可精细求解的近似系统基础上再运用辛矩阵乘法摄动而求解。直接运

用精细积分近似系统的解而不进行摄动也可实现保辛-守恒。摄动求解当然可使精度大幅度提高,但也有较高的计算量。不摄动而减少离散格点的步长也能提高精度。

参变量正则变换的保辛-守恒算法显现出其优越性。保辛说的是"近似解的传递保辛",守恒说的是"近似解使原系统在格点处守恒"。单自由度问题只能有一个参变量;而 n 自由度问题就可以有 n 维的参变向量。这样在保辛后还可使多个守恒条件得到满足,有足够的弹性。虽然现在用 Duffing 弹簧的例题讲解,但参变量方法是一般适用的。在有多个守恒量时,非线性联立方程的求解会更困难。

例题 4.1 考虑上述的 Duffing 方程,取参数为 $\omega_s = 0.2$ 和 $\beta = 1.0$, 非线性程度比较深,初始条件为 $q(0) = 1$, $p(0) = 1$。在 $t \in [0, 20]$ 区间上积分,时间积分步长为 $\eta = 0.1$。

采用线性系统(4.3.4)近似 Duffing 方程,并通过调整参变量 ω^2 使原系统能量在积分格点守恒,即未曾使用保辛摄动时,给出的计算结果如图 4.1 所示,(a)~(d)分别表示 Duffing 方程的相轨迹、位移、Hamilton 函数的相对误差及参变量 ω^2 的变化情况。在图 4.1(a)和(b)中,实线为通过椭圆函数计算的解析解,而圆圈为本书方法结果。图 4.1(a)表明相平面上近似解与精确解的椭圆函数轨道符合很好。图 4.1(c)表明上述方法得到的 Hamilton 函数的相对误差已经达到 10^{-14},这已经接近计算机精度。当然如果计算机系统的精度更高,则 Hamilton 函数也能达到更高的精度。

若采用线性系统式(4.3.4)的单位响应矩阵 $\boldsymbol{S}_c(t)$ 作时变正则变换,然后通过保辛方法求解方程式(4.3.8),并同样调整参变量 ω^2 使原系统能量在积分格点守恒,则结果如图 4.2(a)~(d)所示,它们与图 4.1 表示的含义相同。图 4.1 和图 4.2 的差别很小,若采用数值比较可知图 4.2 的结果更精确。

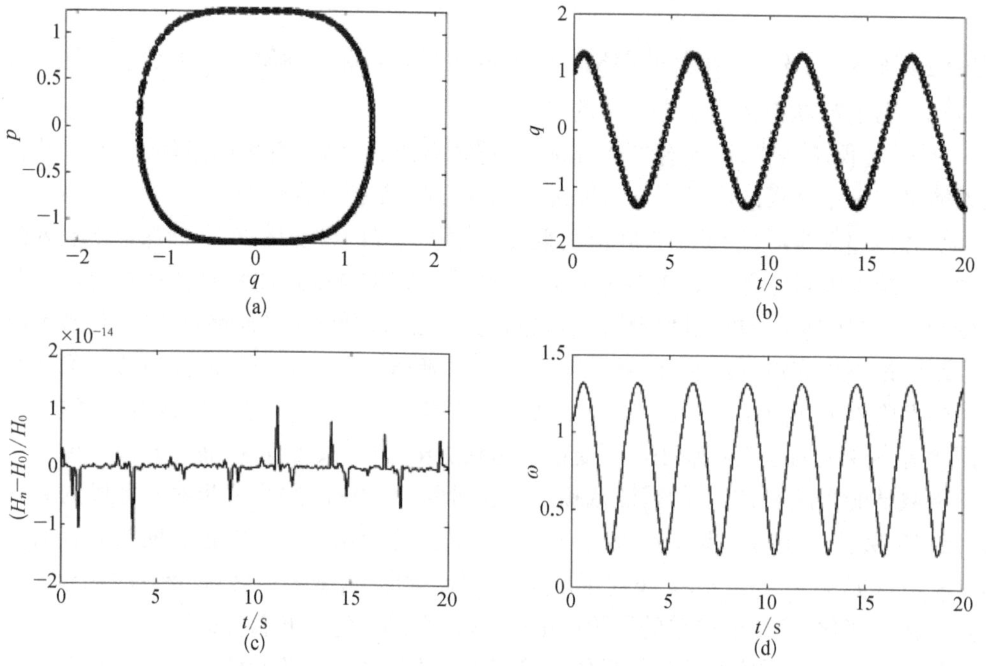

图 4.1 Duffing 方程保辛-守恒算法积分结果

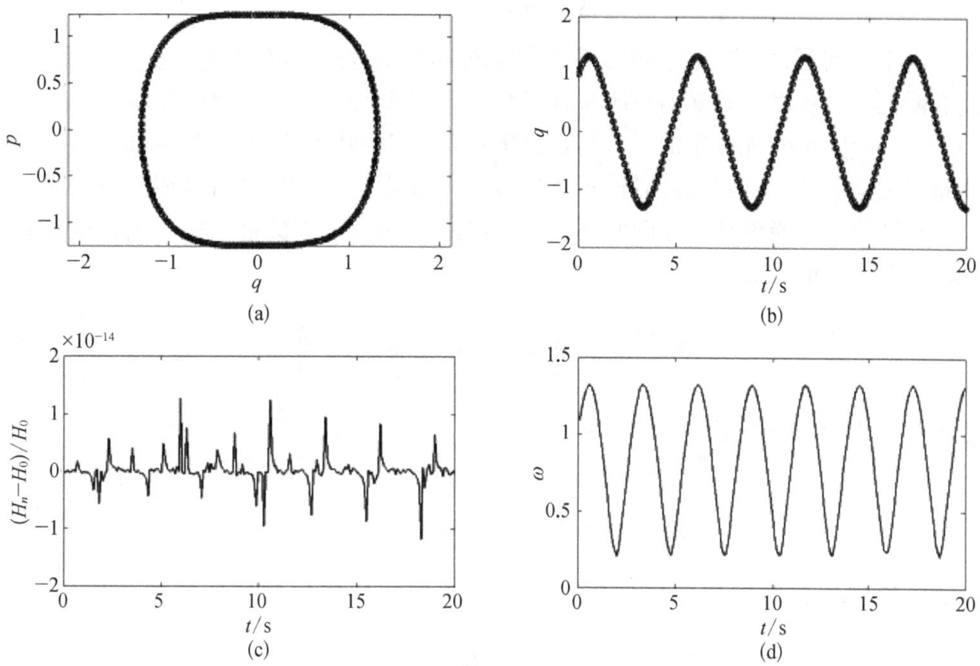

图 4.2　Duffing 方程保辛摄动-守恒算法积分结果

以上两种近似解的误差表现在相位上,当时间长时会表现出来。当 $t=200$ 时,以上两种方法的位移与解析解有明显差别,其中第二种方法更精确,但需要的计算量也显著增加,这也说明正则变换摄动法精度更高。

至此看到,参变量保辛-守恒算法确实达到了保辛-守恒,虽然只是一个简单例题,也表明文献[13]所述有误。

例题 4.2　考虑 Kepler 问题,Lagrange 与 Hamilton 函数分别是

$$L(\boldsymbol{q},\dot{\boldsymbol{q}})=\frac{\dot{q}_1^2+\dot{q}_2^2}{2}+\frac{1}{\sqrt{q_1^2+q_2^2}}$$
$$H(\boldsymbol{q},\boldsymbol{p})=\frac{p_1^2+p_2^2}{2}-\frac{1}{\sqrt{q_1^2+q_2^2}} \tag{4.3.11}$$

其 Hamilton 正则方程为

$$\dot{q}_1=p_1,\ \dot{q}_2=p_2$$
$$\dot{p}_1=-\frac{q_1}{(q_1^2+q_2^2)^{\frac{3}{2}}},\ \dot{p}_2=-\frac{q_2}{(q_1^2+q_2^2)^{\frac{3}{2}}} \tag{4.3.12}$$

初始条件取为 $q_1=0.4,\ q_2=0,\ p_1=0,\ p_2=2$。此问题除了 Hamilton 函数是守恒量外,角动量也是守恒量,即

$$\Theta = q_1 p_2 - q_2 p_1 \tag{4.3.13}$$

守恒。对于本问题,当然可如前面运用精细积分与切线近似求解,但参变量方法还可用于时间有限元积分。以下的阐述与计算运用参变量时间有限元方法。时间区域的有限元法是 O. C. Zienkiewicz 先提出的[17],但他没有考虑保辛等特点。后来 Marsden 等也提出了作用量的近似算法[4],但其后未进一步深入研究。文献[18]介绍了保辛时间有限元法。

采用区段变形能单点积分近似,积分点的选择也可带上参变量。令 η 代表时间步长。运用时间有限元的近似作用量:

$$S = \int_{t_a}^{t_b} L(\boldsymbol{q}, \dot{\boldsymbol{q}})\,\mathrm{d}t \approx \eta \cdot L\left(\bar{\boldsymbol{q}}, \Delta \frac{\boldsymbol{q}}{\eta}\right) \tag{4.3.14}$$

这近乎是微积分的中值定理。例如取

$$\bar{\boldsymbol{q}} = \frac{\boldsymbol{q}_a + \boldsymbol{q}_b}{2} \tag{4.3.15}$$

这是直线插值。于是

$$S = \eta L\left(\bar{\boldsymbol{q}}, \frac{\boldsymbol{q}_b - \boldsymbol{q}_a}{\eta}\right) \tag{4.3.16}$$

只是 $\boldsymbol{q}_a$、$\boldsymbol{q}_b$ 的函数而没有参变量。应引入参变量,带上参变向量的时间有限元就能达到守恒。仔细分析可知,被积分函数是 $L(\boldsymbol{q}, \dot{\boldsymbol{q}})$,微积分中值定理讲是时间区段内某一点。取直线插值的 $\bar{\boldsymbol{q}}$,无非是取中点近似。选择了 $\boldsymbol{q}_b$ 就完全确定了。然而实际轨道不能说是直线,在 $\bar{\boldsymbol{q}} = (\boldsymbol{q}_a + \boldsymbol{q}_b)/2$ 附近的位移也可以选择。可在中点 $(\boldsymbol{q}_a + \boldsymbol{q}_b)/2$ 附近选择积分点,以引入参变量。取

$$\bar{\boldsymbol{q}} = \frac{\boldsymbol{q}_a + \boldsymbol{q}_b}{2} + \mathrm{diag}(\nabla L) \cdot \boldsymbol{\gamma} \tag{4.3.17}$$

式中,n 维向量 $\boldsymbol{\gamma}$ 就是参变向量;而 ∇L 是梯度向量:

$$\nabla L \approx \frac{\partial L}{\partial \boldsymbol{q}\Big|_{\bar{\boldsymbol{q}},\ (\boldsymbol{q}_b - \boldsymbol{q}_a)/\Delta t}} \approx \frac{\partial L}{\partial \boldsymbol{q}\Big|_{\boldsymbol{q}_a,\ (\boldsymbol{q}_b - \boldsymbol{q}_a)/\Delta t}} \tag{4.3.18}$$

可以运用出发点附近的近似,$(\boldsymbol{q}_b - \boldsymbol{q}_a)/\eta$ 也不用反复迭代,只要用第一次计算的即可,就是说 ∇L 只需计算一次以减少计算工作量。而 $\mathrm{diag}(\nabla L)$ 是以 ∇L 为对角元的对角矩阵,因此可支持不超过 n 个守恒量。如果有 n 个守恒量的话,系统就是可积分的。一般实际的系统有 $m < n$ 个守恒量,则只要选择 m 个参变量。当只有一个守恒量时,只需要一个参变量,可选择:

$$\bar{\boldsymbol{q}}_\gamma = \frac{\boldsymbol{q}_a + \boldsymbol{q}_b}{2} + \gamma \cdot \nabla L \tag{4.3.19}$$

式中，γ 是参变量。调整参变量 γ 可达到能量守恒，通常向量 $\gamma \cdot \nabla L$ 很小。这样

$$S = \eta L\left(\bar{\boldsymbol{q}}_{\gamma}, \frac{\nabla \boldsymbol{q}}{\eta}\right) = f(\boldsymbol{q}_{\mathrm{a}}, \boldsymbol{q}_{\mathrm{b}}, \gamma) \tag{4.3.20}$$

是参变量 γ 的函数。从而时间有限元方法得到的传递辛矩阵 $\boldsymbol{S}(\gamma)$，成为参数 γ 的矩阵函数。根据 Hamilton 函数守恒的条件即可确定参数 γ。这说明参变量差分法也是可行的。

对于本算例的 Kepler 问题，选择一个参变量 γ 以保证 Hamilton 函数守恒。在 0～1 000 s 上积分，时间步长为 $\eta = 0.1$。图 4.3 分别给出了 Hamilton 函数的相对误差、角动量的相对误差、参变量 γ 随时间变化及 Kepler 问题的轨迹。数值近似给出了计算机精度的 Hamilton 函数，而角动量大体上自动守恒。积分得到的轨道出现椭圆轨道进动，这是近似积分无法避免的。

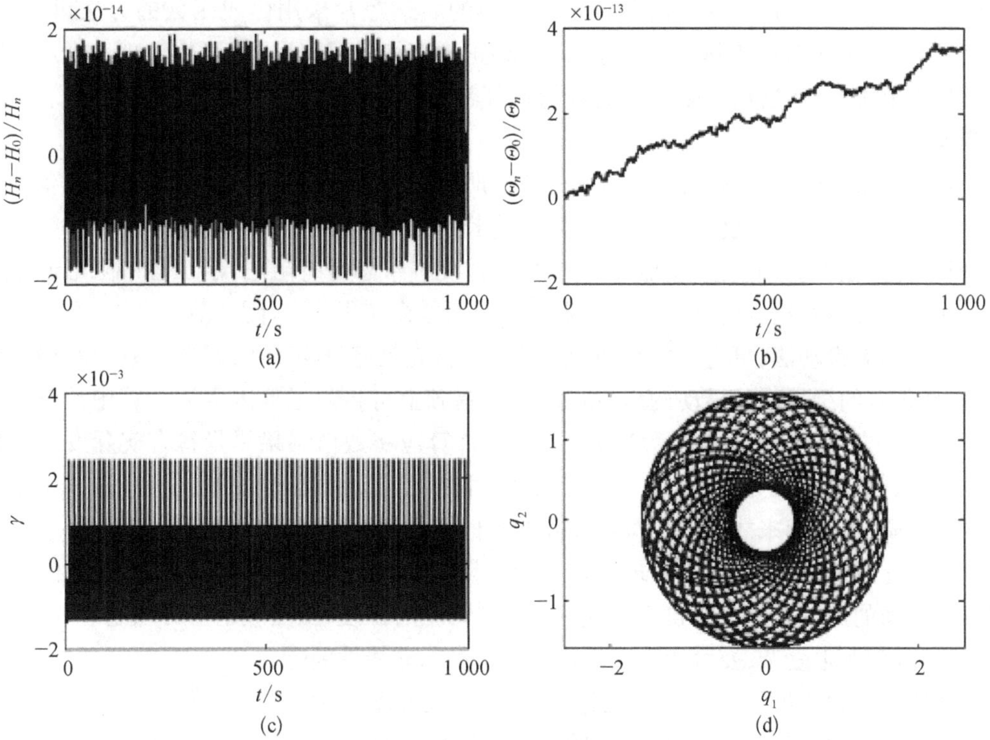

图 4.3　Kepler 问题保辛-守恒算法积分结果

若在 0～4π s 上积分，时间步长为 $\eta = \pi/30$。分别采用保辛的中点近似方法和本书保辛-守恒方法积分，计算结果如图 4.4 所示，其中黑点表示解析解，而实线和虚线分别给出保辛-守恒方法和中点近似的积分结果。在上面给出的初始条件下，Kepler 椭圆轨道的周期为 2π，图 4.4 表明这两种方法都会出现椭圆轨道进动，但保辛-守恒方法的椭圆轨道进动更慢、更精确。

以上例题引自文献[14]。

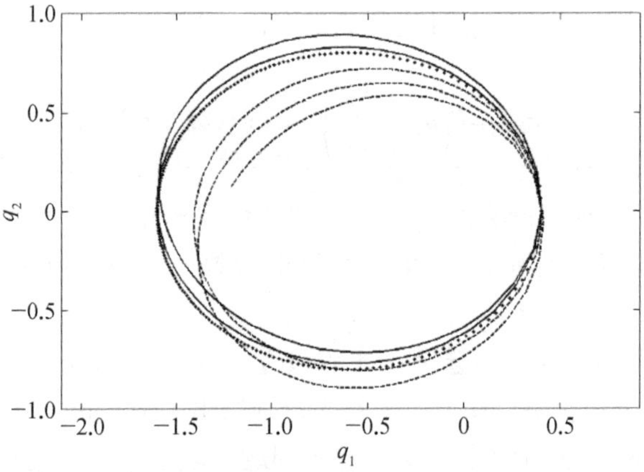

图 4.4　保辛中点近似方法和保辛-守恒方法比较

以上的例题表明保辛-守恒算法并非必须采用正则变换不可。正则变换属于分析动力学的核心内容。过去没有计算机,正则变换的表达经常采用生成函数的方法讲述[2]。此时,要用生成函数的偏微商去求解,以得到正则变换,运用的是隐函数定理。生成函数虽然理论上可行,但这给正则变换的数值计算带来许多困难。数值计算需要显式表达正则变换。

讨论: 保辛-守恒的意义在于尽量提高长期数值计算的精度,保持系统本来具备的性质。离散毕竟是近似,能保持的性质应尽量保持。保辛-守恒是针对动力学保守系统的离散,所谓算法阻尼,不过是没办法而已。真实系统本来总是有阻尼,但工程中阻尼通常很小。保守系统是其很好的近似。但小阻尼的因素怎么在积分中计及呢?

动力学有摄动法,可将一些小的因素计及。首先是将忽略了小因素的系统积分好,保辛-守恒积分的结果就是摄动的出发点。在此基础上可将阻尼等因素在计算中计及。考虑了阻尼因素,系统就不再能量守恒。妥当的计算应将数值结果尽量符合实际发生的情况。所以,保辛-守恒是手段,而不是目的,它可提供近似系统很好的近似解,进一步还要有后续步骤,组合起来才可取得符合实际的数值结果。

数字化时代,要将数学力学理论转化到实际应用的算法。非线性动力学问题的求解很难。上面的例题只是一个自由度或一个质点两个自由度,虽然理论上可以达成保辛-守恒,但实际问题很复杂,要解决真正的许多自由度的非线性问题。

非线性动力学问题不是简单地直接求解,而线性动力学问题相对可以得到各种有效算法,所以首先要将保守系统线性问题的算法做好。结构动力学教材着重讲线性振动分析,解决许多实际工程问题,但并未介绍保辛等重要内容,从分析力学的角度还有很大发展空间。将线性动力学问题的求解做好,在此基础上再用摄动法等有效近似方法,以处理非线性问题。

正则变换是分析力学的中心内容之一,应具体应用于数值计算实际问题。将线性动力学问题求解好,运用传递辛矩阵,就可以显式表达正则变换。这样,辛矩阵乘法表述与分析力学的理论就结合起来。下节介绍用辛矩阵乘法表述的正则变换。

4.4　用辛矩阵乘法表述的正则变换

根据辛对称群理论,辛矩阵乘法不改变正则变换的根本性质。辛矩阵乘法给出的依然是辛矩阵等,只是其最基本的性质,并未涉及群论的高深内容。

正则变换属于分析力学的核心内容。通常,正则变换由变分原理与生成函数(generating function)导出[2],但这并不是唯一的表述方法。正则变换也可用通过辛矩阵乘法来表述。在数学理论上两者是一致的,但形式上相差很大。在数值计算的应用方面,辛矩阵乘法的正则变换有其优点。辛矩阵乘法表达可显式提供正则变换的公式。用辛矩阵乘法,关键点在于辛矩阵群的性质,正则变换后仍然是保辛的。保辛摄动法需要有一个很好的保辛近似解作为出发点。能分析求解的多维问题,一般是线性定常系统。所以线性定常系统的分析求解必须首先做好,然后在此基础上摄动求解。

注:按著作[2],生成函数有 4 种,就是结构力学的两端位移、左端位移右端力、左端力右端位移、两端力的 4 种边界条件。n 维系统,每个变量分别有 4 种,排除重复共有 3^n 种,见文献[19]。

以下将辛矩阵乘法的正则变换划分为时不变的变换与时变的变换,分别讲述。辛对称群是 Hamilton 体系的根本理论,离散处理就成为传递辛矩阵群,计算需要离散。

4.4.1　时不变正则变换的辛矩阵乘法表述

时不变正则变换可用状态空间的本征向量展开表述。

时不变点变换:

$$\boldsymbol{Q} = \boldsymbol{Q}(\boldsymbol{q}) \tag{4.4.1}$$

时不变正则变换:

$$\boldsymbol{Q} = \boldsymbol{Q}(\boldsymbol{q}, \boldsymbol{p}) \tag{4.4.2a}$$

$$\boldsymbol{P} = \boldsymbol{P}(\boldsymbol{q}, \boldsymbol{p}) \tag{4.4.2b}$$

由此看到,点变换是 n 维位移向量的变换,而正则变换是 $2n$ 维状态空间的变换。

取 Hamilton 函数为 $\boldsymbol{H}_a(\boldsymbol{v})$ 的时不变线性对偶方程:

$$\dot{\boldsymbol{q}} = \left(\frac{\partial H_a}{\partial \boldsymbol{p}}\right) = \boldsymbol{A}\boldsymbol{q} + \boldsymbol{D}\boldsymbol{p}$$

$$\dot{\boldsymbol{p}} = -\frac{\partial H_a}{\partial \boldsymbol{q}} = -\boldsymbol{B}\boldsymbol{q} - \boldsymbol{A}^{\mathrm{T}}\boldsymbol{p}$$

或

$$\dot{\boldsymbol{v}} = \boldsymbol{H}_a\boldsymbol{v},\ \boldsymbol{H}_a = \begin{bmatrix} \boldsymbol{A} & \boldsymbol{D} \\ -\boldsymbol{B} & -\boldsymbol{A}^{\mathrm{T}} \end{bmatrix} \tag{4.4.3}$$

式中,$n \times n$ 矩阵 $\boldsymbol{A}$、$\boldsymbol{B}$、$\boldsymbol{D}$ 取常值,就存在与时间 t 无关的本征向量辛矩阵 $\boldsymbol{\Psi}_a$。求解可用

本征向量展开法,表达为

$$\boldsymbol{v}=\boldsymbol{\Psi}_{\mathrm{a}}\boldsymbol{v}_{\mathrm{e}}\quad 或\quad \boldsymbol{v}_{\mathrm{e}}=\boldsymbol{\Psi}_{\mathrm{a}}^{-1}\boldsymbol{v}=-\boldsymbol{J}\boldsymbol{\Psi}_{\mathrm{a}}^{\mathrm{T}}\boldsymbol{J}\boldsymbol{v} \tag{4.4.4}$$

下标 a 就代表近似解。因为本征向量阵 $\boldsymbol{\Psi}_{\mathrm{a}}$ 与时间 t 无关,故式(4.4.4)给出了辛矩阵乘法的时不变的正则变换。这个正则变换是线性的。本征向量辛矩阵 $\boldsymbol{\Psi}_{\mathrm{a}}$ 的展开可将式(4.4.3)在变换后正交化。$\boldsymbol{v}_{\mathrm{e}}$ 代替 $\boldsymbol{v}$ 为待求向量。

正则变换与原 Hamilton 函数无关。近似时不变线性系统 $\boldsymbol{H}_{\mathrm{a}}(\boldsymbol{v})$ 的选择应与原系统的 Hamilton 函数 $H(\boldsymbol{v},t)$ 相差不大。选择近似的线性系统就是为了得到其变换辛矩阵 $\boldsymbol{\Psi}_{\mathrm{a}}$(用本征向量展开法进行正则变换)。式(4.4.4)是正则变换的方程,将 $\boldsymbol{v}=\boldsymbol{\Psi}_{\mathrm{a}}\boldsymbol{v}_{\mathrm{e}}$ 代入 $H(\boldsymbol{v},t)$,导出的新 Hamilton 函数是 $\boldsymbol{H}_{\mathrm{e}}(\boldsymbol{v}_{\mathrm{e}},t)=H(\boldsymbol{\Psi}_{\mathrm{a}}\boldsymbol{v}_{\mathrm{e}},t)$。这样就得到求解 $\boldsymbol{v}_{\mathrm{e}}$ 的 Hamilton 体系,而 $H_{\mathrm{e}}(\boldsymbol{v}_{\mathrm{e}},t)$ 就是变换后的 Hamilton 函数,矩阵 $\boldsymbol{\Psi}_{\mathrm{a}}$ 是时不变的,故这是时不变的正则变换。

近似线性系统 $H_{\mathrm{a}}(\boldsymbol{v})$ 的完全解可帮助推导正则变换,但近似系统的完全解不是变换后的对偶向量 $\boldsymbol{v}_{\mathrm{e}}$。近似线性系统 $H_{\mathrm{a}}(\boldsymbol{v})$ 的完全解也并非一定要分析解。虽然讲了许多本征向量辛矩阵 $\boldsymbol{\Psi}_{\mathrm{a}}$ 的理论与性质,但毕竟不是完全分析的解,事实上一般情况的 $\boldsymbol{\Psi}_{\mathrm{a}}$ 要用数值方法计算求解。具体算法见第三章。

如 $H(\boldsymbol{v},t)$ 是时变的线性系统 $H(\boldsymbol{v},t)=-\boldsymbol{v}^{\mathrm{T}}\boldsymbol{J}\boldsymbol{H}(t)\boldsymbol{v}/2$,则变换后有

$$\begin{gathered} H_{\mathrm{e}}(\boldsymbol{v}_{\mathrm{e}},t)=H(\boldsymbol{\Psi}_{\mathrm{a}}\boldsymbol{v}_{\mathrm{e}},t)=-\frac{\boldsymbol{v}_{\mathrm{e}}^{\mathrm{T}}\boldsymbol{H}_{\mathrm{e}}\boldsymbol{v}_{\mathrm{e}}}{2} \\ \boldsymbol{H}_{\mathrm{e}}(t)=\boldsymbol{\Psi}_{\mathrm{a}}^{\mathrm{T}}\boldsymbol{J}\boldsymbol{H}(t)\boldsymbol{\Psi}_{\mathrm{a}} \end{gathered} \tag{4.4.5}$$

这就是对于时变线性系统的情况,可用于时变系统的 Riccati 微分方程求解。近似线性系统 Hamilton 矩阵 $\boldsymbol{H}_{\mathrm{a}}$ 的选择有一定的任意性,例如取 $\boldsymbol{H}(t)$ 的平均值等。这样 $\boldsymbol{J}\boldsymbol{H}_{\mathrm{e}}(t)$ 大体上就接近对角化,对于数值求解是有帮助的。

以上讲的是时不变正则变换,只用到本征向量辛矩阵 $\boldsymbol{\Psi}_{\mathrm{a}}$,是同一个辛矩阵乘法的变换。然而时不变系统的解也可用于时变正则变换,见下文。

4.4.2 时变正则变换的辛矩阵乘法表述

文献[7]附录 5 用离散坐标的区段变形能函数(作用量),介绍了不同辛矩阵乘法的正则变换,现在要在连续坐标中讲述。在时间坐标上的不同辛矩阵乘法就表明是时变的变换。时变正则变换要寻找函数:

$$\boldsymbol{q}_{\mathrm{e}}=\boldsymbol{q}_{\mathrm{e}}(\boldsymbol{q},\boldsymbol{p},t),\ \boldsymbol{p}_{\mathrm{e}}=\boldsymbol{p}_{\mathrm{e}}(\boldsymbol{q},\boldsymbol{p},t)$$

或

$$\boldsymbol{v}_{\mathrm{e}}=\boldsymbol{v}_{\mathrm{e}}(\boldsymbol{v},t),\ \boldsymbol{v}_{\mathrm{e}}^{\mathrm{T}}=\{\boldsymbol{q}_{\mathrm{e}}^{\mathrm{T}},\boldsymbol{p}_{\mathrm{e}}^{\mathrm{T}}\} \tag{4.4.6}$$

式中,函数 $\boldsymbol{q}_{\mathrm{e}}$、$\boldsymbol{p}_{\mathrm{e}}$ 和 $\boldsymbol{v}_{\mathrm{e}}$ 是变换后的状态。正则变换要求变换后的状态变量微分方程,依然有 Hamilton 正则方程的形式。原来系统的状态向量是 $\boldsymbol{v}(t)$,其 Hamilton 正则方程为

$$\dot{\boldsymbol{v}} = \frac{\mathrm{d}\boldsymbol{v}}{\mathrm{d}t} = \boldsymbol{J} \cdot \frac{\partial H}{\partial \boldsymbol{v}},\ \boldsymbol{v}(t_0) = \boldsymbol{v}_s \tag{4.4.7}$$

初始条件为 $\boldsymbol{v}(t_0)=\boldsymbol{v}_0$，问题在于式(4.4.7)求解困难，所以要在正则变换后再求解。最一般的非线性系统，$\partial H/\partial \boldsymbol{v}$ 可取任何形式。这里只考虑函数 $H(\boldsymbol{q},\ \boldsymbol{p},\ t) = H(\boldsymbol{v},\ t)$ 是二次可微的情况，就是要求

$$\frac{\partial H}{\partial \boldsymbol{v}} = \boldsymbol{H}(\boldsymbol{v},\ t) \cdot \boldsymbol{v} \tag{4.4.7'}$$

式中，Hamilton 矩阵 $\boldsymbol{H}(\boldsymbol{v},\ t)$（而不是 Hamilton 函数）也是可微的。

选择线性 Hamilton 系统的近似是为了容易积分。如果有近似得很好的非线性 Hamilton 系统的解，当然也可用作乘法摄动的出发点。处理刚-柔体动力学积分时，如果用摄动法积分，则应先将对应的微分-代数方程(DAE)的积分做好。再进一步考虑刚-柔体动力学的时间步积分。此时 DAE 的一个时间步的保辛积分，就可以用作摄动出发点。辛对称群是 Hamilton 体系的根本，分析求解困难而离散处理就成为传递辛矩阵群，数值计算需要离散。

4.4.3　基于线性时不变系统的时变正则变换

动力学非线性系统的求解是时间积分初值问题，时间步不长。在时间步内，可运用时不变的正则变换，从 $\boldsymbol{v}(t)$ 通过正则变换后成为对于状态向量 $\boldsymbol{v}_e(t)$ 的 Hamilton 系统，其对应的 Hamilton 函数是 $H_e(\boldsymbol{q}_e,\ \boldsymbol{p}_e,\ t) = H_e(\boldsymbol{v}_e,\ t)$，对偶方程：

$$\frac{\mathrm{d}\boldsymbol{v}_e}{\mathrm{d}t} = \dot{\boldsymbol{v}}_e = J \cdot \left(\frac{\partial H_e}{\partial \boldsymbol{v}_e}\right) \tag{4.4.8}$$

时变正则变换也要寻找一个能得到完全解的近似的 Hamilton 系统。可用时不变线性 Hamilton 系统来执行时变正则变换，位移函数 $\boldsymbol{v}_a(t)$，其 Hamilton 函数记为 $H_a(\boldsymbol{v})$，原因是时不变线性系统容易寻求完全解。从应用的角度看，选择 $H_a(\boldsymbol{v})$ 应在考虑的时间区段内与原问题的 Hamilton 函数 $H(\boldsymbol{v},\ t)$ 相差不多。

式(4.4.4)给出了近似线性时不变系统 $H_a(\boldsymbol{v})$ 的本征向量辛矩阵 $\boldsymbol{\Psi}_a$ 的时不变正则变换。然而，近似线性时不变系统 $H_a(\boldsymbol{v})$ 也可提供时变的正则变换。求解了本征向量辛矩阵 $\boldsymbol{\Psi}_a$ 后，还有单位初始矩阵的响应辛矩阵：

$$\begin{aligned}
\boldsymbol{S}_a(t) &= \exp(\boldsymbol{H}_a t) = \exp[\boldsymbol{\Psi}_a(\boldsymbol{D}_p t)\boldsymbol{\Psi}_a^{-1}] = \boldsymbol{\Psi}_a\left[\boldsymbol{I} + (\boldsymbol{D}_p t) + \frac{(\boldsymbol{D}_p t)^2}{2} + \cdots\right]\boldsymbol{\Psi}_a^{-1} \\
&= \boldsymbol{\Psi}_a \cdot \boldsymbol{D}(t) \cdot \boldsymbol{\Psi}_a^{-1} \\
\boldsymbol{D}(t) &= \exp(\boldsymbol{D}_p t)
\end{aligned} \tag{4.4.9}$$

可验证 $\boldsymbol{S}_a^{\mathrm{T}}\boldsymbol{J}\boldsymbol{S}_a = \boldsymbol{J}$。运用 $\boldsymbol{S}_a(t)$ 可进行辛矩阵乘法的正则变换：

$$\boldsymbol{v} = \boldsymbol{S}_a(t) \cdot \boldsymbol{v}_e \quad 或 \quad \boldsymbol{v}_e = \boldsymbol{S}_a^{-1}\boldsymbol{v} = -\boldsymbol{J}\boldsymbol{S}_a^{\mathrm{T}}\boldsymbol{J}\boldsymbol{v} \tag{4.4.10}$$

因为 $\boldsymbol{S}_a(t)$ 是时间的函数，所以是时变辛矩阵乘法的时变正则变换。

以下要探讨在式(4.4.10)时变的正则变换后，$\boldsymbol{v}_e = -\boldsymbol{J}\boldsymbol{S}_a^{\mathrm{T}}\boldsymbol{J}\boldsymbol{v}$ 所满足的微分方程。对 $\boldsymbol{v}_e$ 微商可推导微分方程：

$$\dot{\boldsymbol{v}}_e = \boldsymbol{H}_e\boldsymbol{v}_e,\ \boldsymbol{H}_e = \boldsymbol{J}\boldsymbol{S}_a^{\mathrm{T}}\boldsymbol{J}(\boldsymbol{H}_a - \boldsymbol{H})\boldsymbol{S}_a = \boldsymbol{S}_a^{-1}(\boldsymbol{H} - \boldsymbol{H}_a)\boldsymbol{S}_a \tag{4.4.11}$$

具体推导过程如下：

$$\begin{aligned}\dot{\boldsymbol{v}}_e &= -\boldsymbol{J}\dot{\boldsymbol{S}}_a^{\mathrm{T}}\boldsymbol{J}\boldsymbol{v} + \boldsymbol{S}_a^{-1}\dot{\boldsymbol{v}} = -\boldsymbol{J}\boldsymbol{S}_a^{\mathrm{T}}(\boldsymbol{H}_a^{\mathrm{T}}\boldsymbol{J})\boldsymbol{v} - \boldsymbol{J}\boldsymbol{S}_a^{\mathrm{T}}\boldsymbol{J}\cdot\boldsymbol{J}\left(\frac{\partial H}{\partial \boldsymbol{v}}\right)\\ &= \boldsymbol{J}\boldsymbol{S}_a^{\mathrm{T}}\boldsymbol{J}\boldsymbol{H}_a\boldsymbol{S}_a\boldsymbol{v}_e + \boldsymbol{J}\boldsymbol{S}_a^{\mathrm{T}}\left(\frac{\partial H}{\partial \boldsymbol{v}}\right)\Bigg|_{\boldsymbol{v}=\boldsymbol{S}_a(t)\cdot\boldsymbol{v}_e} = \boldsymbol{H}_e\boldsymbol{v}_e\end{aligned} \tag{4.4.11′}$$

此即 $\boldsymbol{v}_e$ 满足的微分方程。根据式(4.4.7′)，$\boldsymbol{J}(\partial H/\partial \boldsymbol{v})\,|_{\boldsymbol{v}=\boldsymbol{v}_e} = \boldsymbol{H}\boldsymbol{v}_e$。 式(4.4.11)仍是 Hamilton 正则方程，这需要验证。先验证 $\boldsymbol{H}_e$ 是 Hamilton 矩阵，即验证 $(\boldsymbol{J}\boldsymbol{H}_e)^{\mathrm{T}} = \boldsymbol{J}\boldsymbol{H}_e$，如下：

$$(\boldsymbol{J}\boldsymbol{H}_e)^{\mathrm{T}} = [\boldsymbol{J}\boldsymbol{J}\boldsymbol{S}_a^{\mathrm{T}}\boldsymbol{J}(\boldsymbol{H}_a - \boldsymbol{H})\boldsymbol{S}_a]^{\mathrm{T}} = -\boldsymbol{S}_a^{\mathrm{T}}[\boldsymbol{J}(\boldsymbol{H}_a - \boldsymbol{H})]^{\mathrm{T}}\boldsymbol{S}_a = \boldsymbol{J}\boldsymbol{H}_e$$

因为出现了矩阵因子 $\boldsymbol{H}_a - \boldsymbol{H}$，而按条件，$\boldsymbol{H}_a$ 的选择应是接近于 $\boldsymbol{H}$ 的，故正则变换后 $\boldsymbol{H}_e$ 是小量。正则变换其实就是为了得到 $\boldsymbol{H}_a - \boldsymbol{H}$ 的减法，也就是说，正则变换式(4.4.10)将近似线性系统的解“消化”了。让 $\boldsymbol{H}_e$ 成为小量的 Hamilton 矩阵，然后再进行近似计算，即使有些误差，从整体来看误差很小。验证了 $(\boldsymbol{J}\boldsymbol{H}_e)^{\mathrm{T}} = \boldsymbol{J}\boldsymbol{H}_e$，即变换后仍是 Hamilton 体系，就保辛了。在此看到，选择好 $\boldsymbol{H}_a$ 的近似线性系统很重要，也只有线性系统才能通过计算得到很精确的数值解，因此花费许多篇幅讲述精细积分法与线性系统的本征向量展开法求解是值得的。

要求 $\boldsymbol{H}_a$ 的选择应接近 $\boldsymbol{H}$，事实上还有不同的接近方法。在 $\boldsymbol{H}_a$ 选择时仍留有余地，即容许存在参变量。此参变量为数值求解，发展保辛-守恒算法是重要因素。

以后将讲述 DAE 的求解。DAE 一般是非线性的，若干年来，国外努力发展了整套基于指标方法的求解系统。保辛-守恒成为大问题。

前文引入祖冲之方法论，取得很好效果。虽然问题整体是非线性的，但在每个积分步，仍可用线性近似的。此处不再赘述。

4.4.4 包含时间坐标的正则变换

从理论上讲，正则变换还应考虑时间变量 t 一起参加的变换。以上的讲述认为时间 t 完全是自变量，一切函数全部是 t 的函数。现在时间也要处理为变量与对偶向量一样参加变换。这可利用前面讲述的给定时间区段的正则变换。其实 t 本身也可以当作正则变换的函数，办法是顶替原来的时间，引入某一个参变量 s，而将时间 t 看成是该参变量 s 的函数。当 t 变换时，s 不变。从分析结构力学：

$$\mathrm{d}U = \left(\frac{\partial U}{\partial \boldsymbol{q}_{\mathrm{a}}}\right)^{\mathrm{T}} \cdot \mathrm{d}\boldsymbol{q}_{\mathrm{a}} + \left(\frac{\partial U}{\partial \boldsymbol{q}_{\mathrm{b}}}\right)^{\mathrm{T}} \cdot \mathrm{d}\boldsymbol{q}_{\mathrm{b}} + \left(\frac{\partial U}{\partial t_{\mathrm{a}}}\right)\mathrm{d}t_{\mathrm{a}} + \left(\frac{\partial U}{\partial t_{\mathrm{b}}}\right)\mathrm{d}t_{\mathrm{b}}$$
$$= \sum_{i=1}^{n}(p_{\mathrm{b}i}\mathrm{d}q_{\mathrm{b}i} - p_{\mathrm{a}i}\mathrm{d}q_{\mathrm{a}i}) + H(\boldsymbol{q}_{\mathrm{a}}, \boldsymbol{p}_{\mathrm{a}}, t_{\mathrm{a}})\mathrm{d}t_{\mathrm{a}} - H(\boldsymbol{q}_{\mathrm{b}}, \boldsymbol{p}_{\mathrm{b}}, t_{\mathrm{b}})\mathrm{d}t_{\mathrm{b}} \tag{4.4.12}$$

实际上,对于分析动力学这就是

$$\mathrm{d}S(\boldsymbol{q}_{\mathrm{a}}, t_{\mathrm{a}}; \boldsymbol{q}_{\mathrm{b}}, t_{\mathrm{b}}) = \boldsymbol{p}_{\mathrm{b}}^{\mathrm{T}}\mathrm{d}\boldsymbol{q}_{\mathrm{b}} - \boldsymbol{p}_{\mathrm{a}}^{\mathrm{T}}\mathrm{d}\boldsymbol{q}_{\mathrm{a}} - H_{\mathrm{b}} \cdot \mathrm{d}t_{\mathrm{b}} + H_{\mathrm{a}} \cdot \mathrm{d}t_{\mathrm{a}}$$
$$H_{\mathrm{b}} = H(\boldsymbol{q}_{\mathrm{b}}, \boldsymbol{p}_{\mathrm{b}}, t_{\mathrm{b}}),\ H_{\mathrm{a}} = H(\boldsymbol{q}_{\mathrm{a}}, \boldsymbol{p}_{\mathrm{a}}, t_{\mathrm{a}})$$
$$\boldsymbol{p}_{\mathrm{a}} = -\frac{\partial S}{\partial \boldsymbol{q}_{\mathrm{a}}},\ \boldsymbol{p}_{\mathrm{b}} = \frac{\partial S}{\partial \boldsymbol{q}_{\mathrm{b}}} \tag{4.4.13}$$
$$\frac{\partial S}{\partial t_{\mathrm{a}}} = H_{\mathrm{a}},\ \frac{\partial S}{\partial t_{\mathrm{b}}} = -H_{\mathrm{b}}$$

让时间 t 与位移向量 $\boldsymbol{q}$ 共同参与正则变换,将参变量 s 代替原系统的“时间”。在正则变换前 s 就是时间 t, 而 t 参加变换但 s 不变换。参变量 s 系统的位移向量是 $n+1$ 维的,构造为

$$\tilde{\boldsymbol{q}}^{\mathrm{T}} = \{\boldsymbol{q}^{\mathrm{T}}, t\},\ \tilde{\boldsymbol{p}}^{\mathrm{T}} = \{\boldsymbol{p}^{\mathrm{T}}, -H\} \tag{4.4.14}$$

以下系统就成为按自变量 s 离散的“时间”区段的 $n+1$ 维“时”不变体系。

将式(4.4.13)用 $\tilde{\boldsymbol{q}}_{\mathrm{a}}$、$\tilde{\boldsymbol{q}}_{\mathrm{b}}$ 表达,将作用量 S 看成 $\tilde{S}(\tilde{\boldsymbol{q}}_{\mathrm{a}}, \tilde{\boldsymbol{q}}_{\mathrm{b}})$, 两端的 s_{a}、s_{b} 不参加变分。于是 s_{a} 处的 $\tilde{\boldsymbol{q}}_{\mathrm{a}}$ 就由原来的 $\boldsymbol{q}_{\mathrm{a}}$ 与 t_{a} 构成,见式(4.4.14); $\tilde{\boldsymbol{q}}_{\mathrm{b}}$ 同理。而

$$\mathrm{d}\tilde{S}(\tilde{\boldsymbol{q}}_{\mathrm{a}}, \tilde{\boldsymbol{q}}_{\mathrm{b}}) = \tilde{\boldsymbol{p}}_{\mathrm{b}}^{\mathrm{T}}\mathrm{d}\tilde{\boldsymbol{q}}_{\mathrm{b}} - \tilde{\boldsymbol{p}}_{\mathrm{a}}^{\mathrm{T}}\mathrm{d}\tilde{\boldsymbol{q}}_{\mathrm{a}}$$
$$\tilde{\boldsymbol{p}}_{\mathrm{b}} = \frac{\partial \tilde{S}}{\partial \tilde{\boldsymbol{q}}_{\mathrm{b}}},\ \tilde{\boldsymbol{p}}_{\mathrm{a}} = -\frac{\partial \tilde{S}}{\partial \tilde{\boldsymbol{q}}_{\mathrm{a}}} \tag{4.4.15}$$

就是新作用量 $\tilde{S}(\bar{\boldsymbol{q}}_{\mathrm{a}}, \tilde{\boldsymbol{q}}_{\mathrm{b}})$ 的全微分。其实新作用量在数值上就是旧的作用量,即

$$\tilde{S}(\tilde{\boldsymbol{q}}_{\mathrm{a}}, \tilde{\boldsymbol{q}}_{\mathrm{b}}) = S(\boldsymbol{q}_{\mathrm{a}}, t_{\mathrm{a}}; \boldsymbol{q}_{\mathrm{b}}, t_{\mathrm{b}}) \tag{4.4.16}$$

表述不同而已。但 $\boldsymbol{q}_{\mathrm{b}}$ 是 n 维向量而 $\tilde{\boldsymbol{q}}_{\mathrm{b}}$ 是 $n+1$ 维向量。

新引入的作用量 $\tilde{S}(\tilde{\boldsymbol{q}}_{\mathrm{a}}, \tilde{\boldsymbol{q}}_{\mathrm{b}})$ 只是两端状态向量 $\tilde{\boldsymbol{q}}_{\mathrm{a}}$、$\tilde{\boldsymbol{q}}_{\mathrm{b}}$ 的函数,而与途径无关。式(4.4.15)引入的是坐标 s 的 $n+1$ 维离散系统,它与时间 t 的 n 维离散系统本质一致,只是接纳了 t_{a}、t_{b} 的变量。式(4.4.16)表达了作用量的继承关系。

离散系统是从连续系统来的,本来有

$$S(\boldsymbol{q}_{\mathrm{a}}, t_{\mathrm{a}}; \boldsymbol{q}_{\mathrm{b}}, t_{\mathrm{b}}) = \int_{t_{\mathrm{a}}}^{t_{\mathrm{b}}} L(\boldsymbol{q}, \dot{\boldsymbol{q}})\mathrm{d}t$$

数值计算时,离散将时间区段 $(t_{\mathrm{a}}, t_{\mathrm{b}})$ 变换到固定的 $(s_{\mathrm{a}}, s_{\mathrm{b}})$, 区段长度小,所以可取变换 $t \leftrightarrow s$ 是线性的,即

$$\frac{\mathrm{d}t}{\mathrm{d}s} = m = \mathrm{const} \tag{4.4.17}$$

式中,斜率 $m \leqslant 1$ 是待定常数,积分有

$$\frac{t_{\mathrm{b}} - t_{\mathrm{a}}}{s_{\mathrm{b}} - s_{\mathrm{a}}} = m,\ t_{\mathrm{b}} = t_{\mathrm{a}} + m \cdot \eta$$

于是从 m 可计算 t_{b}。端部位移依然是 $\boldsymbol{q}(s_{\mathrm{b}}) = \boldsymbol{q}(t_{\mathrm{b}})$ 的 n 维向量。不同于 $\tilde{\boldsymbol{q}}_{\mathrm{b}}^{\mathrm{T}} = \{\boldsymbol{q}_{\mathrm{b}}^{\mathrm{T}}, t_{\mathrm{b}}\}^{\mathrm{T}}$。理论上需要区段内的位移 $\boldsymbol{q}(s) = \boldsymbol{q}(t(s))$,线性离散时:

$$\begin{aligned}\tilde{S}(\tilde{\boldsymbol{q}}_{\mathrm{a}}, \tilde{\boldsymbol{q}}_{\mathrm{b}}) &= S(\boldsymbol{q}_{\mathrm{a}}, t_{\mathrm{a}}; \boldsymbol{q}_{\mathrm{b}}, t_{\mathrm{b}}) = \int_{t_{\mathrm{a}}}^{t_{\mathrm{b}}} L(\boldsymbol{q}, \dot{\boldsymbol{q}})\mathrm{d}t \\ &= \int_{s_{\mathrm{a}}}^{s_{\mathrm{b}}} L(\boldsymbol{q}, \dot{\boldsymbol{q}})\left(\frac{\mathrm{d}t}{\mathrm{d}s}\right)\mathrm{d}s = \int_{s_{\mathrm{a}}}^{s_{\mathrm{b}}} L\left(\boldsymbol{q}(s), \frac{\boldsymbol{dq}(s)}{m\mathrm{d}s}\right) m\mathrm{d}s = \int_{s_{\mathrm{a}}}^{s_{\mathrm{b}}} \tilde{L}\left(\tilde{\boldsymbol{q}}, \frac{\mathrm{d}\,\tilde{\boldsymbol{q}}}{\mathrm{d}s}\right)\mathrm{d}s\end{aligned} \tag{4.4.18}$$

变换后的 Lagrange 函数 $\tilde{L}(\tilde{\boldsymbol{q}}, \mathrm{d}\,\tilde{\boldsymbol{q}}/\mathrm{d}s)$,从原来的 Lagrange 函数继承,但与通常不同之处是时间因素,即 $n+1$ 维向量 $\tilde{\boldsymbol{q}}$ 的最后一个分量不是显式出现,只是以参数变量 m 出现,当然非线性。

"时"不变体系讲究其特征方程,其中 $n+1$ 维的"能量"守恒,而新的自变量 s 的区段不变。重要的区别是关于线性体系,这对于求解非常需要。即使原先 n 维的系统是线性的,但在 $n+1$ 维中已经不再线性了。既然扩展系统脱胎于原来的线性系统,当然要充分利用原来系统的所有特性。恰当运用扩展系统与原来系统的关系成为重要课题。

本书讲究应用。最优控制的方程是 Hamilton 系统的,通常给定时间区段。但时间长度就是控制的重要目标之一,给定时间区段则会无法予以修改。这表明将时间也当作变量的理论是必要的。再请注意,最优控制与分析结构力学相模拟,结构力学的 Hamilton 函数是混合能,故混合能的理论很重要。另一方面,结构优化有修改区域的理论与方法。结合起来非常有必要。这样,Hamilton 体系理论与结构优化也联系起来。

以往,结构优化与 Hamilton 体系理论未曾发生关系。现在证明结构力学有限元与 Hamilton 体系相互关联。而结构力学与最优控制有模拟关系,其基础便是 Hamilton 体系。所以结构优化尤其是区域变化与最优控制应联系在一起考虑。这些体系考虑给出了方向性的认识,当然要具体化。不过这要结合工程需求不断深入。

练 习 题

4.1 分别采用如下两种离散方法,计算函数 $f = \mathrm{e}^x$ 在 $x = 1$ 处的导数。

$$\frac{\mathrm{d}f}{\mathrm{d}x} \approx f_{1x} = \frac{f(1+\Delta x) - f(1)}{\Delta x}$$

$$\frac{\mathrm{d}f}{\mathrm{d}x} \approx f_{2x} = \frac{f(1+0.5\Delta x) - f(1-0.5\Delta x)}{\Delta x}$$

完成如下表格,比较两种离散方法的精度,以及 Δx 对计算精度的影响。

Δx	10^{-2}	10^{-4}	10^{-6}	10^{-8}	10^{-10}	10^{-12}	10^{-14}
f_{1x}							
f_{2x}							

4.2　谈谈点变换与正则变换的联系和区别。

4.3　Duffing 方程是描述非线性软弹簧振子自由振动的微分方程,当不考虑阻尼时,其方程可简化为

$$\ddot{q}+\omega_0^2q-\varepsilon q^3=0$$

其中,$\omega_0=\sqrt{k/m}$, k、m 分别为弹簧刚度和振子质量;$\varepsilon\ll 1$; q 为位移。如果令质量为 1,则动量为 $p=\dot{q}$。假设在 0 时刻的位移和动量为 q_0、p_0,在 t_1 时刻的位移和动量记为 q_1、p_1。当 t_1 很小时,利用保辛摄动方法(参见第 9 章),可得到 q_1、p_1 的近似表达式:

$$\begin{pmatrix} q_1 \\ p_1 \end{pmatrix}=\begin{pmatrix} q_0\cos(t_1\omega_0)+\dfrac{\sin(t_1\omega_0)(\varepsilon t_1q_0^3+p_0)}{\omega_0} \\ \cos(t_1\omega_0)(\varepsilon t_1q_0^3+p_0)-q_0\omega_0\sin(t_1\omega_0) \end{pmatrix}$$

根据上式,请求出:

(1) Lagrange 括号:$\{q_0,p_0\}_{q_1,p_1}$、$\{q_0,q_0\}_{q_1,p_1}$、$\{q_0,p_0\}_{q_1,q_1}$ 和 $\{q_0,p_0\}_{p_1,p_1}$;

(2) Poisson 括号:$[q_0,p_0]_{q_1,p_1}$、$[q_0,q_0]_{q_1,p_1}$、$[q_0,p_0]_{q_1,q_1}$ 和 $[q_0,p_0]_{p_1,p_1}$;

(3) 求 Jacobi 矩阵 $\dfrac{\partial(q_1,p_1)}{\partial(q_0,p_0)}$,并证明该矩阵为辛矩阵。

4.4　某刚度方程如下式所示,其中 x_i 和 $f_i(i=1、2、3、4)$ 分别为位移和力,

$$\begin{bmatrix} 2 & -1 & 0 & -1 \\ -1 & 2 & -1 & 0 \\ 0 & -1 & 2 & -1 \\ -1 & 0 & -1 & 2 \end{bmatrix}\begin{pmatrix} x_1 \\ x_2 \\ x_3 \\ x_4 \end{pmatrix}=\begin{pmatrix} -f_1 \\ -f_2 \\ f_3 \\ f_4 \end{pmatrix}$$

请求出:

(1) 由 $(x_1,x_2,f_1,f_2)^{\mathrm{T}}$ 变换到 $(x_3,x_4,f_3,f_4)^{\mathrm{T}}$ 的 Jacobi 矩阵,并证明该矩阵是辛矩阵。

(2) 写出 Poisson 括号:$[\boldsymbol{x}_b,\boldsymbol{f}_b]_{\boldsymbol{x}_a,\boldsymbol{f}_a}$,其中,

$$\boldsymbol{x}_a=\begin{pmatrix} x_1 \\ x_2 \end{pmatrix},\ \boldsymbol{x}_b=\begin{pmatrix} x_3 \\ x_4 \end{pmatrix},\ \boldsymbol{f}_a=\begin{pmatrix} f_1 \\ f_2 \end{pmatrix},\ \boldsymbol{f}_b=\begin{pmatrix} f_3 \\ f_4 \end{pmatrix}。$$

4.5　某动力系统的 Lagrange 函数为 $L(\boldsymbol{q},\dot{\boldsymbol{q}})=\dfrac{\dot{\boldsymbol{q}}^{\mathrm{T}}\dot{\boldsymbol{q}}}{2}-U(\boldsymbol{q})$,请用时间有限元构造该动

力系统的动力学积分算法,并证明该算法保辛,时间单元采用一阶线性单元。

4.6 参变量方法的特点是什么?参变量一般如何确定?

4.7 某时变 Hamilton 正则方程为

$$\dot{\boldsymbol{v}} = \boldsymbol{H}(t)\boldsymbol{v},\ \boldsymbol{H}(t) = \boldsymbol{H}_a + \boldsymbol{H}_1,\ \boldsymbol{v}(0) = \boldsymbol{v}_0$$

$$\boldsymbol{H}_a = \begin{bmatrix} 0 & 1 \\ -2 & 0 \end{bmatrix},\ \boldsymbol{H}_1 = \begin{bmatrix} 0 & 0 \\ 0.1\sin(2t) & 0 \end{bmatrix}$$

(1) 分析其时不变部分的 Hamilton 矩阵 $\boldsymbol{H}_a$ 的本征向量矩阵 $\boldsymbol{\Psi}_a$

(2) 取正则变换 $\boldsymbol{v} = \boldsymbol{\Psi}_a\boldsymbol{v}_e$,问 $\boldsymbol{v}_e$ 应满足的 Hamilton 正则方程是什么?

(3) 取正则变换 $\boldsymbol{v} = e^{\boldsymbol{H}_a t}\boldsymbol{v}_e$,问 $\boldsymbol{v}_e$ 应满足的 Hamilton 正则方程是什么?

4.8 包含时间坐标的正则变换是如何处理时间变量的?

4.9 Kepler 问题,Lagrange 与 Hamilton 函数分别是

$$L = \frac{\dot{q}_1^2 + \dot{q}_2^2}{2} + \frac{1}{\sqrt{q_1^2 + q_2^2}},\ H = \frac{p_1^2 + p_2^2}{2} - \frac{1}{\sqrt{q_1^2 + q_2^2}}$$

(1) 请证明角动量 $\Theta = q_1p_2 - q_2p_1$ 守恒;

(2) 采用参变量方法构造守恒算法时,如果要确保角动量和能量守恒,需要选取几个参变量?

4.10 对于动力微分方程 $\ddot{x} + x = 0$,写出其 Lagrange 函数,利用题 5 构造的保辛算法求解该问题,分析算法的精度和稳定性。

4.11 当采用题 4.5 构造的保辛算法在计算线性动力方程 $\boldsymbol{M}\ddot{\boldsymbol{x}} + \boldsymbol{K}\boldsymbol{x} = \boldsymbol{0}$ 时,在不同的时间节点上,计算得到的能量为 $H_n = \frac{1}{2}\boldsymbol{p}_n^{\mathrm{T}}\boldsymbol{M}^{-1}\boldsymbol{p}_n + \frac{1}{2}\boldsymbol{x}_n^{\mathrm{T}}\boldsymbol{K}\boldsymbol{x}_n$,试分析该能量的精度。

参考文献

[1] 冯·诺依曼. 数学在科学和社会中的作用[M]. 程钊,王丽霞,杨静,译. 大连:大连理工大学出版社,2009.

[2] Goldstein H. Classical mechanics [M]. London: Addison-Wesley, 1980.

[3] 阿蒂亚. 数学的统一性[M]. 袁向东,译. 大连:大连理工大学出版社,2009.

[4] 冯康,秦孟兆. Hamilton 体系的辛计算格式[M]. 杭州:浙江科技出版社,2004.

[5] Hairer E, Lubich C, Wanner G. Geometric numerical integration, structure-preserving algorithms for ordinary differential equations [M]. Berlin: Springer Science & Business Media, 2006.

[6] 钟万勰. 应用力学的辛数学方法[M]. 北京:高等教育出版社,2006.

[7] 钟万勰. 力、功、能量与辛数学[M]. 大连:大连理工出版社,2012.

[8] 钟万勰,高强. 传递辛矩阵群收敛于辛 Lie 群[J]. 应用数学和力学,2013,(6):547-551.

[9] Tsien H S. The Poincaré-Lighthill-Kuo method [J]. Advances in Applied Mechanics, 1956, 4: 281-349.

[10] 钟万勰,吴志刚,谭述君. 状态空间控制理论与计算[M]. 北京:科学出版社,2007.

[11] 钟万勰,张洪武,吴承伟. 参变量变分原理及其应用[M]. 北京：科学出版社,1997.
[12] 张洪武. 参变量变分原理与材料和结构分析[M]. 北京：科学出版社,2010.
[13] Zhong G, Marsden J E. Lie-poisson Hamilton-Jacobi theory and Lie-Poisson integrators [J]. Physics Letters a, 1988, 133(3): 134-139.
[14] 高强,钟万勰. Hamilton 系统的保辛-守恒积分算法[J]. 动力学与控制学报,2009,(3): 3-9.
[15] 高本庆. 椭圆函数及其应用[M]. 北京：国防工业出版社,1991.
[16] 钟万勰,姚征. 椭圆函数的精细积分算法[C]. 北京：祝贺郑哲敏先生八十华诞应用力学报告会,2004.
[17] Zienkiewicz O C, Taylor R L. Finite element method [M]. Oxford: Butterworth-Heinemann, 2000.
[18] 钟万勰,姚征. 时间有限元与保辛[J]. 机械强度,2005,27(2): 178-183.
[19] Gao Q, Tan S J, Zhang H W, et al. Symplectic algorithms based on the principle of least action and generating functions [J]. International Journal for Numerical Methods in Engineering, 2012, 89(4): 438-508.

第五章
状态空间控制理论

自动控制理论脱胎于力学,长期以来已发展成为独立的主干大学科。今天,控制已经成为重点研究的问题,尤其是精确制导技术。钱学森先生的《工程控制论》表明,应用力学应该重点关注控制。

在 20 世纪 50 年代前,经典控制系统理论已经发展得相当成熟,并在不少工程技术领域中得到了成功的应用,其数学基础是常微分方程理论、Laplace 变换、传递函数等,主要的分析和综合是根轨迹法、频率响应法等。它对于单输入-单输出线性定常系统的分析与综合很有效,但在处理多输入-多输出系统、饱和等因素时便有困难,并且经典理论对系统内部特性也缺乏描述。

在计算机技术的冲击下,20 世纪 60 年代控制系统理论发生了从经典控制论向以状态空间法为标志的现代控制论的过渡。现代控制论并不只是在原有经典控制理论体系上加以延伸,而是改变了方法论,使控制论的基本理论体系发生了根本性的更迭,达到了新的境界。状态空间描述进入了体系的内部,而不仅仅是描述输入-输出关系,可直接在时间域内对有限时间段研讨。系统的可控性与可观测性表明对系统结构的深入理解。线性系统理论是系统与控制理论中的基础部分。

控制论既已按自身的规律发展,产生了体系换代,粗想起来在理论体系上离开应用力学更远了。然而交叉学科的研究表明,现代控制论的数学问题与结构力学中的某类问题,在数学上是一一对应地相互模拟的[1]。这表明应用力学与控制论之间,在理论和算法上可互相渗透,取长补短,以取得新的推进。前面讲述的精细积分、Hamilton 矩阵本征问题、共轭辛正交归一、Riccati 微分方程等一系列理论与方法,都将在现代控制论中得到应用。学科一旦交叉就缩短了双方的距离。这对与工程力学与控制理论的教学有很大好处。

5.1 线性系统的状态空间

动力学系统通常用一组常微分方程或差分方程来表达。系统与控制理论也是在动力学系统的基础上展开的。当该方程为线性时,就称为线性系统。虽然真实的系统都有非线性因素,但在其状态的标称(nominal)轨道附近的扰动,往往可以用线性系统理论很好地加以描述。线性系统适用叠加原理,便于数学处理,故线性系统理论在控制工程学科领域中占有重要地位。然而,数学上最方便处理的是常系数线性系统,对此精细积分法可算出计算机上精确解,所面对的就是常系数线性系统。介于常系数线性系统与非线性系统之间的是变系数线性系统。非线性系统的求解往往用小参数摄动法,转化到变系数的线性系统。变系数线性系统的求解仍需奠基在常系数线性系统求解的基础上,再采用(例如摄动法等)各种近似手段。因此首先要将常系数线性系统的求解做好。

5.1.1　系统的输入-输出描述与状态空间描述

动态过程的数学描述有两种基本类型: ① 外部描述,或称输入-输出描述;② 状态空间描述,可用图 5.1 表示。由该图看出 $\boldsymbol{u} = \{u_1, u_2, \cdots, u_m\}^{\mathrm{T}}$ 向量是系统的输入,而输出向量为 $\boldsymbol{y} = \{y_1, y_2, \cdots, y_q\}^{\mathrm{T}}$。向量 $\boldsymbol{u}$、$\boldsymbol{y}$ 又被称为系统的外部变量。深入到系统内部,刻画系统每时每刻状态变化是系统的状态变量,用 $x_1, x_2, \cdots, x_n$ 来表示,或表示为状态向量:

$$\boldsymbol{x} = \{x_1, x_2, \cdots, x_n\}^{\mathrm{T}} \tag{5.1.1}$$

状态向量的变化当然也经量测而成为系统的输出,但同时也刻画了系统的(内部)行为。

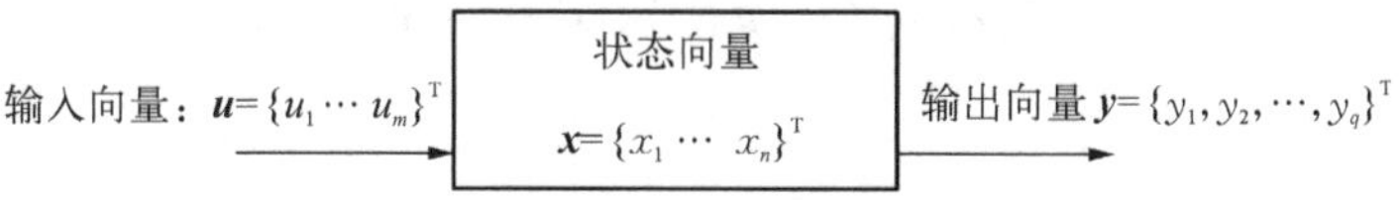

图 5.1　状态空间法

传统的控制理论将系统看成一个"黑箱",将注意力集中在输出变量 y 怎样随输入变量 u 而变化。虽然系统本是多自由度体系,但数学上仍是尽量消元使基本方程成为单输入-单输出的一个高阶常微分方程。在工程力学中这种方法论也是传统典型的。对于时不变线性系统,并且只有一个输入 u 和一个输出变量 y 时,则其外部的数学描述为一个常系数线性常微分方程:

$$y^{(n)} + a_{n-1}y^{(n-1)} + \cdots + a_1 y^{(1)} + a_0 y = b_{n-1}u^{(n-1)} + b_{n-2}u^{(n-2)} + \cdots + b_1 u^{(1)} + b_0 u \tag{5.1.2}$$

式中, a_i、b_i 均为实常数; $y^{(i)} = \mathrm{d}^i y/\mathrm{d}t^i$。对上式取 Laplace 变换,并假定输入、输出变量 u、y 都有零初始条件,则得到系统的复频率域的描述:

$$\tilde{y}(s) = \tilde{G}(s) \times \tilde{u}(s) \tag{5.1.3}$$

$$L(y) = \tilde{y}(s) = \int_0^{\infty} \mathrm{e}^{-st} y(t)\,\mathrm{d}t,\ L^{-1}(\tilde{y}) = y(t) = \frac{1}{2\pi i}\int_{\sigma - i\infty}^{\sigma + i\infty} \mathrm{e}^{ts}\tilde{y}(s)\,\mathrm{d}s \tag{5.1.4}$$

式中, $\tilde{y}(s)$、$\tilde{u}(s)$ 为输出与输入的 Laplace 变换的像函数,

$$\tilde{G}(s) = \frac{b_{n-1}s^{n-1} + \cdots + b_1 s + b_0}{s^n + a_{n-1}s^{n-1} + \cdots + a_1 s + a_0} = \frac{B(s)}{A(s)} \tag{5.1.5}$$

则称为该系统的传递函数。

经典控制论着重分析系统的输入-输出及其传递函数,主要关注点是系统的稳定性。然而输入-输出的描述是对系统的不完全描述,它不能讲清黑箱内的全部情况。状态空间法则深入到系统内部,能给出系统完全的动力学特性。现代控制论奠基于状态空间的描

述基础上是很大的进步。

状态空间不是新概念,在质点和刚体动力学中早就有了系统的表达与应用。Hamilton 体系用状态空间描述。动力学系统的状态定义为,完全表征系统时间域行为的一个最小变量组,记之为 $x_1(t)$, $x_2(t)$, $\cdots$, $x_n(t)$。式(5.1.1)用状态向量予以表示。只要在 $t=t_0$ 给出初始状态,则在无外界输入或无干扰条件下,动力学方程就确定了系统状态以后的运动。只要输入是确定的,则状态的运动也确定。

动力学系统由一组常微分方程描述。但这组方程中总有一些参数,这些参数并不是很精确地确定的,尤其是系统总在不断受到外界的随机干扰,因此仅仅根据 t_0 的初始状态,对于随后长时间的有干扰运行的估计不够。因此控制系统一定要不断地量测,这就是量测向量 $\boldsymbol{y}$ 的输出,用于对当前状态的估计。当然最好是将当前的状态 $\boldsymbol{x}$ 全部予以量测,但这非常费事甚至不可能,因此量测到的向量 $\boldsymbol{y}$ 只是 $q\leqslant n$ 维的。这样,状态空间的数学模型可用动力方程与初始条件来表述:

$$\dot{\boldsymbol{x}}(t)=\boldsymbol{f}(\boldsymbol{x},\ \boldsymbol{u},\ t),\ \boldsymbol{x}(0)=\boldsymbol{x}_0 \tag{5.1.6}$$

还有量测输出:

$$\boldsymbol{y}=\boldsymbol{g}(\boldsymbol{x},\ \boldsymbol{u},\ t) \tag{5.1.7}$$

式中,$\boldsymbol{f}$ 与 $\boldsymbol{g}$ 都是向量函数。以上表示比较笼统,另外还应有随机干扰等项。这类一般的表示比较抽象,$\boldsymbol{f}$ 与 $\boldsymbol{g}$ 都可以是非线性函数。一般来说,实际系统都是非线性的。但非线性系统的一般求解方法在数学上有很大困难,好在相当多的实际系统都可以按线性系统来近似分析处理,其结果可接近系统的实际运动状态。如果只限于考虑系统在某个标称运动 $\boldsymbol{x}_*(t)$、$\boldsymbol{u}_*(t)$ 的邻域内运动时,则在此邻域内可以用一个线性系统来逼近。令

$$\begin{aligned}&\boldsymbol{x}(t)=\boldsymbol{x}_*(t)+\xi(t),\ \boldsymbol{y}(t)=\boldsymbol{y}_*(t)+\zeta(t);\\&\boldsymbol{u}(t)=\boldsymbol{u}_*(t)+\boldsymbol{\eta}(t),\ \boldsymbol{y}_*(t)=\boldsymbol{g}(\boldsymbol{x}_*,\ \boldsymbol{u}_*,\ t)\end{aligned} \tag{5.1.8}$$

将式和式中的 $\boldsymbol{f}$ 与 $\boldsymbol{g}$ 在 $\boldsymbol{x}_*$、$\boldsymbol{u}_*$ 附近作 Taylor 展开并略去高阶小量,得

$$\begin{aligned}&\boldsymbol{f}(\boldsymbol{x},\ \boldsymbol{u},\ t)\simeq\boldsymbol{f}(\boldsymbol{x}_*,\ \boldsymbol{u}_*,\ t)+\left(\frac{\partial\boldsymbol{f}}{\partial\boldsymbol{x}}\right)_*\xi(t)+\left(\frac{\partial\boldsymbol{f}}{\partial\boldsymbol{u}}\right)_*\boldsymbol{\eta}(t)\\&\boldsymbol{g}(\boldsymbol{x},\ \boldsymbol{u},\ t)\simeq\boldsymbol{g}(\boldsymbol{x}_*,\ \boldsymbol{u}_*,\ t)+\left(\frac{\partial\boldsymbol{g}}{\partial\boldsymbol{x}}\right)_*\xi(t)+\left(\frac{\partial\boldsymbol{g}}{\partial\boldsymbol{u}}\right)_*\boldsymbol{\eta}(t)\end{aligned} \tag{5.1.9}$$

这里又面临向量对向量的求导,仍采用相同规则。

$$\frac{\partial\boldsymbol{f}}{\partial\boldsymbol{x}}\equiv\begin{bmatrix}\dfrac{\partial f_1}{\partial x_1}&\cdots&\dfrac{\partial f_1}{\partial x_n}\\\vdots&\ddots&\vdots\\\dfrac{\partial f_n}{\partial x_1}&\cdots&\dfrac{\partial f_n}{\partial x_n}\end{bmatrix}=\boldsymbol{A}(t),\quad \begin{aligned}&\boldsymbol{C}(t)=\left(\frac{\partial\boldsymbol{g}}{\partial\boldsymbol{x}}\right)_*\\&\boldsymbol{B}_u(t)=\left(\frac{\partial\boldsymbol{f}}{\partial\boldsymbol{u}}\right)_*\\&\boldsymbol{D}_u(t)=\left(\frac{\partial\boldsymbol{g}}{\partial\boldsymbol{u}}\right)_*\end{aligned} \tag{5.1.10}$$

于是动力方程与量测方程式(5.1.6)和式(5.1.7)近似地成为

$$\dot{\boldsymbol{\xi}} = \boldsymbol{A}(t)\boldsymbol{\xi} + \boldsymbol{B}_u\boldsymbol{\eta} + [\boldsymbol{f}(\boldsymbol{x}_*, \boldsymbol{u}_*, t) - \dot{\boldsymbol{x}}_x] \tag{5.1.11}$$

$$\boldsymbol{\zeta} = \boldsymbol{C}(t)\boldsymbol{\xi} + \boldsymbol{D}_u(t)\boldsymbol{\eta} \tag{5.1.12}$$

这样成为 $\boldsymbol{\xi}$、$\boldsymbol{\eta}$ 与 $\boldsymbol{\zeta}$ 的线性方程。由于线性系统较容易进行数学分析,所以对大多数实际系统,通常都通过一定简化而化为线性系统加以研究。非线性系统的计算也是在对其近似的线性系统做出求解的基础上迭代进行。

即使进行了线性化近似处理,矩阵 $\boldsymbol{A}(t)$、$\boldsymbol{B}_u(t)$、$\boldsymbol{C}(t)$、$\boldsymbol{D}(t)$ 仍与时间相关,在线性微分方程中属时变系统。线性时变系统在数学理论的展开方面比非线性系统简单很多,但毕竟系统性能时时变化,其性质仍不易掌握,尤其在计算方面也不够方便。时不变(或定常)系统的 $\boldsymbol{A}$、$\boldsymbol{B}_u$、$\boldsymbol{C}$、$\boldsymbol{D}$ 阵都不随时间变化,而且在理论与计算方面更为方便。时变系统的计算可在定常系统求解后,再进行保辛摄动而求解,因此时不变系统研究得最多。以下的讲述仍将着重于时不变系统。

控制理论中还有一种重要区分,即连续时间系统与离散时间系统。以上表述都是在 t 连续变化下推导的,这是连续时间系统,其状态变化用微分方程描述。

当系统的状态变量只取值于离散时刻时,相应系统的运动方程将成为差分形式。这可以是一类实际的离散时间的数学问题,如许多社会经济问题、生态问题等,也可以本是一个连续时间系统,因采用数字计算机作计算或控制的需要而人为地加以时间离散化而导出的模型。在计算结构力学中,常常采用子结构的分析,这是相似的。线性离散时间系统的状态空间描述为

$$\boldsymbol{x}(k+1) = \boldsymbol{F}(k)\boldsymbol{x}(k) + \boldsymbol{B}(k)\boldsymbol{u}(k) \tag{5.1.13}$$

$$\boldsymbol{y}(k) = \boldsymbol{C}(k)\boldsymbol{x}(k) + \boldsymbol{D}(k)\boldsymbol{u}(k) \tag{5.1.14}$$

这是时变的系统,当 $\boldsymbol{F}$、$\boldsymbol{B}$、$\boldsymbol{C}$、$\boldsymbol{D}$ 都与 k 无关时,就成为时不变系统,k 相当于时间坐标。

系统分析中还有确定性系统和随机系统之分。确定性系统指系统的参数按确定性的规律而变化,而且其输入变量(包括控制与干扰)也有确定性规律。随机系统中,作用于系统的输入(控制与干扰)是随机变量,进一步甚至系统的参数或结构特性也有随机变化的成分。这在结构振动中相应于随机振动问题或者随机结构。随机系统的特点是不能确定其状态和输出变量的确定性时间过程,只能确定其统计规律性。

本书的讲述以状态空间法为主线,当然也不排斥经典方法论,以连续时间系统为主,着重介绍时不变系统的理论与算法。由于结构力学与控制理论的模拟关系,可以引入力学中的一些成功的算法,得到一些新的视点与推进。连续时间系统的描述为

动力方程:

$$\dot{\boldsymbol{x}}(t) = \boldsymbol{A}\boldsymbol{x} + \boldsymbol{B}_u\boldsymbol{u},\ \boldsymbol{x}(0) = \boldsymbol{x}_0 \tag{5.1.15}$$

量测输出:

$$\boldsymbol{y} = \boldsymbol{C}\boldsymbol{x} + \boldsymbol{D}_u\boldsymbol{u} \tag{5.1.16}$$

式中，$\boldsymbol{x} = \{x_1, x_2, \cdots, x_n\}^{\mathrm{T}}$，$\boldsymbol{u} = \{u_1, u_2, \cdots, u_m\}^{\mathrm{T}}$，$\boldsymbol{y} = \{y_1, y_2, \cdots, y_q\}^{\mathrm{T}}$ 分别为状态、输入、输出向量。矩阵 $\boldsymbol{A}$、$\boldsymbol{B}_u$、$\boldsymbol{C}$、$\boldsymbol{D}_u$ 都是给定矩阵，维数分别为 $n \times n$、$n \times m$、$q \times n$、$q \times m$。时变系统的这些矩阵为 t 的函数。

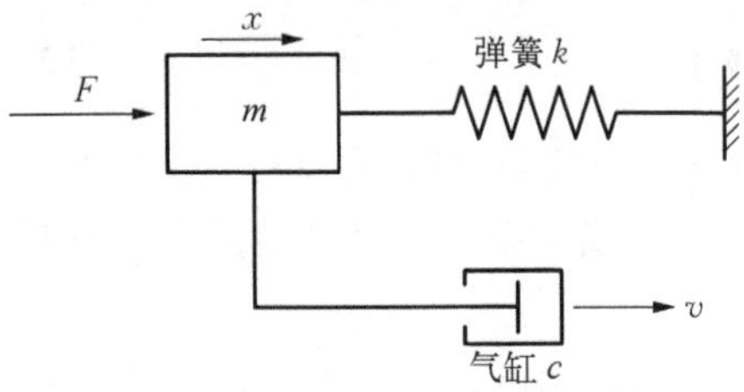

图 5.2　质量-弹簧的振动体系

例题 5.1　设有一个质量-弹簧的振动体系，如图 5.2 所示。力 F 及阻尼器的气缸速度 v 为其输入，质量 m 的位移 x 为输出。给出其状态方程的列式。

解：该质量受力有惯性力 $m\ddot{x}$、阻尼力 $c(\dot{x} - v)$、弹簧力 kx 及外力 $-F$。故动力学方程为

$$m\ddot{x} + c(\dot{x} - v) + kx - F = 0$$

现选择其状态变量为 $x_1 = x$，$x_2 = \dot{x}$，于是状态 $\boldsymbol{x}$ 与输入 $\boldsymbol{u}$ 向量的维数为 $n = 2$、$m_u = 2$，将动力方程展开有

$$\dot{x}_1 = x_2,\ \dot{x}_2 = \frac{-kx_1 - cx_2 + (cv + F)}{m}$$

输出方程为

$$y = x_1$$

矩阵为

$$\boldsymbol{A} = \begin{bmatrix} 0 & 1 \\ -\dfrac{k}{m} & -\dfrac{c}{m} \end{bmatrix},\ \boldsymbol{B} = \begin{bmatrix} 0 & 0 \\ \dfrac{1}{m} & \dfrac{c}{m} \end{bmatrix},\ \boldsymbol{C} = [1\quad 0]$$

可用状态变量图 5.3 加以描述。状态变量图是状态方程的展开图形，它便于在模拟计算机上仿真。状态变量图中仅含有积分器、加法器、比例器三种元件及一些连接线。输出量可根据输出方程状态变量图中引出。图中 $1/s$ 相当于积分，s 是 Laplace 变换的算子。

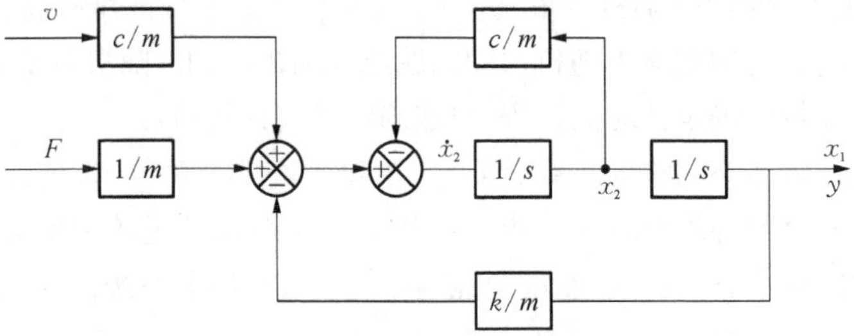

图 5.3　例 1 的状态变量图

5.1.2　单输入-单输出系统化成状态空间系统

设单输入-单输出线性定常连续系统的微分方程为

$$y^{(n)}+a_{n-1}y^{(n-1)}+\cdots+a_1y^{(1)}+a_0y=b_{n-1}u^{(n-1)}+b_{n-2}u^{(n-2)}+\cdots+b_1u^{(1)}+b_0u \tag{5.1.17}$$

现在要寻求状态空间的实现,其输入–输出关系仍保持不变。由于所选状态变量不同,其动态方程也不同,所以状态空间实现方法有多种。其中以导出标准型最有意义。对于式(5.1.2),其传递函数 $G(s)$ 如式(5.1.5)所示。现给出两种标准型,化为量测标准型和化为控制标准型。

1. 化为量测标准型

式(5.1.2)中含有输入 u 的微商,可选择状态变量如下:

$$x_n=y$$
$$x_i=\dot{x}_{i+1}+a_iy-b_iu,\ i=n-1,\ n-2,\ \cdots,\ 1$$

逆向递推到 x_1。对以上方程作一次微商,消元,并利用式(5.1.2),可推导如

$$\begin{aligned}\dot{x}_1&=\ddot{x}_2+a_1\dot{y}-b_1\dot{u}=x_3^{(3)}+a_1\dot{y}-b_1\dot{u}+a_2y^{(2)}-b_2u^{(2)}\\&=\cdots=-a_0x_n+b_0u\end{aligned}$$

于是有动力方程:

$$\left.\begin{aligned}\dot{x}_1&=-a_0x_n+b_0u\\\dot{x}_2&=x_1-a_0x_n+b_1u\\&\vdots\\\dot{x}_n&=x_{n-1}-a_{n-1}x_n+b_{n-1}u\end{aligned}\right\} \tag{5.1.18}$$

量测方程:

$$y=x_n \tag{5.1.19}$$

即动力方程:

$$\dot{\boldsymbol{x}}=\boldsymbol{A}\boldsymbol{x}+\boldsymbol{B}\boldsymbol{u}$$

与量测方程:

$$\boldsymbol{y}=\boldsymbol{C}\boldsymbol{x}$$

其中,

$$\boldsymbol{A}=\begin{bmatrix}0&0&\cdots&0&-a_0\\1&&&&-a_1\\0&1&&&-a_2\\\vdots&&\ddots&0&\vdots\\0&&0&1&-a_{n-1}\end{bmatrix},\ \boldsymbol{B}=\begin{bmatrix}b_0\\b_1\\b_2\\\vdots\\b_{n-1}\end{bmatrix},\ \begin{matrix}\boldsymbol{C}=[0,\ \cdots,\ 0,\ 1]\\\boldsymbol{D}_u=\boldsymbol{0}\end{matrix} \tag{5.1.20}$$

2. 化为控制标准型

引入中间变量 $\tilde{z}(s)$ 并将式(5.1.3)写成

$$\frac{\tilde{y}(s)}{\tilde{B}(s)}=\frac{\tilde{u}(s)}{\tilde{A}(s)}=\tilde{z}(s)$$

这分别相应于 Laplace 反变换的方程：

$$z^{(n)}+a_{n-1}z^{(n-1)}+\cdots+a_1z^{(1)}+a_0z=u$$

$$b_{n-1}z^{(n-1)}+\cdots+b_1z^{(1)}+b_0z=y$$

于是引入状态变量：

$$x_1=z,\ x_2=z^{(1)},\ x_3=z^{(2)},\ \cdots,\ x_n=z^{(n-1)}$$

就有

$$\begin{aligned}&\dot{x}_1=x_2\\&\dot{x}_2=x_3\\&\vdots\\&\dot{x}_n=-a_0x_1-a_1x_2-\cdots-a_{n-1}x_n+u\end{aligned}\tag{5.1.21}$$

而输出方程则成为

$$y=b_0x_1+b_1x_2+\cdots+b_{n-1}x_n\tag{5.1.22}$$

于是状态空间相应的矩阵为

$$\boldsymbol{A}=\begin{bmatrix}0&1&&&\\&0&1&&\\&&\ddots&\ddots&\\&&&0&1\\-a_0&-a_1&\cdots&&-a_{n-1}\end{bmatrix},\ \boldsymbol{B}_u=\begin{bmatrix}0\\0\\\vdots\\0\\1\end{bmatrix},\ \begin{aligned}&\boldsymbol{C}=[b_0\quad b_1\quad\cdots\quad b_{n-1}]\\&\boldsymbol{D}_u=\boldsymbol{0}\end{aligned}\tag{5.1.23}$$

这种形式的状态空间矩阵的方程称为控制标准型方程。

5.1.3 线性时不变系统的积分

动力方程式(5.1.15)的积分是线性非齐次方程,其求解应首先针对齐次方程：

$$\dot{\boldsymbol{x}}(t)=\boldsymbol{A}\boldsymbol{x},\ \boldsymbol{x}(0)=\boldsymbol{x}_0\tag{5.1.24}$$

与纯量(一维)微分方程的解一样,其解可写为

$$\boldsymbol{x}(t)=\exp(\boldsymbol{A}t)\times\boldsymbol{x}_0=\boldsymbol{\Phi}(t)\times\boldsymbol{x}_0\tag{5.1.25}$$

其中,指数矩阵的定义与指数函数的幂级数展开相同,即

$$\exp(\boldsymbol{A}t)=\boldsymbol{I}_n+\boldsymbol{A}t+\frac{(\boldsymbol{A}t)^2}{2!}+\cdots+\frac{(\boldsymbol{A}t)^k}{k!}+\cdots=\boldsymbol{\Phi}(t)\tag{5.1.26}$$

该矩阵又称为状态转移矩阵,即 $\boldsymbol{x}(t)$ 由 $\boldsymbol{x}(0)$ 转移而来。

矩阵指数函数具有以下的性质:

(1) $\lim\limits_{t\to 0}\exp(\boldsymbol{A}t)=\boldsymbol{I}_n$;

(2) $\exp[\boldsymbol{A}(t_1+t_2)]=\exp(\boldsymbol{A}t_1)\times\exp(\boldsymbol{A}t_2)$, 进一步有 $[\exp(\boldsymbol{A}t)]^m=\exp[\boldsymbol{A}(mt)]$;

(3) $[\exp(\boldsymbol{A}t)]^{-1}=\exp(-\boldsymbol{A}t)$, 即指数函数总有逆矩阵;

(4) 一般来说, 指数矩阵不适用乘法交换律, 即当 $\boldsymbol{AB}\neq\boldsymbol{BA}$ 时, $\exp(\boldsymbol{A}t)\times\exp(\boldsymbol{B}t)\neq\exp(\boldsymbol{B}t)\times\exp(\boldsymbol{A}t)$; 当 $\boldsymbol{AB}=\boldsymbol{BA}$ 时 $\exp(\boldsymbol{A}t)\times\exp(\boldsymbol{B}t)=\exp(\boldsymbol{B}t)\times\exp(\boldsymbol{A}t)=\exp[(\boldsymbol{A}+\boldsymbol{B})t]$; 当 $\boldsymbol{A}$、$\boldsymbol{B}$ 为乘法可交换时,其指数矩阵乘法也可交换;

(5) 指数函数的微商 $(\mathrm{d}/\mathrm{d}t)\exp(\boldsymbol{A}t)=\boldsymbol{A}\times\exp(\boldsymbol{A}t)$。

指数矩阵是零输入的初始状态响应。当存在输入 $\boldsymbol{u}$ 时,其状态响应可由下式计算:

$$\boldsymbol{x}(t)=\exp(\boldsymbol{A}t)\boldsymbol{x}_0+\int_0^t\exp[\boldsymbol{A}(t-\tau)]\boldsymbol{B}_u\boldsymbol{u}(\tau)\mathrm{d}\tau \tag{5.1.27}$$

在控制论中输入项是可以选择的,恰当地选择输入 $\boldsymbol{u}$ 可使状态响应 $\boldsymbol{x}(t)$ 受控。往往将时间的起点写成 t_0, 则上式成为

$$\boldsymbol{x}(t;\ t_0,\ \boldsymbol{x}_0,\ \boldsymbol{u})=\boldsymbol{\Phi}(t-t_0)\boldsymbol{x}_0+\int_{t_0}^t\boldsymbol{\Phi}(t-\tau)\boldsymbol{B}_u\boldsymbol{u}(\tau)\mathrm{d}\tau \tag{5.1.27$'$}$$

指数矩阵的计算是很重要的课题,文献[2]给出了多种算法,但并不理想。此后文献[3]中又进行了探讨。但现在采用精细积分法可以做出计算机精度的数值结果,这些已经在绪论中提到。这些数值结果是在给定步长 η 的等间距时刻:

$$t_0,\ t_0+\eta,\ t_0+2\eta,\ \cdots \tag{5.1.28}$$

指数矩阵函数也可以用本征向量展开的方法求解,这与振动理论的方法相似。这就涉及任意 $n\times n$ 矩阵 $\boldsymbol{A}$ 的本征向量与 Jordan 标准型。在不出现 Jordan 标准型时, $\boldsymbol{A}$ 阵有 n 个本征向量,相互线性无关。于是就可写成

$$\boldsymbol{A\varphi}_i=\mu_i\boldsymbol{\varphi}_i,\ i=1,\ 2,\ \cdots,\ n \tag{5.1.29}$$

将全部本征向量 $\boldsymbol{\varphi}_i$ 作为列,可组成矩阵:

$$\boldsymbol{\Phi}_a=[\boldsymbol{\varphi}_1,\ \boldsymbol{\varphi}_2,\ \cdots,\ \boldsymbol{\varphi}_n] \tag{5.1.30}$$

$$\boldsymbol{A\Phi}_a=\boldsymbol{\Phi}_a\mathrm{diag}(\mu_1,\ \mu_2,\ \cdots,\ \mu_n)=\boldsymbol{\Phi}_a\mathrm{diag}(\mu_i),\ \boldsymbol{A}=\boldsymbol{\Phi}_a\mathrm{diag}(\mu_i)\boldsymbol{\Phi}_a^{-1} \tag{5.1.29$'$}$$

如取

$$\boldsymbol{\Phi}(t)=\boldsymbol{\Phi}_a\mathrm{diag}[\exp(\mu_it)]\boldsymbol{\Phi}_a^{-1} \tag{5.1.31}$$

显然, $\boldsymbol{\Phi}(0)=\boldsymbol{I}_n$, 且有

$$\dot{\boldsymbol{\Phi}}(t)=\boldsymbol{\Phi}_a\mathrm{diag}[\mu_i\exp(\mu_it)]\boldsymbol{\Phi}_a^{-1}=\boldsymbol{\Phi}_a\mathrm{diag}(\mu_i)\mathrm{diag}[\exp(\mu_it)]\boldsymbol{\Phi}_a^{-1}$$

$$= A\boldsymbol{\Phi}_a \mathrm{diag}[\exp(\mu_i t)]\boldsymbol{\Phi}_a^{-1} = A\boldsymbol{\Phi}$$

这样,微分方程和初始条件都与指数矩阵一样,故知下式成立:

$$\exp(\boldsymbol{A}t) = \boldsymbol{\Phi}(t) \tag{5.1.32}$$

因此式(5.1.31)给出了状态转移矩阵的解析算法。其中关键的一步是要找出全部本征向量以构成 $\boldsymbol{\Phi}_a$ 阵,以及本征值 $\mu_i (i = 1, 2, \cdots, n)$。

$\boldsymbol{A}$ 阵也可能出现重根及 Jordan 型。Jordan 型在理论上很完整、明确,但在数值计算方面却不稳定。只要在数值计算中出现最低限的误差,也会将重根变换成非常接近的两个不同本征值,其对应的两个本征向量也成为几乎是平行的两个向量,其数值很大但矩阵 $\boldsymbol{\Phi}_a$ 成为非常病态的矩阵。此种情况下其数值计算结果的精度难以保证。

在许多情况下,矩阵 $\boldsymbol{A}$ 并不出现 Jordan 型,此时本征向量展开的式(5.1.31)很吸引人。精细积分法却并不在意于是否出现 Jordan 型,它总能得到很高精度的数值结果。

状态转移矩阵的计算还要用于状态响应的计算式(5.1.27),进一步就可得到其输出为

$$\boldsymbol{y}(t) = \boldsymbol{C\Phi}(t - t_0)\boldsymbol{x}_0 + \int_{t_0}^{t} \boldsymbol{C\Phi}(t - \tau)\boldsymbol{B}_u \boldsymbol{u}(t)\mathrm{d}\tau + \boldsymbol{D}_u \boldsymbol{u}(t) \tag{5.1.33}$$

经典控制理论非常关心输入-输出关系。运用脉冲响应矩阵 $\boldsymbol{G}(t - \tau)$, 由 m 个输入 $\boldsymbol{u}(t)$ 引起的 q 个输出 $\boldsymbol{y}(t)$,

$$\boldsymbol{y}(t) = \int_{t_0}^{t} \boldsymbol{G}(t - \tau)\boldsymbol{u}(\tau)\mathrm{d}\tau \tag{5.1.34}$$

其中,

$$\boldsymbol{G}(t - \tau) = \begin{bmatrix} g_{11}(t - \tau) & \cdots & g_{1m}(t - \tau) \\ g_{21}(t - \tau) & \cdots & g_{2m}(t - \tau) \\ \vdots & & \vdots \\ g_{q1}(t - \tau) & \cdots & g_{qm}(t - \tau) \end{bmatrix}$$

对比式(5.1.33),有脉冲响应矩阵, $q \times m$ 维:

$$\boldsymbol{G}(t - \tau) = \boldsymbol{C\Phi}(t - \tau)\boldsymbol{B}_u + \boldsymbol{D}_u \delta(t - \tau) \tag{5.1.35}$$

在讲到矩阵 $\boldsymbol{A}$ 的本征问题时,有它的本征方程:

$$\det(\boldsymbol{A} - \mu \boldsymbol{I}_n) = 0$$

展开成为的 n 次多项式方程:

$$\mu^n + \alpha_{n-1}\mu^{n-1} + \cdots + \alpha_1 \mu + \alpha_0 = 0$$

Cayley-Hamilton 定理指出,如果将矩阵 $\boldsymbol{A}$ 代入上式,得到矩阵的多项式一定为零,即

$$\boldsymbol{A}^n + \alpha_{n-1}\boldsymbol{A}^{n-1} + \cdots + \alpha_1 \boldsymbol{A} + \alpha_0 \boldsymbol{I}_n = \boldsymbol{0} \tag{5.1.36}$$

这说明 $\boldsymbol{A}^n$ 可以用 $\boldsymbol{A}^{n-1}$, $\boldsymbol{A}^{n-2}$, $\cdots$, $\boldsymbol{A}$, $\boldsymbol{I}_n$ 的线性组合来表示,当然 $\boldsymbol{A}^{n+1}$ 及更高的幂次都可

由 $\boldsymbol{A}^{n-1}$, $\boldsymbol{A}^{n-2}$, …, $\boldsymbol{A}$, $\boldsymbol{I}_n$ 来线性组合而成。Cayley-Hamilton 定理的证明见文献[4]。在不出现 Jordan 型时很容易理解。因 $\boldsymbol{A}^m = \boldsymbol{\Phi}_a \mathrm{diag}(\mu_i^m)\boldsymbol{\Phi}_a^{\mathrm{T}}$, 故

$$\boldsymbol{A}^n + \alpha_{n-1}\boldsymbol{A}^{n-1} + \cdots + \alpha_1\boldsymbol{A} + \alpha_0\boldsymbol{I}_n = \boldsymbol{\Phi}_a \mathrm{diag}(\mu_i^n + \alpha_{n-1}\mu_i^{n-1} + \cdots + \alpha_1\mu_i + \alpha_0)\boldsymbol{\Phi}_a^{-1} = \boldsymbol{0}$$

以上的计算都在时域表示。为了考察经典控制论的输入-输出表示,常采用频域分析。

5.1.4　频域分析

状态转移矩阵与传递函数矩阵的频域表示很受关注,以往的稳定性分析奠基于此。状态转移矩阵来源于式(5.1.24)。对式(5.1.24)作 Laplace 变换得

$$(s\boldsymbol{I}_n - \boldsymbol{A})\tilde{\boldsymbol{x}}(s) = \boldsymbol{x}_0 \qquad \tilde{\boldsymbol{x}}(s) = (s\boldsymbol{I}_n - \boldsymbol{A})^{-1}\boldsymbol{x}_0$$

显然 $\tilde{\boldsymbol{\Phi}}(s) = (s\boldsymbol{I}_n - \boldsymbol{A})^{-1}$, 这就是状态转移矩阵的频域表示。

进一步要看传递函数矩阵,它显然是

$$\tilde{\boldsymbol{G}}(s) = \boldsymbol{C}(s\boldsymbol{I}_n - \boldsymbol{A})^{-1}\boldsymbol{B}_u \tag{5.1.37}$$

将动力方程与量测方程进行 Laplace 变换得

$$(s\boldsymbol{I}_n - \boldsymbol{A})\tilde{\boldsymbol{x}} - \boldsymbol{B}_u\tilde{\boldsymbol{u}} = \boldsymbol{x}_0, \ \tilde{\boldsymbol{y}} = \boldsymbol{C}\tilde{\boldsymbol{x}}$$

$\boldsymbol{x}_0$ 是无关的,取为零,消去 $\tilde{\boldsymbol{x}}$, 即得式(5.1.36)。由式(5.1.34)执行 Laplace 变换,也得到式(5.1.36)。显然,传递函数矩阵是有理分式。

5.1.5　线性系统的可控性与可观测性

可控性针对动力方程中式(5.1.15)的矩阵对 $(\boldsymbol{A}, \boldsymbol{B}_u)$, 而可观测性针对矩阵对 $(\boldsymbol{A}, \boldsymbol{C})$。状态空间描述系统内部变量,但人们只能通过量测 $\boldsymbol{y}$ 来估计状态,也只能通过输入 $\boldsymbol{u}$ 使状态的运行发生变化。可测与可控就是研究系统的内部状态是否可由输出 $\boldsymbol{y}$ 反映,是否可由输入 $\boldsymbol{u}$ 任意操作。对于 t_0 时任一个状态 $\boldsymbol{x}_0$, 如果可以选择 $\boldsymbol{u}(t)$ 使在 $t_1 > t_0$ 时达到 $\boldsymbol{x}(t_1) = 0$, 称系统是完全能控的或可控的。

对应地,如果根据量测 $\boldsymbol{y}(t)$, 就可在 t_1 时完全推知 t_0 时的任一个状态 $\boldsymbol{x}_0$, 则称系统是完全可测的或可测的。当然量测是在 $t_0 < t < t_1$ 内给出,并且输入 $\boldsymbol{u}(t)$ 已知。

前面谈及的对于 $n \times n$ 矩阵 $\boldsymbol{A}$ 的 Cayley-Hamilton 定理,在证明可控性与可测性时很有用。该定理表明, $\boldsymbol{A}^n$ 可以由 $\boldsymbol{I}$, $\boldsymbol{A}$, $\boldsymbol{A}^2$, …, $\boldsymbol{A}^{n-1}$ 线性组合而成。当然 $\boldsymbol{A}$ 阵更高的幂次也可由 $\boldsymbol{I}$, $\boldsymbol{A}$, $\boldsymbol{A}^2$, …, $\boldsymbol{A}^{n-1}$ 线性组合。

5.1.5.1　线性定常系统的可控性

根据可控性的要求,状态方程的解应有

$$\boldsymbol{x}(t_1) = \boldsymbol{\Phi}(t_1 - t_0)\boldsymbol{x}_0 + \int_{t_0}^{t_1} \boldsymbol{\Phi}(t_1 - t)\boldsymbol{B}_u\boldsymbol{u}(t)\,\mathrm{d}t = \boldsymbol{0} \tag{5.1.38}$$

式中, $\boldsymbol{\Phi}$ 是指数矩阵式(5.1.32)。以上要求可化为

$$\boldsymbol{x}_0 = -\int_0^t \mathrm{e}^{-\boldsymbol{A}(t-t_0)} \boldsymbol{B}_u \boldsymbol{u}(t)\,\mathrm{d}t$$

将指数矩阵展开为幂级数,并利用 Cayley-Hamilton 定理,有

$$\mathrm{e}^{-\boldsymbol{A}(t-t_0)} = \sum_{i=0}^{n-1} \alpha_i (t - t_0) \boldsymbol{A}^i$$

式中, α_i 是 $t - t_0$ 确定性的函数。代入前式得

$$\boldsymbol{x}_0 = -\sum_{i=0}^{n-1} \boldsymbol{A}^i \boldsymbol{B}_u \boldsymbol{u}_i,\ \boldsymbol{u}_i = \int_{t_0}^{t_1} \alpha_i (t - t_0) \boldsymbol{u}(t)\,\mathrm{d}t$$

将以上写成矩阵形式,有

$$\boldsymbol{x}_0 = -[\boldsymbol{B}_u \quad \boldsymbol{A}\boldsymbol{B}_u \quad \boldsymbol{A}^2\boldsymbol{B}_u \cdots \quad \boldsymbol{A}^{n-1}\boldsymbol{B}_u] \times [\boldsymbol{u}_0^{\mathrm{T}} \quad \boldsymbol{u}_1^{\mathrm{T}} \quad \cdots \quad \boldsymbol{u}_{n-1}^{\mathrm{T}}]^{\mathrm{T}}$$

令

$$\boldsymbol{Q}_c = [\boldsymbol{B}_u,\ \boldsymbol{A}\boldsymbol{B}_u,\ \cdots,\ \boldsymbol{A}^{n-1}\boldsymbol{B}_u] \quad n \times mn \text{ 阵} \tag{5.1.39}$$

可控性要求 $\boldsymbol{x}_0$ 为任意的初始状态向量,因此必须要求 $\boldsymbol{Q}_c$ 为满秩矩阵,即

$$\operatorname{rank}(\boldsymbol{Q}_c) = n \tag{5.1.39a}$$

为可控的必要条件,其实这也是充分条件。由于 $\boldsymbol{u}(t)$ 可任意选择, $\boldsymbol{u}_0,\ \boldsymbol{u}_1,\ \cdots,\ \boldsymbol{u}_{n-1}$ 可分别取任意向量,因此只要 $\boldsymbol{Q}_c$ 满秩, $\boldsymbol{x}_0$ 可取任意值的。可控性的充要条件也可由格拉姆(Gram)矩阵:

$$\boldsymbol{W}_c(t) = \int_0^t \exp(\boldsymbol{A}\tau)\boldsymbol{B}_u\boldsymbol{B}_u^{\mathrm{T}}\exp(\boldsymbol{A}^{\mathrm{T}}\tau)\,\mathrm{d}\tau > 0 \tag{5.1.39b}$$

的对称正定条件表示。6.2 节还要讲到该矩阵。

5.1.5.2 线性定常系统的可观测性

不失一般性,令输入 $\boldsymbol{u} \equiv 0$。因为 $\boldsymbol{u}$ 已知,不过是将 $\boldsymbol{y}$ 做一个修改而已。现在要根据 $(0,\ t)$ 期间的量测 $\boldsymbol{y}(t)$ 唯一地确定系统的任意初始状态 $\boldsymbol{x}_0$。按式(5.1.32)有 $(t_0 = 0)$

$$\boldsymbol{y}(t) - \boldsymbol{D}_u\boldsymbol{u} - \boldsymbol{C}\int_0^t e^{\boldsymbol{A}(t-\tau)}\boldsymbol{B}_u\boldsymbol{u}(\tau)\,\mathrm{d}\tau = \boldsymbol{C}e^{\boldsymbol{A}t}\boldsymbol{x}_0$$

取 $\boldsymbol{u} = \boldsymbol{0}$ 再利用 Cayley-Hamilton 定理,有

$$\boldsymbol{y}(t) = \boldsymbol{C}\sum_{k=0}^{n-1}\alpha_k(t)\boldsymbol{A}^k\boldsymbol{x}_0 = [\alpha_0(t)\boldsymbol{I}_q \quad \alpha_1\boldsymbol{I}_q \quad \cdots \quad \alpha_{n-1}\boldsymbol{I}_q] \times \begin{bmatrix} \boldsymbol{C} \\ \boldsymbol{C}\boldsymbol{A} \\ \vdots \\ \boldsymbol{C}\boldsymbol{A}^{n-1} \end{bmatrix} \boldsymbol{x}_0$$

式中, $\boldsymbol{I}_q$ 为 q 阶单位阵。前一矩阵 $[\alpha_0(t)\boldsymbol{I}_q,\ \cdots,\ \alpha_{n-1}(t)\boldsymbol{I}_q]$ 肯定为满秩,而

$$\boldsymbol{Q}_0 = \begin{bmatrix} \boldsymbol{C} \\ \boldsymbol{C}\boldsymbol{A} \\ \vdots \\ \boldsymbol{C}\boldsymbol{A}^{n-1} \end{bmatrix} \tag{5.1.40}$$

称为可测性矩阵。如果该 $nq\times n$ 阵不满秩,则初值向量 $\boldsymbol{x}_0$ 的某个子空间对量测 $\boldsymbol{y}(t)$ 将不起作用,即不能量测到。因此

$$\operatorname{rank}(\boldsymbol{Q}_0)=n \tag{5.1.38a}$$

显然是可测性的必要条件,这其实也是充分条件,证明略去。

可测性的充要条件可以用格拉姆矩阵的条件:

$$W_0(t)=\int_0^t \exp(\boldsymbol{A}^{\mathrm{T}}\tau)\boldsymbol{C}^{\mathrm{T}}\boldsymbol{C}\exp(\boldsymbol{A}\tau)\,\mathrm{d}\tau \tag{5.1.38b}$$

在任一 $t>0$ 都为对称正定来表示。后文将对式(5.1.37b)、式(5.1.38b)的格拉姆矩阵做出详细推导。这里给出的可控与可测,只能用于定常系统,但还有时变系统,甚至非线性系统,其可控与可观的性质应当如何考虑,也将在第六章讨论。

鉴于可控性与可测性的重要性,给出一些简单的例子。

例题 5.2　设 $n=2$, $A=\begin{bmatrix}-1 & 0\\ 0 & 2\end{bmatrix}$, $\boldsymbol{B}_u=\begin{bmatrix}1\\0\end{bmatrix}$, $\boldsymbol{C}=[1\quad 1]$, 即 $q=1$, $m=1$。试分析其可控与可测性。

解: $\boldsymbol{Q}_c=[\boldsymbol{B}_u,\ \boldsymbol{A}\boldsymbol{B}_u]=\begin{bmatrix}1 & -1\\ 0 & 0\end{bmatrix}$, $\operatorname{rank}(\boldsymbol{Q}_c)=1<n$, 不可控。但 $\boldsymbol{Q}_0=\begin{bmatrix}\boldsymbol{C}\\ \boldsymbol{CA}\end{bmatrix}=\begin{bmatrix}1 & 1\\ 1 & 2\end{bmatrix}$, $\operatorname{rank}(\boldsymbol{Q}_0)=2=n$, 该系统可测。

如果 $\boldsymbol{B}_u=[1\quad 0.001]^{\mathrm{T}}$, 则 $\boldsymbol{Q}_c=\begin{bmatrix}1 & -1\\ 0.001 & 0.002\end{bmatrix}$, 故 $\operatorname{rank}(\boldsymbol{Q}_c)=2$, 系统为可控,但接近不可控。

其实不可控或不可测是偶然出现的,稍加变化便可成为可控、可测。但近乎不可控或近乎不可测的系统,其运行往往是病态的。

例题 5.3　设 $n=4$; $q=1$; $m=1$, 对以下矩阵所表示的系统,分析其可控、可测性。

$$\boldsymbol{A}=\begin{bmatrix}0 & 0 & 1 & 0\\ 0 & 0 & 0 & 1\\ -2 & 1 & 0 & 0\\ 0.5 & -0.5 & 0 & 0\end{bmatrix},\quad \boldsymbol{B}_u=\begin{bmatrix}0\\0\\0\\0.5\end{bmatrix},\quad \boldsymbol{C}=[1\quad 0\quad 0\quad 0]$$

解: $\boldsymbol{Q}_c=\begin{bmatrix}0 & 0 & 0 & 0.5\\ 0 & 0.5 & 0 & -0.25\\ 0 & 0 & 0.5 & 0\\ 0.5 & 0 & -0.25 & 0\end{bmatrix}$, $\operatorname{rank}(\boldsymbol{Q}_c)=4(=n)$, $\boldsymbol{Q}_0=\begin{bmatrix}1 & 0 & 0 & 0\\ 0 & 0 & 1 & 0\\ -2 & 1 & 0 & 0\\ 0 & 0 & -2 & 1\end{bmatrix}$, $\operatorname{rank}(\boldsymbol{Q}_0)=4(=n)$, 故既可控也可测。

5.1.6 线性变换

设原系统由方程为

$$\dot{\boldsymbol{x}} = \boldsymbol{A}\boldsymbol{x} + \boldsymbol{B}_u\boldsymbol{u} \tag{5.1.41}$$

$$\boldsymbol{y} = \boldsymbol{C}\boldsymbol{x} + \boldsymbol{D}_u\boldsymbol{u} \tag{5.1.42}$$

由于建立系统时,对状态向量 $\boldsymbol{x}$ 的选择有一定的随意性,如对状态向量选择另一套表示,记为 $\bar{\boldsymbol{x}}$, 它与原状态 $\boldsymbol{x}$ 之间相差一个非奇异的线性变换 $\boldsymbol{P}$, 如下:

$$\boldsymbol{x} = \boldsymbol{P}\bar{\boldsymbol{x}} \tag{5.1.43}$$

则代入式(5.1.41)再左乘 $\boldsymbol{P}^{-1}$ 即得

$$\bar{\boldsymbol{A}} = \boldsymbol{P}^{-1}\boldsymbol{A}\boldsymbol{P},\ \bar{\boldsymbol{B}}_u = \boldsymbol{P}^{-1}\boldsymbol{B}_u,\ \bar{\boldsymbol{C}} = \boldsymbol{C}\boldsymbol{P}\quad \bar{\boldsymbol{D}}_u = \boldsymbol{D}_u \tag{5.1.44}$$

及

$$\dot{\bar{\boldsymbol{x}}} = \bar{\boldsymbol{A}}\bar{\boldsymbol{x}} + \bar{\boldsymbol{B}}_u\boldsymbol{u},\ \boldsymbol{y} = \bar{\boldsymbol{C}}\bar{\boldsymbol{x}} + \bar{\boldsymbol{D}}_u\boldsymbol{u}$$

的系统方程。请注意,这里的上面一横,并不是取复数共轭之意。由于 $\bar{\boldsymbol{A}}$ 与 $\boldsymbol{A}$ 只是作了一个相似变换,因此,

(1) 它们具有相同的本征值,并且本征向量也作了式(5.1.43)的变换;

(2) 线性变换后,状态转移矩阵 $\boldsymbol{\Phi}(t)$ 也经受了相似的变换:

$$\bar{\boldsymbol{\Phi}}(t) = \exp(\boldsymbol{P}^{-1}\boldsymbol{A}\boldsymbol{P}t) = \boldsymbol{P}^{-1}\exp(\boldsymbol{A}t)\boldsymbol{P} = \boldsymbol{P}^{-1}\boldsymbol{\Phi}(t)\boldsymbol{P}$$

(3) 线性变换后,系统的传递函数矩阵不变,验证为

$$\begin{aligned}\bar{\tilde{\boldsymbol{G}}} &= \bar{\boldsymbol{C}}(s\boldsymbol{I} - \bar{\boldsymbol{A}})^{-1}\bar{\boldsymbol{B}}_u + \boldsymbol{D}_u = \boldsymbol{C}\boldsymbol{P}(s\boldsymbol{I} - \boldsymbol{P}^{-1}\boldsymbol{A}\boldsymbol{P})^{-1}\boldsymbol{P}^{-1}\boldsymbol{B}_u + \boldsymbol{D}_u \\ &= \boldsymbol{C}\boldsymbol{P}[\boldsymbol{P}^{-1}(s\boldsymbol{I} - \boldsymbol{A})\boldsymbol{P}]^{-1}\boldsymbol{P}^{-1}\boldsymbol{B}_u + \boldsymbol{D}_u = \boldsymbol{C}(s\boldsymbol{I} - \boldsymbol{A})\boldsymbol{B}_u + \boldsymbol{D}_u = \tilde{\boldsymbol{G}}\end{aligned}$$

这是因为状态 $\boldsymbol{x}$ 只是内部变量,而外部变量 $\boldsymbol{u}$、$\boldsymbol{y}$ 并未变换;

(4) 线性变换不改变系统的可控性,因为有

$$\bar{\boldsymbol{Q}}_c = [\bar{\boldsymbol{B}}_u,\ \bar{\boldsymbol{A}}\bar{\boldsymbol{B}}_u,\ \cdots,\ \bar{\boldsymbol{A}}^{n-1}\bar{\boldsymbol{B}}_u] = \boldsymbol{P}^{-1}[\boldsymbol{B}_u,\ \boldsymbol{A}\boldsymbol{B}_u,\ \cdots,\ \boldsymbol{A}^{n-1}\boldsymbol{B}_u] = \boldsymbol{P}^{-1}\boldsymbol{Q}_c$$

而 $\boldsymbol{P}$ 为满秩矩阵(非奇异),因此 $\bar{\boldsymbol{Q}}_c$ 的秩与 $\boldsymbol{Q}_c$ 的秩相同;

(5) 线性变换不改变系统的可测性。

线性变换对于按本征向量分解,以及按可控性或按可测性的结构分解等一系列的应用都很重要。采用本征解展开的方法在理论与计算中很有用。

5.1.7 传递函数的状态空间实现

前文给出了两种传递函数,式(5.1.5)给出的是单输入-单输出的传递函数。而式(5.1.45)给出的是多维的状态空间法频率域的传递函数:

$$\tilde{\boldsymbol{G}}(s)=\boldsymbol{C}(s\boldsymbol{I}_n-\boldsymbol{A})^{-1}\boldsymbol{B}_u+\boldsymbol{D}_u \tag{5.1.45}$$

反过来,对于一个给定的有理分式传递函数 $\tilde{\boldsymbol{G}}(s)$, 可以找到矩阵 $\boldsymbol{A}$、$\boldsymbol{B}_u$、$\boldsymbol{C}$、$\boldsymbol{D}_u$ 与之对应,称为该传递函数 $\tilde{\boldsymbol{G}}(s)$ 状态空间的一个实现,或简写为形式 $(\boldsymbol{A}, \boldsymbol{B}_u, \boldsymbol{C}, \boldsymbol{D}_u)$。对单输入-单输出的传递函数,应将其化成真有理分式:

$$\tilde{\boldsymbol{G}}(s)=b_n+\frac{B(s)}{A(s)}$$

$$B(s)=b_{n-1}s^{n-1}+\cdots+b_1s+b_0$$

$$A(s)=s^n+a_{n-1}s^{n-1}+\cdots+a_1s+a_0$$

即多项式 $B(s)$ 与 $A(s)$ 没有公因子。此时其状态空间的实现有 $(\boldsymbol{A}, \boldsymbol{B}_u, \boldsymbol{C}, \boldsymbol{D}_u)$ 可表达为控制标准型与量测标准型两种。只要取其 $\boldsymbol{D}_u=[b_n]$, 式(5.1.20)给出量测标准型,而式(5.1.23)给出了其控制标准型。

传递函数矩阵的实现具有如下基本性质:

(1) 实现是不唯一的,给定传递矩阵 $\tilde{\boldsymbol{G}}(s)$, 可以有不同维数的不同实现,即使是相同维数的实现,也不唯一;

(2) 在 $\tilde{\boldsymbol{G}}(s)$ 的所有实现中,一定存在一类维数最低的实现,称为最小实现,最小实现就是具有输入-输出特性 $\tilde{\boldsymbol{G}}(s)$ 的一个最简单的外部等价的系统模型;

(3) 传递函数矩阵 $\tilde{\boldsymbol{G}}(s)$ 的各种实现之间,没有必然的代数等价关系,只有最小实现,相互间才有代数等价关系;

(4) 如果真实系统完全可控、完全可测,而根据 $\tilde{\boldsymbol{G}}(s)$ 找到的最小实现也完全可控、完全可测,则这种实现可表征真实系统的构造;

(5) 如果给定的传递函数 $\tilde{\boldsymbol{G}}(s)$ 是严格真的有理分式,则其实现必具有形式 $(\boldsymbol{A}, \boldsymbol{B}_u, \boldsymbol{C})$, 即 $\boldsymbol{D}_u=\boldsymbol{0}$。如果 $\tilde{\boldsymbol{G}}(s)$ 仅为真而不是严格真时,其实现形式为 $(\boldsymbol{A}, \boldsymbol{B}_u, \boldsymbol{C}, \boldsymbol{D}_u)$, 且 $\lim\limits_{s\to\infty}\tilde{\boldsymbol{G}}(s)=\boldsymbol{D}_u$。

对于最小实现有定理:设 $\tilde{\boldsymbol{G}}(s)$ 是严格真的传递函数矩阵, $(\boldsymbol{A}, \boldsymbol{B}_u, \boldsymbol{C})$ 为其最小实现的充分必要条件, $(\boldsymbol{A}, \boldsymbol{B}_u)$ 为完全可控,且 $(\boldsymbol{A}, \boldsymbol{C})$ 为完全可测。证明略去,可参考相关文献[5-7]。

5.1.8　对偶原理

考察两个线性时不变系统 Γ_1、Γ_2, 其动力与量测方程分别为

$$\Gamma_1: \dot{\boldsymbol{x}}=\boldsymbol{A}\boldsymbol{x}+\boldsymbol{B}_u\boldsymbol{u},\ \boldsymbol{y}=\boldsymbol{C}\boldsymbol{x}$$

$$\Gamma_2: \dot{\boldsymbol{x}}_2=-\boldsymbol{A}^{\mathrm{T}}\boldsymbol{x}_2-\boldsymbol{C}^{\mathrm{T}}\boldsymbol{v},\ \boldsymbol{y}_2=\boldsymbol{B}_u^{\mathrm{T}}\boldsymbol{x}_2$$

式中, $\boldsymbol{x}$、$\boldsymbol{x}_2$ 均为 n 维状态向量; $\boldsymbol{u}$、$\boldsymbol{y}_2$ 均为 m 维向量; $\boldsymbol{y}$、$\boldsymbol{v}$ 均为 q 维向量。两个系统称为互相对偶的系统。若系统 Γ_1 的状态转移矩阵为 $\boldsymbol{\Phi}(t, t_0)=\exp[\boldsymbol{A}(t-t_0)]$, 则 Γ_2 系统的状态转移矩阵为

$$\boldsymbol{\Phi}_2(t, t_0) = \exp[-\boldsymbol{A}^{\mathrm{T}}(t - t_0)] = [\exp(\boldsymbol{A}(t_0 - t))]^{\mathrm{T}} = \boldsymbol{\Phi}^{\mathrm{T}}(t_0, t)$$

对偶系统的可控性相当于另一系统的可测性,而可测性又相应于另一系统的可控性。验证为:将 Γ_2 可控性条件写为

$$\boldsymbol{Q}_{c2} = [\boldsymbol{C}^{\mathrm{T}}, -\boldsymbol{A}^{\mathrm{T}}\boldsymbol{C}^{\mathrm{T}}, \boldsymbol{A}^{2\mathrm{T}}\boldsymbol{C}^{\mathrm{T}}, \cdots, (-\boldsymbol{A}^{\mathrm{T}})^{n-1}\boldsymbol{C}^{\mathrm{T}}] = \begin{bmatrix} \boldsymbol{C} \\ \boldsymbol{CA} \\ \boldsymbol{CA}^2 \\ \vdots \\ \boldsymbol{CA}^{n-1} \end{bmatrix}^{\mathrm{T}} \cdot \mathrm{diag}[\boldsymbol{I}_q, -\boldsymbol{I}_q, \cdots, (-1)^{n-1}\boldsymbol{I}_q]$$

故 $\mathrm{rank}(\boldsymbol{Q}_{c2}) = \mathrm{rank}(\boldsymbol{Q}_o)$。另一方面 Γ_2 的可测性矩阵为

$$\boldsymbol{Q}_{o2} = \begin{bmatrix} \boldsymbol{B}_u^{\mathrm{T}} \\ -\boldsymbol{B}_u^{\mathrm{T}}\boldsymbol{A}^{\mathrm{T}} \\ \vdots \\ \boldsymbol{B}_u^{\mathrm{T}}(-\boldsymbol{A}^{\mathrm{T}})^{n-1} \end{bmatrix} = [\boldsymbol{B}_u, \boldsymbol{AB}_u, \cdots, \boldsymbol{A}^{n-1}\boldsymbol{B}_u]^{\mathrm{T}} \times \mathrm{diag}[\boldsymbol{I}_m, -\boldsymbol{I}_m, \cdots, (-1)^{n-1}\boldsymbol{I}_m]$$

故又有 $\mathrm{rank}(\boldsymbol{Q}_{o2}) = \mathrm{rank}(\boldsymbol{Q}_c)$。

5.1.9 离散时间控制

运用计算机等离散控制装置来控制连续时间系统时,或者由于采样分析时间,将面临连续时间系统要化成等价的离散时间系统的问题。在转化时采用以下假定:

(1) 采样周期 η 为常值,即等间隔采样,每次采样时间的宽度应远小于 η, 取 $\boldsymbol{y}_k = \boldsymbol{y}(k\eta)$;

(2) 认为输入向量在 η 步长内保持为常值,当 $k\eta \leqslant t < (k+1)\eta$ 时,即 $\boldsymbol{u}(t) = \boldsymbol{u}(k\eta) = \boldsymbol{u}_k$。

步长 η 的选择应当很小,以保证香农(Shannon)采样定理(sampling theorem)得以满足。采样定理为:

设连续时间信号 $x(t)$ 所包含的最高频率为 $f_{\max} = B$ Hz。如果 $x(t)$ 以频率 $f_s = 1/T_s > 2B$ 进行采样,得到序列 $x(k)$, $k = -\infty, \cdots, \infty$, 于是原信号 $x(t)$ 可由

$$x(t) = \sum_{k=-\infty}^{\infty} x(kT_s)h(t - kT_s), \quad h(t) = \sin\frac{\dfrac{\pi t}{T_s}}{\dfrac{\pi t}{T_s}}$$

精确地恢复,见文献[8]。$f_s^* = 2B$ 常称为 Nyquist 采样频率。应用时必须使 $f_s > f_s^*$, 不能取等号。而 $f_n = f_s/2$ 则常称为 Nyquist 频率,采样条件也可表示为 $f_n > B$。

本节内容参考了文献[6]。

5.2 稳定性理论

稳定性是系统很重要的特性。对系统运动稳定性的分析是系统与控制理论的一个重要组成部分。系统稳定性有两种定义：用输入-输出关系来表征的外部稳定性；在零输入条件下状态运动所表征的内部稳定性。

(1) 外部稳定性：如果对应于一个有界的输入 $\boldsymbol{u}(t)$，即

$$\| \boldsymbol{u}(t) \| \leqslant k_1 < \infty, \ t_0 \leqslant t < \infty \tag{5.2.1}$$

其所产生的输出 $\boldsymbol{y}(t)$ 也必有界，即

$$\| \boldsymbol{y}(t) \| \leqslant k_2 < \infty, \ t_0 \leqslant t < \infty \tag{5.2.2}$$

则称此系统外部稳定，即有界输入-输出稳定，简称 BIBO (bounded input, bounded output)稳定，式中 $\| * \|$ 代表向量的模运算。

对于零初始条件的线性定常系统，记 $\boldsymbol{G}(t)$ 为其脉冲的响应矩阵，或者在频域表示中以 $\tilde{\boldsymbol{G}}(s)$ 表示其传递函数矩阵。则系统的 BIBO 稳定充分必要条件为

$$\int_0^{\infty} | g_{ij}(t) | \mathrm{d}t \leqslant k < \infty \quad i = 1, 2, \cdots, q; j = 1, 2, \cdots, m \tag{5.2.3}$$

或其传递函数矩阵 $\tilde{\boldsymbol{G}}(s)$ 的每一个元素 $\tilde{g}_{ij}(s)$ 的极点均有负的实部。

(2) 内部稳定性：如果对于线性定常系统有

$$\dot{\boldsymbol{x}} = \boldsymbol{A}\boldsymbol{x} + \boldsymbol{B}_u\boldsymbol{u}, \ \boldsymbol{x}(0) = \text{已知} \tag{5.2.4}$$

$$\boldsymbol{y} = \boldsymbol{C}\boldsymbol{x} + \boldsymbol{D}_u\boldsymbol{u} \tag{5.2.5}$$

对于无输入 $\boldsymbol{u}(t) = \boldsymbol{0}$，而初始状态为任意时，状态响应为

$$\boldsymbol{x} = \boldsymbol{\Phi}(t, t_0)\boldsymbol{x}_0 \to \boldsymbol{0}, \ \text{当} \ t \to \infty \tag{5.2.6}$$

则称系统内部稳定，并且是内部渐近稳定。微分方程 $\dot{\boldsymbol{x}}(t) = \boldsymbol{A}\boldsymbol{x}$ 渐近稳定的充分必要条件是矩阵 $\boldsymbol{A}$ 的全部本征值皆具有负实部。这是最基本的定理。

如果线性定常系统式(5.2.4)和式(5.2.5)是内部稳定，则必是 BIBO 稳定。但 BIBO 稳定并不能保证其系统的内部稳定性。然而如果线性定常系统可控可测，则其内部稳定性等价于其外部稳定性。

5.2.1 Lyapunov 意义下的运动稳定性

运动稳定性通常研究没有外输入的系统。当系统为非线性的一般情况时可描述为

$$\dot{\boldsymbol{x}} = \boldsymbol{f}(\boldsymbol{x}, t), \ \boldsymbol{x}(t_0) = \boldsymbol{x}_0, \ t \geqslant t_0 \tag{5.2.7}$$

式中，$\boldsymbol{x}$、$\boldsymbol{f}$ 分别为 n 维状态向量与函数。一般的非线性系统问题很复杂，不易分析。对线

性时变系统,设其方程为

$$\dot{\boldsymbol{x}}=\boldsymbol{A}(t)\boldsymbol{x},\ \boldsymbol{x}(t_0)=\boldsymbol{x}_0,\ t\geqslant t_0 \tag{5.2.8}$$

则因线性方程组有叠加原理可用,所以分析计算更简便。对于周期函数的 $\boldsymbol{A}(t)$,有一套弗洛盖(Floquet)理论,化成离散时间系统,便于作稳定性分析。对于一般的系统只能做一个描述,设式(5.2.7)的解有唯一轨线,即

$$\boldsymbol{x}(t)=\boldsymbol{\Phi}(t;\ \boldsymbol{x}_0,\ t_0),\ t\geqslant t_0 \tag{5.2.9}$$

如果系统运动有平衡点 $\boldsymbol{x}_e$,则应当描述在该平衡点附近运动的稳定性。

更一般些,如果运动在未受扰动时具有周期性质,称为极限环。于是就应当分析当运动对极限环有偏离时,系统是否能回到该极限环。在极限环附近作摄动,得到的就是具有周期系数矩阵 $\boldsymbol{A}(t)$ 的线性微分方程。

在一般非线性系统下,运动往往进入混沌状态。此时系统在近乎周期的环形轨道上运动,如何考虑此种情况下的运动稳定性,还需要进一步研究。往往连一个标称的运动都未能说清楚。分析解往往做不出来,只能数值积分,但每次也只能算出一个解,而且对于状态初值非常敏感,即运动进入混沌状态。对此有很长的路要走。

现在考虑平衡点 $\boldsymbol{x}_e=\boldsymbol{0}$ 附近的稳定性,要考虑当偏离平衡点时能否自动回到其平衡状态,或至少可限于其一个有界邻域内。

Lyapunov 意义下的稳定性可表达为:任意给定一个小量 $\varepsilon>0$,必可找到一个值 $\delta(\varepsilon,t_0)>0$ 使任意满足 $\|\boldsymbol{x}_0-\boldsymbol{x}_e\|<\delta(\varepsilon,t_0)$ 的初态 $\boldsymbol{x}_0$ 所引起的运动满足:

$$\|\boldsymbol{\Phi}(t;\ \boldsymbol{x}_0,\ t_0)-\boldsymbol{x}_e\|<\varepsilon,\ 当\ \|\boldsymbol{x}_0,\ -\boldsymbol{x}_e\|<\delta(\varepsilon,\ t_0),\ t>t_0 \tag{5.2.10}$$

渐近稳定性对工程应用更有意义,即

$$\lim_{t\to\infty}\boldsymbol{\Phi}(t;\ \boldsymbol{x}_0,\ t_0)=\boldsymbol{x}_e,\ 当\ \|\boldsymbol{x}_0-\boldsymbol{x}_e\|<\delta \tag{5.2.11}$$

但式(5.2.11)定义还要求初值离平衡点不远。而大范围渐近稳定则要求:

$$\lim_{t\to\infty}\boldsymbol{\Phi}(t;\ \boldsymbol{x}_0,\ t_0)=\boldsymbol{x}_e \tag{5.2.12}$$

以上讲的只是概念与定义,至于如何去满足这些稳定性的要求,就有很大的问题。

5.2.2 Lyapunov 稳定性分析

先从自治系统的稳定性讲起,即分析方程:

$$\dot{\boldsymbol{x}}=\boldsymbol{f}(\boldsymbol{x}),\ \boldsymbol{x}(t_0)=\boldsymbol{x}_0,\ t\geqslant t_0 \tag{5.2.13}$$

的稳定性。对此 Lyapunov 第二方法,或称直接法,该方法应用最广泛。直接法要用到一个辅助函数,称为 Lyapunov 函数,是状态的连续可微纯量函数,记为 $V(\boldsymbol{x})$。该函数沿轨道的时间微商为

$$\dot{V}(\boldsymbol{x})\underset{\text{def}}{=}\frac{\mathrm{d}V(\boldsymbol{x})}{\mathrm{d}t}=\sum_{j=1}^{n}\left(\frac{\partial V}{\partial x_j}\right)\cdot\dot{x}_j=\left(\frac{\partial V}{\partial \boldsymbol{x}}\right)^{\mathrm{T}}\cdot\boldsymbol{f}(\boldsymbol{x}) \tag{5.2.14}$$

它也是状态向量 $\boldsymbol{x}$ 的一个连续函数。要求 V 与 $\dot{V}$ 在包含平衡点 $\boldsymbol{x}_e$ 的开集 Ω 上有定义,并满足以下条件。

(1) 当 $\boldsymbol{x} \neq \boldsymbol{x}_e$ 时, $V(\boldsymbol{x}) > V(\boldsymbol{x}_e)$。不失一般性,认定 $V(\boldsymbol{x}_e)=0$ 且 $\boldsymbol{x}_e=\boldsymbol{0}$。引入函数:

$$\psi(t)=\sup_{|x|\leqslant r} V(\boldsymbol{x}), \quad \varphi(r)=\inf_{r\leqslant |x|} V(\boldsymbol{x})$$

由 $V(\boldsymbol{x})$ 的连续性知, $\psi(r)$、$\varphi(r)$ 皆为 r 的连续非降函数,并且 $\psi(0)=\varphi(0)=0$。

(2) 如果 Ω 无界,则当 $|\boldsymbol{x}| \to \infty$ 时, $V(\boldsymbol{x}) \to \infty$。

(3) 当 $\boldsymbol{0} \neq \boldsymbol{x} \in \Omega$, $\dot{V}(\boldsymbol{x}) < 0$。

如果能找到这样的一个纯量函数 $V(\boldsymbol{x})$, 则该系统是稳定的。

Lyapunov 直接法的函数 $V(\boldsymbol{x})$ 选择非常接近于系统的能量的函数。通常耗散的因素将使系统的能量下降。这种设想是基于物理概念,很有帮助,但 $V(\boldsymbol{x})$ 并非一定是能量函数。至今还没有统一的方法生成这个 Lyapunov 函数。鉴于 Lyapunov 的卓越贡献,100 年后美国在 1992 年又将他的论文重新出版。

对于线性时不变系统:

$$\dot{\boldsymbol{x}}=\boldsymbol{A}\boldsymbol{x}, \ \boldsymbol{x}(t_0)=\boldsymbol{x}_0, \ t \geqslant t_0 \tag{5.2.15}$$

它可以考虑为在平衡点 $\boldsymbol{x}_e=\boldsymbol{0}$ 附近的线性展开。Lyapunov 第一方法是分析矩阵 $\boldsymbol{A}$ 的全部本征值 $\lambda_i(i=1, \cdots, n)$, 即方程 $\det(s\boldsymbol{I}-\boldsymbol{A})=0$ 的根,稳定性要求这些根全位于 s 左半平面,即

$$\mathrm{Re}(\lambda_i) < 0, \ i=1, \cdots, n \tag{5.2.16}$$

这样就可以保证 $\exp(\boldsymbol{A}t) \to \boldsymbol{0}$, 当 $t \to \infty$ 时。

现在对方程(5.2.16)运用 Lyapunov 第二方法(直接法),这就要构造 Lyapunov 函数。线性定常系统可考虑选择 $\boldsymbol{x}$ 的二次函数,即

$$V(\boldsymbol{x})=\boldsymbol{x}^{\mathrm{T}}\boldsymbol{P}\boldsymbol{x} \tag{5.2.17}$$

式中, $\boldsymbol{P}$ 是 $n \times n$ 对称正定阵,其数值待定。按条件微商得

$$\dot{V}(\boldsymbol{x})=\dot{\boldsymbol{x}}^{\mathrm{T}}\boldsymbol{P}\boldsymbol{x}+\boldsymbol{x}^{\mathrm{T}}\boldsymbol{P}\dot{\boldsymbol{x}}=\boldsymbol{x}^{\mathrm{T}}(\boldsymbol{A}^{\mathrm{T}}\boldsymbol{P}+\boldsymbol{P}\boldsymbol{A})\boldsymbol{x}=-\boldsymbol{x}^{\mathrm{T}}\boldsymbol{Q}\boldsymbol{x} \tag{5.2.18}$$

其中,

$$\boldsymbol{A}^{\mathrm{T}}\boldsymbol{P}+\boldsymbol{P}\boldsymbol{A}=-\boldsymbol{Q} \tag{5.2.19}$$

称为 Lyapunov 代数方程,这是对于 $\boldsymbol{P}$ 的线性代数联立方程。任意选择一个正定的 $\boldsymbol{Q}$ 阵,求解之即得 $\boldsymbol{P}$ 阵。对于 n 维问题, $\boldsymbol{P}$ 有 $n \times (n+1)/2$ 个未知参数。如果 $\boldsymbol{P}$ 阵解得为正定阵,则 Lyapunov 函数便已找到,系统为稳定。只要式(5.2.16)满足,则

$$\boldsymbol{P}=\int_0^{\infty} \exp(\boldsymbol{A}^{\mathrm{T}}t)\boldsymbol{Q}\exp(\boldsymbol{A}t)\,\mathrm{d}t \tag{5.2.20}$$

事实上,Lyapunov 微分方程:

$$\dot{\boldsymbol{P}}(t)=\boldsymbol{A}^{\mathrm{T}}\boldsymbol{P}(t)+\boldsymbol{P}(t)\boldsymbol{A}+\boldsymbol{Q}, \ \boldsymbol{P}(0)=\boldsymbol{0} \tag{5.2.21}$$

的解为

$$P(t)=\int_0^t \exp[A^{\mathrm{T}}(t-\tau)]Q\exp[A(t-\tau)]\mathrm{d}\tau \tag{5.2.22}$$

只要代入微分方程,便可验明。这些矩阵都可以用精细积分法加以精细计算。在后文讲到预测方程时,又将介绍 Lyapunov 方程。其求解又会要求执行式(5.2.22)的积分,其中 $\boldsymbol{Q}$ 可以是 τ 的函数。

线性时不变系统是最简单的微分方程。对于非线性方程 Lyapunov 函数的选择便无一般的通用方法。但仍可提供一般的定理:这是主要的稳定性定理,表述为:对系统式(5.2.7),如果存在一个连续可微纯量函数 $V(\boldsymbol{x}, t)$,且 $V(\boldsymbol{0}, t)=\boldsymbol{0}$, 并有

(1) 存在两个连续非减纯量函数 $\psi(\|\boldsymbol{x}\|)$、$\varphi(\|\boldsymbol{x}\|)$,且 $\psi(0)=0$, $\varphi(0)=0$, 且

$$\psi(\|\boldsymbol{x}\|)\geqslant V(\boldsymbol{x}, t)\geqslant \varphi(\|\boldsymbol{x}\|)>0, \text{当 } t\geqslant t_0,\ \boldsymbol{x}\neq\boldsymbol{0}$$

(2) $\dot{V}(\boldsymbol{x}, t)\leqslant -\gamma(\|\boldsymbol{x}\|)<0$, 当 $\boldsymbol{x}\neq\boldsymbol{0}$

其中,$\gamma(\boldsymbol{0})=0$; $\gamma(\|\boldsymbol{x}\|)>0$, 且 $\|\boldsymbol{x}\|\to\infty$ 时,$\varphi(\|\boldsymbol{x}\|)\to\infty$,则系统在原点为大范围一致渐近稳定,请见文献[9]和[10]。

如前所述,应用时对 V 的选择还要下功夫。下一章将介绍状态估计与预测方面的内容。

练 习 题

5.1 浅谈经典控制理论与现代控制理论的区别。

5.2 状态空间表达式主要包含哪两类方程,各类方程的意义分别是什么?

5.3 设一系统由如下微分方程组描述:

$$\begin{cases}\dot{x}_1-\dot{x}_2=x_2\\ \dot{x}_1+\ddot{x}_2=2x_1+u\end{cases}$$

其中,x_1、x_2 为状态变量;u 为输入变量。选取 $y=x_1$ 为输出,试写出状态方程和输出方程。

5.4 计算如下状态空间表达式的传递函数:

$$\dot{\boldsymbol{x}}=\begin{bmatrix}0 & 1\\ -2 & 3\end{bmatrix}\boldsymbol{x}+\begin{pmatrix}1\\ -1\end{pmatrix}u,\ y=[1\quad 0]\boldsymbol{x}$$

其中,$\boldsymbol{x}$ 为状态向量;u 为输入变量;y 为输出变量。

5.5 根据高阶微分方程 $\dddot{y}+2\ddot{y}+2y=3u$, 其中 u 为输入变量,y 为输出变量,写出系统的状态方程和输出方程。

5.6 已知矩阵 $\boldsymbol{A}=\begin{bmatrix}2 & 1\\ 0 & 2\end{bmatrix}$,试用 Cayley-Hamilton 定理求矩阵指数 e^{At}。

5.7 设

$$n=3,\ \boldsymbol{A}=\begin{bmatrix}1 & 1 & 0\\0 & 1 & 0\\0 & -1 & 1\end{bmatrix},\ \boldsymbol{B}=\begin{pmatrix}0\\1\\1\end{pmatrix},\ \boldsymbol{C}=[0\quad 0\quad 1]$$

试分析该系统的可控性与可测性。

5.8 设

$$n=3,\ \boldsymbol{A}=\begin{bmatrix}-1 & -2 & 0\\0 & -1 & 1\\1 & 0 & -1\end{bmatrix},\ \boldsymbol{B}=\begin{bmatrix}0 & 0\\1 & 0\\0 & 1\end{bmatrix},\ \boldsymbol{C}=\begin{bmatrix}2 & -1 & 1\\0 & 2 & 1\end{bmatrix}$$

试分析该系统的可控性与可测性。

5.9 原系统为

$$\dot{\boldsymbol{x}}=\begin{bmatrix}3 & 1 & 0\\0 & 0 & -1\\0 & 1 & -1\end{bmatrix}\boldsymbol{x}+\begin{pmatrix}2\\0\\1\end{pmatrix}u,\ y=[1\quad 0\quad 0]\boldsymbol{x}$$

其中，$\boldsymbol{x}$ 为状态变量；u 为输入变量；y 为输出变量。取线性变换 $\boldsymbol{x}=\begin{bmatrix}1 & 0 & 0\\0 & 0 & 1\\0 & -1 & 0\end{bmatrix}\bar{\boldsymbol{x}}$，试写出线性变换后的状态方程和输出方程。

5.10 试判断系统 $\dot{\boldsymbol{x}}=\begin{bmatrix}0 & 1\\-2 & -0.1\end{bmatrix}\boldsymbol{x}+\begin{pmatrix}1\\1\end{pmatrix}u,\ y=[0\quad 1]\boldsymbol{x}$ 的内部稳定性。

5.11 香农采样定理对于动力学中的数值积分时间步长的选取有什么指导意义?

参考文献

[1] 钟万勰. 应用力学对偶体系[M]. 北京：科学出版社，2002.

[2] Moler C, Loan C, V. Nineteen dubious ways to compute the exponential of a matrix, twenty-five years later[J]. Siam Review, 1978, 20(4): 801-836.

[3] Golub G H, Van Loan C F. Matrix computations [M]. Maryland: Johns Hopkins University Press, 1983.

[4] Pease M C I. Methods of matrix algebra[M]. New York: Academic Press, 1965: 124-125.

[5] Kwakernaak H S R. Linear optimal control systems[M]. New York: Wiley-Interscience, 1972.

[6] 郑大钟. 线性系统理论[M]. 北京：清华大学出版社，1990: 422.

[7] Stengel. Stochastic optimal control[M]. New York: Wiley, 1986: 638.

[8] Taylor F J. Principles of signals and systems[M]. New York: McGraw-Hill, 1994: 672-675.

[9] 黄琳. 稳定性与鲁棒性的理论基础[M]. 北京：科学出版社，2003.

[10] Cook A. Nonlinear dynamical systems[M]. New Jersey: Prentice-Hall, 1986.

第六章 状态估计与预测

前文讲述了动力学与结构力学相互类似的理论，这是建立在 Hamilton 体系基础上的，因此状态空间理论不可缺少。状态空间理论在最优控制，状态估计的理论也有模拟关系，将该模拟关系发挥好非常重要。控制是当今世界不可缺少的前沿课题。精确控制在工程、安全领域都有广泛应用。

控制理论与结构力学在应用中情况相差很大，简要概率论是不可缺少的，参见附录 3。

既然要应用，就要了解当前系统的状态，这就要做状态估计。首先介绍状态最优估计的三类理论，再逐一讲述其理论与算法。现在的教材一定要与数值时代接轨。

6.1 状态最优估计的三类理论

在科技领域中，估计很常见。通常可将估计分为两类，即状态估计与参数估计。状态估计是对给定的系统，在噪声干扰下对状态做出估计，状态 $\boldsymbol{x}(t)$ 是随机向量，发生噪声是不可避免的。参数估计则往往是对系统本身的参数进行辨识估计，常用于曲线拟合。高斯的最小二乘法则是在估计理论中最为常用的准则，这里主要对状态估计做出论述。

状态估计主要针对动态系统，静态系统只是动态系统的特例。设系统状态动力方程和量测方程分别为

$$\dot{\boldsymbol{x}}(t) = \boldsymbol{A}(t)\boldsymbol{x} + \boldsymbol{B}_w(t)\boldsymbol{w}(t) + \boldsymbol{B}_u(t)\boldsymbol{u}(t) \tag{6.1.1}$$

$$\boldsymbol{y}(t) = \boldsymbol{C}_y(t)\boldsymbol{x}(t) + \boldsymbol{v}(t) \tag{6.1.2}$$

式中，$\boldsymbol{x}(t)$、$\boldsymbol{y}(t)$、$\boldsymbol{u}(t)$ 分别为 n 维、q 维、m 维的状态、量测和控制向量；$\boldsymbol{v}(t)$、$\boldsymbol{w}(t)$ 为 q 维、l 维的量测噪声与过程噪声向量；$\boldsymbol{A}$、$\boldsymbol{B}_w$、$\boldsymbol{B}_u$、$\boldsymbol{C}_y$ 为已知矩阵。估计就是要根据量测到的 $\boldsymbol{y}(\tau)$，$\tau \leqslant t$ 来估计状态向量 $\boldsymbol{x}(t)$。连续时间系统常用 Kalman-Bucy 滤波来做出估计，对离散时间系统的估计称为 Kalman 滤波[1, 2]。以上是滤波估计的提法。滤波所用的量测数据不违反因果律。

在控制理论方面，线性二次的 LQ 最优控制需要用状态向量 $\boldsymbol{x}(t)$ 来确定反馈向量 $\boldsymbol{u}(t)$，但状态向量并未直接量测到，因此其反馈只能采用状态的滤波估计值 $\hat{\boldsymbol{x}}(t)$ 来代替。从而 Kalman 滤波便成为 LQG(linear quadratic Gaussian)最优控制的重要组成部分。

通常，假定 $\boldsymbol{w}$、$\boldsymbol{v}$ 是期望为零的白噪声，相互独立，其协方差阵分别为

$$E[\boldsymbol{w}(t)] = \boldsymbol{0} \quad E[\boldsymbol{w}(t)\boldsymbol{w}^{\mathrm{T}}(\tau)] = \boldsymbol{W}(t)\delta(t-\tau),$$
$$E[\boldsymbol{v}(t)] = \boldsymbol{0}, \quad E[\boldsymbol{v}(t)\boldsymbol{v}^{\mathrm{T}}(\tau)] = \boldsymbol{V}(t)\delta(t-\tau), \; E[\boldsymbol{w}(t)\boldsymbol{v}^{\mathrm{T}}(\tau)] = \boldsymbol{0} \tag{6.1.3}$$

式中，$\delta(t-\tau)$ 是 Dirac -函数；$\boldsymbol{W}$、$\boldsymbol{V}$ 都是对称正定矩阵，它们是白噪声的协方差矩阵。

初始状态的数学期望及协方差矩阵为

$$E[\boldsymbol{x}(0)] = \hat{\boldsymbol{x}}_0, \; E[(\boldsymbol{x}(0)-\hat{\boldsymbol{x}}_0)(\boldsymbol{x}(0)-\hat{\boldsymbol{x}}_0)^{\mathrm{T}}] = \boldsymbol{P}_0 \tag{6.1.4}$$

而且还认为噪声与初始状态无关。$E[(\boldsymbol{x}(0)-\hat{\boldsymbol{x}}_0)\boldsymbol{w}^{\mathrm{T}}] = \boldsymbol{0}$。

设量测向量是 $\boldsymbol{y}(\tau)$，$0 \leqslant \tau \leqslant t_1$，而 t 是当前时刻，有三种可能：① $t > t_1$；② $t = t_1$；③ $t < t_1$。要根据动力方程、量测以及初始条件，找出状态 $\boldsymbol{x}(t)$ 的最优估计 $\hat{\boldsymbol{x}}(t)$，以及其估计误差的协方差矩阵 $\boldsymbol{P}(t)$：

$$E[\boldsymbol{x}(t)] = \hat{\boldsymbol{x}}(t), \; E[(\boldsymbol{x}(t)-\hat{\boldsymbol{x}}(t))(\boldsymbol{x}(t)-\hat{\boldsymbol{x}}(t))^{\mathrm{T}}] = \boldsymbol{P}(t) \tag{6.1.5}$$

按照量测的三种划分：

(1) $t_1 > t$ 时，是一种预测问题。更具体点说是 $(0, t_1)$ 时段的估计是有量测核对的，但 t 已经超前，在 (t_1, t) 时段并无量测结果以资核对，只能根据动力方程进行推算。对该问题的求解是首先进行滤波分析到 t_1，得到 $\hat{\boldsymbol{x}}(t_1)$ 与 $\boldsymbol{P}(t_1)$，下一步以此作为 t_1 处的初始条件，对 (t_1, t) 时段进行无量测的分析，这一段就是预测(prediction)。

(2) 如果量测也是直到 $t_1 = t$，要求估计 $\hat{\boldsymbol{x}}(t)$，这是最常用的提法，称为滤波(filtering)。实时响应的分析应当用滤波。

(3) 当 $t < t_1$ 时，称为平滑(smoothing)问题。这是根据较长时间的数据来估计 t 时刻的状态，平滑不符合因果律。例如用于现场实测，回家再进行分析，这是离线的分析。

预测估计因为可利用的数据最少，因此其估计的精度低于滤波；平滑则可利用的量测数据比滤波还要多，因此平滑估计的精度高于滤波。也就是说，预测的方差比滤波的方差大，而平滑的方差比滤波的方差小。

实际系统大多是非线性，当然最好能对一般非线性系统做出其预测、滤波、平滑的理论分析及响应算法，但这在当前十分困难。在应用中往往是在某个标称(nominal)状态附近对方程作线性近似，可以得到满意的近似。化成线性系统后，在数学上就有许多方法可用。因此下文着重讲线性系统的估计，并且特别着重于算法。一般来说，非线性系统的求解也可在线性系统求解的基础上用保辛摄动法来迭代逼近。

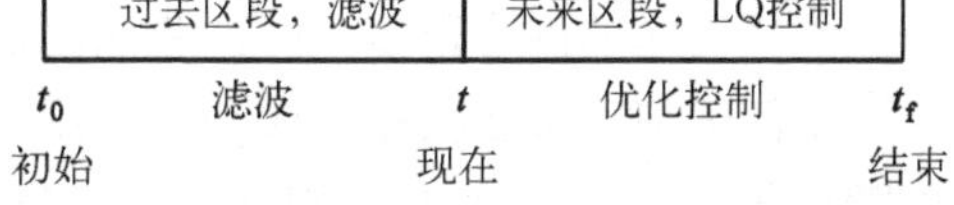

图 6.1　过去、现在、将来，基于状态空间的控制

现代控制论紧密地依赖滤波估计。由图 6.1 看到，从控制起始时间 t_0 到结束时间 t_f，由当前时刻 t 划分为过去与未来两个时段。当然 t 总是从 t_0 逐步增加直至 t_f。在过去时段，控制向量 $\boldsymbol{u}$ 已选定并实施，已成为历史。对过去时段应当是根据对系统的认识与量测记录，以估计当前的状态。由于有过程噪声与量测噪声的影响，不可能测知当前的真实确切状态，只能得到其最佳估计 $\hat{\boldsymbol{x}}(t)$ 及其协方差矩阵 $\boldsymbol{P}(t)$。这就是说，过去时段的任务是滤波。进一步还要对系统性能作再认识的工作,这就是系统辨识。首先的一步是滤波,这是下文要着重讲的。至于系统辨识是进一步的要求,相关联的课题便是自适应控制。

对未来时段则应当进行线性二次(linear quadratic, LQ)最优控制的分析、其初始条件便是当前时刻的状态估计(滤波) $\hat{\boldsymbol{x}}(t)$, 当然也还有对当前状态协方差矩阵 $\boldsymbol{P}(t)$ 的要求。

在当前时刻 t, 应当给出反馈控制向量 $\boldsymbol{u}(t)$, 这是基于对过去时段的滤波与对未来时段控制分析的结果。反馈控制向量 $\boldsymbol{u}(t)$ 必须实时提供,因此分析计算应当区分成两部分: 离线计算与在线计算。凡是与量测数据 $\boldsymbol{y}$ 无关的数据可以预先计算出来并存储好,而与量测数据有关的计算只能实时执行,这一部分计算工作量应降到最低。以下就这三类估计课题逐个介绍。

6.2 预测及其精细积分

预测是非常吸引人的课题。做决策就应基于预测的结果。现在就最简单的可由线性系统描述的课题展开叙述。先给出两个例子。

例题 6.1 设有一个质量 M 由柱支撑。当地面因地震激起运动时,质量的振动服从微分方程:

$$M\ddot{x} + C\dot{x} + Kx = f(t), \ x(0) = \dot{x}(0) = 0 \tag{6.2.1}$$

由于地面运动引起的干扰力 $f(t)$ 是随机的,将它处理为随机过程,只能给出其统计参数。于是响应 x 也只能是随机过程,本课题是寻求其随机响应的问题,就是前文的随机振动。

例题 6.2 经济分析时,需要分析市场的短期利率。由于影响经济的事件不断发生,诸如国家公布的失业率、物价指数、个人收入、房地产销售率、商品销售指数等,都会影响短期利率而使其发生波动,这些因素综合在一起可认为是高斯分布的白噪声。但短期利率 $r(t)$ 不会离开其均值 θ 很远,且总有一种向 θ 靠近的倾向,因此 $r(t)$ 服从随机微分方程:

$$\dot{r}(t) = K \cdot (\theta - r) + \sigma X(t), \ r(0) = \text{给定值} \tag{6.2.2}$$

式中, $X(t)$ 是单位强度的噪声; σ 表征噪声强度; K 表征短期利率的恢复能力, σ、K 都可取常值。求解 $r(t)$, 它当然也是随机变量。这个利率模型是最简单的,称为 Vasicek 模型。

预测问题的例子很多。由这些例题看到,总是要分析带随机过程项的微分方程。以上两个例子都只有随机输入项,而在方程参数中并无随机参数,因此比较简单。本章着重讲随机输入项的方程,它只用到均方积分。带随机参数项时应另外讲述。

随机系统控制、随机预测等问题归结在数学模型所提供的随机微分方程求解上,以后用 $x(t)$ 表示这个解。由于干扰有随机因素,解 $x(t)$ 也是随机过程。严格来说,求解随机变量应当找出其分布函数,但这在数学上是很复杂的,而且这也不太现实,哪怕要给出初始条件 x_0 的概率分布实际也很难做到。因此在作系统分析时,很少求联合分布,而是求

取其解 $x(t)$ 的少量统计特性。好在概率论的中心极限定理指出，大量随机因素的综合将给出高斯分布，而高斯分布则只要找出其均值及其协方差就已完全确定。在随机过程时则表现为均值函数 $\hat{x}(t)$ 及相关函数 $R(t,\ t_1)$，最重要的是均方值 $R(t)$。因此除非特别声明，我们总是认为随机过程是高斯分布，求解也只是寻求其均值与相关函数或方差函数。虽然过程是随机的，但其均值 $\hat{x}(t)$ 与均方函数 $R(t)$ 却是确定性的。以下将会看到，对随机微分方程的求解，转化为对常微分方程的求解。于是一整套行之有效的数值方法便可以应用了。

6.2.1　预测问题的数学模型

预测是没有量测的系统，相当于开环。现用状态变量法来描述。动力方程及输出方程可写为

$$\dot{\boldsymbol{x}} = \boldsymbol{f}(\boldsymbol{x},\ \boldsymbol{u},\ t) + \boldsymbol{B}_1(\boldsymbol{x},\ t)\boldsymbol{w}(t) + \boldsymbol{B}_u(\boldsymbol{x},\ t)\boldsymbol{u}(t) \tag{6.2.3}$$

$$\boldsymbol{z} = \boldsymbol{g}(\boldsymbol{x},\ \boldsymbol{u},\ t) \tag{6.2.4}$$

式中，$\boldsymbol{x}$ 是 n 维状态向量；$\boldsymbol{z}$ 是 q 维输出向量；$\boldsymbol{u}$ 为 m 维确定性输入向量；$\boldsymbol{w}$ 称为 l 维过程噪声；$\boldsymbol{f}$ 是 n 维函数，$\boldsymbol{B}_1$、$\boldsymbol{B}_u$ 分别是 $n\times l$、$n\times m$ 矩阵函数；$\boldsymbol{g}$ 是 p 维确定性输出向量。

以上的方程是非线性的。非线性随机方程的求解难度很大。线性系统的方程可表达为

$$\dot{\boldsymbol{x}}(t) = \boldsymbol{A}(t)\boldsymbol{x}(t) + \boldsymbol{B}_u(t)\boldsymbol{u}(t) + \boldsymbol{B}_1(t)\boldsymbol{w}(t) \tag{6.2.5}$$

$$\boldsymbol{z}(t) = \boldsymbol{C}(t)\boldsymbol{x}(t) + \boldsymbol{D}(t)\boldsymbol{u}(t) \tag{6.2.6}$$

式中，$\boldsymbol{A}$ 是 $n\times n$ 工厂阵（plant matrix）；$\boldsymbol{B}_u$ 是 $n\times m$ 输入阵；$\boldsymbol{B}_1$ 为 $n\times l$ 随机量输入矩阵；$\boldsymbol{C}$ 是 $q\times n$ 输出阵；$\boldsymbol{D}$ 为 $q\times m$ 阵，往往取为 $\mathbf{0}$ 阵。对于线性时不变系统，上述这些系统矩阵均为常值。

以上为连续时间的线性系统数学模型。当离散时间时，其线性系统方程可表示为

$$\boldsymbol{x}(k+1) = \boldsymbol{A}_k\boldsymbol{x}(k) + \boldsymbol{B}_{uk}\boldsymbol{u}(k) + \boldsymbol{B}_{wk}\boldsymbol{w}(k) \tag{6.2.7}$$

$$\boldsymbol{z}(k) = \boldsymbol{C}_k\boldsymbol{x}(k) + \boldsymbol{D}_k\boldsymbol{u}(k) \tag{6.2.8}$$

如果是时不变系统，则 $\boldsymbol{A}_k$、$\boldsymbol{B}_{uk}$、$\boldsymbol{B}_{wk}$、$\boldsymbol{C}_k$ 等矩阵与 k 无关。

微分方程与差分方程都应当有初值条件。当前的方程中有过程噪声 $\boldsymbol{w}$，因此状态向量 $\boldsymbol{x}$ 与输出向量 $\boldsymbol{z}$ 都是随机过程向量。既然是线性系统，如 $\boldsymbol{w}$ 为高斯分布，则 $\boldsymbol{x}$、$\boldsymbol{z}$ 也必为高斯分布。因此 $\boldsymbol{x}$、$\boldsymbol{z}$ 可以由其均值 $\hat{\boldsymbol{x}}$、$\hat{\boldsymbol{z}}$ 及相应的方差矩阵来表示。其初值条件也应当给出均值与方差。

$$\hat{\boldsymbol{x}}(0) = \hat{\boldsymbol{x}}_0,\ \boldsymbol{G}(0) = \boldsymbol{G}_0 \tag{6.2.9}$$

$\hat{\boldsymbol{x}}(t)$ 与 $\boldsymbol{G}(t)$ 为 n 维状态向量均值与 $n\times n$ 方差矩阵，对称非负，都是确定性的量。

如将方程（6.2.5）写成微分形式 $\mathrm{d}\boldsymbol{x} = (\boldsymbol{B}_u\boldsymbol{u} + \boldsymbol{A}\boldsymbol{x})\mathrm{d}t + \boldsymbol{B}_1\mathrm{d}\boldsymbol{w}$，称为 Ornstein-Uhlenbeck 过程[3]，在各学科中都有应用。

6.2.2 单自由度系统的预测

式(6.2.5)是随机微分方程。由于 $\boldsymbol{w}$ 的过程噪声认为是高斯分布,微分方程又是线性的,因此其响应分布也必是高斯的。高斯分布由其均值与协方差所确定,所以预测线性方程的求解,实际是求其均值与协方差。化成待求函数 $\hat{\boldsymbol{x}}(t)$、$\boldsymbol{G}(t)$ 的确定性方程而求解。

先考虑最简单的一个未知量的情况。要求对状态 $x(t)$、$0<t<T$ 做出估计。动力方程为

$$\dot{x}=\alpha(\theta-x)+\sigma w \tag{6.2.10}$$

式中,θ 为给定的平衡点,初始条件为

$$\hat{x}(0)=\theta,\ G(0)=G_0,\text{当}\ t=0 \tag{6.2.11}$$

而 w 为白噪声:

$$E(w)=0,\ E[w(t)w(\tau)]=R_w(t)\delta(t-\tau) \tag{6.2.12}$$

式中,R_w 就是 W。

预测的基本要求是寻求 $\hat{x}(t)$,在满足动力方程与初始条件的前提下,使干扰的指标 J(势能的积分)成为最小,令

$$J=\int_0^T\left[\frac{w(t)R_w^{-1}(t)w(t)}{2}\right]\mathrm{d}t+\frac{G_0^{-1}(x_0-\hat{x}_0)^2}{2},\ \min J \tag{6.2.13}$$

这是一个条件极值问题。采用拉格朗日乘子法,引入动力方程的对偶函数 $\lambda(t)$,有

$$J_A=\int_0^T\left(\frac{\lambda\dot{x}-\lambda\sigma w+\lambda\alpha x-\lambda\alpha\theta+R_w^{-1}w^2}{2}\right)\mathrm{d}t+\frac{G_0^{-1}(x_0-\hat{x}_0)^2}{2},\ \delta J_A=0 \tag{6.2.14}$$

J_A 是扩展的随机指标,变分对 w、x、λ 独立地进行。先完成对 w 取 min,有

$$w=\sigma R_w\lambda \tag{6.2.15}$$

再将此式代回式(6.2.14),有

$$J_A=\int_0^T\left(\frac{\lambda\dot{x}+\lambda\alpha x-\lambda\alpha\theta-\sigma^2R_w\lambda^2}{2}\right)\mathrm{d}t+\frac{G_0^{-1}(x_0-\hat{x}_0)^2}{2},\ \delta J_A=0 \tag{6.2.15$'$}$$

此式中只有 x、λ 两类变量了,当然 x_0 也是变分的。这两个函数 x、λ 互为对偶,都是随机过程函数。执行变分运算有

$$\begin{aligned}\delta J_A=&\int_0^T[\delta\lambda(\dot{x}-\alpha(\theta-x)-\sigma^2R_w\lambda)+\delta x(\alpha\lambda-\dot{\lambda})]\mathrm{d}t\\&+\lambda(T)\delta x(T)+[-\lambda(0)+G_0^{-1}(x_0-\hat{x}_0)]\delta x_0=0\end{aligned}$$

由此得出对偶方程组：

$$\dot{x} = -\alpha x + \sigma^2 R_w \lambda + \alpha\theta,\ \dot{\lambda} = \alpha\lambda \tag{6.2.16}$$

及初始条件：

$$x_0 = \hat{x}_0 + G_0\lambda(0),\text{当 } t = 0 \tag{6.2.17}$$

现在是如何求解对偶方程组的问题。既然 $x(t)$ 是高斯分布的随机过程，则它必然可以表示为均值及一个零均值高斯过程之和。λ 则是一个零均值的高斯分布。由 x 的初值条件式(6.2.17)已见到了此种解的形式。取

$$x(t) = \hat{x}(t) + G(t)\lambda(t) \tag{6.2.18}$$

代入式(6.2.16)，因为 $\dot{x} = \dot{\hat{x}} + \dot{G}\lambda + G\dot{\lambda} = \dot{\hat{x}} + \dot{G}\lambda + G\alpha\lambda$，从而有

$$\dot{\hat{x}} + \dot{G}\lambda = -\alpha\hat{x} + \alpha\theta - 2G\alpha\lambda + \sigma^2 R_w\lambda$$

上式有两部分的项组成，一部分是有关均值的确定性项：

$$\dot{\hat{x}} = -\alpha\hat{x} + \alpha\theta,\ \hat{x}(0) = \hat{x}_0 \tag{6.2.19}$$

另一部分是 $\lambda(t)$ 的随机项，消去 λ 后有

$$\dot{G} = -2\alpha G + \sigma^2 R_w,\ G(0) = G_0(\text{已知}) \tag{6.2.20}$$

由式(6.2.19)解出 x 的数学期望值：

$$\hat{x}(t) = \theta + (\hat{x}_0 - \theta)\mathrm{e}^{-\alpha t} \tag{6.2.21}$$

当 t 很大时，期望值渐近于 θ。由式(6.2.20)解出

$$G(t) = \frac{\sigma^2 R_w}{(2\alpha)} + \left(\frac{G_0 - \sigma^2 R_w}{(2\alpha)}\right)\mathrm{e}^{-2\alpha t} \tag{6.2.22}$$

该函数在 t 很大时，趋于常值 $\sigma^2 R_w/(2\alpha)$。由式(6.2.18)和式(6.2.15)有

$$\lambda(t) = G^{-1}(t)(x - \hat{x}),\ w = \sigma R_w G^{-1}(x - \hat{x}) \tag{6.2.23}$$

有一种特殊情况应注意，即 $\alpha = 0$ 的情况。此时 $\hat{x} = \hat{x}_0$，且取 $\alpha \to 0$ 的极限有 $G(t) = G_0 + \sigma^2 R_w t$。当 $\hat{x}_0 = 0$，且 $G_0 = 0$ 及 $\sigma^2 R_w = 1$ 时，$G(t) = t$，这种过程称为 Wiener 过程，它就是布朗运动，当然是高斯分布的。

6.2.3　多个自由度系统的预测

预测问题就是未能提供量测数据来反馈，以检验其估计的结果并予以尽可能的纠偏。其方程已于式(6.2.5)、式(6.2.6)给出。

多自由度系统的求解方法几乎是单自由度系统的翻版。预测要寻求的 $\boldsymbol{x}(t)$，应在满足动力方程式(6.2.5)及初始条件式(6.2.9)的前提下，使干扰的指标为最小，即令

$$J_A = \int_0^T \left(\frac{\boldsymbol{\lambda}^{\mathrm{T}}\dot{\boldsymbol{x}} - \boldsymbol{\lambda}^{\mathrm{T}}\boldsymbol{A}\boldsymbol{x} - \boldsymbol{\lambda}^{\mathrm{T}}\boldsymbol{B}_u\boldsymbol{u} - \boldsymbol{\lambda}^{\mathrm{T}}\boldsymbol{B}_1\boldsymbol{w} + \boldsymbol{w}^{\mathrm{T}}\boldsymbol{W}^{-1}\boldsymbol{w}}{2} \right) \mathrm{d}t + \frac{(\boldsymbol{x}_0 - \hat{\boldsymbol{x}}_0)^{\mathrm{T}}\boldsymbol{G}_0^{-1}(\boldsymbol{x}_0 - \hat{\boldsymbol{x}}_0)}{2}, \ \delta J_A = 0 \tag{6.2.24}$$

其中,变分是独立地对 $\boldsymbol{x}$、$\boldsymbol{\lambda}$、$\boldsymbol{w}$ 进行的, $\boldsymbol{u}$ 则是确定性输入。完成对 $\boldsymbol{w}$ 的变分,有

$$\boldsymbol{w} = \boldsymbol{W}\boldsymbol{B}^{\mathrm{T}}\boldsymbol{\lambda} \tag{6.2.25}$$

消去 $\boldsymbol{w}$ 后 J_A 成为

$$J_A = \int_0^T \left(\frac{\boldsymbol{\lambda}^{\mathrm{T}}\dot{\boldsymbol{x}} - \boldsymbol{\lambda}^{\mathrm{T}}\boldsymbol{A}\boldsymbol{x} - \boldsymbol{\lambda}^{\mathrm{T}}\boldsymbol{B}_u\boldsymbol{u} - \boldsymbol{\lambda}^{\mathrm{T}}\boldsymbol{B}_1\boldsymbol{W}\boldsymbol{B}_1^{\mathrm{T}}\boldsymbol{\lambda}}{2} \right) \mathrm{d}t + \frac{(\boldsymbol{x}_0 - \hat{\boldsymbol{x}}_0)^{\mathrm{T}}\boldsymbol{G}_0^{-1}(\boldsymbol{x}_0 - \hat{\boldsymbol{x}}_0)}{2} \tag{6.2.26}$$

现在取 $\delta J_A = 0$, 就只有 $\boldsymbol{x}$、$\boldsymbol{\lambda}$ 的两类变量了。完成变分推导有

$$\dot{\boldsymbol{x}} = \boldsymbol{A}\boldsymbol{x} + \boldsymbol{B}_1\boldsymbol{W}\boldsymbol{B}_1^{\mathrm{T}}\boldsymbol{\lambda} + \boldsymbol{B}_u\boldsymbol{u} \tag{6.2.27a}$$

$$\dot{\boldsymbol{\lambda}} = -\boldsymbol{A}^{\mathrm{T}}\boldsymbol{\lambda} \tag{6.2.28}$$

及初始条件:

$$\boldsymbol{x}_0 = \hat{\boldsymbol{x}}_0 + \boldsymbol{G}_0\boldsymbol{\lambda}_0, \ \text{当}\ t = 0 \tag{6.2.29}$$

式中, $\boldsymbol{x}$、$\boldsymbol{\lambda}$ 为高斯分布的随机向量函数;而 $\hat{\boldsymbol{x}}_0$、$\boldsymbol{G}_0$ 则为初始均值与方差。对有高斯分布向量特征的随机过程 $\boldsymbol{x}(t)$, 再考虑其初始条件,可设

$$\boldsymbol{x}(t) = \hat{\boldsymbol{x}}(t) + \boldsymbol{G}(t)\boldsymbol{\lambda}(t) \tag{6.2.30}$$

由微商规则有 $\dot{\boldsymbol{x}} = \dot{\hat{\boldsymbol{x}}} + \dot{\boldsymbol{G}}\lambda + \boldsymbol{G}\dot{\boldsymbol{\lambda}} = \dot{\hat{\boldsymbol{x}}} + \dot{\boldsymbol{G}}\boldsymbol{\lambda} - \boldsymbol{G}\boldsymbol{A}^{\mathrm{T}}\boldsymbol{\lambda}$, 再代入式(6.2.27)有

$$\dot{\hat{\boldsymbol{x}}} + \dot{\boldsymbol{G}}\boldsymbol{\lambda} - \boldsymbol{G}\boldsymbol{A}^{\mathrm{T}}\boldsymbol{\lambda} = \boldsymbol{A}\hat{\boldsymbol{x}} + \boldsymbol{A}\boldsymbol{G}\boldsymbol{\lambda} + \boldsymbol{B}_1\boldsymbol{W}\boldsymbol{B}_1^{\mathrm{T}}\boldsymbol{\lambda} + \boldsymbol{B}_u\boldsymbol{u} \tag{6.2.31}$$

上式有确定性的项及随机性 $\boldsymbol{\lambda}$ 的项,分成两个方程得

$$\dot{\hat{\boldsymbol{x}}}(t) = \boldsymbol{A}\hat{\boldsymbol{x}} + \boldsymbol{B}_u\boldsymbol{u}, \quad \hat{\boldsymbol{x}}(0) = \hat{\boldsymbol{x}}_0 \tag{6.2.32}$$

$$\dot{\boldsymbol{G}}(t) = \boldsymbol{G}\boldsymbol{A}^{\mathrm{T}} + \boldsymbol{A}\boldsymbol{G} + \boldsymbol{B}_1\boldsymbol{W}\boldsymbol{B}_1^{\mathrm{T}}, \quad \boldsymbol{G}(0) = \boldsymbol{G}_0 \tag{6.2.33}$$

式(6.2.32)为对于均值向量 $\hat{\boldsymbol{x}}$ 的常微分方程组,对于已知的输入 $\boldsymbol{u}$, 总是可以积分。

式(6.2.33)也是线性常微分方程组, $\boldsymbol{G}$ 为 $n \times n$ 对称阵,有 $n \times (n+1)/2$ 个分量。既然两者都是线性常微分方程组,解肯定存在,问题是一般来说总得数值求解。多个未知数的精细积分在 6.2.4 小节介绍。式(6.2.32)为通常的线性常微分方程组;式(6.2.33)则称为 Lyapunov 微分方程,要求解。从 Ornstein-Ulenbeck 方程也导出式(6.2.32)和式(6.2.33)这对方程。以下介绍其数值积分。

6.2.4 时程精细积分

线性动力系统状态空间的分析常常要求求解方程:

$$\dot{\boldsymbol{x}}(t)=\boldsymbol{A}(t)\boldsymbol{x}(t)+\boldsymbol{r}(t) \tag{6.2.34}$$

式中，$\boldsymbol{x}(t)$ 是待求的 n 维向量；$\boldsymbol{A}$ 是给定的 $n\times n$ 矩阵；$\boldsymbol{r}(t)$ 是非齐次的输入向量，已知。且有初值条件：

$$\boldsymbol{x}(0)=\boldsymbol{x}_0(\text{已知})，\text{当 } t=t_0=0 \tag{6.2.35}$$

从常微分方程组的求解理论知，应先求解齐次方程：

$$\dot{\boldsymbol{x}}=\boldsymbol{A}\boldsymbol{x} \tag{6.2.36}$$

即使 $\boldsymbol{A}$ 阵是时变矩阵，仍可用单位脉冲响应矩阵 $\boldsymbol{\Phi}(t,\ t_0)$ 表示。$\boldsymbol{\Phi}(t,\ t_0)$ 满足

$$\dot{\boldsymbol{\Phi}}(t,\ t_0)=\boldsymbol{A}(t)\boldsymbol{\Phi}(t,\ t_0),\ \boldsymbol{\Phi}(t_0,\ t_0)=\boldsymbol{I}_n \tag{6.2.37}$$

运用迭加原理，可将式(6.2.34)的解表示为

$$\boldsymbol{x}(t)=\boldsymbol{\Phi}(t,\ 0)\boldsymbol{x}_0+\int_0^t\boldsymbol{\Phi}(t,\ \tau)\boldsymbol{r}(\tau)\mathrm{d}\tau \tag{6.2.38}$$

式(6.2.38)虽然简洁，但问题在于如何数值计算。对于一般的时变系统矩阵 $\boldsymbol{A}(t)$，计算 $\boldsymbol{\Phi}(t)$ 的难度较大。当 $\boldsymbol{A}$ 阵为时不变矩阵时，有

$$\boldsymbol{\Phi}(t,\ t_0)=\boldsymbol{\Phi}(t-t_0)=\exp[\boldsymbol{A}(t-t_0)] \tag{6.2.39}$$

做指数矩阵的数值计算：

$$\exp(\boldsymbol{A}t)=\boldsymbol{\Phi}(t)=\boldsymbol{I}+\boldsymbol{A}t+\frac{(\boldsymbol{A}t)^2}{2}+\cdots+\frac{(\boldsymbol{A}t)^k}{k!}+\cdots \tag{6.2.40}$$

这与普通的指数展开式一样。需要注意，矩阵乘法一般是不可交换的，即 $\boldsymbol{AB}\neq\boldsymbol{BA}$ 。故一般 $\exp(\boldsymbol{A})\cdot\exp(\boldsymbol{B})\neq\exp(\boldsymbol{A}+\boldsymbol{B})$。 仅当矩阵乘法可交换时，有

$$\exp(\boldsymbol{A}).\exp(\boldsymbol{B})=\exp(\boldsymbol{A}+\boldsymbol{B}),\ \text{当 } \boldsymbol{AB}=\boldsymbol{BA} \tag{6.2.41}$$

容易验明，单位脉冲响应矩阵 $\boldsymbol{\Phi}(t,\ t_0)$ 具有性质：

$$\boldsymbol{\Phi}(t,\ t_0)=\boldsymbol{\Phi}(t,\ t_1)\times\boldsymbol{\Phi}(t_1,\ t_0) \tag{6.2.42}$$

当系统为时不变时，有

$$\boldsymbol{\Phi}(t)=\boldsymbol{\Phi}(t-\tau)\boldsymbol{\Phi}(\tau) \tag{6.2.43}$$

以上这些性质在前文已有介绍。

数值解总得规定一个时间步长 η，其等步长时刻为 $t_0=0,\ t_1=\eta,\ \cdots,\ t_k=k\eta,\ \cdots$。于是对线性时不变的齐次方程式(6.2.36)，有

$$\boldsymbol{x}(\eta)=\boldsymbol{x}_1=\boldsymbol{T}\boldsymbol{x}_0,\ \boldsymbol{T}=\exp(\boldsymbol{A}\eta) \tag{6.2.44}$$

以及递推的逐步积分公式：$\boldsymbol{x}_2=\boldsymbol{T}\cdot\boldsymbol{x}_1,\ \cdots,\ \boldsymbol{x}_{k+1}=\boldsymbol{T}\cdot\boldsymbol{x}_k,\ \cdots$，只要矩阵乘法便可。问题归结到式(6.2.44) $\boldsymbol{T}$ 阵的计算。$\boldsymbol{T}$ 的精细积分计算非常关键，绪论已经提供其精细积分算法。

指数矩阵用处很广，是最经常计算的矩阵函数之一。文献[4]给出了19种不同的算法，但在其后的著作[5]中仍指出问题并未解决。应当指出，采用本征函数展开的解法，在不出现Jordan型本征解的条件下，仍是有效的，阐述如下。

对$\boldsymbol{A}$阵做出其本征值分解：

$$\boldsymbol{AY} = \boldsymbol{Y}\mathrm{diag}(\mu_1,\ \cdots,\ \mu_n)$$

式中，$\boldsymbol{Y}$为本征向量所组成的矩阵；μ_i是相应的本征值；$\mathrm{diag}(\mu_i)$是对角阵之意（注意由于$\boldsymbol{A}$不一定是对称阵，μ_i可能有重根，由此会导致Jordan型）。于是可导出

$$\exp(\boldsymbol{A}) = \boldsymbol{Y}\exp[\mathrm{diag}(\mu_i)]\boldsymbol{Y}^{-1} = \boldsymbol{Y}\mathrm{diag}[\exp(\mu_i t)]\boldsymbol{Y}^{-1}$$

显然，以上方程是指数矩阵的分析解。但这建筑在对$\boldsymbol{A}$阵的全部本征解基础上，其困难在于可能出现Jordan型，此时$\boldsymbol{A}$阵的本征分解在数值上不稳定。而精细积分的结果能直逼计算机精度，而且即使有Jordan型，数值结果总是稳定的。

计算了指数矩阵$\boldsymbol{T} = \exp(\boldsymbol{A}\eta)$后，对动力方程(6.2.34)作精细逐步积分。这里先介绍时不变系统。如果没有输入$\boldsymbol{r} = \boldsymbol{0}$，则精细积分就成为一系列矩阵—向量乘法，这个计算比较精确；然而在有输入项时，积分就需要输入$\boldsymbol{r}$的表达式，这并不总可以精确地给出的，此时要采用各种近似。

非齐次方程的特解可以用式(6.2.38)中的卷积表示：

$$\boldsymbol{x}_r(t) = \int_0^t \boldsymbol{\Phi}(t - t_1)\boldsymbol{r}(t_1)\,\mathrm{d}t_1 \tag{6.2.45}$$

式(6.2.45)虽然精确，但$\boldsymbol{\Phi}$阵并未对任一时刻都已算得数值。设积分已达$t_k = k\eta$，有

$$\boldsymbol{x}_k = \boldsymbol{\Phi}(t_k)\cdot\boldsymbol{x}_0 + \int_0^{t_k}\boldsymbol{\Phi}(t_k - t_1)\boldsymbol{r}(t_1)\,\mathrm{d}t_1 \tag{6.2.45$'$}$$

下一步积分到t_{k+1}，可自t_k开始，

$$\boldsymbol{x}_{k+1} = \boldsymbol{T}\cdot\boldsymbol{x}_k + \int_{t_k}^{t_{k+1}}\boldsymbol{\Phi}(t_{k+1} - t)\boldsymbol{r}(t)\,\mathrm{d}t \tag{6.2.46}$$

式中仍有一个时间步的积分，这就需要$\boldsymbol{r}$的表达式。如果给不出$\boldsymbol{r}$的表达式，但它在t_k、t_{k+1}处的值已知，则最简单便是认为在该时间步内$\boldsymbol{r}$为线性变化：

$$\dot{\boldsymbol{x}} = \boldsymbol{Ax} + \boldsymbol{r}_0 + \boldsymbol{r}_1\cdot(t - t_k)\text{，当}t = t_k\text{时，}\boldsymbol{x} = \boldsymbol{x}_k$$

式中，$\boldsymbol{r}_0$，$\boldsymbol{r}_1$在$t \in [t_k,\ t_{k+1}]$内是给定向量。由此可解出

$$\boldsymbol{x} = \boldsymbol{\Phi}(t - t_k)\cdot[\boldsymbol{x}_k + \boldsymbol{A}^{-1}(\boldsymbol{r}_0 + \boldsymbol{A}^{-1}\boldsymbol{r}_1)] - \boldsymbol{A}^{-1}[\boldsymbol{r}_0 + \boldsymbol{A}^{-1}\boldsymbol{r}_1 + (t - t_k)\boldsymbol{r}_1]$$

将$t = t_{k+1}$代入，有

$$\boldsymbol{x}_{k+1} = \boldsymbol{T}\cdot[\boldsymbol{x}_k + \boldsymbol{A}^{-1}(\boldsymbol{r}_0 + \boldsymbol{A}^{-1}\boldsymbol{r}_1)] - \boldsymbol{A}^{-1}[\boldsymbol{r}_0 + \boldsymbol{A}^{-1}\boldsymbol{r}_1 + \boldsymbol{r}_1\cdot\eta] \tag{6.2.47}$$

此即非齐次项为线性时的时程积分公式。

例题 6.3　对弹性振动 2 自由度体系进行数值积分 $\boldsymbol{M}\ddot{\boldsymbol{x}}+\boldsymbol{C}\dot{\boldsymbol{x}}+\boldsymbol{K}\boldsymbol{x}=\boldsymbol{f}$，$\boldsymbol{x}(0)=0$，$\dot{\boldsymbol{x}}(0)=0$，$\boldsymbol{M}=\begin{bmatrix}2&0\\0&2\end{bmatrix}$，$\boldsymbol{C}=\boldsymbol{0}$，$\boldsymbol{K}=\begin{bmatrix}6&-2\\-2&4\end{bmatrix}$。

解： 引入对偶向量 $\boldsymbol{p}=\boldsymbol{M}\boldsymbol{x}$，状态向量 $\boldsymbol{v}=\{\boldsymbol{x}^{\mathrm{T}},\boldsymbol{p}^{\mathrm{T}}\}^{\mathrm{T}}$，

$$\boldsymbol{A}=\begin{bmatrix}0&0&0.5&0\\0&0&0&1\\-6&2&0&0\\2&-4&0&0\end{bmatrix},\quad \boldsymbol{r}=\begin{Bmatrix}0\\0\\0\\10\end{Bmatrix}^{\mathrm{T}}$$

选用步长 $\eta=0.28$，输入 $\boldsymbol{r}_0=\boldsymbol{r}$，$\boldsymbol{r}_1=\boldsymbol{0}$ 项。其数值结果见表 6.1。

表 6.1　精细积分计算结果

k	x_1	x_2	k	x_1	x_2
1	0	0	7	1.657	5.291
2	0.003	0.382	8	2.338	4.986
3	0.038	1.412	9	2.861	4.227
4	0.176	2.781	10	3.052	3.457
5	0.486	4.094	11	2.806	2.806
6	0.996	4.996	12	2.131	2.484

精细积分对此例的数值结果，12 位有效数字都是精确的，由于篇幅所限，这里仅给出 4 位有效数字的结果。对此简单例题，文献[6]第 8 章用各种差分法计算，都偏离了正确结果。

每个时间步内假定输入 $\boldsymbol{r}$ 为线性是一种很粗糙的近似。一些常有的输入时变规律往往是指数函数或三角函数型的，或者还有幂函数与三角函数的乘积等。对这些类型的输入变化规律也已做出了其步长的解析积分[7]，使用这些积分解，数值计算便可提高精度。

（1）三角函数式的输入：

$$\boldsymbol{r}(t)=\boldsymbol{r}_1\sin(\omega t)+\boldsymbol{r}_2\cos(\omega t) \tag{6.2.48}$$

式中，$\boldsymbol{r}_1$ 与 $\boldsymbol{r}_2$ 为时不变给定向量；ω 为外加激励频率参数。对此可以求出特解：

$$\boldsymbol{x}_r(t)=\boldsymbol{a}\sin(\omega t)+\boldsymbol{b}\cos(\omega t) \tag{6.2.49}$$

$$\boldsymbol{a}=\left(\omega\boldsymbol{I}+\frac{\boldsymbol{A}^2}{\omega}\right)^{-1}\left(\boldsymbol{r}_2-\frac{\boldsymbol{A}\boldsymbol{r}_1}{\omega}\right),\quad \boldsymbol{b}=\left(\omega\boldsymbol{I}+\frac{\boldsymbol{A}^2}{\omega}\right)^{-1}\left(-\boldsymbol{r}_1-\frac{\boldsymbol{A}\boldsymbol{r}_2}{\omega}\right)$$

于是得精细积分法的 HPD-S(Sinusoidal)格式

$$\boldsymbol{x}_{k+1}=\boldsymbol{T}[\boldsymbol{x}_k-\boldsymbol{a}\sin(\omega t_k)-\boldsymbol{b}\cos(\omega t_k)]+\boldsymbol{a}\sin(\omega t_{k+1})+\boldsymbol{b}\cos(\omega t_{k+1}) \tag{6.2.50}$$

式中，$\eta=t_{k+1}-t_k$。以上的推导是精确的，只要在时间步长 η 内荷载是简谐变化，则式(6.2.50)总给出精确的结果。这里要指出一点，对无阻尼系统，当 ω 恰为本征频率时式(6.2.49)中矩阵不能求逆。但在振动系统中，都有阻尼存在。在结构工程随机振动分析

中很少考虑完全无阻尼的系统，因此式(6.2.49)已经够了。

纯三角函数的输入相当于常数调制。

(2) 多项式的调制：

$$\boldsymbol{r}(t)=(\boldsymbol{r}_0+\boldsymbol{r}_1 t+\boldsymbol{r}_2 t^2)(\alpha\sin\omega t+\beta\cos\omega t) \tag{6.2.51}$$

其特解为

$$\left.\begin{aligned}
&\boldsymbol{x}_r(t)=(\boldsymbol{a}_0+\boldsymbol{a}_1 t+\boldsymbol{a}_2 t^2)\sin\omega t+(\boldsymbol{b}_0+\boldsymbol{b}_1 t+\boldsymbol{b}_2 t^2)\cos\omega t\\
&\left.\begin{aligned}&\boldsymbol{a}_i=(\boldsymbol{A}^2+\omega^2\boldsymbol{I})^{-1}(-\boldsymbol{A}\boldsymbol{p}_{ia}+\omega\boldsymbol{p}_{ib})\\&\boldsymbol{b}_i=(\boldsymbol{A}^2+\omega^2\boldsymbol{I})^{-1}(-\omega\boldsymbol{p}_{ia}-\boldsymbol{A}\boldsymbol{p}_{ib})\end{aligned}\right. i=2,\ 1,\ 0\\
&\boldsymbol{p}_{2a}=\alpha\boldsymbol{r}_2,\ \boldsymbol{p}_{2b}=\beta\boldsymbol{r}_2\\
&\boldsymbol{p}_{1a}=\alpha\boldsymbol{r}_1-2\boldsymbol{a}_2,\ \boldsymbol{p}_{1b}=\beta\boldsymbol{r}_1-2\boldsymbol{b}_2\\
&\boldsymbol{p}_{0a}=\alpha\boldsymbol{r}_0-\boldsymbol{a}_1,\ \boldsymbol{p}_{0b}=\beta\boldsymbol{r}_0-\boldsymbol{b}_1
\end{aligned}\right\} \tag{6.2.52}$$

式中，α、β、$\boldsymbol{r}_0$、$\boldsymbol{r}_1$、$\boldsymbol{r}_2$、$\boldsymbol{a}$、$\boldsymbol{a}_0$、$\boldsymbol{a}_1$、$\boldsymbol{a}_2$、$\boldsymbol{b}$、$\boldsymbol{b}_0$、$\boldsymbol{b}_1$、$\boldsymbol{b}_2$ 等均为常量。

(3) 指数函数的调制，此时

$$\boldsymbol{r}(t)=\mathrm{e}^{\alpha t}(\boldsymbol{r}_1\sin\omega t+\boldsymbol{r}_2\cos\omega t) \tag{6.2.53}$$

其特解可求出为

$$\left.\begin{aligned}
&\boldsymbol{x}=\mathrm{e}^{\alpha t}(\boldsymbol{a}\sin\omega t+\boldsymbol{b}\cos\omega t)\\
&\boldsymbol{a}=[(\alpha\boldsymbol{I}-\boldsymbol{A})^2+\omega^2\boldsymbol{I}]^{-1}[(\alpha\boldsymbol{I}-\boldsymbol{A})\boldsymbol{r}_1+\omega^2\boldsymbol{r}_2]\\
&\boldsymbol{b}=[(\alpha\boldsymbol{I}-\boldsymbol{A})^2+\omega^2\boldsymbol{I}]^{-1}[(\alpha\boldsymbol{I}-\boldsymbol{A})\boldsymbol{r}_2-\omega^2\boldsymbol{r}_1]
\end{aligned}\right\} \tag{6.2.54}$$

式中，α、$\boldsymbol{r}_1$、$\boldsymbol{r}_2$、$\boldsymbol{a}$、$\boldsymbol{b}$ 均为常量。

由于已知输入函数的特性，可以大大提高数值积分的精度，并且效率很高。

6.2.5 Lyapunov 方程的精细积分

6.2.4 节的精细积分法对于求解均值的微分方程(6.2.32)是合适的，但还有其方差的微分方程(6.2.33)，即 Lyapunov 微分方程也需要有精细积分法。将方程写为

$$\dot{\boldsymbol{G}}(t)=\boldsymbol{G}(t)\boldsymbol{A}^{\mathrm{T}}+\boldsymbol{A}\boldsymbol{G}(t)+\boldsymbol{D}(t),\ \boldsymbol{G}(0)=\boldsymbol{G}_0 \tag{6.2.55}$$

式中，$\boldsymbol{G}(t)$ 为待求 $n\times n$ 阵；$\boldsymbol{A}$ 为给定常矩阵；$\boldsymbol{G}_0$ 为 $n\times n$ 对称非负阵；$\boldsymbol{D}(t)$ 为已知对称非负干扰阵。当矩阵 $\boldsymbol{A}$ 本征值的实部全是负数时，即 $\boldsymbol{A}$ 阵为渐近稳定时，则当 $t\to\infty$ 时，Lyapunov 微分方程的解矩阵 $\boldsymbol{G}(t)\to\boldsymbol{G}_\infty$。精细积分的迭代也能将 $\boldsymbol{G}_\infty$ 计算出来，它满足方程：

$$\boldsymbol{G}_\infty\boldsymbol{A}^{\mathrm{T}}+\boldsymbol{A}\boldsymbol{G}_\infty+\boldsymbol{D}_0=\boldsymbol{0} \tag{6.2.56}$$

称为代数 Lyapunov 方程，其中 $\boldsymbol{D}_0$ 是常对称阵。精细积分求得的解往往有 10 位有效数字。Lyapunov 微分方程是线性方程，由于 $\boldsymbol{G}$ 为对称阵，有 $n_2=n(n+1)/2$ 个未知量，初始条件

当然也是 n_2 个常数。故首先应求解齐次方程：

$$\dot{\boldsymbol{G}} = \boldsymbol{A}\boldsymbol{G} + \boldsymbol{G}\boldsymbol{A}^{\mathrm{T}},\ \boldsymbol{G}(0) = \boldsymbol{G}_0 \tag{6.2.55'}$$

该方程的解为

$$\boldsymbol{G}(t) = \boldsymbol{\Phi}(t)\boldsymbol{G}_0\boldsymbol{\Phi}^{\mathrm{T}}(t) \tag{6.2.57}$$

式中，$\dot{\boldsymbol{\Phi}}(t)=\boldsymbol{A}\boldsymbol{\Phi}(t)$，$\boldsymbol{\Phi}(0)=\boldsymbol{I}$，是单位脉冲矩阵。验证为：直接将(6.2.57)的 $\boldsymbol{G}$ 代入式(6.2.55′)进行验证，有

$$\dot{\boldsymbol{G}} = \dot{\boldsymbol{\Phi}}\boldsymbol{G}_0\boldsymbol{\Phi}^{\mathrm{T}} + \boldsymbol{\Phi}\boldsymbol{G}_0\dot{\boldsymbol{\Phi}}^{\mathrm{T}} = (\boldsymbol{A}\boldsymbol{\Phi})\boldsymbol{G}_0\boldsymbol{\Phi}^{\mathrm{T}} + \boldsymbol{\Phi}\boldsymbol{G}_0(\boldsymbol{A}\boldsymbol{\Phi})^{\mathrm{T}} = \boldsymbol{A}\boldsymbol{G} + \boldsymbol{G}\boldsymbol{A}^{\mathrm{T}}$$

微分方程已经满足，初始条件 $\boldsymbol{G}(0) = \boldsymbol{\Phi}(0)\boldsymbol{G}_0\boldsymbol{\Phi}^{\mathrm{T}}(0) = \boldsymbol{G}_0$ 也满足。根据微分方程解的唯一性定理[8]，式(6.2.57)就是方程及初始条件式(6.2.55′)的解。由于 $\boldsymbol{G}_0$ 有 n_2 个无关常数可以设定，故式(6.2.57)能产生该方程组的全部基底解。

由于有了齐次方程的基本解，非齐次方程(6.2.55)的解可以写为

$$\boldsymbol{G}(t) = \boldsymbol{\Phi}(t)\boldsymbol{G}_0\boldsymbol{\Phi}^{\mathrm{T}}(t) + \int_0^t \sum_{i=1}^n \sum_{j=1}^n D_{ij}(s)G_{ij}(t-s)\,\mathrm{d}s \tag{6.2.58}$$

式中，D_{ij} 是 $\boldsymbol{D}$ 阵的 i 行、j 列元素；G_{ij} 是齐次 Lyapunov 微分方程的基解，由 $G_{0ij}=1$ 而其余元素为 0 的初始矩阵 $\boldsymbol{G}_0$ 发展而来。可以证明，解 $\boldsymbol{G}(t)$ 也可写为以下封闭形式：

$$\boldsymbol{G}(t) = \boldsymbol{\Phi}(t)\boldsymbol{G}_0\boldsymbol{\Phi}^{\mathrm{T}}(t) + \int_0^t \boldsymbol{\Phi}(t-s)\boldsymbol{D}(s)\boldsymbol{\Phi}^{\mathrm{T}}(t-s)\,\mathrm{d}s \tag{6.2.58'}$$

虽然此封闭形式的解具有简明的形式，但并不说明已求得了精细的数值解。既然有计算 $\boldsymbol{\Phi}(t)$ 的精细积分法，就可以算出 Lyapunov 方程的精细数值解了。

如果仅分析齐次方程初值问题，则计算 $\boldsymbol{\Phi}(t)$，再做矩阵乘法就可得到 $\boldsymbol{G}(t)$ 的精细解，见式(6.2.57)。现在应当考虑非齐次方程的解。最基本的当然是 $\boldsymbol{D}(t)$ = 常数阵 = $\boldsymbol{D}_0$ 时式(6.2.55)的解。

1. 代数 Lyapunov 方程的精细积分

式(6.2.56)是线性代数方程组，共 $n_2 = n(n+1)/2$ 个未知数。代数 Lyapunov 方程的意义是相应微分方程的极限 $t\to\infty$ 时的解。极限存在与否就要看 $\boldsymbol{A}$ 阵本征值 $\mu_i(i\leqslant n)$ 的分布。当 $\boldsymbol{A}$ 阵全部本征值都在左半平面时，即 $\mathrm{Re}(\mu_i)<0$ 时，这个极限才存在，此时当 $t\to\infty$，$\boldsymbol{\Phi}(t)\to\boldsymbol{0}$ 以指数函数的速度趋于零矩阵，因此式(6.2.58)中的积分项一定收敛，而初值项的作用趋于零。计算时应先做出积分：

$$\boldsymbol{G}(t) = \int_0^t \boldsymbol{\Phi}(t-s)\boldsymbol{D}_0\boldsymbol{\Phi}^{\mathrm{T}}(t-s)\,\mathrm{d}s \tag{6.2.59}$$

完成了这一步，就可将时间点 t 作为继续向前积分的起点，初值条件为 $\boldsymbol{G}_0 = \boldsymbol{G}(t)$，有

$$\boldsymbol{G}(2t) = \boldsymbol{\Phi}(t)\boldsymbol{G}(t)\boldsymbol{\Phi}^{\mathrm{T}}(t) + \int_0^t \boldsymbol{\Phi}(t-s)\boldsymbol{D}_0\boldsymbol{\Phi}^{\mathrm{T}}(t-s)\,\mathrm{d}s = \boldsymbol{\Phi}(t)\boldsymbol{G}(t)\boldsymbol{\Phi}^{\mathrm{T}}(t) + \boldsymbol{G}(t) \tag{6.2.60}$$

式(6.2.60)的意义为：以 t 处的状态作为初始点，于是初始值便是 $\boldsymbol{G}(t)$，在此基点上再向前积分 t 的长度，就成为积分了 $2t$ 的长度。这样，以前时域的精细积分的要点为根据 $\boldsymbol{\Phi}(t)$ 可计算 $\boldsymbol{\Phi}(2t)$。现在式(6.2.60)说明，根据 $\boldsymbol{\Phi}(t)$ 与 $\boldsymbol{G}(t)$ 可计算 $\boldsymbol{G}(2t)$ 与 $\boldsymbol{\Phi}(2t)$。于是当前 2^N 算法的计算方案便为：根据 $\boldsymbol{\Phi}(2^m t)$、$\boldsymbol{G}(2^m t)$ 可计算 $\boldsymbol{\Phi}(2^{m+1}t)$、$\boldsymbol{G}(2^{m+1}t)$，$m=1, 2, \cdots$。[9, 10] 每一次迭代就将时间增加一倍，这是精细积分很大的优点。$\boldsymbol{\Phi}$ 的计算在 6.2.4 节已详细讲过，现在要连同 $\boldsymbol{G}$ 一起计算。

式(6.2.60)还需要一个初始时段 $t=\tau$ 的解，其中 τ 非常小，并且 $t=0$ 时取 $\boldsymbol{G}_0=\boldsymbol{0}$，此时泰勒展开式取到 τ^4 已很充分。有

$$\boldsymbol{\Phi}(\tau)=\boldsymbol{I}+\boldsymbol{T}_a,\ \boldsymbol{T}_a \approx \boldsymbol{A}\tau+(\boldsymbol{A}\tau)^2 \times \frac{\left[\boldsymbol{I}+\dfrac{(\boldsymbol{A}\tau)}{3}+\dfrac{(\boldsymbol{A}\tau)^2}{12}\right]}{2} \tag{6.2.40$'$}$$

再代入式(6.2.59)逐项积分有

$$\begin{aligned}\boldsymbol{G}(\tau) \approx \int_0^\tau \boldsymbol{\Phi}(s)\boldsymbol{D}_0\boldsymbol{\Phi}^{\mathrm{T}}(s)\,\mathrm{d}s &= \boldsymbol{D}_0\tau+\frac{(\boldsymbol{A}\boldsymbol{D}_0+\boldsymbol{D}_0\boldsymbol{A}^{\mathrm{T}})\tau^2}{2}+\frac{(\boldsymbol{A}^2\boldsymbol{D}_0+2\boldsymbol{A}\boldsymbol{D}_0\boldsymbol{A}^{\mathrm{T}}+\boldsymbol{D}_0\boldsymbol{A}^{2\mathrm{T}})\tau^3}{6}\\ &+\tau^4\frac{(\boldsymbol{A}^3\boldsymbol{D}_0+3\boldsymbol{A}^2\boldsymbol{D}_0\boldsymbol{A}^{\mathrm{T}}+3\boldsymbol{A}\boldsymbol{D}_0\boldsymbol{A}^{2\mathrm{T}}+\boldsymbol{D}_0\boldsymbol{A}^{3\mathrm{T}})}{24}\end{aligned} \tag{6.2.61}$$

略去的已是 $O(\tau^5)$。

当 τ 很小时，式(6.2.40′)非常精确；但当 $t\to\infty$ 时，$\boldsymbol{\Phi}(t)\to\boldsymbol{0}$，故 $\boldsymbol{T}_a\to-\boldsymbol{I}$。$\boldsymbol{I}+\boldsymbol{T}_a$ 大数相减仍会出现数值病态，结果将丧失其精度。对此可选择一个适当大小的 η，令 $\tau=\eta/2^N$，$N=20$。这样就有以下算法：

[给定 $\boldsymbol{A}$、$\boldsymbol{D}_0$，选择 η，令 $\tau=\eta/2^N$，$N=20$；选择迭代误差 ε]

[由式(6.2.40′)及式(6.2.61)计算 $\boldsymbol{T}_a(\tau)$，$\boldsymbol{G}(\tau)$。开工步长 τ 的矩阵]

$$\text{for}\ (i=0;\ i<N;\ i++)\ \{\boldsymbol{G}=\boldsymbol{G}+(\boldsymbol{I}+\boldsymbol{T}_a)\times\boldsymbol{G}\times(\boldsymbol{I}+\boldsymbol{T}_a)^{\mathrm{T}};\ \boldsymbol{T}_a=2\boldsymbol{T}_a+\boldsymbol{T}_a\times\boldsymbol{T}_a;\} \tag{6.2.62}$$

$$\boldsymbol{T}=\boldsymbol{I}+\boldsymbol{T}_a;$$

$$\text{Do}\quad \{\boldsymbol{G}=\boldsymbol{G}+\boldsymbol{T}\times\boldsymbol{G}\times\boldsymbol{T}^{\mathrm{T}};\ \boldsymbol{T}=\boldsymbol{T}\times\boldsymbol{T};\ \}\quad \text{while}\ (\ \|\boldsymbol{T}\|\ >\varepsilon);$$

式中，$\|\boldsymbol{T}\|$ 代表 $\boldsymbol{T}$ 的模，例如最大元素绝对值；ε 可取为 10^{-8}。迭代法结束时 $\boldsymbol{G}$ 就是代数 Lyapunov 方程的解。收敛只能在 $\boldsymbol{A}$ 阵的全部本征值皆在左半平面时达到，即渐近稳定，否则发散。

例题 6.4 设给定矩阵：

$$\boldsymbol{A}=\begin{bmatrix}-0.25 & 1.0 & \\ & -0.25 & 1.0\\ & & -0.25\end{bmatrix},\ \boldsymbol{D}_0=\begin{bmatrix}10.0 & 1.0 & 5.0\\ 1.0 & 7.0 & 4.0\\ 5.0 & 4.0 & 9.0\end{bmatrix}$$

选取 $\eta=0.50$，可以算出相应的矩阵：

$$\boldsymbol{T}=\boldsymbol{\Phi}(\eta)=\begin{bmatrix}0.882\,50 & 0.441\,25 & 0.110\,31\\ & 0.882\,50 & 0.441\,25\\ & & 0.882\,50\end{bmatrix},$$

$$\boldsymbol{G}(\eta)=\begin{bmatrix}5.113\,62 & 1.979\,47 & 2.791\,60\\ 1.979\,47 & 4.256\,01 & 2.723\,56\\ 2.791\,60 & 2.723\,56 & 3.981\,59\end{bmatrix}$$

虽然 $\boldsymbol{A}$ 出现 Jordan 型重根，$\boldsymbol{T}$ 阵的精度仍达十位以上。$\boldsymbol{G}$ 阵表示暂态历程在 $t=0.5$ 的结果。继续迭代给出

$$\boldsymbol{G}_\infty=\begin{bmatrix}2\,332.000\,00 & 578.000\,00 & 98.000\,00\\ 578.000\,00 & 190.000\,00 & 44.000\,00\\ 98.000\,00 & 44.000\,00 & 18.000\,00\end{bmatrix}$$

其验算为，计算 $\boldsymbol{AG}_\infty+\boldsymbol{G}_\infty\boldsymbol{A}^{\mathrm{T}}$ 并与 $-\boldsymbol{D}_0$ 相比较，可知其位数达十位以上。本例题用手工就可验证。

还可举出许多数例，这里为节省篇幅不再列举。应当指出，精细算法可用于暂态历程对任意的区间 $[0,\ t_{\mathrm{f}}]$ 的计算。$\boldsymbol{G}_\infty$ 的迭代收敛需要 $\boldsymbol{A}$ 的渐近稳定来保证收敛，暂态历程则无此必要，但相应 t_{f} 也不可过大。

2. *不对称 Lyapunov 方程*

应用中还有非对称 Lyapunov 方程，即 $\boldsymbol{D}$、$\boldsymbol{G}(t)$ 是 $n\times m$ 矩阵，满足线性微分方程：

$$\dot{\boldsymbol{G}}(t)=\boldsymbol{AG}+\boldsymbol{GB}^{\mathrm{T}}+\boldsymbol{D},\ \boldsymbol{G}(0)=\boldsymbol{G}_0 \tag{6.2.63}$$

式中，$\boldsymbol{A}$、$\boldsymbol{B}$ 分别为 $n\times n$ 与 $m\times m$ 矩阵。要求解式(6.2.63)，对时不变的 $\boldsymbol{A}$、$\boldsymbol{B}$ 阵，应首先计算出两个脉冲响应矩阵函数：

$$\dot{\boldsymbol{\Phi}}_a=\boldsymbol{A\Phi}_a,\ \boldsymbol{\Phi}_a(0)=\boldsymbol{I}_n,\ \dot{\boldsymbol{\Phi}}_b=\boldsymbol{B\Phi}_b,\ \boldsymbol{\Phi}_b(0)=\boldsymbol{I}_m \tag{6.2.64}$$

显然 $\boldsymbol{\Phi}_a(t)=\exp(\boldsymbol{A}t)$，$\boldsymbol{\Phi}_b(t)=\exp(\boldsymbol{B}t)$。对于给定时间步长，可以用精细积分法计算，如前文所述。根据观察，可直接提出齐次方程的解为

$$\boldsymbol{G}(t)=\boldsymbol{\Phi}_a(t)\boldsymbol{G}_0\boldsymbol{\Phi}_b^{\mathrm{T}}(t) \tag{6.2.65}$$

直接作微商可验证：$\dot{\boldsymbol{G}}=\dot{\boldsymbol{\Phi}}_a\boldsymbol{G}_0\boldsymbol{\Phi}_b^{\mathrm{T}}+\boldsymbol{\Phi}_a\boldsymbol{G}_0\dot{\boldsymbol{\Phi}}_b^{\mathrm{T}}=\boldsymbol{A\Phi}_a\boldsymbol{G}_0\boldsymbol{\Phi}_b^{\mathrm{T}}+\boldsymbol{\Phi}_a\boldsymbol{G}_0(\boldsymbol{B\Phi}_b)^{\mathrm{T}}=\boldsymbol{AG}+\boldsymbol{GB}^{\mathrm{T}}$，$\boldsymbol{G}(0)=\boldsymbol{G}_0$。验毕。由于有了相当于脉冲响应方程的解式(6.2.65)，可以给出非齐次方程(6.2.63)的一般解：

$$\boldsymbol{G}(t)=\boldsymbol{\Phi}_a(t)\boldsymbol{G}_0\boldsymbol{\Phi}_b^{\mathrm{T}}(t)+\int_0^t\boldsymbol{\Phi}_a(t-s)\boldsymbol{D}_0\boldsymbol{\Phi}_b^{\mathrm{T}}(t-s)\,\mathrm{d}s \tag{6.2.66}$$

令

$$\boldsymbol{G}_d(t)=\int_0^t\boldsymbol{\Phi}_a(t-s)\boldsymbol{D}(s)\boldsymbol{\Phi}_b^{\mathrm{T}}(t-s)\,\mathrm{d}s \tag{6.2.67}$$

可直接验证：

$$\dot{\boldsymbol{G}}_d(t)=\boldsymbol{\Phi}_a(0)\boldsymbol{D}(t)\boldsymbol{\Phi}_b^{\mathrm{T}}(0)+\int_0^t[\dot{\boldsymbol{\Phi}}_a(t-s)\boldsymbol{D}(s)\boldsymbol{\Phi}_b^{\mathrm{T}}(t-s)+\boldsymbol{\Phi}_a(t-s)\boldsymbol{D}(s)\dot{\boldsymbol{\Phi}}_b^{\mathrm{T}}(t-s)]\mathrm{d}s$$
$$=\boldsymbol{D}(t)+\boldsymbol{A}\boldsymbol{G}_d+\boldsymbol{G}_d\boldsymbol{B}^{\mathrm{T}}$$

因此，$\boldsymbol{G}_d(t)$ 就是非齐次方程(6.2.63)在初值 $\boldsymbol{G}_0=0$ 时的解。

非对称代数 Lyapunov 方程的解也值得关注。

$$\boldsymbol{A}\boldsymbol{G}_{d\infty}+\boldsymbol{G}_{d\infty}\boldsymbol{B}^{\mathrm{T}}+\boldsymbol{D}_0=\boldsymbol{0} \tag{6.2.68}$$

式中，$\boldsymbol{D}_0$ 是给定常 $n\times m$ 矩阵，求 $\boldsymbol{G}_{d\infty}$。当 $\boldsymbol{A}$、$\boldsymbol{B}$ 的本征值全在左半平面时可以保证迭代收敛。迭代取初值 $\boldsymbol{G}_0=\boldsymbol{0}$。

式(6.2.67)已给出 $\boldsymbol{G}_d$，但其中 $\boldsymbol{D}(s)=\boldsymbol{D}_0=$ 常值还应给出其精细数值。为此可运用 t 作为初始时间并运用式(6.2.66)的解，有

$$\boldsymbol{G}_d(2t)=\boldsymbol{G}_d(t)+\boldsymbol{\Phi}_a(t)\boldsymbol{G}_d(t)\boldsymbol{\Phi}_b^{\mathrm{T}}(t) \tag{6.2.69}$$

于是同式(6.2.60)以下一样，$\boldsymbol{G}_d$、$\boldsymbol{\Phi}_a$、$\boldsymbol{\Phi}_b$ 共同迭代，计算 t, $2t$, 2^2t, …, 2^kt, … 的矩阵，直至收敛。开始时应对非常小的 τ 采用 Taylor 展开：

$$\begin{aligned}
&\boldsymbol{\Phi}_a(\tau)=\boldsymbol{I}+\boldsymbol{T}_a,\ \boldsymbol{T}_a\approx\boldsymbol{A}\tau+\frac{(\boldsymbol{A}\tau)^2\left[\boldsymbol{I}_n+\dfrac{(\boldsymbol{A}\tau)}{3}+\dfrac{(\boldsymbol{A}\tau)^2}{12}\right]}{2}\\
&\boldsymbol{\Phi}_b(\tau)=\boldsymbol{I}+\boldsymbol{T}_b,\ \boldsymbol{T}_b\approx\boldsymbol{B}\tau+\frac{(\boldsymbol{B}\tau)^2\left[\boldsymbol{I}_m+\dfrac{(\boldsymbol{B}\tau)}{3}+\dfrac{(\boldsymbol{B}\tau)^2}{12}\right]}{2}\\
&\boldsymbol{G}_d(\tau)\approx\boldsymbol{D}_0\tau+\frac{\tau^2(\boldsymbol{A}\boldsymbol{D}_0+\boldsymbol{D}_0\boldsymbol{B}^{\mathrm{T}})}{2}+\frac{\tau^3(\boldsymbol{A}^2\boldsymbol{D}_0+2\boldsymbol{A}\boldsymbol{D}_0\boldsymbol{B}^{\mathrm{T}}+\boldsymbol{D}_0\boldsymbol{B}^{2\mathrm{T}})}{6}\\
&\qquad+\frac{\tau^4(\boldsymbol{A}^3\boldsymbol{D}_0+3\boldsymbol{A}^2\boldsymbol{D}_0\boldsymbol{B}^{\mathrm{T}}+3\boldsymbol{A}\boldsymbol{D}_0\boldsymbol{B}^{2\mathrm{T}}+\boldsymbol{D}_0\boldsymbol{B}^{3\mathrm{T}})}{24}
\end{aligned} \tag{6.2.70}$$

截断项已是 $O(\tau^5)$ 了。当 τ 很小时展开式(6.2.70)很精确，但当 $t\to\infty$ 时有 $\boldsymbol{\Phi}_a(t)\to 0$、$\boldsymbol{\Phi}_b(t)\to\boldsymbol{0}$ 的渐近稳定性，即 $\boldsymbol{T}_a\to-\boldsymbol{I}_n$，$\boldsymbol{T}_b\to-\boldsymbol{I}_m$，于是计算 $\boldsymbol{\Phi}_a(t)$、$\boldsymbol{\Phi}_b(t)$ 仍会出现大数相减的问题。为此应在一个适当的时间 t_0 处进行转换，当 $t<t_0$ 时用 $\boldsymbol{T}_a$、$\boldsymbol{T}_b$，而在 $t\geqslant t_0$ 时直接采用 $\boldsymbol{\Phi}_a$、$\boldsymbol{\Phi}_b$。选择 $\tau=t_0/2^N$，$N=20$，$2^N=1\,048\,576$。展开式(6.2.70)截断项的乘子是 $\tau^5/120$，与首项相比其因子为 $\tau^4/120=t_0^4\cdot(1\,048\,576)^{-4}/120\approx 10^{-26}\cdot t_0^4$。注意双精度浮点数的计算机表示精度为 $O(10^{-16})$，只要 t_0 选择恰当，其误差已超出计算机的精度范围。这一步的 t_0 选择对于对称阵的计算也应采用。

以下提供非对称 Lyapunov 代数方程迭代解的算法。

[给出 n、m、$\boldsymbol{A}$、$\boldsymbol{B}$、$\boldsymbol{D}_0$；选择 t_0，令 $\tau=t_0/2^N$；选取迭代误差 ε]

[由(6.2.70)计算 $\boldsymbol{T}_a(\tau)$、$\boldsymbol{T}_b(\tau)$、$\boldsymbol{G}_d(t)$]

$$\text{for (iter = 0; iter < } N\text{; iter ++) } \{\boldsymbol{G}_d = \boldsymbol{G}_d + (\boldsymbol{I}_n + \boldsymbol{T}_a)\boldsymbol{G}_d(\boldsymbol{I}_m + \boldsymbol{T}_b)^{\mathrm{T}};$$

$$\boldsymbol{T}_a = 2\boldsymbol{T}_a + \boldsymbol{T}_a \times \boldsymbol{T}_a;\ \boldsymbol{T}_b = 2\boldsymbol{T}_b + \boldsymbol{T}_b \times \boldsymbol{T}_b;\}$$

$$[\boldsymbol{\Phi}_a = \boldsymbol{I}_n + \boldsymbol{T}_a;\ \boldsymbol{\Phi}_b = \boldsymbol{I}_m + \boldsymbol{T}_b;]$$

$$\text{Do } \{\boldsymbol{G}_d = \boldsymbol{G}_d + \boldsymbol{\Phi}_a \times \boldsymbol{G}_d \times \boldsymbol{\Phi}_b^{\mathrm{T}};\ \boldsymbol{\Phi}_a = \boldsymbol{\Phi}_a \times \boldsymbol{\Phi}_a;\ \boldsymbol{\Phi}_b = \boldsymbol{\Phi}_b \times \boldsymbol{\Phi}_b;\}$$
$$\text{while } ((\ \|\boldsymbol{\Phi}_a\| > \varepsilon) \vee (\ \|\boldsymbol{\Phi}_b\| > \varepsilon)) \tag{6.2.71}$$

注：迭代结束收敛时，$\boldsymbol{G}_d = \boldsymbol{G}_{d\infty}$ 就是代数 Lyapunov 方程的解。

虽然代数 Lyapunov 方程是线性方程组，但以上算法可以用于暂态历程的 Lyapunov 微分方程。

有时需要求解齐次 Riccati 方程

$$\dot{\boldsymbol{P}} = \boldsymbol{B}^{\mathrm{T}}\boldsymbol{P} + \boldsymbol{P}\boldsymbol{A} + \boldsymbol{P}\boldsymbol{D}\boldsymbol{P},\ \boldsymbol{P}(0) = \boldsymbol{P}_0 \tag{6.2.72}$$

式中，$\boldsymbol{A}$、$\boldsymbol{B}$、$\boldsymbol{D}$、$\boldsymbol{P}$ 都是 $n \times n$ 阵；$\boldsymbol{P}(t)$ 待求。这可如下处理，令 $\boldsymbol{P}^{-1} = \boldsymbol{G}$，于是 $\boldsymbol{G}\boldsymbol{P} = \boldsymbol{I}$，$\dot{\boldsymbol{G}}\boldsymbol{P} + \boldsymbol{G}\dot{\boldsymbol{P}} = \boldsymbol{0}$；故 $\dot{\boldsymbol{G}} = -\boldsymbol{P}^{-1}\dot{\boldsymbol{P}}\boldsymbol{P}^{-1}$。将它代入式(6.2.72)，得

$$\dot{\boldsymbol{G}} = -\boldsymbol{A}\boldsymbol{G} - \boldsymbol{G}\boldsymbol{B}^{\mathrm{T}} - \boldsymbol{D},\ \boldsymbol{G}(0) = \boldsymbol{P}_0^{-1} \tag{6.2.72$'$}$$

这就是 Lyapunov 方程，求解方法相同。

例题 6.5　设有矩阵 $\boldsymbol{A}$、$\boldsymbol{B}$、$\boldsymbol{D}_0$($n = 3$, $m = 4$)

$$\boldsymbol{A} = \begin{bmatrix} -0.25 & 1.0 & \\ & -0.25 & 1.0 \\ & & -0.25 \end{bmatrix},\ \boldsymbol{B} = \begin{bmatrix} -4 & 2 & 1 & 1 \\ 0 & -3 & 2 & 1 \\ 1 & -4 & -9 & -1 \\ 0.5 & 1 & 0 & -2 \end{bmatrix},$$

$$\boldsymbol{D}_0 = \begin{bmatrix} 10.0 & 2.0 & 1.0 & 1.0 \\ 2.0 & 5.0 & 2.0 & 1.0 \\ 1.0 & 2.0 & 9.0 & -1.0 \end{bmatrix}$$

选择 $t_0 = 0.4$, $N = 20$，此时精细计算结果有

$$\boldsymbol{\Phi}_a = \begin{bmatrix} 0.90484 & 0.36193 & 0.07239 \\ & 0.90484 & 0.36193 \\ & & 0.90484 \end{bmatrix}$$

$$\boldsymbol{\Phi}_b = \begin{bmatrix} 0.22915 & 0.16557 & 0.07389 & 0.15075 \\ 0.03624 & 0.23865 & 0.08184 & 0.11327 \\ 0.01946 & -0.15539 & -0.01068 & -0.09548 \\ 0.06932 & 0.15715 & 0.03783 & 0.49126 \end{bmatrix}$$

$$\boldsymbol{G}_d = \begin{bmatrix} 2.30703 & 0.75230 & 0.00405 & 0.66121 \\ 0.86257 & 1.29359 & -0.13090 & 0.52891 \\ 0.50351 & 0.73135 & 0.75064 & -0.10115 \end{bmatrix}$$

$$G_{d\infty}=\begin{bmatrix}4.239\,65 & 1.811\,82 & -0.611\,34 & 3.038\,19\\ 1.968\,02 & 2.072\,90 & -0.609\,09 & 1.904\,28\\ 0.923\,09 & 1.050\,83 & 0.593\,74 & 0.227\,72\end{bmatrix}$$

迭代到最后收敛的 $\boldsymbol{G}_{d\infty}$ 也已列出。查验 $\boldsymbol{A}\boldsymbol{G}_{d\infty}+\boldsymbol{G}_{d\infty}\boldsymbol{B}^{\mathrm{T}}$，与 $\boldsymbol{D}_0$ 相对比，可知有十位的精确度。

强度可调制及有色噪声等情况的求解省略。

练 习 题

6.1 预测、滤波和平滑三类问题之间有什么联系和区别？

6.2 考虑单自由度系统：$\dot{x}=-2x+w+2$，其中 w 为白噪声，其统计矩为

$$E(w(t))=0,\ E(w(t)w(\tau))=0.5\delta(t-\tau)$$

初始条件为：$\hat{x}(0)=1$，$G(0)=2$，预测 $x(t)$ 的均值 $\hat{x}(t)$ 和方差 $G(t)$。

6.3 试采用精细积分算法，编程计算如下动力系统：

$$\dot{\boldsymbol{u}}=\boldsymbol{H}\boldsymbol{u}(t)+\boldsymbol{r}(t),\ \boldsymbol{H}=\begin{bmatrix}0 & 0 & 0.5 & 0\\ 0 & 0 & 0 & 1\\ -6 & 2 & 0 & 0\\ 2 & -4 & 0 & 0\end{bmatrix},\ \boldsymbol{r}=\begin{pmatrix}0\\0\\0\\10\end{pmatrix},\ \boldsymbol{u}(0)=\begin{pmatrix}0\\0\\0\\0\end{pmatrix}$$

给出 $t=1$、2、3、4、5 s 的结果，计算结果保留 8 位有效数字。

6.4 上题的状态方程中，如果激励分别为如下三种形式：

(1) $\boldsymbol{r}=\boldsymbol{r}_1\sin(\omega t)+\boldsymbol{r}_2\cos\omega t$；

(2) $\boldsymbol{r}=(\boldsymbol{r}_0+\boldsymbol{r}_2 t^2)2\cos(\omega t)$；

(3) $\boldsymbol{r}=\mathrm{e}^{-\omega t}[\boldsymbol{r}_1\sin(\omega t)+\boldsymbol{r}_2\cos\omega t]$。

其中，

$$\boldsymbol{r}_0=\boldsymbol{r}_1=\begin{pmatrix}0\\0\\0\\1\end{pmatrix},\ \boldsymbol{r}_2=\begin{pmatrix}0\\0\\1\\1\end{pmatrix},\ \omega=\mathrm{e}^{\frac{1}{2}}$$

试采用精细积分算法，分别计算上述三种情况下的状态向量 $\boldsymbol{u}(t)$，给出 $t=1$、2、3、4、5 s 的结果，计算结果保留 8 位有效数字。

6.5 试采用精细积分方法，编程计算如下对称 Lyapunov 方程的解，计算结果保留 6 位有效数字。

$$\boldsymbol{G}\boldsymbol{A}^{\mathrm{T}}+\boldsymbol{A}\boldsymbol{G}+\boldsymbol{D}=\boldsymbol{0},\ \boldsymbol{A}=\begin{bmatrix}-2 & 1\\ 1 & -2\end{bmatrix},\ \boldsymbol{D}=\begin{bmatrix}2 & 1\\ 3 & 1\end{bmatrix}$$

6.6 试采用精细积分方法，编程计算如下非对称 Lyapunov 方程的解，计算结果保留 6 位

有效数字。

$$GB^{\mathrm{T}} + AG + D = 0,\ A = \begin{bmatrix} -2 & 1 \\ 0 & -2 \end{bmatrix},\ B = \begin{bmatrix} -2 & 0 \\ 1 & -2 \end{bmatrix},\ D = \begin{bmatrix} 2 & 1 \\ 3 & 1 \end{bmatrix}$$

6.7　试采用精细积分方法，编程计算如下 Riccati 方程的解，计算结果保留 6 位有效数字。

$$B^{\mathrm{T}}P + PA + PDP = 0$$

其中，

$$A = \begin{bmatrix} -2 & 1 & 0 \\ 0 & -2 & 1 \\ 0 & 0 & -2 \end{bmatrix},\ B = \begin{bmatrix} -2 & 0 & 0 \\ 1 & -2 & 0 \\ 0 & 1 & -2 \end{bmatrix},\ D = \begin{bmatrix} 1 & 2 & 1 \\ 1 & 5 & 2 \\ 9 & -1 & 3 \end{bmatrix}$$

参考文献

[1] 郑大钟. 线性系统理论[M]. 北京：清华大学出版社，1990.

[2] Stengel. Stochastic optimal control[M]. New York: Wiley, 1986.

[3] Oksendal B. Stochastic differential equations[M]. Berlin: Springer, 1995.

[4] Moler C., Loan C. V. Nineteen dubious ways to compute the exponential of a matrix, twenty-five years later[J]. Siam Review, 1978, 20(4): 801-836.

[5] Golub G H, Van Loan C F. Matrix computations [M]. Maryland: Johns Hopkins University Press, 1983.

[6] Bathe K J, Wilson E L. Numerical methods for finite element analysis[M]. New Jersey: Prentice-Hall, 1976.

[7] 林家浩，张亚辉，孙东科，等. 受非均匀调制演变随机激励结构响应快速精确计算[J]. 计算力学学报，1997，14(1)：4-10.

[8] Zwillinger D. Handbook of differential equations[M]. New York: McGraw-Hill, 1992.

[9] Lin J H, Zhong W X, Zhang W S, et al. High efficiency computation of the variances of structural evolutionary random responses[J]. Shock and Vibration, 2000, 7(4): 209-216.

[10] 钟万勰. 应用力学对偶体系[M]. 北京：科学出版社，2002.

第七章
卡尔曼滤波

20 世纪，苏联首先发射了人造卫星，并首先实现了载人空间飞行，在空间飞行方面领先全球。美国急起直追，声称要先于苏联实现登月，为此投入了大量科研力量。其中当然有对控制的需求，状态空间的最优控制就在这段时间得到了快速发展。卡尔曼滤波在这个形势推动下出现。

在控制中，状态的反馈非常重要，为了掌握一个系统的运行，就要了解当前状态 $\boldsymbol{x}$。然而由于系统的实际情况，量测并不能对全部状态变量都测得，测得的数据只是 n 维状态向量 $\boldsymbol{x}$ 的 q 维子空间的向量 $\boldsymbol{y}$。这些量测数据并不精确，而有量测误差，因此有必要根据观测到的数据 $\boldsymbol{y}$ 推测实际的随机状态向量 $\boldsymbol{x}$。

工程师卡尔曼（R. E. Kalman）于 1960 年给出了离散时间的最优线性递推滤波算法。卡尔曼滤波不要求计算机存储所有过去的数据，只要根据新的量测数据和前一时刻的估计值，就可递推计算出新的状态估计值。这就大大减少了计算机的存储量和计算量，便于实时处理。卡尔曼滤波也适用于非平稳过程的估计，由于这些优点，卡尔曼滤波在航空航天等的控制中有重要应用。

卡尔曼滤波先有离散时间，随后很快又有了连续时间的卡尔曼-布西（Kalman-Bucy）滤波，其实是相似提法，有予测、滤波及平滑三种估计。予测就是量测 $\boldsymbol{y}$ 只收集到时刻 t_1，但要估计 $t_2 > t_1$ 时刻的状态；滤波量测到 t_1，要估计当前 t_1 的状态，是不违背因果律的；平滑则常用于现场实测后回实验室的数据处理，根据时段 $0 \sim t_2$ 的量测数据，回顾 t_1 时的状态，做出估计。

整套理论与方法都是在计算机冲击下产生与发展。计算在其中占了极重要的部分，虽然已出版了许多著作，但计算方面仍远未完善。文献[1]在结构力学与控制理论相模拟的基础上，结合精细积分及分析解方法，将其计算的理论与方法做了系统性的改革。

7.1 线性估计问题的提法

卡尔曼滤波总是采用状态空间的模型[2, 3]。现在比较成熟的理论与计算是对于线性系统，而且认为外界的干扰是高斯分布的随机过程。按概率论，在高斯分布的干扰输入下，线性系统所激发的状态依然是高斯分布。这就提供了极大的方便，只要设法求出其状态的均值与方差，便可知状态的分布与估计。在考虑其动力方程及取样时，应将系统区分为离散时间系统与连续时间系统两种，虽然它们是密切关联的。

7.1.1 离散时间滤波模型

系统的动力方程、量测方程及输出设为

$$\boldsymbol{x}_{k+1} = \boldsymbol{F}_k\boldsymbol{x}_k + \boldsymbol{B}_k\boldsymbol{w}_k + \boldsymbol{B}_{uk}\boldsymbol{u}_k \tag{7.1.1}$$

$$\boldsymbol{y}_k = \boldsymbol{C}_k\boldsymbol{x}_k + \boldsymbol{v}_k \tag{7.1.2}$$

$$\boldsymbol{z}_k = \boldsymbol{C}_{zk}\boldsymbol{x}_k \tag{7.1.3}$$

式中，$k = 0, 1, 2, \cdots$ 为时间步；$\boldsymbol{x}_k$ 为 n 维状态向量；$\boldsymbol{u}_k$ 为 m 维确定性控制输入向量；$\boldsymbol{w}_k$ 为过程噪声 l 维；$\boldsymbol{y}_k$ 为 q 维量测向量；$\boldsymbol{v}_k$ 是量测噪声；$\boldsymbol{z}_k$ 是输出向量。由于有噪声 $\boldsymbol{w}_k$、$\boldsymbol{v}_k$，故 $\boldsymbol{x}_k$、$\boldsymbol{y}_k$ 都是随机过程。$\boldsymbol{F}_k$ 是 $n \times n$ 工厂阵，$\boldsymbol{B}_{uk}$ 为 $n \times m$ 阵，$\boldsymbol{B}_k$ 为 $n \times l$ 阵，$\boldsymbol{C}_k$ 为 $q \times n$ 阵，$\boldsymbol{C}_{zk}$ 为 $p \times n$ 阵，都是确定性的。初始条件为

$$\hat{\boldsymbol{x}}_0 = \text{已知}, \boldsymbol{P}_0 = \text{已知} \tag{7.1.4}$$

即其均值与初始的方差。求解主要是根据量测到的向量 $\boldsymbol{y}_k, \boldsymbol{y}_{k-1}, \cdots, \boldsymbol{y}_0$，对状态 $\boldsymbol{x}_k$ 作出估计，从而也对 $\boldsymbol{z}_k$ 做出估计。即使对同一个时刻 k，也应区分验前（验 $\boldsymbol{y}_k$ 前）与验后估计。验前的状态均值与方差记为 $\hat{\boldsymbol{x}}_k$ 与 $\boldsymbol{P}_k$，而验后则记为 $\hat{\boldsymbol{x}}'_k$ 与 $\boldsymbol{P}'_k$。可以看到，这里所讲的是滤波。予测的提法则相当于量测时间 j 落后于当前的 k，于是就可将 j 的验后估计作为初始状态，当前的时刻就移位成为第 $(k-j)$ 步了，预测的算法已在第六章讲过。无非是前一段滤波，后一段予测。

平滑的算法则在估计中运用了以后量测到的结果，破坏了因果关系，其估计算法就有所不同，结构力学的方法正可以用到。均值就是结构力学中的位移，而方差就是结构力学中的柔度阵。

7.1.2 连续时间滤波模型

连续时间系统的方程为

动力：

$$\dot{\boldsymbol{x}}(t) = \boldsymbol{A}(t)\boldsymbol{x}(t) + \boldsymbol{B}_1(t)\boldsymbol{w}(t) + \boldsymbol{B}_u(t)\boldsymbol{u}(t) \tag{7.1.5}$$

输出：

$$\boldsymbol{z}(t) = \boldsymbol{C}_z(t)\boldsymbol{x}(t) + \boldsymbol{D}(t)\boldsymbol{u}(t) \tag{7.1.6}$$

量测：

$$\boldsymbol{y}(t) = \boldsymbol{C}_y(t)\boldsymbol{x}(t) + \boldsymbol{v}(t) \tag{7.1.7}$$

式中参数的意义同离散时间系统。

这是最优线性估计的问题，因此只要噪声是高斯分布的随机过程，则系统响应也是高斯分布，其初始条件为给出其均值与方差：

$$\hat{\boldsymbol{x}}(0) = \hat{\boldsymbol{x}}_0 = \text{已知}, \boldsymbol{P}(0) = \boldsymbol{P}_0 = \text{已知} \tag{7.1.8}$$

以下着重考虑滤波问题。矩阵 $\boldsymbol{D}(t)$ 只有数学上的意义，实际应用时可以取为零矩阵。

7.2　离散时间线性系统的 Kalman 滤波

输出向量 $\boldsymbol{z}_k$ 的估计完全仰赖于状态向量 $\boldsymbol{x}_k$ 的估计，注意已经取 $\boldsymbol{D}(t)=0$。式(7.1.2)取数学期望，即得

$$\hat{\boldsymbol{z}}_k=\boldsymbol{C}_{zk}\hat{\boldsymbol{x}}_k \tag{7.2.1}$$

再与式(7.1.2)相减，$\boldsymbol{z}_k-\hat{\boldsymbol{z}}_k=\boldsymbol{C}_{zk}(\boldsymbol{x}_k-\hat{\boldsymbol{x}}_k)$，由此得其方差为

$$\boldsymbol{P}_{zk}=E[(\boldsymbol{z}_k-\hat{\boldsymbol{z}}_k)(\boldsymbol{z}_k-\hat{\boldsymbol{z}}_k)^{\mathrm{T}}]=E[\boldsymbol{C}_{zk}(\boldsymbol{x}_k-\hat{\boldsymbol{x}}_k)(\boldsymbol{x}_k-\hat{\boldsymbol{x}}_k)^{\mathrm{T}}\boldsymbol{C}_{zk}^{\mathrm{T}}]=\boldsymbol{C}_{zk}\boldsymbol{P}_k\boldsymbol{C}_{zk}^{\mathrm{T}} \tag{7.2.2}$$

因此只要对 $\boldsymbol{x}_k$ 做出其估计 $\hat{\boldsymbol{x}}_k$ 与 $\boldsymbol{P}_k$ 即可，即高斯分布。所以要着重考虑的是式(7.1.1)和式(7.1.2)。

先考虑最简单的情况，认为干扰 $\boldsymbol{w}_k$、$\boldsymbol{v}_k$ 为互不相干的白噪声，即认为

$$\begin{aligned}&E(\boldsymbol{w}_k)=\boldsymbol{0},\ \mathrm{var}[\boldsymbol{w}_k,\ \boldsymbol{w}_j]=\boldsymbol{W}_k\delta_{kj},\ \mathrm{var}[\boldsymbol{w}_k,\ \boldsymbol{v}_j]=\boldsymbol{0}\\&E(\boldsymbol{v}_k)=\boldsymbol{0},\ \mathrm{var}[\boldsymbol{v}_k,\ \boldsymbol{v}_j]=\boldsymbol{V}_k\delta_{kj}\end{aligned} \tag{7.2.3}$$

设滤波进程当前达到 k_t，即时间步为 $k=0,\ 1,\ \cdots,\ k_t$，而量测到的为 $\boldsymbol{y}_0,\ \boldsymbol{y}_1,\ \cdots,\ \boldsymbol{y}_{t-1}$。要寻求滤波估计 $\hat{\boldsymbol{x}}_t$，对它的估计不得违反因果关系，即计算 $\boldsymbol{x}_t$ 时只能运用 $k<k_t$ 的 $\boldsymbol{y}$，即以前的量测，初始 $\boldsymbol{x}(0)$ 的估计当然与干扰 $\boldsymbol{w}_k$、$\boldsymbol{v}_k$ 无关。

寻找估计值的原则仍然是使误差指标为最小。当前应设定其误差指标 J_t 为

$$J_t=\sum_{k=0}^{k_t}\left(\frac{\boldsymbol{w}_k^{\mathrm{T}}\boldsymbol{W}_k^{-1}\boldsymbol{w}_k}{2}+\frac{\boldsymbol{v}_k^{\mathrm{T}}\boldsymbol{V}_k^{-1}\boldsymbol{v}_k}{2}\right)+\frac{(\boldsymbol{x}_0-\hat{\boldsymbol{x}}_0)^{\mathrm{T}}\boldsymbol{P}_0^{-1}(\boldsymbol{x}_0-\hat{\boldsymbol{x}}_0)}{2},\quad \min_{\boldsymbol{x}} J_t \tag{7.2.4}$$

式中，下标 k_t 换成了 t 以便于书写。这是一个条件极小问题，因为还有动力方程与量测方程的条件。从指标的构造看到，这是最小二乘法。其提法是滤波只到当前时间 k_t 的一个问题。随着时间 k_t 的一步步增长，每一步就出现一个最小二乘法问题，这就形成了一系列的最小二乘法问题。然后又在 k_t 处量测，因此在 k_t 处还有验后滤波估计，它相当于在 k_t+1 处的验前滤波估计。事实上后文表明，它们是在一次步进中计算的。量测方程没有差分因素，故可先将 $\boldsymbol{v}_k$ 消去而成为

$$J_t=\frac{1}{2}\sum_{k=0}^{k_t}[\boldsymbol{w}_k^{\mathrm{T}}\boldsymbol{W}_k^{-1}\boldsymbol{w}_k+(\boldsymbol{y}_k-\boldsymbol{C}_k\boldsymbol{x}_k)^{\mathrm{T}}\boldsymbol{V}_k^{-1}(\boldsymbol{y}_k-\boldsymbol{C}_k\boldsymbol{x}_k)]+\frac{(\boldsymbol{x}_0-\hat{\boldsymbol{x}}_0)^{\mathrm{T}}\boldsymbol{P}_0^{-1}(\boldsymbol{x}_0-\hat{\boldsymbol{x}}_0)}{2}$$

现在引入动力方程的对偶向量(Lagrange 参数) $\boldsymbol{\lambda}_k(k=1,\ 2,\ \cdots)$，得扩充指标为

$$J_{et}=\sum_{k=0}^{k_t}\left[\boldsymbol{\lambda}_{k+1}^{\mathrm{T}}(\boldsymbol{x}_{k+1}-\boldsymbol{F}_k\boldsymbol{x}_k-\boldsymbol{B}_k\boldsymbol{w}_k-\boldsymbol{B}_{uk}\boldsymbol{u}_k)+\frac{(\boldsymbol{y}_k-\boldsymbol{C}_k\boldsymbol{x}_k)^{\mathrm{T}}\boldsymbol{V}_k^{-1}(\boldsymbol{y}_k-\boldsymbol{C}_k\boldsymbol{x}_k)}{2}\right.$$

$$+\frac{\boldsymbol{w}_k^{\mathrm{T}}\boldsymbol{W}_k^{-1}\boldsymbol{w}_k}{2}\Bigg]+\frac{(\boldsymbol{x}_0-\hat{\boldsymbol{x}}_0)^{\mathrm{T}}\boldsymbol{P}_0^{-1}(\boldsymbol{x}_0-\hat{\boldsymbol{x}}_0)}{2},\ \delta J_{et}=0 \tag{7.2.5}$$

式中,独立的变分量为 $\boldsymbol{x}$、$\boldsymbol{\lambda}$、$\boldsymbol{w}$。对式(7.2.5)完成对 $\boldsymbol{w}_k$ 取最小,有

$$\boldsymbol{w}_k=\boldsymbol{W}_k\boldsymbol{B}_k^{\mathrm{T}}\boldsymbol{\lambda}_{k+1} \tag{7.2.6}$$

再代入式(7.2.5),将 $\boldsymbol{w}_k$ 自 J_{et} 中消去有

$$J_{et}=\sum_{k=0}^{k_t}\Bigg[\boldsymbol{\lambda}_{k+1}^{\mathrm{T}}\boldsymbol{x}_{k+1}-\boldsymbol{\lambda}_{k+1}^{\mathrm{T}}\boldsymbol{F}_k\boldsymbol{x}_k-\boldsymbol{\lambda}_{k+1}^{\mathrm{T}}\boldsymbol{B}_{uk}\boldsymbol{u}_k-\frac{\boldsymbol{\lambda}_{k+1}^{\mathrm{T}}(\boldsymbol{B}_k\boldsymbol{W}_k\boldsymbol{B}_k^{\mathrm{T}})\boldsymbol{\lambda}_{k+1}}{2}-\boldsymbol{y}_k^{\mathrm{T}}\boldsymbol{V}_k^{-1}\boldsymbol{C}_k\boldsymbol{x}_k$$
$$+\frac{\boldsymbol{x}_k^{\mathrm{T}}(\boldsymbol{C}_k^{\mathrm{T}}\boldsymbol{V}_k^{-1}\boldsymbol{C}_k)\boldsymbol{x}_k}{2}\Bigg]+\frac{(\boldsymbol{x}_0-\hat{\boldsymbol{x}}_0)^{\mathrm{T}}\boldsymbol{P}_0^{-1}(\boldsymbol{x}_0-\hat{\boldsymbol{x}}_0)}{2},\ \delta J_{et}=0 \tag{7.2.6$'$}$$

这成为二类独立变量 $\boldsymbol{x}$、$\boldsymbol{\lambda}$ 的变分原理,已经是无条件的。完成变分运算,有

$[\delta\boldsymbol{\lambda}_{k+1}^{\mathrm{T}}]$:
$$\boldsymbol{x}_{k+1}=\boldsymbol{F}_k\boldsymbol{x}_k+(\boldsymbol{B}_k\boldsymbol{W}_k\boldsymbol{B}_k^{\mathrm{T}})\boldsymbol{\lambda}_{k+1}+\boldsymbol{B}_{uk}\boldsymbol{u}_k,\ k=0,\ \cdots,\ k_t \tag{7.2.7a}$$

$[\delta\boldsymbol{x}_k^{\mathrm{T}}]$:
$$\boldsymbol{\lambda}_k=-\boldsymbol{C}_k^{\mathrm{T}}\boldsymbol{V}_k^{-1}\boldsymbol{C}_k\boldsymbol{x}_k+\boldsymbol{F}_k^{\mathrm{T}}\boldsymbol{\lambda}_{k+1}+\boldsymbol{C}_k^{\mathrm{T}}\boldsymbol{V}_k^{-1}\boldsymbol{y}_k,\ k=1,\ \cdots,\ k_t \tag{7.2.7b}$$

$[\delta\boldsymbol{x}_0^{\mathrm{T}}]$:
$$(\boldsymbol{P}_0^{-1}+\boldsymbol{C}_0^{\mathrm{T}}\boldsymbol{V}_0^{-1}\boldsymbol{C}_0)(\boldsymbol{x}_0-\hat{\boldsymbol{x}}_0)=\boldsymbol{C}_0^{\mathrm{T}}\boldsymbol{V}_0^{-1}(\boldsymbol{y}_0-\boldsymbol{C}_0\hat{\boldsymbol{x}}_0)+\boldsymbol{F}_0^{\mathrm{T}}\boldsymbol{\lambda}_1 \tag{7.2.8}$$

$[\delta\boldsymbol{x}_{t+1}^{\mathrm{T}}]$:
$$\boldsymbol{\lambda}_{t+1}=\boldsymbol{0} \tag{7.2.9}$$

对式(7.2.7)~式(7.2.9)的解,只有 k_t 站的解才是滤波解,而其他站 $k<k_t$ 则都是平滑解,原因是利用了以后的量测数据。设已完成了对 k_t 站的验前滤波估计,有

$$\boldsymbol{x}_t=\hat{\boldsymbol{x}}_t+\boldsymbol{P}_t\lambda_t \tag{7.2.10}$$

现在要寻求 k_t+1 站的验前滤波估计,即一个步进循环。一个步进包含两步,k_t 站的验后滤波估计及随后 k_t+1 站的验前滤波估计。这两步可以合在一起分析。求解对偶差分方程(7.2.7),其中 $k=k_t$。在量测 $\boldsymbol{y}_t$ 前,$\boldsymbol{x}_t$ 已经表示为式(7.2.10)的形式,代入式(7.2.7),有

$$\left.\begin{aligned}\boldsymbol{x}_{k+1}&=\boldsymbol{F}_k\boldsymbol{P}_k\boldsymbol{\lambda}_k+\boldsymbol{B}_k\boldsymbol{W}_k\boldsymbol{B}_k^{\mathrm{T}}\boldsymbol{\lambda}_{k+1}+\boldsymbol{F}_k\hat{\boldsymbol{x}}_k+\boldsymbol{B}_{uk}\boldsymbol{u}_k\\ \boldsymbol{\lambda}_k&=-\boldsymbol{C}_k^{\mathrm{T}}\boldsymbol{V}_k^{-1}\boldsymbol{C}_k\boldsymbol{P}_k\boldsymbol{\lambda}_k+\boldsymbol{F}_k^{\mathrm{T}}\boldsymbol{\lambda}_{k+1}+\boldsymbol{C}_k^{\mathrm{T}}\boldsymbol{V}_k^{-1}(\boldsymbol{y}_k-\boldsymbol{C}_k\hat{\boldsymbol{x}}_k)\end{aligned}\right\},\ k=k_t \tag{7.2.11}$$

或

$$\boldsymbol{P}_k\boldsymbol{\lambda}_k=\boldsymbol{P}_k'\boldsymbol{F}_k^{\mathrm{T}}\boldsymbol{\lambda}_{k+1}+\boldsymbol{P}_k'\boldsymbol{C}_k^{\mathrm{T}}\boldsymbol{V}_k^{-1}(\boldsymbol{y}_k-\boldsymbol{C}_k\hat{\boldsymbol{x}}_k) \tag{7.2.12}$$

其中,$\boldsymbol{P}_k'$ 见式(7.2.17)。消去 $\boldsymbol{P}_k\boldsymbol{\lambda}_k$,有

$$\boldsymbol{x}_{t+1}=\hat{\boldsymbol{x}}_{t+1}+\boldsymbol{P}_{t+1}\boldsymbol{\lambda}_{t+1} \tag{7.2.13}$$

$$\hat{\boldsymbol{x}}_{t+1}=\boldsymbol{F}_t\cdot[\hat{\boldsymbol{x}}_t+\boldsymbol{K}_t(\boldsymbol{y}_t-\boldsymbol{C}_t\hat{\boldsymbol{x}}_t)]+\boldsymbol{B}_{u,t}\boldsymbol{u}_t=\boldsymbol{F}_t\hat{\boldsymbol{x}}_t'+\boldsymbol{B}_{u,t}\boldsymbol{u}_t \tag{7.2.14}$$

$$\hat{\boldsymbol{x}}_t'=\hat{\boldsymbol{x}}_t+\boldsymbol{K}_t(\boldsymbol{y}_t-\boldsymbol{C}_t\hat{\boldsymbol{x}}_t) \tag{7.2.15}$$

$$\boldsymbol{K}_t = \boldsymbol{P}'_t \boldsymbol{C}_t^{\mathrm{T}} \boldsymbol{V}_t^{-1} \tag{7.2.16}$$

$$\boldsymbol{P}'_t = (\boldsymbol{P}_t^{-1} + \boldsymbol{C}_t^{\mathrm{T}} \boldsymbol{V}_t^{-1} \boldsymbol{C}_t)^{-1} \tag{7.2.17}$$

$$\boldsymbol{P}_{t+1} = \boldsymbol{F}_t \boldsymbol{P}'_t \boldsymbol{F}_t^{\mathrm{T}} + \boldsymbol{B}_t \boldsymbol{W}_t \boldsymbol{B}_t^{\mathrm{T}} \tag{7.2.18}$$

这些方程造成了一种递推的情势：设在第 k_t 步已求得 $\boldsymbol{P}_t$ 与 $\hat{\boldsymbol{x}}_t$，就如同式(7.1.4)初始条件一样。于是先由式(7.2.17)计算 $\boldsymbol{P}'_t$；再由式(7.2.16)计算 $\boldsymbol{K}_t$ 增益阵；再由式(7.2.15)计算 $\hat{\boldsymbol{x}}'_t$，即验后 $\boldsymbol{x}_t$ 的均值，而 $\boldsymbol{P}'_t$ 为验后 $\boldsymbol{x}_t$ 方差。这些是 k_t 站的验后计算。继而由式(7.2.14)计算 $\hat{\boldsymbol{x}}_{t+1}$，由式(7.2.18)计算 $\boldsymbol{P}_{t+1}$，从而完成了从 k_t 步进到 k_t+1 站的计算。注意式(7.2.13)即式(7.2.10)的步进，故这些方程就是一轮递归算法。于是由式(7.1.8)的在 $k_t=0$ 的初始条件可推出 $k_t=1$；再由 $k_t=1$ 推出 $k_t=2$，…，实现了数学归纳法。

让式(7.2.7)和式(7.2.8)都得到满足，但 $\boldsymbol{\lambda}_{t+1}$ 则仍作为变量。此时可导出指标 $J_{et} = \dfrac{(\boldsymbol{x}_{t+1} - \hat{\boldsymbol{x}}_{t+1})^{\mathrm{T}} \boldsymbol{P}_{t+1}^{-1} (\boldsymbol{x}_{t+1} - \hat{\boldsymbol{x}}_{t+1})}{2} + \mathrm{const}$，实际上，上式也可以由下式导出：

$$J_{et} = \frac{(\boldsymbol{x}_t - \hat{\boldsymbol{x}}_t)^{\mathrm{T}} \boldsymbol{P}_t^{-1} (\boldsymbol{x}_t - \hat{\boldsymbol{x}}_t)}{2} + \boldsymbol{\lambda}_{t+1}^{\mathrm{T}} \left[\boldsymbol{x}_{t+1} - \boldsymbol{F}_t \boldsymbol{x}_t - \boldsymbol{B}_{ut} \boldsymbol{u}_t - \frac{\boldsymbol{B}_t \boldsymbol{W}_t \boldsymbol{B}_t^{\mathrm{T}} \boldsymbol{\lambda}_{t+1}}{2} \right] + \frac{\boldsymbol{x}_t^{\mathrm{T}} \boldsymbol{C}_t^{\mathrm{T}} \boldsymbol{V}_t^{-1} \boldsymbol{C}_t \boldsymbol{x}_t}{2} - \boldsymbol{x}_t^{\mathrm{T}} \boldsymbol{C}_t^{\mathrm{T}} \boldsymbol{V}_t^{-1} \boldsymbol{y}_t, \qquad \max_{\lambda_{t+1}} [\min_{x_t} J_{et}]$$

求解 $t+1$ 步处的滤波解，用了 max，但 J_{et} 的计算只要在方括号内取一个 min 就可以。写成 k_t 是为了强调在过去时段的前沿是滤波而不是平滑。滤波的均值在方程(7.2.9)处达到，由式(7.2.13)知，这就是 $\hat{\boldsymbol{x}}_{t+1}$。以后为简单起见，下标 k_t 仍写为 k。

本节推导离散时间卡尔曼滤波公式采用了变分法，非常简捷。得到的公式与状态估计理论常用的表示方式一样，只要注意表 7.1 的符号对比。

表 7.1 两种表示的符号对照

常用的	现用的	常用的	现用的
$\hat{\boldsymbol{x}}_k(k \mid k-1)$	$\hat{\boldsymbol{x}}_k$	$\boldsymbol{P}(k \mid k-1)$	$\boldsymbol{P}_k$
$\hat{\boldsymbol{x}}_k(k \mid k)$	$\hat{\boldsymbol{x}}'_k$	$\boldsymbol{P}(k \mid k)$	$\boldsymbol{P}'_k$

对于线性问题高斯过程，变分法给出的估计自动就是无偏的。

在式(7.2.14)~式(7.2.18)递推公式中，方差阵 $\boldsymbol{P}_k$、$\boldsymbol{P}'_k$ 及增益阵 $\boldsymbol{K}_k$ 与量测 $\boldsymbol{y}$ 无关，因此可以离线计算并存储起来。在实时处理时只需对式(7.2.14)和式(7.2.15)进行计算。在整个推演过程中，确定性输入 $\boldsymbol{u}_k$ 只是在均值动力方程式(7.2.4)中加一项，其他无影响，所以在下文的滤波中不再列入。

用变分法推导了 Kalman 滤波的公式后，介绍 Kalman 滤波与结构力学的模拟关系。将变分原理的式(7.2.14)与文献[1]的式(5.9.9)相对比，列举为

$$V_k(\boldsymbol{q}_a, \boldsymbol{p}_b) = \frac{\boldsymbol{p}_b^{\mathrm{T}}\boldsymbol{G}\boldsymbol{p}_b}{2} + \boldsymbol{p}_b^{\mathrm{T}}\boldsymbol{F}\boldsymbol{q}_a - \boldsymbol{q}_a^{\mathrm{T}}\boldsymbol{Q}\boldsymbol{q}_a + \boldsymbol{p}_b^{\mathrm{T}}\boldsymbol{r}_{bk} + \boldsymbol{q}_a^{\mathrm{T}}\boldsymbol{r}_{ak} \tag{7.2.19}$$

$$\min_{\boldsymbol{q}}\max_{\boldsymbol{p}}\left[\sum_{k=1}^{k_{\mathrm{f}}}[\boldsymbol{p}_k^{\mathrm{T}}\boldsymbol{q}_k - V_k(\boldsymbol{q}_{k-1}, \boldsymbol{p}_k)] + \frac{(\boldsymbol{q}_0 - \hat{\boldsymbol{q}}_0)^{\mathrm{T}}\boldsymbol{P}_0^{-1}(\boldsymbol{q}_0 - \hat{\boldsymbol{q}}_0)}{2}\right] \tag{7.2.20}$$

表 7.2 为结构力学和 Kalman 滤波的对比。

表 7.2 结构力学和 Kalman 滤波对比

结构力学	Kalman 滤波
位移、内力 $\boldsymbol{q}$、$\boldsymbol{p}$	对偶向量 $\boldsymbol{x}$、$\boldsymbol{\lambda}$
区段 $[0, k)$ 的右端 k 以及 $k+1$	k_t、k_{t+1}
$\boldsymbol{F}$、$\boldsymbol{G}$、$\boldsymbol{Q}$	$\boldsymbol{F}$、$\boldsymbol{BWB}^{\mathrm{T}}$、$\boldsymbol{C}^{\mathrm{T}}\boldsymbol{V}^{-1}\boldsymbol{C}$
等价外力 $\boldsymbol{r}_{bk}$、$\boldsymbol{r}_{ak}$	$\boldsymbol{B}_u\boldsymbol{u}_k$、$\boldsymbol{C}^{\mathrm{T}}\boldsymbol{V}^{-1}\boldsymbol{y}_k$
混合能 $V_k(\boldsymbol{q}_a, \boldsymbol{p}_b)$	混合能 $V_k(\boldsymbol{q}_a, \boldsymbol{p}_b)$
对偶方程式(*5.9.10)[1]	对偶方程式(7.2.7a,b)
区段 $[0, k)$ 的势能 $\Pi_k(\boldsymbol{q}_k)$	时段 $[0, k_t)$ 的指标 J_{e,k_t}
…	…

控制理论还应考虑过程噪声与量测噪声相关等情况,此处省略。

7.3 连续时间线性系统的 Kalman-Bucy 滤波

连续时间 Kalman 滤波的基本公式也可以采用将离散时间 Kalman 滤波的采样时间变稠密的方法,取其极限导出。以下采用变分法导出其基本方程。以上已看到确定性输入 $\boldsymbol{u}$ 对方程的作用,只存在于其均值的方程。以下推导仍保留该项 $\boldsymbol{u}$:

$$\dot{\boldsymbol{x}} = \boldsymbol{A}\boldsymbol{x} + \boldsymbol{B}_1\boldsymbol{w} + \boldsymbol{B}_u\boldsymbol{u} \tag{7.1.5$'$}$$

$$\boldsymbol{y} = \boldsymbol{C}\boldsymbol{x} + \boldsymbol{v} \tag{7.1.7$'$}$$

对随机干扰采用最简单的假定:

$$E(\boldsymbol{w}(t)) = \boldsymbol{0},\ \mathrm{var}[\boldsymbol{w}(t), \boldsymbol{w}(\tau)] = \boldsymbol{W}(t)\delta(t-\tau) \tag{7.3.1a}$$

$$E(\boldsymbol{v}(t)) = \boldsymbol{0},\ \mathrm{var}[\boldsymbol{v}(t), \boldsymbol{v}(\tau)] = \boldsymbol{V}(t)\delta(t-\tau);\ \mathrm{covar}[\boldsymbol{w}(t), \boldsymbol{v}(\tau)] = \boldsymbol{0} \tag{7.3.1b}$$

式中, $\boldsymbol{W}(t)$ 与 $\boldsymbol{V}(t)$ 都为正定对称阵。初始条件: $\boldsymbol{x}(0)$ 为随机高斯分布向量,与 $\boldsymbol{w}$ 及 $\boldsymbol{v}$ 互不相关,即 $\mathrm{covar}[\boldsymbol{v}_0, \boldsymbol{w}] = \boldsymbol{0}$, $\mathrm{covar}[\boldsymbol{x}_0, \boldsymbol{v}] = \boldsymbol{0}$。且

$$E(\boldsymbol{x}(0)) = \hat{\boldsymbol{x}}_0,\ \mathrm{var}[\boldsymbol{x}_0, \boldsymbol{x}_0] = \boldsymbol{P}_0 \tag{7.3.2a}$$

或

$$\boldsymbol{x}_0 = \boldsymbol{x}(0) = \hat{\boldsymbol{x}}_0 + \boldsymbol{P}_0\boldsymbol{\lambda}_0 \tag{7.3.2b}$$

式中，$\boldsymbol{\lambda}_0$ 是均值为零的高斯向量，$E[(\boldsymbol{x}_0-\hat{\boldsymbol{x}}_0)(\boldsymbol{x}_0-\hat{\boldsymbol{x}}_0)^{\mathrm{T}}]=\boldsymbol{P}_0$，$E[\boldsymbol{\lambda}\boldsymbol{\lambda}^{\mathrm{T}}]=\boldsymbol{P}_0^{-1}$。

滤波方程应当根据量测 $\boldsymbol{y}$ 寻找 $\boldsymbol{x}$ 使指标 J 为最小

$$J=\int_0^t\frac{[\boldsymbol{w}^{\mathrm{T}}\boldsymbol{W}^{-1}\boldsymbol{w}+\boldsymbol{v}^{\mathrm{T}}\boldsymbol{V}^{-1}\boldsymbol{v}]\mathrm{d}\tau}{2}+\frac{(\boldsymbol{x}_0-\hat{\boldsymbol{x}}_0)^{\mathrm{T}}\boldsymbol{P}_0^{-1}(\boldsymbol{x}_0-\hat{\boldsymbol{x}}_0)}{2},\quad\min_{\boldsymbol{x}}J \tag{7.3.3}$$

将式(7.1.7′)代入

$$J=\int_0^t\frac{[\boldsymbol{w}^{\mathrm{T}}\boldsymbol{W}^{-1}\boldsymbol{w}+(\boldsymbol{y}-\boldsymbol{C}\boldsymbol{x})^{\mathrm{T}}\boldsymbol{V}^{-1}(\boldsymbol{y}-\boldsymbol{C}\boldsymbol{x})]\mathrm{d}\tau}{2}+\frac{(\boldsymbol{x}_0-\hat{\boldsymbol{x}}_0)^{\mathrm{T}}\boldsymbol{P}_0^{-1}(\boldsymbol{x}_0-\hat{\boldsymbol{x}}_0)}{2},\quad\min_{\boldsymbol{x}}J$$

在变分 $\boldsymbol{w}$、$\boldsymbol{x}$ 时有动力方程(7.1.5′)的约束条件，故为条件极值问题。为此，引入 Lagrange 乘子函数 $\boldsymbol{\lambda}(t)$ 而有扩展指标 $J_{A,t}$ 的变分式：

$$\begin{aligned}J_{At}=\int_0^t\Bigg[&\boldsymbol{\lambda}^{\mathrm{T}}(\dot{\boldsymbol{x}}-\boldsymbol{A}\boldsymbol{x}-\boldsymbol{B}_1\boldsymbol{w}-\boldsymbol{B}_u\boldsymbol{u})+\frac{(\boldsymbol{y}-\boldsymbol{C}\boldsymbol{x})^{\mathrm{T}}\boldsymbol{V}^{-1}(\boldsymbol{y}-\boldsymbol{C}\boldsymbol{x})}{2}\\&+\frac{\boldsymbol{w}^{\mathrm{T}}\boldsymbol{W}^{-1}\boldsymbol{w}}{2}\Bigg]d\tau+\frac{(\boldsymbol{x}_0-\hat{\boldsymbol{x}}_0)^{\mathrm{T}}\boldsymbol{P}_0^{-1}(\boldsymbol{x}_0-\hat{\boldsymbol{x}}_0)}{2},\qquad\delta J_{At}=0\end{aligned} \tag{7.3.4}$$

式中有三类独立变分的向量函数 $\boldsymbol{x}$、$\boldsymbol{\lambda}$、$\boldsymbol{w}$。对此可先对 $\boldsymbol{w}$ 取最小，有

$$\boldsymbol{w}=\boldsymbol{W}\boldsymbol{B}_1^{\mathrm{T}}\boldsymbol{\lambda} \tag{7.3.5}$$

将式(7.3.5)代入式(7.3.4)消去 $\boldsymbol{w}$，即得二类变量 $\boldsymbol{x}$、$\boldsymbol{\lambda}$ 的变分原理：

$$\begin{aligned}J_{At}=\int_0^t\Bigg[&\boldsymbol{\lambda}^{\mathrm{T}}(\dot{\boldsymbol{x}}-\boldsymbol{A}\boldsymbol{x}-\boldsymbol{B}_u\boldsymbol{u})+\frac{(\boldsymbol{y}-\boldsymbol{C}\boldsymbol{x})^{\mathrm{T}}\boldsymbol{V}^{-1}(\boldsymbol{y}-\boldsymbol{C}\boldsymbol{x})}{2}\\&-\frac{\boldsymbol{\lambda}^{\mathrm{T}}(\boldsymbol{B}_1\boldsymbol{W}\boldsymbol{B}_1^{\mathrm{T}})\boldsymbol{\lambda}}{2}\Bigg]\mathrm{d}\tau+\frac{(\boldsymbol{x}_0-\hat{\boldsymbol{x}}_0)^{\mathrm{T}}\boldsymbol{P}_0^{-1}(\boldsymbol{x}_0-\hat{\boldsymbol{x}}_0)}{2},\quad\delta J_{At}=0\end{aligned} \tag{7.3.4′}$$

式中，$\boldsymbol{u}$ 是确定性输入，量测 $\boldsymbol{y}$ 也是确定的，故不变分。完成变分的推导，得对偶微分方程：

$$\dot{\boldsymbol{x}}=\boldsymbol{A}\boldsymbol{x}+\boldsymbol{B}_1\boldsymbol{W}\boldsymbol{B}_1^{\mathrm{T}}\boldsymbol{\lambda}+\boldsymbol{B}_u\boldsymbol{u} \tag{7.3.6a}$$

$$\dot{\boldsymbol{\lambda}}=\boldsymbol{C}^{\mathrm{T}}\boldsymbol{V}^{-1}\boldsymbol{C}\boldsymbol{x}-\boldsymbol{A}^{\mathrm{T}}\boldsymbol{\lambda}-\boldsymbol{C}^{\mathrm{T}}\boldsymbol{V}^{-1}\boldsymbol{y} \tag{7.3.6b}$$

这一对方程互为对偶。初始条件已由式(7.3.2b)列出，当然 $\hat{\boldsymbol{x}}_0$ 与 $\boldsymbol{P}_0$ 为给定。引入时间区段(也称时段或区段)的概念很重要，滤波的时段为 $[0,t)$，在 $t_0=0$ 端有非零初值，所以用闭区间的符号；t 端则不断向前推进，滤波问题讲究因果律而不做回溯(回顾)，是初值问题。表现在 $\hat{\boldsymbol{x}}_0$ 给定，$\boldsymbol{P}_0$ 给定，只求 t 端的 $\boldsymbol{x}(t)$。

现在对比结构分析的对偶微分方程[4]：

$$\dot{\boldsymbol{q}} = \boldsymbol{A}\boldsymbol{q} + \boldsymbol{D}\boldsymbol{p} + \boldsymbol{f}_q,\ \dot{\boldsymbol{p}} = \boldsymbol{B}\boldsymbol{q} - \boldsymbol{A}^{\mathrm{T}}\boldsymbol{p} + \boldsymbol{f}_p \tag{7.3.6c}$$

即结构力学与 Kalman-Bucy 滤波又有模拟关系(表 7.3)。

表 7.3 结构力学与 Kalman-Bucy 滤波模拟关系

结构力学	Kalman-Bucy 滤波
位移、内力 $\boldsymbol{q}$、$\boldsymbol{p}$	对偶向量 $\boldsymbol{x}$、$\boldsymbol{\lambda}$
区段 $[z_0, z)$	时间区段 $[t_0, t)$
$\boldsymbol{A}$、$\boldsymbol{B}$、$\boldsymbol{D}$	$\boldsymbol{A}$、$\boldsymbol{C}^{\mathrm{T}}\boldsymbol{V}^{-1}\boldsymbol{C}$、$\boldsymbol{B}_1\boldsymbol{W}\boldsymbol{B}_1^{\mathrm{T}}$
等价分布外力 $\boldsymbol{f}_q$、$\boldsymbol{f}_p$	$\boldsymbol{B}_u\boldsymbol{u}$, $-\boldsymbol{C}^{\mathrm{T}}\boldsymbol{V}^{-1}\boldsymbol{y}$
对偶方程式(7.3.6c)	对偶方程式(7.3.6a,b)
区段 $[z_0, z)$ 的作用量函数 S	时段 $[t_0, t)$ 的指标 J_{At}

对偶方程(7.3.6a,b)可求解如下:高斯随机过程总可以由其均值函数及一个零均值高斯过程之和组成,其协方差阵待求。令

$$\boldsymbol{x} = \hat{\boldsymbol{x}}(t) + \boldsymbol{P}(t)\boldsymbol{\lambda}(t) \tag{7.3.7}$$

推导如下:

$$\dot{\boldsymbol{x}} = \dot{\hat{\boldsymbol{x}}} + \dot{\boldsymbol{P}}\boldsymbol{\lambda} + \boldsymbol{P}\dot{\boldsymbol{\lambda}} = \boldsymbol{A}\hat{\boldsymbol{x}} + \boldsymbol{A}\boldsymbol{P}\boldsymbol{\lambda} + \boldsymbol{B}_1\boldsymbol{W}\boldsymbol{B}_1^{\mathrm{T}}\boldsymbol{\lambda} + \boldsymbol{B}_u\boldsymbol{u}$$

$$\boldsymbol{P}\dot{\boldsymbol{\lambda}} = \boldsymbol{P}\boldsymbol{C}^{\mathrm{T}}\boldsymbol{V}^{-1}\boldsymbol{C}\hat{\boldsymbol{x}} + \boldsymbol{P}\boldsymbol{C}^{\mathrm{T}}\boldsymbol{V}^{-1}\boldsymbol{C}\boldsymbol{P}\boldsymbol{\lambda} - \boldsymbol{P}\boldsymbol{A}^{\mathrm{T}}\boldsymbol{\lambda} - \boldsymbol{P}\boldsymbol{C}^{\mathrm{T}}\boldsymbol{V}^{-1}y$$

将后一式代入前一式,消去 $\boldsymbol{P}\dot{\boldsymbol{\lambda}}$,得

$$\dot{\hat{\boldsymbol{x}}} + \dot{\boldsymbol{P}}\boldsymbol{\lambda} = \boldsymbol{A}\hat{\boldsymbol{x}} + \boldsymbol{A}\boldsymbol{P}\boldsymbol{\lambda} + \boldsymbol{B}_1\boldsymbol{W}\boldsymbol{B}_1^{\mathrm{T}}\boldsymbol{\lambda} - \boldsymbol{P}\boldsymbol{C}^{\mathrm{T}}\boldsymbol{V}^{-1}\boldsymbol{C}\hat{\boldsymbol{x}} - \boldsymbol{P}\boldsymbol{C}^{\mathrm{T}}\boldsymbol{V}^{-1}\boldsymbol{C}\boldsymbol{P}\boldsymbol{\lambda} + \boldsymbol{P}\boldsymbol{A}^{\mathrm{T}}\boldsymbol{\lambda} + \boldsymbol{P}\boldsymbol{C}^{\mathrm{T}}\boldsymbol{V}^{-1}\boldsymbol{y} + \boldsymbol{B}_u\boldsymbol{u}$$

式中,含 $\boldsymbol{\lambda}$ 的项是随机量,不含 $\boldsymbol{\lambda}$ 的是均值等确定性项。将它们分列有

$$\dot{\hat{\boldsymbol{x}}} = \boldsymbol{A}\hat{\boldsymbol{x}} + \boldsymbol{P}\boldsymbol{C}^{\mathrm{T}}\boldsymbol{V}^{-1}(\boldsymbol{y} - \boldsymbol{C}\hat{\boldsymbol{x}}) + \boldsymbol{B}_u\boldsymbol{u},\ \hat{\boldsymbol{x}}(0) = \hat{\boldsymbol{x}}_0 \tag{7.3.8}$$

$$\dot{\boldsymbol{P}} = \boldsymbol{B}_1\boldsymbol{W}\boldsymbol{B}_1^{\mathrm{T}} + \boldsymbol{A}\boldsymbol{P} + \boldsymbol{P}\boldsymbol{A}^{\mathrm{T}} - \boldsymbol{P}\boldsymbol{C}^{\mathrm{T}}\boldsymbol{V}^{-1}\boldsymbol{C}\boldsymbol{P},\ \boldsymbol{P}(0) = \boldsymbol{P}_0 \tag{7.3.9}$$

式(7.3.9)称为矩阵 Riccati 微分方程。请参见文献[1]中式(5.7.32),$\boldsymbol{P}$ 是 $n \times n$ 对称阵,只需系统为可控可测,则 $\boldsymbol{P}$ 为对称正定。式(7.3.8)是对均值的线性微分方程,称为滤波微分方程,也可写成

$$\dot{\hat{\boldsymbol{x}}} = \boldsymbol{A}\hat{\boldsymbol{x}} + \boldsymbol{K}(\boldsymbol{y} - \boldsymbol{C}\hat{\boldsymbol{x}}) + \boldsymbol{B}_u\boldsymbol{u},\ \boldsymbol{K} = \boldsymbol{P}\boldsymbol{C}^{\mathrm{T}}\boldsymbol{V}^{-1} \tag{7.3.8′}$$

式中,$\boldsymbol{K}$ 称为增益阵。以上的推导适用于时变线性系统。

Riccati 微分方程的求解是非常重要的数值计算工作,对比预测问题,由于有量测项存在,因此比 Lyapunov 微分方程多出了 $\boldsymbol{P}\boldsymbol{C}^{\mathrm{T}}\boldsymbol{V}^{-1}\boldsymbol{C}\boldsymbol{P}$ 这一项。这是二次项,从微分方程角度看是非线性的。但它仍能化为线性系统的有关量来求解,从结构力学的角度看,解矩阵相当于二端边值问题的端部柔度矩阵,对于时不变系统仍可精细积分求解。而且由第六章看到,它也有基于本征解的分析解,这一点在下文还要谈及。在第二章的分析力学方面已经指出 Riccati 微分方程解的意义是刚度。

Riccati 微分方程也可用于无穷长时段(infinite horizon) $t_f \to \infty$，此时在 $t=0$ 附近有一段暂态过程,然后当 $t \to \infty$ 时 $\boldsymbol{P}(t) \to \boldsymbol{P}_\infty$，$\boldsymbol{P}_\infty$ 满足矩阵 Riccati 代数方程

$$\boldsymbol{B}_1\boldsymbol{W}\boldsymbol{B}_1^{\mathrm{T}} + \boldsymbol{A}\boldsymbol{P}_\infty + \boldsymbol{P}_\infty\boldsymbol{A}^{\mathrm{T}} - \boldsymbol{P}_\infty\boldsymbol{C}^{\mathrm{T}}\boldsymbol{V}^{-1}\boldsymbol{C}\boldsymbol{P}_\infty = \boldsymbol{0} \tag{7.3.10}$$

不考虑其初始阶段暂态历程时,(7.3.8a)中的增益阵 $\boldsymbol{K}_\infty = \boldsymbol{P}_\infty\boldsymbol{C}^{\mathrm{T}}\boldsymbol{V}^{-1}$ 便是常矩阵,故滤波方程式(7.3.8′)的系数矩阵 $(\boldsymbol{A} - \boldsymbol{K}_\infty\boldsymbol{C})$ 是常值矩阵,故可用精细积分法积分。事先将给定时间步长 η 的矩阵:

$$\boldsymbol{\Phi}_\infty = \exp[(\boldsymbol{A} - \boldsymbol{K}_\infty\boldsymbol{C})\eta] \tag{7.3.11}$$

因此实时计算只要做矩阵—向量乘法即可。无穷时段时不变系统常矩阵的积分当然容易,但即使是有限时段而面对 $(\boldsymbol{A} - \boldsymbol{K}\boldsymbol{C})$ 的变系数方程,仍有办法做出精细积分法解。当然这个推导有一定难度,详见后文。

注意,式(7.3.10)的代数 Riccati 方程是二次的,因此并不只有一个解。但这里采用的 $\boldsymbol{P}_\infty$ 是对称正定阵的解,这是非常重要的条件。后文要给出 Riccati 方程的分析解。利用相应 Hamilton 阵的本征解，$\boldsymbol{P}_\infty$ 相当于采用了 β 类的本征解,见式(7.5.17)。有关 Hamilton 阵本征解的求法请见文献[1]的 5.3 节。

观察式(7.3.8)及式(7.3.9)可知：$\boldsymbol{P}(t)$ 阵与量测 $\boldsymbol{y}$ 无关,而且均值 $\hat{\boldsymbol{x}}(t)$ 对 $\boldsymbol{y}$ 的依赖是线性的。从而对 $\boldsymbol{y}$ 积分 $\hat{\boldsymbol{x}}$ 时,可以适用叠加原理,这一点对于精细积分法很重要。

连续时间过程噪声与量测噪声相关的情况略,见文献[1]6.5.3.1 节。

7.4 区段混合能

以上虽然对卡尔曼滤波推导了公式,要求解其均值 $\hat{\boldsymbol{x}}$ 的微分方程组(7.3.8),以及求解其方差 $\boldsymbol{P}$ 的常微分方程组(7.3.9)。然而传统的差分类算法,即使对常系数线性方程,也存在误差积累问题,不可取。如果采用精细积分,则其数值结果相当于计算机上的精确解。这表明对 Riccati 微分方程(7.3.9)的求解也应当寻找其精细积分法,况且平滑的计算也要用到区段混合能。

逐步积分总得有一个时间步长 η，其时间格点为

$$t_0 = 0,\ t_1 = \eta,\ \cdots,\ t_k = k\eta,\ \cdots \tag{7.4.1}$$

采用精细积分法就不再对该步长 η 采用差分近似。相应地引入了区段混合能的概念:

$$V(\boldsymbol{x}_a, \boldsymbol{\lambda}_b) = \boldsymbol{\lambda}_b^{\mathrm{T}}\boldsymbol{x}_b - \int_{t_a}^{t_b}[\boldsymbol{\lambda}^{\mathrm{T}}\dot{\boldsymbol{x}} - H(\boldsymbol{x}, \boldsymbol{\lambda}) - \boldsymbol{x}^{\mathrm{T}}\boldsymbol{C}^{\mathrm{T}}\boldsymbol{V}^{-1}\boldsymbol{y} - \boldsymbol{\lambda}^{\mathrm{T}}\boldsymbol{B}_u\boldsymbol{u}]\mathrm{d}t \tag{7.4.2}$$

$$H(\boldsymbol{x}, \boldsymbol{\lambda}) = \boldsymbol{\lambda}^{\mathrm{T}}\boldsymbol{A}\boldsymbol{x} + \frac{\boldsymbol{\lambda}^{\mathrm{T}}\boldsymbol{B}\boldsymbol{W}\boldsymbol{B}^{\mathrm{T}}\boldsymbol{\lambda}}{2} - \frac{\boldsymbol{x}^{\mathrm{T}}\boldsymbol{C}^{\mathrm{T}}\boldsymbol{V}^{-1}\boldsymbol{C}\boldsymbol{x}}{2},\ [\text{此后 } \boldsymbol{B}_1 \text{ 写为 } \boldsymbol{B}] \tag{7.4.3}$$

式(7.4.2)所定义的混合能 V 是 t_a 时状态向量 $\boldsymbol{x}_a$，以及 t_b 时的对偶向量 $\boldsymbol{\lambda}_b$[即 $\boldsymbol{\lambda}(t_b)$] 的函数；$t_0 \leqslant t_a < t_b \leqslant t_f$，$(t_a, t_b)$ 是一个区段；$\boldsymbol{y}$ 是量测到的给定函数值；$\boldsymbol{x}$、$\boldsymbol{\lambda}$ 则应当取变分使 V 取驻值，

$$\delta V(\boldsymbol{x}_a, \boldsymbol{\lambda}_b) = (\delta\boldsymbol{\lambda}_b)^{\mathrm{T}} \cdot \boldsymbol{x}_b + \boldsymbol{\lambda}_b^{\mathrm{T}} \cdot \delta\boldsymbol{x}_b - \int_{t_a}^{t_b} [(\delta\boldsymbol{\lambda})^{\mathrm{T}} \cdot (\dot{\boldsymbol{x}} - \boldsymbol{A}\boldsymbol{x} - \boldsymbol{B}\boldsymbol{W}\boldsymbol{B}^{\mathrm{T}}\boldsymbol{\lambda} - \boldsymbol{B}_u\boldsymbol{u})$$
$$+ \delta\boldsymbol{x}^{\mathrm{T}}(-\dot{\boldsymbol{\lambda}} + \boldsymbol{C}^{\mathrm{T}}\boldsymbol{V}^{-1}\boldsymbol{C}\boldsymbol{x} - \boldsymbol{A}^{\mathrm{T}}\boldsymbol{\lambda} - \boldsymbol{C}^{\mathrm{T}}\boldsymbol{V}^{-1}\boldsymbol{y})]\mathrm{d}t - [\boldsymbol{\lambda}^{\mathrm{T}} \cdot \delta\boldsymbol{x}]_{t_a}^{t_b}$$

由于在区段内 $\delta\boldsymbol{\lambda}$ 与 $\delta\boldsymbol{x}$ 可任意变分，故有对偶方程：

$$\dot{\boldsymbol{x}} = \boldsymbol{A}\boldsymbol{x} + \boldsymbol{B}\boldsymbol{W}\boldsymbol{B}^{\mathrm{T}}\boldsymbol{\lambda} + \boldsymbol{B}_u\boldsymbol{u}$$

$$\dot{\boldsymbol{\lambda}} = \boldsymbol{C}^{\mathrm{T}}\boldsymbol{V}^{-1}\boldsymbol{C}\boldsymbol{x} - \boldsymbol{A}^{\mathrm{T}}\boldsymbol{\lambda} - \boldsymbol{C}^{\mathrm{T}}\boldsymbol{V}^{-1}\boldsymbol{y}$$

这里为简单计，令 $\boldsymbol{B} = \boldsymbol{B}_1$。从而有

$$\delta V(\boldsymbol{x}_a, \boldsymbol{\lambda}_b) = \boldsymbol{x}_b^{\mathrm{T}} \cdot \delta\boldsymbol{\lambda}_b + \boldsymbol{\lambda}_a^{\mathrm{T}} \cdot \delta\boldsymbol{x}_a \equiv \left(\frac{\partial V}{\partial\boldsymbol{\lambda}_b}\right)^{\mathrm{T}} \delta\boldsymbol{\lambda}_b + \left(\frac{\partial V}{\partial\boldsymbol{x}_a}\right)^{\mathrm{T}} \cdot \delta\boldsymbol{x}_a \tag{7.4.4}$$

故

$$\boldsymbol{x}_b = \frac{\partial V}{\partial\boldsymbol{\lambda}_b}, \quad \boldsymbol{\lambda}_a = \frac{\partial V}{\partial\boldsymbol{x}_a} \tag{7.4.5}$$

由区段混合能的定义式(7.4.2)可以看到，这是 $\boldsymbol{x}_a$、$\boldsymbol{\lambda}_b$ 的二次式，其中一次项是由量测 $\boldsymbol{y}$ 引起的。二次式的一般型为

$$V(\boldsymbol{x}_a, \boldsymbol{\lambda}_b) = \boldsymbol{\lambda}_b^{\mathrm{T}}\boldsymbol{F}\boldsymbol{x}_a + \frac{\boldsymbol{\lambda}_b^{\mathrm{T}}\boldsymbol{G}\boldsymbol{\lambda}_b}{2} - \frac{\boldsymbol{x}_a^{\mathrm{T}}\boldsymbol{Q}\boldsymbol{x}_a}{2} + \boldsymbol{\lambda}_b^{\mathrm{T}}\boldsymbol{r}_x + \boldsymbol{x}_a^{\mathrm{T}}\boldsymbol{r}_\lambda \tag{7.4.6}$$

式中，$\boldsymbol{Q}$、$\boldsymbol{F}$、$\boldsymbol{G}$ 为 $n \times n$ 矩阵，$\boldsymbol{Q}^{\mathrm{T}} = \boldsymbol{Q}$，$\boldsymbol{G}^{\mathrm{T}} = \boldsymbol{G}$，这三个矩阵决定了其二次项；$\boldsymbol{r}_x$、$\boldsymbol{r}_\lambda$ 为 n 维向量，是线性项。$\boldsymbol{Q}$、$\boldsymbol{F}$、$\boldsymbol{G}$ 只与系统阵 $\boldsymbol{A}$、$\boldsymbol{C}^{\mathrm{T}}\boldsymbol{V}^{-1}\boldsymbol{C}$ 及 $\boldsymbol{B}\boldsymbol{W}\boldsymbol{B}^{\mathrm{T}}$ 有关，而 $\boldsymbol{r}_x$、$\boldsymbol{r}_\lambda$ 则与 $\boldsymbol{y}$ 线性相关。将式(7.4.6)代入式(7.4.5)，有区段对偶方程：

$$\boldsymbol{x}_b = \boldsymbol{F}\boldsymbol{x}_a + \boldsymbol{G}\boldsymbol{\lambda}_b + \boldsymbol{r}_x \tag{7.4.7a}$$

$$\boldsymbol{\lambda}_a = -\boldsymbol{Q}\boldsymbol{x}_a + \boldsymbol{F}^{\mathrm{T}}\boldsymbol{\lambda}_b + \boldsymbol{r}_\lambda \tag{7.4.7b}$$

式中，$\boldsymbol{Q}$、$\boldsymbol{F}$、$\boldsymbol{G}$、$\boldsymbol{r}_x$、$\boldsymbol{r}_\lambda$ 是 t_a、t_b 的函数，$\boldsymbol{Q} = \boldsymbol{Q}(t_a, t_b)$。令 $t_b \to t_a$，有

$$\text{当 } t_b \to t_a \text{ 时}, \boldsymbol{G} \to \boldsymbol{0}, \boldsymbol{Q} \to \boldsymbol{0}, \boldsymbol{F} \to \boldsymbol{I}_n, \boldsymbol{r}_x \to \boldsymbol{0}, \boldsymbol{r}_\lambda \to \boldsymbol{0} \tag{7.4.8}$$

这是初值条件。以上是数学上的描述，但物理解释是有益的。$\boldsymbol{x}_a$ 是 t_a 端的状态；$\boldsymbol{\lambda}_b$ 则为 t_b 端的"力"向量。$\boldsymbol{r}_x$ 则为 b 端力 $\boldsymbol{\lambda}_b = \boldsymbol{0}$ 且 a 端状态 $\boldsymbol{x}_a = \boldsymbol{0}$ 时，由于 $\boldsymbol{y}$ 引起 b 端的状态；$\boldsymbol{r}_\lambda$ 则是在 $\boldsymbol{x}_a = \boldsymbol{0}$、$\boldsymbol{\lambda}_b = \boldsymbol{0}$ 的条件下，a 端由于 $\boldsymbol{y}$ 而产生的力。$\boldsymbol{F}$ 则是传递阵，即 $\boldsymbol{r}_x = \boldsymbol{0}$(即 $\boldsymbol{y} = \boldsymbol{0}$)，且 b 端没有力 ($\boldsymbol{\lambda}_b = \boldsymbol{0}$) 时，由 a 端状态 $\boldsymbol{x}_a$ 引起的 b 端状态。$\boldsymbol{G}$ 则为 b 端的"柔度阵"，$\boldsymbol{G}\boldsymbol{\lambda}_b$ 为由 b 端力 $\boldsymbol{\lambda}_b$ 引起的状态 $\boldsymbol{x}_b$；$\boldsymbol{Q}$ 则为 a 端的"刚度阵"。

7.4.1 区段合并消元

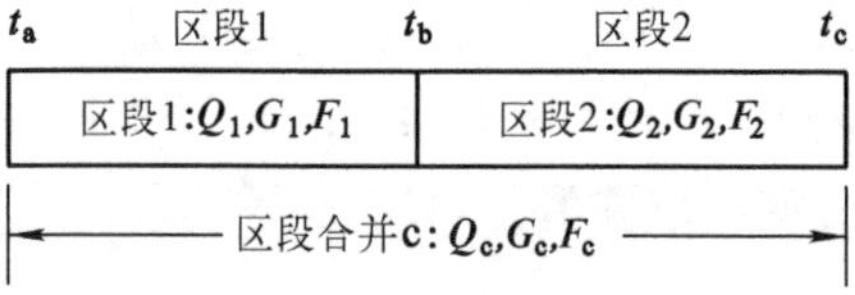

图 7.1 区段合并

定义了区段混合能就要对它操作。设有首尾相接的两个区段 (t_a, t_b)、(t_b, t_c)，当然可以合并成区段 (t_a, t_c)，其有关矩阵则用下标 1、2、c 予以标记(图 7.1)。

合并区段的区段混合能 V_c 应当由区段 1, 2 生成,即

$$V_c(\boldsymbol{x}_a, \boldsymbol{\lambda}_c) = \min_{\lambda_b}\max_{x_b}[V_1(\boldsymbol{x}_a, \boldsymbol{\lambda}_b) + V_2(\boldsymbol{x}_b, \boldsymbol{\lambda}_c) - \boldsymbol{\lambda}_b^{\mathrm{T}}\boldsymbol{x}_b] \tag{7.4.9}$$

是对 $\boldsymbol{x}_b$、$\boldsymbol{\lambda}_b$ 的消元 $\min\limits_{\boldsymbol{\lambda}_b}\max\limits_{x_b}$。运用式(7.4.7):

$$\boldsymbol{\lambda}_a = -\boldsymbol{Q}_1\boldsymbol{x}_a + \boldsymbol{F}_1^{\mathrm{T}}\boldsymbol{\lambda}_b + \boldsymbol{r}_{\lambda1}, \quad \boldsymbol{x}_b = \boldsymbol{F}_1\boldsymbol{x}_a + \boldsymbol{G}_1\boldsymbol{\lambda}_b + \boldsymbol{r}_{x1}$$

$$\boldsymbol{\lambda}_b = -\boldsymbol{Q}_2\boldsymbol{x}_b + \boldsymbol{F}_2^{\mathrm{T}}\boldsymbol{\lambda}_c + \boldsymbol{r}_{\lambda2}, \quad \boldsymbol{x}_c = \boldsymbol{F}_2\boldsymbol{x}_b + \boldsymbol{G}_2\boldsymbol{\lambda}_c + \boldsymbol{r}_{x2}$$

由其中 $\boldsymbol{x}_b$ 与 $\boldsymbol{\lambda}_b$ 二式可解出:

$$\boldsymbol{x}_b = (\boldsymbol{I}_n + \boldsymbol{G}_1\boldsymbol{Q}_2)^{-1}(\boldsymbol{F}_1\boldsymbol{x}_a + \boldsymbol{G}_1\boldsymbol{F}_2\boldsymbol{\lambda}_c + \boldsymbol{r}_{c1} + \boldsymbol{G}_1\boldsymbol{r}_{\lambda2}) \tag{7.4.10a}$$

$$\boldsymbol{\lambda}_b = (\boldsymbol{I}_n + \boldsymbol{Q}_2\boldsymbol{G}_1)^{-1}(-\boldsymbol{Q}_2\boldsymbol{F}_1\boldsymbol{x}_a + \boldsymbol{F}_2^{\mathrm{T}}\boldsymbol{\lambda}_c - \boldsymbol{Q}_2\boldsymbol{r}_{x1} + \boldsymbol{r}_{\lambda2}) \tag{7.4.10b}$$

再代入 $\boldsymbol{\lambda}_a$、$\boldsymbol{x}_c$ 的算式中,可得

$$\boldsymbol{Q}_c = \boldsymbol{Q}_1 + \boldsymbol{F}_1^{\mathrm{T}}(\boldsymbol{Q}_2^{-1} + \boldsymbol{G}_1)^{-1}\boldsymbol{F}_1 \tag{7.4.11a}$$

$$\boldsymbol{G}_c = \boldsymbol{G}_2 + \boldsymbol{F}_2(\boldsymbol{G}_1^{-1} + \boldsymbol{Q}_2)^{-1}\boldsymbol{F}_2^{\mathrm{T}} \tag{7.4.11b}$$

$$\boldsymbol{F}_c = \boldsymbol{F}_2(\boldsymbol{I}_n + \boldsymbol{G}_1\boldsymbol{Q}_2)^{-1}\boldsymbol{F}_1 \tag{7.4.11c}$$

$$\boldsymbol{r}_{\lambda c} = \boldsymbol{r}_{\lambda1} + \boldsymbol{F}_1^{\mathrm{T}}(\boldsymbol{I}_n + \boldsymbol{Q}_2\boldsymbol{G}_1)^{-1}(\boldsymbol{r}_{\lambda2} - \boldsymbol{Q}_2\boldsymbol{r}_{x1}) \tag{7.4.12a}$$

$$\boldsymbol{r}_{xc} = \boldsymbol{r}_{x2} + \boldsymbol{F}_2(\boldsymbol{I}_n + \boldsymbol{G}_1\boldsymbol{Q}_2)^{-1}(\boldsymbol{r}_{x1} + \boldsymbol{G}_1\boldsymbol{r}_{\lambda2}) \tag{7.4.12b}$$

这样, V_c 中的矩阵及向量 $\boldsymbol{r}$ 已由区段 1、2 的量生成,式(7.4.11)及式(7.4.12)就是区段合并消元公式。

矩阵 $\boldsymbol{Q}_c$、$\boldsymbol{G}_c$、$\boldsymbol{F}_c$ 的合并消元,只涉及系统固有的矩阵 $\boldsymbol{Q}$、$\boldsymbol{G}$、$\boldsymbol{F}$, 与量测(分布“外力” $\boldsymbol{y}$) 无关。

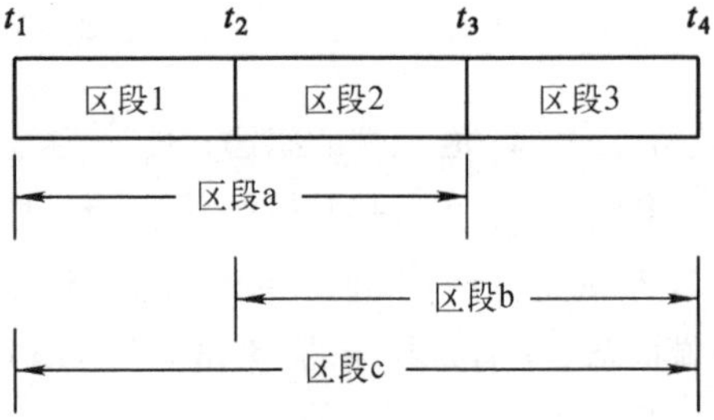

图 7.2 区段合并消元

区段合并消元是次序无关的,可以表述为:设有顺次首尾相连的三个区段,如图 7.2 所示,要将其消元合并成区段 c,可调用两次区段合并的算法来完成。显然有两种消元过程,第一种为先执行区段 1 与 2 的消元合并而成为区段 a,再将区段 a 与区段 3 消元合并而成区段 c;第二种消元合并过程为先执行区段 2 与区段 3 的合并

而成区段 b,然后将区段 1 与区段 b 合并而成区段 c。这两种消元过程之差别在于次序不同,然而其消元运算都为矩阵相乘、求逆、相加等,不存在矩阵乘法的次序交换,如 $\boldsymbol{AB}$ 换成 $\boldsymbol{BA}$。根据矩阵乘法满足结合律,即 $(\boldsymbol{AB})\boldsymbol{C}=\boldsymbol{A}(\boldsymbol{BC})$ 的性质,可以推知其结果与消元合并的次序无关。

直接验证消元次序无关定理可以在文献[5]中找到。鉴于区段消元合并的重要性,可以将其算法用运算符“$\backsim$”代表。

$$(t_{\mathrm{a}},\ t_{\mathrm{b}})\backsim(t_{\mathrm{b}},\ t_{\mathrm{c}})=(t_{\mathrm{a}},\ t_{\mathrm{c}}) \tag{7.4.13}$$

式(7.4.13)表示其相应的区段矩阵或向量,按式(7.4.11)、式(7.4.12)合并。$\backsim$可理解为某种代数乘法,而消元次序无关定理就是$\backsim$乘法的结合律

$$\begin{aligned}[(t_1,\ t_2)\backsim(t_2,\ t_3)]\backsim(t_3,\ t_4)&=(t_1,\ t_2)\backsim[(t_2,\ t_3)\backsim(t_3,\ t_4)]\\&=(t_1,\ t_2)\backsim(t_2,\ t_3)\backsim(t_3,\ t_4)\end{aligned}$$

应当指出,这里的区段混合能矩阵及精细积分,与文献[1]第五章所述完全相似。这就是最优控制与结构力学的模拟理论。

7.4.2 区段矩阵及区段向量的微分方程

区段矩阵 $\boldsymbol{Q}(t_{\mathrm{a}},\ t_{\mathrm{b}})$、$\boldsymbol{G}(t_{\mathrm{a}},\ t_{\mathrm{b}})$、$\boldsymbol{F}(t_{\mathrm{a}},\ t_{\mathrm{b}})$ 及区段向量 $\boldsymbol{r}_x(t_{\mathrm{a}},\ t_{\mathrm{b}})$、$\boldsymbol{r}_\lambda(t_{\mathrm{a}},\ t_{\mathrm{b}})$ 应当满足一些微分方程,现推导如下,将 t_{a} 端固定,$\boldsymbol{x}_{\mathrm{a}}$、$\boldsymbol{\lambda}_{\mathrm{a}}$ 给定,于是 $\boldsymbol{x}_{\mathrm{b}}$、$\boldsymbol{\lambda}_{\mathrm{b}}$ 就随之确定。将式(7.4.7)对 t_{b} 微商,有

$$\frac{\partial \boldsymbol{x}_{\mathrm{b}}}{\partial t_{\mathrm{b}}}=\frac{\partial \boldsymbol{F}}{\partial t_{\mathrm{b}}}\boldsymbol{x}_{\mathrm{a}}+\frac{\partial \boldsymbol{G}}{\partial t_{\mathrm{b}}}\boldsymbol{\lambda}_{\mathrm{b}}+\boldsymbol{G}\frac{\partial \boldsymbol{\lambda}_{\mathrm{b}}}{\partial t_{\mathrm{b}}}+\frac{\partial \boldsymbol{r}_x}{\partial t_{\mathrm{b}}}$$

$$\boldsymbol{0}=-\frac{\partial \boldsymbol{Q}}{\partial t_{\mathrm{b}}}\boldsymbol{x}_{\mathrm{a}}+\frac{\partial \boldsymbol{F}^{\mathrm{T}}}{\partial t_{\mathrm{b}}}\boldsymbol{\lambda}_{\mathrm{b}}+\boldsymbol{F}^{\mathrm{T}}\frac{\partial \boldsymbol{\lambda}_{\mathrm{b}}}{\partial t_{\mathrm{b}}}+\frac{\partial \boldsymbol{r}_\lambda}{\partial t_{\mathrm{b}}}$$

将式(7.3.6)用于 $t=t_{\mathrm{b}}$ 处,有

$$\frac{\partial \boldsymbol{\lambda}_{\mathrm{b}}}{\partial t_{\mathrm{b}}}=\boldsymbol{C}^{\mathrm{T}}\boldsymbol{V}^{-1}\boldsymbol{C}\boldsymbol{x}_{\mathrm{b}}-\boldsymbol{A}^{\mathrm{T}}\boldsymbol{\lambda}_{\mathrm{b}}-\boldsymbol{C}^{\mathrm{T}}\boldsymbol{V}^{-1}\boldsymbol{y}_{\mathrm{b}},\quad \frac{\partial \boldsymbol{x}_{\mathrm{b}}}{\partial t_{\mathrm{b}}}=\boldsymbol{A}\boldsymbol{x}_{\mathrm{b}}+\boldsymbol{BWB}^{\mathrm{T}}\boldsymbol{\lambda}_{\mathrm{b}}+\boldsymbol{B}_u\boldsymbol{u}_{\mathrm{b}}$$

代入上式有

$$\begin{aligned}&\left(\frac{\partial \boldsymbol{F}}{\partial t_{\mathrm{b}}}\right)\boldsymbol{x}_{\mathrm{a}}+\left(\frac{\partial \boldsymbol{G}}{\partial t_{\mathrm{b}}}-\boldsymbol{GA}^{\mathrm{T}}-\boldsymbol{BWB}^{\mathrm{T}}\right)\boldsymbol{\lambda}_{\mathrm{b}}-(\boldsymbol{A}-\boldsymbol{GC}^{\mathrm{T}}\boldsymbol{V}^{-1}\boldsymbol{C})\boldsymbol{x}_{\mathrm{b}}\\&\quad+\frac{\partial \boldsymbol{r}_x}{\partial t_{\mathrm{b}}}-\boldsymbol{GC}^{\mathrm{T}}\boldsymbol{V}^{-1}\boldsymbol{y}_{\mathrm{b}}-\boldsymbol{B}_u\boldsymbol{u}_{\mathrm{b}}=\boldsymbol{0}\end{aligned}$$

$$-\left(\frac{\partial \boldsymbol{Q}}{\partial t_{\mathrm{b}}}\right)\boldsymbol{x}_{\mathrm{a}}+\left(\frac{\partial \boldsymbol{F}^{\mathrm{T}}}{\partial t_{\mathrm{b}}}-\boldsymbol{F}^{\mathrm{T}}\boldsymbol{A}^{\mathrm{T}}\right)\boldsymbol{\lambda}_{\mathrm{b}}+\boldsymbol{F}^{\mathrm{T}}\boldsymbol{C}^{\mathrm{T}}\boldsymbol{V}^{-1}\boldsymbol{C}\boldsymbol{x}_{\mathrm{b}}+\frac{\partial \boldsymbol{r}_\lambda}{\partial t_{\mathrm{b}}}-\boldsymbol{F}^{\mathrm{T}}\boldsymbol{C}^{\mathrm{T}}\boldsymbol{V}^{-1}\boldsymbol{y}_{\mathrm{b}}=\boldsymbol{0}$$

在上两式中 $\boldsymbol{x}_{\mathrm{a}}$、$\boldsymbol{\lambda}_{\mathrm{b}}$、$\boldsymbol{x}_{\mathrm{b}}$ 并不完全独立，应将式(7.4.7a)代入得

$$\left[\frac{\partial \boldsymbol{F}}{\partial t_{\mathrm{b}}}-(\boldsymbol{A}-\boldsymbol{G}\boldsymbol{C}^{\mathrm{T}}\boldsymbol{V}^{-1}\boldsymbol{C})\boldsymbol{F}\right]\boldsymbol{x}_{\mathrm{a}}+\left[\frac{\partial \boldsymbol{G}}{\partial t_{\mathrm{b}}}-\boldsymbol{G}\boldsymbol{A}^{\mathrm{T}}-\boldsymbol{B}\boldsymbol{W}\boldsymbol{B}^{\mathrm{T}}-(\boldsymbol{A}-\boldsymbol{G}\boldsymbol{C}^{\mathrm{T}}\boldsymbol{V}^{-1}\boldsymbol{C})\boldsymbol{G}\right]\boldsymbol{\lambda}_{\mathrm{b}}$$
$$+\frac{\partial \boldsymbol{r}_{x}}{\partial t_{\mathrm{b}}}-\boldsymbol{G}\boldsymbol{C}^{\mathrm{T}}\boldsymbol{V}^{-1}\boldsymbol{y}_{\mathrm{b}}-(\boldsymbol{A}-\boldsymbol{G}\boldsymbol{C}^{\mathrm{T}}\boldsymbol{V}^{-1}\boldsymbol{C})\boldsymbol{r}_{x}=\boldsymbol{0}$$

$$\left(-\frac{\partial \boldsymbol{Q}}{\partial t_{\mathrm{b}}}+\boldsymbol{F}^{\mathrm{T}}\boldsymbol{C}^{\mathrm{T}}\boldsymbol{V}^{-1}\boldsymbol{C}\boldsymbol{F}\right)\boldsymbol{x}_{\mathrm{a}}+\left(\frac{\partial \boldsymbol{F}^{\mathrm{T}}}{\partial t_{\mathrm{b}}}-\boldsymbol{F}^{\mathrm{T}}\boldsymbol{A}^{\mathrm{T}}+\boldsymbol{F}^{\mathrm{T}}\boldsymbol{C}^{\mathrm{T}}\boldsymbol{V}^{-1}\boldsymbol{C}\boldsymbol{G}\right)\boldsymbol{\lambda}_{\mathrm{b}}$$
$$+\frac{\partial \boldsymbol{r}_{\lambda}}{\partial t_{\mathrm{b}}}-\boldsymbol{F}^{\mathrm{T}}\boldsymbol{C}^{\mathrm{T}}\boldsymbol{V}^{-1}\boldsymbol{y}_{\mathrm{b}}+\boldsymbol{F}^{\mathrm{T}}\boldsymbol{C}^{\mathrm{T}}\boldsymbol{V}^{-1}\boldsymbol{C}\boldsymbol{r}_{x}=\boldsymbol{0}$$

不论 $\boldsymbol{x}_{\mathrm{a}}$、$\boldsymbol{\lambda}_{\mathrm{b}}$ 取何值总是成立的，故必有

$$\frac{\partial \boldsymbol{G}}{\partial t_{\mathrm{b}}}=\boldsymbol{B}\boldsymbol{W}\boldsymbol{B}^{\mathrm{T}}+\boldsymbol{G}\boldsymbol{A}^{\mathrm{T}}+\boldsymbol{A}\boldsymbol{G}-\boldsymbol{G}\boldsymbol{C}^{\mathrm{T}}\boldsymbol{V}^{-1}\boldsymbol{C}\boldsymbol{G} \tag{7.4.14a}$$

$$\frac{\partial \boldsymbol{Q}}{\partial t_{\mathrm{b}}}=\boldsymbol{F}^{\mathrm{T}}\boldsymbol{C}^{\mathrm{T}}\boldsymbol{V}^{-1}\boldsymbol{C}\boldsymbol{F} \tag{7.4.14b}$$

$$\frac{\partial \boldsymbol{F}}{\partial t_{\mathrm{b}}}=(\boldsymbol{A}-\boldsymbol{G}\boldsymbol{C}^{\mathrm{T}}\boldsymbol{V}^{-1}\boldsymbol{C})\boldsymbol{F} \tag{7.4.14c}$$

$$\frac{\partial \boldsymbol{r}_{x}}{\partial t_{\mathrm{b}}}=\boldsymbol{A}\boldsymbol{r}_{x}+\boldsymbol{G}\boldsymbol{C}^{\mathrm{T}}\boldsymbol{V}^{-1}(\boldsymbol{y}_{\mathrm{b}}-\boldsymbol{C}\boldsymbol{r}_{x})+\boldsymbol{B}_{u}\boldsymbol{u}_{\mathrm{b}} \tag{7.4.15}$$

$$\frac{\partial \boldsymbol{r}_{\lambda}}{\partial t_{\mathrm{b}}}=\boldsymbol{F}^{\mathrm{T}}\boldsymbol{C}^{\mathrm{T}}\boldsymbol{V}^{-1}(\boldsymbol{y}_{\mathrm{b}}-\boldsymbol{C}\boldsymbol{r}_{x}) \tag{7.4.16}$$

式(7.4.14)是 $\boldsymbol{Q}$、$\boldsymbol{G}$、$\boldsymbol{F}$ 的齐次方程组，其初值条件于式(7.4.8)已经给出，适用于 $\boldsymbol{A}$、$\boldsymbol{B}$、$\boldsymbol{C}$、$\boldsymbol{V}$、$\boldsymbol{W}$ 阵为时变矩阵的系统。式(7.4.15)~式(7.4.16)为量测 $\boldsymbol{y}$ 所引发的响应，其初值条件也于式(7.4.8)给出，是线性方程组，且对 $\boldsymbol{y}$ 也是线性的。以上推导适用于时变系统。式中 $\boldsymbol{y}_{\mathrm{b}}=\boldsymbol{y}(t_{\mathrm{b}})$。

以上公式是对 t_{b} 端作微商导出的微分方程组，将 t_{b} 端固定，认为 $\boldsymbol{x}_{\mathrm{b}}$、$\boldsymbol{\lambda}_{\mathrm{b}}$ 不变，并对 t_{a} 将式(7.4.7)作微商，有

$$\boldsymbol{0}=\frac{\partial \boldsymbol{F}}{\partial t_{\mathrm{a}}}\boldsymbol{x}_{\mathrm{a}}+\boldsymbol{F}\frac{\partial \boldsymbol{x}_{\mathrm{a}}}{\partial t_{\mathrm{a}}}+\frac{\partial \boldsymbol{G}}{\partial t_{\mathrm{a}}}\boldsymbol{\lambda}_{\mathrm{b}}+\frac{\partial \boldsymbol{r}_{x}}{\partial t_{\mathrm{a}}},\quad \frac{\partial \boldsymbol{\lambda}_{\mathrm{a}}}{\partial t_{\mathrm{a}}}=-\frac{\partial \boldsymbol{Q}}{\partial t_{\mathrm{a}}}\boldsymbol{x}_{\mathrm{a}}-\boldsymbol{Q}\frac{\partial \boldsymbol{x}_{\mathrm{a}}}{\partial t_{\mathrm{a}}}+\frac{\partial \boldsymbol{F}^{\mathrm{T}}}{\partial t_{\mathrm{a}}}\boldsymbol{\lambda}_{\mathrm{b}}+\frac{\partial \boldsymbol{r}_{\lambda}}{\partial t_{\mathrm{a}}}$$

将式(7.3.6)用于 t_{a} 处，代入上式得

$$\left(\frac{\partial \boldsymbol{F}}{\partial t_{\mathrm{a}}}+\boldsymbol{F}\boldsymbol{A}\right)\boldsymbol{x}_{\mathrm{a}}+\boldsymbol{F}\boldsymbol{B}\boldsymbol{W}\boldsymbol{B}^{\mathrm{T}}\boldsymbol{\lambda}_{\mathrm{a}}+\left(\frac{\partial \boldsymbol{G}}{\partial t_{\mathrm{a}}}\right)\boldsymbol{\lambda}_{\mathrm{b}}+\frac{\partial \boldsymbol{r}_{x}}{\partial t_{\mathrm{a}}}+\boldsymbol{F}\boldsymbol{B}_{u}\boldsymbol{u}_{\mathrm{a}}=\boldsymbol{0}$$

$$-\left(\frac{\partial \boldsymbol{Q}}{\partial t_{\mathrm{a}}}+\boldsymbol{C}^{\mathrm{T}}\boldsymbol{V}^{-1}\boldsymbol{C}+\boldsymbol{Q}\boldsymbol{A}\right)\boldsymbol{x}_{\mathrm{a}}+(\boldsymbol{A}^{\mathrm{T}}-\boldsymbol{Q}\boldsymbol{B}\boldsymbol{W}\boldsymbol{B}^{\mathrm{T}})\boldsymbol{\lambda}_{\mathrm{a}}+\left(\frac{\partial \boldsymbol{F}^{\mathrm{T}}}{\partial t_{\mathrm{a}}}\right)\boldsymbol{\lambda}_{\mathrm{b}}$$

$$+\frac{\partial \boldsymbol{r}_\lambda}{\partial t_a}+\boldsymbol{C}^{\mathrm{T}}\boldsymbol{V}^{-1}\boldsymbol{y}_a-\boldsymbol{Q}\boldsymbol{B}_u\boldsymbol{u}_a=\mathbf{0}$$

然而上两式中 $\boldsymbol{x}_a$、$\boldsymbol{\lambda}_a$、$\boldsymbol{\lambda}_b$ 并不完全独立。用式(7.4.7b)将 $\boldsymbol{\lambda}_a$ 自公式中消去,只剩下 $\boldsymbol{x}_a$、$\boldsymbol{\lambda}_b$ 就完全独立了。

$$\left(\frac{\partial \boldsymbol{F}}{\partial t_a}+\boldsymbol{F}\boldsymbol{A}-\boldsymbol{F}\boldsymbol{B}\boldsymbol{W}\boldsymbol{B}^{\mathrm{T}}\boldsymbol{Q}\right)\boldsymbol{x}_a+\left(\frac{\partial \boldsymbol{G}}{\partial t_a}+\boldsymbol{F}\boldsymbol{B}\boldsymbol{W}\boldsymbol{B}^{\mathrm{T}}\boldsymbol{F}^{\mathrm{T}}\right)\boldsymbol{\lambda}_b+\frac{\partial \boldsymbol{r}_x}{\partial t_a}+\boldsymbol{F}\boldsymbol{B}\boldsymbol{W}\boldsymbol{B}^{\mathrm{T}}\boldsymbol{r}_\lambda=\mathbf{0}$$

$$\left[\frac{\partial \boldsymbol{Q}}{\partial t_a}+\boldsymbol{C}^{\mathrm{T}}\boldsymbol{V}^{-1}\boldsymbol{C}+\boldsymbol{Q}\boldsymbol{A}+(\boldsymbol{A}^{\mathrm{T}}-\boldsymbol{Q}\boldsymbol{B}\boldsymbol{W}\boldsymbol{B}^{\mathrm{T}})\boldsymbol{Q}\right]\boldsymbol{x}_a-\left[\frac{\partial \boldsymbol{F}^{\mathrm{T}}}{\partial t_b}+(\boldsymbol{A}^{\mathrm{T}}-\boldsymbol{Q}\boldsymbol{B}\boldsymbol{W}\boldsymbol{B}^{\mathrm{T}})\boldsymbol{F}^{\mathrm{T}}\right]\boldsymbol{\lambda}_b$$
$$-\frac{\partial \boldsymbol{r}_\lambda}{\partial t_a}-\boldsymbol{C}^{\mathrm{T}}\boldsymbol{V}^{-1}\boldsymbol{y}_a+\boldsymbol{Q}\boldsymbol{B}_u\boldsymbol{u}_a-(\boldsymbol{A}^{\mathrm{T}}-\boldsymbol{Q}\boldsymbol{B}\boldsymbol{W}\boldsymbol{B}^{\mathrm{T}})\boldsymbol{r}_\lambda=\mathbf{0}$$

由于 $\boldsymbol{x}_a$、$\boldsymbol{\lambda}_b$ 的独立性(相当于区段两端的边界条件),故有

$$\frac{\partial \boldsymbol{F}}{\partial t_a}=-\boldsymbol{F}\cdot(\boldsymbol{A}-\boldsymbol{B}\boldsymbol{W}\boldsymbol{B}^{\mathrm{T}}\boldsymbol{Q}) \tag{7.4.17}$$

$$\frac{\partial \boldsymbol{G}}{\partial t_a}=-\boldsymbol{F}\boldsymbol{B}\boldsymbol{W}\boldsymbol{B}^{\mathrm{T}}\boldsymbol{F}^{\mathrm{T}} \tag{7.4.18}$$

$$\frac{\partial \boldsymbol{Q}}{\partial t_a}=-\boldsymbol{C}^{\mathrm{T}}\boldsymbol{V}^{-1}\boldsymbol{C}-\boldsymbol{Q}\boldsymbol{A}-\boldsymbol{A}^{\mathrm{T}}\boldsymbol{Q}+\boldsymbol{Q}\boldsymbol{B}\boldsymbol{W}\boldsymbol{B}^{\mathrm{T}}\boldsymbol{Q} \tag{7.4.19}$$

$$\frac{\partial \boldsymbol{r}_x}{\partial t_a}=-\boldsymbol{F}\boldsymbol{B}\boldsymbol{W}\boldsymbol{B}^{\mathrm{T}}\boldsymbol{r}_\lambda-\boldsymbol{F}\boldsymbol{B}_u\boldsymbol{u}_a \tag{7.4.20}$$

$$\frac{\partial \boldsymbol{r}_\lambda}{\partial t_a}=-(\boldsymbol{A}^{\mathrm{T}}-\boldsymbol{Q}\boldsymbol{B}\boldsymbol{W}\boldsymbol{B}^{\mathrm{T}})\boldsymbol{r}_\lambda-\boldsymbol{C}^{\mathrm{T}}\boldsymbol{V}^{-1}\boldsymbol{y}_a+\boldsymbol{Q}\boldsymbol{B}_u\boldsymbol{u}_a \tag{7.4.21}$$

积分是反向进行的,边界条件为

$$\left.\begin{aligned}&\boldsymbol{F}(t_b,\ t_b)=\boldsymbol{I}_n,\ \boldsymbol{G}(t_b,\ t_b)=\boldsymbol{Q}(t_b,\ t_b)=\mathbf{0}\\&\boldsymbol{r}_x(t_b,\ t_b)=\mathbf{0},\ \boldsymbol{r}_\lambda(t_b,\ t_b)=\mathbf{0}\end{aligned}\right\}\text{,当 } t_a\to t_b \text{ 时} \tag{7.4.22}$$

依然可以看到 $\boldsymbol{Q}$、$\boldsymbol{G}$、$\boldsymbol{F}$ 的方程组式(7.4.17)~式(7.4.19)是齐次的,因此这些矩阵的解与量测 $\boldsymbol{y}$ 的数值无关。$\boldsymbol{y}$ 只影响 $\boldsymbol{r}_\lambda$ 与 $\boldsymbol{r}_x$,而式(7.4.15)就是均值 $\hat{x}$ 的微分方程。

还应当看到式(7.4.14a)和式(7.4.19)分别是正向与逆向的 Riccati 微分方程。以下介绍时不变系统情况下 Riccati 微分方程的精细积分。

区段混合能的引入对于求解 Riccati 方程很有用。式(7.4.14a)就是 Riccati 微分方程,与式(7.3.9)一样,不同之处在于初始条件。取 $t_a=t_0$, $t_b=t$, 则因 $\boldsymbol{G}(0)$ 即 $\boldsymbol{G}(t_0)=\mathbf{0}$,因此矩阵 $\boldsymbol{G}$ 与 $\boldsymbol{P}$ 不同,但既然微分方程相同,两者总有关联。在线性微分方程时,可以采用叠加原理,将初值引起的齐次方程解与外力驱动的非齐次方程解加起来即可。Riccati 微分方程为非线性,不能简单叠加。

区段混合能的合并公式(7.4.11)提供了将 $\boldsymbol{G}$ 变换为 $\boldsymbol{P}$ 的方法。设想在 $t_0=0$ 端有一个无穷短区段,其矩阵为

$$\boldsymbol{Q}_1=\boldsymbol{0},\ \boldsymbol{F}_1=\boldsymbol{I},\ \boldsymbol{G}_1=\boldsymbol{P}_0 \tag{7.4.23}$$

而将 $(0,\ t)$ 视作区段 2。运用式(7.4.11b)即得

$$\boldsymbol{P}(t)=\boldsymbol{G}+\boldsymbol{F}(\boldsymbol{P}_0^{-1}+\boldsymbol{Q})^{-1}\boldsymbol{F}^{\mathrm{T}},\ \boldsymbol{F}_c=\boldsymbol{F}(\boldsymbol{I}_n+\boldsymbol{P}_0\boldsymbol{Q})^{-1},\ \boldsymbol{Q}_c=(\boldsymbol{Q}^{-1}+\boldsymbol{P}_0)^{-1} \tag{7.4.24}$$

当 $t\to 0$ 时,因 $\boldsymbol{G}(0)=\boldsymbol{0},\ \boldsymbol{Q}(0)=\boldsymbol{0},\ \boldsymbol{F}(0)\to\boldsymbol{I}_n$,故有 $\boldsymbol{P}(0)\to\boldsymbol{P}_0$,$\boldsymbol{P}(t)$ 满足初值条件。区段合并消元式(7.4.11)并不损害矩阵 $\boldsymbol{Q}$、$\boldsymbol{G}$、$\boldsymbol{F}$ 满足微分方程(7.5.14),因此 Riccati 微分方程依然满足。所以说,式(7.4.24)提供的 $\boldsymbol{P}(t)$ 就是式(7.3.9)的解。进一步的论证见 7.4.3 节。

回顾条件式(7.4.8),它相应于区段 t_{b} 处(或 t_{a} 处),并不存在一个集中的无穷短区段,如式(4.4.23),因此可以称式(7.4.8)的条件为自然初始条件。

7.4.3 Riccati 方程解的物理意义

在讲述 Riccati 方程解矩阵 $\boldsymbol{P}(t)$ 的精细积分法之前,有必要先讨论该矩阵的物理意义及变分形式。$\boldsymbol{P}(t)$ 的重要性在于它是状态向量 $\boldsymbol{x}(t)$ 滤波的方差阵。在变分列式中可以看出其表现形式,推导如下。式(7.3.3)的指标 J,引入拉格朗日乘子后,转化到式(7.2.6)的变分式,成为 $\boldsymbol{x}$、$\boldsymbol{\lambda}$ 互为对偶的两类独立变量的泛函 $J_e(\boldsymbol{x},\ \boldsymbol{\lambda})$。$J_e$ 在数值上与 J 相等,但自变函数已经不同。为了让初值条件式(7.3.2a)也能由变分式满足,可令 $(\boldsymbol{u}=0)$

$$J_e=\int_0^t\left[\boldsymbol{\lambda}^{\mathrm{T}}\dot{\boldsymbol{x}}-\boldsymbol{\lambda}^{\mathrm{T}}\boldsymbol{A}\boldsymbol{x}-\frac{\boldsymbol{\lambda}^{\mathrm{T}}(\boldsymbol{B}\boldsymbol{W}\boldsymbol{B}^{\mathrm{T}})\lambda}{2}+\frac{(\boldsymbol{y}-\boldsymbol{C}\boldsymbol{x})^{\mathrm{T}}\boldsymbol{V}^{-1}(\boldsymbol{y}-\boldsymbol{C}\boldsymbol{x})}{2}\right]\mathrm{d}\tau$$
$$+\frac{(\boldsymbol{x}_0-\hat{\boldsymbol{x}}_0)\boldsymbol{P}_0^{-1}(\boldsymbol{x}_0-\hat{\boldsymbol{x}}_0)}{2} \tag{7.3.4″}$$

执行变分运算,并作分部积分有

$$\delta J_e=\int_0^t[\delta\boldsymbol{\lambda}^{\mathrm{T}}(\dot{\boldsymbol{x}}-\boldsymbol{A}\boldsymbol{x}-\boldsymbol{B}\boldsymbol{W}\boldsymbol{B}^{\mathrm{T}}\boldsymbol{\lambda})-\delta\boldsymbol{x}^{\mathrm{T}}(\dot{\boldsymbol{\lambda}}+\boldsymbol{A}^{\mathrm{T}}\lambda-\boldsymbol{C}^{\mathrm{T}}\boldsymbol{V}^{-1}\boldsymbol{C}\boldsymbol{x}+\boldsymbol{C}^{\mathrm{T}}\boldsymbol{V}^{-1}\boldsymbol{y})]\mathrm{d}\tau$$
$$+\boldsymbol{\lambda}^{\mathrm{T}}(t)\cdot\delta\boldsymbol{x}(t)-\delta\boldsymbol{x}_0^{\mathrm{T}}\cdot[\boldsymbol{\lambda}_0-\boldsymbol{P}_0^{-1}(\boldsymbol{x}_0-\hat{\boldsymbol{x}}_0)]=0$$

现在让对偶微分方程(7.3.6)及初值条件式(7.3.2a)满足,于是

$$\delta J_e=\boldsymbol{\lambda}^{\mathrm{T}}(t)\cdot\delta\boldsymbol{x}(t)$$

注意式(7.3.6)及初值条件式(7.4.2a)求解的是滤波解,但在 t 端未要求 $\boldsymbol{\lambda}(t)$ 为零,因此解的形式为

$$\boldsymbol{x}(t)=\hat{\boldsymbol{x}}(t)+\boldsymbol{P}(t)\boldsymbol{\lambda}(t) \tag{7.3.7}$$

式中，均值 $\hat{\boldsymbol{x}}(t)$ 与方差阵 $\boldsymbol{P}(t)$ 由式(7.3.8)及式(7.3.9)解出，是确定量。故有 $\delta\hat{\boldsymbol{x}}(t)=\boldsymbol{0}$，$\delta\boldsymbol{P}(t)=\boldsymbol{0}$，从而 $\delta\boldsymbol{x}(t)=\boldsymbol{P}(t)\delta\boldsymbol{\lambda}(t)$。

$$\delta J_e=\delta\left[\frac{\boldsymbol{\lambda}^{\mathrm{T}}(t)\boldsymbol{P}(t)\boldsymbol{\lambda}(t)}{2}\right]=\delta\left[\frac{(\boldsymbol{x}-\hat{\boldsymbol{x}})^{\mathrm{T}}\boldsymbol{P}^{-1}(\boldsymbol{x}-\hat{\boldsymbol{x}})}{2}\right]=\delta\left[\frac{\boldsymbol{\lambda}^{\mathrm{T}}\cdot(\boldsymbol{x}-\hat{\boldsymbol{x}})}{2}\right]$$

由此可看出 $\boldsymbol{P}$ 阵的物理意义，即柔度阵。可用弹簧来类比，$\hat{\boldsymbol{x}}$ 是平衡点，$(\boldsymbol{x}-\hat{\boldsymbol{x}})$ 是位移的偏离，$\boldsymbol{\lambda}=\boldsymbol{P}^{-1}(\boldsymbol{x}-\hat{\boldsymbol{x}})$ 是力向量。如果分别用 $\boldsymbol{\lambda}_1=\{1, 0, 0, \cdots\}^{\mathrm{T}}$，$\boldsymbol{\lambda}_2=\{0, 1, 0, \cdots\}^{\mathrm{T}}$，…，$\boldsymbol{\lambda}_n=\{0, 0, \cdots, 1\}^{\mathrm{T}}$ 的 n 个单位向量作用到弹簧上，则其响应 $(\boldsymbol{x}_1-\hat{\boldsymbol{x}})$，$(\boldsymbol{x}_2-\hat{\boldsymbol{x}})$，…，$(\boldsymbol{x}_n-\hat{\boldsymbol{x}})$ 就分别为 $\boldsymbol{P}$ 阵的列向量，因此 $\boldsymbol{P}(t)$ 阵就是区段 $[0, t)$ 在 t 端的滤波柔度阵。

由此得知寻求协方差阵的一个方法，找出齐次方程的柔度阵，就是其协方差阵。附录3讲述最小二乘法时，已经介绍了协方差阵就是结构力学的柔度阵。

7.5　Riccati 微分方程解的精细积分

对于预测的线性方程(6.2.5)，6.2.4 节给出了其时程精细积分，但只是在时不变的条件下适用。Riccati 微分方程的精细积分也是在时不变的方程下给出。式(7.4.24)已经提供了只需计算初值为零阵的方差阵 $\boldsymbol{G}(t)$、$\boldsymbol{F}(t)$、$\boldsymbol{Q}(t)$ 的方法，只要在求解了 $\boldsymbol{Q}$、$\boldsymbol{G}$、$\boldsymbol{F}$ 阵之后，再按式(7.4.24)计算 $\boldsymbol{P}(t)$ 即可，因此以下只讲 $\boldsymbol{G}$ 阵的精细积分。

当选定了时间步长 η，均分式(7.4.1)的时段后，非常重要的一步就是将步长 η 相应的 $\boldsymbol{Q}(\eta)$、$\boldsymbol{G}(\eta)$、$\boldsymbol{F}(\eta)$ 阵计算出来。前文指出这些区段矩阵是 t_{a}、t_{b} 的函数，然而对时不变系统来说，它只与区段时间长有关，而与起点 t_{a} 无关，即

$$\eta=t_{\mathrm{b}}-t_{\mathrm{a}} \tag{7.5.1}$$

因此可以写成 $\boldsymbol{Q}(t_{\mathrm{a}}, t_{\mathrm{b}})=\boldsymbol{Q}(t_{\mathrm{b}}-t_{\mathrm{a}})=\boldsymbol{Q}(\eta)$。于是对于式(7.4.14)~式(7.4.16)及式(7.4.17)~式(7.4.21)，可写成

$$\frac{\mathrm{d}\boldsymbol{F}}{\mathrm{d}\tau}=(\boldsymbol{A}-\boldsymbol{G}\boldsymbol{C}^{\mathrm{T}}\boldsymbol{V}^{-1}\boldsymbol{C})\boldsymbol{F}=\boldsymbol{F}(\boldsymbol{A}-\boldsymbol{B}\boldsymbol{W}\boldsymbol{B}^{\mathrm{T}}\boldsymbol{Q}) \tag{7.5.2}$$

$$\frac{\mathrm{d}\boldsymbol{G}}{\mathrm{d}\tau}=\boldsymbol{B}\boldsymbol{W}\boldsymbol{B}^{\mathrm{T}}+\boldsymbol{G}\boldsymbol{A}^{\mathrm{T}}+\boldsymbol{A}\boldsymbol{G}-\boldsymbol{G}\boldsymbol{C}^{\mathrm{T}}\boldsymbol{V}^{-1}\boldsymbol{C}\boldsymbol{G}=\boldsymbol{F}\boldsymbol{B}\boldsymbol{W}\boldsymbol{B}^{\mathrm{T}}\boldsymbol{F}^{\mathrm{T}} \tag{7.5.3}$$

$$\frac{\mathrm{d}\boldsymbol{Q}}{\mathrm{d}\tau}=\boldsymbol{F}^{\mathrm{T}}\boldsymbol{C}^{\mathrm{T}}\boldsymbol{V}^{-1}\boldsymbol{C}\boldsymbol{F}=\boldsymbol{C}^{\mathrm{T}}\boldsymbol{V}^{-1}\boldsymbol{C}+\boldsymbol{Q}\boldsymbol{A}+\boldsymbol{A}^{\mathrm{T}}\boldsymbol{Q}-\boldsymbol{Q}\boldsymbol{B}\boldsymbol{W}\boldsymbol{B}^{\mathrm{T}}\boldsymbol{Q} \tag{7.5.4}$$

当量测 $\boldsymbol{y}$ 及控制 $\boldsymbol{u}$ 为常值的特殊情况下，还有

$$\frac{\mathrm{d}\boldsymbol{r}_x}{\mathrm{d}\tau}=(\boldsymbol{A}-\boldsymbol{G}\boldsymbol{C}^{\mathrm{T}}\boldsymbol{V}^{-1}\boldsymbol{C})\boldsymbol{r}_x-\boldsymbol{G}\boldsymbol{C}^{\mathrm{T}}\boldsymbol{V}^{-1}\boldsymbol{y}+\boldsymbol{B}_u\boldsymbol{u}_{\mathrm{b}}=\boldsymbol{F}\boldsymbol{B}\boldsymbol{W}\boldsymbol{B}^{\mathrm{T}}\boldsymbol{r}_\lambda+\boldsymbol{F}\boldsymbol{B}_u\boldsymbol{u}_{\mathrm{a}} \tag{7.5.5}$$

$$\frac{\mathrm{d}\boldsymbol{r}_\lambda}{\mathrm{d}\tau}=\boldsymbol{F}^{\mathrm{T}}\boldsymbol{C}^{\mathrm{T}}\boldsymbol{V}^{-1}(\boldsymbol{y}-\boldsymbol{C}\boldsymbol{r}_x)=(\boldsymbol{A}^{\mathrm{T}}-\boldsymbol{Q}\boldsymbol{B}\boldsymbol{W}\boldsymbol{B}^{\mathrm{T}})\boldsymbol{r}_\lambda+\boldsymbol{C}^{\mathrm{T}}\boldsymbol{V}^{-1}\boldsymbol{y}-\boldsymbol{Q}\boldsymbol{B}_u\boldsymbol{u}_{\mathrm{a}} \tag{7.5.6}$$

这些公式都有由 t_{a} 端或 t_{b} 端导出的两种版本,它们是相容的。这是由区段消元合并次序无关所保证。

但量测 $\boldsymbol{y}$ 有随机干扰的成分,不会是常值。因此式(7.5.5)、式(7.5.6)只能用于非常特殊的场合,一定要特别注意。

式(7.5.2)~式(7.5.4)依然是非线性微分方程组,要做出其精细积分解必须利用问题本身的构造。回顾指数矩阵的精细积分算法的构造,首先是其 2^N 算法。指数矩阵利用加法定理,当前则可以运用其区段合并消元算法。其次应当有一个初始时间区段,取为

$$\tau=\frac{\eta}{2^N},\ N=20,\ 2^N=1\ 048\ 576 \tag{7.5.7}$$

对于这非常小的时段长 τ,应当生成矩阵 $\boldsymbol{Q}(\tau)$、$\boldsymbol{G}(\tau)$、$\boldsymbol{F}(\tau)$,其相对精度应当在计算机双精度范围内不受影响。当前仍可以采用幂级数展开方法,并保留直至 τ^4 的项。取

$$\boldsymbol{Q}(\tau)\approx\boldsymbol{e}_1\tau+\boldsymbol{e}_2\tau^2+\boldsymbol{e}_3\tau^3+\boldsymbol{e}_4\tau^4 \tag{7.5.8}$$

$$\boldsymbol{G}(\tau)\approx\boldsymbol{g}_1\tau+\boldsymbol{g}_2\tau^2+\boldsymbol{g}_3\tau^3+\boldsymbol{g}_4\tau^4 \tag{7.5.9}$$

$$\boldsymbol{F}(\tau)\approx\boldsymbol{I}_n+\boldsymbol{F}'(\tau),\ \boldsymbol{F}'(\tau)\approx\boldsymbol{f}_1\tau+\boldsymbol{f}_2\tau^2+\boldsymbol{f}_3\tau^3+\boldsymbol{f}_4\tau^4 \tag{7.5.10}$$

式中,$\boldsymbol{e}_i$、$\boldsymbol{g}_i$、$\boldsymbol{f}_i(i=1,2,3,4)$ 待求。此处的 $\boldsymbol{f}_1$ 不可与前文的相混淆,这里的 $\boldsymbol{f}_1$ 也仅在本节局部出现。将式(7.5.8)~式(7.5.10)代入式(7.5.2)~式(7.5.6),执行乘法,并归并 τ 的各幂次系数项为零,有

$$\begin{aligned}
&\boldsymbol{e}_1=\boldsymbol{C}^{\mathrm{T}}\boldsymbol{V}^{-1}\boldsymbol{C},\ \boldsymbol{g}_1=\boldsymbol{B}\boldsymbol{W}\boldsymbol{B}^{\mathrm{T}},\ \boldsymbol{f}_1=\boldsymbol{A}\\
&\boldsymbol{e}_2=\frac{(\boldsymbol{f}_1^{\mathrm{T}}\boldsymbol{e}_1+\boldsymbol{e}_1\boldsymbol{f}_1)}{2},\ \boldsymbol{g}_2=\frac{(\boldsymbol{A}\boldsymbol{g}_1+\boldsymbol{g}_1\boldsymbol{A}^{\mathrm{T}})}{2},\ \boldsymbol{f}_2=\frac{(\boldsymbol{A}^2-\boldsymbol{g}_1\boldsymbol{e}_1)}{2}\\
&\boldsymbol{e}_3=\frac{(\boldsymbol{f}_2^{\mathrm{T}}\boldsymbol{e}_1+\boldsymbol{e}_1\boldsymbol{f}_2+\boldsymbol{f}_1^{\mathrm{T}}\boldsymbol{e}_1\boldsymbol{f}_1)}{3},\ \boldsymbol{g}_3=\frac{(\boldsymbol{A}\boldsymbol{g}_2+\boldsymbol{g}_2\boldsymbol{A}^{\mathrm{T}}-\boldsymbol{g}_1\boldsymbol{e}_1\boldsymbol{g}_1)}{3}\\
&\boldsymbol{f}_3=\frac{(\boldsymbol{A}\boldsymbol{f}_2-\boldsymbol{g}_2\boldsymbol{e}_1-\boldsymbol{g}_1\boldsymbol{e}_1\boldsymbol{f}_1)}{3}\\
&\boldsymbol{e}_4=\frac{(\boldsymbol{f}_3^{\mathrm{T}}\boldsymbol{e}_1+\boldsymbol{e}_1\boldsymbol{f}_3+\boldsymbol{f}_2^{\mathrm{T}}\boldsymbol{e}_1\boldsymbol{f}_1+\boldsymbol{f}_1^{\mathrm{T}}\boldsymbol{e}_1\boldsymbol{f}_2)}{4}\\
&\boldsymbol{g}_4=\frac{(\boldsymbol{A}\boldsymbol{g}_3+\boldsymbol{g}_3\boldsymbol{A}^{\mathrm{T}}-\boldsymbol{g}_1\boldsymbol{e}_1\boldsymbol{g}_2-\boldsymbol{g}_2\boldsymbol{e}_1\boldsymbol{g}_1)}{4}\\
&\boldsymbol{f}_4=\frac{(\boldsymbol{A}\boldsymbol{f}_3-\boldsymbol{g}_3\boldsymbol{e}_1-\boldsymbol{g}_2\boldsymbol{e}_1\boldsymbol{f}_1-\boldsymbol{g}_1\boldsymbol{e}_1\boldsymbol{f}_2)}{4}
\end{aligned} \tag{7.5.11}$$

式(7.5.11)只要逐个计算便可，不须迭代求解。$\boldsymbol{e}_i$、$\boldsymbol{g}_i$、$\boldsymbol{f}_i(i=1\sim4)$ 都为 $n\times n$ 阵，且 $\boldsymbol{e}_i^{\mathrm{T}}=\boldsymbol{e}_i$，$\boldsymbol{g}_i^{\mathrm{T}}=\boldsymbol{g}_i$。

计算了这些矩阵，再代入式(7.5.8)~式(7.5.10)，就有了 $\boldsymbol{Q}(\tau)$、$\boldsymbol{G}(\tau)$、$\boldsymbol{F}'(\tau)$，因时段长 τ 特别小，可以计算得很精确。时段长 τ 即可作为时段合并 2^N 算法的出发段。在式(7.5.6)以前所有的公式推导都是精确的，只有式(7.5.8)~式(7.5.10)的展开式截断于 τ^4。截去的首项是 τ^5，它与首项之比是 τ^4。由于 $\tau^4=(\eta/1\,048\,576)^4\approx\eta^4\cdot10^{-24}$，这个相对误差乘子已超出了双精度实数的有效位数 10^{-16}，因此这一步的近似实际也已达到计算机精度。

有了时段 τ 的混合能表示，就可递归地 N 次执行式(7.5.11)，其中 $\boldsymbol{Q}$、$\boldsymbol{G}$、$\boldsymbol{F}$ 为相同的时段长为 $(2^i\tau)$ 的矩阵。循环结束时相应于时段 η 的矩阵为 $\boldsymbol{Q}(\eta)$、$\boldsymbol{G}(\eta)$、$\boldsymbol{F}(\eta)$。但应特别注意，在按式(7.5.11)执行时，式(7.5.10)中 $\boldsymbol{I}_n+\boldsymbol{F}'$ 的加法一定不可执行，这是第二个要点，因为当 τ 很小时 $\boldsymbol{F}'$ 也很小，加法将严重地损害计算精度。以往区间加倍(即 2^N 算法)不被看好(见文献[6]第7章)的原因，就是其数值病态。这一种情况在指数矩阵计算中已经见到，因此应当将式(7.4.11)改写为

$$\boldsymbol{Q}_c=\boldsymbol{Q}+(\boldsymbol{I}+\boldsymbol{F}')^{\mathrm{T}}(\boldsymbol{Q}^{-1}+\boldsymbol{G})^{-1}(\boldsymbol{I}+\boldsymbol{F}') \tag{7.5.12a}$$

$$\boldsymbol{G}_c=\boldsymbol{G}+(\boldsymbol{I}+\boldsymbol{F}')(\boldsymbol{G}^{-1}+\boldsymbol{Q})^{-1}(\boldsymbol{I}+\boldsymbol{F}')^{\mathrm{T}} \tag{7.5.12b}$$

$$\boldsymbol{F}'_c=\left(\boldsymbol{F}'-\frac{\boldsymbol{GQ}}{2}\right)(\boldsymbol{I}+\boldsymbol{GQ})^{-1}+(\boldsymbol{I}+\boldsymbol{GQ})^{-1}\left(\boldsymbol{F}'-\frac{\boldsymbol{GQ}}{2}\right)+\boldsymbol{F}'(\boldsymbol{I}+\boldsymbol{GQ})^{-1}\boldsymbol{F}' \tag{7.5.12c}$$

这样就解决了计算的病态问题。这些公式适用于两个相同时段的合并。

至此精细积分公式已经齐备。据此可给出算法如下：

[给出 $\boldsymbol{A}$、$\boldsymbol{B}$、$\boldsymbol{C}$、$\boldsymbol{W}$、$\boldsymbol{V}$ 阵，给出 η 步长，$t_{\mathrm{f}}=k_{\mathrm{f}}\eta$，以及 $\boldsymbol{P}_0$ 阵]
[计算 $\boldsymbol{C}^{\mathrm{T}}\boldsymbol{V}^{-1}\boldsymbol{C}$、$\boldsymbol{BWB}^{\mathrm{T}}$；定出 $N=20$，$\tau=\eta/2^N$]
[按式(7.5.8)~式(7.5.11)计算 $\boldsymbol{Q}(\tau)$、$\boldsymbol{G}(\tau)$、$\boldsymbol{F}'(\tau)$]
for (iter = 0; iter < N; iter ++) {　　注：η 时段内精细计算
[按式(7.5.12)计算 $\boldsymbol{Q}_c$、$\boldsymbol{G}_c$、$\boldsymbol{F}'_c$；再令 $\boldsymbol{Q}=\boldsymbol{Q}_c$；$\boldsymbol{G}=\boldsymbol{G}_c$；$\boldsymbol{F}'=\boldsymbol{F}'_c$]}
[$\boldsymbol{F}=\boldsymbol{I}+\boldsymbol{F}'$]　注：$\boldsymbol{Q}$，$\boldsymbol{G}$，$\boldsymbol{F}$，现在相应于 η 时段的；以上为程序的前半段。　(7.5.13)
[$\boldsymbol{Q}_2=\boldsymbol{Q}$；$\boldsymbol{G}_2=\boldsymbol{G}$；$\boldsymbol{F}_2=\boldsymbol{F}$；$\boldsymbol{G}_1=\boldsymbol{P}_0$；$\boldsymbol{Q}_1=\boldsymbol{0}$；$\boldsymbol{F}_1=\boldsymbol{I}$] 注：为步进开工
for (k = 0; k < k_{f}; k ++) {　[按式(7.4.11b)、式(7.4.11c)计算 $\boldsymbol{G}_c$]；
再 [$\boldsymbol{G}_1=\boldsymbol{G}_c$]　}
注：$\boldsymbol{G}_c$ 就是 $\boldsymbol{P}(k\eta)$。

以上算法为有限时段 $[0,\ t_{\mathrm{f}})$ 的 Riccati 方程的精细积分。当然，η 是较小的步长。在步进开工时 $\boldsymbol{P}$ 的初值 $\boldsymbol{P}_0$ 已经设定，所以每次步进的 $\boldsymbol{G}_c$ 已经是式(7.3.9)的解。

Kalman-Bucy 滤波用于实时滤波计算，但 $\boldsymbol{P}$ 阵的计算却与实时量测 $\boldsymbol{y}$ 无关，因此可以

事先计算好后存储起来,而实时计算只要求解线性方程(7.3.8)即可。

非齐次项 $\boldsymbol{r}_x$ 与 $\boldsymbol{r}_\lambda$ 也可以精细积分。由于实时量测 $\boldsymbol{y}$ 事先不知道,因此与 $\boldsymbol{Q}$、$\boldsymbol{G}$、$\boldsymbol{F}$ 及 $\boldsymbol{P}$ 阵一起计算的只能是其基底向量,这也应事先离线计算并存储。具体的列式与算法在 7.6 节和 7.7 节滤波方程的积分中提供。

算法式(7.5.13)适宜于计算有限时段暂态历程。控制理论有时要考虑稳态的情况,即无限时段的滤波,此时要计算稳态的 Riccati 代数方程的解,求解式(7.3.10)的 $\boldsymbol{P}_\infty$,要求正定对称阵。这可以令式(7.5.13)的 $t_f \to \infty$ 而求出,因为式(7.4.11b)表明,$\boldsymbol{G}_c$ 阵只可能增值,不会出现负值。

于是,在计算了 η 时段的 $\boldsymbol{Q}(\eta)$、$\boldsymbol{G}(\eta)$、$\boldsymbol{F}(\eta)$ 后,执行:

[已按式(7.5.13)前半段计算了 η 的 $\boldsymbol{Q}$、$\boldsymbol{G}$、$\boldsymbol{F}$ 阵;
$\boldsymbol{Q}_c = \boldsymbol{Q}$; $\boldsymbol{G}_c = \boldsymbol{G}$; $\boldsymbol{F}_c = \boldsymbol{F}$]
while ($\|\boldsymbol{F}_c\| > \varepsilon$){[$\boldsymbol{Q}_1 = \boldsymbol{Q}_2 = \boldsymbol{Q}_c$; $\boldsymbol{G}_1 = \boldsymbol{G}_2 = \boldsymbol{G}_c$; $\boldsymbol{F}_1 = \boldsymbol{F}_2 = \boldsymbol{F}_c$] (7.5.14)
[按式(7.4.11)计算 $\boldsymbol{Q}_c$、$\boldsymbol{G}_c$、$\boldsymbol{F}_c$] }
[$\boldsymbol{P}_\infty = \boldsymbol{G}_c$]

注:迭代对可控可测系统一定收敛。

迭代结束得到 $\boldsymbol{P}_\infty$ 后,就得增益阵:

$$\boldsymbol{K}_\infty = \boldsymbol{P}_\infty \boldsymbol{C}^{\mathrm{T}} \boldsymbol{R}^{-1} \tag{7.5.15}$$

因此对 $\boldsymbol{P}_\infty$ 的精细计算非常重要。

$\boldsymbol{P}_\infty$ 满足 Riccati 代数方程式(7.3.10),由于没有微商,因此容易验证其精确性,计算:

$$\boldsymbol{BWB}^{\mathrm{T}} + \boldsymbol{AP}_\infty + \boldsymbol{P}_\infty \boldsymbol{A} \quad 与 \quad \boldsymbol{P}_\infty \boldsymbol{C}^{\mathrm{T}} \boldsymbol{V}^{-1} \boldsymbol{CP}_\infty \tag{7.5.16}$$

比较两个矩阵有多少位有效数字相同,就可知道其精确性。由于 $\boldsymbol{P}_\infty$ 是由式(7.5.14)迭代而得,而并未用代数 Riccati 方程修改,因此这也间接地验证了 $\boldsymbol{Q}(\eta)$、$\boldsymbol{G}(\eta)$、$\boldsymbol{F}(\eta)$ 及区段合并消元算法的可靠性。以下用一个例题来说明。

例题 7.1 设有一维动力过程:

$$\dot{x} = -ax + w(t),\ \hat{x}_0 = 0,\ P_0 = \sigma_0^2$$

w 为零均值白噪声高斯分布,其方差为 σ_w^2。量测信号为

$$y(t) = x(t) + v(t)$$

v 也为零均值高斯白噪声,与 w 无关,方差 σ_v^2、w、v 与 x_0 都无关。

解: 按该题为 $n = 1$ 维,$A = -a$,$B = 1$,$C = 1$,$W = \sigma_w^2$,$V = \sigma_v^2$。计算有 $CV^{-1}C = 1/\sigma_v^2$,$BWB^T = \sigma_w^2$,因此式(7.3.9)成为

$$\dot{p} = \sigma_w^2 - 2aP - \frac{P^2}{\sigma_v^2},\ P(0) = \sigma_0^2$$

该 Riccati 微分方程可以解析求解。

$$\mathrm{d}t=\frac{\sigma_v^2\mathrm{d}P}{(\sigma_v^2\sigma_w^2-2a\sigma_v^2P-P^2)}$$

分母上的二次式可以求根,积分后有

$$\frac{(P(t)-p_1)}{(P(t)-p_2)}=C\mathrm{e}^{-2\mu t},\ \mu=\left(a^2+\frac{\sigma_w^2}{\sigma_v^2}\right)^{\frac{1}{2}}$$

$$p_{1,2}=-a\sigma_v^2\pm\sigma_v\sqrt{a^2\sigma_v^2+\sigma_w^2}=\sigma_v^2\cdot(-a\pm\mu)$$

代以初始条件后,有

$$P(t)=\frac{(p_1-p_2c\mathrm{e}^{-2\mu t})}{(1-c\mathrm{e}^{-2\mu t})},\ c=\frac{(\sigma_0^2-p_1)}{(\sigma_0^2-p_2)}$$

$$P_\infty=p_1=-a\sigma_v^2+\sigma_v\sqrt{a^2\sigma_v^2+\sigma_w^2}\,(\text{当}\ t\to\infty\ \text{时})$$

增益阵为 $k(t)=P(t)/\sigma_v^2,\ k_\infty=p_1/\sigma_v^2$。

给出数值:$\sigma_w=0.8$;$\sigma_v=0.2$;$\sigma_0=0.1$;$a=0.8$;选 $\eta=0.05$,可以按解析公式计算出 Riccati 微分方程的解,列于表 7.4 中。

表 7.4　例 7.1 的 Riccati 微分方程数值解

($A=-0.8$; $B=0.8$; $C=5.0$; $W=1.0$; $V=1.0$; $P_0=0.01$; $\eta=0.05$)

T	解析解	精细积分	T	解析解	精细积分
0	0.01	0.01	0.25	0.107 887 105 3	0.107 887 105 3
0.05	0.039 142 055 2	0.039 142 055 2	0.3	0.115 306 632 4	0.115 306 632 4
0.10	0.063 584 009 4	0.063 584 009 4	0.4	0.123 957 923 2	0.123 957 923 2
0.15	0.082 872 335 5	0.082 872 335 5	0.5	0.127 939 783 4	0.127 939 783 4
0.20	0.097 374 807 2	0.097 374 807 2	∞	0.131 168 624 4	

考虑到 Riccati 微分方程的非线性性质,纯解析解非常少。为了比较精细积分的精确度,本课题也用式(7.5.13)计算,并与解析解计算而得的数值结果一起列表。表中列举的十位有效数字,两种算法结果完全相同。由此可见精细积分高度精确的特点。

更多的可参见文献[1]第五章。

7.6　Riccati 微分方程的分析解

Riccati 微分方程还可找得分析解如下。对偶方程式(7.3.6)的哈密顿矩阵为

$$\boldsymbol{H}=\begin{bmatrix}\boldsymbol{A} & \boldsymbol{B}_1\boldsymbol{W}\boldsymbol{B}_1^{\mathrm{T}}\\ \boldsymbol{C}^{\mathrm{T}}\boldsymbol{V}^{-1}\boldsymbol{C} & -\boldsymbol{A}^{\mathrm{T}}\end{bmatrix}\tag{7.5.17}$$

这相当于全状态向量及其齐次方程：

$$\boldsymbol{v} = \{\boldsymbol{x}^{\mathrm{T}} \quad \boldsymbol{\lambda}^{\mathrm{T}}\}^{\mathrm{T}},\ \dot{\boldsymbol{v}} = \boldsymbol{H}\boldsymbol{v} \tag{7.5.18}$$

其相应的本征方程 $\boldsymbol{H\psi} = \mu\boldsymbol{\psi}$ 有全部本征解的矩阵 $\boldsymbol{\Psi}$：

$$\boldsymbol{H\Psi} = \boldsymbol{\Psi}\begin{bmatrix} \mathrm{diag}(\mu_i) & 0 \\ 0 & -\mathrm{diag}(\mu_i) \end{bmatrix},\ \boldsymbol{\Psi} = \begin{bmatrix} \boldsymbol{X}_\alpha & \boldsymbol{X}_\beta \\ \boldsymbol{N}_\alpha & \boldsymbol{N}_\beta \end{bmatrix} \begin{matrix} n \\ n \end{matrix} \tag{7.5.19}$$

现在组成矩阵 $\boldsymbol{M}(\eta)$ 并求逆，有

$$\boldsymbol{M}(\eta) = \begin{bmatrix} \boldsymbol{X}_\alpha & \boldsymbol{X}_\beta \mathrm{diag}(\mathrm{e}^{\mu_i \eta}) \\ \boldsymbol{N}_\alpha \mathrm{diag}(\mathrm{e}^{\mu_i \eta}) & \boldsymbol{N}_\beta \end{bmatrix} \begin{matrix} n \\ n \end{matrix} \tag{7.5.20}$$

$$\boldsymbol{M}^{-1} = \begin{bmatrix} \boldsymbol{A}_1 & \boldsymbol{A}_2 \\ \boldsymbol{B}_1 & \boldsymbol{B}_2 \end{bmatrix} \tag{7.5.21}$$

$$\boldsymbol{D}_{c\eta} \underset{\mathrm{def}}{=} \mathrm{diag}(\mathrm{e}^{\mu_i \eta}) \underset{\mathrm{def}}{=} \mathrm{diag}(\mathrm{e}^{\mu_1 \eta},\ \mathrm{e}^{\mu_2 \eta},\ \cdots,\ \mathrm{e}^{\mu_n \eta}) = \exp[\mathrm{diag}(\mu_i \eta)] \tag{7.5.22}$$

为对角阵。根据分块矩阵求逆公式有

$$\left.\begin{aligned} \boldsymbol{A}_1 &= (\boldsymbol{X}_\alpha - \boldsymbol{X}_\beta \boldsymbol{D}_{c\eta} \boldsymbol{N}_\beta^{-1} \boldsymbol{N}_\alpha \boldsymbol{D}_{c\eta})^{-1},\ \boldsymbol{A}_2 = -\boldsymbol{X}_\alpha^{-1} \boldsymbol{X}_\beta \boldsymbol{D}_{c\eta} \boldsymbol{B}_2 \\ \boldsymbol{B}_2 &= (\boldsymbol{N}_\beta - \boldsymbol{N}_\alpha \boldsymbol{D}_{c\eta} \boldsymbol{X}_\alpha^{-1} \boldsymbol{X}_\beta \boldsymbol{D}_{c\eta})^{-1},\ \boldsymbol{B}_1 = -\boldsymbol{N}_\beta^{-1} \boldsymbol{N}_\alpha \boldsymbol{D}_{c\eta} \boldsymbol{A}_1 \end{aligned}\right\} \tag{7.5.23}$$

其中，区段长为 $\eta = t_{\mathrm{b}} - t_{\mathrm{a}}$。由此有区段混合能矩阵：

$$\boldsymbol{Q}(\eta) = -(\boldsymbol{N}_\alpha \boldsymbol{A}_1 + \boldsymbol{N}_\beta \boldsymbol{D}_{c\eta} \boldsymbol{B}_1) \tag{7.5.24a}$$

$$\boldsymbol{F}(\eta) = \boldsymbol{X}_\alpha \boldsymbol{D}_{c\eta} \boldsymbol{A}_1 + \boldsymbol{X}_\beta \boldsymbol{B}_1 \tag{7.5.24b}$$

$$\boldsymbol{G}(\eta) = \boldsymbol{X}_\alpha \boldsymbol{D}_{c\eta} \boldsymbol{A}_2 + \boldsymbol{X}_\beta \boldsymbol{B}_2 \tag{7.5.24c}$$

$$\boldsymbol{F}^{\mathrm{T}}(\eta) = \boldsymbol{N}_\alpha \boldsymbol{A}_2 + \boldsymbol{N}_\beta \boldsymbol{D}_{c\eta} \boldsymbol{B}_2 \tag{7.5.24d}$$

这里 $\boldsymbol{Q}$ 与 $\boldsymbol{G}$ 的对称性，以及 $\boldsymbol{F}$ 与 $\boldsymbol{F}^{\mathrm{T}}$ 互为转置关系可由以上关系证明，并且微分方程也都可满足，故知区段混合能矩阵基于本征解的分析解已经找到。

取 $\eta = t - t_0$，则

$$\boldsymbol{P}(t) = \boldsymbol{G}(\eta) + \boldsymbol{F}(\eta)[\boldsymbol{I} + \boldsymbol{P}_0 \boldsymbol{Q}(\eta)]^{-1} \boldsymbol{P}_0 \boldsymbol{F}^{\mathrm{T}}(\eta) \tag{7.5.25}$$

就是式(7.3.9)的解。

在执行上式计算时，同时应计算以下矩阵：

$$\boldsymbol{F}_c = \boldsymbol{F}(\eta)[\boldsymbol{I} + \boldsymbol{P}_0 \boldsymbol{Q}(\eta)]^{-1},\ \boldsymbol{Q}_c = (\boldsymbol{Q}^{-1} + \boldsymbol{P}_0)^{-1} \tag{7.5.26}$$

以后计算状态估计 $\hat{\boldsymbol{x}}(t)$ 时有用。

一个特殊情况，即无穷长区段 $\eta \to \infty$ 应予以验证。其特点为

$$\lim_{\eta\to\infty}\boldsymbol{D}_{c\eta}\to\boldsymbol{0}$$

故

$$\boldsymbol{A}_1\to\boldsymbol{X}_\alpha^{-1},\ \boldsymbol{B}_2\to\boldsymbol{N}_\beta^{-1},\ \boldsymbol{A}_2\to\boldsymbol{0},\ \boldsymbol{B}_1\to\boldsymbol{0}(\text{当}\ \eta\to\infty\ \text{时})$$

于是

$$\boldsymbol{P}_\infty\to\boldsymbol{X}_\beta\boldsymbol{N}_\beta^{-1},\ \boldsymbol{S}_\infty=\boldsymbol{E}_\infty\to-\boldsymbol{N}_\alpha\boldsymbol{X}_\alpha^{-1}\tag{7.5.27}$$

这就是代数 Riccati 方程的解[6]。

分析解当然是理想的,但这依赖于 $\boldsymbol{H}$ 阵的本征解矩阵。最不利的情况是出现 Jordan 型本征解,此时的本征数值解不稳定,然而精细积分法并无这类困难,因此,分析解应当与精细积分解两者结合[1]。

7.7 单步长滤波微分方程的求解

7.5 节和 7.6 节介绍了式(7.3.9)Riccati 微分方程的求解,还有滤波方程(7.3.8)需要求解。应当强调指出,滤波方程要实时求解,这是要害之处,所以应深入探讨。观察该方程:

$$\dot{\hat{\boldsymbol{x}}}=\boldsymbol{A}\hat{\boldsymbol{x}}-\boldsymbol{P}(t)\boldsymbol{C}^{\mathrm{T}}\boldsymbol{V}^{-1}\boldsymbol{C}\hat{\boldsymbol{x}}+\boldsymbol{P}(t)\boldsymbol{C}^{\mathrm{T}}\boldsymbol{V}^{-1}\boldsymbol{y}+\boldsymbol{B}_u\boldsymbol{u},\ \hat{\boldsymbol{x}}(t_0)=\hat{\boldsymbol{x}}_0\tag{7.3.8}$$

式中,向量 $\boldsymbol{y}$、$\boldsymbol{u}$ 不能在事先确定而必须实时量测计算。但进一步的考察可知,式(7.3.8)是对状态滤波 $\hat{\boldsymbol{x}}(t)$ 的线性方程。即使 $\boldsymbol{A}$ 是时不变矩阵,但有 $\boldsymbol{P}(t)$ 的一项,滤波方程仍是变系数的线性微分方程。根据叠加原理,求解变系数滤波方程应先解出其齐次方程:

$$\dot{\hat{\boldsymbol{x}}}(t)=[\boldsymbol{A}-\boldsymbol{P}(t)\boldsymbol{C}^{\mathrm{T}}\boldsymbol{V}^{-1}\boldsymbol{C}]\hat{\boldsymbol{x}},\ \hat{\boldsymbol{x}}(t_0)=\hat{\boldsymbol{x}}_0$$

或求解:

$$\dot{\boldsymbol{\Phi}}=[\boldsymbol{A}-\boldsymbol{P}(t)\boldsymbol{C}^{\mathrm{T}}\boldsymbol{V}^{-1}\boldsymbol{C}]\boldsymbol{\Phi},\ \boldsymbol{\Phi}(t_0,\ t_0)=\boldsymbol{I}_n\tag{7.7.1}$$

显然,

$$\hat{\boldsymbol{x}}(t)=\boldsymbol{\Phi}\hat{\boldsymbol{x}}_0$$

问题是怎样求解 $\boldsymbol{\Phi}(t,\ t_0)$。其实这个变系数方程的解是现成的,就是式(7.4.24)中的 $\boldsymbol{F}_c$,即

$$\boldsymbol{\Phi}(t,\ t_0)=\boldsymbol{F}(\eta)[\boldsymbol{I}_n+\boldsymbol{P}_0\boldsymbol{Q}(\eta)]^{-1},\ \eta=t-t_0\tag{7.7.2}$$

现在进行验证。首先是初始条件,代入初始条件式(7.4.8),即知式(7.7.1)的初始条件已满足。再验证微分方程,因 $\mathrm{d}\boldsymbol{X}^{-1}/\mathrm{d}t=-\boldsymbol{X}^{-1}\dot{\boldsymbol{X}}\boldsymbol{X}^{-1}$,运用式(7.5.2):

$$\begin{aligned}\dot{\boldsymbol{\Phi}}&=\dot{\boldsymbol{F}}(\boldsymbol{I}+\boldsymbol{P}_0\boldsymbol{Q})^{-1}-\boldsymbol{F}(\boldsymbol{I}+\boldsymbol{P}_0\boldsymbol{Q})^{-1}\boldsymbol{P}_0\dot{\boldsymbol{Q}}(\boldsymbol{I}+\boldsymbol{P}_0\boldsymbol{Q})^{-1}\\&=(\boldsymbol{A}-\boldsymbol{G}\boldsymbol{C}^{\mathrm{T}}\boldsymbol{V}^{-1}\boldsymbol{C})\boldsymbol{F}(\boldsymbol{I}+\boldsymbol{P}_0\boldsymbol{Q})^{-1}-\boldsymbol{F}(\boldsymbol{I}+\boldsymbol{P}_0\boldsymbol{Q})^{-1}\boldsymbol{P}_0\boldsymbol{F}^{\mathrm{T}}\boldsymbol{C}^{\mathrm{T}}\boldsymbol{V}^{-1}\boldsymbol{C}\boldsymbol{F}(\boldsymbol{I}+\boldsymbol{P}_0\boldsymbol{Q})^{-1}\end{aligned}$$

$$= [\boldsymbol{A} - (\boldsymbol{G} + \boldsymbol{F}(\boldsymbol{I} + \boldsymbol{P}_0\boldsymbol{Q})^{-1}\boldsymbol{P}_0\boldsymbol{F}^{\mathrm{T}})\boldsymbol{C}^{\mathrm{T}}\boldsymbol{V}^{-1}\boldsymbol{C}]\boldsymbol{\Phi} = (\boldsymbol{A} - \boldsymbol{P}\boldsymbol{C}^{\mathrm{T}}\boldsymbol{V}^{-1}\boldsymbol{C})\boldsymbol{\Phi}$$

验证毕。因为满足微分方程和初始条件的解是唯一的，于是变系数齐次方程(7.7.1)的解就轻易得到了。应当指出，齐次方程的解与量测 $\boldsymbol{y}$ 和控制 $\boldsymbol{u}$ 的值无关，因此可以离线先计算好。这里再一次指出，能离线计算的部分都应当事先计算并存放好，应将实时计算的工作量减少到最低水平。这是算法设计的一个基本原则。

有了齐次方程的解就可以用常数变易法寻求非齐次方程的解。结果其解可求得为

$$\hat{\boldsymbol{x}}(t) = \boldsymbol{\Phi}(t, t_0) \cdot \left\{\int_{t_0}^{t} \boldsymbol{\Phi}^{-1}(\tau, t_0)[\boldsymbol{P}(\tau)\boldsymbol{C}^{\mathrm{T}}\boldsymbol{V}^{-1}\boldsymbol{y} + \boldsymbol{B}_u\boldsymbol{u}]\mathrm{d}\tau + \hat{\boldsymbol{x}}_0\right\} \tag{7.7.3}$$

式(7.7.3)很简洁，但还希望能将积分执行得更精密、更有效。第一步应考虑积分的逐步推进性质，因此式(7.7.3)应当修改成为从任一个 t_k 开始的形式。首先要对线性系统：

$$\dot{\boldsymbol{x}}(t) = \boldsymbol{A}(t)\boldsymbol{x}, \ \boldsymbol{x}(t_0) = \boldsymbol{x}_0$$

的状态转移矩阵：

$$\dot{\boldsymbol{\Phi}}(t, t_0) = \boldsymbol{A}(t)\boldsymbol{\Phi}, \ \boldsymbol{\Phi}(t_0, t_0) = \boldsymbol{I} \tag{7.7.4}$$

建立等式：

$$\boldsymbol{\Phi}(t, t_0) = \boldsymbol{\Phi}(t, t_1)\boldsymbol{\Phi}(t_1, t_0), \ t > t_1 > t_0 \tag{7.7.5}$$

证明过程很清楚，因为 $\boldsymbol{x}_1 = \boldsymbol{\Phi}(t_1, t_0)\boldsymbol{x}_0$，而 $\boldsymbol{x}(t) = \boldsymbol{\Phi}(t, t_1)\boldsymbol{x}_1$，故

$$\boldsymbol{x}(t) = \boldsymbol{\Phi}(t, t_0)\boldsymbol{x}_0 = \boldsymbol{\Phi}(t, t_1) \cdot \boldsymbol{\Phi}(t_1, t_0)\boldsymbol{x}_0$$

由于 $\boldsymbol{x}_0$ 是任意 n 维向量，因此知式(7.7.5)成立。

现在可以改造式(7.7.3)了。设逐步积分已进行到 t_k，现要计算 t_{k+1} 处的 $\hat{\boldsymbol{x}}_{k+1} = \hat{\boldsymbol{x}}(t_{k+1})$。此时已算出

$$\hat{\boldsymbol{x}}_k = \boldsymbol{\Phi}(t_k, t_0)\hat{\boldsymbol{x}}_0 + \boldsymbol{\Phi}(t_k, t_0)\int_{t_0}^{t_k} \boldsymbol{\Phi}^{-1}(\tau, t_0)[\boldsymbol{P}(\tau)\boldsymbol{C}^{\mathrm{T}}\boldsymbol{V}^{-1}\boldsymbol{y} + \boldsymbol{B}_u\boldsymbol{u}]\mathrm{d}\tau$$

于是有以下的推导：

$$\begin{aligned}
\hat{\boldsymbol{x}}(t_{k+1}) &= \boldsymbol{\Phi}(t_{k+1}, t_0) \cdot \left[\hat{\boldsymbol{x}}_0 + \int_{t_0}^{t_{k+1}} \boldsymbol{\Phi}^{-1}(\tau, t_0)[\boldsymbol{P}(\tau)\boldsymbol{C}^{\mathrm{T}}\boldsymbol{V}^{-1}\boldsymbol{y} + \boldsymbol{B}_u\boldsymbol{u}]\mathrm{d}\tau\right] \\
&= \boldsymbol{\Phi}(t_{k+1}, t_k)\boldsymbol{\Phi}(t_k, t_0)\left[\hat{\boldsymbol{x}}_0 + \left(\int_{t_0}^{t_k} + \int_{t_k}^{t_{k+1}}\right)\boldsymbol{\Phi}^{-1}(\tau, t_0)[\boldsymbol{P}(\tau)\boldsymbol{C}^{\mathrm{T}}\boldsymbol{V}^{-1}\boldsymbol{y} + \boldsymbol{B}_u\boldsymbol{u}]\mathrm{d}\tau\right] \\
&= \boldsymbol{\Phi}(t_{k+1}, t_k) \cdot \hat{\boldsymbol{x}}_k + \boldsymbol{\Phi}(t_{k+1}, t_k)\int_{t_k}^{t_{k+1}} \boldsymbol{\Phi}(t_k, t_0)[\boldsymbol{\Phi}(\tau, t_k)\boldsymbol{\Phi}(t_k, t_0)]^{-1} \\
&\quad [\boldsymbol{P}(\tau)\boldsymbol{C}^{\mathrm{T}}\boldsymbol{V}^{-1}\boldsymbol{y} + \boldsymbol{B}_u\boldsymbol{u}]\mathrm{d}\tau
\end{aligned}$$

故

$$\hat{\boldsymbol{x}}_{k+1}=\boldsymbol{\Phi}(t_{k+1},\ t_k)\cdot\hat{\boldsymbol{x}}_k+\boldsymbol{\Phi}(t_{k+1},\ t_k)\int_{t_k}^{t_{k+1}}\boldsymbol{\Phi}^{-1}(\tau,\ t_k)[\boldsymbol{P}(\tau)\boldsymbol{C}^{\mathrm{T}}\boldsymbol{V}^{-1}\boldsymbol{y}+\boldsymbol{B}_u\boldsymbol{u}]\mathrm{d}\tau \tag{7.7.6}$$

式(7.7.6)相当于由 t_k 开始,初值为 $\hat{\boldsymbol{x}}_k$ 的积分。每次只计算一个时间步,形成逐步推进的态势。故数值计算还是以上式为佳,此时应当计算 $\boldsymbol{\Phi}(t_{k+1},\ t_k)$。由于已经对步长 $\eta=t_{k+1}-t_k$ 计算得到 $\boldsymbol{F}(\eta)$、$\boldsymbol{G}(\eta)$、$\boldsymbol{Q}(\eta)$,并且 $\boldsymbol{P}(t_k)$ 与 $\boldsymbol{P}(t_{k+1})$ 也已算得。故

$$\boldsymbol{\Phi}(t_{k+1},\ t_k)=\boldsymbol{F}(\eta)[\boldsymbol{I}_n+\boldsymbol{P}(t_k)\boldsymbol{Q}(\eta)]^{-1},\ \eta=t_{k+1}-t_k \tag{7.7.7}$$

这就是式(7.4.24)或式(7.5.16)的 $\boldsymbol{F}_c$。一直至此,公式推导都是精确的。但式(7.7.6)中还有一项定积分,只能采用某种数值积分的方法予以近似计算。

最粗糙的方法是采用梯形公式等,这一类方法未能利用对系统特性的认识,不理想,但其数值结果也可接受。

虽然无法对任意的 $\boldsymbol{y}(\tau)$、$\boldsymbol{u}(\tau)$ 精细积分,但如果它们在 $(t_k,\ t_{k+1})$ 内采用线性插值近似,则式(7.7.6)仍可精细积分而得,而在 $\boldsymbol{H}$ 阵不出现 Jordan 型时,也可以采用分析法求解。式(7.7.2)表明,齐次方程可先针对 $\boldsymbol{G}(t)$ 阵取代式(7.7.1)的 $\boldsymbol{P}(t)$ 阵而求解,然后再通过变换式(7.7.2),就得到式(7.7.1)的解。现在应验明滤波方程式(7.3.8)。令 $\eta=t-t_{\mathrm{a}}$,可以先求解:

$$\dot{\boldsymbol{r}}_x(t_{\mathrm{a}},\ t)=\boldsymbol{A}\boldsymbol{r}_x-\boldsymbol{G}(\eta)\boldsymbol{C}^{\mathrm{T}}\boldsymbol{V}^{-1}\boldsymbol{C}\boldsymbol{r}_x+\boldsymbol{G}(\eta)\boldsymbol{C}^{\mathrm{T}}\boldsymbol{V}^{-1}\boldsymbol{y}+\boldsymbol{B}_u\boldsymbol{u},\ \boldsymbol{r}_x(t_{\mathrm{a}},\ t_{\mathrm{a}})=\boldsymbol{0} \tag{7.7.8a}$$

$$\dot{\boldsymbol{r}}_\lambda(t_{\mathrm{a}},\ t)=\boldsymbol{F}^{\mathrm{T}}\boldsymbol{C}^{\mathrm{T}}\boldsymbol{V}^{-1}(\boldsymbol{y}-\boldsymbol{C}\boldsymbol{r}_x),\ \boldsymbol{r}_\lambda(t_{\mathrm{a}},\ t_{\mathrm{a}})=\boldsymbol{0} \tag{7.7.8b}$$

这就是式(7.4.15)和式(7.4.16)。然后再执行:

$$\boldsymbol{r}_{xp}(t_{\mathrm{a}},\ t)=\boldsymbol{r}_x(t_{\mathrm{a}},\ t)+\boldsymbol{F}(\eta)[\boldsymbol{I}_n+\boldsymbol{P}(t_{\mathrm{a}})\boldsymbol{Q}(\eta)]^{-1}\boldsymbol{P}(t_{\mathrm{a}})\boldsymbol{r}_\lambda(t_{\mathrm{a}},\ t) \tag{7.7.9}$$

其中,t_{a} 可选择为 t_k,再令 $t=t_{k+1}$,则式(7.7.8b)给出

$$\boldsymbol{r}_\lambda(t_k,\ t_{k+1})=\int_{t_k}^{t_{k+1}}\boldsymbol{F}^{\mathrm{T}}\boldsymbol{C}^{\mathrm{T}}\boldsymbol{V}^{-1}(\boldsymbol{y}-\boldsymbol{C}\boldsymbol{r}_x)\mathrm{d}t$$

于是可给出

$$\hat{\boldsymbol{x}}_{k+1}=\boldsymbol{\Phi}(t_{k+1},\ t_k)\cdot\hat{\boldsymbol{x}}_k+\boldsymbol{r}_{xp}(t_k,\ t_{k+1}) \tag{7.7.6$'$}$$

要验明 $\boldsymbol{r}_{xp}$ 满足微分方程式(7.3.8),如下:

$$\begin{aligned}\dot{\boldsymbol{r}}_{xp}=\dot{\boldsymbol{r}}_x&+\dot{\boldsymbol{F}}[\boldsymbol{I}_n+\boldsymbol{P}(t_{\mathrm{a}})\boldsymbol{Q}]^{-1}\boldsymbol{P}(t_{\mathrm{a}})\boldsymbol{r}_\lambda+\boldsymbol{F}[\boldsymbol{I}_n+\boldsymbol{P}(t_{\mathrm{a}})\boldsymbol{Q}]^{-1}\boldsymbol{P}(t_{\mathrm{a}})\dot{\boldsymbol{r}}_\lambda\\&-\boldsymbol{F}[\boldsymbol{I}_n+\boldsymbol{P}(t_{\mathrm{a}})\boldsymbol{Q}]^{-1}\boldsymbol{P}(t_{\mathrm{a}})\dot{\boldsymbol{Q}}[\boldsymbol{I}+\boldsymbol{P}(t_{\mathrm{a}})\boldsymbol{Q}]^{-1}\boldsymbol{P}(t_{\mathrm{a}})\boldsymbol{r}_\lambda\end{aligned}$$

进一步运用 $\dot{\boldsymbol{F}}$、$\dot{\boldsymbol{Q}}$ 与 $\dot{\boldsymbol{r}}_x$ 的微分方程,有

$$\dot{\boldsymbol{r}}_{xp}=(\boldsymbol{A}-\boldsymbol{G}\boldsymbol{C}^{\mathrm{T}}\boldsymbol{V}^{-1}\boldsymbol{C})\boldsymbol{r}_x+\boldsymbol{G}\boldsymbol{C}^{\mathrm{T}}\boldsymbol{V}^{-1}\boldsymbol{y}+\boldsymbol{B}_u\boldsymbol{u}+(\boldsymbol{A}-\boldsymbol{G}\boldsymbol{C}^{\mathrm{T}}\boldsymbol{V}^{-1}\boldsymbol{C})\boldsymbol{F}[\boldsymbol{I}+\boldsymbol{P}(t_{\mathrm{a}})\boldsymbol{Q}]^{-1}\boldsymbol{P}(t_{\mathrm{a}})\boldsymbol{r}_\lambda$$

$$
\begin{aligned}
&-\boldsymbol{F}[\boldsymbol{I}_n+\boldsymbol{P}(t_a)\boldsymbol{Q}]^{-1}\boldsymbol{P}(t_a)\boldsymbol{F}^{\mathrm{T}}\boldsymbol{C}^{\mathrm{T}}\boldsymbol{V}^{-1}\boldsymbol{C}\boldsymbol{F}[\boldsymbol{I}_n+\boldsymbol{P}(t_a)\boldsymbol{Q}]^{-1}\boldsymbol{P}(t_a)\boldsymbol{r}_\lambda \\
=&[\boldsymbol{A}-(\boldsymbol{G}+\boldsymbol{F}[\boldsymbol{I}_n+\boldsymbol{P}(t_a)\boldsymbol{Q}]^{-1}\boldsymbol{P}(t_a)\boldsymbol{F}^{\mathrm{T}})\boldsymbol{C}^{\mathrm{T}}\boldsymbol{V}^{-1}\boldsymbol{C}]\boldsymbol{r}_x \\
&+[\boldsymbol{G}+\boldsymbol{F}[\boldsymbol{I}_n+\boldsymbol{P}(t_a)\boldsymbol{Q}]^{-1}\boldsymbol{P}(t_a)\boldsymbol{F}^{\mathrm{T}}]\boldsymbol{C}^{\mathrm{T}}\boldsymbol{V}^{-1}\boldsymbol{y} \\
&+[\boldsymbol{A}-(\boldsymbol{G}+\boldsymbol{F}[\boldsymbol{I}_n+\boldsymbol{P}(t_a)\boldsymbol{Q}]^{-1}\boldsymbol{P}(t_a)\boldsymbol{F}^{\mathrm{T}})\boldsymbol{C}^{\mathrm{T}}\boldsymbol{V}^{-1}\boldsymbol{C}]\boldsymbol{F}[\boldsymbol{I}_n+\boldsymbol{P}(t_a)\boldsymbol{Q}]^{-1}\boldsymbol{P}(t_a)\boldsymbol{r}_\lambda+\boldsymbol{B}_u\boldsymbol{u} \\
=&[\boldsymbol{A}-\boldsymbol{P}(t)\boldsymbol{C}^{\mathrm{T}}\boldsymbol{V}^{-1}\boldsymbol{C}](\boldsymbol{r}_x+\boldsymbol{F}[\boldsymbol{I}_n+\boldsymbol{P}(t_a)\boldsymbol{Q}]^{-1}\boldsymbol{P}(t_a)\boldsymbol{r}_\lambda)+\boldsymbol{P}(t)\boldsymbol{C}^{\mathrm{T}}\boldsymbol{V}^{-1}\boldsymbol{y}+\boldsymbol{B}_u\boldsymbol{u}
\end{aligned}
$$

因此就导出

$$
\dot{\boldsymbol{r}}_{xp}=[\boldsymbol{A}-\boldsymbol{P}(t)\boldsymbol{C}^{\mathrm{T}}\boldsymbol{V}^{-1}\boldsymbol{C}]\boldsymbol{r}_{xp}+\boldsymbol{P}(t)\boldsymbol{C}^{\mathrm{T}}\boldsymbol{V}^{-1}\boldsymbol{y}+\boldsymbol{B}_u\boldsymbol{u} \tag{7.7.9$'$}
$$

这就是式(7.3.8),至于 $\boldsymbol{r}_{xp}(t_a, t_a)=\boldsymbol{0}$ 可由式(7.7.8)的条件证明。

将式(7.7.6)与式(7.7.6′)比较知,$\boldsymbol{r}_{xp}$ 就是式(7.7.6)中有积分的一项。验证为:将该项对 t_{k+1} 作偏微商,即知它满足微分方程式(7.3.8);其 $t_{k+1}\to t_k$ 的初始条件为 $\boldsymbol{0}$,故知它就是 $\boldsymbol{r}_{xp}$。式(7.7.9)式表明对它的计算应当先计算 $\boldsymbol{r}_x(t_k, t_{k+1})$ 与 $\boldsymbol{r}_\lambda(t_k, t_{k+1})$,再通过式(7.7.9)的变换而得。对比式(7.7.9),也是先计算零初值条件的解然后再算得 $\boldsymbol{\Phi}(t_{k+1}, t_k)$。

问题已经归结为对于单步长的积分。

7.7.1 滤波方程的分析法单步长积分

考察式(7.4.14)与式(7.4.15),可知 $\boldsymbol{r}_x$ 与 $\boldsymbol{r}_\lambda$ 的方程与 $\boldsymbol{F}$、$\boldsymbol{G}$、$\boldsymbol{Q}$ 是同一类。式(7.4.11)及式(7.4.12)区段合并算法表明,式(7.7.8)的 $\boldsymbol{r}_x$ 与 $\boldsymbol{r}_\lambda$ 可用精细积分法计算。但7.5节对 $\boldsymbol{Q}(\eta)$、$\boldsymbol{F}(\eta)$、$\boldsymbol{G}(\eta)$ 做出精细积分后,7.6节又给出了其分析解。这表明 $\boldsymbol{r}_x$ 与 $\boldsymbol{r}_\lambda$ 也可用分析法积分,以下给出其分析法积分。

分析法积分仍采用本征解及展开求解方法。将对偶方程(7.3.6)写成

$$
\dot{\boldsymbol{v}}=\boldsymbol{H}\boldsymbol{v}+\boldsymbol{f}_1,\ \boldsymbol{f}_1=\begin{Bmatrix}\boldsymbol{B}_u\boldsymbol{u}\\ \boldsymbol{C}^{\mathrm{T}}\boldsymbol{V}^{-1}\boldsymbol{y}\end{Bmatrix},\ \boldsymbol{v}\underset{\text{def}}{=}\begin{Bmatrix}\boldsymbol{x}\\ \boldsymbol{\lambda}\end{Bmatrix} \tag{7.5.18$'$}
$$

其齐次方程的求解相当于 $\boldsymbol{F}(\eta)$、$\boldsymbol{G}(\eta)$、$\boldsymbol{Q}(\eta)$ 的计算,这里要寻求非齐次方程的解。其取零值的两端边界条件为

$$
\boldsymbol{x}(t_k)=\boldsymbol{0},\ \boldsymbol{\lambda}(t_{k+1})=\boldsymbol{0}
$$

这里应当注意,$\boldsymbol{y}$ 及 $\boldsymbol{u}$ 不能事先定出,它们由运行时的实时量测及其反馈而确定,在 (t_k, t_{k+1}) 之间给不出其解析表达式。因此只能根据 $\boldsymbol{y}_k$、$\boldsymbol{u}_k$ 及以往的记录,如 $\boldsymbol{y}_{k-1}$、$\boldsymbol{u}_{k-1}$ 或 $\dot{\boldsymbol{y}}_k$、$\dot{\boldsymbol{u}}_k$ 等,予以插值。插值总是采用较简单的函数,如线性插值、二次多项式等。$\boldsymbol{y}$ 及 $\boldsymbol{u}$ 分别是 q 与 m 维向量,它们的值虽然不能事先确定,但一定可以由 q 与 m 个基底向量迭加而成。这些基底向量可选为 $\boldsymbol{I}_q$ 与 $\boldsymbol{I}_m$ 单位阵的列向量。这样式(7.5.18)中的非齐次“外力”项,应当扩展为

$$
\boldsymbol{f}=\overset{\qquad m\qquad\quad q}{\begin{bmatrix}\boldsymbol{B}_u & \boldsymbol{0}\\ \boldsymbol{0} & \boldsymbol{C}^{\mathrm{T}}\boldsymbol{V}^{-1}\end{bmatrix}}\begin{matrix}n\\ n\end{matrix},\ \boldsymbol{f}_1=\boldsymbol{f}\begin{Bmatrix}\boldsymbol{u}\\ \boldsymbol{y}\end{Bmatrix} \tag{7.7.10a}
$$

只要对 $\boldsymbol{f}$ 的 $m+q$ 个列都作出积分，则以后系统运行时，实时计算只要执行矩阵乘法即可。还应当注意，区段 $(t_k,\ t_{k+1})$ 内 $\boldsymbol{u}$ 与 $\boldsymbol{y}$ 有插值：

$$\boldsymbol{u}(\tau)=\boldsymbol{u}_0+\tau\boldsymbol{u}_1+\tau^2\boldsymbol{u}_2,\ \boldsymbol{y}(\tau)=\boldsymbol{y}_0+\tau\boldsymbol{y}_1+\tau^2\boldsymbol{y}_2,\ \tau=t-t_k \tag{7.7.10b}$$

$\boldsymbol{u}_0$、$\boldsymbol{u}_1$、$\boldsymbol{u}_2$ 及 $\boldsymbol{y}_0$、$\boldsymbol{y}_1$、$\boldsymbol{y}_2$ 要根据量测及反馈控制数据实时地确定，但 $\boldsymbol{f}$ 阵却与实时量测无关，与 $\boldsymbol{f}$ 有关的计算可离线预先算好。将 $\boldsymbol{f}$ 阵的各列用 $\boldsymbol{H}$ 阵的本征向量展开有

$$\boldsymbol{f}=\begin{bmatrix}\boldsymbol{X}_\alpha\\ \boldsymbol{N}_\alpha\end{bmatrix}\boldsymbol{f}_{\mathrm{a}}+\begin{bmatrix}\boldsymbol{X}_\beta\\ \boldsymbol{N}_\beta\end{bmatrix}\boldsymbol{f}_{\mathrm{b}}=\boldsymbol{\Psi}\overset{(m+q)}{\begin{bmatrix}\boldsymbol{f}_{\mathrm{a}}\\ \boldsymbol{f}_{\mathrm{b}}\end{bmatrix}}\begin{matrix}n\\ n\end{matrix} \tag{7.7.11}$$

式中，$\boldsymbol{f}_{\mathrm{a}}$、$\boldsymbol{f}_{\mathrm{b}}$ 为 $(m+q)\times n$ 的系数阵。用 $\boldsymbol{\Psi}^{\mathrm{T}}\boldsymbol{J}$ 左乘上式，因 $\boldsymbol{\Psi}$ 为辛矩阵，故

$$\begin{bmatrix}\boldsymbol{f}_{\mathrm{a}}\\ \boldsymbol{f}_{\mathrm{b}}\end{bmatrix}=-\boldsymbol{J}\boldsymbol{\Psi}^{\mathrm{T}}\boldsymbol{J}\boldsymbol{f}=\boldsymbol{J}\boldsymbol{\Psi}^{\mathrm{T}}\begin{bmatrix}\boldsymbol{0} & \boldsymbol{C}^{\mathrm{T}}\boldsymbol{V}^{-1}\\ \boldsymbol{B}_u & \boldsymbol{0}\end{bmatrix} \tag{7.7.12}$$

故 $\boldsymbol{f}_{\mathrm{a}}$、$\boldsymbol{f}_{\mathrm{b}}$ 可离线计算确定。运行时 $\boldsymbol{f}_{\mathrm{a}}$、$\boldsymbol{f}_{\mathrm{b}}$ 是已知的。将以上各式代入式(7.5.18′)，有 τ 的方程：

$$\dot{\boldsymbol{v}}(\tau)=\boldsymbol{H}\boldsymbol{v}+\boldsymbol{\Psi}\begin{bmatrix}\boldsymbol{f}_{\mathrm{a}}\\ \boldsymbol{f}_{\mathrm{b}}\end{bmatrix}\left(\begin{Bmatrix}\boldsymbol{u}_0\\ \boldsymbol{y}_0\end{Bmatrix}+\tau\begin{Bmatrix}\boldsymbol{u}_1\\ \boldsymbol{y}_1\end{Bmatrix}+\tau^2\begin{Bmatrix}\boldsymbol{u}_2\\ \boldsymbol{y}_2\end{Bmatrix}\right),\quad \begin{matrix}\boldsymbol{x}_0=\boldsymbol{0}\\ \boldsymbol{\lambda}(\eta)=\boldsymbol{0}\end{matrix} \tag{7.7.13}$$

现在对解 $\boldsymbol{v}(\tau)$ 也采用本征向量展开，即令

$$\boldsymbol{v}(\tau)=\boldsymbol{\Psi}\begin{Bmatrix}\boldsymbol{a}(\tau)\\ \boldsymbol{b}(\tau)\end{Bmatrix},\quad \begin{matrix}\boldsymbol{a}(\tau)\underset{\mathrm{def}}{=}\{a_1(\tau),\ a_2(\tau),\ \cdots,\ a_n(\tau)\}^{\mathrm{T}}\\ \boldsymbol{b}(\tau)\ 同\end{matrix} \tag{7.7.14}$$

于是对 $\boldsymbol{a}(\tau)$ 与 $\boldsymbol{b}(\tau)$ 的各分量有方程（$\boldsymbol{f}_{\mathrm{a}i}$ 是 $\boldsymbol{f}_{\mathrm{a}}$ 阵的第 i 行）：

$$\dot{\boldsymbol{a}}_i(\tau)=\mu_i\boldsymbol{a}(\tau)+\boldsymbol{f}_{\mathrm{a}i}\left(\begin{Bmatrix}\boldsymbol{u}_0\\ \boldsymbol{y}_0\end{Bmatrix}+\tau\begin{Bmatrix}\boldsymbol{u}_1\\ \boldsymbol{y}_1\end{Bmatrix}+\tau^2\begin{Bmatrix}\boldsymbol{u}_2\\ \boldsymbol{y}_2\end{Bmatrix}\right) \tag{7.7.15a}$$

$$\dot{\boldsymbol{b}}_i(\tau)=-\mu_i\boldsymbol{b}_i(\tau)+\boldsymbol{f}_{\mathrm{b}i}\left(\begin{Bmatrix}\boldsymbol{u}_0\\ \boldsymbol{y}_0\end{Bmatrix}+\tau\begin{Bmatrix}\boldsymbol{u}_1\\ \boldsymbol{y}_1\end{Bmatrix}+\tau^2\begin{Bmatrix}\boldsymbol{u}_2\\ \boldsymbol{y}_2\end{Bmatrix}\right) \tag{7.7.15b}$$

积分要用到以下结果：

$$\int_0^\eta \mathrm{e}^{\mu_i(\eta-\tau)}\mathrm{d}\tau=\frac{(\mathrm{e}^{\mu_i\eta}-1)}{\mu_i}\underset{\mathrm{def}}{=}e_0(\mu_i),\quad \int_0^\eta \mathrm{e}^{\mu_i(\eta-\tau)}\tau\mathrm{d}\tau=\frac{-\eta}{\mu_i}+\frac{(\mathrm{e}^{\mu_i\eta}-1)}{\mu_i^2}\underset{\mathrm{def}}{=}e_1(\mu_i)$$

$$\int_0^\eta \mathrm{e}^{\mu_i(\eta-\tau)}\tau^2\mathrm{d}\tau=\frac{-\eta^2}{\mu_i}-\frac{2\eta}{\mu_i^2}+\frac{2(\mathrm{e}^{\mu_i\eta}-1)}{\mu_i^3}\underset{\mathrm{def}}{=}e_2(\mu_i)$$

注意这里的 e_0、e_1、e_2 不写黑体，与式(7.5.8)中的黑体 $\boldsymbol{e}_i$ 意义不同，于是

$$a_i(\eta)=\boldsymbol{f}_{ai}\left[\begin{Bmatrix}\boldsymbol{u}_0\\ \boldsymbol{y}_0\end{Bmatrix}e_0(\mu_i)+\begin{Bmatrix}\boldsymbol{u}_1\\ \boldsymbol{y}_1\end{Bmatrix}e_1(\mu_i)+\begin{Bmatrix}\boldsymbol{u}_2\\ \boldsymbol{y}_2\end{Bmatrix}e_2(\mu_i)\right]+a_i(0)\mathrm{e}^{\mu_i\eta}$$

$$b_i(\eta)=\boldsymbol{f}_{bi}\left[\begin{Bmatrix}\boldsymbol{u}_0\\ \boldsymbol{y}_0\end{Bmatrix}e_0(-\mu_i)+\begin{Bmatrix}\boldsymbol{u}_1\\ \boldsymbol{y}_1\end{Bmatrix}e_1(-\mu_i)+\begin{Bmatrix}\boldsymbol{u}_2\\ \boldsymbol{y}_2\end{Bmatrix}e_2(-\mu_i)\right]+b_i(0)\mathrm{e}^{-\mu_i\eta}$$

式中，$\boldsymbol{f}_{ai}$、$\boldsymbol{f}_{bi}$是从矩阵$\boldsymbol{f}_a$、$\boldsymbol{f}_b$中第i行取出的行向量。令$\boldsymbol{a}_0=\{a_1(0),\ \cdots,\ a_n(0)\}^{\mathrm{T}}$，$\boldsymbol{b}_0$同，将上式写成向量形式：

$$\boldsymbol{a}(\eta)=\mathrm{diag}[e_0(\mu_i)]\boldsymbol{f}_a\begin{Bmatrix}\boldsymbol{u}_0\\ \boldsymbol{y}_0\end{Bmatrix}+\mathrm{diag}[e_1(\mu_i)]\boldsymbol{f}_a\begin{Bmatrix}\boldsymbol{u}_1\\ \boldsymbol{y}_1\end{Bmatrix}+\mathrm{diag}[e_2(\mu_i)]\boldsymbol{f}_a\begin{Bmatrix}\boldsymbol{u}_2\\ \boldsymbol{y}_2\end{Bmatrix}+\boldsymbol{D}_{c\eta}\boldsymbol{a}_0$$

$$\begin{aligned}\boldsymbol{b}(\eta)=&\mathrm{diag}[e_0(-\mu_i)]\boldsymbol{f}_b\begin{Bmatrix}\boldsymbol{u}_0\\ \boldsymbol{y}_0\end{Bmatrix}+\mathrm{diag}[e_1(-\mu_i)]\boldsymbol{f}_b\begin{Bmatrix}\boldsymbol{u}_1\\ \boldsymbol{y}_1\end{Bmatrix}\\ &+\mathrm{diag}[e_2(-\mu_i)]\boldsymbol{f}_b\begin{Bmatrix}\boldsymbol{u}_2\\ \boldsymbol{y}_2\end{Bmatrix}+\boldsymbol{D}_{c\eta}^{-1}\boldsymbol{b}_0\end{aligned}\tag{7.7.16}$$

式中，$\boldsymbol{a}_0$和$\boldsymbol{b}_0$为待定向量。根据式(7.7.13)的两端边界条件有

$$\boldsymbol{X}_\alpha\boldsymbol{a}_0+\boldsymbol{X}_\beta\boldsymbol{D}_{c\eta}\boldsymbol{b}'_0=\boldsymbol{0}\tag{7.7.17a}$$

式中，$\boldsymbol{b}'_0=\boldsymbol{D}_{c\eta}^{-1}\boldsymbol{b}_0$。

$$\begin{aligned}\boldsymbol{N}_\alpha\boldsymbol{D}_{c\eta}\boldsymbol{a}_0+\boldsymbol{N}_\beta\boldsymbol{b}'_0=&-(\boldsymbol{N}_\alpha\mathrm{diag}[e_0(\mu_i)]\boldsymbol{f}_a+\boldsymbol{N}_\beta\mathrm{diag}[e_0(-\mu_i)]\boldsymbol{f}_b)\begin{Bmatrix}\boldsymbol{u}_0\\ \boldsymbol{y}_0\end{Bmatrix}\\ &-(\boldsymbol{N}_\alpha\mathrm{diag}[e_1(\mu_i)]\boldsymbol{f}_a+\boldsymbol{N}_\beta\mathrm{diag}[e_1(-\mu_i)]\boldsymbol{f}_b)\begin{Bmatrix}\boldsymbol{u}_1\\ \boldsymbol{y}_1\end{Bmatrix}\\ &-(\boldsymbol{N}_\alpha\mathrm{diag}[e_2(\mu_i)]\boldsymbol{f}_a+\boldsymbol{N}_\beta\mathrm{diag}[e_2(-\mu_i)]\boldsymbol{f}_b)\begin{Bmatrix}\boldsymbol{u}_2\\ \boldsymbol{y}_2\end{Bmatrix}\end{aligned}\tag{7.7.17b}$$

由这对方程组可求解出$\boldsymbol{a}_0$、$\boldsymbol{b}_0$，于是就可以计算出非齐次方程(7.5.18′)的解$\boldsymbol{x}$与$\boldsymbol{\lambda}$。

将进一步的细节暂时放下。应当先予以证明式(7.7.9)中：

$$\boldsymbol{r}_x(t_k,\ t_{k+1})=\boldsymbol{x}(\eta)\tag{7.7.18a}$$

$$\boldsymbol{r}_\lambda(t_k,\ t_{k+1})=\boldsymbol{\lambda}(0)\tag{7.7.18b}$$

式中，$\boldsymbol{x}$、$\boldsymbol{\lambda}$是式(7.5.18′)中全状态向量$\boldsymbol{v}$的组成向量，然后再推导具体的公式与算法。

将式(7.5.18′)写成对偶方程形式：

$$\dot{\boldsymbol{x}}(\tau)=\boldsymbol{A}\boldsymbol{x}+\boldsymbol{B}_1\boldsymbol{W}\boldsymbol{B}_1^{\mathrm{T}}\boldsymbol{\lambda}+\boldsymbol{B}_u\boldsymbol{u},\ \boldsymbol{x}_0=\boldsymbol{0}\tag{7.7.19a}$$

$$\dot{\boldsymbol{\lambda}}(\tau)=\boldsymbol{C}^{\mathrm{T}}\boldsymbol{V}^{-1}\boldsymbol{C}\boldsymbol{x}-\boldsymbol{A}^{\mathrm{T}}\boldsymbol{\lambda}-\boldsymbol{C}^{\mathrm{T}}\boldsymbol{V}^{-1}\boldsymbol{y},\ \boldsymbol{\lambda}(\eta)=\boldsymbol{0}\tag{7.7.19b}$$

式中，$\tau = t - t_k$。采用变换：

$$\boldsymbol{x}(\tau) = \boldsymbol{G}(\tau)\boldsymbol{\lambda}(\tau) + \boldsymbol{r}(\tau)$$

其中，$\boldsymbol{G}(\tau)$ 满足 Riccati 微分方程：

$$\dot{\boldsymbol{G}}(\tau) = \boldsymbol{B}_1\boldsymbol{W}\boldsymbol{B}_1^{\mathrm{T}} + \boldsymbol{A}\boldsymbol{G} + \boldsymbol{G}\boldsymbol{A}^{\mathrm{T}} - \boldsymbol{G}\boldsymbol{C}^{\mathrm{T}}\boldsymbol{V}^{-1}\boldsymbol{C}\boldsymbol{G},\ \boldsymbol{G}(0) = \boldsymbol{0}$$

代入式(7.7.19)有

$$\begin{aligned}&\dot{\boldsymbol{G}}\boldsymbol{\lambda} + \boldsymbol{G}\dot{\boldsymbol{\lambda}} + \dot{\boldsymbol{r}} = \boldsymbol{A}\boldsymbol{G}\boldsymbol{\lambda} + \boldsymbol{A}\boldsymbol{r} + \boldsymbol{B}_1\boldsymbol{W}\boldsymbol{B}_1^{\mathrm{T}}\boldsymbol{\lambda} + \boldsymbol{B}_u\boldsymbol{u}\\&\dot{\boldsymbol{\lambda}} = \boldsymbol{C}^{\mathrm{T}}\boldsymbol{V}^{-1}\boldsymbol{C}\boldsymbol{G}\boldsymbol{\lambda} + \boldsymbol{C}^{\mathrm{T}}\boldsymbol{V}^{-1}\boldsymbol{C}\boldsymbol{r} - \boldsymbol{A}^{\mathrm{T}}\boldsymbol{\lambda} - \boldsymbol{C}^{\mathrm{T}}\boldsymbol{V}^{-1}\boldsymbol{y},\ \boldsymbol{\lambda}(\eta) = \boldsymbol{0}\end{aligned} \tag{7.7.20a}$$

消去 $\dot{\boldsymbol{\lambda}}$，并因 $\boldsymbol{G}$ 满足 Riccati 微分方程，故有

$$\dot{\boldsymbol{r}}(\tau) = \boldsymbol{A}\boldsymbol{r} - \boldsymbol{G}\boldsymbol{C}^{\mathrm{T}}\boldsymbol{V}^{-1}\boldsymbol{C}\boldsymbol{r} + \boldsymbol{G}\boldsymbol{C}^{\mathrm{T}}\boldsymbol{V}^{-1}\boldsymbol{y} + \boldsymbol{B}_u\boldsymbol{u},\ \boldsymbol{r}(0) = \boldsymbol{0} \tag{7.7.20b}$$

该微分方程与式(7.7.8a)同，表明 $\boldsymbol{r}(\tau)$ 就是式(7.7.8a)中的 $\boldsymbol{r}_x(t_{\mathrm{a}}, t)$，$t_{\mathrm{a}}$ 即 t_k。再因边界条件 $\boldsymbol{\lambda}(\eta) = \boldsymbol{0}$，故知式(7.7.8a)已得到证明。至此，$\boldsymbol{r}(\tau)$ 已经与 $\boldsymbol{\lambda}$ 分离出来。

现在将式(7.7.20a)左乘 $\boldsymbol{F}^{\mathrm{T}}$，注意式(7.4.14c)取转置有

$$\dot{\boldsymbol{F}}^{\mathrm{T}} = \boldsymbol{F}^{\mathrm{T}}(\boldsymbol{A}^{\mathrm{T}} - \boldsymbol{C}^{\mathrm{T}}\boldsymbol{V}^{-1}\boldsymbol{C}\boldsymbol{G})$$

利用式(7.7.9b)，有

$$\frac{\mathrm{d}(\boldsymbol{F}^{\mathrm{T}}\boldsymbol{\lambda})}{\mathrm{d}\tau} = -\boldsymbol{F}^{\mathrm{T}}\boldsymbol{C}^{\mathrm{T}}\boldsymbol{V}^{-1}(\boldsymbol{y} - \boldsymbol{C}\boldsymbol{r}),\ \boldsymbol{F}^{\mathrm{T}}\boldsymbol{\lambda}(\eta) = \boldsymbol{0}$$

由于 $\boldsymbol{F}(0) = \boldsymbol{I}_n$，故积分有

$$\boldsymbol{\lambda}(0) = \boldsymbol{F}^{\mathrm{T}}(0)\boldsymbol{\lambda}(0) = \int_0^{\eta}\boldsymbol{F}^{\mathrm{T}}\boldsymbol{C}^{\mathrm{T}}\boldsymbol{V}^{-1}(\boldsymbol{y} - \boldsymbol{C}\boldsymbol{r})\,\mathrm{d}\tau$$

至此又证明了 $\boldsymbol{r}_{\lambda}(t_k, t_{k+1})$ 就是现在的 $\boldsymbol{\lambda}(0)$。式(7.7.18b)就是这样导出的。

7.7.2 单步长积分的计算公式

既已在7.7.1节证明了式(7.7.18)，这节就应给出其计算公式，并将离线与在线计算予以区分。方程组(7.7.17)左端的系数矩阵就是式(7.5.10)的 $\boldsymbol{M}(\eta)$，它的逆阵已于式(7.5.11)给出。故 $\boldsymbol{a}_0$、$\boldsymbol{b}_0'$ 的解为

$$\boldsymbol{a}_0 = \boldsymbol{L}_{01}\begin{Bmatrix}\boldsymbol{u}_0\\\boldsymbol{y}_0\end{Bmatrix} + \boldsymbol{L}_{11}\begin{Bmatrix}\boldsymbol{u}_1\\\boldsymbol{y}_1\end{Bmatrix} + \boldsymbol{L}_{21}\begin{Bmatrix}\boldsymbol{u}_2\\\boldsymbol{y}_2\end{Bmatrix} \tag{7.7.21a}$$

$$\boldsymbol{b}_0' = \boldsymbol{L}_{02}\begin{Bmatrix}\boldsymbol{u}_0\\\boldsymbol{y}_0\end{Bmatrix} + \boldsymbol{L}_{12}\begin{Bmatrix}\boldsymbol{u}_1\\\boldsymbol{y}_1\end{Bmatrix} + \boldsymbol{L}_{22}\begin{Bmatrix}\boldsymbol{u}_2\\\boldsymbol{y}_2\end{Bmatrix} \tag{7.7.21b}$$

$$\begin{aligned}&\boldsymbol{L}_{01} = -\boldsymbol{A}_2[\boldsymbol{N}_{\alpha}\mathrm{diag}[e_0(\mu_i)]\boldsymbol{f}_{\mathrm{a}} + \boldsymbol{N}_{\beta}\mathrm{diag}[e_0(-\mu_i)]\boldsymbol{f}_{\mathrm{b}}],\\&\boldsymbol{L}_{02} = -\boldsymbol{B}_2[\boldsymbol{N}_{\alpha}\mathrm{diag}[e_0(\mu_i)]\boldsymbol{f}_{\mathrm{a}} + \boldsymbol{N}_{\beta}\mathrm{diag}[e_0(-\mu_i)]\boldsymbol{f}_{\mathrm{b}}]\end{aligned}$$

$$\boldsymbol{L}_{11}=-\boldsymbol{A}_2[\boldsymbol{N}_\alpha\text{diag}[e_1(\mu_i)]\boldsymbol{f}_\text{a}+\boldsymbol{N}_\beta\text{diag}[e_1(-\mu_i)]\boldsymbol{f}_\text{b}],$$
$$\boldsymbol{L}_{12}=-\boldsymbol{B}_2[\boldsymbol{N}_\alpha\text{diag}[e_1(\mu_i)]\boldsymbol{f}_\text{a}+\boldsymbol{N}_\beta\text{diag}[e_1(-\mu_i)]\boldsymbol{f}_\text{b}]$$
$$\boldsymbol{L}_{21}=-\boldsymbol{A}_2[\boldsymbol{N}_\alpha\text{diag}[e_2(\mu_i)]\boldsymbol{f}_\text{a}+\boldsymbol{N}_\beta\text{diag}[e_2(-\mu_i)]\boldsymbol{f}_\text{b}],$$
$$\boldsymbol{L}_{22}=-\boldsymbol{B}_2[\boldsymbol{N}_\alpha\text{diag}[e_2(\mu_i)]\boldsymbol{f}_\text{a}+\boldsymbol{N}_\beta\text{diag}[e_2(-\mu_i)]\boldsymbol{f}_\text{b}]$$

这些 $\boldsymbol{L}$ 阵都是 $n\times(m+q)$，且与量测与控制的值无关,故可离线算好。$\boldsymbol{A}_2$、$\boldsymbol{B}_2$ 阵见式(7.5.13)。容易导出：

$$\boldsymbol{a}(\eta)=\begin{pmatrix}\boldsymbol{D}_{c\eta}\boldsymbol{L}_{01}+\\ \text{diag}[e_0(\mu_i)]\boldsymbol{f}_\text{a}\end{pmatrix}\begin{Bmatrix}\boldsymbol{u}_0\\ \boldsymbol{y}_0\end{Bmatrix}+\begin{pmatrix}\boldsymbol{D}_{c\eta}\boldsymbol{L}_{11}+\\ \text{diag}[e_1(\mu_i)]\boldsymbol{f}_\text{a}\end{pmatrix}\begin{Bmatrix}\boldsymbol{u}_1\\ \boldsymbol{y}_1\end{Bmatrix}+\begin{pmatrix}\boldsymbol{D}_{c\eta}\boldsymbol{L}_{21}+\\ \text{diag}[e_2(\mu_i)]\boldsymbol{f}_\text{a}\end{pmatrix}\begin{Bmatrix}\boldsymbol{u}_2\\ \boldsymbol{y}_2\end{Bmatrix}\tag{7.7.22a}$$

$$\boldsymbol{b}(\eta)=\begin{pmatrix}\boldsymbol{L}_{02}+\\ \text{diag}[e_0(-\mu_i)]\boldsymbol{f}_\text{b}\end{pmatrix}\begin{Bmatrix}\boldsymbol{u}_0\\ \boldsymbol{y}_0\end{Bmatrix}+\begin{pmatrix}\boldsymbol{L}_{12}+\\ \text{diag}[e_1(-\mu_i)]\boldsymbol{f}_\text{b}\end{pmatrix}\begin{Bmatrix}\boldsymbol{u}_1\\ \boldsymbol{y}_1\end{Bmatrix}+\begin{pmatrix}\boldsymbol{L}_{22}+\\ \text{diag}[e_2(-\mu_i)]\boldsymbol{f}_\text{b}\end{pmatrix}\begin{Bmatrix}\boldsymbol{u}_2\\ \boldsymbol{y}_2\end{Bmatrix}\tag{7.7.22b}$$

以上公式括号内的矩阵都为 $n\times(m+q)$，可预先算好,因为步长 η 是选定了的。按式(7.7.18),有

$$\begin{gathered}\boldsymbol{r}_x(t_k,t_{k+1})=\boldsymbol{X}_\alpha\boldsymbol{a}(\eta)+\boldsymbol{X}_\beta\boldsymbol{b}(\eta)=\boldsymbol{M}_{x0}\begin{Bmatrix}\boldsymbol{u}_0\\ \boldsymbol{y}_0\end{Bmatrix}+\boldsymbol{M}_{x1}\begin{Bmatrix}\boldsymbol{u}_1\\ \boldsymbol{y}_1\end{Bmatrix}+\boldsymbol{M}_{x2}\begin{Bmatrix}\boldsymbol{u}_2\\ \boldsymbol{y}_2\end{Bmatrix}\\ \boldsymbol{M}_{x0}=[\boldsymbol{X}_\alpha(\boldsymbol{D}_{c\eta}\boldsymbol{L}_{01}+\text{diag}[e_0(\mu_i)]\boldsymbol{f}_\text{a})+\boldsymbol{X}_\beta(\boldsymbol{L}_{02}+\text{diag}[e_0(-\mu_i)]\boldsymbol{f}_\text{b})]\\ \boldsymbol{M}_{x1}=[\boldsymbol{X}_\alpha(\boldsymbol{D}_{c\eta}\boldsymbol{L}_{11}+\text{diag}[e_1(\mu_i)]\boldsymbol{f}_\text{a})+\boldsymbol{X}_\beta(\boldsymbol{L}_{12}+\text{diag}[e_1(-\mu_i)]\boldsymbol{f}_\text{b})]\\ \boldsymbol{M}_{x2}=[\boldsymbol{X}_\alpha(\boldsymbol{D}_{c\eta}\boldsymbol{L}_{21}+\text{diag}[e_2(\mu_i)]\boldsymbol{f}_\text{a})+\boldsymbol{X}_\beta(\boldsymbol{L}_{22}+\text{diag}[e_2(-\mu_i)]\boldsymbol{f}_\text{b})]\end{gathered}\tag{7.7.23a}$$

$$\begin{gathered}\boldsymbol{r}_\lambda(t_k,t_{k+1})=\boldsymbol{N}_\alpha\boldsymbol{a}_0+\boldsymbol{N}_\beta\boldsymbol{D}_{c\eta}\boldsymbol{b}'_0=\boldsymbol{M}_{\lambda0}\begin{Bmatrix}\boldsymbol{u}_0\\ \boldsymbol{y}_0\end{Bmatrix}+\boldsymbol{M}_{\lambda1}\begin{Bmatrix}\boldsymbol{u}_1\\ \boldsymbol{y}_1\end{Bmatrix}+\boldsymbol{M}_{\lambda2}\begin{Bmatrix}\boldsymbol{u}_2\\ \boldsymbol{y}_2\end{Bmatrix}\\ \boldsymbol{M}_{\lambda0}=(\boldsymbol{N}_\alpha\boldsymbol{L}_{01}+\boldsymbol{N}_\beta\boldsymbol{D}_{c\eta}\boldsymbol{L}_{02}),\ \boldsymbol{M}_{\lambda1}=(\boldsymbol{N}_\alpha\boldsymbol{L}_{11}+\boldsymbol{N}_\beta\boldsymbol{D}_{c\eta}\boldsymbol{L}_{12})\\ \boldsymbol{M}_{\lambda2}=(\boldsymbol{N}_\alpha\boldsymbol{L}_{21}+\boldsymbol{N}_\beta\boldsymbol{D}_{c\eta}\boldsymbol{L}_{22})\end{gathered}\tag{7.7.23b}$$

代入式(7.7.9),给出

$$\boldsymbol{r}_{xp}(t_k,t_{k+1})=\boldsymbol{M}_{p0}\begin{Bmatrix}\boldsymbol{u}_0\\ \boldsymbol{y}_0\end{Bmatrix}+\boldsymbol{M}_{p1}\begin{Bmatrix}\boldsymbol{u}_1\\ \boldsymbol{y}_1\end{Bmatrix}+\boldsymbol{M}_{p2}\begin{Bmatrix}\boldsymbol{u}_2\\ \boldsymbol{y}_2\end{Bmatrix}\tag{7.7.24}$$

$$\boldsymbol{M}_{p0}=\boldsymbol{M}_{x0}+\boldsymbol{\Phi}_{k+1,k}\boldsymbol{P}_k\boldsymbol{M}_{\lambda0},\ \boldsymbol{M}_{p1}=\boldsymbol{M}_{x1}+\boldsymbol{\Phi}_{k+1,k}\boldsymbol{P}_k\boldsymbol{M}_{\lambda1}$$
$$\boldsymbol{M}_{p2}=\boldsymbol{M}_{x2}+\boldsymbol{\Phi}_{k+1,k}\boldsymbol{P}_k\boldsymbol{M}_{\lambda2},\boldsymbol{\Phi}_{k+1,k}=\boldsymbol{\Phi}(t_{k+1},t_k),\ \boldsymbol{P}_k=\boldsymbol{P}(t_k)$$

于是式(7.7.6)成为

$$\hat{\boldsymbol{x}}_{k+1} = \boldsymbol{\Phi}(t_{k+1}, t_k)\hat{\boldsymbol{x}}_k + \boldsymbol{M}_{p0}\begin{Bmatrix}\boldsymbol{u}_0\\ \boldsymbol{y}_0\end{Bmatrix} + \boldsymbol{M}_{p1}\begin{Bmatrix}\boldsymbol{u}_1\\ \boldsymbol{y}_1\end{Bmatrix} + \boldsymbol{M}_{p2}\begin{Bmatrix}\boldsymbol{u}_2\\ \boldsymbol{y}_2\end{Bmatrix} \tag{7.7.6''}$$

这是用于实时积分的公式。$\boldsymbol{\Phi}(t_{k+1}, t_k)$、$\boldsymbol{M}_{pi}(i=0, 1, 2)$ 都可离线计算好。当然这些 $\boldsymbol{M}_{pi}$ 阵与 k 有关。这样,实时计算部分已经大大减少,为 $n \times n$ 阵乘 n 维向量一次及 $n \times (m+q)$ 矩阵乘 $m+q$ 向量三次,共 $n^2 + 3 \times n \times (m+q)$ 次乘法。

上文推导将 $\boldsymbol{u}$ 与 $\boldsymbol{y}$ 混在一起是为了减少符号。如分别推导,则成为 $n \times m$ 阵乘 m 向量及 $n \times q$ 矩阵乘 q 向量各三次。实时计算的工作量一样。

以上采用精细积分法求解,然而请注意,精细积分法适用于定常系统,而见到偏离于定常系统的课题时,就需要有多种近似方法。这方面请见第九章的近似计算方法。

基于本征解的分析解在出现 Jordan 型时会出现数值不稳定,但精细积分法不在意是否有 Jordan 型,且其数值效果与分析法相当,因此还涉及精细积分法求解,具体可参见文献[1]中 6.5.8 小节。

练　习　题

7.1　滤波模型一般包含哪三类基本方程,各类方程的物理意义分别是什么?

7.2　连续时间线性系统为

$$\dot{\boldsymbol{x}} = \begin{bmatrix} 0 & 1\\ -2 & 3\end{bmatrix}\boldsymbol{x} + \begin{pmatrix}1\\1\end{pmatrix}w + \begin{pmatrix}1\\-1\end{pmatrix}u,\ y = \begin{bmatrix}1 & 0\end{bmatrix}\boldsymbol{x} + v,\ \boldsymbol{x} = \begin{pmatrix}x_1\\x_2\end{pmatrix}$$

其中,u、y 分别为输入和输出;w、v 为随机干扰,且有

$$E(w(t)) = E(v(t)) = 0$$
$$\text{var}(w(t), w(\tau)) = 2\delta(t-\tau)$$
$$\text{var}(v(t), v(\tau)) = \delta(t-\tau)$$
$$\text{covar}(w(t), v(\tau)) = 0$$

已知初始有

$$E(\boldsymbol{x}_0) = \begin{pmatrix}1\\0\end{pmatrix}\quad \text{var}(\boldsymbol{x}_0, \boldsymbol{x}_0) = \begin{bmatrix}0.3 & 0.1\\ 0.1 & 0.3\end{bmatrix}$$

写出该系统在 $t \in [0, 5]$ 的指标和对偶微分方程。

7.3　写出上题所示系统状态变量的均值所满足的微分方程。

7.4　试论述:何为结构力学与 Kalman 滤波的模拟关系,该模拟关系有何作用?

7.5　你所接触的问题中,哪些可以用 Kalman 滤波方法来研究?

7.6　根据结构力学与 Kalman 滤波模拟理论,状态变量的均值 $\hat{x}$、协方差 P、对偶变量 λ、扩展指标分别相当于结构力学中的什么物理量?

7.7　设有一维动力过程:

$$\dot{x} = -2x + w,\ y = 0.5x + v$$
$$E(x(0)) = \hat{x}(0) = 0,\ \mathrm{var}[x(0),\ x(0)] = P_0 = 0.3$$

其中,x 为状态变量;y 为输出;w 和 v 是两个互不相关的零均值白噪声高斯随机分布变量,方差均为 0.3。采用精细积分方法计算当 $t \to \infty$ 时的 P_∞。

7.8 定义矩阵 $\boldsymbol{A} = \begin{bmatrix} 0 & 2 \\ -2 & 1 \end{bmatrix}$, $\boldsymbol{B} = \begin{pmatrix} 1 \\ 0.2 \end{pmatrix}$, $\boldsymbol{C} = [1 \quad 0.4]$, $\boldsymbol{W} = \boldsymbol{V} = 1$, 采用精细积分法求解 Riccati 代数方程:

$$\boldsymbol{BWB}^{\mathrm{T}} + \boldsymbol{AP} + \boldsymbol{PA}^{\mathrm{T}} - \boldsymbol{PC}^{\mathrm{T}}\boldsymbol{V}^{-1}\boldsymbol{CP} = 0。$$

7.9 区段矩阵 $\boldsymbol{Q}(t)$、$\boldsymbol{F}(t)$、$\boldsymbol{G}(t)$ 各有什么物理意义?为什么当 $t \to \infty$ 时, $\boldsymbol{F}(t) = \boldsymbol{0}$?

7.10 某线性动力系统:

$$\dot{\boldsymbol{x}} = \boldsymbol{Ax} + \boldsymbol{Bu},\ \boldsymbol{x}(t_0) = \boldsymbol{x}_0$$

要求状态变量满足动力方程的同时,寻求输入 $\boldsymbol{u}$, 满足如下二次指标最小:

$$J = \frac{1}{2}\int_0^{t_f} (\boldsymbol{x}^{\mathrm{T}}\boldsymbol{Qx} + \boldsymbol{u}^{\mathrm{T}}\boldsymbol{Ru})\,\mathrm{d}t$$

其中, $\boldsymbol{Q}$、$\boldsymbol{R}$ 为对称矩阵。利用 Lagrange 乘子法建立扩展的指标,并导出对偶方程。

7.11 某非线性动力系统:

$$\dot{x}_1 = (1 - x_1^2 - x_2^2)x_1 - x_2 + u,\ x_1(0) = 0$$
$$\dot{x}_2 = x_1,\ x_2(0) = 1$$

要求状态变量满足非线性动力方程的同时,满足如下性能指标最小:

$$J = 2x_1^2(t_f) + 2x_2^2(t_f) + \int_0^{t_f} (x_1^2 + x_2^2 + u^2)\,\mathrm{d}t$$

利用 Lagrange 乘子法建立扩展的指标,并导出对偶方程。

参考文献

[1] 钟万勰.应用力学对偶体系[M].北京:科学出版社,2002.
[2] 郑大钟.线性系统理论[M].北京:清华大学出版社,1990.
[3] Stengel. Stochastic optimal control[M]. New York: Wiley, 1986.
[4] 钟万勰,吴志刚,谭述君.状态空间控制理论与计算[M].北京:科学出版社,2007.
[5] 钟万勰.计算结构力学与最优控制[M].大连:大连理工大学出版社,1993.
[6] Bittanti S, Laub A J, Willems J C. The Riccati equation[M]. Berlin: Springer-Verlag, 1991.

第八章 受约束系统的经典动力学

计算机之父 John von Neumann 有论述:“关于微积分最早的系统论述甚至在数学上并不严格。在牛顿之后的 150 多年里,唯一有的只是一个不精确的、半物理的描述! 然而与这种不精确的、数学上不充分的背景形成对照的是,数学分析中的某些最重要的进展却发生在这段时间! 这一时期数学上的一些领军人物,例如欧拉,在学术上显然并不严密;而其他人,总的来说与高斯或雅可比差不多。当时数学分析发展的混乱与模糊无以复加,并且它与经验的关系当然也不符合我们今天的(或欧几里得的)抽象与严密的概念。但是,没有哪一位数学家会把它排除在数学发展的历史长卷之外,这一时期产生的数学是曾经有过的第一流的数学!”经典力学可是近代科学的基础学科,它就是这样发展来的,值得深思。

本书作者不是严格的数学家,但看到受约束系统数值求解发展的一些不如人意的地方,就要介绍我们继承中国古人的成就而发展的有效方法。本书介绍的方法可谓“不精确的、半物理的描述”。受约束系统在很多领域都有应用。好在有数值结果对比,优劣自见,供读者对比参考。

应用篇的第五、六、七章介绍控制相关的内容,主要还是结构力学问题。第八章的约束动力学问题是动力学求解时计算的难点,值得探讨。首先应就其理论方面进行探讨。

受约束系统分析,首先应就传统分析动力学[1],对于约束的分类做进一步探讨。以往总是在连续时间系统下分析问题。当看到有微分的约束时,有完整系统和非完整系统的划分。位移的代数约束认为是完整系统(holonomic system)。运用隐函数定理,可将代数约束方程预先满足并加以消元,成为减维的独立位移系统,以满足 Lagrange 广义位移的要求,因此在分析力学分类中称为完整系统。但隐函数定理不是算法,真要数值求解不容易,于是就出现了 DAE 的求解问题。在机构动力学等领域要数值计算的迫切要求之下,DAE 的求解成为热门的方向。一些著作习惯于将代数方程进行微商,微商的次数就是其指标。转化到联立微分方程来进行数值求解[2],可能是要归化到常微分方程组再进行数值求解。先将代数约束进行微商,化到联立常微分方程组做数值求解的策略是否可行,还值得探讨。

传统分析力学分类的非完整(non-holonomic)系统不能将约束通过消元的方法,变换到 Lagrange 独立广义位移的系统,其中包含有不能分析积分的微分等式约束及不等式约束[1]。不能用分析法积分的微分等式约束(状态空间的约束)也带来麻烦。因为涉及位移的时间微商或动量,离散系统的约束不是直接对于每个节点的位移,故无法在每个节点单独处理。用数值方法离散后,微分成为差分,微分等式约束也就转化成为代数约束方程。但该约束方程不是单个节点位移的方程,必然涉及相邻节点位移,处理上将带来麻烦。但这毕竟仍是代数约束方程,仍可予以迭代求解。在性质上与不等式约束不同,笼统地称为非完整约束,将不同性质的问题归为同类,不够妥当。所以从离散系统求解的角度进行分类时,划分为等式约束与不等式约束也许更合理,划分为以下三种更全面:

(1) 完整约束(位移空间的约束);

(2) 非完整等式约束(状态空间的约束);

(3) 不等式约束。

首先离散求解完整约束的动力学问题。机构动力学时机器人方面的重要课题,DAE、祖冲之方法论在处理约束方面有独到之处,本章要重点介绍。在讲解陀螺系统时要特别考虑刚体转动,这涉及空间转动群。祖冲之方法论依然是重要方面。然后讲非完整等式约束。对不等式约束有参变量变分原理,则请参见著作[17]和[18]。

8.1 DAE 的积分

从传统分析力学看到,Hamilton 体系理论很一般,并不限于线性体系,而是对于保守体系的[1]。动力系统的数值积分吸引了众多研究[2, 3]。许多课题引导到约束的 Hamilton 系统(constrained Hamiltonian system),总是推导到 DAE。国外求解方法通常采用对于代数约束进行微商,即 index 法,并归化到联立常微分方程组再进行数值求解的方法。index 法数学理论可行,并不代表数值方法有效。从数值求解的角度看,反而使问题变复杂了。

代数方程本来就是微分方程的积分,将它化成微分方程再进行数值积分,是多余的“虚功”。归化到微分方程组再进行离散数值积分,前面的归化步是连续、精确的,而离散数值积分是近似的,往返不等价,从而约束条件是否满足也出了问题。

代数方程显然比微分方程容易做数值处理,可在数值求解时作为等式约束同时迭代满足。等式约束比不等式约束的处理更容易。求解 DAE 可参考文献[4],从其中的简单例题,可看到约束条件的满足是非常好的,表明 index 积分方法不可取。虽然这是国外众多著作采用的方法,但数值例题表明不理想。

传统的完整约束直接对于位移,在每个时间节点可以方便地表达而不涉及位移的时间微分或动量,所以容易在每个节点单独处理。理论上讲,约束条件完全在位移空间(configuration)。节点位移满足约束条件,意味着位移和动量都只有 $n - n_c$ 个独立分量,其中 n、n_c 分别是位移和约束的维数。代数约束方程(位移空间的约束)不包含动量,故离散后的约束只与本节点的位移有关,而与相邻节点无关。节点 k 的相邻时间区段是 $k^{\#}$: $(k-1, k)$ 及 $(k+1)^{\#}$: $(k, k+1)$。$k^{\#}$ 区段积分时得到的 $\boldsymbol{p}_k^{(k)^{\#}}$,受到的约束与 $(k+1)^{\#}$ 区段的 k 点同,因为 $\boldsymbol{p}_k^{(k)^{\#}}$ 总是与 k 点的位移约束方程的切面相垂直(理想约束),因此 $\boldsymbol{p}_k^{(k)^{\#}}$ 可直接用于 $\boldsymbol{p}_k^{(k+1)^{\#}}$,即动量在节点处是连续的。这给 DAE 的求解带来了方便。

设 $\boldsymbol{q}(t)$ 是 n 维广义位移向量,无约束时动力系统的 Lagrange 函数为 $L(\boldsymbol{q},\ \dot{\boldsymbol{q}}) =$

$T(\boldsymbol{q},\dot{\boldsymbol{q}})-U(\boldsymbol{q})$，$T(\boldsymbol{q},\dot{\boldsymbol{q}})=\dot{\boldsymbol{q}}^{\mathrm{T}}\boldsymbol{M}(\boldsymbol{q})\dot{\boldsymbol{q}}/2$，$T$、$U$ 分别为动能，势能。但当运动时有 c 维的理想约束，约束方程为

$$\boldsymbol{g}(\boldsymbol{q})=\boldsymbol{0} \tag{8.1.1}$$

运动只能在约束下的超曲面（流形，manifold）上运动，即 $\boldsymbol{q}(t)$ 已不是独立的广义位移。其动力方程的推导是引入 c 维的 Lagrange 乘子函数 $\boldsymbol{\lambda}(t)$：

$$L_{\mathrm{e}}(\boldsymbol{q},\dot{\boldsymbol{q}},\boldsymbol{\lambda})=L(\boldsymbol{q},\dot{\boldsymbol{q}})-\boldsymbol{\lambda}^{\mathrm{T}}\cdot\boldsymbol{g}(\boldsymbol{q}) \tag{8.1.2}$$

导出的方程组是[3]

$$\begin{aligned}&\boldsymbol{u}=\dot{\boldsymbol{q}}\\&\boldsymbol{M}(\boldsymbol{q})\dot{\boldsymbol{u}}=\boldsymbol{f}(\boldsymbol{q},\boldsymbol{u})-\boldsymbol{G}^{\mathrm{T}}(\boldsymbol{q})\cdot\boldsymbol{\lambda}\\&\boldsymbol{g}(\boldsymbol{q})=\boldsymbol{0}\end{aligned} \tag{8.1.3}$$

式中，$\boldsymbol{G}(\boldsymbol{q})=\partial\boldsymbol{g}/\partial\boldsymbol{q}$；$\boldsymbol{f}(\boldsymbol{q},\boldsymbol{u})=\boldsymbol{u}^{\mathrm{T}}(\partial\boldsymbol{M}/\partial\boldsymbol{q})\boldsymbol{u}/2-\partial U/\partial\boldsymbol{q}$。这构成了 $\boldsymbol{q}$、$\boldsymbol{u}$ 的 DAE 方程组。

以上是用位移-速度空间推导的 DAE 方程。在 Hamilton 列式下，Legendre 变换给出 $\boldsymbol{p}=\partial L/\partial\dot{\boldsymbol{q}}=\boldsymbol{M}(\boldsymbol{q})\dot{\boldsymbol{q}}$，$\dot{\boldsymbol{q}}=\boldsymbol{M}^{-1}\boldsymbol{p}$。变换后，其 Hamilton 函数为 $H(\boldsymbol{q},\boldsymbol{p})=\boldsymbol{p}^{\mathrm{T}}\boldsymbol{M}^{-1}\boldsymbol{p}/2+U(\boldsymbol{q})$，而约束下的 Hamilton 函数为 $H_{\mathrm{e}}(\boldsymbol{q},\boldsymbol{p})=\boldsymbol{p}^{\mathrm{T}}\boldsymbol{M}^{-1}\boldsymbol{p}/2+U(\boldsymbol{q})+\boldsymbol{\lambda}^{\mathrm{T}}\boldsymbol{g}(\boldsymbol{q})$。对应的 DAE 为

$$\begin{aligned}&\dot{\boldsymbol{q}}=\frac{\partial H}{\partial\boldsymbol{p}}\\&\dot{\boldsymbol{p}}=-\frac{\partial H}{\partial\boldsymbol{q}}-\boldsymbol{G}^{\mathrm{T}}(\boldsymbol{q})\cdot\boldsymbol{\lambda}\\&\boldsymbol{g}(\boldsymbol{q})=\boldsymbol{0}\end{aligned} \tag{8.1.4}$$

$H(\boldsymbol{q},\boldsymbol{p})=E$ 是保守的。此即在状态空间 $\boldsymbol{q}$、$\boldsymbol{p}$ 下的 DAE 方程[2, 3]。其求解方法论的基础是微分方程，要推出联立微分方程引起指标问题等，给理论上与计算上带来了复杂的附加因素。

DAE 方程的求解有广泛应用，但非线性系统的 DAE 方程并不能轻易地求解，多种常见的差分近似已经有了较深入的探讨[2, 3]。差分数值积分要保证其轨道满足约束条件，非常困难。因每步积分开始就采用差分近似以逼近微分方程，难于保证轨道节点满足约束条件，只能在每步积分后再采用投影等修补手段，这种修补成了一种干扰。其方法论是先用差分法离散约束产生的微分方程，然后再考虑约束。差分近似本身的精度就不够，虽然注意到差分近似的保辛，但其投影修补是否保辛也是问题。随着该思路有许多研究，但不够理想，原因是方法论不理想。

中国古代南北朝著名数学家祖冲之[5]（429～500 年，图 8.1），计算圆周率 $\pi=3.141\,592\,6\cdots\cdots$

本节从圆周率是怎么计算开始探讨。祖冲之的方法就是用直径为 1 的正多角形边的总长度代替。多角形的角点要求全部处于圆周上。角点的数目越多，多角形边的总长度

图 8.1 祖冲之像

就越逼近于 π。划分成 65 536 的内接正多角形,就可以达到较高的精度。

显然,边两端的节点处于圆周上,满足了约束条件,而其连接直线(二维空间 Euclid 度量下的短程线)则不在圆周上,没有处处满足约束条件。所以说,约束条件不必处处满足,只要在离散节点处严格满足约束条件即可。

祖冲之算出 π 的真值在 3.141 592 6 和 3.141 592 7 之间,相当于精确到小数第 7 位,这一纪录直到 1427 年才被阿拉伯学者卡西所超越。祖冲之提出约率 22/7 和密率 355/113,这一密率值是世界上最早提出的,比欧洲早 1100 年,所以有人主张叫它"祖率",直到 16 世纪年才由荷兰人奥托得到。

祖冲之给出的思路是,约束条件不必处处满足,只要在节点处严格满足即可,相邻节点间则可用短程线代替,而不用管约束条件。

同样的思路也可运用于 DAE 的方程求解。约束条件只要求在离散节点处严格满足,而轨道则可按无约束动力系统积分(动力学意义下的短程线),例如可用时间有限元近似积分。只要节点划分足够密,则轨道定会逼近真实解。这样的思路下导出的算法,可称为祖冲之方法论和祖冲之类算法。

回顾 Lagrange 力学的基本思想,先引入广义位移以满足全部约束条件,但以上的做法改变了其思路。Lagrange 体系中,处处满足约束条件的广义位移难以找到,但本书运用分析结构力学的基本概念,进入离散系统来分析。首先保证离散积分点的约束条件严格满足;再在时间区段内,用时间有限元[6, 7]离散代替差分离散,然后运用最小作用量变分原理以代替微分方程,离散的时间步内积分就不再考虑约束。分析结构力学理论保证可达到每步积分的自动保辛[8],继承了祖冲之方法论,称祖冲之类算法。祖冲之的时代,没有微积分、动力学等,但其思路可以继承。融合近代科学理论,得到的算法可称为祖冲之类算法。中国在现代数学发展中,不可也不应缺位。祖冲之类算法可提供一个例证。

讨论: 即使采用时间有限元,也还没有用精细积分法[8]。精细积分法具有很高的精度,故还有潜力有待发挥,这是以后需要解决的问题。

8.1.1 微分-代数方程的时间有限元求解

基于分析结构力学理论的方法,可从最简单的例题着手阐明。

例题 8.1 质量 m 的单摆振动,取 $\boldsymbol{q}(t)=\{x, y\}^{\mathrm{T}}$ 为未知数,而不用 $\theta(t)$ 为未知数,$x=r\sin\theta$, $y=r(1-\cos\theta)$。约束条件为 $g(\boldsymbol{q})=r^2-(x^2+y^2)=0$, $r=1$。初始条件为 $x(0)=0.99$, $\dot{x}(0)=0$。

解: y 坐标以向下为正,势能 $U(x, y)=-mg_{\mathrm{r}}y$, $g_{\mathrm{r}}=10\ \mathrm{m/s^2}$; 动能 $T=m(\dot{x}^2+\dot{y}^2)/2$, Lagrange 函数 $L(\boldsymbol{q}, \dot{\boldsymbol{q}})=T-U$, 其变分原理为

$$S=\int_0^{t_{\mathrm{f}}}L(\boldsymbol{q}, \dot{\boldsymbol{q}})\,\mathrm{d}t=\int_0^{t_{\mathrm{f}}}m\left(\frac{\dot{x}^2+\dot{y}^2}{2}+g_{\mathrm{r}}y\right)\mathrm{d}t,\ \delta S=0$$

约束条件为 $g(\boldsymbol{q})=r^2-(x^2+y^2)=0$，$r=1$。

取离散时间区段 η，$t_0=0$，$t_1=\eta$，…，$t_k=k\eta$。设 t_{k-1} 时的位移与速度 x_{k-1}、y_{k-1}、$\dot{x}_{k-1}$、$\dot{y}_{k-1}$ 已知，有 $x_{k-1}^2+y_{k-1}^2=1$。离散体系节点的位移连续条件及约束条件是满足的。连续时间模型 $\boldsymbol{g}(\boldsymbol{q})=\boldsymbol{0}$ 处处满足，故有微商的约束条件 $x_k\dot{x}_k+y_k\dot{y}_k=0$。回顾有限元法，在单元与单元之间，二阶微分方程只要求 C_0 连续性，其一次微商的连续性可通过变分原理来满足，有启发意义。表明微商约束条件 $x_k\dot{x}_k+y_k\dot{y}_k=0$ 也可通过变分原理来满足。

要积分下一个时间步的 x_k、y_k、$\dot{x}_k$、$\dot{y}_k$ 时，首先应满足约束条件 $x_k^2+y_k^2=1$。取 x_k 为独立未知数，$y_k=(1-x_k^2)^{1/2}$（只有简单的约束方程，才可得到代数式的解，一般难以做到）。从而可计算区段 $(t_{k-1},\ t_k)$ 的作用量：

$$S_k(x_{k-1},\ x_k)=\int_{t_{k-1}}^{t_k}L(\boldsymbol{q},\ \dot{\boldsymbol{q}})\mathrm{d}t=\int_{t_{k-1}}^{t_k}m\left(\frac{\dot{x}^2+\dot{y}^2}{2}+g_{\mathrm{r}}y\right)\mathrm{d}t$$

根据约束条件，作用量只是独立位移 $(x_{k-1},\ x_k)$ 的函数。二阶微分方程的微商约束条件 $x_k\dot{x}_k+y_k\dot{y}_k=0$ 可在有限元的意义下满足。

有限元 $\dot{x}=(x_k-x_{k-1})/\eta$、$\dot{y}=(y_k-y_{k-1})/\eta$、$g_{\mathrm{r}}y=g_{\mathrm{r}}(y_{k-1}+y_k)/2$ 分别对区段位移分量进行线性插值，单元内部的约束条件则放松掉。运用有限元法近似计算作用量 $S_k(x_{k-1},\ x_k)$，它相当于结构力学的区段变形能。整体变形能无非是全部单元变形能之和：

$$S(x_0,\ x_{k_{\mathrm{f}}})=\sum_{k=1}^{k_{\mathrm{f}}}S_k(x_{k-1},\ x_k)$$

因为 y_{k-1}、y_k 是 x_{k-1}，x_k 的非线性函数，故 $S_k(x_{k-1},\ x_k)$ 是独立变量 x_{k-1}、x_k 的非线性函数，而与如何达到 x_{k-1}、x_k 无关。这符合分析结构力学正则变换对区段作用量的要求。

取 $\dot{x}=(x_k-x_{k-1})/\eta$、$\dot{y}=(y_k-y_{k-1})/\eta$、$g_{\mathrm{r}}y=g_{\mathrm{r}}(y_{k-1}+y_k)/2$ 的有限元法 $S_k(x_{k-1},\ x_k)$（在区段内不严格满足约束条件，而近似满足）：

$$\begin{aligned}S_k(x_{k-1},\ x_k)&=\int_{t_{k-1}}^{t_k}m\left(\frac{\dot{x}^2+\dot{y}^2}{2}+g_{\mathrm{r}}y\right)\mathrm{d}t\\&\approx\int_{t_{k-1}}^{t_k}m\left[\frac{(x_k-x_{k-1})^2+(y_k-y_{k-1})^2}{2\eta^2}+g_{\mathrm{r}}(y_k+y_{k-1})\right]\mathrm{d}t\\&=\left(\frac{m}{2}\right)\left[\frac{(x_k-x_{k-1})^2+(y_k-y_{k-1})^2}{2\eta}+g_{\mathrm{r}}\eta(y_k+y_{k-1})\right]\end{aligned}$$

式中，$y_k=(1-x_k^2)^{1/2}$（节点处代数约束条件满足），因此 $S_k(x_{k-1},\ x_k)$ 只是两端独立自变量 x_{k-1}、x_k 的函数［偏微商时，$\partial y_k/\partial x_k=-x_k\cdot(1-x_k^2)^{-1/2}$，即 $x_k\dot{x}_k+y_k\dot{y}_k=0$ $(\dot{y}_k/\dot{x}_k=-x_k/y_k)$］。

插值公式相当于作用量（区段变形能）用的有限元近似与真实作用量略有不同。Lagrange 原理的位移约束条件已经在节点处严格满足，区段内部的约束条件则由有限元插值自然就近似满足。

根据离散系统的分析结构力学，在时间格点处引入对偶变量：

$$p_{k-1} = -\frac{\partial S_k}{\partial x_{k-1}},\ p_k = \frac{\partial S_k}{\partial x_k}$$

则状态变量为

$$\boldsymbol{v}_k = \{x_k,\ p_k\}^{\mathrm{T}}$$

显然，区段 $(t_{k-1},\ t_k)$、$(t_k,\ t_{k+1})$ 的 $S_k(x_{k-1},\ x_k)$、$S_{k+1}(x_k,\ x_{k+1})$ 都产生 p_k，两者相等就是动力方程：

$$-\frac{\partial S_{k+1}}{\partial x_k} = \frac{\partial S_k}{\partial x_k}$$

这给从 $\boldsymbol{v}_{k-1}$ 传递到 $\boldsymbol{v}_k$ 提供了方程。根据分析结构力学理论，传递变换是辛矩阵，即保辛。

现在要考虑初始条件以确定 p_0，x_0、$\dot{x}_0$ 为给定。与 x_0 相关的区段能量是 $S_1(x_0,\ x_1)$，按分析结构力学有 $p_0 = -\partial S_1/\partial x_0$。具体计算：

$$\begin{aligned}S_1(x_0,\ x_1) &= \int_{t_0}^{t_1} m\left[\frac{(x_1 - x_0)^2 + (y_1 - y_0)^2}{2\eta^2} + g_{\mathrm{r}} y\right]\mathrm{d}t \\ &= \frac{m[(x_1 - x_0)^2 + (y_1 - y_0)^2]}{2\eta} + \frac{mg_{\mathrm{r}}(y_1 + y_0)\eta}{2}\end{aligned}$$

式中，$y_0 = (1 - x_0^2)^{1/2}$ 是 x_0 的函数。故

$$p_0 = -\frac{\partial S_1}{\partial x_0} = \frac{mg_{\mathrm{r}}\eta\partial y_0}{2\partial x_0} - \frac{m\left[(x_1 - x_0) - (y_1 - y_0)\left(\dfrac{\partial y_0}{\partial x_0}\right)\right]}{\eta}$$

取 $\dot{x}_0 \approx (x_1 - x_0)/\eta$，$\dot{y}_0 = -\dot{x}_0 x_0/y_0$，代入就可得到 p_0。这样，初始条件具备，时间有限元逐步保辛积分即可执行。数值积分计算结果，其约束条件必然很好满足，原因是积分点的约束要求预先满足。图 8.2 显示其轨迹在圆上，以后不再显示约束条件满足的图。

以上的离散方法直接以独立位移为未知数，其好处是未知数少，但只有简单的约束方程可用。况且约束条件首先在节点满足，却带来了推导的非线性因素，除非代数约束方程特别简单，否则写成代数式以满足约束条件很困难，而只能求数值解，所以应推荐另一种方法，将节点约束条件式(8.1.1)推迟到数值积分时一起处理。利用节点的 c 个 Lagrange 参变向量 $\boldsymbol{\lambda}$。故其区段扩展 Lagrange 函数成为式(8.1.2)的 $L_{\mathrm{e}}(\boldsymbol{q},\ \dot{\boldsymbol{q}},\ \boldsymbol{\lambda})$，扩展区段作用量为

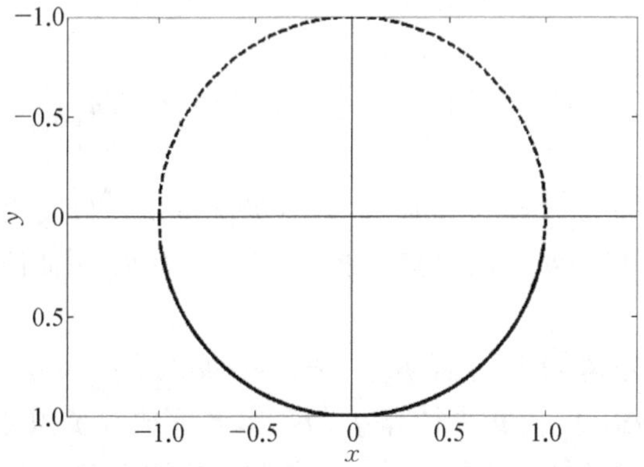

图 8.2　实线是单摆轨迹图,虚线是单位圆,积分步长 0.01 s

$$S_k(\boldsymbol{q}_{k-1},\ \boldsymbol{q}_k,\ \boldsymbol{\lambda}_k) = \int_{t_{k-1}}^{t_k} \left[\frac{m(\dot{x}^2 + \dot{y}^2)}{2} + mg_r y\right] \mathrm{d}t - \boldsymbol{\lambda}_k^{\mathrm{T}} g(x_k,\ y_k)$$

参变量 $\boldsymbol{\lambda}_k$ 用于处理 t_k 处的约束条件。单元内位移则用有限元插值:

$$\boldsymbol{q}(t) = \boldsymbol{N}(t)\boldsymbol{d}_k,\ \boldsymbol{d}_k = \{\boldsymbol{q}_{k-1}^{\mathrm{T}},\ \boldsymbol{q}_k^{\mathrm{T}}\}^{\mathrm{T}}$$

积分就得区段作用量 $S_k(\boldsymbol{q}_{k-1},\ \boldsymbol{q}_k,\ \boldsymbol{\lambda}_k)$。因为未满足节点约束条件,故位移 $\boldsymbol{q}_k$ 仍是原来 n 维,不是约束后的独立位移。该作用量对参变量 $\boldsymbol{\lambda}_k$ 是线性的,可表达为

$$S_k(\boldsymbol{q}_{k-1},\ \boldsymbol{q}_k,\ \boldsymbol{\lambda}_k) = S_{k0}(\boldsymbol{q}_{k-1},\ \boldsymbol{q}_k) - \boldsymbol{\lambda}_k^{\mathrm{T}} \cdot \boldsymbol{g}(\boldsymbol{q}_k)$$

根据

$$\boldsymbol{p}_{k-1}(\boldsymbol{q}_{k-1},\ \boldsymbol{q}_k,\ \boldsymbol{\lambda}_k) = -\frac{\partial S_k}{\partial \boldsymbol{q}_{k-1}},\ \boldsymbol{p}_k(\boldsymbol{q}_{k-1},\ \boldsymbol{q}_k,\ \boldsymbol{\lambda}_k) = \frac{\partial S_k}{\partial \boldsymbol{q}_k}$$

与无约束系统相比,多了线性参变量 $\boldsymbol{\lambda}_k$。组成各站的 $2n$ 维状态向量:

$$\boldsymbol{v}_k = \{\boldsymbol{q}_k^{\mathrm{T}},\ \boldsymbol{p}_k^{\mathrm{T}}\}^{\mathrm{T}}$$

按分析结构力学方法进行,从 $\boldsymbol{v}_{k-1}$ 可递推 $\boldsymbol{v}_k$,该变换保辛,但带有参变量 $\boldsymbol{\lambda}_k$。确定 $\boldsymbol{\lambda}_k$ 要根据节点约束条件 $\boldsymbol{g}(\boldsymbol{q}_k) = \boldsymbol{0}$。

建议运用线性的有限元插值函数 $\boldsymbol{N}(t)$,因为区段内的约束条件并未严格满足,所以用线性函数插值来近似满足,可能效果更好。

本方法用参变量线性 $\boldsymbol{\lambda}_k$ 满足节点约束条件 $\boldsymbol{g}(\boldsymbol{q}_k) = \boldsymbol{0}$。未知数包含线性参变量 $\boldsymbol{\lambda}_k$ 与全部节点位移,有 $2n + c$ 个未知数要求解,仍是非线性联立代数方程,保辛,与前文方法相同。预先满足节点约束的方法则未知数为 $2(n - c)$,但未必能用代数式求解,况且推导也更复杂。当然,两种方法给出的数值结果相同。

归纳分析结构力学(带参变量 $\boldsymbol{\lambda}_k$)的算法如下:

(1) 形成 Lagrange 函数(动能–势能),并引入约束的 Lagrange 参数,形成扩展 Lagrange 函数;

(2) 将时间坐标离散,得一系列的时间点 $t_0 = 0,\ t_1,\ \cdots,\ t_k$, 以各点的 n 维位移 $\boldsymbol{q}_k$ 当作未知数;

(3) 按分析结构力学,计算区段 $(t_{k-1},\ t_k)$ 的作用量 $S_k(\boldsymbol{q}_{k-1},\ \boldsymbol{q}_k,\ \boldsymbol{\lambda}_k)$, 用有限元线性插值得作用量;

(4) 生成对偶向量 $\boldsymbol{p}_{k-1} = -\partial S_k/\partial \boldsymbol{q}_{k-1},\ \boldsymbol{p}_k = \partial S_k/\partial \boldsymbol{q}_k$, 并组成状态向量;

(5) 根据 $\boldsymbol{p}_{k-1} = -\partial S_k/\partial \boldsymbol{q}_{k-1}$ 以及初始条件,对 1 号单元,用插值公式计算初始 $\boldsymbol{p}_0$ 并组成初始状态;

(6) 各单元的辛矩阵可从方程 $\boldsymbol{p}_{k-1} = -\partial S_k/\partial \boldsymbol{q}_{k-1},\ \boldsymbol{p}_k = \partial S_k/\partial \boldsymbol{q}_k$, 会同约束条件 $\boldsymbol{g}(\boldsymbol{q}_k) = \boldsymbol{0}$ 解出,于是根据 $\boldsymbol{q}_{k-1}$、$\boldsymbol{p}_{k-1}$ 计算 $\boldsymbol{q}_k$、$\boldsymbol{p}_k$、$\boldsymbol{\lambda}_k$, 完成逐步积分的保辛递推。

分析结构力学的算法运用时间有限元,不具体考虑约束对偶 $\boldsymbol{\lambda}$ 的微分方程,而是将 $\boldsymbol{\lambda}$ 逐点当作待定的常参数。因不涉及其微商,故不必考虑其微分方程,也不会产生 DAE 微分方程理论的指标[2, 3]问题。通过数值例题可看到祖冲之方法论、祖冲之类算法特色思路的效果。

8.1.2 数值例题与讨论

提供更多的数值例题以供比较。本文展示约束保守体系的分析结构力学有限元保辛算法。

例题 8.2 选择球面摆(文献[2]第 210 页)的例题。

解: 按文献[2]取重力加速度取 $g_r = 1$, 摆的长度为 1,质点质量为 1, z 坐标以向下为正。Hamilton 函数为 $H(\boldsymbol{q},\ \boldsymbol{p}) = (p_x^2 + p_y^2 + p_z^2)/2 + z$。初始位置为 $\boldsymbol{q}_0^{\mathrm{T}} = \{0\quad \sin(0.1)\quad -\cos(0.1)\}$, 初始动量为 $\boldsymbol{p}_0^{\mathrm{T}} = \{0.06\quad 0\quad 0\}$, 积分步长分别取为 0.03 s 和 0.1 s。图 8.3 给出了球面摆质点的轨迹图。因满足约束条件是本算法的基本点,故不再展示约束。图 8.4 给出了系统的 Hamilton 函数随时间变化情况。文献[2]第 213 页分别用辛欧拉算法和投影辛欧拉算法,给出了同样问题的 Hamilton 函数和质点偏离约束面的情况,可以看到两种算法的 Hamilton 函数都随时间线性增长,保辛效果不理想。将图 8.4 与它们比较,可以看到本书算法的保辛效果好,对约束的满足具有非常高的精度,具有更大的优势。图 8.3 中,虚线与实线分别是积分步长为 0.03 s 与 0.1 s 的结果。

更详细的数值结果见文献[4]。保辛的效果在此得到体现,虽然未要求能量守恒, Hamilton 函数有变化,但偏离后总能返回来。

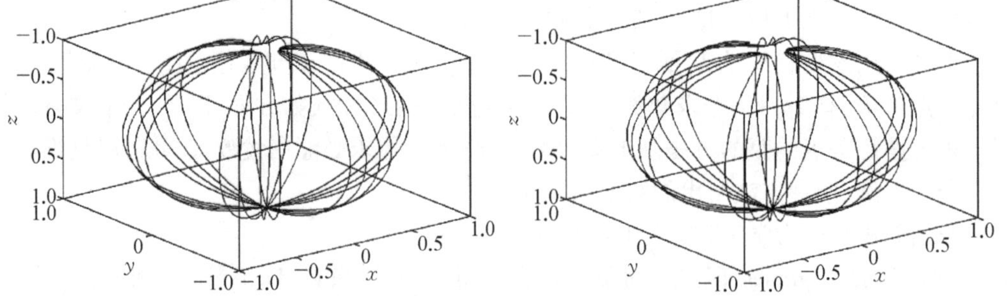

图 8.3 球面摆质点的轨迹图(步长分别为 0.03 s 和 0.1 s)

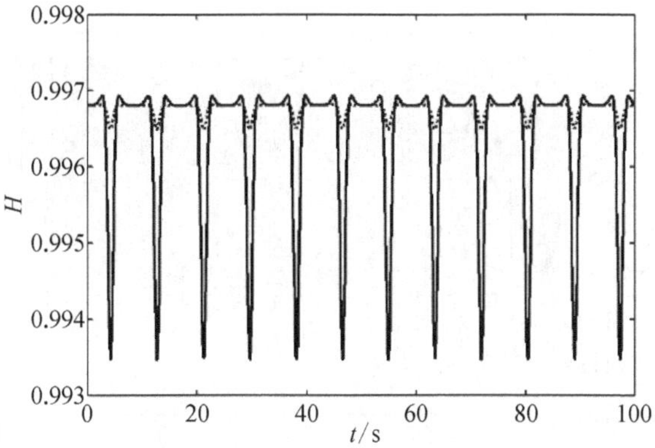

图 8.4　球面摆 Hamilton 函数随时间变化，真实 $H=0.99680$

空间双摆问题：质点 1 的初始位置是 $\{1/\sqrt{3} \quad 1/\sqrt{3} \quad 1/\sqrt{3}\}^{\mathrm{T}}$，初始速度是 $\{0.1 \quad 0 \quad 0\}^{\mathrm{T}}$，质点 2 的初始位置是 $\{0 \quad 0 \quad 2/\sqrt{3}\}^{\mathrm{T}}$，初始速度是 $\{0.2 \quad 0 \quad 0\}^{\mathrm{T}}$，积分步长为 0.01 s。图 8.5 是质点 1 的轨迹图，图 8.6 是质点 2 相对于质点 1 的轨迹，图 8.7 是质点 2 的绝对轨迹。图 8.8 是系统的 Hamilton 函数随时间变化情况，可以看到 Hamilton 函数在两个确定数值之间振荡，不会线性地偏离，并且这两个数值和系统真实的 Hamilton 函数相差很小，这说明保辛效果很好。

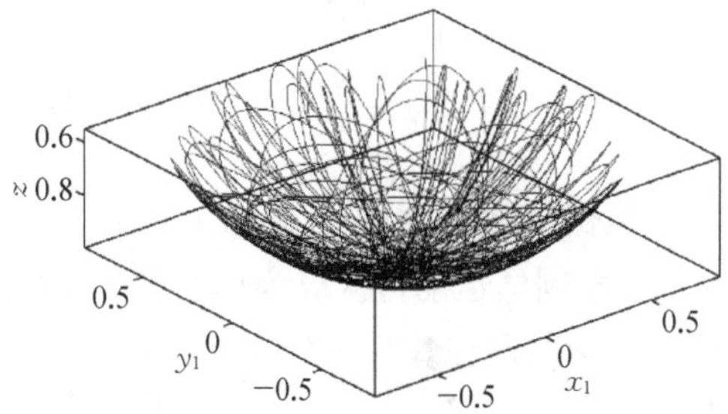

图 8.5　质点 1 的轨迹

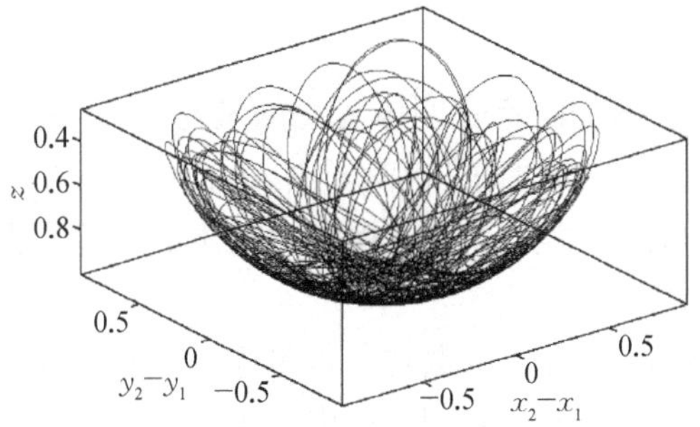

图 8.6　质点 2 相对于质点 1 的轨迹

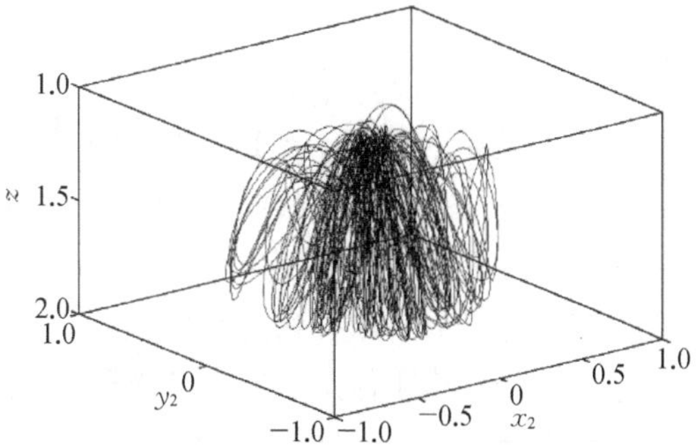

图 8.7　质点 2 的轨迹

通过这些数值例题，读者可看到如何计算求解，并看到其效果。这些数值结果，其位移曲线出现混沌现象，这是非线性系统的特性。约束条件满足得非常好。算例采用等步长积分，能量 Hamilton 函数，虽然有所偏离但也满足得很好。

DAE 不但在非线性动力学求解中非常有用(以上例题全部是经典动力学的范畴)，而且在电网的网络控制问题等课题中也很有用。虽然问题早就存在，好在 DAE 求解数值问题得到关注的时间还不是很长。以上提出的迭代法逐步积分，与 index 方法完全不同，其

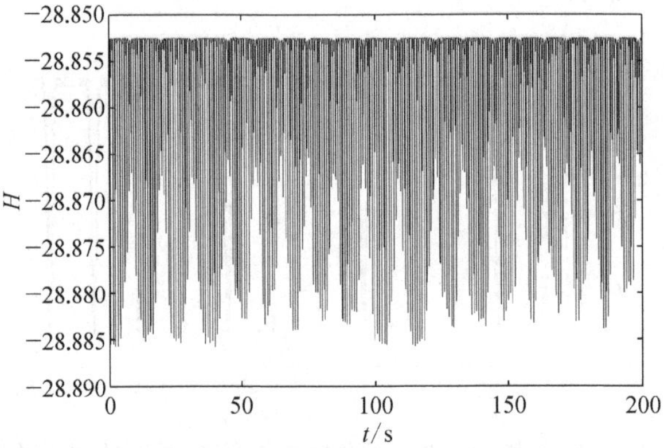

图 8.8　Hamilton 函数随时间变化,真实 $H=-28.85251$

效果已经从这些简单例题中体现。

8.2　刚体转动的积分

牛顿定律是在惯性坐标 (x, y, z) 中描述的。其中,单刚体动力学的独立位移是 6 个。即刚体运动可区分为质心的 3 个平移和 3 个转动。质心平移比较容易,而刚体转动则有大量的研究。其中 Euler 贡献了大量成果,刚体转动的基本微分方程组称为 Euler 微分方程[1]。这里不再推导,而只是将问题讲清楚,并试图给出问题的数值积分解。Euler 方程组如下:

$$
\begin{aligned}
I_1\dot{\omega}_1 - \omega_2\omega_3(I_2 - I_3) &= N_1 \\
I_2\dot{\omega}_2 - \omega_3\omega_1(I_3 - I_1) &= N_2 \\
I_3\dot{\omega}_3 - \omega_1\omega_2(I_1 - I_2) &= N_3
\end{aligned}
\tag{8.2.1}
$$

这是在贴体坐标 (x_1, x_2, x_3) 中描述的。贴体坐标是固定在刚体身上的坐标,为了方便起见,贴体坐标的轴与主惯性轴一致。在该坐标中,转动惯量只有 I_1、I_2、I_3,而 $I_{12}=I_{23}=I_{31}=0$。贴体坐标不是惯性坐标。N_1、N_2、N_3 则是外力矩。该方程对于刚体定点转动也成立。该定点可取为欧拉角旋转的顶点。

考虑一个对称刚体定点转动的例子。式(8.2.1)对于定点转动也可应用。在 z 方向的均匀重力场中,旋转刚体的定点正好处于其惯性主轴 $x_3=z$ 上,有许多实际应用是这样的情况。因为定点在惯性主轴 $x_3=z$ 上,对称刚体的质心也处于 $x_3=z$ 上,从定点到质心距离记为 l。围绕定点,刚体旋转向量有 3 个自由度,不论旋转到何处,总是一个旋转变换,可用正交矩阵表示。当然也可用欧拉角表示,其中方位角(章动角)θ 是重力方向 z 与刚体惯性主轴 $x_3=z$ 之间的夹角。

用欧拉角表示正交矩阵,其操作比较麻烦。刚体转动与惯性坐标之间有一个正交变换,可用正交矩阵表达。普通可用三个欧拉角 $(\phi$、θ、$\psi)$ 来表达,从而由绝对坐标 (x, y, z) 到刚体相对坐标的转换正交矩阵是

$$T=\begin{bmatrix}\cos\psi\cos\phi-\cos\theta\sin\phi\cos\psi & \cos\psi\sin\phi+\cos\theta\cos\phi\sin\psi & \sin\psi\sin\theta\\ -\sin\psi\cos\phi-\cos\theta\sin\phi\cos\psi & -\sin\psi\sin\phi+\cos\theta\cos\phi\cos\psi & \cos\psi\sin\theta\\ \sin\theta\sin\phi & -\sin\theta\cos\phi & \cos\theta\end{bmatrix} \tag{8.2.2}$$

原来在惯性坐标的向量 $\boldsymbol{d}$, 转换到贴体坐标中的向量是 $\boldsymbol{T}\cdot\boldsymbol{d}$。而从相对(贴体)坐标到绝对(惯性)坐标的转换阵则是 $\boldsymbol{T}^{\mathrm{T}}$, 这是三维空间的实数变换阵。虽然只有一个刚体,也将它编号为第 i 号,这不失一般性,而且为多体动力学做好准备。这样,第 i 号刚体的欧拉角是 $(\phi_i$、θ_i、$\psi_i)$, 称为欧拉角描述。

正交矩阵是一种空间旋转变换,它不改变空间两点之间的距离(详见 1.7 节)。正交矩阵的任何两列相互间皆是正交的,而且每列的模都为 1。

不仅是空间旋转,还有镜像变换也不改变两点之间的距离,它将右手坐标变换左手坐标,合在一起就表明正交变换可分解成两类。其中之一是旋转而没有进行过镜像变换的;而另一类则包含一次镜像变换。

8.2.1　旋转的正交变换与四元数表示,SU(2)群

从另一角度看,正交变换还可以从对称矩阵的本征值问题来推导。一个 $n\times n$ 对称正定矩阵 $\boldsymbol{M}$, 有本征值问题。一定有 n 个本征向量 $\boldsymbol{\psi}_i(i=1,\cdots,n)$, 这些本征向量相互间正交,并且要求这些本征向量的模都为 1。按前文,对于则这些本证向量编排组成的 $n\times n$ 矩阵是正交矩阵。

扩展到复数域,实数对称矩阵对应于复数的 Hermite 对称矩阵 $\boldsymbol{R}_H$, $\boldsymbol{R}_H^{\mathrm{H}}=\boldsymbol{R}_H$, 上标 H 代表 Hermite 转置,即对称的一对元素互相取对方的复数共轭。$\boldsymbol{R}_H$ 也取 n 个实数本征值及对应的本征向量,它们互相 Hermite 正交。所谓 Hermite 正交就是取 Hermite 转置成为行向量后再与另一本征值向量点乘之积为 0。互相 Hermite 正交向量组成的矩阵,称为幺正(unitary, U -)矩阵。情况与对称矩阵本征值问题相同。一个复数由两个实数组成。二维的复数矩阵可转换到四维的实数矩阵。而三维空间的正交变换阵,可从二维复数空间的变换,运用群论的同态(homomorphic)关系理论,去寻求更基本、更方便的方法。以 H. Weyl 为代表的学者在这方面做了许多研究。

U -矩阵的变换可用于从绝对坐标到第 i 号相对坐标的变换阵。而从 i 号坐标到 $i+1$ 号坐标也有坐标变换。如果全部用三个欧拉角来表达,则给出从绝对坐标到 i 号坐标的三个欧拉角,再给出从 $i+1$ 号坐标到 i 号坐标的三个欧拉角,希望确定从绝对坐标到 $i+1$ 号坐标的三个欧拉角,就比较困难。因此研究者运用二维复数空间的特殊变换群 SU(2)(special unitary)与三维空间的正交变换群 $O^+(3)$ 的同态关系,并给出四元数(quaternion)的表达,见文献[1]的 4.5 节。如果规定 SU(2)群的元素 $\boldsymbol{Q}$ 只对应于 $O^+(3)$ 群的元素,则对应关系成为同构(isomorphism)。

采用正交矩阵的相似变换是寻求对称矩阵本征值的基本手段。按矩阵代数,进行相似变换不改变对称矩阵的本征值,也不改变矩阵的迹(trace),迹就是矩阵对角线元素之和。空间旋转正交矩阵空间任何两点之间的长度也是不变的。

U-矩阵变换群也有类似性质。按文献[1]4.5节所述,实数的三维变换与二维的复数变换密切关联。二维复数矩阵U-矩阵:

$$\boldsymbol{Q}=\begin{bmatrix}\alpha & \beta \\ -\beta^* & \alpha^*\end{bmatrix},\ \alpha\alpha^*+\beta\beta^*=1 \tag{8.2.3}$$

式中,α、β为复数,α^*代表取复数共轭。重要的是,空间旋转的正交矩阵构成一个群,当然其行列式值为1;而二维的U-矩阵也构成一个群,要求其行列式为1。这已经在$\boldsymbol{Q}$阵的构造式(8.2.3)中给定。本来α、β的复数有4个实参数,但行列式值为1带来1个条件,只有3个参数了。正好可与欧拉角的数目相同。然而,只讲U-变换阵,还没有明确对什么进行变换,必须将U-阵的变换对象与三维实数空间的点联系起来。

用三维空间实数点的$(x,\ y,\ z)$坐标,构造一个二维Hermite矩阵:

$$\boldsymbol{P}=\begin{bmatrix}z & x-\mathrm{i}y \\ x+\mathrm{i}y & -z\end{bmatrix} \tag{8.2.4}$$

其特点是迹为0。这样式(8.2.4)就将空间点$(x,\ y,\ z)$与U-矩阵联系起来了。也请注意,$\boldsymbol{P}$阵对于空间点x、y、z坐标是线性的。将$\boldsymbol{P}$阵进行U-矩阵$\boldsymbol{Q}$的相似变换:

$$\boldsymbol{P}'=\boldsymbol{QPQ}^{\mathrm{H}} \tag{8.2.5}$$

于是$\boldsymbol{P}'$也是Hermite矩阵,并且迹为零。本来二维Hermite矩阵就只有4个实数,在迹为零的条件下,只有3个参数了。于是得到

$$\boldsymbol{P}'=\begin{bmatrix}z' & x'-\mathrm{i}y' \\ x'+\mathrm{i}y' & -z'\end{bmatrix} \tag{8.2.6}$$

这样就得到了从空间点x、y、z到x'、y'、z'的变换。

[注:量子力学研究提出了Pauli矩阵:

$$\boldsymbol{\sigma}_x=\begin{bmatrix}0 & 1 \\ 1 & 0\end{bmatrix},\ \boldsymbol{\sigma}_y=\begin{bmatrix}0 & -\mathrm{i} \\ \mathrm{i} & 0\end{bmatrix},\ \boldsymbol{\sigma}_z=\begin{bmatrix}1 & 0 \\ 0 & -1\end{bmatrix}$$

这些矩阵的迹,即矩阵对角元素之和都为零。式(8.2.4)的矩阵$\boldsymbol{P}$就是

$$\boldsymbol{P}=x\cdot\boldsymbol{\sigma}_x+y\cdot\boldsymbol{\sigma}_y+z\cdot\boldsymbol{\sigma}_z$$

Pauli矩阵的线性组合。]

相似变换不改变矩阵行列式的值。由简单计算可知,$\boldsymbol{P}$的行列式值是$-(x^2+y^2+z^2)$,$\boldsymbol{P}'$的行列式值是$-(x'^2+y'^2+z'^2)$,两者相等,表明长度不变。因为$\boldsymbol{P}$对于坐标是线性的,所以空间任何向量的长度全部不变,这表明仅仅是空间旋转,不会改变刚体的特性。

这样,二维U-矩阵:

$$\boldsymbol{Q}=\begin{bmatrix}\alpha & \beta \\ -\beta^* & \alpha^*\end{bmatrix},\quad \begin{array}{l}\alpha=e_0+\mathrm{i}e_3,\ \beta=e_2+\mathrm{i}e_1 \\ \alpha\alpha^*+\beta\beta^*=1\end{array} \tag{8.2.7}$$

就与空间旋转正交矩阵发生对应关系。

设有空间旋转变换正交矩阵 $\boldsymbol{B}$，当 $\boldsymbol{B}$ 作用于绝对坐标的空间点向量 $\boldsymbol{x}$，由 $\boldsymbol{x}$ 得到 $\boldsymbol{P}$ 矩阵，即式(8.2.4)。

$$\boldsymbol{x}_1 = \boldsymbol{B}\boldsymbol{x} \tag{8.2.8}$$

式(8.2.8)给出了空间旋转矩阵 $\boldsymbol{B}$。按前文与二维 U -矩阵的对应，$\boldsymbol{B}$ 对应于 $\boldsymbol{Q}_1$，于是 $\boldsymbol{P}$ 矩阵也进行对应的同态变换：

$$\boldsymbol{P}_1 = \boldsymbol{Q}_1\boldsymbol{P}\boldsymbol{Q}_1^{\mathrm{H}} \tag{8.2.9}$$

如在描述 $\boldsymbol{x}_1$ 的相对坐标系统内再作用一个旋转变换矩阵 $\boldsymbol{A}$，将 $\boldsymbol{x}_1$ 变换到 $\boldsymbol{x}_2$：

$$\boldsymbol{x}_2 = \boldsymbol{A}\boldsymbol{x}_1 \tag{8.2.10}$$

于是 $\boldsymbol{x}_2$ 直接变换到绝对坐标系统的变换矩阵是

$$\boldsymbol{x}_2 = (\boldsymbol{A}\boldsymbol{B})\boldsymbol{x} = \boldsymbol{C}\boldsymbol{x},\ \boldsymbol{C} = \boldsymbol{A}\boldsymbol{B} \tag{8.2.11}$$

这是从刚体旋转变换的角度得到的。矩阵乘法与次序有关，先有 $\boldsymbol{B}$ 的旋转，然后再作用 $\boldsymbol{A}$ 的旋转变换的合成变换，与传递辛矩阵的合成变换相同。

从三维坐标空间的变换与二维复数空间的同态关系来观察，从旋转变换矩阵 $\boldsymbol{A}$ 作用的空间点 $(x_1,\ y_1,\ z_1)$，可构造 Hermite 矩阵：

$$\boldsymbol{P}_1 = \begin{bmatrix} z_1 & x_1 - \mathrm{i}y_1 \\ x_1 + \mathrm{i}y_1 & -z_1 \end{bmatrix}$$

其二维 U -矩阵的变换是

$$\boldsymbol{P}_2 = \boldsymbol{Q}_2\boldsymbol{P}_1\boldsymbol{Q}_2^{\mathrm{H}}$$

从而有

$$\boldsymbol{P}_2 = \boldsymbol{Q}_2(\boldsymbol{Q}_1\boldsymbol{P}\boldsymbol{Q}_1^{\mathrm{H}})\boldsymbol{Q}_2^{\mathrm{H}} = (\boldsymbol{Q}_2\boldsymbol{Q}_1)\boldsymbol{P}(\boldsymbol{Q}_1^{\mathrm{H}}\boldsymbol{Q}_2^{\mathrm{H}}) = (\boldsymbol{Q}_2\boldsymbol{Q}_1)\boldsymbol{P}(\boldsymbol{Q}_2\boldsymbol{Q}_1)^{\mathrm{H}}$$

对应于 $\boldsymbol{C} = \boldsymbol{A}\boldsymbol{B}$，对应的二维复数矩阵合成 U -矩阵变换是

$$\boldsymbol{Q}_c = \boldsymbol{Q}_2\boldsymbol{Q}_1 \tag{8.2.12}$$

表明三维旋转变换可从二维复数矩阵 U -矩阵变换构建。二维复数矩阵 U -矩阵变换用下式表达：

$$\alpha = e_0 + \mathrm{i}e_3,\ \beta = e_2 + \mathrm{i}e_1 \tag{8.2.13}$$

还有条件 $\alpha\alpha^* + \beta\beta^* = 1$ 给出约束方程：

$$e_0^2 + e_1^2 + e_2^2 + e_3^2 = 1 \tag{8.2.14}$$

所以实际只有 3 个独立参数。

用 e_0、e_1、e_2、e_3 表达的三维旋转变换矩阵是

$$
\boldsymbol{T}=\begin{bmatrix} e_0^2+e_1^2-e_2^2-e_3^2 & 2(e_1e_2+e_0e_3) & 2(e_1e_3-e_0e_2) \\ 2(e_1e_2-e_0e_3) & e_0^2-e_1^2+e_2^2-e_3^2 & 2(e_2e_3+e_0e_1) \\ 2(e_1e_3+e_0e_2) & 2(e_2e_3-e_0e_1) & e_0^2-e_1^2-e_2^2+e_3^2 \end{bmatrix} \tag{8.2.15}
$$

这样,数值计算可用式(8.2.13)进行,而三维旋转变换矩阵则用式(8.2.15)表达,比较方便。用欧拉角表达:

$$
\begin{aligned}
\alpha &= \exp\left[\frac{\mathrm{i}(\psi+\phi)}{2}\right]\cos\left(\frac{\theta}{2}\right) \\
\beta &= \mathrm{i}\exp\left[\frac{\mathrm{i}(\psi-\phi)}{2}\right]\sin\left(\frac{\theta}{2}\right)
\end{aligned} \tag{8.2.16}
$$

而对于4个参数则有

$$
\begin{aligned}
e_0 &= \cos\left(\frac{\psi+\phi}{2}\right)\cos\left(\frac{\theta}{2}\right),\ e_2=\sin\left(\frac{\phi-\psi}{2}\right)\sin\left(\frac{\theta}{2}\right) \\
e_1 &= \cos\left(\frac{\phi-\psi}{2}\right)\sin\left(\frac{\theta}{2}\right),\ e_3=\sin\left(\frac{\phi+\psi}{2}\right)\cos\left(\frac{\theta}{2}\right)
\end{aligned} \tag{8.2.17}
$$

而 $e_0=1$, $e_1=e_2=e_3=0$ 就是恒等变换。

用欧拉角表示,刚体旋转向量对于贴体旋转坐标的分量是

$$
\begin{aligned}
\omega_x &= \dot{\phi}\sin\theta\sin\psi+\dot{\theta}\cos\psi \\
\omega_y &= \dot{\phi}\sin\theta\cos\psi-\dot{\theta}\sin\psi \\
\omega_z &= \dot{\phi}\cos\theta+\dot{\psi}
\end{aligned}
$$

ϕ、θ、ψ 分别称为进动角(precession)、章动角(azimuth)及自旋角(rotation)。欧拉角的不便之处在于,一个很小的角(例如围绕 x 轴的转角),其欧拉角可能很大,难以用 ϕ、θ、ψ 来连续表达。

以上讲的全部是有限的旋转,可用于离散的系统。但动力学有微分方程,计算动能要角速度,要微商,微商要无穷小的旋转变换。单位矩阵附近无穷小的旋转变换可用 e_1、e_2、e_3 来表示,当然有式(8.2.14)的约束条件。从约束条件知 $1-e_0$ 已经是 e_1、e_2、e_3 的高阶小量。原来在惯性坐标的向量 $\boldsymbol{d}$,转换到贴体坐标中的向量是 $\boldsymbol{T}\cdot\boldsymbol{d}$。贴体坐标随时间变换,表明正交矩阵 $\boldsymbol{T}(t)$ 是时间的函数。在时间点增加很小的 η 后:

$$
\boldsymbol{A}(t)=\lim_{\eta\to 0}\frac{\boldsymbol{T}(t+\eta)-\boldsymbol{T}(t)}{\eta},\quad \boldsymbol{T}(t+\eta)\approx\boldsymbol{T}(t)+\eta\boldsymbol{A}(t) \tag{8.2.18}
$$

然而运用普通微商定义不太理想。在信息时代,求解非线性微分方程只能离散。确定了时间步长 η 后就有了时间格点,按祖冲之方法论,在格点处应确定群元素必定依然是严格的正交矩阵。正交矩阵有群的性质,普通的微商要忽略高阶微商,难以严格保证每一个格点元素都处于正交矩阵的群内。忽略了高阶微商而一旦偏离了正交矩阵群,后续计算时

偏离会累积,引起计算失败。

群有其乘法定义,在群上也应有微商定义,但这是在群内部的操作,不会偏离群。表现为在时间离散的格点处,全部是严格的正交矩阵。这与传递辛矩阵群的情况相同,给出了保辛、辛矩阵群等。在第一章就已经提出离散辛几何,那是与正交矩阵的欧几里得几何对比得到的,情况相同。应采用群的乘法规则:

$$\boldsymbol{T}(t+\eta)=\boldsymbol{T}(\eta)\cdot\boldsymbol{T}(t),\ \boldsymbol{T}(\eta)\approx[\boldsymbol{I}+\boldsymbol{A}(\eta)] \qquad (8.2.18')$$

式中, $\boldsymbol{T}(\eta)$ 是左乘。从刚体旋转的实际看,时间离散并给出了初始状态,就按时间次序一个个区段积分,其实就是正交矩阵群内的乘法,到 t_{k-1} 时已经进行了 $k-1$ 步,继续积分 η 当然应乘在左侧。步长 η 考虑为无穷小量,无穷小旋转也应表示为正交矩阵的乘法。按式(8.2.15), $\boldsymbol{T}(\eta)\approx[\boldsymbol{I}+\boldsymbol{A}(\eta)]$,乘矩阵 $\boldsymbol{T}(\eta)$ 改变了原来的 $\boldsymbol{T}(t)$。 $\boldsymbol{T}(\eta)$ 非常接近单位阵。单位阵对应于四元数 $\boldsymbol{e}_0=1,\ e_1=e_2=e_3=0$; 而 $\boldsymbol{A}(\eta)\approx\eta\boldsymbol{A}_0$ 的乘法因子改变了 $\boldsymbol{T}$, $\boldsymbol{A}(\eta)\approx\eta\boldsymbol{A}_0$ 的无穷小旋转 e_1、e_2、$e_3=O(\eta)$, 从而 $e_0=1-O(\eta^2)$。按式(8.2.15),在 $O(\eta)$ 量级有

$$\boldsymbol{T}(\eta)\approx\boldsymbol{I}+\eta\boldsymbol{A}_0,\ \boldsymbol{A}_0=\begin{bmatrix}0 & 2\dot{e}_3 & -2\dot{e}_2\\ -2\dot{e}_3 & 0 & 2\dot{e}_1\\ 2\dot{e}_2 & -2\dot{e}_1 & 0\end{bmatrix} \qquad (8.2.19)$$

按微商的说法, $\dot{\boldsymbol{T}}(t)=A_0\cdot\boldsymbol{T}(t)$, $\boldsymbol{A}_0=-\boldsymbol{A}_0^{\mathrm{T}}$, 表明 $\boldsymbol{A}_0$ 还是反对称矩阵。以上的表述是在群上的微商,变换矩阵全部在正交矩阵群上。微商由极限定义,在离散处理时也会有误差,但在格点处保证了在正交矩阵群的要求,至于不在格点处,可以采用多种近似手段,例如有限元法插值等。祖冲之的思路转过来就是祖冲之方法论。至于刚体运动的 $\boldsymbol{A}_0$ 矩阵则应按照动力学方程推导,以上内容全部是运动学的范畴。然而 e_1、e_2、e_3 究竟是运动的什么量,却还未讲明。按群论的同态关系,式(8.2.15)中, $\boldsymbol{T}(t)$、$e_0(t)$、$e_1(t)$、$e_2(t)$、$e_3(t)$ 全部是时间的函数。

将 $\boldsymbol{T}(t)$ 对时间进行微商,就是 $\dot{\boldsymbol{T}}(t)=\boldsymbol{A}_0\cdot\boldsymbol{T}(t)$, $\boldsymbol{A}_0=-\boldsymbol{A}_0^{\mathrm{T}}$。

祖冲之方法论要在格点处严格满足约束条件,计算所得的结果很好。而保辛满足保辛对称群的要求,也取得了满意的结果。延伸到正交矩阵群的情况也要满足正交矩阵群的要求。在格点处要严格满足正交矩阵,也会有很好的效果。所以四元数表示在格点处严格满足约束,道理相同。在格点之间的区段内部,就可以采用有限元插值的方法以计算动能等近似手段。

总之,格点处不可脱离正交矩阵群,这是祖冲之方法论的要求。

8.2.2　相对坐标内的运动

相对坐标内的运动非常重要,在理论力学教学中一定会讲解。将定点 O 取为惯性坐标内的固定点,而相对坐标指的是贴体坐标,它本身也在运动,不是惯性坐标。定点 O 没有加速度,所以只要考虑旋转即可。牛顿定律不能在相对坐标内直接运用。定点旋转的

顶点是不动的，相对坐标本身的运动只有角速度向量 $\boldsymbol{\omega}(t)$。分解到贴体坐标的分量是 ω_x、ω_y、ω_z。刚体任意点 $\boldsymbol{r}$，在贴体坐标内不动，而在绝对坐标内是 $\boldsymbol{\omega}\times\boldsymbol{r}$，用右手规则的向量叉乘。这也可用反对称矩阵的乘法表示：

$$\boldsymbol{\omega}\times\boldsymbol{r}=\begin{bmatrix}0 & -\omega_z & \omega_y\\ \omega_z & 0 & -\omega_x\\ -\omega_y & \omega_x & 0\end{bmatrix}\cdot\begin{Bmatrix}x\\ y\\ z\end{Bmatrix}=\begin{Bmatrix}\omega_y z-\omega_z y\\ \omega_z x-\omega_x z\\ \omega_x y-\omega_y x\end{Bmatrix} \tag{8.2.20}$$

注意其中的矩阵是反对称的，固定在刚体上的点 $\boldsymbol{r}$ 是常向量。如果旋转刚体上任意点 $\boldsymbol{r}$ 处还有另外的运动质点 p，相对于贴体坐标的相对位移是 $\boldsymbol{r}(t)$，则 $\boldsymbol{v}_{\mathrm{r}}=\mathrm{d}\boldsymbol{r}/\mathrm{d}t$ 是质点的相对速度，但不是绝对速度。绝对速度还要加上因刚体转动而带来的牵连速度 $\boldsymbol{v}_{\mathrm{e}}$ 而成为 $\boldsymbol{v}_{\mathrm{a}}=\mathrm{d}\boldsymbol{r}/\mathrm{d}t+\boldsymbol{v}_{\mathrm{e}}$，$\boldsymbol{v}_{\mathrm{e}}=\boldsymbol{v}_O+\boldsymbol{\omega}\times\boldsymbol{r}$，$\boldsymbol{v}_O=\boldsymbol{0}$。所以在相对坐标中运动的向量，其绝对微商公式是

$$\left(\frac{\mathrm{d}\,\cdot}{\mathrm{d}t}\right)_{\mathrm{a}}=\left(\frac{\mathrm{d}\,\cdot}{\mathrm{d}t}\right)_{\mathrm{r}}+\boldsymbol{\omega}\times\cdot \tag{8.2.21}$$

式中，· 代表一个向量，可以是相对位移，也可以是相对速度；下标 a 与 r 分别表示绝对坐标或相对坐标下的微商，在其他理论力学教材中可找到详细解释。$\boldsymbol{v}_{\mathrm{a}}=\mathrm{d}\boldsymbol{r}/\mathrm{d}t+\boldsymbol{\omega}\times\boldsymbol{r}$ 是将式(8.2.21)用于相对位移向量 $\boldsymbol{r}(t)$。如果用于相对速度 $\boldsymbol{v}_{\mathrm{a}}$，则有绝对加速度的公式：

$$\boldsymbol{a}_{\mathrm{a}}=\frac{\mathrm{d}^2\boldsymbol{r}}{\mathrm{d}t^2}+2\boldsymbol{\omega}\times\boldsymbol{v}_{\mathrm{r}}+\boldsymbol{\omega}\times\boldsymbol{\omega}\times\boldsymbol{r} \tag{8.2.22}$$

式中，$\mathrm{d}^2\boldsymbol{r}/\mathrm{d}t^2=\boldsymbol{a}_{\mathrm{r}}$ 是相对加速度；$\boldsymbol{\omega}\times\boldsymbol{\omega}\times\boldsymbol{r}$ 是牵连加速度，在高速旋转时不可忽视 $\boldsymbol{r}$ 的变化；而 $2\boldsymbol{\omega}\times\boldsymbol{v}_{\mathrm{r}}$ 成为 Coriolis 加速度。Coriolis 加速度的解释如下：当相对运动改变了半径时，其绝对速度也引起变化，这是其一；其二是随着旋转，相对速度 $\boldsymbol{v}_{\mathrm{r}}$ 的方向也变化，所以引起乘 2。

这里要指出，理论力学一般用向量分析的公式，例如式(8.2.22)用的全部是向量分析的表示，很方便。然而叉乘不是矩阵代数的运算，矩阵代数采用的是式(8.2.20)的矩阵乘法。数学家又将叉乘称为外乘积。在讲述微分辛几何时，外乘积是必要的。

回到式(8.2.19)的反对称矩阵 $\boldsymbol{A}_0$。式(8.2.20)的反对称矩阵是由 $\boldsymbol{\omega}(t)$ 的三个分量所组成。例如用欧拉角 $(\phi,\ \theta,\ \psi)$ 来表示旋转，哪怕只是围绕 x 轴旋转很小的角度，$(\phi,\ \theta,\ \psi)$ 也不是小量，不方便。$\boldsymbol{\omega}(t)$ 对比 $\boldsymbol{A}_0$，取

$$2\dot{e}_3=\omega_z,\ 2\dot{e}_2=\omega_y,\ 2\dot{e}_1=\omega_x;\ e_0=1-O(\eta^2) \tag{8.2.23}$$

式中，ω_x、ω_y、ω_z 在贴体坐标表示，因式(8.2.19)内的步长 η 很小，对应于 $\boldsymbol{T}(\eta)$ 的 ω_x、ω_y、ω_z 还要乘 η，所以也很小。这样，$\boldsymbol{A}_0$ 成为步长 η 的旋转矩阵。按式(8.2.18′)有 $\boldsymbol{T}(t+\eta)=\boldsymbol{T}(\eta)\cdot\boldsymbol{T}(t)$ 是下一个时间点的旋转矩阵。$\dot{\boldsymbol{T}}(t)=\boldsymbol{A}_0\cdot\boldsymbol{T}(t)$，$\boldsymbol{A}_0=-\boldsymbol{A}_0^{\mathrm{T}}$ 已经说明反对称矩阵的指数矩阵是正交矩阵，表明反对称矩阵是正交矩阵群的李代数[1, 2]。

在此回顾第三章，Hamilton 体系状态向量的动力方程 $\boldsymbol{v}=\boldsymbol{H}\boldsymbol{v}$，其对应的李代数是 $\boldsymbol{H}$；

而刚体旋转运动正交矩阵 $\boldsymbol{T}(t)$，其对应的李代数是反对称矩阵 $\boldsymbol{A}_0$。Hamilton 体系 $\dot{\boldsymbol{v}} = \boldsymbol{H}\boldsymbol{v}$，$\boldsymbol{v}$ 是状态向量。而 $\boldsymbol{T}(t)$ 是旋转矩阵，作用于旋转的位移向量。实际上，将 $\boldsymbol{T}(t)$ 的旋转位移向量，看成是用四元数表达 $e_0(t)$、$e_1(t)$、$e_2(t)$、$e_3(t)$ 的位移向量，但有一个约束条件，故实际只有 3 个独立参数。

逐步积分时，用时间节点的 e_0、e_1、e_2、e_3 四元数，以及一个约束条件。情况与 DAE 相似。一定要考虑在群上的微积分，哪怕只是高阶小量的误差，也不可脱离正交矩阵群。采用四元数，就可保证在正交矩阵群内。时间离散后的格点处必须严格满足四元数的约束条件，而在时间区段之间则各种近似都可采用，例如有限元法常用的线性插值等。这又是祖冲之方法论。

反对称矩阵是正交矩阵的李代数，只要取

$$\boldsymbol{T}(\eta) = \exp(\boldsymbol{A}_0 \eta) \tag{8.2.24}$$

就是做指数矩阵的计算，对此精细积分法有独到之处。

以上讲的 DAE 多体动力学，部件是多刚体，而应用还需要考虑多刚、柔体的动力性质的分析。

8.2.3　刚体定点转动的动力分析

积分了时间点 t_{k-1}，就有了从惯性坐标 (x, y, z) 到贴体坐标 $(x_{k-1}, y_{k-1}, z_{k-1})$ 的旋转矩阵 $\boldsymbol{T}(t_{k-1})$。再积分一个很小的时间步 η：

$$\boldsymbol{T}(t_k) = \boldsymbol{T}(\eta) \cdot \boldsymbol{T}(t_{k-1}) \tag{8.2.25}$$

旋转有贴体向量表示的 ω_x、ω_y、ω_z，其中贴体坐标轴 (x, y, z) 就是刚体的主惯性轴，因此可用于计算刚体旋转动能：

$$T = \frac{1}{2}(I_x \omega_x^2 + I_y \omega_y^2 + I_z \omega_z^2) \tag{8.2.26}$$

式中，ω_x、ω_y、ω_z 在贴体坐标内表示。对于刚体定点旋转运动，势能为

$$\Pi = Mgl\cos\theta \tag{8.2.27}$$

定点转动的位置是其 3 个未知数，可选择四元数：

$$e_0(t)、e_1(t)、e_2(t)、e_3(t) \tag{8.2.28}$$

予以表达。初始时间 t_0 给出了初始位移，用 t_0 代入就是，当然要满足式(8.2.14)约束条件。另外还要初始速度，在刚体旋转时表达为初始角速度 $\omega_x(t_0)$、$\omega_y(t_0)$、$\omega_z(t_0)$。然而，角速度不是向量的时间微商，它构成的反对称矩阵是正交矩阵群的李代数(第四章)。

有了动能和势能，写出 Lagrange 函数，积分 η，其时间区段 (t_{k-1}, t_k) 的作用量，是四元数 e_0、e_1、e_2、e_3 的函数，可进行逐步保辛积分。完成 t_{k-1} 的积分后，得到了 $e_{0,k-1}$、$e_{1,k-1}$、$e_{2,k-1}$、$e_{3,k-1}$ 及 $\omega_{x,k-1}$、$\omega_{y,k-1}$、$\omega_{z,k-1}$，可分别认为它是位移与速度，要积分时间点

t_k。积分点的四元数应满足式(8.2.14)约束条件,所以 e_{1k}、e_{2k}、e_{3k} 独立,还有 $e_{0k}=(1-e_{1k}^2-e_{2k}^2-e_{3k}^2)^{1/2}$ 的约束方程。从离散角度看,根据祖冲之方法论,只要在积分格点 t_{k-1}、t_k 处满足即可,而在区段 $(t_{k-1},\ t_k)$ 内插值时,不用管约束条件。

作用量要计算区段的 Lagrange 函数,动能需要区段平均的转动向量 ω_x、ω_y、ω_z。注意式(8.2.23),区段内的平均则用 $e_{1k^\#}=[e_{1k}+e_{1(k-1)}]/2$ 等近似,区段内的插值不用管 $e_{0k^\#}$ 是否满足约束条件,根据祖冲之方法论,在时间节点处满足式(8.2.14)四元数约束即可。

在 t_{k-1} 处,$e_{0,\ k-1}$、$e_{1,\ k-1}$、$e_{2,\ k-1}$、$e_{3,\ k-1}$ 和 $\omega_{x,\ k-1}$、$\omega_{y,\ k-1}$、$\omega_{z,\ k-1}$ 已经给定,要求解 $e_{0,\ k}$、$e_{1,\ k}$、$e_{2,\ k}$、$e_{3,\ k}$ 和 $\omega_{x,\ k}$、$\omega_{y,\ k}$、$\omega_{z,\ k}$。至于区段作用量,可用 $e_{1k^\#}=[e_{1k}+e_{1(k-1)}]/2$ 等与 $\omega_x\approx\frac{1}{2}[\omega_{x,\ k-1}+\omega_{x,\ k}]$ 等中点平均值代入积分。t_k 处的 $e_{0,\ k}$、$e_{1,\ k}$、$e_{2,\ k}$、$e_{3,\ k}$ 和 $\omega_{x,\ k}$、$\omega_{y,\ k}$、$\omega_{z,\ k}$ 待求,有一个约束条件,要建立方程。关注式(8.2.25),根据给定的 $e_{0,\ k-1}$、$e_{1,\ k-1}$、$e_{2,\ k-1}$、$e_{3,\ k-1}$,表明 $\boldsymbol{T}_{k-1}$ 也是已知的。因为时间步长 η 很小:

$$\boldsymbol{T}(\eta)\approx\boldsymbol{I}+\eta\boldsymbol{A}_0,\ \boldsymbol{A}_0=\begin{bmatrix}0 & 2\dot{e}_3 & -2\dot{e}_2\\ -2\dot{e}_3 & 0 & 2\dot{e}_1\\ 2\dot{e}_2 & -2\dot{e}_1 & 0\end{bmatrix}\tag{8.2.19'}$$

注意,$\boldsymbol{A}_0$ 的系数 $\dot{e}_1$、$\dot{e}_2$、$\dot{e}_3$ 并非 $e_{0,\ k-1}$、$e_{1,\ k-1}$、$e_{2,\ k-1}$、$e_{3,\ k-1}$ 等的自然延伸,而可由 $\omega_x\approx\frac{1}{2}(\omega_{x,\ k-1}+\omega_{x,\ k})$ 等表示,虽然 $\omega_{x,\ k}$ 等是未知数。反对称矩阵要在方程:

$$\boldsymbol{T}_k=\boldsymbol{T}(\eta)\cdot\boldsymbol{T}_{k-1}\tag{8.2.29}$$

中体现。这些全部是 3 × 3 矩阵,乘法简单,但要根据正交矩阵 $\boldsymbol{T}_k$ 反过来求解 $e_{0,\ k}$、$e_{1,\ k}$、$e_{2,\ k}$、$e_{3,\ k}$ 却比较困难;从四元数计算正交矩阵容易,而由正交矩阵计算四元数就困难,所以应直接求解 $e_{3,\ k}$ 等四元数。方法是返回到对应的式(8.2.7)的 U -矩阵表示:

$$\boldsymbol{Q}=\begin{bmatrix}\alpha & \beta\\ -\beta^* & \alpha^*\end{bmatrix},\quad \begin{array}{l}\alpha=e_0+\mathrm{i}e_3,\ \beta=e_2+\mathrm{i}e_1\\ \alpha\alpha^*+\beta\beta^*=1\end{array}$$

对于 $\boldsymbol{T}_{k-1}$,$e_{0,\ k-1}$、$e_{1,\ k-1}$、$e_{2,\ k-1}$、$e_{3,\ k-1}$ 已知,表明 α_{k-1}、β_{k-1} 已知,$\boldsymbol{Q}_{k-1}$ 也已知;对于 $\boldsymbol{T}(\eta)$ 则用 $\omega_{x,\ k^\#}$ 等,其中 $k^\#$ 代表区段平均;转化到 $e_{1,\ k^\#}$、$e_{2,\ k^\#}$、$e_{3,\ k^\#}$;$e_{0,\ k}=1$ 就得到 $\boldsymbol{Q}_\eta$ 阵,全部是 U -矩阵,$\boldsymbol{T}_k=\boldsymbol{T}(\eta)\cdot\boldsymbol{T}_{k-1}$ 转化为 U -矩阵的乘积:

$$\boldsymbol{Q}_k=\boldsymbol{Q}_\eta\cdot\boldsymbol{Q}_{k-1}\tag{8.2.30}$$

然后,按式(8.2.15)转化到正交矩阵 $\boldsymbol{T}_k$ 即可。$\boldsymbol{Q}_\eta$ 矩阵的元素包含未知数 $e_{0,\ k}$、$e_{1,\ k}$、$e_{2,\ k}$、$e_{3,\ k}$、$\omega_{x,\ k}$ 等,迭代求解是必要的。这样,基于祖冲之类算法就可逐步数值积分。

算例 1:

考察图 8.9 所示对称重陀螺绕其尖点 O 的运动,该尖点固定于惯性空间。取陀螺的

对称轴为贴体坐标 $Ox'y'z'$ 的 z' 轴。著作[1]用许多篇幅讲述 Euler 陀螺。陀螺质心与尖点的距离为 l，且

$$I_1 = I_2 = I,\ I_3 = J$$

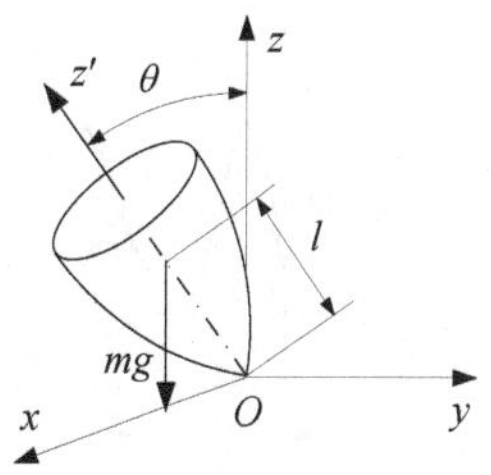

图 8.9　对称重陀螺

陀螺的基本参数：$m = 1\ \mathrm{kg}$，$l = 0.04\ \mathrm{m}$，$I = 0.002\ \mathrm{kg \cdot m^2}$，$J = 0.0008\ \mathrm{kg \cdot m^2}$，$\omega_3 = 40\pi\ \mathrm{rad/s}$。取重力加速度 $g = 9.8\ \mathrm{m/s^2}$。

按下述 3 组初始条件对陀螺的运动进行仿真：

(1) $\omega_1 = 0$，$\omega_2 = 0$，$\theta_0 = \pi/6$；

(2) $\omega_1 = 4$，$\omega_2 = 0$，$\theta_0 = \pi/3$；

(3) $\omega_1 = 0$，$\omega_2 = 4$，$\theta_0 = \pi/3$。

这三组初始条件将产生对称重陀螺的三种著名的章动“尖点运动”“无环运动”“有环运动”[9]。

描绘陀螺运动的经典方法是以陀螺的尖点为球心在惯性空间作一个单位球，用陀螺对称轴在该单位球面上划出的迹线来描绘运动。陀螺对称轴（z' 轴）与单位球面的交点为 A，则任意时刻 A 点的位置由下式确定：

$$x = 2(e_1e_3 + e_0e_2)$$
$$y = 2(e_2e_3 - e_0e_1)$$
$$z = e_0^2 - e_1^2 - e_2^2 + e_3^2$$

时间步长 $\Delta\tilde{t} = \omega_3 \cdot \Delta t$，首先选择 $\Delta\tilde{t} = 0.1$ 进行模拟。

(a) 取 $\omega_1 = 0$，$\omega_2 = 0$，$\theta_0 = \pi/6$，$\Delta\tilde{t} = 0.1$，给出对称重陀螺尖点运动轨迹（图 8.10 和图 8.11）。

(b) 取 $\omega_1 = 0$，$\omega_2 = 4$，$\theta_0 = \pi/3$，$\Delta\tilde{t} = 0.1$，是对称重陀螺无环运动（图 8.12）。

(c) 取 $\omega_1 = 4$，$\omega_2 = 0$，$\theta_0 = \pi/3$，$\Delta\tilde{t} = 0.1$，是对称重陀螺有环运动轨迹（图 8.13）。

对称陀螺的计算研究很多。不对称陀螺的研究也要重点关注，采用祖冲之类算法计算很方便，见下面数值例题。

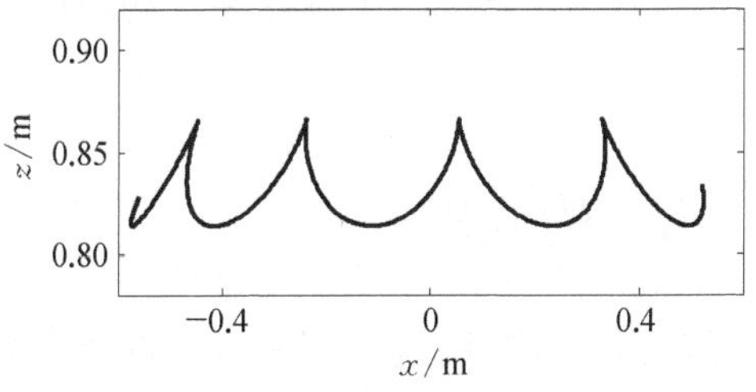

图 8.10　对称重陀螺尖点部分运动轨迹

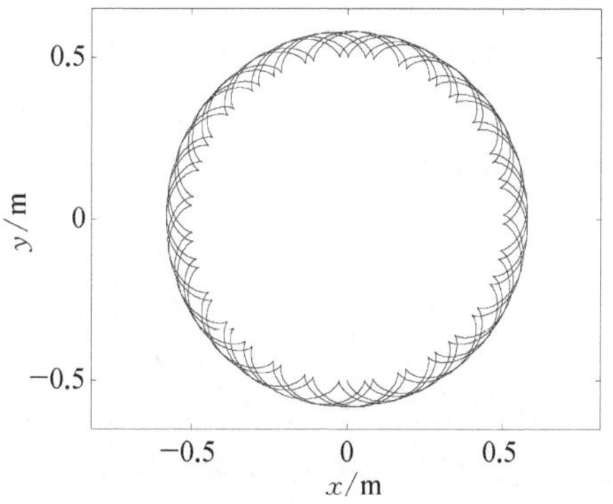

图 8.11　对称重陀螺尖点运动轨迹（俯视图长时间轨迹）

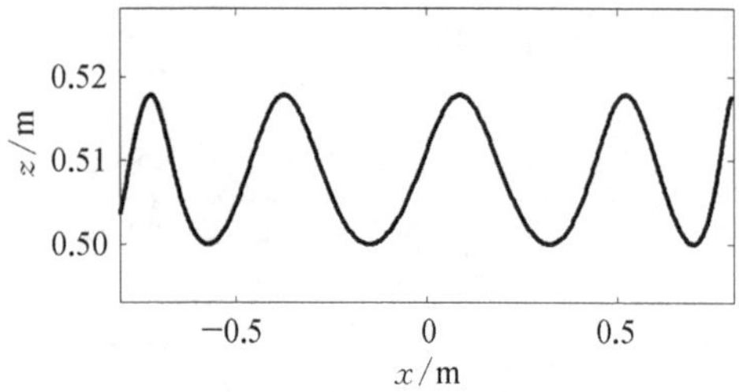

图 8.12　对称重陀螺无环运动

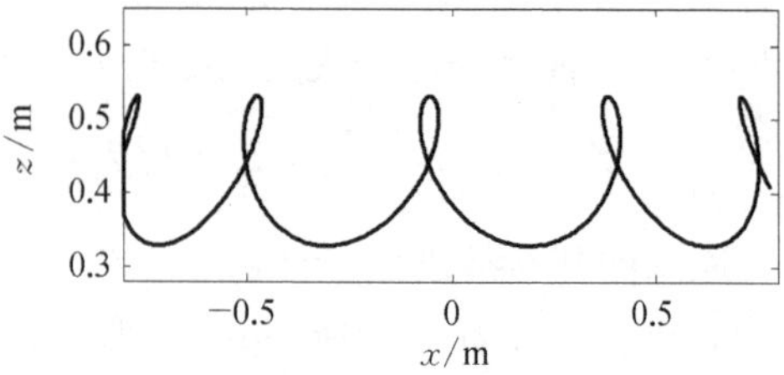

图 8.13　对称重陀螺有环运动轨迹

算例 2：重陀螺（$I_1 \neq I_2$）

给定陀螺的基本参数：$m = 1$ kg，$l = 0.04$ m，$I_1 = 0.00225\ \mathrm{kg \cdot m^2}$，$I_2 = 0.00175\ \mathrm{kg \cdot m^2}$，$J = 0.0008\ \mathrm{kg \cdot m^2}$。取重力加速度 $g = 9.8\ \mathrm{m/s^2}$。初始状态参数为 $\phi_0 = 0$，$\theta_0 = \pi/6$，$\psi_0 = 0$，$\omega_1 = 0$，$\omega_2 = 0$，$\omega_3 = 40\pi$ rad/s。图 8.14 和图 8.15 为尖点运动轨迹。

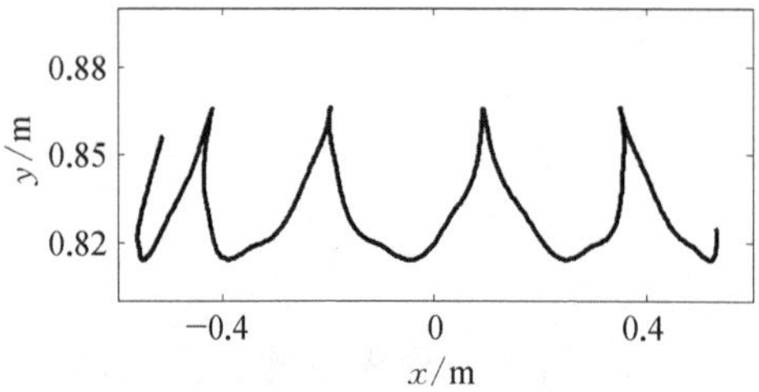

图 8.14　不对称重陀螺尖点运动轨迹

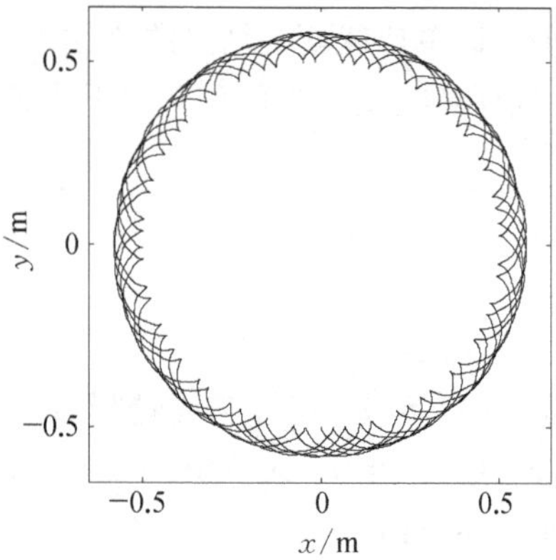

图 8.15　不对称重陀螺尖点运动轨迹(俯视图)

从这些例题的数值结果,可看到结合祖冲之类算法的效果。古代的优秀成果,理当挖掘继承,与近代数学融合,发扬光大。

以上只给出了一个数值例题,对称陀螺运动随自旋角速度分别为 $\omega_3 = 40\pi$ rad/s、30π rad/s、20π rad/s、10π rad/s 而变化的数值结果见文献[10]。

陀螺系统在应用方面非常重要。陀螺安装在有加速度的运动物体上,有导航的作用。此时并无在惯性坐标中固定的定点,因此要研究计算在运动物体上的陀螺运动规律。这是要达到实际应用所必需的。

8.3　刚-柔体动力学的分析

前面介绍的 DAE 的积分,认为运动机构的部件完全刚性,这是第一步的近似。部分部件的弹性变形也需要同时考虑,此时的动力学积分是进一步的挑战。一般来说,机构运动是低频的,而部件的弹性振动是高频的,两种运动混合在一起积分,容易发生不同时间尺度的问题。其数值表现是刚性,积分若干步后,会因为数值病态而失真。这是刚-柔体动力学数值积分必须面对的问题。

刚-柔体动力学的积分，首先要将刚体动力学的积分做好。前文已经将刚体部件 DAE 的求解表达清楚，即动力学积分结合祖冲之方法论。在此基础上本节讲述考虑刚-柔体动力学的逐步积分。为简单起见，用二维的双摆，其中杆件 2 考虑为弹性杆。

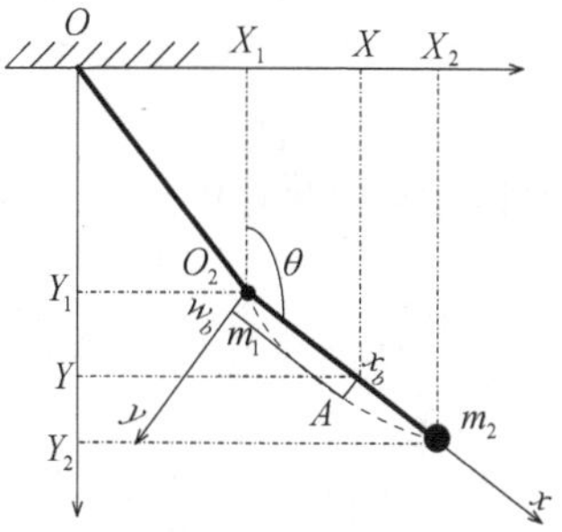

图 8.16　二摆

如图 8.16 所示，两根梁的振动，第一根梁为刚梁，长为 L_1，密度为 ρ_1；第二根梁为弹性体梁，其长为 L_2，密度为 ρ_2，刚度为 EI。

如果将此问题看成是两个刚体的大范围运动，并选择：

$$X_1(t),\ Y_1(t);\ X_2(t),\ Y_2(t) \tag{8.3.1}$$

即两个节点的坐标为四个积分未知数，则有约束条件：

$$X_1^2 + Y_1^2 = L_1^2;\ (X_2 - X_1)^2 + (Y_2 - Y_1)^2 = L_2^2 \tag{8.3.2}$$

所以实际上是两个独立未知数。积分可用时间离散方法，划分成为等步长 0, η, …, $t_k = k\eta$。可用时间步长 $k^{\#}$：$(t_{k-1},\ t_k)$ 的作用量，时间有限元计算可用节点位移的线性插值完成，按祖冲之方法论，插值不必管约束条件，而只要在时间节点处严格满足。这样就成为有约束条件的 DAE 积分，前文已经给出了数值例题。大范围刚体运动，一般是整体运动，随时间变化比较慢，从振动角度看，频率低，但运动非线性，外国人提出的 index 积分计算结果远不如祖冲之方法论给出的精确。

进一步考虑杆件弹性而未必能处理为刚体的问题。为简单起见，认为杆 1 是刚性，而只有杆 2 考虑弹性变形，要考虑杆件的弹性变形引起的振动。从大范围看，杆件振动当然参加了整体的运动，但杆件的弹性振动，相对于整体运动看，毕竟是局部起作用的，而且局部振动一般频率比较高，远高于 DAE 整体运动的低频率，而且这种局部高频振动一般用线性振动理论处理，发生的挠度也小，故不必再考虑杆件本身的非线性效应。例如，杆件振动是横向的挠度，已经不再是刚体的直线，当然会在长度方向引起位移，但振动是小挠度，所引起的是高阶小量，而且是高频，可以忽略不计。

基于这样的认识，大范围运动必须用 DAE 积分，祖冲之类算法是首选，而局部弹性振动则采用线性理论。不过，杆件贴体坐标也在运动，杆件的弹性振动理论在非惯性坐标内。这说明，大范围运动与弹性振动之间有相互作用，将这种相互作用考虑进去而求解，是必须面对的问题。

前文讲过正则变换，可以用辛矩阵乘法来表达，正好可在当前问题的分析中起作用。

刚-柔体动力学，虽然有代数方程的约束，仍是保守体系，可用变分原理描述，其 Lagrange 函数是(动能-势能)两个摆的刚-柔体，其势能是两部分，即重力势能和弹性变形势能，考虑杆 2 有弹性振动，弹性变形势能就是杆 2 的变形能，即使在非惯性坐标也同样计算。

惯性坐标用 $(O,\ x,\ y,\ z)$ 表示，而贴体坐标用 $(O_i,\ x_{bi},\ y_{bi},\ z_{bi})$ 表示，其中下标 bi 的 b 标记在贴体坐标中，而不是节点的大位移。

动能与绝对速度 $\boldsymbol{v}_a$ 的平方有关。杆 2 上任意点 $\boldsymbol{r}$ 处有运动质点，相对于贴体坐标的相对位移是 $\boldsymbol{r}(t)$，则 $\boldsymbol{v}_r = \mathrm{d}\boldsymbol{r}/\mathrm{d}t$ 是质点的相对速度，但 $\boldsymbol{v}_r$ 不是绝对速度。绝对速度还要加上因刚体转动而带来的牵连速度 $\boldsymbol{v}_e$ 而成为

$$\boldsymbol{v}_a = \frac{\mathrm{d}\boldsymbol{r}}{\mathrm{d}t} + \boldsymbol{v}_e,\ \boldsymbol{v}_e = \boldsymbol{v}_O + \boldsymbol{\omega} \times \boldsymbol{r} \tag{8.3.3}$$

所以在相对坐标中运动的向量，其绝对坐标的微商公式是

$$\left(\frac{\mathrm{d}\,\cdot}{\mathrm{d}t}\right)_a = \left(\frac{\mathrm{d}\,\cdot}{\mathrm{d}t}\right)_r + \boldsymbol{\omega} \times \cdot \tag{8.3.4}$$

式中，· 代表一个向量，可以是相对位移，也可以是相对速度；下标 a 与 r 分别表示绝对坐标或相对坐标下的微商。

杆 2 的弹性变形在贴体坐标 $(O_2,\ x_{b2},\ y_{b2},\ z_{b2})$ 下描述，杆件 2 的小挠度位移是 $\boldsymbol{w}_{b2} = \{0,\ .\ w_{b2}(x_{b2},\ t)\}^{\mathrm{T}}$ 其中相对位移是 $\boldsymbol{w}_{b2}$。沿 $(O_2,\ x_{b2})$ 轴从 O_2 点，就是 $(x_1,\ y_1)$ 点，指向 $(x_2,\ y_2)$ 点。相对位移沿轴 $(O_2,\ x_{b2})$ 向无位移；而 $(O_2,\ y_{b2})$ 垂直方向是小挠度 $w_{b2}(x_{b2},\ t)$，下标 2 表示是贴体坐标 2 的相对坐标。因为只考虑杆 2 为弹性，并且使用小挠度理论，所以 $w_{b2}(x_{b2},\ t)$ 是在贴体坐标中 y_2 方向的小挠度。整个问题只是二维平面振动，比较简单。

小挠度位移 $w_{b2}(x_{b2},\ t)$ 在杆 2 由贴体坐标描述，所以计算变形势能部分更容易，$w''_{b2}(x_{b2},\ t)$、$M_2 = EJ \cdot w''_{b2}(x_{b2},\ t)$ 分别是曲率、弯矩。变形能密度为 $EJw''^2_{b2}/2$。积分得到杆 2 的弯曲变形能：

$$U_{D2}(t) = \int_0^{L_2} \frac{EJw''^2_{b2}}{2} \cdot \mathrm{d}x_{b2},\ w''_{b2} = \frac{\partial^2 w_{b2}}{\partial x_{b2}^2} \tag{8.3.5}$$

小挠度位移的变形能计算与通常结构振动同，不必区分局部坐标。然而，应明确的是梁的小挠度振动运用的边界条件是两端简支，这样局部振动分析解容易得到，常截面时可分析求解，其本征频率和本征向量是

$$\begin{aligned} \omega_{21} &= \left(\frac{\pi}{L}\right)^2 \left(\frac{EJ}{\rho}\right)^{\frac{1}{2}},\ w_{b2}(x_{b2},\ t) = \sin\left(\frac{\pi x_{b2}}{L_2}\right)\exp(\mathrm{j}\omega_{21}t) \\ \omega_{22} &= \left(\frac{3\pi}{L}\right)^2 \left(\frac{EJ}{\rho}\right)^{\frac{1}{2}},\ w_{b2}(x_{b2},\ t) = \sin\left(\frac{2\pi x_{b2}}{L_2}\right)\exp(\mathrm{j}\omega_{22}t) \end{aligned} \tag{8.3.6}$$

可用展开的若干项，m_2 项。既然用分析解，则贴体坐标的内部位移 $\boldsymbol{w}_{b2} = \{0,\ .\ w_{b2}(x_{b2},\ t)\}^{\mathrm{T}}$ 也分解为 m_2 个广义位移，这些贴体坐标的广义位移只是贴体坐标的分析解，并非绝对坐标的位移，用这样的表示无非表示采用了 m_2 个广义位移而已，计算变形能可以，但不能计算动能，毕竟动力学要绝对坐标的动能，广义位移还要参加整体动力分析。

动能计算必须用绝对速度 $\boldsymbol{v}_a = \mathrm{d}\boldsymbol{r}/\mathrm{d}t + \boldsymbol{v}_e$，$\boldsymbol{v}_e = \boldsymbol{v}_O + \boldsymbol{\omega} \times \boldsymbol{r}$，其中，杆 2 贴体坐标 $(O_i,$

x_{b2}, y_{b2}, z_{b2}) 的原点 O_2 就是大范围运动的点 1,其坐标是 $x_1(t)$、$y_1(t)$；而局部坐标的 ($x_{b2}=L_2, y_{b2}=0$) 就是点 2,其坐标是 $x_2(t)$、$y_2(t)$。大范围运动要积分的是这些 $x_i(t)$、$y_i(t)$。局部振动无非是参加了大范围动力运动而已。局部分析动力求解虽然未曾考虑牵连运动的影响,但保辛没有问题,目的是可用乘法的保辛正则摄动。

杆件 1 本来就处理为刚性,但杆件 2 的质量已经在局部弹性振动考虑,怎样将质量分配到绝对运动的两端,还是要明确。

关键是杆件 2 动能的计算。其两端节点位移 $x_1(t)$、$y_1(t)$ 和 $x_2(t)$、$y_2(t)$ 在大范围运动积分,杆件 2 的贴体坐标也由此确定。根据 x_2-x_1 和 y_2-y_1,则贴体坐标原点 (0, 0) 是 $x_1(t)$、$y_1(t)$ 而 ($x_{b2}=L_2, y_{b2}=0$) 点就是 $x_2(t)$、$y_2(t)$,于是贴体坐标 x_{b2} 轴的方位:

$$\cos\theta(t) = -\frac{y_2 - y_1}{L_2} \tag{8.3.7}$$

以 $-y$ 轴为 $\theta=0$。根据 $x_1(t)$、$y_1(t)$、$x_2(t)$、$y_2(t)$ 就可计算杆件 2 的角速度 $\boldsymbol{\omega}_2(t)$ 及各点的牵连速度 $\boldsymbol{v}_e(x_{b2}, t)$。平面运动中,$\boldsymbol{\omega}_2(t)$ 实际只有 $\omega_{z2}(t)$。$\dot{x}_1(t)$、$\dot{y}_1(t)$ 就是牵连速度的 $\boldsymbol{v}_O(t)$,而有

$$\boldsymbol{v}_{2e}(x_{b2}, t) = \boldsymbol{\omega}_{z2}(t)\cdot x_{b2} + \boldsymbol{v}_O(t) \tag{8.3.8}$$

该牵连速度 $\boldsymbol{v}_{2e}(x_{b2}, t)$ 对于贴体长度线性分布,且与相对位移 $\boldsymbol{w}_{b2}=\{0, .\, w_{b2}(x_{b2}, t)\}^{\mathrm{T}}$ 无关。相对速度是

$$\dot{\boldsymbol{w}}_{b2}(x_{b2}, t) = \{0, .\, \dot{w}_{b2}(x_{b2}, t)\}^{\mathrm{T}} \tag{8.3.9}$$

故绝对速度是

$$\boldsymbol{v}_{a2}(x_{b2}, t) = \dot{\boldsymbol{w}}_{b2}(x_{b2}, t) + \boldsymbol{v}_{2e}(x_{b2}, t) \tag{8.3.10}$$

有了绝对速度,就可在相对坐标内积分,计算杆件 2 的动能:

$$\begin{gathered} T_2 = \int_0^{x_{b2}} \frac{\rho F \boldsymbol{v}_{a2}^{\mathrm{T}} \boldsymbol{v}_{a2}}{2\cdot \mathrm{d}x}, \\ \boldsymbol{v}_{a2}^{\mathrm{T}}\boldsymbol{v}_{a2} = \dot{\boldsymbol{w}}_{b2}^{\mathrm{T}}\dot{\boldsymbol{w}}_{b2} + \boldsymbol{v}_{2e}^{\mathrm{T}}\boldsymbol{v}_{2e} + 2\dot{\boldsymbol{w}}_{b2}^{\mathrm{T}}\boldsymbol{v}_{2e} \end{gathered} \tag{8.3.11}$$

式中,$\dot{\boldsymbol{w}}_{b2}^{\mathrm{T}}\dot{\boldsymbol{w}}_{b2}$ 是相对坐标内振动的动能,与牵连速度无关,如同不管牵连速度与通常的结构振动,是高频局部振动;$\boldsymbol{v}_{2e}^{\mathrm{T}}\boldsymbol{v}_{2e}$ 部分则是牵连速度提供的动能,在 DAE 积分时已经考虑,是低频非线性运动;余下的交叉项 $2\dot{\boldsymbol{w}}_{b2}^{\mathrm{T}}\boldsymbol{v}_{2e}$ 是高、低频结合,代表高频与低频的耦合作用。

非线性系统的时间积分也只能用逐步积分法,如 DAE 积分,毕竟大范围运动掌控全局,最重要。局部振动用本征向量展开最有效。低、高频率结合,出现载波现象。在低频时间积分一步之中,也许高频位移已经剧烈变动了,所以局部振动的本征解展开方法,处理低、高频耦合最适当。高频局部振动运用了半解析法(对空间坐标是本征解离散处理,

而对于时间坐标则用分析法)。频差越大,效果越好。将低、高频区分开,让它们壁垒分明,是摄动法的要点。可将低、高频耦合的项用摄动法处理。

传统的摄动法总是 Taylor 级数展开,但一般的摄动法与 Hamilton 体系的保辛没有关系,文献[11]中没有正则变换、保辛之说。辛对称是动力学理论的核心。动力学摄动法也应抓住此核心,即辛对称。正则变换就自动满足了保辛的性质,所以动力学摄动,也应在正则变换的基础上讲述。

正则变换不改变未知数的数目,位移 $x_1(t)$、$y_1(t)$、$x_2(t)$、$y_2(t)$ 是 DAE 积分,而杆件有限元离散的内部点也有自己的本征向量展开数目的未知数。两者区分是清楚的,位移的数目不会变化。

第四章讲述了基于近似 Hamilton 系统,其 Hamilton 函数 $H_{\mathrm{a}}(\boldsymbol{v})$ 可以任意选择,当然要求接近于真实的 Hamilton 函数 $H(\boldsymbol{v})$,即,使得两者之差 $H_{\mathrm{e}}=H(\boldsymbol{v})-H_{\mathrm{a}}(\boldsymbol{v})$ 是小量。此问题总体非线性,但在每个小时间积分步内,依然接近于线性,可用线性近似逼近,至于非线性部分,还可以迭代修正。

前文介绍的辛矩阵乘法的正则变换,势能很明确,但动能有

$$\boldsymbol{v}_{\mathrm{a2}}^{\mathrm{T}}\boldsymbol{v}_{\mathrm{a2}}=\dot{\boldsymbol{w}}_{\mathrm{b2}}^{\mathrm{T}}\dot{\boldsymbol{w}}_{\mathrm{b2}}+\boldsymbol{v}_{\mathrm{2e}}^{\mathrm{T}}\boldsymbol{v}_{\mathrm{2e}}+2\varepsilon\dot{\boldsymbol{w}}_{\mathrm{b2}}^{\mathrm{T}}\boldsymbol{v}_{\mathrm{2e}},\ \varepsilon=1 \tag{8.3.12}$$

的项,其中 $\dot{\boldsymbol{w}}_{\mathrm{b2}}^{\mathrm{T}}\dot{\boldsymbol{w}}_{\mathrm{b2}}+\boldsymbol{v}_{\mathrm{2e}}^{\mathrm{T}}\boldsymbol{v}_{\mathrm{2e}}$ 部分可以取为 $H_{\mathrm{a}}(\boldsymbol{v})$,即令 $\varepsilon=0$。此时,局部振动与整体的 DAE 方程求解完全分离,也就是将弹性体认为是刚体。此时可按保辛-守恒积分求解,得到的一个是局部振动的本征向量展开对于时间的半分析解,不受步长的影响;另一个是刚体的整体运动,设时间步长 η 是按 DAE 时间积分的要求选择的,对于整体运动是小的,但对于局部振动 η 不算小。

虽然,实际 $\varepsilon=1$ 并不小,但 $2\dot{\boldsymbol{w}}_{\mathrm{b2}}^{\mathrm{T}}\boldsymbol{v}_{\mathrm{2e}}$ 部分恰是高、低频率的结合项,相互作用很小,用摄动法处理很有效。

低频率项对于高频的摄动作用,相当于低频平均位移;而高频率项对于低频振动的影响更小,因为有自行抵消的作用。

整体结构的势能,就是积分刚体 DAE 时的重力势能 $\varPi_{\mathrm{DAE}}$,在增加杆件 2 的变形能 $\varPi_{g2}=\int_0^{L_2}EJw''^2_{\mathrm{b2}}/2\cdot\mathrm{d}x_{\mathrm{b2}}$ 的刚-柔体动力分析时,

$$\varPi=\varPi_{\mathrm{DAE}}+\varPi_{g2} \tag{8.3.13}$$

还需要分析动能。积分刚体 DAE 时,不存在弹性变形能,故 T_{DAE} 的公式与以前相同,在杆件 2 的动能计算时将式(8.3.11)取 $\dot{\boldsymbol{w}}_{\mathrm{b2}}=\boldsymbol{0}$ 而只有 $\boldsymbol{v}_{\mathrm{2e}}$,所以 T_{DAE} 部分已经具备,且在总体刚体 DAE 积分中已经考虑。刚-柔体的分析需要将注意力放在式(8.3.12)中的:

$$\dot{\boldsymbol{w}}_{\mathrm{b2}}^{\mathrm{T}}\dot{\boldsymbol{w}}_{\mathrm{b2}}+2\varepsilon\dot{\boldsymbol{w}}_{\mathrm{b2}}^{\mathrm{T}}\boldsymbol{v}_{\mathrm{2e}},\ \varepsilon=1 \tag{8.3.14}$$

杆件 2 的弹性振动变形很小且高频,弹性振动本征解展开时已经将 $\dot{\boldsymbol{w}}_{\mathrm{b2}}^{\mathrm{T}}\dot{\boldsymbol{w}}_{\mathrm{b2}}$ 考虑,认为杆件 2 的贴体坐标是惯性坐标而计算的 Rayleigh 商,是对时间连续的半解析解。从实际操作的角度讲,w_{b2} 既然采用本征向量展开式(8.3.6),取 m_2 项。在公式推导是就可将各项的振

幅系数 b_{21}, b_{22}, …, b_{2m_2} 作为未知数。这些系数是时间的函数,局部振动本征值也已经包含。

8.3.1　动能计算

动能计算一定要用质量的绝对速度。在刚性杆件时也有动能计算的问题。首先,有两种坐标系统:绝对坐标系 (O, x, y),也是惯性坐标系;但对于刚体 2 还有贴体坐标系 (O_2, x_2, y_2),点 O_2 的坐标是两个刚体连接处的 $(x_1(t)$、$y_1(t))$,在绝对坐标中描述,其绝对速度是 $\dot{x}_1(t)$、$\dot{y}_1(t)$。杆件 2 是刚体时,还有其贴体坐标 (O_2, x_2, y_2),它不是惯性坐标。贴体坐标的轴是从 $x_1(t)$、$y_1(t)$ 到 $x_2(t)$、$y_2(t)$ 的方向,是不断变化的,约束条件长度为 L_2。取第二根杆两端连线与 y 轴的夹角为 θ(图 8.16),则

$$\cos\theta = -\frac{y_2 - y_1}{L_2},\quad \sin\theta = \frac{x_2 - x_1}{L_2}$$

端点速度 $\dot{x}_1(t)$、$\dot{y}_1(t)$、$\dot{x}_2(t)$、$\dot{y}_2(t)$ 是绝对速度在绝对坐标的投影,但也可用贴体坐标来描述。

辛矩阵乘法的正则变换,可能大家不是很熟悉,但迭代求解的方法众所周知,其实两者是相同的,所以从迭代求解的角度展开。

如同摄动法,迭代要一个出发点 0 次近似。显然,0 次近似可取为 $\varepsilon = 0$ 的情况,此时整体运动就是刚体 DAE 的解,而杆件 2 也是自己振动而不受整体运动的影响。$\varepsilon = 0$ 已经将两种运动的相互影响忽略。这些解已经为大家所熟知。

迭代法右端只有 $2\dot{\boldsymbol{w}}_{b2}^{T}\cdot\boldsymbol{v}_{2e}$ 的作用了,$\dot{\boldsymbol{w}}_{b2}$ 只有垂直方向的分量 $\dot{w}_{2e}(x_b)$。

$\dot{\boldsymbol{w}}_{b2}^{T}\dot{\boldsymbol{w}}_{b2} + 2\varepsilon\dot{\boldsymbol{w}}_{b2}^{T}\boldsymbol{v}_{2e}$, $\varepsilon = 1$,其中 $\dot{\boldsymbol{w}}_{b2}$ 是在相对坐标描述的相对速度,$\boldsymbol{v}_{2e}$ 是牵连速度,也可转换到用相对坐标来描述。因为有

$$\cos\theta(t) = -\frac{Y_2 - Y_1}{L_2} \tag{8.3.15}$$

将 $\boldsymbol{v}_{2e}$ 也投影到相对坐标的 w 方向,其中沿轴向牵连速度垂直于 $\dot{\boldsymbol{w}}_{b2}$,没有动能,只有垂直方向的牵连速度 $\dot{w}_{2e}(x_b)$ 才起作用。可推导出

$$\begin{aligned}\dot{w}_{2e}(x_b) = {} & [\dot{X}_1(t)\cos\theta - \dot{Y}_1(t)\sin\theta] \\ & + \{[\dot{X}_2(t) - \dot{X}_1(t)]\cos\theta - [\dot{Y}_2(t) - \dot{Y}_1(t)]\sin\theta\}\left(\frac{x_b}{L_2}\right)\end{aligned} \tag{8.3.16}$$

将此牵连速度与相对坐标的弹性相对速度 $\dot{w}_{b2}(x_{b2})$ 相加,就是垂直方向的绝对速度,而长度方向的相对速度为零,所以容易计算 $2\dot{\boldsymbol{w}}_{b2}^{T}\boldsymbol{v}_{2e}$ 这一项。

8.3.2　刚-柔体数值例题

$$\cos\theta = -\frac{Y_2 - Y_1}{L_2},\quad \sin\theta = \frac{X_2 - X_1}{L_2} \tag{8.3.17}$$

$$\boldsymbol{v}_{a}(x_{b}, t) = \dot{\boldsymbol{w}}_{b}(x_{b}, t) + \boldsymbol{v}_{e}(x_{b}, t) \tag{8.3.18}$$

$$\dot{\boldsymbol{w}}_{b}(x_{b}, t) = \begin{bmatrix} 0 \\ \dot{w}_{b} \end{bmatrix}, \quad \boldsymbol{v}_{e}(x_{b}, t) = \begin{bmatrix} \dot{X}\sin\theta - \dot{Y}\cos\theta \\ \cos\theta\dot{X} + \dot{Y}\sin\theta \end{bmatrix} \tag{8.3.19}$$

动能：

$$T = \frac{\rho_1 L_1}{6}(\dot{X}_1^2 + \dot{Y}_1^2) + \int_0^{L_2} \frac{\rho_2}{2}(\dot{\boldsymbol{w}}_b^{\mathrm{T}}\dot{\boldsymbol{w}}_b + 2\dot{\boldsymbol{w}}_b^{\mathrm{T}}\boldsymbol{v}_e + \boldsymbol{v}_e^{\mathrm{T}}\boldsymbol{v}_e)\mathrm{d}x_b \tag{8.3.20}$$

把式(8.3.19)代入上式，得

$$\begin{aligned} T = {} & \frac{\rho_1 L_1}{6}(\dot{X}_1^2 + \dot{Y}_1^2) + \int_0^{L_2} \frac{\rho_2}{2}\dot{w}_b^2 \mathrm{d}x_b + \int_0^{L_2} \frac{\rho_2}{2}(\dot{X}^2 + \dot{Y}^2)\mathrm{d}x_b \\ & + \int_0^{L_2} \rho_2(\dot{w}_b \cos\theta\dot{X} + \dot{w}_b\dot{Y}\sin\theta)\mathrm{d}x_b \end{aligned} \tag{8.3.21}$$

势能为

$$U = \int_0^{L_2} \frac{EJ}{2}(w''_b)^2 \mathrm{d}x_b - \frac{L_1\rho_1 g}{2}Y_1 - \int_0^{L_2}\rho_2 g(Y + w_b \sin\theta)\mathrm{d}l - m_1 g Y_1 - m_2 g Y_2 \tag{8.3.22}$$

在势能中，$w_b \sin\theta$ 相对于 Y 是小量，可以忽略不计，相对位移 w_b 可以当作是两端简支的梁来进行，因此可以振型展开 m 项：

$$w_b(x_b, t) = \sum_{j=1}^{m} \sin\frac{j\pi x_b}{L_2} a_j(t) \tag{8.3.23}$$

$$X(t) = \frac{L_1 - x_b}{L_1}X_0(t) + \frac{x_b}{L_1}X_1(t), \quad Y(t) = \frac{L_1 - x_b}{L_1}Y_0(t) + \frac{x_b}{L_1}Y_1(t) \tag{8.3.24}$$

利用式(8.3.23)、式(8.3.24)得

$$\begin{aligned} T &= \frac{1}{2}\dot{\boldsymbol{q}}^{\mathrm{T}}\boldsymbol{M}\dot{\boldsymbol{q}} + \frac{1}{2}\dot{\boldsymbol{a}}^{\mathrm{T}}\boldsymbol{M}_e\dot{\boldsymbol{a}} + \boldsymbol{c}^{\mathrm{T}}\boldsymbol{q}\cdot\dot{\boldsymbol{a}}^{\mathrm{T}}\boldsymbol{W}_{DX}\dot{\boldsymbol{q}} + \boldsymbol{s}^{\mathrm{T}}\boldsymbol{q}\cdot\dot{\boldsymbol{a}}^{\mathrm{T}}\boldsymbol{W}_{DY}\dot{\boldsymbol{q}} \\ U &= \frac{1}{2}\boldsymbol{a}^{\mathrm{T}}\boldsymbol{K}_e\boldsymbol{a} - \boldsymbol{F}^{\mathrm{T}}\boldsymbol{q} - \boldsymbol{s}^{\mathrm{T}}\boldsymbol{q}\cdot\boldsymbol{a}^{\mathrm{T}}\boldsymbol{F}_e \end{aligned} \tag{8.3.25}$$

约束为

$$\begin{aligned} & g_1:\ X_1^2 + Y_1^2 = L_1^2;\ \boldsymbol{q}^{\mathrm{T}}\boldsymbol{A}\boldsymbol{q} = L_1^2 \\ & g_2:\ (X_2 - X_1)^2 + (Y_2 - Y_1)^2 = L_2^2,\ \boldsymbol{q}^{\mathrm{T}}\boldsymbol{B}\boldsymbol{q} = L_2^2 \\ & \boldsymbol{A} = \begin{bmatrix} \boldsymbol{I} & \boldsymbol{0} \\ \boldsymbol{0} & \boldsymbol{0} \end{bmatrix},\ \boldsymbol{B} = \begin{bmatrix} \boldsymbol{I} & -\boldsymbol{I} \\ -\boldsymbol{I} & \boldsymbol{I} \end{bmatrix} \end{aligned} \tag{8.3.26}$$

于是,作用量为

$$S(t_{k-1},\ t_k) = \int_{t_{k-1}}^{t_k} (T - U + \lambda_1 g_1 + \lambda_2 g_2)\,\mathrm{d}t \tag{8.3.27}$$

变分有

$$S(t_{k-1},\ t_k) = \int_{t_{k-1}}^{t_k} \left\{ \begin{aligned} &\frac{1}{2}\dot{\boldsymbol{q}}^{\mathrm{T}}\boldsymbol{M}\dot{\boldsymbol{q}} + \frac{1}{2}\dot{\boldsymbol{a}}^{\mathrm{T}}\boldsymbol{M}_{\mathrm{e}}\dot{\boldsymbol{a}} + \boldsymbol{q}^{\mathrm{T}}\boldsymbol{c}\cdot\dot{\boldsymbol{a}}^{\mathrm{T}}\boldsymbol{W}_{DX}\dot{\boldsymbol{q}} + \boldsymbol{q}^{\mathrm{T}}\boldsymbol{s}\cdot\dot{\boldsymbol{a}}^{\mathrm{T}}\boldsymbol{W}_{DY}\dot{\boldsymbol{q}} \\ &- \left(\frac{1}{2}\boldsymbol{a}^{\mathrm{T}}\boldsymbol{K}_{\mathrm{e}}\boldsymbol{a} - \boldsymbol{F}^{\mathrm{T}}\boldsymbol{q}\right) + \lambda_1 g_1 + \lambda_2 g_2 \end{aligned} \right\} \mathrm{d}t \tag{8.3.28}$$

变分后,可以得到描述运动的微分方程:

$$\begin{cases} -\boldsymbol{M}\ddot{\boldsymbol{q}} + 2\lambda_1\boldsymbol{A}\boldsymbol{q} + 2\lambda_2\boldsymbol{B}\boldsymbol{q} + \boldsymbol{F} + \boldsymbol{F}_q = 0 \\ \boldsymbol{q}^{\mathrm{T}}\boldsymbol{A}\boldsymbol{q} = L_1^2,\ \boldsymbol{q}^{\mathrm{T}}\boldsymbol{B}\boldsymbol{q} = L_2^2 \end{cases} \tag{8.3.29}$$

$$-\boldsymbol{M}_{\mathrm{e}}\ddot{\boldsymbol{a}} - \boldsymbol{F}_a - \boldsymbol{K}_{\mathrm{e}}\boldsymbol{a} = 0 \tag{8.3.30}$$

其中,

$$\begin{aligned} &\boldsymbol{F}_q = \boldsymbol{c}\cdot\dot{\boldsymbol{a}}^{\mathrm{T}}\boldsymbol{W}_{DX}\dot{\boldsymbol{q}} - (\boldsymbol{W}_{DY}^{\mathrm{T}}\dot{\boldsymbol{a}}\cdot\boldsymbol{q}^{\mathrm{T}}\boldsymbol{s})' - (\boldsymbol{W}_{DX}^{\mathrm{T}}\dot{\boldsymbol{a}}\cdot\boldsymbol{q}^{\mathrm{T}}\boldsymbol{c})' + \boldsymbol{s}\cdot\dot{\boldsymbol{a}}^{\mathrm{T}}\boldsymbol{W}_{DY}\dot{\boldsymbol{q}} \\ &\boldsymbol{F}_a = (\boldsymbol{W}_{DX}\dot{\boldsymbol{q}}\cdot\boldsymbol{q}^{\mathrm{T}}\boldsymbol{c})' + (\boldsymbol{W}_{DY}\dot{\boldsymbol{q}}\cdot\boldsymbol{q}^{\mathrm{T}}\boldsymbol{s})' \end{aligned} \tag{8.3.31}$$

式(8.3.29)描述大范围运动,而式(8.3.30)为弹性变形情况,其中 $\boldsymbol{F}_q$ 和 $\boldsymbol{F}_a$ 是两个体系的耦合情况,是小量,属于摄动部分,因此可以迭代求解,首先求解:

$$\begin{cases} \begin{cases} -\boldsymbol{M}\ddot{\boldsymbol{q}}_0 + 2\lambda_1\boldsymbol{A}\boldsymbol{q}_0 + 2\lambda_2\boldsymbol{B}\boldsymbol{q}_0 + \boldsymbol{F} = 0 \\ \boldsymbol{q}_0^{\mathrm{T}}\boldsymbol{A}\boldsymbol{q}_0 = L_1^2,\ \boldsymbol{q}_0^{\mathrm{T}}\boldsymbol{B}\boldsymbol{q}_0 = L_2^2 \end{cases} \\ -M_{\mathrm{e}}\ddot{a}_0 - \boldsymbol{K}_{\mathrm{e}}\boldsymbol{a}_0 = 0 \end{cases} \tag{8.3.32}$$

然后把 $\boldsymbol{q}_0$ 代入 $\boldsymbol{F}_q$ 和 $\boldsymbol{F}_a$,作为外荷载,再进行求解:

$$\begin{cases} \begin{cases} -\boldsymbol{M}\ddot{\boldsymbol{q}}_n + 2\lambda_1\boldsymbol{A}\boldsymbol{q}_n + 2\lambda_2\boldsymbol{B}\boldsymbol{q}_n + \boldsymbol{F} + \boldsymbol{F}_{q,\,n-1} = 0 \\ \boldsymbol{q}_n^{\mathrm{T}}\boldsymbol{A}\boldsymbol{q}_n = L_1^2,\ \boldsymbol{q}_b^{\mathrm{T}}\boldsymbol{B}\boldsymbol{q}_n = L_2^2 \end{cases} \\ -M_{\mathrm{e}}\ddot{a}_n - \boldsymbol{K}_{\mathrm{e}}\boldsymbol{a}_n - \boldsymbol{F}_{a,\,n-1} = 0 \end{cases} \tag{8.3.33}$$

时间进行计算时,在一个时间步 $[t_{k-1},\ t_k]$ 内, $\boldsymbol{F}_q$ 和 $\boldsymbol{F}_a$ 可以取为常数,取两个时间节点上的平均值计算。

$$
\boldsymbol{M}=\begin{bmatrix}
\dfrac{\rho_1L_1}{3}+\dfrac{\rho_2L_2}{3}+m_1 & 0 & \dfrac{\rho_2L_2}{6} & 0\\
0 & \dfrac{\rho_1L_1}{3}+\dfrac{\rho_2L_2}{3}+m_1 & 0 & \dfrac{\rho_2L_2}{6}\\
\dfrac{\rho_2L_2}{6} & 0 & \dfrac{\rho_2L_2}{3}+m_2 & 0\\
0 & \dfrac{\rho_2L_2}{6} & 0 & \dfrac{\rho_2L_2}{3}+m_2
\end{bmatrix},\ \boldsymbol{p}=\begin{pmatrix}X_1\\Y_1\\X_2\\Y_2\end{pmatrix}
\tag{8.3.34}
$$

$$
\begin{gathered}
\boldsymbol{K}_{\mathrm{e}}=\frac{L_2}{2}EJ\mathrm{diag}\left(\left(\frac{\pi}{L_2}\right)^4,\left(\frac{2\pi}{L_2}\right)^4,\cdots,\left(\frac{m\pi}{L_2}\right)^4\right)\\
\boldsymbol{M}_{\mathrm{e}}=\mathrm{diag}\underbrace{\left(\frac{L_2\rho_2}{2},\frac{L_2\rho_2}{2},\cdots,\frac{L_2\rho_2}{2}\right)}_{m},\ \boldsymbol{a}^{\mathrm{T}}=(a_1\quad a_2\quad\cdots\quad a_m)
\end{gathered}
\tag{8.3.35}
$$

$$
\begin{gathered}
\boldsymbol{F}^{\mathrm{T}}=\left[0\quad \frac{L_1\rho_1g}{2}+\frac{L_2\rho_2g}{2}+m_1g\quad 0\quad \frac{L_2\rho_2g}{2}+m_2g\right]\\
F_{\mathrm{e}}^{\mathrm{T}}=\left(\frac{L_2\rho_2g}{\pi}\right)\cdot\left[2\quad \frac{(1-\cos 2\pi)}{2}\quad\cdots\quad\frac{(1-\cos m\pi)}{m}\right]
\end{gathered}
\tag{8.3.36}
$$

$$
\boldsymbol{W}=\frac{L_2}{\pi}\begin{bmatrix}1 & 1\\ \dfrac{1}{2} & \dfrac{-1}{2}\\ \vdots & \vdots\\ \dfrac{1}{m} & \dfrac{(-1)^{m-1}}{m}\end{bmatrix},\ \begin{cases}\boldsymbol{X}=\begin{pmatrix}X_1\\X_2\end{pmatrix}=\boldsymbol{D}_x\boldsymbol{q},\ \boldsymbol{D}_x=\begin{bmatrix}1&0&0&0\\0&0&1&0\end{bmatrix}\\ \boldsymbol{Y}=\begin{pmatrix}Y_1\\Y_2\end{pmatrix}=\boldsymbol{D}_y\boldsymbol{q},\ \boldsymbol{D}_y=\begin{bmatrix}0&1&0&0\\0&0&0&1\end{bmatrix}\end{cases}
\tag{8.3.37}
$$

$$
\boldsymbol{W}_{DX}=\rho_2\boldsymbol{W}\boldsymbol{D}_x,\ \boldsymbol{W}_{DY}=\rho_2\boldsymbol{W}\boldsymbol{D}_y
$$

$$
\begin{gathered}
\cos\theta=\boldsymbol{c}^{\mathrm{T}}\boldsymbol{q},\ \boldsymbol{c}^{\mathrm{T}}=\left(0\quad\frac{1}{L_2}\quad 0\quad -\frac{1}{L_2}\right),\\
\sin\theta=\boldsymbol{s}^{\mathrm{T}}\boldsymbol{q},\ \boldsymbol{s}^{\mathrm{T}}=\left(-\frac{1}{L_2}\quad 0\quad\frac{1}{L_2}\quad 0\right)
\end{gathered}
\tag{8.3.38}
$$

第一个数值例题是二摆的例题,数据如下。

$L_1=L_2=1$ m, 第一杆的线密度为 $\rho_1=12.592$ kg/m, 第二杆为钢材,密度为 7.87×10^3 kg/m^3, 杨氏模量为 $E=2.06\times10^{11}$ Pa, 其截面为 0.04×0.04 m^2 的方杆。图 8.16 中,两个小球的质量分别为: $m_1=10$ kg 和 $m_2=20$ kg。

初始位移: $(x_1, y_1)=(1.0, 0)$; $(x_2, y_2)=(1.0, 1.0)$。

初始速度为：$(\dot{x}_1, \dot{y}_1) = (0, 0)$；$(\dot{x}_2, \dot{y}_2) = (0, 0)$。

杆 2 视为弹性杆，杆 1 视为刚性杆。计算弹性杆局部变形时，选用三个模态计算。时间积分 100 s，时间步长为 0.004 s，弹性杆采用三个模态计算，其频率分别为 583.1 rad/s、2 332.3 rad/s、5 247.6 rad/s。而整个摆振动一周大约费时 5.4 s，其频率约为 1.16 rad/s。低、高频率相差是 500 多倍。频率相差大，表明时间积分的刚性高。直接进行时程积分有很大问题。保辛摄动迭代法运用了祖冲之方法论，只要将时间步长取得小些，收敛可以达到要求。

$\eta = 0.004$ s 的时间步长，对于 583.1 rad/s、2 332.3 rad/s、5 247.6 rad/s 的三个局部振动频率，单步已经是 2.332 4、9.329 2、20.9 弧度，表明时间步长 η 大，因为 6.28 弧度就是一周。所以，弹性振动部分的解，空间坐标用本征解展开，而时间方向需要用分析式计算（即所谓半分析法），方可得到合理的结果。采用以上的保辛摄动迭代法积分此类刚性问题，虽然比较复杂，但可得到满意结果。高度非线性的复杂动力学问题，无法从严格数学来求解或证明。积分时间 100 s 足够长，计算结果如图 8.17~图 8.20 所示。

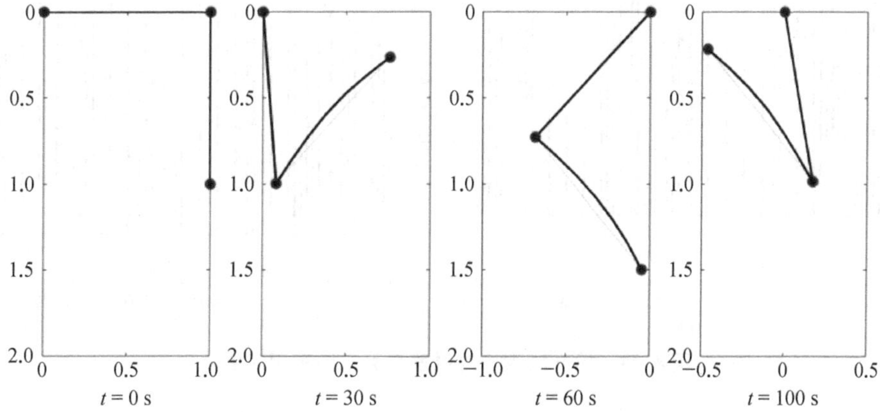

图 8.17　四个不同时刻时摆的变形（弹性杆的相对位移放大 5 000 倍）

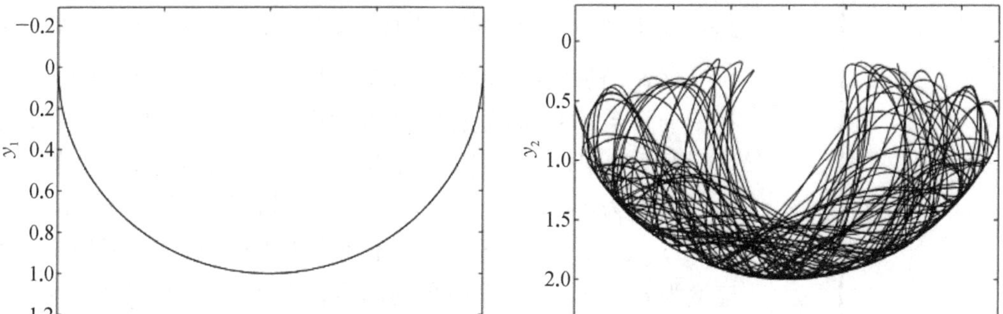

图 8.18　轨迹与 (x_2, y_2) 轨迹

由图可见，约束满足是够精确的，能量守恒相对误差也可满意。第二点的轨迹出现混沌，可以理解，因为非线性程度高。书本上只能提供静态的数值结果。

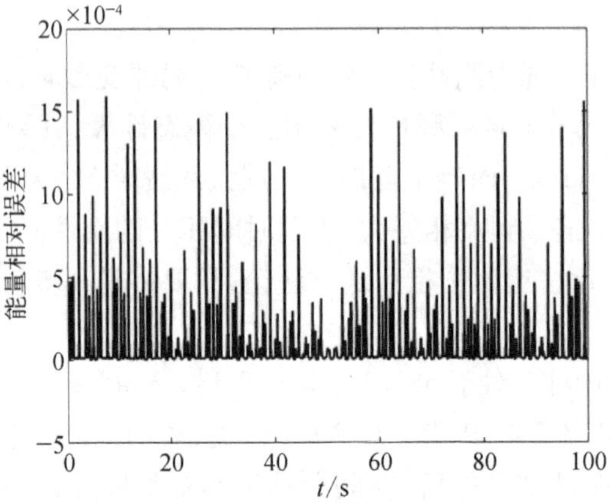

图 8.19　能量相对误差

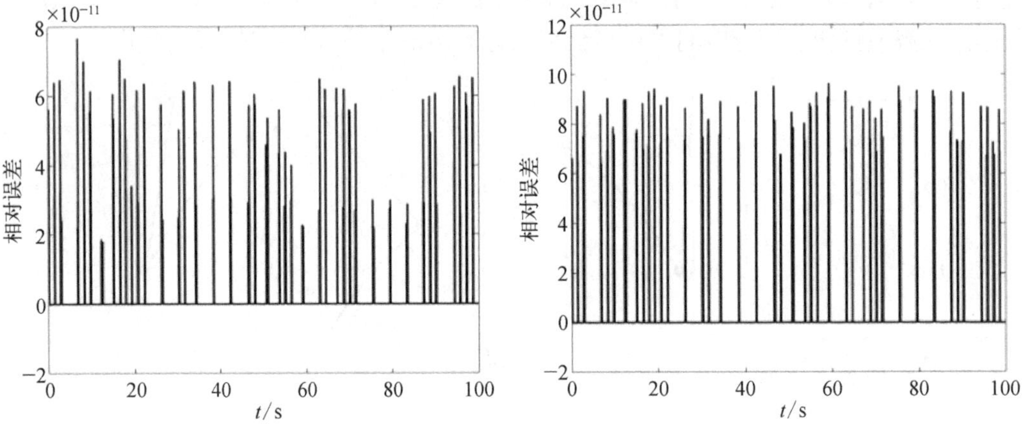

图 8.20　第一约束相对误差与第二约束相对误差

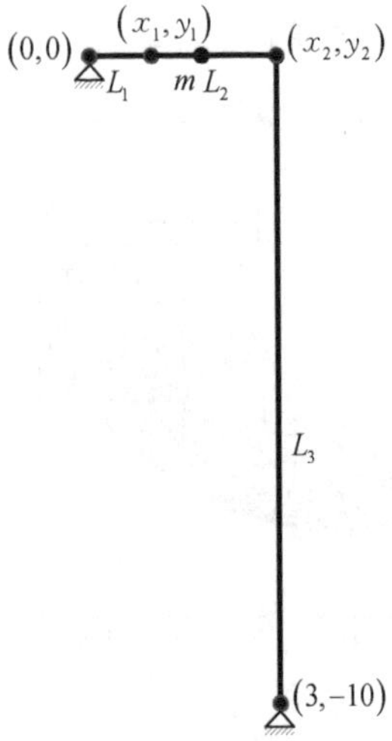

图 8.21　三杆模型

第二个数值算例是三杆运动，其数据如下。

如图 8.21 所示的三杆模型，有三杆组成，其中 $L_1 = 1$ m，$L_2 = 2$ m，$L_3 = 10$ m。第二根杆为 0.1×0.1 m^2 的钢杆，密度为 7.87×10^3 kg/m^3，杨式模量为 $E = 2.06 \times 10^{11}$ Pa。在第二根杆 $0.4L_2$ 处有一个 $m = 10$ kg 的质量块，因此把第二根杆视为弹性杆，而其余两杆看作是刚杆，其线密度均为 15 kg/m。模型中，两个节点的坐标分别为 (x_1, y_1) 和 (x_2, y_2)，初始时坐标为：$(x_1, y_1) = (1, 0)$，$(x_2, y_2) = (3, 0)$。不考虑重力作用，第一杆的初始角速度为 $\omega = \pi$ rad/s，积分的时间步长为 0.01 s，共积分 50 s。中间弹性杆采用三个模态计算：1 318 rad/s、5 705 rad/s、13 017 rad/s，而整个结构振动一周大约费时 2.65 s，其圆频率约为 2.37 rad/s。

计算结果见图 8.22～图 8.27，图 8.21 给出的是能量相对误差随时间的变化图，图 8.23 给出的是三个约束的最大相对误差随时间变化的关系。图 8.22 与图 8.23 表明利用本书提出的保辛摄动迭代算法计算得到的能量相对误差很小,能量守恒和几何约束都很好满足。在不同时刻计算得到的三杆形状图 8.27 中,弹性杆相对位移放大 10 000 倍。在本算例中,低、高频率相差是 1 000 多倍,时间积分的刚性高。直接进行时程积分有很大问题。采用保辛摄动迭代法得到的计算结果很好。

本小节对于刚-柔体动力学,提出的数值求解思路是辛讲,数值结果判断大体合理,可以与多刚体动力学相结合,许多研究和数值试验有待进一步开展。

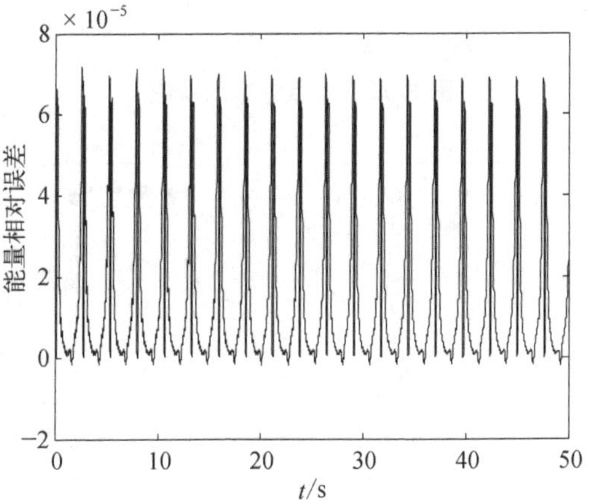

图 8.22　能量的相对误差

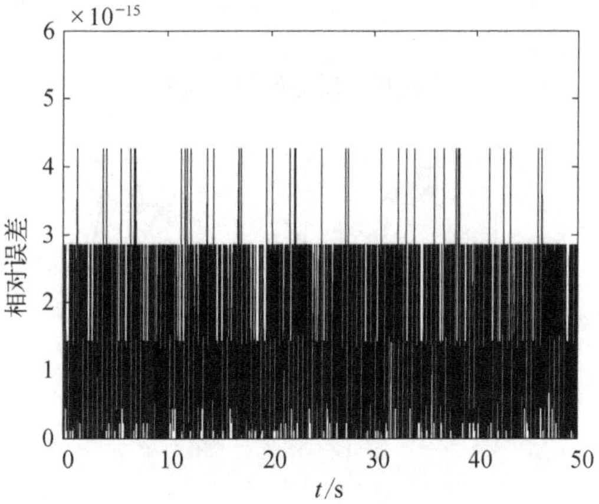

图 8.23　约束的相对误差

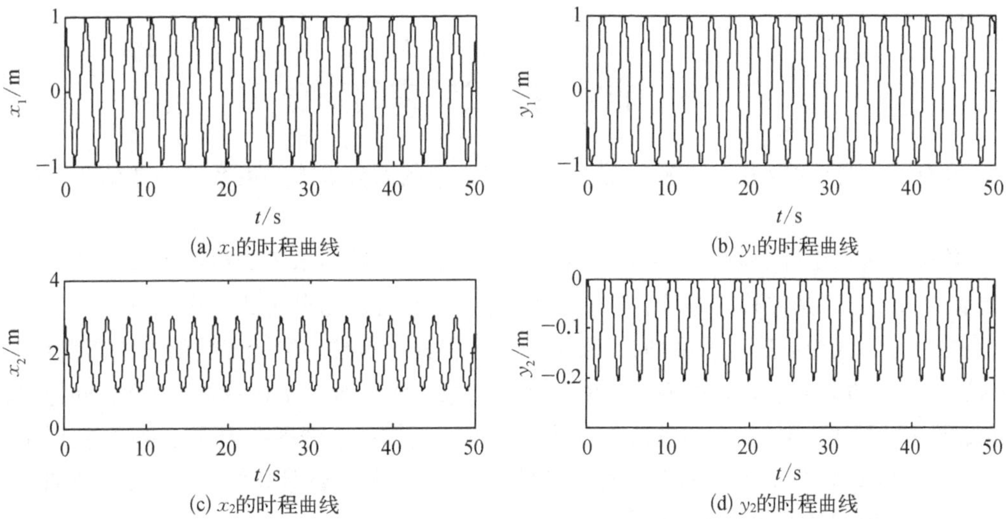

(a) x_1的时程曲线　(b) y_1的时程曲线

(c) x_2的时程曲线　(d) y_2的时程曲线

图 8.24　节点的位移时程曲线

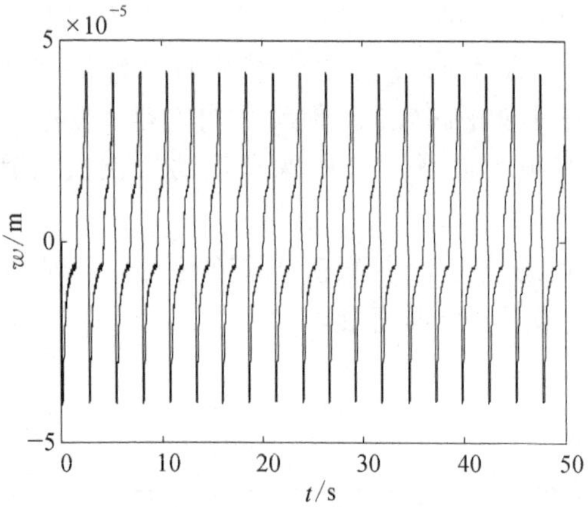

图 8.25　质点的相对位移

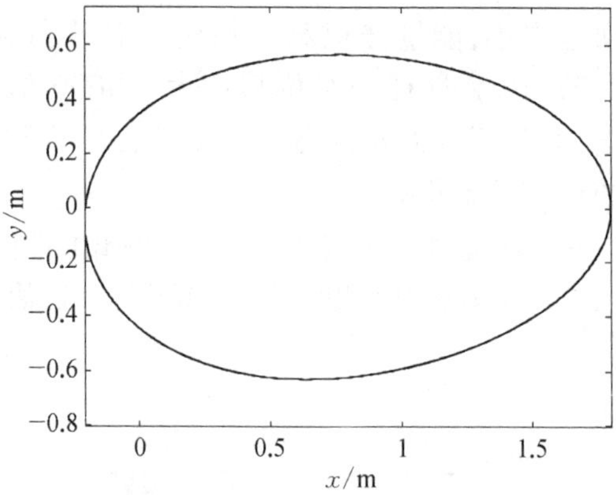

图 8.26　质点的运动轨迹

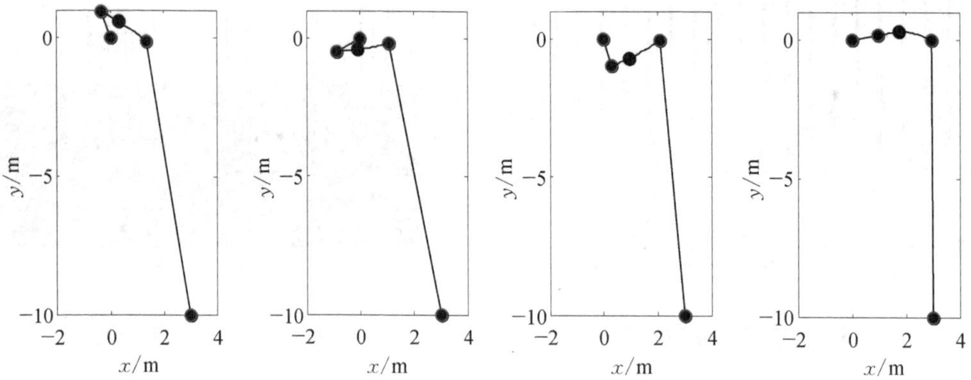

(a) $t=15$ s　(b) $t=25$ s　(c) $t=35$ s　(d) $t=45$ s

图 8.27　不同时刻的形状

8.4　非完整等式约束的积分

介绍了微分-代数方程的求解,非完整等式约束的微分等式约束系统的数值积分问题就呈现出来了。

传统分析力学分类所谓的非完整(non-holonomic)系统表示不能将约束通过消元的方法,变换到独立广义位移的系统,其中包含不能分析积分的微分等式约束。不能用分析法积分的微分等式约束造成的麻烦,是限于分析法积分的困难。然而用数值方法离散后,微分成为差分,微分等式约束也就转化成为代数约束方程。既然是代数约束方程,同样可采用文献[12]解决 DAE 的类似方法予以迭代求解。当然仍有许多数值问题要探讨,以下的内容基于文献[13],讲解更基本。既然 DAE 求解已经有了思路和效果,不妨按类似思路继续深入。祖冲之方法论在研究思路方面仍有巨大意义。

非完整微分等式约束方程中存在 $\dot{\boldsymbol{q}}$,与代数约束方程相比有区别。代数约束方程只要用在每个时间节点处的约束方程得到满足来代替即可。DAE 求解时,虽然在很小的时间段内约束并不严格满足,但结果很好。非完整约束存在 $\dot{\boldsymbol{q}}$,必然要用差分来满足。时间区段内的位移可用两端位移进行插值,而区段速度 $\dot{\boldsymbol{q}}$ 则用区段的差分表达,从而区段的线性微分等式约束也成为用差分表达,成为离散近似的差分等式约束,是时间区段的表达。从 DAE 的求解看到,在很小的时间段内,约束不必处处严格满足,数值结果仍然可以很好。这就是离散分析方便的地方,可分散考虑各个因素,现在依然使用。

变分原理的约束所对应的 Lagrange 乘子的力学意义是约束力,因此每一步时间积分应区分两个阶段:第一阶段是在节点处的转折变换,此时要考虑转折处产生的冲量(impulse,Lagrange 参数向量),待定;第二阶段是通常的动力学自由运动的区段积分,不要 Lagrange 参数向量。第一阶段待定的节点冲量的选择应使第二阶段的差分等式约束方程得到满足。用转折处的冲量,近似代替区段内的约束力。

探讨求解方法论,应遵循如下思路。Hilbert 在《数学问题》中指出:"在讨论数学问题时,我们相信特殊化比一般化起着更为重要的作用。可能在大多数场合,我们寻找一个问题的答案而未能成功的原因,是在于这样的事实,即有一些比手头的问题更简单、更容易的问题没有完全解决或是完全没有解决。这时,一切都有赖于找出这些比较容易的问题并使用尽可能完善的方法和能够推广的概念来解决它们。这种方法是克服数学困难的最重要的杠杆之一。"

非完整约束是力学和数学的难题。按 Hilbert 所言,应从最简单问题切入[14]。

拉格朗日函数为

$$L = \frac{1}{2}(\dot{x}^2 + \dot{y}^2) + x$$

其非完整约束为

$$\dot{x}\sin t - \dot{y}\cos t = 0$$

该问题有分析解,其轨道见图 8.28,其中实线是解析解,圆圈为数值解,可见吻合得很好。对时间积分的分析解为

$$x = \sin^2\frac{\omega t}{2\omega^2},\ y = \frac{\omega t - \sin\omega t\cos\omega t}{2\omega}$$

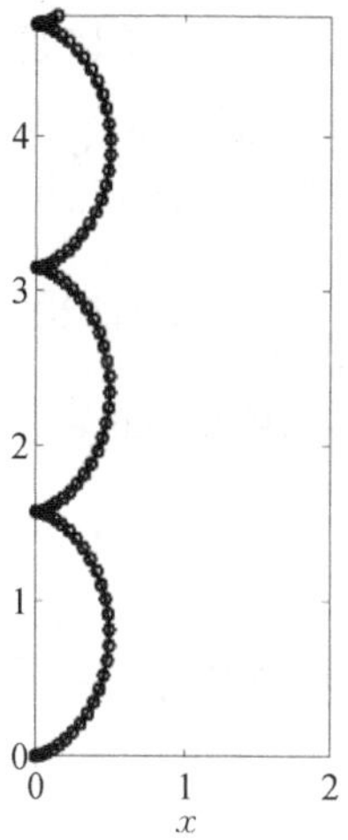

图 8.28　轨道

探讨如何离散数值积分。其实,该例题显然是保守体系,能量守恒,包含两个未知数,其中一个非完整约束方程,再由能量守恒提供另一个方程,就得到了分析解。将该例题通过变分原理方法,用数值方法计算好,有启发意义,这对于推广到一般的非完整系统的数值积分有重要意义。按祖冲之方法论[13]对于 DAE 的求解,不必完全满足约束条件。

微分-代数方程的约束可以只在离散节点处加以满足。而时间区段的非完整约束表达,只能用差分的约束方程来近似,无非是让它得到满足。按 DAE 求解的思路,在小区段内的运动可以让它自由;同时,让节点处的轨道发生瞬时的转折,使第二阶段的时间区段自由运动的差分约束方程得以满足。在很小区段内,不追求处处满足约束,而是区段差分满足。

瞬时发生的转折需有冲量(impulse)对应。该例题本来是两个未知位移函数 $x(t)$、

$y(t)$，离散后时间点成为

$$t = 0,\ \eta,\ \cdots,\ (k-1)\eta = t_{k-1},\ \cdots \tag{8.4.1}$$

一系列节点，节点位移为 x_k、y_k。动力学有因故关系，认为已经完成了到 t_{k-1} 的积分。$\boldsymbol{q}_{k-1}$、$\boldsymbol{p}_{k-1}$ 已经得到，要继续积分时间区段 $k^{\#}$，两端节点是 $k-1$、k，即求解 $\boldsymbol{q}_k$、$\boldsymbol{p}_k$，要满足区段差分近似的非完整约束。求解 $k^{\#}$ 区段的速度，用线性插值：

$$\dot{x}_{k^{\#}} = \frac{x_k - x_{k-1}}{\eta},\quad \dot{y}_{k^{\#}} = \frac{y_k - y_{k-1}}{\eta}$$

于是区段 $k^{\#}$ 的非完整约束表达为

$$\frac{(x_k - x_{k-1})\sin\bar{t}_k}{\eta} - \frac{(y_k - y_{k-1})\cos\bar{t}_k}{\eta} = 0,\ \bar{t}_k = \frac{t_k + t_{k-1}}{2}$$

微分-代数方程的约束可以只在离散节点处加以满足，因此与约束对应的 Lagrange 参数成为节点冲量，离散的约束条件本来就只能在节点处考虑。非完整约束的区段表达只是几何考虑，将与非完整约束对应的约束力集中在时间节点处加以考虑，就成为冲量。

于是将每个时间步的积分区分两个阶段：

第一阶段是在节点处的转折变换，此时要考虑转折的冲量(Lagrange 参数向量)，节点冲量的选择应使区段约束方程得到满足，当前课题只有两个位移，转折变换有动能守恒，还有一个约束方程确定约束冲量的方向；

第二阶段是通常 Lagrange 函数 $L = \dfrac{1}{2}(\dot{x}^2 + \dot{y}^2) + x$ 的动力学区段积分不考虑约束，故不用 Lagrange 参数向量。作用量：

$$\int_{t_{k-1}}^{t_k} L(\boldsymbol{q},\ \dot{\boldsymbol{q}})\mathrm{d}t,\ \boldsymbol{q}(t) = \{x(t)\quad y(t)\}^{\mathrm{T}} \tag{8.4.2}$$

离散后 $\Delta x_k = (x_k - x_{k-1})$，$\Delta y_k = (y_k - y_{k-1})$，

$$S_k(\boldsymbol{q}_{k-1},\ \boldsymbol{q}_k) = \frac{(\Delta x_k)^2 + (\Delta y_k)^2}{2\eta} + \frac{\eta\cdot(x_k + x_{k-1})}{2}$$

自由运动 $\boldsymbol{q}_{k-1} = \{x_{k-1}\quad y_{k-1}\}^{\mathrm{T}}$ 为给定，而 $\boldsymbol{q}_k = \{x_k\quad y_k\}^{\mathrm{T}}$ 待求；并且

$$\boldsymbol{p}_{k-1}^{(k)^{\#}} = -\frac{\partial S_k}{\partial \boldsymbol{q}_{k-1}},\ \boldsymbol{p}_k^{(k)^{\#}} = \frac{\partial S_k}{\partial \boldsymbol{q}_k} \tag{8.4.3}$$

式中，$\boldsymbol{p}_{k-1}^{(k)^{\#}}$ 要用转折变换计算；$\boldsymbol{q}_k$ 待求，求出了 $\boldsymbol{q}_k$ 后，$\boldsymbol{p}_k^{(k)^{\#}}$ 也就确定了。转折变换只是改变速度的方向，同一节点故位移不变、势能不变，而动能守恒，因此 $\boldsymbol{p}_{k-1}^{(k)^{\#}}$ 只有一个未知数，而 $\boldsymbol{q}_k$ 有两个未知数。

现有三个未知数：x_k、y_k 处的 $\boldsymbol{q}_k$ 及转折点的冲量(Lagrange 参数)。可提供的方程有

$\boldsymbol{p}_{k-1}^{(k-1)^\#}$ 到 $\boldsymbol{p}_{k-1}^{(k)^\#}$ 的节点动能守恒变换,要求满足区段约束条件的一个方程,以及动力学积分的两个方程,共三个方程。求解全部是代数操作,虽然非线性,但仍可予以迭代求解,这是对于 $k^\#$ 积分区段的求解。

求解要列出方程。$k^\#$ 区段的作用量为

$$S=\frac{(x_k-x_{k-1})^2}{2\eta}+\frac{(y_k-y_{k-1})^2}{2\eta}+\frac{(x_k+x_{k-1})\eta}{2}$$

则

$$-p_{k-1,x}^{k^\#}=\frac{\partial S}{\partial x_{k-1}}=-\frac{x_k-x_{k-1}}{\eta}+\frac{\eta}{2}$$

$$-p_{k-1,y}^{k^\#}=\frac{\partial S}{\partial y_{k-1}}=-\frac{y_k-y_{k-1}}{\eta}$$

$$p_{k,x}^{k^\#}=\frac{\partial S}{\partial x_k}=\frac{x_k-x_{k-1}}{\eta}+\frac{\eta}{2}$$

$$p_{k,y}^{k^\#}=\frac{\partial S}{\partial y_k}=\frac{y_k-y_{k-1}}{\eta}$$

$$(x_k-x_{k-1})\sin\bar{t}_k-(y_k-y_{k-1})\cos\bar{t}_k=0,\ \bar{t}_k=\frac{t_{k-1}+t_k}{2}$$

这是 $k^\#$ 区段第二阶段的积分。该例题虽然简单,但真实轨道仍是弯曲的。曲线可用许多首尾相连的线段来逼近,但在节点处要转折是必然的,需要节点 $k-1$ 处第一阶段的转折变换。显然转折变换的前后,其位置未曾变化,故势能不变化。转折变换只有动量发生变化,从 $\boldsymbol{p}_{k-1}^{(k-1)^\#}$ 变换到 $\boldsymbol{p}_{k-1}^{k^\#}$。在节点 $k-1$ 两侧,从斜率 $\tan\bar{t}_{k-1}$ 的 $(k-1)^\#$ 区段,变化到斜率 $\tan\bar{t}_k$ 的 $k^\#$ 区段。从 $(k-1)^\#$ 区段的动量 $\boldsymbol{p}_{k-1}^{(k-1)^\#}$ 变换到 $k^\#$ 区段的动量 $\boldsymbol{p}_{k-1}^{k^\#}$,节点两侧动量只有方向发生变化而动能守恒,故两侧动量绝对值不变,即 $|\boldsymbol{p}_{k-1}^{(k-1)^\#}|=|\boldsymbol{p}_{k-1}^{k^\#}|$。发生转折是冲量的作用,这个变换很简单。因为简单,所以好。

此问题的解是周期为 2π 的周期解。如果取积分步长为 0.1,积分结果如图 8.29 所示,图中实线是解析解,而圆圈为间隔 10 个积分步长的数值积分的结果。两者几乎重合,表明精度好。

还应就保辛-守恒进行说明。从区段 $(k-1)^\#$ 结束时的能量到 $k^\#$ 结束的能量应当相同,而通常的数值积分即使保辛,仍难以保证能量守恒。补救的方法是第二阶段的积分,其插值函数可以带一个参变量,调整参变量可达到能量守恒[15]。数学理论是拓扑学的同伦。

本节例题是在倾斜平面上的运动,其势能函数简单,故可用分析法积分。如果将

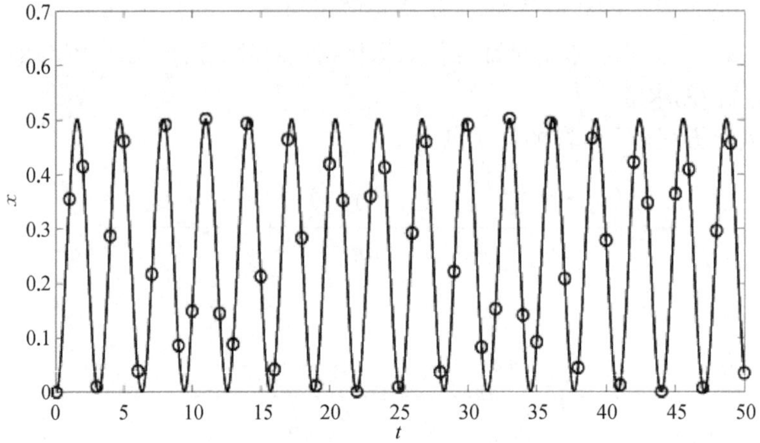

图 8.29　数值解与解析解对比

Lagrange 函数改为

$$L = \frac{1}{2}(\dot{x}^2 + \dot{y}^2) - (ax^2 + by^2) \tag{8.4.4}$$

势能变化为椭球面,则对时间就难以积分出分析解。为简单起见,取 $b=1$、$a=0.5$ 进行计算。初始条件选择为

$$\begin{aligned} &x(0) = 1, \\ &y(0) = \varphi(0) = \dot{x}(0) = \dot{y}(0) = 0, \\ &\dot{\varphi}(0) = 1 \end{aligned} \tag{8.4.5}$$

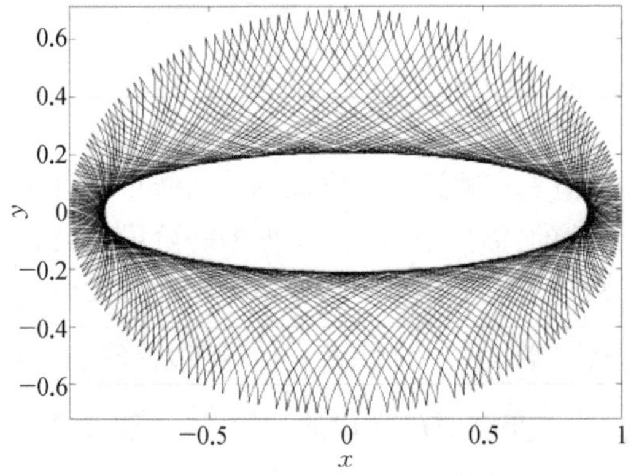

图 8.30　初始条件(8.4.5)对应的轨迹

同样的积分方法,积分步长为 0.1,积分到 400。积分结果在 xy 平面上的轨迹如图 8.30 所示,数值积分给出的能量的相对误差如图 8.31 所示。计算时只考虑了积分的保辛,而没有采用能量守恒的修改,从数值结果看保辛的效果很好。

一般的多自由度非完整等式约束课题有 n 维位移和 m 维非完整等式约束,其积分方法尚需进一步考虑。每个区段的受约束积分运动,同样可区分为两个阶段。其第二阶段的积分,成为无约束的 n 维动力运动,其 Lagrange 函数、作用量已经熟知。关键是第一阶段从 $(k-1)^{\#}$ 区段的动量 $\boldsymbol{p}_{k-1}^{(k-1)^{\#}}$ 变换到 $k^{\#}$ 区段的动量 $\boldsymbol{p}_{k-1}^{k^{\#}}$ 的转折变换。此时位移 $\boldsymbol{q}_{k-1}^{(k-1)^{\#}} = \boldsymbol{q}_{k-1}^{k^{\#}}$,是同一个节点。

从前文例题得到的启发,可如下积分。

(1) 未计及非完整约束时的自由度是 n,还有 $m<n$ 个的非完整约束,则系统的自由度是 $n-m$。

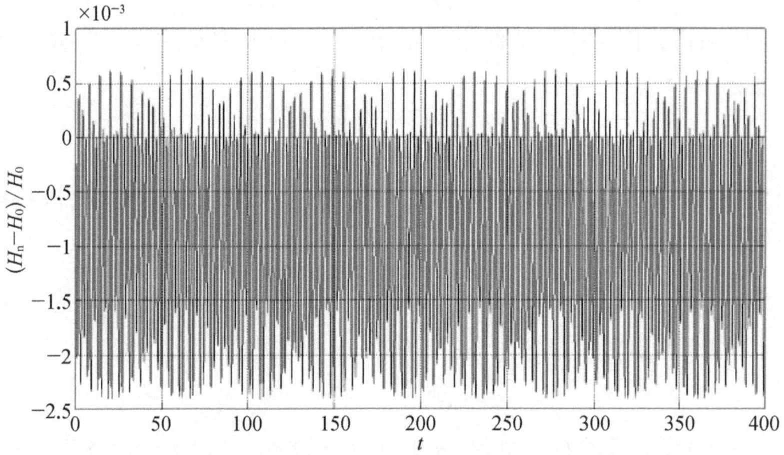

图 8.31　能量相对误差

(2) 位移可用简单的线性插值。每积分一个时间区段 $k^{\#}$: $(k-1, k)$, 可区分两个阶段。第一阶段是在同一个节点 $k-1$ 处的转折,非完整约束在节点 $k-1$ 要求满足,造成动量转折的约束冲量 $\boldsymbol{\lambda}_{k-1}$ 就是其 Lagrange 参数;而第二个阶段的积分是线性区段 $k^{\#}$: $(k-1, k)$ 的无约束积分,不必用参变量,因为约束力已经集中体现在节点 $k-1$ 处的冲量。节点冲量 $\boldsymbol{\lambda}_{k-1}$ 的确定要使区段 $k^{\#}$ 的非完整约束得到满足。时间区段内用无约束的作用量进行积分,变分原理计算的作用量是两端节点位移的对称矩阵表达,于是传递实现了保辛。

(3) 区段的非完整约束可用差分近似表达,是几何性质的。

(4) 第一阶段的转折变换要考虑节点 $k-1$ 处冲量的约束,变换是在同一个节点 $k-1$ 处完成的,位移 $\boldsymbol{q}_{k-1}$ 已知。

(5) 尽量保辛-守恒。

于是两个阶段都要考虑约束。设原来约束表达为齐次拟线性,即给定的约束方程是

$$\boldsymbol{G}_0(\boldsymbol{q}, t)\cdot\dot{\boldsymbol{q}} = 0 \tag{8.4.6}$$

式中, $\boldsymbol{G}_0$ 为 $m\times n$ 维矩阵,要求满秩。时间节点是 $0, \eta, \cdots, k\eta$, 区段 $k^{\#}$ 的两端节点是 $k-1$、k。关于非线性的约束方程,要求其微商得到的切面互相无关。

在第二阶段,要表达为离散形式,将速度 $\dot{\boldsymbol{q}}$ 改变为区段差分,而节点位移 $\boldsymbol{q}$ 则可采用区段两端的位移平均值。这有 m 个约束方程要满足。既然是区段约束,微分约束要近似为差分约束:

$$\boldsymbol{G}_0\left(\frac{\boldsymbol{q}_k+\boldsymbol{q}_{k-1}}{2}\right)\cdot\frac{\boldsymbol{q}_k-\boldsymbol{q}_{k-1}}{\eta} = 0 \tag{8.4.7}$$

当然也可近似为

$$\frac{1}{2}\cdot\frac{[\boldsymbol{G}_0(\boldsymbol{q}_{k-1})+\boldsymbol{G}_0(\boldsymbol{q}_k)]\cdot(\boldsymbol{q}_k-\boldsymbol{q}_{k-1})}{\eta} = 0 \tag{8.4.7$'$}$$

问题在于第一阶段在节点 $k-1$ 的转折变换。变换前后是同一个节点位移 $\boldsymbol{q}_{k-1}$ 和时间 t_{k-1}。根据时间积分使用的是对偶变量 $\boldsymbol{q}$、$\boldsymbol{p}$，所以将非完整约束方程改成为以下动量形式比较方便：

$$\boldsymbol{G}(\boldsymbol{q},\ t)\cdot\boldsymbol{p}=0$$

从速度形式变换到动量形式，约束矩阵也要从 $\boldsymbol{G}_0(\boldsymbol{q},\ t)$ 改换成 $\boldsymbol{G}(\boldsymbol{q},\ t)$，该变换比较容易完成。集中到时间节点 t_{k-1} 可写成

$$\boldsymbol{G}(\boldsymbol{q}_{k-1},\ t_{k-1})=\begin{bmatrix}\boldsymbol{g}_1\\ \vdots\\ \boldsymbol{g}_m\end{bmatrix},\ \boldsymbol{g}_i\cdot\boldsymbol{p}=0,\ i=1,\ \cdots,\ m \tag{8.4.8}$$

式中，$\boldsymbol{g}_i(\boldsymbol{q}_{k-1},\ t_{k-1})$是 n 维的行向量，是 n 维动量空间的 i 号切平面。这是点 $k-1$ 处的约束表达。任何动量向量 $\boldsymbol{p}$ 只要与 $\boldsymbol{g}_1,\ \boldsymbol{g}_2,\ \cdots,\ \boldsymbol{g}_m$ 全正交，就满足约束条件。

前一步数值积分已经给出了 n 维向量 $\boldsymbol{p}_{k-1}^{(k-1)^\#}$，而转折变换要寻求的是 $\boldsymbol{p}_{k-1}^{k^\#}$，以作为第二阶段作用量保辛积分的初始条件。注意，$\boldsymbol{p}_{k-1}^{(k-1)^\#}$ 与 $\boldsymbol{p}_{k-1}^{k^\#}$ 都不保证能严格满足式(8.4.7)约束条件，但其变化，n 维的冲量向量 $\Delta\boldsymbol{p}_{k-1}=\boldsymbol{p}_{k-1}^{k^\#}-\boldsymbol{p}_{k-1}^{(k-1)^\#}$，即节点 $k-1$ 处的约束冲量，应严格满足式(8.4.8)约束条件，有 m 个参数待定。解释如下。

轨道转折，节点 $k-1$ 的 m 维约束会产生 m 维的冲量 $\boldsymbol{\lambda}_{k-1}$，即约束的 Lagrange 参数向量。冲量 $\boldsymbol{\lambda}_{k-1}$ 就在约束的法线方向 $\boldsymbol{g}_1,\ \boldsymbol{g}_2,\ \cdots,\ \boldsymbol{g}_m$，因此 $\boldsymbol{p}_{k-1}^{(k)^\#}$ 必然可由 $\boldsymbol{p}_{k-1}^{(k-1)^\#}$ 与 $\boldsymbol{g}_1,\ \boldsymbol{g}_2,\ \cdots,\ \boldsymbol{g}_m$ 线性组合而成。用公式表达：

$$\boldsymbol{p}_{k-1}^{k^\#}=\boldsymbol{p}_{k-1}^{(k-1)^\#}+\boldsymbol{\lambda}_{k-1}^{\mathrm{T}}\boldsymbol{G}_p,\ \Delta\boldsymbol{p}_{k-1}=\boldsymbol{\lambda}_{k-1}^{\mathrm{T}}\boldsymbol{G}_p \tag{8.4.9}$$

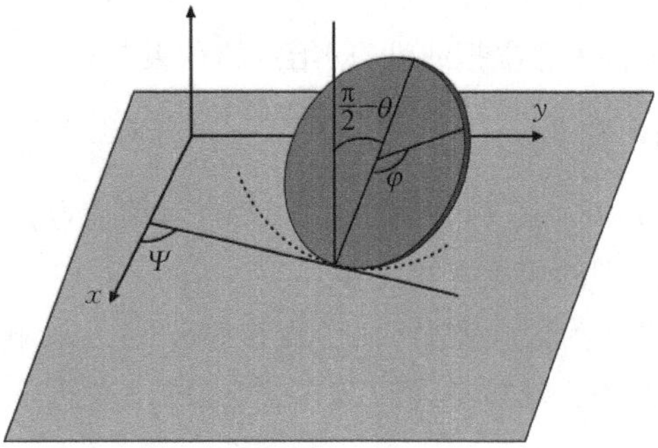

图 8.32　薄圆盘在水平刚性地面上无滑动滚动

式中，冲量 $\boldsymbol{\lambda}_{k-1}$ 是 m 维向量，有 m 个未知数。注意到 $\boldsymbol{p}_{k-1}^{(k)^\#}$ 是 n 维向量，但在式(8.4.8)的表达中，已经只有 m 个未知数了，所以在节点处转折的动量变换，$\boldsymbol{p}_{k-1}^{(k)^\#}$ 只有 m 个未知数。这 m 个待定参数的方程可由区段 $k^\#$ 的 m 个差分约束条件提供。

为了表达数值方法，可用一个特殊的问题，$n=5$ 自由度，$m=2$ 个非完整约束，见图 8.32。问题很简单，薄圆盘在水平刚性地面上无滑动滚动。刚体本来有 6 个自由度，但有地面的 1 个完整代数约束，所以是 $n=5$ 自由度，其拉格朗日函数见文献[16]，符号的意义及具体推导请见该文献。

$$L=\frac{M}{2}\left\{\begin{aligned}&\dot{x}^2+\dot{y}^2+a^2[\dot{\theta}^2+\cos^2(\theta)\dot{\psi}^2]\\&-2a\sin(\theta)\dot{\theta}[\dot{x}\cos(\psi)+\dot{y}\sin(\psi)]\\&+2a\cos(\theta)\dot{\psi}[-\dot{x}\sin(\psi)+\dot{y}\cos(\psi)]\end{aligned}\right\}$$

$$+\frac{1}{2}A[\dot{\theta}^2+\sin^2(\theta)\dot{\psi}^2]+\frac{1}{2}C[\dot{\varphi}^2+\dot{\psi}\cos(\theta)]^2-Mga\sin(\theta)$$

约束为

$$\dot{x}+a\dot{\varphi}\sin(\psi)=0$$
$$\dot{y}-a\dot{\varphi}\cos(\psi)=0$$

式中，M 为圆盘的质量；A 为圆盘绕直径的转动惯量；$C=2A$ 为圆盘绕过圆心垂直圆盘转轴的转动惯量；a 为圆盘的半径。取 $M=1$，$a=1$，$A=0.25$，$C=0.5$ 和 $g=1$，积分步长 0.1。初始条件为

$$x(0)=y(0)=0,\ \theta(0)=1,\ \psi(0)=2,\ \varphi(0)=0$$
$$\dot{x}(0)=-\dot{\varphi}(0)\sin(\psi(0)),\ \dot{y}(0)=\dot{\varphi}(0)\cos(\psi(0))$$
$$\dot{\theta}(0)=0.2,\ \dot{\psi}(0)=0.1,\ \dot{\varphi}(0)=0.6$$

积分结果见图 8.33~图 8.35，xy 平面上的轨迹如图 8.35 所示，数值积分给出的能量的相对误差如图 8.36 所示。其中，计算时只考虑积分的保辛，从数值结果看保辛已经很好。Hamilton 函数虽然有起伏，但误差没有随时间增长。

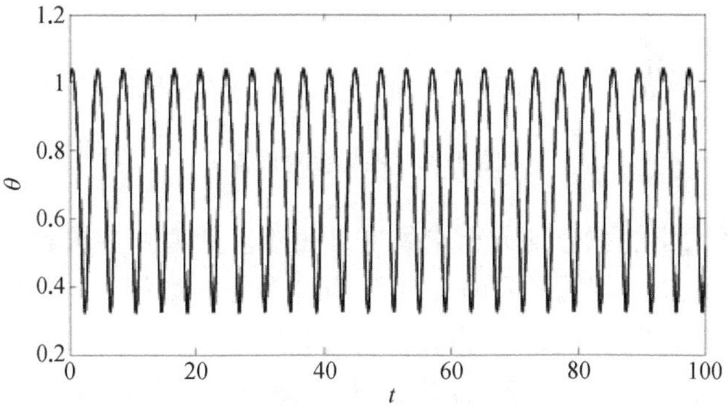

图 8.33　章动角 θ

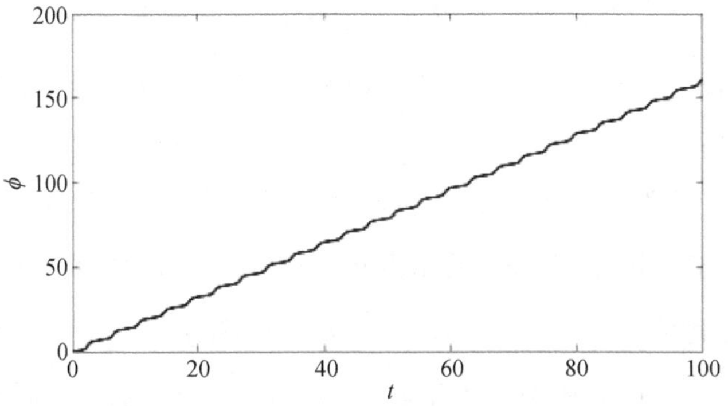

图 8.34　自转角 φ

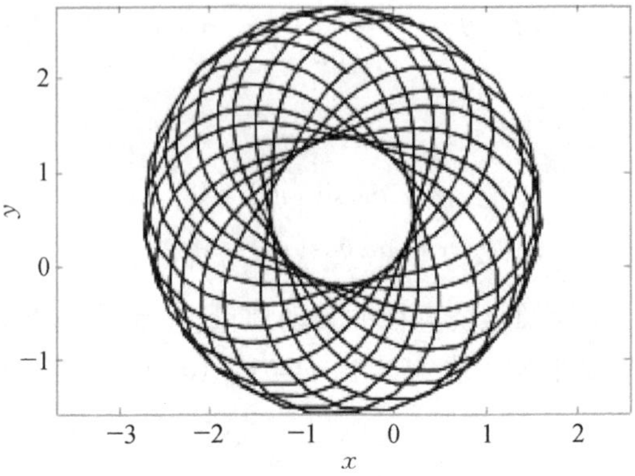

图 8.35　地面轨迹

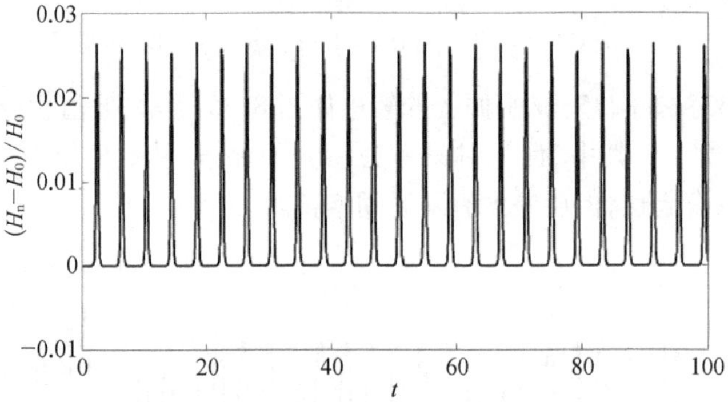

图 8.36　能量相对误差

非完整约束动力学的积分的分析求解非常困难。数值积分求解似乎也尚未深入探讨。一个圆盘的平地滚动问题既简单又典型,有许多分析动力学的著作讲解这个问题,但认真数值积分出来,限于作者们的视野,还没看到过。

以上表达与文献[13]有所不同,本书更具体、偏重于力学概念。

讨论: 以上方法考虑约束,只有区段的差分约束。然而读者不禁要问,前文的方案只考虑了满足区段的约束,在节点处的约束没有管,能否也加以考虑呢? 答案是: 能!

方法: 节点 $(k-1)^{\#}$ 处的冲量原来是用于从 $\boldsymbol{p}_{k-1}^{(k-1)^{\#}}$ 直接变换到 $\boldsymbol{p}_{k-1}^{(k)^{\#}}$ 的 $\Delta\boldsymbol{p}_{k-1}=(\boldsymbol{p}_{k-1}^{k^{\#}}-\boldsymbol{p}_{k-1}^{(k-1)^{\#}})$,没有考虑在节点 $(k-1)^{\#}$ 处的约束条件。现在要加以考虑,就是要找出满足式(8.4.7)的 $\boldsymbol{p}_{k-1}$。

积分 $\boldsymbol{p}_{k-1}^{(k-1)^{\#}}$ 时只考虑了区段 $(k-1)^{\#}$ 的差分近似的约束,而不是节点 $k-1$ 的(8.4.8)。同样也未要求 $\boldsymbol{p}_{k-1}^{k^{\#}}$ 严格满足节点 $k-1$ 的(8.4.8)。但要求动量的变化 $\Delta\boldsymbol{p}_{k-1}=\boldsymbol{p}_{k-1}^{k^{\#}}-\boldsymbol{p}_{k-1}^{(k-1)^{\#}}$ 严格满足节点 $k-1$ 的式(8.4.8),即 $\boldsymbol{G}(\boldsymbol{q}_{k-1},t_{k-1})\cdot\Delta\boldsymbol{p}_{k-1}=0$,要求解 $\boldsymbol{G}(\boldsymbol{q}_{k-1},t_{k-1})\cdot\boldsymbol{p}_{k-1}=0$,其中两个动量 $\boldsymbol{p}_{k-1}^{(k-1)^{\#}}$、$\boldsymbol{p}_{k-1}^{k^{\#}}$ 不能分别严格满足式(8.4.8),而 $\Delta\boldsymbol{p}_{k-1}$ 为已知。现在要寻求动量向量 $\boldsymbol{p}_{k-1}$,严格满足式(8.4.8)。动量变化一定是有约束

冲量向量：

$$\boldsymbol{G}^{\mathrm{T}}(\boldsymbol{q}_{k-1},\ t_{k-1})\cdot\boldsymbol{\lambda}_{k-1}=\Delta\boldsymbol{p}_{k-1}$$

其中，$\boldsymbol{\lambda}_{k-1}$ 是 m 维 Lagrange 参数向量，垂直于节点 $k-1$ 的各约束切面。现在要将 $\boldsymbol{\lambda}_{k-1}$ 区分为两部分：$\boldsymbol{\lambda}_{k-1}=\boldsymbol{\lambda}_{k-1,\,1}+\boldsymbol{\lambda}_{k-1,\,2}$，也即

$$\boldsymbol{G}^{\mathrm{T}}(\boldsymbol{q}_{k-1},\ t_{k-1})\cdot(\boldsymbol{\lambda}_{k-1,\,1}+\boldsymbol{\lambda}_{k-1,\,2})=\Delta\boldsymbol{p}_{k-1,\,1}+\Delta\boldsymbol{p}_{k-1,\,2}=\Delta\boldsymbol{p}_{k-1}\qquad(8.4.8')$$

取其中 $\boldsymbol{\lambda}_{k-1,\,1}$ 为待求。要求

$$\boldsymbol{p}_{k-1}=\boldsymbol{p}_{k-1}^{(k-1)^{\#}}+\Delta\boldsymbol{p}_{k-1,\,1}=\boldsymbol{p}_{k-1}^{(k-1)^{\#}}+\boldsymbol{G}^{\mathrm{T}}(\boldsymbol{q}_{k-1},\ t_{k-1})\boldsymbol{\lambda}_{k-1,\,1}$$

满足约束 $\boldsymbol{G}_{k-1}\cdot\boldsymbol{p}_{k-1}=0$，其中 $\boldsymbol{G}_{k-1}=\boldsymbol{G}(\boldsymbol{q}_{k-1},\ t_{k-1})$。将 $\boldsymbol{p}_{k-1}$ 代入有

$$\boldsymbol{G}_{k-1}\boldsymbol{G}_{k-1}^{\mathrm{T}}\boldsymbol{\lambda}_{k-1,\,1}=-\boldsymbol{G}_{k-1}\boldsymbol{P}_{k-1}^{(k-1)^{\#}}$$

方程右侧为已知，而 $\boldsymbol{G}_{k-1}\boldsymbol{G}_{k-1}^{\mathrm{T}}$ 是满秩 $m\times m$ 矩阵，求解很容易。因为只在同一个节点处操作，所以只要代数求解即可。以上介绍的积分方法与文献[4]讲的有所不同，但本质一样。

这样非完整微分约束，在区段是差分满足，而在节点处也可严格满足，两者兼得。

以上的求解方法延续了 DAE 积分方法[4]的思路。算法运用每个离散积分步的二阶段保辛积分法，得到了大体上满意的数值结果，依然是祖冲之方法论的思路。将祖冲之方法论与近代数学计算相融合，可统称祖冲之类算法。本章实现了祖冲之类算法的融合。

显然，这些只是初步探讨，还需要更多的深入研究和实践。在本教材中，主要是提供特色思路供读者参考，而不是提供详细结果，所以点到为止。

按前文对于约束的分类，讲了 DAE 的求解，又介绍了非完整等式约束，于是不等式约束问题就呈现出来。不等式约束问题求解恰当的数学工具是参变量变分原理与参变量二次规划算法[17, 18]，是处理塑性静力学、接触问题等的有效工具，当然在动力学中也非常有用，限于篇幅，不再过多介绍。

注：对祖冲之计算方法的推测

中国古代南北朝著名数学家祖冲之(429~500 年)，距今超过 15 个世纪了。他计算圆周率已经达到 $\pi=3.141\,592\,6\cdots$。祖冲之的方法就是用直径为 1 的正多角形边的总长度代替。只有多角形的角点，要求全部处于圆周上。角点的数目越多，多角形边的总长度就越逼近于 π。只要划分成 65 536 的内接正多角形，就可以达到精度。等腰三角形短边的中点可将等腰三角形划分成两个直角三角形，运用勾、股、弦的商高定理(即希腊古代的毕达哥拉斯定理)。即可计算等腰三角形长直角边的长度，它自然比半径(弦)小。延长到圆周，就得到加细一倍的圆周点。计算了其短边长度乘上 $2^N=65\,536$，$N=16$，就得到圆周率了。

中国在东汉就发明了算盘，乘法等计算不成问题，不过算盘的位数也是有限的，所以做出的 $\pi=3.141\,592\,6\cdots$，可能就是当时最好的了。商高定理的计算要开平方，而开平方

也可用迭代方法解决。

练　习　题

8.1　流体力学,旋转,可否用四元数表示?

8.2　微分-代数方程与传统动力学方程有什么区别? 它有哪些应用? 约束方程如何分类?

8.3　约束方程个数能否超过微分方程个数?

8.4　作用量为

$$S = \int_0^{t_f} m\left(\frac{\dot{x}^2 + \dot{y}^2}{2} - gy\right) dt$$

请采用时间有限元建立上述问题的离散积分格式,单元选取线性单元。

8.5　微分-代数方程的数值积分中,约束方程的近似满足指的是什么? 如果不能满足约束方程,会出现什么数值结果?

8.6　三维空间的旋转变换可用欧拉角表示,也可用二维 U-矩阵表示。假设某空间旋转的三个欧拉角分别是 $\phi = 0$, $\theta = \dfrac{\pi}{3}$, $\psi = \dfrac{\pi}{4}$, 请写出该旋转变换的 U-矩阵。

8.7　某刚体系统的势能是 $U = Mgl\cos\theta$, 请用四元素表示该势能。

8.8　练习题图 8.1 所示平面双摆系统由两刚体杆和质点组成,两质点的质量均为 m, 两质点的坐标分别为 (x_1, y_1) 和 (x_2, y_2), 两杆长均为 l, 初始时刻摆平放。

(1) 以 (x_1, y_1) 和 (x_2, y_2) 为未知量,写出该系统的作用量;

(2) 利用 Hamilton 变分原理,导出该双摆系统满足的微分-代数方程。

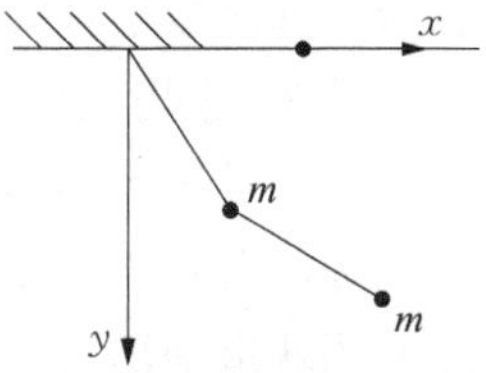

练习题图 8.1

8.9　练习题图 8.2 所示为一根线密度为 m, 长度为 l 的刚体杆,一端铰支,另一端自由,自由端的坐标为 (x, y)。 杆初始时刻平放,随后自由释放。

(1) 写出该杆运动的作用量;

(2) 利用 Hamilton 变分原理,导出该双摆系统满足的微分-代数方程。

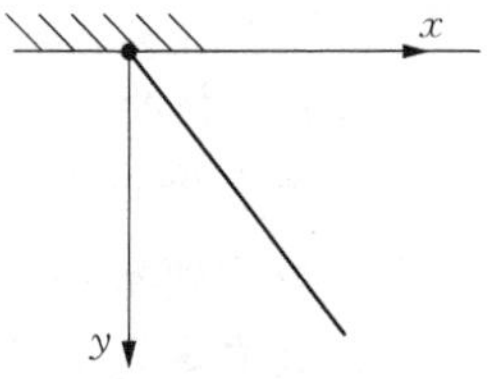

练习题图 8.2

8.10　某约束动力系统的作用量为

$$S = \int_0^{t_f} \left[\frac{1}{2}\dot{\boldsymbol{x}}^{\mathrm{T}}\boldsymbol{M}\dot{\boldsymbol{x}} - U(\boldsymbol{x}) + \boldsymbol{\lambda}^{\mathrm{T}}\boldsymbol{g}(\boldsymbol{x})\right] dt$$

(1) 利用祖冲之算法,写出上述动力系统的离散积分格式;

(2) 利用祖冲之算法,编程求解题 8.7;

(3) 利用祖冲之算法,编程求解题 8.8。

8.11　刚-柔体动力学有什么特点？可应用于哪些实际问题？

8.12　什么是非完整约束？处理非完整约束的难点是什么？如何保证非完整约束的精度？

8.13　采用祖冲之类算法构造约束动力系统的积分格式时，能保证时间节点上约束条件精确满足，如果还要保证能量、动量等物理守恒量精确满足，该如何处理？

8.14　动力学积分算法需要满足能量、动量等物理量的守恒律吗？

参考文献

[1] Goldstein H. Classical Mechanics[M]. London: Addison-Wesley, 1980.

[2] Hairer E, Lubich C, Wanner G. Geometric numerical integration, structure-preserving algorithms for ordinary differential equations[M]. Berlin: Springer Science & Business Media, 2006.

[3] Hairer E, Wanner G. Solving ordinary differential equations II[M]. Berlin: Springer, 1996.

[4] 钟万勰，高强. 约束动力系统的分析结构力学积分[J]. 动力学与控制学报，2006，4(3): 193-200.

[5] 杜瑞芝. 数学史辞典[M]. 济南：山东教育出版社，2000.

[6] Zienkiewicz O C, Taylor R L. Finite element method[M]. Oxford: Butterworth-Heinemann, 2000.

[7] 钟万勰，姚征. 时间有限元与保辛[J]. 机械强度，2005，27(2): 178-183.

[8] 钟万勰. 应用力学的辛数学方法[M]. 北京：高等教育出版社，2006.

[9] 周江华，苗育红，李宏，等. 四元数在刚体姿态仿真中的应用研究[J]. 飞行力学，2000，18(4): 28-32.

[10] 徐小明，钟万勰. 刚体动力学的四元数表示及保辛积分[J]. 应用数学和力学，2014，35(1): 1-11.

[11] Hinch. Perturbation methods[M]. Cambridge: Cambridge University Press, 1991.

[12] Harrison W A. Applied quantum mechanics [M]. Singapore: World Scientific Publishing Company, 2000.

[13] 高强，钟万勰. 非完整约束动力系统的离散积分方法[J]. 动力学与控制学报，2012，(3): 193-198.

[14] Arnold V I, Kozlov V V, Neishtadt A I. Mathematical aspects of classical and celestial mechanics [M]. Beijing: Science Press, 2009.

[15] Zhong G, Marsden J E. Lie-Poisson Hamilton-Jacobi theory and Lie-Poisson integrators[J]. Physics Letters a, 1988, 133(3): 134-139.

[16] 吴大猷. 理论物理第一册：古典动力学[M]. 北京：科学出版社，2010.

[17] 钟万勰，张洪武，吴承伟. 参变量变分原理及其在工程中的应用[M]. 北京：科学出版社，1997.

[18] 张洪武. 参变量变分原理与材料和结构力学分析[M]. 北京：科学出版社，2010.

第九章
近似求解方法

从传统分析力学看到,哈密顿体系理论有一般性,并不限于线性体系,但它是在确定维数、同时的连续时间系统基础上发展的[1,2],当发展到分析结构力学[3]的阶段,就与有限元体系联系起来,可用于离散、变维数的体系,而且并无截面上的节点同时的要求。

有限元法是近似方法。采用变分原理推导有限元列式,可保持保守体系的特性。在此意义上可说有限元法是分析力学的近似方法。分析结构力学指出,保证有限元单元刚度阵对称就是保辛,这是有限元的重要优点。而有限差分的列式并无变分原理引导,故往往不能保辛。有些有限元列式不采用变分原理引导,是否能保辛也有问题。从数值例题来看,保辛与不保辛的数值效果,往往大相径庭。有限元法由变分原理推导,能保辛。但有限元法只是近似方法的一种,常用的近似方法还有小参数摄动法[4,5]、配点法等。系统的参数识别、优化的灵敏度分析、量子力学的黄金规则[6](Fermi golden rule),非线性系统的求解,等等,都经常运用小参数摄动求解。其中有许多是保守系统,而保守系统的近似方法就有是否保辛的问题[3,7]。现用简单例题来展示其数值结果。

近似方法并不限于有限元、有限差分与小参数法。凡是保守体系的近似,都应考察是否保辛。能量代数[8]说明,势能原理、混合能变分原理与辛矩阵正则变换具有同一性。现在从小参数法的保辛摄动着手讲述。本章发挥分析结构力学的特点,展示多种与传统体系不同的应用与发挥。

9.1 位移法摄动与传递辛矩阵加法摄动的比较

许多物理与应用力学课题的必须求解微分方程。只有常系数微分方程组方才可用精细积分法求解。变系数线性微分方程与非线性微分方程则通常无法精确求解,故只能用近似方法求解。有限元法问世后,迅速发展为主流的数值解法。但有限元法要给定参数、形状、边界条件等,在条件变化时的求解则常用摄动法分析。但保守体系常用的小参数摄动法全保辛吗?应具体分析。事实上其他许多近似算法是否保辛等都应研讨。

因为优化设计等原因,结构参数要作小修改。表现在刚度阵的修改上,有一个小参数 ε。现设最简单的结构由 m 个子结构串联而成,两端及连接面编号 $0, 1, \cdots, m$。子结构 $k^{\#}$ 的两端连接点为 $(k-1, k)$,出口位移为 $\boldsymbol{q}_{k-1}$、$\boldsymbol{q}_k$,而出口刚度阵为

$$\boldsymbol{K}_k = \boldsymbol{K}_{0k} + \varepsilon \boldsymbol{K}'_k \tag{9.1.1}$$

设两端位移 $\boldsymbol{q}_0$、$\boldsymbol{q}_m$ 给定。子结构组合成结构的总位移向量由各连接面的位移组成。

$$\boldsymbol{q} = \{\boldsymbol{q}_1^{\mathrm{T}} \quad \boldsymbol{q}_2^{\mathrm{T}} \quad \cdots \quad \boldsymbol{q}_{m-1}^{\mathrm{T}}\}^{\mathrm{T}} \tag{9.1.2}$$

总刚度阵组合为 $\boldsymbol{K} = \boldsymbol{K}_0 + \varepsilon \boldsymbol{K}'$。再令外力为 $\boldsymbol{f}$，于是平衡方程：

$$\boldsymbol{K}\boldsymbol{q} = \boldsymbol{f}, \quad \boldsymbol{K} = \boldsymbol{K}_0 + \varepsilon \boldsymbol{K}' \tag{9.1.3}$$

对应于变分原理：

$$U(\boldsymbol{q}) = \frac{\boldsymbol{q}^{\mathrm{T}}\boldsymbol{K}\boldsymbol{q}}{2} - \boldsymbol{q}^{\mathrm{T}}\boldsymbol{f},\ \delta U = 0 \tag{9.1.4}$$

当 $\varepsilon = 0$ 时,设已从近似方程 $\boldsymbol{K}_0\boldsymbol{q}_0 = \boldsymbol{f}$ 解出了总位移向量 $\boldsymbol{q}_0$。现要分析 ε 时的总位移向量,可采用小参数法。通常取

$$\boldsymbol{q} = \boldsymbol{q}_0 + \varepsilon \boldsymbol{q}_{\mathrm{a}} \tag{9.1.5}$$

加法。代入平衡方程 $(\boldsymbol{K}_0 + \varepsilon\boldsymbol{K}')(\boldsymbol{q}_0 + \varepsilon\boldsymbol{q}_{\mathrm{a}}) \approx \boldsymbol{K}_0\boldsymbol{q}_0 + \varepsilon\boldsymbol{K}'\boldsymbol{q}_0 + \varepsilon\boldsymbol{K}_0\boldsymbol{q}_{\mathrm{a}} = \boldsymbol{f}$，其 ε 的 1 次项给出

$$\boldsymbol{K}_0\boldsymbol{q}_{\mathrm{a}} = -\boldsymbol{K}'\boldsymbol{q}_0 \tag{9.1.6}$$

解出 $\boldsymbol{q}_{\mathrm{a}} = -\boldsymbol{K}_0^{-1}\boldsymbol{K}'\boldsymbol{K}_0^{-1}\boldsymbol{f}$。代入式(9.1.5),得原方程的一次摄动近似为

$$\boldsymbol{q} = \boldsymbol{K}_{\varepsilon 1}^{-1}\boldsymbol{f}, \quad \boldsymbol{K}_0^{-1} - \varepsilon\boldsymbol{K}_0^{-1}\boldsymbol{K}'\boldsymbol{K}_0^{-1} = \boldsymbol{K}_{\varepsilon 1}^{-1} \tag{9.1.7}$$

因 $\boldsymbol{K}_{\varepsilon 1}^{-1}$ 仍为对称矩阵,相当于变分原理:

$$U_{\varepsilon 1}(\boldsymbol{q}) = \frac{\boldsymbol{q}^{\mathrm{T}}\boldsymbol{K}_{\varepsilon 1}\boldsymbol{q}}{2} - \boldsymbol{q}^{\mathrm{T}}\boldsymbol{f}, \quad \delta U_{\varepsilon 1} = 0 \tag{9.1.4$'$}$$

即用矩阵 $\boldsymbol{K}_{\varepsilon 1}$ 近似地代替原有的总刚度阵 $\boldsymbol{K}$。因为仍为保守体系的变分原理,故结构分析有限元位移法的小参数摄动是保辛的。

动力学是时域的初值问题,其状态向量积分的微商是正则变换,相当于辛矩阵的乘法,但通常小参数摄动法是 Taylor 级数展开的加法。设 $\boldsymbol{S}(\varepsilon) = \boldsymbol{S}_0 + \varepsilon\boldsymbol{S}_1$，其中 $\boldsymbol{S}_0$ 已经是辛矩阵,即使 $\boldsymbol{S}_1$ 是辛矩阵也不能保证 $\boldsymbol{S}(\varepsilon) = \boldsymbol{S}_0 + \varepsilon\boldsymbol{S}_1$ 仍是辛矩阵。冯康指出数值积分的差分近似格式要保辛[7]。通常摄动法采用 Taylor 级数展开,是加法。但辛矩阵的加法不能保辛这一点必须注意。辛矩阵只有乘法才能保辛。最优控制两端边值问题的积分常用所谓打靶法[9](shooting method)求解,结构力学也有初参数法求解,实际上就是传递辛矩阵法。即采用初值问题的求解,然后再用终端边界条件拟合。

对应于刚度阵 $\boldsymbol{K}_k$:

$$\boldsymbol{K}_k = \begin{bmatrix} \boldsymbol{K}_{\mathrm{aa}}^{(k)} & \boldsymbol{K}_{\mathrm{ab}}^{(k)} \\ \boldsymbol{K}_{\mathrm{ba}}^{(k)} & \boldsymbol{K}_{\mathrm{bb}}^{(k)} \end{bmatrix} \tag{9.1.8}$$

其平衡方程为 $\boldsymbol{K}_{\mathrm{ba}}^{(k)}\boldsymbol{q}_{k-1}+(\boldsymbol{K}_{\mathrm{bb}}^{(k)}+\boldsymbol{K}_{\mathrm{aa}}^{(k+1)})\boldsymbol{q}_k+\boldsymbol{K}_{\mathrm{ab}}^{(k+1)}\boldsymbol{q}_{k+1}=\boldsymbol{0}$。引入对偶向量:

$$\boldsymbol{p}_k^{(k)}=\frac{\partial U_k}{\partial \boldsymbol{q}_k}=\boldsymbol{K}_{\mathrm{bb}}^{(k)}\boldsymbol{q}_k+\boldsymbol{K}_{\mathrm{ba}}^{(k)}\boldsymbol{q}_{k-1} \tag{9.1.9a}$$

$$\boldsymbol{p}_{k-1}^{(k)}=-\frac{\partial U_k}{\partial \boldsymbol{q}_{k-1}}=-(\boldsymbol{K}_{\mathrm{aa}}^{(k)}\boldsymbol{q}_{k-1}+\boldsymbol{K}_{\mathrm{ab}}^{(k)}\boldsymbol{q}_k) \tag{9.1.9b}$$

则平衡方程成为 $\boldsymbol{p}_k^{(k)}=\boldsymbol{p}_k^{(k+1)}$。引入各站的状态向量:

$$\boldsymbol{v}_k=\{\boldsymbol{q}_k^{\mathrm{T}}\quad \boldsymbol{p}_k^{\mathrm{T}}\}^{\mathrm{T}} \tag{9.1.10}$$

于是从式(9.1.9)可导出

$$\boldsymbol{v}_k=\boldsymbol{S}_k\boldsymbol{v}_{k-1},\ \boldsymbol{S}_k=\begin{bmatrix}\boldsymbol{S}_{11}^{(k)} & \boldsymbol{S}_{12}^{(k)}\\ \boldsymbol{S}_{21}^{(k)} & \boldsymbol{S}_{22}^{(k)}\end{bmatrix},\quad \begin{array}{ll}\boldsymbol{S}_{11}^{(k)}=-(\boldsymbol{K}_{\mathrm{ab}}^{(k)})^{-1}\boldsymbol{K}_{\mathrm{aa}}^{(k)}, & \boldsymbol{S}_{12}^{(k)}=-(\boldsymbol{K}_{\mathrm{ab}}^{(k)})^{-1}\\ \boldsymbol{S}_{21}^{(k)}=\boldsymbol{K}_{\mathrm{ba}}^{(k)}-\boldsymbol{K}_{\mathrm{bb}}^{(k)}(\boldsymbol{K}_{\mathrm{ab}}^{(k)})^{-1}\boldsymbol{K}_{\mathrm{aa}}^{(k)}, & \boldsymbol{S}_{22}^{(k)}=-\boldsymbol{K}_{\mathrm{bb}}^{(k)}(\boldsymbol{K}_{\mathrm{ab}}^{(k)})^{-1}\end{array} \tag{9.1.11}$$

反之,

$$\boldsymbol{K}_{\mathrm{aa}}^{(k)}=(\boldsymbol{S}_{12}^{(k)})^{-1}\boldsymbol{S}_{11}^{(k)},\ \boldsymbol{K}_{\mathrm{ab}}^{(k)}=-(\boldsymbol{S}_{12}^{(k)})^{-1},\ \boldsymbol{K}_{\mathrm{bb}}^{(k)}=\boldsymbol{S}_{22}^{(k)}(\boldsymbol{S}_{12}^{(k)})^{-1} \tag{9.1.11$'$}$$

可验证 $\boldsymbol{S}_k^{\mathrm{T}}\boldsymbol{J}\boldsymbol{S}_k=\boldsymbol{J}$ 满足,故 $\boldsymbol{S}_k$ 是辛矩阵。从而状态向量由 $\boldsymbol{v}_{k-1}$ 到 $\boldsymbol{v}_k$ 是正则变换。

按通常的摄动法,加法摄动:

$$\boldsymbol{v}_k=\boldsymbol{v}_{0,k}+\varepsilon\boldsymbol{v}_{1,k},\ \boldsymbol{S}_k=\boldsymbol{S}_{0,k}+\varepsilon\boldsymbol{S}_{1,k} \tag{9.1.12}$$

代入方程 $\boldsymbol{v}_k=\boldsymbol{S}_k\boldsymbol{v}_{k-1}$,按小参数 ε 展开,其零次近似方程为

$$\boldsymbol{v}_{0,k}=\boldsymbol{S}_{0,k}\boldsymbol{v}_{0,k-1} \tag{9.1.13}$$

从 $\boldsymbol{v}_{0,0}$ 出发可以递推计算各站的 $\boldsymbol{v}_{0,k}$。因为是两端边界条件,状态向量的初值 $\boldsymbol{v}_{0,0}$ 只给出一半,例如 $\boldsymbol{q}_{0,0}$,但 $\boldsymbol{p}_{0,0}$ 为待定参数。然后进行递推计算,一直到另一端 $k=m$ 站。根据 $k=m$ 站的边界条件,建立补充方程求解出待定参数 $\boldsymbol{p}_{0,0}$。一次近似的方程为

$$\boldsymbol{v}_{1,k}=\boldsymbol{S}_{0,k}\boldsymbol{v}_{1,k-1}+\boldsymbol{S}_{1,k}\boldsymbol{v}_{0,k-1} \tag{9.1.14}$$

初始 $\boldsymbol{q}_{1,0}=\boldsymbol{0}$,而 $\boldsymbol{p}_{1,0}$ 仍为待定参数。递推到 $k=m$ 处再建立方程求解 $\boldsymbol{p}_{1,0}$。这完成了一次摄动。

式(9.1.12)将辛矩阵 $\boldsymbol{S}_k$ 用通常的加法来摄动,但按一般规则,辛矩阵的加法摄动不能保辛。现用简单数值例题对两种摄动法进行比较,以揭示摄动法保辛的重要性。

例题 9.1 用简单的数值例题表达。设两自由度陀螺系统的动力方程为 $\boldsymbol{M}\ddot{\boldsymbol{q}}+\boldsymbol{G}\dot{\boldsymbol{q}}+\boldsymbol{K}\boldsymbol{q}=0$, $\boldsymbol{M}=\boldsymbol{M}_0+\varepsilon\boldsymbol{M}_1$, $\boldsymbol{G}=\boldsymbol{G}_0+\varepsilon\boldsymbol{G}_1$, $\boldsymbol{K}=\boldsymbol{K}_0+\varepsilon\boldsymbol{K}_1$, ε 是小量。$\boldsymbol{G}_0=2.5\boldsymbol{J}_1$, $\boldsymbol{G}_1=\boldsymbol{J}_1$, $\boldsymbol{M}_0=\boldsymbol{M}_1=\boldsymbol{I}_2$, $\boldsymbol{K}_0=\boldsymbol{K}_1=\boldsymbol{I}_2$, $\boldsymbol{J}_1$ 见式(2.5.56)。已知初值 $\boldsymbol{q}(0)=\{0,0\}^{\mathrm{T}}$, $\dot{q}(0)=\{0,1,-0.1\}^{\mathrm{T}}$。该课题的 Hamilton 函数为正定,各变量无量纲。

解：首先，对变分式 $\delta\int L(\boldsymbol{q},\dot{\boldsymbol{q}})\mathrm{d}t$，$L(\boldsymbol{q},\dot{\boldsymbol{q}})=\dot{\boldsymbol{q}}^{\mathrm{T}}\boldsymbol{M}\dot{\boldsymbol{q}}/2+\dot{\boldsymbol{q}}^{\mathrm{T}}\boldsymbol{G}\boldsymbol{q}/2-\boldsymbol{q}^{\mathrm{T}}\boldsymbol{K}\boldsymbol{q}/2$ 进行有限元离散，插值函数采用简单的线性函数。得到时段刚度阵为 $\overline{\boldsymbol{K}}(\eta)=\overline{\boldsymbol{K}}_0(\eta)+\varepsilon\cdot\overline{\boldsymbol{K}}_1(\eta)$[10]，其中 η 为时段的长度 $\boldsymbol{M}_i/\eta$。

$$\overline{\boldsymbol{K}}_i(\eta)=\begin{bmatrix}\dfrac{\boldsymbol{M}_i}{\eta}-\dfrac{\boldsymbol{K}_i\eta}{3} & -\dfrac{\boldsymbol{M}_i}{\eta}-\dfrac{\boldsymbol{G}_i}{2}-\dfrac{\boldsymbol{K}_i\eta}{6}\\ -\dfrac{\boldsymbol{M}_i}{\eta}+\dfrac{\boldsymbol{G}_i}{2}-\dfrac{\boldsymbol{K}_i\eta}{6} & \dfrac{\boldsymbol{M}_i}{\eta}-\dfrac{\boldsymbol{K}_i\eta}{3}\end{bmatrix},\ i=0,\ 1$$

对于上述得到的离散系统，分别采用位移法的小参数摄动和辛矩阵的加法摄动进行计算，并与不做摄动的精确解比较。

所谓位移法小参数摄动，相当于用一次摄动后的近似刚度阵 $\boldsymbol{K}_{\varepsilon 1}(\eta)$ 来代替原刚度阵 $\boldsymbol{K}(\eta)$，见式(9.1.7)，然后转换为辛传递矩阵进行求解。而辛矩阵加法摄动是则是将原刚度阵 $\boldsymbol{K}(\eta)$ 转化为辛传递矩阵 $\boldsymbol{S}(\eta)=\boldsymbol{S}_0(\eta)+\varepsilon\cdot\boldsymbol{S}_1(\eta)+\varepsilon^2\cdot\boldsymbol{S}_2(\eta)$，然后进行一次摄动展开求解，见式(9.1.8)~式(9.1.14)。

这里取离散时段 $\eta=0.1$，对不同的摄动参数用上述方法进行求解，其数值结果见图 9.1~图 9.5。

当只有质量阵进行摄动时，即取 $\boldsymbol{M}_1=\boldsymbol{M}_0$，$\boldsymbol{G}_1=\boldsymbol{K}_1=\boldsymbol{0}$，图 9.1 给出了当 $\varepsilon=0.04$ 时的数值比较（此时，相应的对偶向量初值变为 $\boldsymbol{v}_0=\{0,\ 0,\ 0.104-0.104\}^{\mathrm{T}}$）。当 3 种矩阵同时摄动时，见图 9.2。

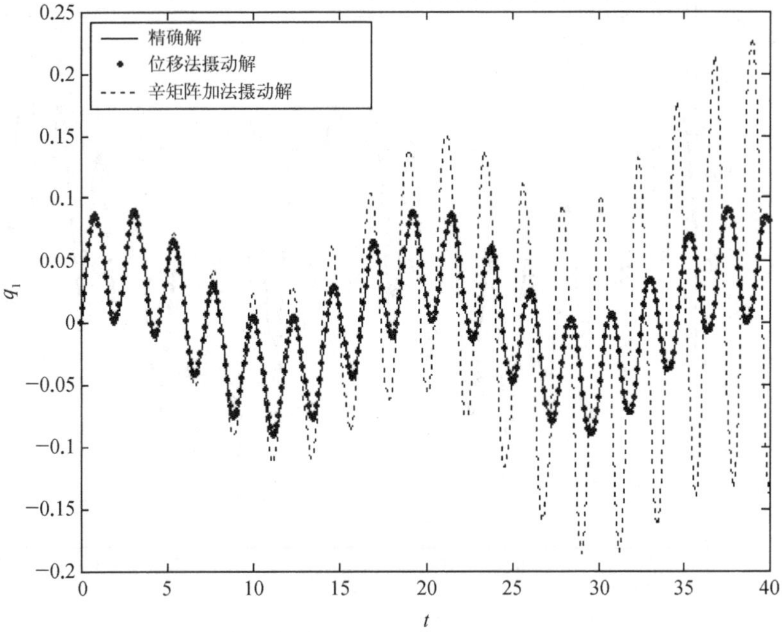

图 9.1　在 $\varepsilon=0.04$ 时质量阵两种摄动法结果比较

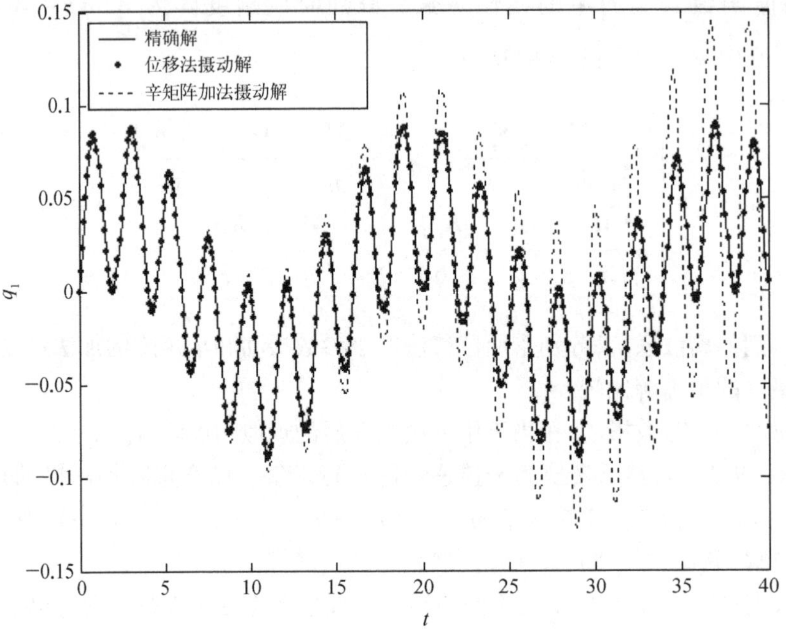

图 9.2　$\varepsilon = 0.04$ 时两种摄动法结果比较

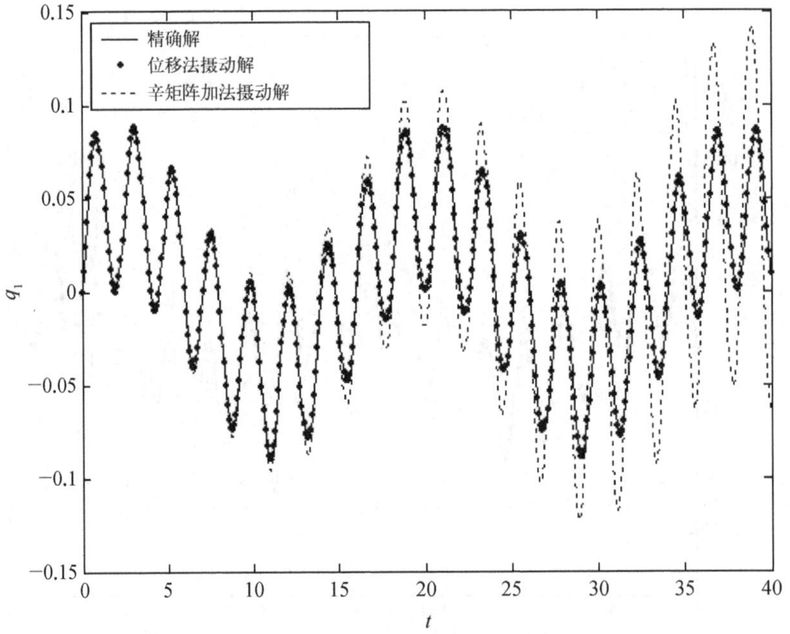

图 9.3　在 $\varepsilon = 0.02$ 时质量阵两种摄动法结果比较

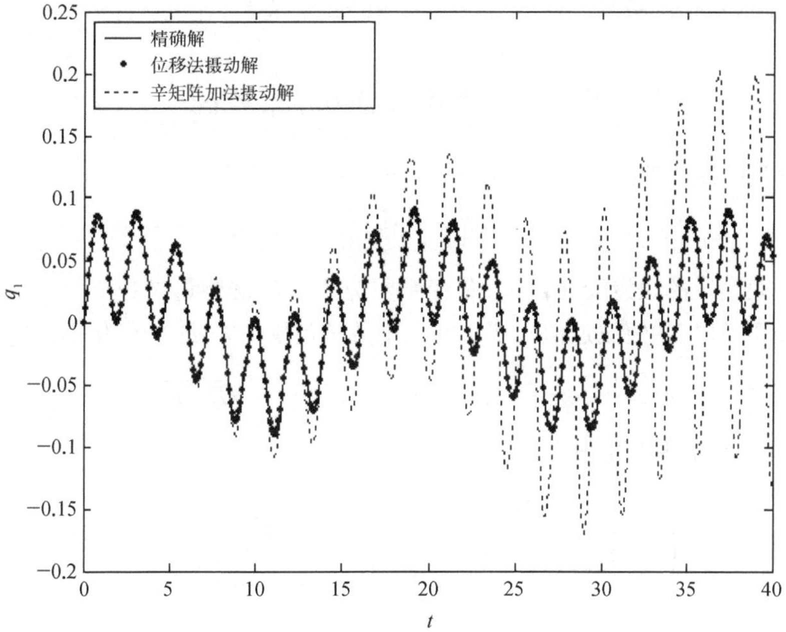

图 9.4　$\varepsilon = 0.04$ 两种摄动法(对 K、M) 的结果比较

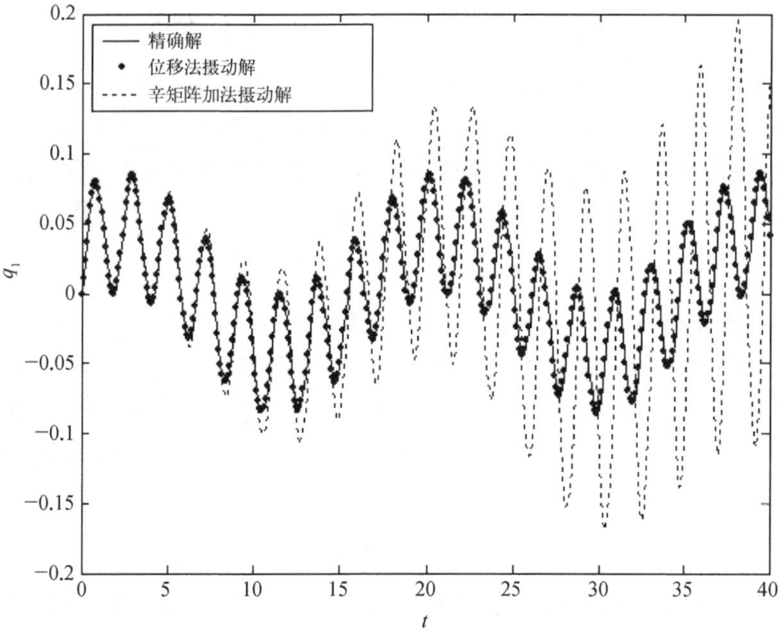

图 9.5　$\varepsilon = 0.1$ 时两种摄动法结果比较(只有 G 摄动)

由图 9.1~图 9.5 结果可以看出,辛矩阵加法摄动的数值结果随着时间的增加而发散,特别是当参数变化较大时,发散更快;而位移摄动法能保持长时间的数值精度,振幅不发散(误差主要是相位误差),就因为位移法摄动近似保辛。

9.2 WKBJ 近似的保辛性

考察常见的短波近似。求解二阶 Schroedinger 微分方程:

$$\ddot{q}(z) + [E - V(z)]q(z) = 0 \tag{9.2.1}$$

式中,$V(z)$ 是给定的缓慢变化函数,是变系数方程。考虑能量参数 $E > V_0(z)$ 的情况。传统的 WKBJ 近似[4](短波近似),要求在几个波长范围内 $V(z)$ 的变化小。通解取为

$$q(z) \approx \exp[\pm \mathrm{i}\omega(z)\cdot z], \quad \omega(z) = \sqrt{E - V(z)} \tag{9.2.2}$$

$\omega(z)$ 在一个波长范围变化很小,即

$$\left(\frac{\dot{\omega}}{\omega}\right)\cdot\frac{2\pi}{\omega} \ll 1 \quad 或 \quad \left|\frac{\dot{V}(z)}{[2(E-V)^{\frac{3}{2}}]}\right| \ll 1 \tag{9.2.3}$$

但 WKBJ 法并未保证线性方程的保辛。传统的 WKBJ 近似解式(9.2.2)就是三角函数,相当于在每个区段采用常数势函数。式(9.2.2)给出的是复值位移函数,据此可计算内力,再组成状态向量 $\boldsymbol{v}(z)$。将其实部与虚部分开,就是线性无关的 WKBJ 近似的两个状态向量 $\boldsymbol{v}_{\mathrm{r}}(z)$、$\boldsymbol{v}_{\mathrm{i}}(z)$。式(9.2.1)是线性齐次方程,取 $z=0$ 处两种边界条件

$$q_0 = 1,\ p_0 = 0 \quad 与 \quad q_0 = 0,\ p_0 = 1 \tag{9.2.4}$$

现由 $\boldsymbol{v}_{\mathrm{r}}(z)$、$\boldsymbol{v}_{\mathrm{i}}(z)$ 为基底,组合出两个满足初始条件式(9.2.4)的解 $\boldsymbol{v}_1(z)$、$\boldsymbol{v}_2(z)$。

近似解 $\boldsymbol{v}(z)$ 保辛,意味着存在一个 Hamilton 矩阵函数 $\boldsymbol{H}(z)$,而方程 $\dot{\boldsymbol{v}} = \boldsymbol{H}(z)\boldsymbol{v}$ 得到满足[11]。现在要验证 $\boldsymbol{v}_1(z)$、$\boldsymbol{v}_2(z)$ 不能保辛,就是说这样的 $\boldsymbol{H}(z)$ 一般不存在。验证如下:以 $\boldsymbol{v}_1(z)$、$\boldsymbol{v}_2(z)$ 为列组成 2×2 基本解矩阵:

$$\boldsymbol{V}(z) = [\boldsymbol{v}_1 \quad \boldsymbol{v}_2] \tag{9.2.5}$$

当 $z=0$ 时,根据初始条件 $\boldsymbol{V}(0)=\boldsymbol{I}$ 是单位阵,故初始矩阵 $\boldsymbol{V}(0)$ 是辛矩阵。

如果这样的 Hamilton 矩阵 $\boldsymbol{H}(z)$ 存在,则可证明 $\boldsymbol{V}(z)$ 必定是辛矩阵。推导如下:$\dot{\boldsymbol{V}} = \boldsymbol{H}(z)\boldsymbol{V}$,从而 $\boldsymbol{V}^{\mathrm{T}}\boldsymbol{J}\dot{\boldsymbol{V}} = \boldsymbol{V}^{\mathrm{T}}\boldsymbol{J}\boldsymbol{H}(z)\boldsymbol{V}$。将该方程双方取转置,因 Hamilton 矩阵有 $\boldsymbol{J}\boldsymbol{H} = (\boldsymbol{J}\boldsymbol{H})^{\mathrm{T}}$,故得 $\boldsymbol{V}^{\mathrm{T}}\boldsymbol{J}\dot{\boldsymbol{V}} = -\dot{\boldsymbol{V}}^{\mathrm{T}}\boldsymbol{J}\boldsymbol{V}[=\boldsymbol{V}^{\mathrm{T}}\boldsymbol{J}\boldsymbol{H}(z)\boldsymbol{V}]$。表明 $\mathrm{d}(\boldsymbol{V}^{\mathrm{T}}\boldsymbol{J}\boldsymbol{V})/\mathrm{d}z = \boldsymbol{V}^{\mathrm{T}}\boldsymbol{J}\dot{\boldsymbol{V}} + \dot{\boldsymbol{V}}^{\mathrm{T}}\boldsymbol{J}\boldsymbol{V} = 0$。故

$$\boldsymbol{V}^{\mathrm{T}}\boldsymbol{J}\boldsymbol{V} = 常值矩阵 \tag{9.2.6}$$

但当 $z=0$ 时 $\boldsymbol{V}^{\mathrm{T}}(0)\boldsymbol{J}\boldsymbol{V}(0)=\boldsymbol{J}$,故必有 $\boldsymbol{V}^{\mathrm{T}}(z)\boldsymbol{J}\boldsymbol{V}(z)=\boldsymbol{J}$,即解矩阵 $\boldsymbol{V}(z)$ 保辛。

按 WKBJ 近似式(9.2.2)得到的两个解 $\boldsymbol{v}_1(z)$、$\boldsymbol{v}_2(z)$,按式(9.2.5)得到 $\boldsymbol{V}(z)$。但对任意选择的势函数 $V(z)$,却不能保证 $\boldsymbol{V}(z)$ 必定是辛矩阵。所以说,WKBJ 近似不保证

保辛。

以上的证明只需 $\boldsymbol{H}(z)$ 是 Hamilton 矩阵,只是齐次方程。即使 Hamilton 矩阵是与位移有关的 $\boldsymbol{H}(z,\boldsymbol{q})$,以上证明仍成立。一般 Hamilton 体系未必能表示为 Hamilton 矩阵,例如存在有势外力的情况,此时是非齐次线性方程。故在一般情况下,近似解是否保辛的原则尚需明确。

9.3 一般 Hamilton 体系近似解的保辛讨论

一般的 Hamilton 正则方程体系非线性,通常用数值积分近似求解,故时间坐标离散而成为长 η 的序列,成为离散坐标体系。2.2 节考虑了离散坐标的情况,但其近似解如何保辛仍需认真探讨。4.1.2 小节讲述了传递辛矩阵,Lagrange 括号与 Poisson 括号,它们都是对长度坐标取偏微商,对离散坐标系统给出了区段正则变换与辛矩阵。更明确些,区段两端状态向量之间关系 $\boldsymbol{v}_b=\boldsymbol{v}_b(\boldsymbol{v}_a)$ 的微商 $\partial\boldsymbol{v}_b/\partial\boldsymbol{v}_a=\boldsymbol{S}(\boldsymbol{v}_a)$ 或 $\partial\boldsymbol{\zeta}/\partial\boldsymbol{v}=\boldsymbol{S}(\boldsymbol{v})$ 是辛矩阵。将概念表达清楚,举一个最简单的例子。

例:自由落体的 Hamilton 函数是 $H(q)=p^2/(2m)-mgq$,对偶方程 $\dot{q}=p/m$, $\dot{p}=mg$。两种不同的初值条件分别是:$q_1(0)=q_0$, $p_1(0)=0$; $q_2(0)=0$, $p_2(0)=p_0$。于是解出:$q_1(t)=q_0-gt^2/2$, $p_1(t)=-gt$; $q_2(t)=p_0t-gt^2/2$, $p_2(t)=p_0-gt$。但矩阵 $\begin{bmatrix}q_1 & q_2\\ p_1 & p_2\end{bmatrix}$ 并非辛矩阵。令 $\boldsymbol{v}=\{q_0,p_0\}^{\mathrm{T}}$, $\boldsymbol{\zeta}(t)=\begin{bmatrix}1 & t\\ 0 & 1\end{bmatrix}\cdot\boldsymbol{v}+\{-gt^2/2,-gt\}^{\mathrm{T}}$,其微商 $\partial\boldsymbol{\zeta}/\partial\boldsymbol{v}=\boldsymbol{S}(\boldsymbol{v})=\begin{bmatrix}1 & t\\ 0 & 1\end{bmatrix}$ 是辛矩阵。

最简单的自由落体方程是非齐次线性方程。上例表明,区段两端状态向量之间的关系 $\boldsymbol{\zeta}=\boldsymbol{\zeta}(\boldsymbol{v})$ 并非辛矩阵相乘,但其微商 $\partial\boldsymbol{\zeta}/\partial\boldsymbol{v}=\boldsymbol{S}(\boldsymbol{v})$ 则必为辛矩阵,可用于一般的 Hamilton 系统。对时间离散系统也适用,故适用于逐步数值积分。

微商 $\boldsymbol{S}(\boldsymbol{v})=\partial\boldsymbol{\zeta}/\partial\boldsymbol{v}$ 表明,$\boldsymbol{\zeta}=\boldsymbol{\zeta}(\boldsymbol{v})$ 应随任意的 $\boldsymbol{v}$ 变化。一般情况的 Hamilton 正则方程非线性,故叠加原理不能适用。现讨论近似积分解的保辛,根据给定的 Hamilton 函数 $H_o(\boldsymbol{q},\boldsymbol{p},t)$ 积分其近似解。先从反面讲起,根据初始条件给定任何一条轨道,只要随意选择外力势函数,总可以找到一个 Hamilton 函数,使得给定轨道就是从该 Hamilton 函数积分的结果。但这不是保辛近似,因为任意凑合的 Hamilton 函数与给定的 Hamilton 函数 $H_o(\boldsymbol{q},\boldsymbol{p},t)$ 相差甚远。再从正面讲,保辛近似积分应使近似 Hamilton 函数 $H_a(\boldsymbol{q},\boldsymbol{p},t)$ 与给定的 Hamilton 函数 $H_o(\boldsymbol{q},\boldsymbol{p},t)$ 相差很小,称为正则摄动[1](canonical perturbation),而对近似的 Hamilton 函数 $H_a(\boldsymbol{q},\boldsymbol{p},t)$ 则要进行精确积分以求解 $\boldsymbol{\zeta}_a=\boldsymbol{\zeta}_a(\boldsymbol{v}_a)$,其微商为辛矩阵,这样的轨道方能称为保辛近似积分。故文献[11]对一般非线性系统的保辛表述有所不妥,现予以更正。

由于 $H_a(\boldsymbol{q},\boldsymbol{p},t)$ 仍非线性,精确积分非常困难。为此,可从离散系统寻找其保辛近似解,它也可对应于某 $H_a(\boldsymbol{q},\boldsymbol{p},t)$。1.6 节的离散系统理论正可发挥作用。

9.4 保辛的短波近似

WKBJ 短波近似既然未能保辛,则还应寻找保辛的短波近似算法。保辛可用正则变换来处理短波近似课题的式(9.2.1)。区段 (z_a, z_b) 的势能变分原理为

$$U = \int_{z_a}^{z_b} U_0(q)\mathrm{d}z, \quad U_0(q) = \frac{\dot{q}^2}{2} + [V(z) - E]\frac{q^2}{2} \tag{9.4.1}$$

式(9.4.1)是保守体系。按 Legendre 变换引入对偶变量 $p(z) = \dot{q}(z)$,变分原理成为

$$U = \int_{z_a}^{z_b} [p^{\mathrm{T}}\dot{q} - H(q, p)]\mathrm{d}z, \quad H(q, p) = \frac{p^2}{2} + [E - V(z)]\frac{q^2}{2} \tag{9.4.2}$$

对偶方程为

$$\dot{q}(z) = p,\ \dot{p}(z) = -[E - V(z)]q;\ \dot{\boldsymbol{v}}(z) = \boldsymbol{H}(z)\cdot\boldsymbol{v}(z),\ \boldsymbol{H}(z) = \begin{bmatrix} 0 & 1 \\ -[E - V(z)] & 0 \end{bmatrix} \tag{9.4.3}$$

由于是变系数方程,求解不便,所以通常采用 WKBJ 近似,但 WKBJ 近似未必保辛。保辛可采用不同的方案。

第一种保辛方案(零次近似):设在区域 (z_a, z_b) 内 $V_a(z) = V_0$,这样可找到分析解。于是

$$q_0(z) = q_a\cos\omega_0(z - z_a) + [q_b - q_a\cos\omega_0(z_b - z_a)]\frac{\sin\omega_0(z - z_a)}{\sin\omega_0(z_b - z_a)},\ \omega_0 = \sqrt{E - V_0}$$

$$p_0(z) = -\omega_0 q_a\sin\omega_0(z - z_a) + \omega_0[q_b - q_a\cos\omega_0(z_b - z_a)]\frac{\cos\omega_0(z - z_a)}{\sin\omega_0(z_b - z_a)} \tag{9.4.4}$$

代入式(9.4.2)积分得作用量及刚度阵:

$$U = \frac{K_{aa}(z_a, z_b)\cdot q_a^2}{2} + \frac{K_{bb}(z_a, z_b)\cdot q_b^2}{2} + K_{ba}(z_a, z_b)\cdot q_a q_b$$

$$K_{aa}(z_a, z_b) = K_{bb}(z_a, z_b) = \omega_0\cot[\omega_0(z_b - z_a)],\ K_{ba}(z_a, z_b) = -\frac{\omega_0}{\sin[\omega_0(z_b - z_a)]} \tag{9.4.5}$$

这是分析解。用于多维问题时,可采用求解混合能的 Riccati 联立微分方程。

$$\dot{G}_0(z) = \omega_0^2 + G_0^2,\ \dot{F}_0(z) = -G_0F_0,\ \dot{Q}_0(z) = -F_0^2, \quad \omega_0^2 = E - V_0 \tag{9.4.6}$$

现在是一维问题,该常系数方程可分析求解为 $\mathrm{d}G_0/(\omega_0^2 + G_0^2) = \mathrm{d}z$, $z + C_1 =$

$(1/\omega_0)\arctan(G_0/\omega_0)$，再代入边界条件 $G_0(0)=Q_0(0)=0$，$F_0(0)=1$，得

$$G_0(z)=\omega_0^{-1}\tan[\omega_0(z-z_a)],\quad Q_0(z)=-\omega_0\tan[\omega_0(z-z_a)],\quad F_0(z)=\frac{1}{\cos[\omega_0(z-z_a)]} \tag{9.4.7}$$

前面已经用分析法解出了刚度阵 $\boldsymbol{K}_{aa}$、$\boldsymbol{K}_{ba}$、$\boldsymbol{K}_{bb}(z)$ 即已经求出了混合能矩阵 $\boldsymbol{G}_0$、$\boldsymbol{Q}_0$、$\boldsymbol{F}_0(z)$。但对多维问题,精细积分只能用于求出区段混合能矩阵 $\boldsymbol{F}_0$、$\boldsymbol{G}_0$、$\boldsymbol{Q}_0$，然后再转换到区段刚度阵。多维问题用精细积分求解,几乎等于精确解。用常值势函数,总可逼近任意势函数。

求解了 k 区段的作用量函数 $U(q_a,q_b;z_a,z_b)$ 后,通过偏微商得对偶变量:

$$\begin{aligned}p_a&=-(K_{aa}q_a+K_{ba}q_b)=q_a\{-\omega_0\cot[\omega_0(z-z_a)]\}+q_b\left\{\frac{\omega_0}{\sin[\omega_0(z-z_a)]}\right\}\\ p_b&=K_{ba}q_a+K_{bb}q_b=-q_a\left\{\frac{\omega_0}{\sin[\omega_0(z-z_a)]}\right\}+q_b\{\omega_0\cot[\omega_0(z-z_a)]\}\end{aligned} \tag{9.4.8}$$

从混合能矩阵转换到辛矩阵 $\boldsymbol{S}_{0k}(z)$ 的公式为

$$\boldsymbol{S}_{0k}(z)=\begin{bmatrix}\boldsymbol{S}_{011}&\boldsymbol{S}_{012}\\ \boldsymbol{S}_{021}&\boldsymbol{S}_{022}\end{bmatrix},\quad \begin{matrix}\boldsymbol{S}_{011}=\boldsymbol{F}_0+\boldsymbol{G}_0\boldsymbol{F}_0^{-T}\boldsymbol{Q}_0 & \boldsymbol{S}_{012}=\boldsymbol{G}_0\boldsymbol{F}_0^{-T}\\ \boldsymbol{S}_{021}=\boldsymbol{F}_0^{-T}\boldsymbol{Q}_0 & \boldsymbol{S}_{022}=\boldsymbol{F}_0^{-T}\end{matrix} \tag{9.4.9}$$

得到 $\boldsymbol{S}_0(z)$ 后,单自由度的区段 k 两端的正则变换为

$$\boldsymbol{v}_0(z)=\begin{Bmatrix}q_0(z)\\ p_0(z)\end{Bmatrix}=\boldsymbol{S}_0(z)\boldsymbol{v}_a,\quad \boldsymbol{S}_{0k}(\eta)=\begin{bmatrix}\cos(\omega_{0k}\eta) & \dfrac{\sin(\omega_{0k}\eta)}{\omega_{0k}}\\ -\omega_{0k}\sin(\omega_{0k}\eta) & \cos(\omega_{0k}\eta)\end{bmatrix} \tag{9.4.10}$$

式中,$\eta=(z-z_a)$ 是区段长;$\boldsymbol{v}_a$ 是左端的状态向量;$\boldsymbol{v}_0(z)$ 满足的微分方程为

$$\dot{q}_0(z)=p_0,\quad \dot{p}_0(z)=-(E-V_0)q_0,\quad \dot{\boldsymbol{v}}_0(z)=\boldsymbol{H}_0\cdot\boldsymbol{v}_0(z) \tag{9.4.11}$$

首先要求解的是 $\boldsymbol{S}_0(z)$。将式(9.4.10)代入,并因 $\boldsymbol{v}_a$ 的任意性,有 $\dot{\boldsymbol{S}}_0(z)=\boldsymbol{H}_0\cdot\boldsymbol{S}_0(z)$。但以上的推导只用于一个区段。而整个区段当然应划分为若干个首尾相连的小区段。

不同区段的 $V(z)\approx V_0$ 值不同,每个区段都要做出其区段辛矩阵 $\boldsymbol{S}_{0k}$ 的计算,其中区段 (z_{k-1},z_k) 由下标 k 代表。而区段 (z_0,z_k) 对 z 的积分则成为

$$\boldsymbol{S}_{0,0\sim k}=\boldsymbol{S}_{0,k}\cdot\boldsymbol{S}_{0,k-1}\cdots\boldsymbol{S}_{0,1},\quad \boldsymbol{v}_k=\boldsymbol{S}_{0,0\sim k}\boldsymbol{v}_0 \tag{9.4.12}$$

下标 0 是零次近似。零次近似不满意,还要一次近似。原有的微分方程组是式(9.4.3)。采用正则变换,即以 $\boldsymbol{S}_0(z)$ 为基础的乘法转换:

$$\boldsymbol{v}(z)=\boldsymbol{S}_0(z)\boldsymbol{v}_2(z) \tag{9.4.13}$$

代入式(9.4.3)有 $\dot{\boldsymbol{v}}(z)=\dot{\boldsymbol{S}}_0(z)\boldsymbol{v}_2(z)+\boldsymbol{S}_0(z)\dot{\boldsymbol{v}}_2(z)=\boldsymbol{H}(z)\cdot\boldsymbol{S}_0(z)\boldsymbol{v}_2(z)$。因为 $\dot{\boldsymbol{S}}_0(z)=\boldsymbol{H}_0\cdot\boldsymbol{S}_0(z)$，即有

$$\dot{\boldsymbol{v}}_2(z)=\boldsymbol{S}_0^{-1}(z)[\boldsymbol{H}(z)-\boldsymbol{H}_0]\cdot\boldsymbol{S}_0(z)\boldsymbol{v}_2(z)$$

辛矩阵有 $\boldsymbol{S}_0^{\mathrm{T}}(z)\boldsymbol{J}\boldsymbol{S}_0(z)=\boldsymbol{J}$，即 $\boldsymbol{S}_0^{-1}(z)=-\boldsymbol{J}\boldsymbol{S}_0^{\mathrm{T}}(z)\boldsymbol{J}$，代入上式有

$$\dot{\boldsymbol{v}}_2(z)=\boldsymbol{H}_2(z)\boldsymbol{v}_2(z),\quad \boldsymbol{H}_2(z)=\boldsymbol{J}\boldsymbol{S}_0^{\mathrm{T}}(z)\boldsymbol{J}[\boldsymbol{H}_0-\boldsymbol{H}(z)]\cdot\boldsymbol{S}_0(z) \tag{9.4.14}$$

首先验证，$\boldsymbol{H}_2(z)$ 仍是 Hamilton 矩阵，即 $[\boldsymbol{J}\boldsymbol{H}_2(z)]^{\mathrm{T}}=\boldsymbol{J}\boldsymbol{H}_2(z)$。因为 $\boldsymbol{H}_0$ 及 $\boldsymbol{H}(z)$ 皆为 Hamilton 矩阵，故 $[\boldsymbol{J}(\boldsymbol{H}_0-\boldsymbol{H})]^{\mathrm{T}}=\boldsymbol{J}(\boldsymbol{H}_0-\boldsymbol{H})$，即可知 $\boldsymbol{H}_2(z)$ 仍是 Hamilton 矩阵。验毕。

正则变换保证变换后的微分方程(9.4.14)仍然是 Hamilton 矩阵的微分方程，仍是保守体系，即保辛。将区域划分为很多小区段，选择每个区域中心点处的 $\boldsymbol{H}_0=\boldsymbol{H}$，因为 $V(z)$ 是给定的缓变函数，故矩阵 $\boldsymbol{H}_0-\boldsymbol{H}$ 很小，可保证矩阵 $\boldsymbol{H}_2(z)$ 很小。但 $\boldsymbol{H}_2(z)$ 含有缓变函数 $V(z)$，难以分析积分，故应数值法积分。然数值积分也应保辛。推导给出

$$\boldsymbol{J}\boldsymbol{H}_2(z)\underset{\mathrm{def}}{=}\begin{bmatrix}\boldsymbol{B}(z) & -\boldsymbol{A}^{\mathrm{T}}(z)\\ -\boldsymbol{A}(z) & -\boldsymbol{D}(z)\end{bmatrix}\left(=\begin{bmatrix}S_{011}^2 & S_{011}S_{012}\\ S_{012}S_{011} & S_{012}^2\end{bmatrix}\cdot[V(z)-V_0]\right),$$

$$\boldsymbol{S}_0(z)=\begin{bmatrix}\boldsymbol{S}_{011}(z) & \boldsymbol{S}_{012}(z)\\ \boldsymbol{S}_{021}(z) & \boldsymbol{S}_{022}(z)\end{bmatrix} \tag{9.4.15}$$

于是式(9.4.14)可改写为

$$\dot{\boldsymbol{q}}_2(z)=\boldsymbol{A}(z)\boldsymbol{q}_2(z)+\boldsymbol{D}(z)\boldsymbol{p}_2(z),\ \dot{\boldsymbol{p}}_2(z)=-\boldsymbol{B}(z)\boldsymbol{q}_2(z)+\boldsymbol{A}^{\mathrm{T}}(z)\boldsymbol{p}_2(z) \tag{9.4.16}$$

式中采用了向量符号，更具有一般性。一维问题是 $\boldsymbol{q}_2$、$\boldsymbol{p}_2$ 等。对应的变分原理为

$$U_2=\int_{z_a}^{z_b}[\boldsymbol{p}_2^{\mathrm{T}}\dot{\boldsymbol{q}}_2-H(\boldsymbol{q}_2,\boldsymbol{p}_2)]\mathrm{d}z,\ H(\boldsymbol{q}_2,\boldsymbol{p}_2)=\frac{\boldsymbol{p}_2^{\mathrm{T}}\boldsymbol{D}(z)\boldsymbol{p}_2}{2}+\boldsymbol{p}_2^{\mathrm{T}}\boldsymbol{A}(z)\boldsymbol{q}_2-\frac{\boldsymbol{q}_2^{\mathrm{T}}\boldsymbol{B}(z)\boldsymbol{q}_2}{2},\ \delta S=0 \tag{9.4.17}$$

以上的公式对于一个区段推导，认为在区段内 $V(z)=V_0$ 取常值。区段间的连接是 q、p 连续。但相邻区段的 V_0 不同，因此辛矩阵应写成 $\boldsymbol{S}_0(z,V)$，以表示对势函数 $V(z)$ 的相关性。但应明确，前面写的 $\dot{\boldsymbol{S}}_0$ 并不包含对 V 的偏微商。

上文通过辛矩阵 $\boldsymbol{S}_{0,0\sim k}$ 实行式(9.4.13)正则变换，$\boldsymbol{S}_{0,0\sim k}$ 是由一系列区段辛矩阵的乘积构成，即式(9.4.12)。在此必须注意，$\boldsymbol{S}_{0,0\sim k}$ 有可能产生矩阵数值病态。从能量代数[8]的角度看，代替辛矩阵的正则变换，采用变形能或混合能表象进行正则变换可行，其中以混合能变换数值效果最好。

第二种保辛方案，是运用有限元法，即在 k 区段，对势函数取线性插值。运用式(9.4.2)变分原理生成区段刚度阵，区段变形能只是两端位移的函数，故有限元自动保辛[3]，但有限元在区段内采用了插值近似，不是精确解。直接对微分方程运用有限元法精

度不够好，但用 $H_a(\boldsymbol{q}, \boldsymbol{p}, t)$ 摄动（正则变换）之后的修正本身已经比较小，就可运用有限元近似。两种方案结合运用方好。

9.4.1　保辛的坐标变换

前文的正则变换是状态向量 $\boldsymbol{q}$、$\boldsymbol{p}$ 的变换，坐标 z 并未变换。事实上坐标也能变换，所谓坐标变形法[5]（method of strain coordinate）。正则变换与变分原理一致。现在要将坐标变换也包含在正则变换之中，对此也可用变分原理来推导，方法简单概念清楚，而且自动保辛。仍以 WKBJ 近似的积分来表述。原有的变分原理为

$$U = \int_{z_a}^{z_b} L(q, \dot{q}, z)\mathrm{d}z,\ L(q, \dot{q}, z) = \frac{\dot{q}^2}{2} - \frac{f(z)q^2}{2},\ f(z) = [E - V(z)]$$

对应的 Euler-Lagrange 方程为

$$\ddot{q}(z) + [E - V(z)]q(z) = 0 \tag{9.4.18}$$

式中，$V(z)$ 是给定的缓慢变化函数。变系数方程，考虑能量参数 $E > V_0(z)$ 的情况：

$$\omega(z) = \sqrt{f(z)},\ f(z) = [E - V(z)] > 0 \tag{9.4.19}$$

采用坐标变换：

$$\theta(z) = \int_0^z \omega(t)\mathrm{d}t,\quad \mathrm{d}\theta = \omega(z)\cdot \mathrm{d}z \tag{9.4.20}$$

式(9.4.20)坐标变换是长度坐标的变换。从式(9.4.20)的 z 到 θ 变换为

$$\dot{q}(z)\mathrm{d}z = \mathrm{d}q = q'\mathrm{d}\theta,\quad \dot{q}(z) = q'\dot{\theta},\quad \dot{\theta} = \frac{\mathrm{d}\theta}{\mathrm{d}z} = \omega(z) \underset{\text{def}}{=} m(\theta) \tag{9.4.21}$$

式中，$q' = \mathrm{d}q/\mathrm{d}\theta$，相当于长度坐标的变形。在新坐标 θ 下，变分原理成为

$$U = \int_{\theta_a}^{\theta_b} L_0(q, q', \theta)\mathrm{d}\theta,\ L_0(q, q', \theta) = \frac{q'^2\dot{\theta}^2 - f(z)q^2}{2\dot{\theta}},\ \delta U = 0$$

而 $\dot{\theta}$ 也应转换为 θ 的函数，表达为 $\dot{\theta}(\theta)$。不过该写法容易引起混淆，$\dot{\theta}(\theta)$ 不过是某个 θ 的函数而已，其地位犹如质量，故式(9.4.21)将 $\dot{\theta}(\theta)$ 表达成 $m(\theta) = \omega(z)$ 较好。函数 $f(z)$ 也应按式(9.4.21)改成 $f(z) = m^2(\theta)$。这样，变分原理又成为

$$U = \int_{\theta_a}^{\theta_b} L_0(q, q', \theta)\mathrm{d}\theta,\ L_0(q, q', \theta) = \frac{m(\theta)q'^2 - m(\theta)q^2}{2},\ \delta U = 0 \tag{9.4.22}$$

根据变分原理式(9.4.22)，其动力方程成为

$$[m(\theta)q'(\theta)]' + m(\theta)q(\theta) = 0,\quad [E - V(z)] = m^2(\theta) \tag{9.4.23}$$

一类变量的 Euler-Lagrange 方程。式(9.4.23)又为 $q''(\theta) + [m'(\theta)/m(\theta)]q'(\theta) + q(\theta) = 0$，即

$$q'' + g(\theta)q' + h(\theta)q(\theta) = 0, \quad h(\theta) = 1, \quad g(\theta) \underset{\text{def}}{=} \frac{m'(\theta)}{m(\theta)} \tag{9.4.24}$$

在此基础上,通过变换:

$$q(\theta) = \zeta(\theta)\exp\left[-\frac{\int g(\theta)\mathrm{d}\theta}{2}\right] = \zeta(\theta)\exp\left[-\frac{1}{2}\int\frac{\mathrm{d}m(\theta)}{m(\theta)}\right] = \zeta(\theta)\cdot m^{-\frac{1}{2}}(\theta) \tag{9.4.25}$$

变为如下标准形式:

$$\zeta'' + \left(h - \frac{g'}{2} - \frac{g^2}{4}\right)\zeta = 0, \quad h = 1 \tag{9.4.26}$$

又回归式(9.4.18)的形式。推导至此,只是做了一些坐标变换,并未引入近似,并且从式(9.4.18)到式(9.4.26)是递归形式,故当然是保辛的。将 $g(\theta)$ 代入有

$$h - \frac{g'}{2} - \frac{g^2}{4} = 1 + \frac{[m'^2(\theta) - 2m(\theta)m''(\theta)]}{4m^2(\theta)} \underset{\text{def}}{=} 1 + V_1(\theta) \tag{9.4.27}$$

如 $V_1(\theta) \ll 1$,则该近似就很好。式(9.4.27)仍然是变系数微分方程,精确求解困难,其变分原理为

$$U = \int_{\theta_a}^{\theta_b} L_1(q, q', \theta)\mathrm{d}\theta, \quad L_1(\zeta, \zeta', \theta) = \frac{\zeta'^2}{2} - \frac{[1 + V_1(\theta)]\zeta^2}{2}, \quad \delta U = 0 \tag{9.4.28}$$

从长度坐标 z 与位移 $q(z)$,变换到了新坐标 θ 与变量 $m^{1/2}(\theta)q(\theta) = \zeta(\theta)$。从 z、q 到 θ、ζ 的变换是包含坐标变换在内的点变换。

最简单地取式(9.4.27)的近似解(不是 WKBJ 近似)为

$$\zeta(\theta) = b\sin\theta + a\cos\theta, \text{从而}\ q(\theta) = m^{-\frac{1}{2}}(\theta)\cdot(b\sin\theta + a\cos\theta) \tag{9.4.29}$$

采用文献[5]的多尺度法近似,给出近似解 $q(z) \approx [f(z)]^{-1/4}(a\cos\theta + b\sin\theta) = [\omega(z)]^{-1/2}(a\cos\theta + b\sin\theta)$,其中 a、b 是待定常数。显然,两种方法得到的解一致。坐标变换给出了很好的数值结果。进一步的改进仍可利用递归性质,再做下一轮保辛的坐标变换。但式(9.4.20)坐标变换一般只能数值积分,也是一种麻烦,为此可对 Hamilton 体系进行直接近似积分。

9.4.2 Hamilton 体系的近似积分

从式(9.4.28),其对偶变量与 Hamilton 函数为

$$p_1 = \zeta', \quad H_1(\zeta, p_1, \theta) = \frac{p_1^2}{2} + \frac{[1 + V_1(\theta)]\zeta^2}{2} \tag{9.4.30}$$

组成状态向量 $\boldsymbol{v}_2(\theta)=\{\zeta \quad p_1\}^{\mathrm{T}}$，其 Hamilton 矩阵与正则方程为

$$\boldsymbol{H}(\theta)=\begin{bmatrix}0 & 1\\ -[1+V_1(\theta)] & 0\end{bmatrix},\quad \boldsymbol{v}_2'(\theta)=\boldsymbol{H}\cdot\boldsymbol{v}_2(\theta) \tag{9.4.31}$$

变换后式(9.4.31)的严格分析求解仍然困难，采用近似方法是必然的，可运用正则变换的方法。引入近似的 Hamilton 函数 $H_{10}(\zeta,p_1,\theta)=p_1^2/2+\zeta^2/2$，这给出了近似的可分析求解的系统，对应地，$\boldsymbol{H}(\theta)=\boldsymbol{H}_0(\theta)+\boldsymbol{H}_1(\theta)$，$\boldsymbol{H}_0(\theta)=\begin{bmatrix}0 & 1\\ -1 & 0\end{bmatrix}$，$\boldsymbol{H}_1(\theta)=\begin{bmatrix}0 & 0\\ -V_1(\theta) & 0\end{bmatrix}$，其中 $\boldsymbol{H}_1(\theta)$ 是小量。近似系统对应的混合能矩阵为

$$G_0(\theta)=\tan(\theta),\quad Q_0(\theta)=-\tan(\theta),\quad F_0(\theta)=\frac{1}{\cos(\theta)} \tag{9.4.32}$$

辛矩阵：

$$\boldsymbol{S}_0(\theta)=\begin{bmatrix}\cos(\theta) & \sin(\theta)\\ -\sin(\theta) & \cos(\theta)\end{bmatrix},\quad \boldsymbol{v}_{20}(\theta)=\boldsymbol{S}_0(\theta)\boldsymbol{v}_2(0) \tag{9.4.33}$$

保辛摄动：

$$\boldsymbol{v}_2(\theta)=\boldsymbol{S}_0(\theta)\boldsymbol{v}_{21}(\theta) \tag{9.4.34}$$

将式(9.4.34)代入 $\boldsymbol{v}_2(\theta)$ 满足的微分方程(9.4.31)，导出

$$\begin{aligned}\boldsymbol{v}_2'(\theta)&=\boldsymbol{S}_0'(\theta)\boldsymbol{v}_{21}(\theta)+\boldsymbol{S}_0(\theta)\boldsymbol{v}_{21}'(\theta)=(\boldsymbol{H}_0+\boldsymbol{H}_1)\cdot\boldsymbol{S}_0(\theta)\boldsymbol{v}_{21}(\theta)\\ &=\boldsymbol{S}_0'(\theta)\boldsymbol{v}_{21}(\theta)+\boldsymbol{H}_1\cdot\boldsymbol{S}_0(\theta)\boldsymbol{v}_{21}(\theta)\end{aligned}$$

$$\boldsymbol{v}_{21}'(\theta)=[-\boldsymbol{J}\boldsymbol{S}_0^{\mathrm{T}}(\theta)\cdot\boldsymbol{J}\boldsymbol{H}_1\cdot\boldsymbol{S}_0(\theta)]\boldsymbol{v}_{21}(\theta) \tag{9.4.35}$$

对该方程可用不同的保辛方法求解。方括号内仍是 Hamilton 矩阵，表示为

$$[-\boldsymbol{J}\boldsymbol{S}_0^{\mathrm{T}}(\theta)\cdot\boldsymbol{J}\boldsymbol{H}_1\cdot\boldsymbol{S}_0(\theta)]=\begin{bmatrix}A(\theta) & D(\theta)\\ B(\theta) & -A(\theta)\end{bmatrix},\quad \begin{array}{l}D(\theta)=V_1\sin^2\theta,\ B(\theta)=-V_1\cos^2\theta\\ A(\theta)=V_1\sin\theta\cos\theta\end{array}$$

因为分析表达困难，故采用数值方法。将整个区段 (θ_a,θ_b) 划分为一系列长为 η 的小区段，在每个区段对函数 $A(\theta)$、$B(\theta)$、$D(\theta)$ 采用二次插值：

$$\begin{aligned}&A(\tau)\approx A_0+A_1\cdot\tau+A_2\cdot\tau^2,\ B(\tau)\approx B_0+B_1\cdot\tau+B_2\cdot\tau^2,\\ &D(\theta)\approx D_0+D_1\cdot\tau+D_2\cdot\tau^2,\ 0\leqslant\tau\leqslant\eta\end{aligned} \tag{9.4.36}$$

小区段 η 的区段矩阵 $F(\eta)$、$Q(\eta)$、$G(\eta)$ 满足微分方程

$$\dot{F}(\tau)=(A-GB)F \tag{9.4.37a}$$

$$\dot{G}(\tau)=D+AG+GA-GBG \tag{9.4.37b}$$

$$\dot{Q}(\tau) = FBF,\ \dot{Q}(\tau) = \frac{\mathrm{d}Q(\tau)}{\mathrm{d}\tau} \tag{9.4.37c}$$

初值条件：

$$F(0) = 1 \tag{9.4.38a}$$

$$G(0) = 0 \tag{9.4.38b}$$

$$Q(0) = 0 \tag{9.4.38c}$$

式(9.4.37)是变系数的联立微分方程。区段长 η 比较小，故可用幂级数展开之法求解。令

$$F'(\tau) = \varphi_1\tau + \varphi_2\tau^2 + \varphi_3\tau^3 + \varphi_4\tau^4 + O(\tau^5),\quad F(\tau) = 1 + F'(\tau) \tag{9.4.39a}$$

$$G(\tau) = \gamma_1\tau + \gamma_2\tau^2 + \gamma_3\tau^3 + \gamma_4\tau^t + O(\tau^5) \tag{9.4.39b}$$

$$Q(\tau) = \theta_1\tau + \theta_2\tau^2 + \theta_3\tau^3 + \theta_4\tau^4 + O(\tau^5) \tag{9.4.39c}$$

将展开式(9.4.39)、式(9.4.36)代入微分方程组(9.4.37)，比较 τ 的各幂次。先对 $G(\tau)$ 计算得

$$\begin{aligned}&\gamma_1 = D_0,\ \gamma_2 = \frac{1}{2}(D_1 + 2A_0\gamma_1),\ \gamma_3 = \frac{1}{3}(D_2 + 2A_1\gamma_1 - B_0\gamma_1^2 + 2A_0\gamma_2)\\&\gamma_4 = \frac{1}{4}(2A_2\gamma_1 - B_1\gamma_1^2 + 2A_1\gamma_2 - 2B_0\gamma_1\gamma_2 + 2A_0\gamma_3)\end{aligned} \tag{9.4.40}$$

展开式的系数矩阵 γ_1、γ_2、γ_3、γ_4 可顺次算出。继而计算 $F'(\tau)$ 给出

$$\begin{aligned}&\varphi_1 = A_0,\ \varphi_2 = \frac{1}{2}(A_1 + A_0\varphi_1 - B_0\gamma_1),\\&\varphi_3 = \frac{1}{3}(A_2 + A_1\varphi_1 + A_0\varphi_2 - B_1\gamma_1 - B_0\varphi_1\gamma_1 - B_0\gamma_2)\\&\varphi_4 = \frac{1}{4}(A_2\varphi_1 + A_1\varphi_2 + A_0\varphi_3 - B_2\gamma_1 - B_1\varphi_1\gamma_1 - B_0\varphi_2\gamma_1 - B_1\gamma_2 - B_0\varphi_1\gamma_2 - B_0\gamma_3)\end{aligned} \tag{9.4.41}$$

再推导 $Q(\tau)$ 的微分方程，给出

$$\begin{aligned}&\theta_1 = B_0,\ \theta_2 = \frac{1}{2}(B_1 + 2B_0\varphi_1),\ \theta_3 = \frac{1}{3}(B_2 + 2B_1\varphi_1 + B_0\varphi_1^2 + 2B_0\varphi_2)\\&\theta_4 = \frac{1}{4}(2B_2\varphi_1 + B_1\varphi_1^2 + 2B_1\varphi_2 + 2B_0\varphi_1\varphi_2 + 2B_0\varphi_3)\end{aligned} \tag{9.4.42}$$

据此就可以逐步数值积分。

以上积分方法的近似主要是在每个区段内对系统的函数 $A(\theta)$、$B(\theta)$、$D(\theta)$ 采用了式(9.4.36)的二次插值(而不是直接对待求函数 $\boldsymbol{v}_{21}(\theta)=\{\zeta_2,\ p_{21}\}^{\mathrm{T}}$ 插值)。再用4阶幂级数式(9.4.39)求解区段的混合能矩阵 $F(\eta)$、$G(\eta)$、$Q(\eta)$。然后根据区段对偶方程：

$$\zeta_2(\eta)=F(\eta)\zeta_2(0)+G(\eta)p_{21}(\eta),\quad p_{21}(0)=-Q(\eta)\zeta_2(0)+F(\eta)p_{21}(\eta) \tag{9.4.43}$$

于是根据 $\boldsymbol{v}_{21}(0)=\{\zeta_2(0)\quad p_{21}(0)\}^{\mathrm{T}}$ 可解出 $\boldsymbol{v}_{21}(\eta)=\{\zeta_2(\eta)\quad p_{21}(\eta)\}^{\mathrm{T}}$，完成了一步积分。将 $\boldsymbol{v}_{21}(\eta)$ 代入式(9.4.34)得到 $\boldsymbol{v}_2(\eta)$，从中取出 $\zeta(\eta)$，再由式(9.4.25)得到 $q(\theta)$。

注：式(9.4.19)和式(9.4.20)坐标变换只能用于 $f(z)=[E-V(z)]>0$ 时，当然在 $f(z)=[E-V(z)]>0$ 时也可运用。但还有 $f(z)$ 通过零点的情况。此时会出现 Airy 函数，这可从特殊函数与数理方法的著作中找到[4, 5, 11, 12]。

9.5　保辛近似的算例

例题9.2　将式(9.2.1)的势函数取为 $E-V(z)=4+\alpha\cos(z)$ 的形式，即 Mathieu 方程。采用保辛坐标变换后函数 $m(\theta)$，分别对 $\alpha=0.5$、1.0、2.0、3.0 进行求解，见图9.6。计算过程中取积分区间为 $z=[0,\ 2\pi]$，初始条件为 $q_0=1$，$p_0=0$。变换后可推导出式(9.4.27)。

$$V_1(\theta)=\frac{5\dot{f}^2-4f\cdot\ddot{f}}{16f^3} \tag{9.5.1}$$

如将 $V_1(\theta)$ 完全忽略，则近似解为式(9.4.29)，当 α 不大时效果已经有很大改善。而 WKBJ 解不保辛，其结果与式(9.4.29)的多尺度摄动解相差不少，此处不再讨论。当 $\alpha<2.0$ 时，$V_1(\theta)$ 很小，在式(9.4.29)的基础上摄动，其精度可提高很多(图9.7)。

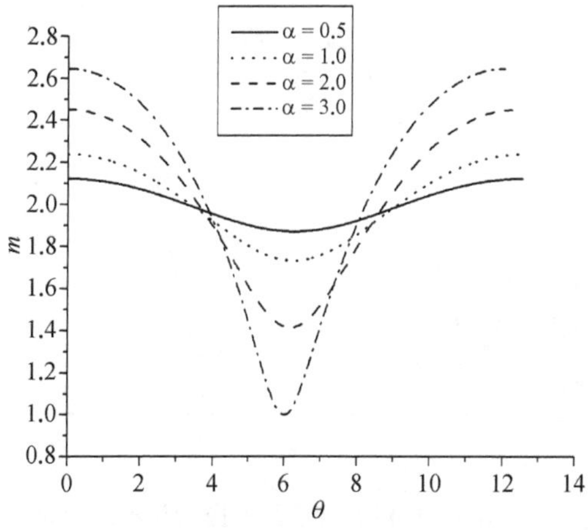

图9.6　函数 $m(\theta)$ 的曲线

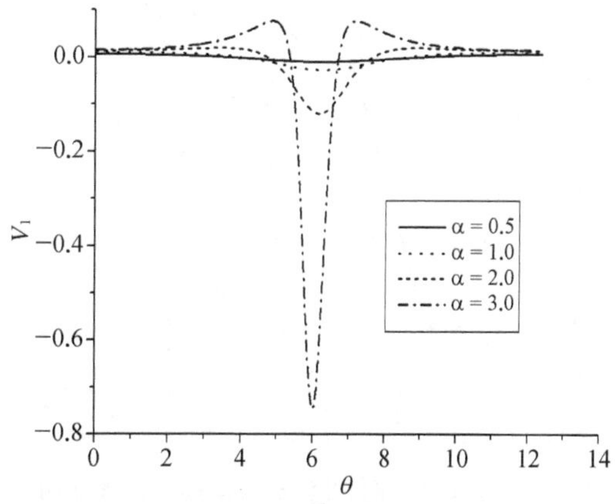

图9.7　迭代后的 $V_1(\theta)$ 曲线

按坐标变换 $\theta(z)=\int_0^z(4+\alpha\cos t)^{1/2}\mathrm{d}t$，积分区间由 $z=[0,\ 2\pi]$ 相应变换为 $[\theta_a,\ \theta_b]$。积分区段分别取 8、16 和 128 段进行计算。当 $\alpha=0.5$ 与 $\alpha=1.0$ 时，图 9.8 和图 9.9 显示所有积分方法相差都很小。

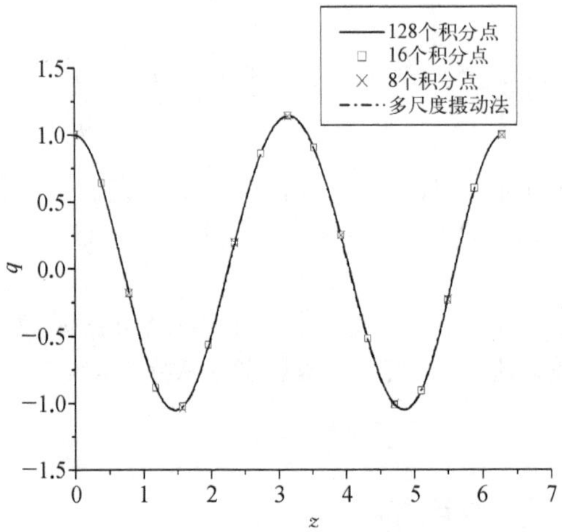

图 9.8　$\alpha=0.5$ 时保辛算法，积分点取为 8、16 和 128 点计算结果的比较

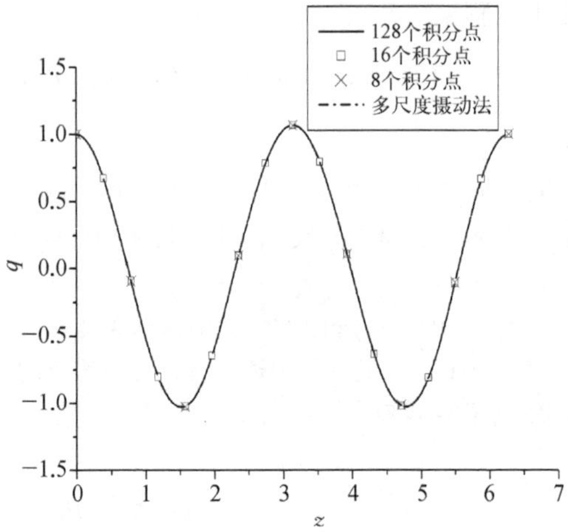

图 9.9　$\alpha=1.0$ 时保辛算法，积分点取为 8、16 和 128 点计算结果的比较

当 $\alpha=2.0$ 时，取 128 个积分点，不分段时的结果与准确解也很接近，但积分点划分细，计算量大。将 $(0,\ 2\pi)$ 区段划分为：$(0,\ 3\pi/4)$，$(3\pi/4,\ 5\pi/4)$，$(5\pi/4,\ 2\pi)$。可取 $\boldsymbol{H}_0(\theta)=\begin{bmatrix}0 & 1\\ -1+0.07086 & 0\end{bmatrix}$，$\boldsymbol{H}_1(\theta)=\begin{bmatrix}0 & 0\\ -V_1(\theta)-0.07086 & 0\end{bmatrix}$，因摄动量 $\boldsymbol{H}_1(\theta)$ 变小，会更准确，故积分点子可以减少。从图 9.10 可看到数值结果比较。

当 $\alpha=3.0$ 时，$V_1(\theta)$ 很大。不分段时取 128 个积分点，其数值结果仍与准确解很接近。将 $(0,\ 2\pi)$ 区段分别分 3 段和分 9 段积分，得到图 9.11 的计算结果，积分点减少的

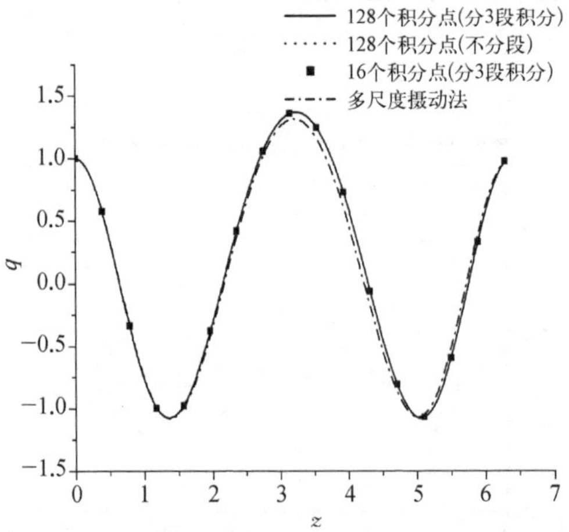

图 9.10　$\alpha=2.0$ 时，变换后辛摄动与不摄动的计算结果（已经有区别）

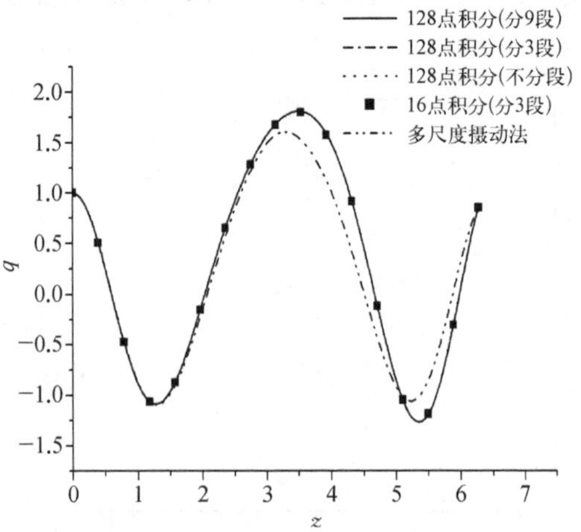

图 9.11　$\alpha=3.0$ 时，变换后辛摄动与不摄动的计算结果（区别明显）

结果仍相当好。

保辛是保守体系的特性,一切保守体系的近似都应保辛。传统摄动法采用 Taylor 级数展开,但 Taylor 级数展开是加法,对传递辛矩阵不能保辛。辛矩阵只在乘法下保辛,而其加法不能保辛。然而传递辛矩阵可通过正则变换来摄动,也可保辛。短波近似有著名的 WKBJ 近似,但未考虑保辛,数值效果不如保辛的算法精确。通常的数值积分对待求函数直接进行插值,不是最好的办法。首先进行坐标变换,且对混合能密度进行多项式插值近似,然后求解待求函数,从而采用较少的积分步即可。数值结果表明其效果较好。

9.6　不同保辛摄动的比较

能量代数与分析结构力学的理论指出,势能原理、混合能原理及辛矩阵正则变换是同一事物在不同表象中的不同表现形式[3, 8]。其实结构力学还有余能变分原理等不同表现形式,本书不讨论。小参数摄动法对这三种表象有不同的表现形式。根据能量代数理论,三种形式本来给出相同结果(数值病态除外)。但摄动是近似法,即使都采用保辛摄动,在不同表象中仍有差别。9.1 节给出了保辛的刚度阵摄动与不保辛的辛矩阵加法摄动之间的对比,其区别值得注意。但辛矩阵也有保辛的摄动法,即运用正则变换的方法,尚需对刚度阵的保辛摄动与辛矩阵的保辛摄动做数值比较。

单元刚度阵应保持对称性是有限元的常规,这就是保辛。单连续坐标弹性体系有限元分析的保辛可表明其关系[8],即有限元位移法自动保辛。有限元法解的稳定性、有效性基于此基本性质。

1.6 节指出,辛矩阵 $\boldsymbol{S}$ 的定义是 $\boldsymbol{S}^{\mathrm{T}}\boldsymbol{J}\boldsymbol{S}=\boldsymbol{J}$, 并且有

(1) 容易验证 $\boldsymbol{J}$ 与 $\boldsymbol{I}_{2n}$ 都为辛矩阵;

(2) 辛矩阵的转置阵也为辛矩阵;

(3) 辛矩阵的逆阵也是辛矩阵;

(4) 两个辛矩阵之乘积仍是辛矩阵, $\boldsymbol{I}_{2n}$ 是其单位元元素;

(5) 辛矩阵的乘法就是普通矩阵的乘法,当然适用结合律: $(\boldsymbol{S}_1\boldsymbol{S}_2)\boldsymbol{S}_3=\boldsymbol{S}_1(\boldsymbol{S}_2\boldsymbol{S}_3)=\boldsymbol{S}_1\boldsymbol{S}_2\boldsymbol{S}_3$。

因此辛矩阵构成一个群。

顺次两个正则变换的作用就是两个辛矩阵的相乘,依然是辛矩阵,仍然是正则变换。

这个规则有重要意义,两个辛矩阵之和不能保辛,加法不能保辛,但两个辛矩阵的乘积仍是辛矩阵。回顾常用的小参数法总是展开为幂级数之和,辛矩阵相加后不一定是辛矩阵,故其保辛有问题,要认真考虑。从保辛的角度观察,要用正则变换才好。

小参数摄动法常用于非线性系统的分析。以往很多差分格式脱离了变分原理,而是根据微分操作数根据经验拼凑,五花八门而缺乏一般规则。有限元法则在变分原理的控制下生成单元而保持了保守体系的基本规则,故自动保辛。根据分析结构力学的理论,区段两端状态的关系就是正则变换。而最小势能原理与正则变换辛矩阵的乘法合成一致。然而,通常有限元常对线性体系生成单元刚度阵,而非线性有限元就不能用常值刚度阵表示,其位移法有限元则可采用单元变形能为两端位移的函数这一点来保辛,参见 1.5 节。

常微分方程的积分,其基本理论讲究李群-李代数(Lie)[13]。辛对称群是矩阵李群的一种,其对应的李代数便是 Hamilton 矩阵。从李代数向李群的变换就是指数矩阵,故应重视指数矩阵的精细积分计算。李群-李代数并不限于线性系统。

9.6.1 能量代数

分析动力学要求解初值问题是发展型方程,沿时间坐标的积分是正则变换。结构力学有限元要求解椭圆型方程,表现在单连续坐标中是两端边值问题。最常用的是基于势能原理的位移法有限元,但采用状态空间法、混合能变分原理积分也有很多优点。所以分析结构力学的求解有势能变分原理、混合能变分原理和状态空间传递辛矩阵等的方法。能量代数(不如说能量的多种表达方式)表明,这三种积分方法是兼容的、一致的。也就是说,设有相邻区段 (z_a, z_b)、(z_b, z_c),分别用下标 1、2 表示,它们分别有势能的刚度阵、混合能矩阵和传递辛矩阵

$$\boldsymbol{K}_k = \begin{bmatrix} \boldsymbol{K}_{aa}^{(k)} & \boldsymbol{K}_{ab}^{(k)} \\ \boldsymbol{K}_{ba}^{(k)} & \boldsymbol{K}_{bb}^{(k)} \end{bmatrix},\ k=1,\ 2;\ \boldsymbol{M}_k = \begin{bmatrix} \boldsymbol{F}_k & \boldsymbol{G}_k \\ -\boldsymbol{Q}_k & \boldsymbol{F}_k^{\mathrm{T}} \end{bmatrix},\ k=1,\ 2;\ \boldsymbol{S}_k = \begin{bmatrix} \boldsymbol{S}_{11}^{(k)} & \boldsymbol{S}_{12}^{(k)} \\ \boldsymbol{S}_{21}^{(k)} & \boldsymbol{S}_{22}^{(k)} \end{bmatrix},\ k=1,\ 2 \tag{9.6.1}$$

$$\begin{aligned} &\boldsymbol{S}_{11}^{(k)} = -(\boldsymbol{K}_{ab}^{(k)})^{-1}\boldsymbol{K}_{aa}^{(k)},\ \boldsymbol{S}_{12}^{(k)} = -(\boldsymbol{K}_{ab}^{(k)})^{-1} \\ &\boldsymbol{S}_{21}^{(k)} = \boldsymbol{K}_{ba}^{(k)} - \boldsymbol{K}_{bb}^{(k)}(\boldsymbol{K}_{ab}^{(k)})^{-1}\boldsymbol{K}_{aa}^{(k)},\ \boldsymbol{S}_{22}^{(k)} = -\boldsymbol{K}_{bb}^{(k)}(\boldsymbol{K}_{ab}^{(k)})^{-1} \end{aligned} \tag{9.6.2}$$

这些矩阵相互间可转换。但还需要考虑区段合并的操作,也就是积分。两个区段合并就成为区段 (z_a, z_c),可表示为

$$(z_a, z_c) = (z_a, z_b) \frown (z_b, z_c) \tag{9.6.3}$$

对传递辛矩阵来说,

$$\boldsymbol{S}_c = \boldsymbol{S}_2 \cdot \boldsymbol{S}_1 \tag{9.6.3'}$$

而对于刚度阵、混合能矩阵,则其区段合并公式见第四章。势能与传递辛矩阵的积分方法是一致的,意味着几种积分方法:

(1) 区段刚度阵合并而给出的合并区段刚度阵 $\boldsymbol{K}_c$,这是势能原理的表象;

(2) 混合能矩阵合并,给出合并区段混合能阵;

(3) 传递辛矩阵的乘法,即将 $\boldsymbol{K}_k(k=1,\ 2)$ 转换为 $\boldsymbol{S}_k(k=1,\ 2)$;然后做乘法的区段合并式(9.6.3′);再从 $\boldsymbol{S}_c$ 转换回刚度阵,得到的仍是 $\boldsymbol{K}_c$。

即不同途径的积分方法给出相同的结果。混合能表象与势能表象一致,所以也与传递辛矩阵的表象一致。这个结论对于精确解而言。能量代数表明,如果三种方法都不做任何近似,则它们给出的结果相同。

分析力学在质点动力学的架构中发展,单连续坐标是时间 t,沿时间 t 积分时未知数的数目不变。传递辛矩阵的表象也要求未知数不变。然而势能、混合能表象都可适应未知数的维数变化的情况,这在结构力学有限元中是常见的[2, 3]。故势能、混合能表象积分

的含义更广泛。

其实即使维数相同,时间域与空间域还有重要区别。通常分析动力学时域离散认为在同一时间离散。但结构力学空间域离散比较随意,并不必须在同一长度坐标处离散。只要维数相同,辛矩阵方法仍然可用。

小参数 ε 的摄动近似,往往只保留 ε 项本身,而将 ε 的高次项略去。三种表象的精确解一致并不能保证小参数摄动近似也一致。回顾数学分析中的渐近展开存在的 Stokes 现象[5],表明近似法并不唯一。所以,分析不同表象的小参数摄动法,进行比较,就呈现了其必要性。

9.6.2 线性体系状态空间的保辛摄动

摄动法是广泛运用的近似。保守体系的特点就是保辛,可在状态空间内讨论。状态向量为

$$\boldsymbol{v}(z) \underset{\text{def}}{=} \{\boldsymbol{q}^{\mathrm{T}} \quad \boldsymbol{p}^{\mathrm{T}}\}^{\mathrm{T}} \tag{9.6.4}$$

式中,z 是单连续坐标;$\boldsymbol{q}$、$\boldsymbol{p}$ 为 n 维对偶向量。用 Poisson 括号表示,线性保守体系的方程为

$$\dot{\boldsymbol{q}} = [\boldsymbol{q}, H], \dot{\boldsymbol{p}} = [\boldsymbol{p}, H] \tag{9.6.5a}$$

$$\dot{\boldsymbol{v}}(z) = [\boldsymbol{v}, H] \tag{9.6.5b}$$

其中 Hamilton 函数可表示为基本部分 $H_0(z)$ 与小量部分 $\varepsilon H_1(z)$ 之和:

$$H(z) = H_0(z) + \varepsilon H_1(z) \tag{9.6.6}$$

摄动求解通常是先对一个简单的 $H_0(z)$ 找到全部精确解 $\boldsymbol{q}_0$、$\boldsymbol{p}_0$ 或 $\boldsymbol{v}_0$:

$$\dot{\boldsymbol{q}}_0 = [\boldsymbol{q}_0, H_0], \dot{\boldsymbol{p}}_0 = [\boldsymbol{p}_0, H_0] \tag{9.6.7a}$$

$$\dot{\boldsymbol{v}}_0(z) = [\boldsymbol{v}_0, H_0] \tag{9.6.7b}$$

$2n$ 维线性 Hamilton 体系有 $2n$ 个基本解 $\boldsymbol{v}_{0,i}(z)\ (i = 1, \cdots, 2n)$。顺次以 $\boldsymbol{v}_{0,i}(z)$ 为列组成矩阵 $\boldsymbol{S}_0(z)$,初始条件为 $\boldsymbol{S}_0(0) = \boldsymbol{I}_{2n}$。可证 $\boldsymbol{S}_0^{\mathrm{T}}(z)\boldsymbol{J}\boldsymbol{S}_0(z) = \boldsymbol{J}$,$\boldsymbol{S}_0(z)$ 是辛矩阵,$\dot{\boldsymbol{S}}_0(z) = [\boldsymbol{S}_0, H_0]$。任意初始条件 $\boldsymbol{v}_0(0)$ 的解为

$$\boldsymbol{v}_0(z) = \boldsymbol{S}_0(z)\boldsymbol{v}_0(0) \tag{9.6.8}$$

初始条件的 $\boldsymbol{v}_0(0)$ 是常值。式(9.6.8)运用了线性迭加原理,所以只适用于线性系统。

线性 Hamilton 体系的对偶微分方程为

$$\dot{\boldsymbol{q}}(z) = \boldsymbol{A}(z)\boldsymbol{q} + \boldsymbol{D}(z)\boldsymbol{p} \tag{9.6.9a}$$

$$\dot{\boldsymbol{p}}(z) = \boldsymbol{B}(z)\boldsymbol{q} - \boldsymbol{A}^{\mathrm{T}}(z)\boldsymbol{p} \tag{9.6.9b}$$

式中,$\boldsymbol{A}$、$\boldsymbol{D}$、$\boldsymbol{B}$ 为 $n \times n$ 矩阵,$\boldsymbol{D}$、$\boldsymbol{B}$ 对称。相应的 Hamilton 函数为

$$\boldsymbol{H}(\boldsymbol{q}, \boldsymbol{p}) = \frac{\boldsymbol{p}^{\mathrm{T}}\boldsymbol{D}\boldsymbol{p}}{2} + \boldsymbol{p}^{\mathrm{T}}\boldsymbol{A}\boldsymbol{q} - \frac{\boldsymbol{q}^{\mathrm{T}}\boldsymbol{B}\boldsymbol{q}}{2} \tag{9.6.10}$$

其相应的变分原理为

$$U = \int_{z_0}^{z_f} [\boldsymbol{p}^{\mathrm{T}} \dot{\boldsymbol{q}} - H(\boldsymbol{q}, \boldsymbol{p})] \mathrm{d}z, \ \delta U = 0 \tag{9.6.11}$$

将式(9.6.9)写成综合形式：

$$\dot{\boldsymbol{v}}(z) = \boldsymbol{H}(z)\boldsymbol{v}(z), \ \boldsymbol{H}(z) = \begin{bmatrix} A & D \\ B & -A^{\mathrm{T}} \end{bmatrix}, \ \boldsymbol{v} = \{\boldsymbol{q}^{\mathrm{T}}, \boldsymbol{p}^{\mathrm{T}}\}^{\mathrm{T}} \tag{9.6.12}$$

式中，$\boldsymbol{H}(z)$ 是 Hamilton 矩阵，可以是坐标 z 的函数，即变系数问题。对应于式(9.6.6)的划分，

$$\boldsymbol{H}(z) = \boldsymbol{H}_0(z) + \varepsilon \boldsymbol{H}_1(z) \tag{9.6.13}$$

Hamilton 矩阵是可加的，即李代数。摄动法认为对于 $\boldsymbol{H}_0(z)$，系统能精细地求解，即 $\boldsymbol{S}_0(z)$ 已经求出，它就是线性体系的完全解。$\boldsymbol{H}_0(z)$ 往往是常值矩阵，可分析求解或精细积分求解，此时 $\boldsymbol{S}_0(z) = \exp[\boldsymbol{H}_0 z]$，$\boldsymbol{S}_0(0) = \boldsymbol{I}_{2n}$。如果问题的初始条件是 $\boldsymbol{v}_0(0) =$ 给定（在发展型方程的范畴内讲述求解，z 为时间），则有式(9.6.8)。

因为 $\boldsymbol{H}_1(z)$ 是远比 $\boldsymbol{H}_0(z)$ 小的 Hamilton 矩阵，所以式(9.6.12)和式(9.6.13)的 Hamilton 矩阵的方程可用摄动法求解。注意辛矩阵在乘积下保辛，故式(9.6.12)可利用正则变换求解为

$$\boldsymbol{v}(z) = \boldsymbol{S}_0(z) \cdot \boldsymbol{v}_1(z) \tag{9.6.14}$$

相当于常数变异法。代入式(9.6.12)有 $\dot{\boldsymbol{v}}(z) = \dot{\boldsymbol{S}}_0(z) \cdot \boldsymbol{v}_1(z) + \boldsymbol{S}_0(z) \cdot \dot{\boldsymbol{v}}_1(z) = [\boldsymbol{H}_0(z) + \varepsilon \boldsymbol{H}_1(z)] \cdot \boldsymbol{S}_0(z)\boldsymbol{v}_1(z)$。因为 $\dot{\boldsymbol{S}}_0(z) = \boldsymbol{H}_0(z) \cdot \boldsymbol{S}_0(z)$，故有 $\boldsymbol{S}_0(z) \cdot \dot{\boldsymbol{v}}_1(z) = \varepsilon \boldsymbol{H}_1(z) \cdot \boldsymbol{S}_0(z)\boldsymbol{v}_1(z)$，再因 $\boldsymbol{S}_0^{\mathrm{T}}(z)\boldsymbol{J}\boldsymbol{S}_0(z) = \boldsymbol{J}$，故

$$\dot{\boldsymbol{v}}_1(z) = \varepsilon \boldsymbol{H}_1'(z) \cdot \boldsymbol{v}_1(z), \ \boldsymbol{H}_1'(z) = -\boldsymbol{J}\boldsymbol{S}_0^{\mathrm{T}}(z)\boldsymbol{J}\boldsymbol{H}_1(z) \cdot \boldsymbol{S}_0(z) \tag{9.6.15}$$

保辛就是要证明 $\boldsymbol{H}_1'(z)$ 仍是 Hamilton 矩阵，即 $\boldsymbol{J}\boldsymbol{H}_1'(z)$ 是对称阵。验证为

$$\begin{aligned} [\boldsymbol{J}\boldsymbol{H}_1'(z)]^{\mathrm{T}} &= [\boldsymbol{S}_0^{\mathrm{T}}(z)\boldsymbol{J}\boldsymbol{H}_1(z) \cdot \boldsymbol{S}_0(z)]^{\mathrm{T}} = \boldsymbol{S}_0^{\mathrm{T}}(z)[\boldsymbol{J}\boldsymbol{H}_1(z)]^{\mathrm{T}} \cdot \boldsymbol{S}_0(z) \\ &= \boldsymbol{S}_0^{\mathrm{T}}(z)\boldsymbol{J}\boldsymbol{H}_1(z) \cdot \boldsymbol{S}_0(z) = \boldsymbol{J}\boldsymbol{H}_1'(z) \end{aligned}$$

验毕。

至此尚未引入近似，因为 $\varepsilon \boldsymbol{H}_1(z)$ 远比 $\boldsymbol{H}_0(z)$ 小，所以 $\varepsilon \boldsymbol{H}_1'(z)$ 也远比 $\boldsymbol{H}_0(z)$ 小。但 $\varepsilon \boldsymbol{H}_1'(z)$ 仍是变系数，方程难于分析求解。如果 $\boldsymbol{H}_1'(z)$ 能按式(9.6.13)继续分解，则还可继续再次乘法摄动。$\boldsymbol{v}_1(z)$ 的初始条件为 $\boldsymbol{v}_1(z) = \boldsymbol{v}(0)$。

如果认为 $\varepsilon \boldsymbol{H}_1'(z)$ 已经比较小，则可以寻求式(9.6.15)的保辛近似解。因为位移有限元法自动保辛，故可以推荐（其实混合能法更好）。根据能量代数，可转换到位移法表象求解。其手续为

(1) 将 $\boldsymbol{H}_1'(z)$ 分块为

$$\boldsymbol{H}_1'(z)=\begin{bmatrix}\boldsymbol{A}' & \boldsymbol{D}' \\ \boldsymbol{B}' & -\boldsymbol{A}'^{\mathrm{T}}\end{bmatrix} \tag{9.6.16}$$

(2) 从 $\boldsymbol{A}'$、$\boldsymbol{B}'$、$\boldsymbol{D}'$ 阵计算 Lagrange 函数(势能密度) $L'(\boldsymbol{q},\dot{\boldsymbol{q}})=\dot{\boldsymbol{q}}^{\mathrm{T}}\boldsymbol{K}_{22}'\dot{\boldsymbol{q}}/2+\dot{\boldsymbol{q}}^{\mathrm{T}}\boldsymbol{K}_{21}'\boldsymbol{q}+\boldsymbol{q}^{\mathrm{T}}\boldsymbol{K}_{11}'\boldsymbol{q}/2$ 的矩阵。公式为

$$\boldsymbol{K}_{22}'=\boldsymbol{D}'^{-1},\ \boldsymbol{K}_{21}'=-\boldsymbol{D}'^{-1}\boldsymbol{A}',\ \boldsymbol{K}_{11}'=\boldsymbol{B}+\boldsymbol{A}'^{\mathrm{T}}\boldsymbol{K}_{21}' \tag{9.6.17}$$

(3) 根据变分原理

$$U'(\boldsymbol{q},\dot{\boldsymbol{q}})=\int_0^{z_{\mathrm{f}}}L'(\boldsymbol{q},\dot{\boldsymbol{q}})\mathrm{d}z,\ \delta U'=0 \tag{9.6.18}$$

此变分原理可用有限元法离散求解,因为有限元离散自动保辛。边界条件是 $\boldsymbol{v}_1(z)=\boldsymbol{v}(0)$。

保辛近似方法并不唯一。位移法有限元保辛,混合能法也保辛,运用传递辛矩阵乘法摄动也保辛,但它们是不同的近似,因此相互间的数值比较,以及进一步的理论分析就很值得开展了。求解非线性系统是时代的要求,求解微弱非线性系统常用摄动法近似,以后也需要探讨。数值探讨要有限元离散,故下面在离散系统下比较。

9.6.3 辛矩阵法及刚度阵法的保辛摄动

小参数 ε 的摄动法意味着将其高次项忽略,但从位移法刚度阵到辛矩阵的变换是非线性的。刚度阵的线性摄动 $\boldsymbol{K}_k=\boldsymbol{K}_{0k}+\varepsilon\boldsymbol{K}_k'$,按式(9.6.2)转换到辛矩阵 $\boldsymbol{S}_k$ 就不是 ε 的线性变化了。其逆变换:

$$\begin{aligned}&\boldsymbol{K}_{\mathrm{aa}}^{(k)}=-(\boldsymbol{S}_{12}^{(k)})^{-1}\boldsymbol{S}_{11}^{(k)}, && \boldsymbol{K}_{\mathrm{ab}}^{(k)}=-(\boldsymbol{S}_{12}^{(k)})^{-1}\\ &\boldsymbol{K}_{\mathrm{ba}}^{(k)}=(\boldsymbol{S}_{12}^{(k)})^{-1}\boldsymbol{S}_{22}^{(k)}\boldsymbol{S}_{11}^{(k)}-\boldsymbol{S}_{21}^{(k)}, && \boldsymbol{K}_{\mathrm{bb}}^{(k)}=-\boldsymbol{S}_{12}^{(k)}(\boldsymbol{S}_{22}^{(k)})^{-1}\end{aligned} \tag{9.6.19}$$

表明如果辛矩阵 $\boldsymbol{S}_k$ 对 ε 是线性变化的,则刚度阵 $\boldsymbol{K}_k$ 就不是线性变化。混合能与刚度阵或辛矩阵的变换也是非线性的,其正向与逆向变换为

$$\begin{aligned}&\boldsymbol{K}_{\mathrm{bb}}=\boldsymbol{G}^{-1},\ \boldsymbol{K}_{\mathrm{ba}}=-\boldsymbol{G}^{-1}\boldsymbol{F},\ \boldsymbol{K}_{\mathrm{aa}}=\boldsymbol{Q}+\boldsymbol{F}^{\mathrm{T}}\boldsymbol{G}^{-1}\boldsymbol{F}\\ &\boldsymbol{G}=\boldsymbol{K}_{\mathrm{bb}}^{-1},\ \boldsymbol{F}=-\boldsymbol{K}_{\mathrm{bb}}^{-1}\boldsymbol{K}_{\mathrm{ba}},\ \boldsymbol{Q}=\boldsymbol{K}_{\mathrm{aa}}-\boldsymbol{K}_{\mathrm{ab}}\boldsymbol{K}_{\mathrm{bb}}^{-1}\boldsymbol{K}_{\mathrm{ba}}\end{aligned} \tag{9.6.20}$$

结构尺寸优化设计时,常见刚度阵对 ε 的线性变化。但也有非线性的,例如梁厚度发生变化等。总之,采用小参数 ε 的摄动是一种近似。辛矩阵与混合能矩阵的变换见式(9.6.42)。

9.1 节用一个简单例题,表明了摄动法保辛的重要性,其中因为辛矩阵的摄动未保辛,故相差很大,说明不保辛的摄动不理想。传递辛矩阵方法也可作保辛摄动,见式(9.6.14)和式(9.6.15)。但这是针对连续坐标体系,应将它改造为离散坐标体系的保辛摄动。小参数摄动应先求解 $\varepsilon=0$ 的情况,并用下标0标记。$(k-1,k)$ 的区段 k 单元刚度

阵 $\boldsymbol{K}_{0k}$ 变换为辛矩阵 $\boldsymbol{S}_{0k}$。$\boldsymbol{K}_{g0}\boldsymbol{q}_{g0}=\boldsymbol{f}$ 的零次近似保辛。在零次近似基础上的保辛小参数摄动可用正则变换的方法。将未知状态向量 $\boldsymbol{v}_k$ 表达为

$$\boldsymbol{v}_k=\boldsymbol{S}_{0,\,0\sim k}\cdot\boldsymbol{v}_{1k},\ k=0,\ \cdots,\ m \tag{9.6.21}$$

式中,用 $\boldsymbol{v}_{1k}$ 代替 $\boldsymbol{v}_k$ 待求。状态向量用辛矩阵 $\boldsymbol{S}_{0,\,0\sim k}$ 前乘,就是正则变换。可推出 $\boldsymbol{v}_{1k}$ 的传递方程:

$$\boldsymbol{v}_{1k}=\boldsymbol{S}_{1k}\cdot\boldsymbol{v}_{1,\,k-1},\ \boldsymbol{S}_{1k}\underset{\text{def}}{=}-\boldsymbol{J}\boldsymbol{S}^{\mathrm{T}}_{0,\,0\sim k-1}(\boldsymbol{S}^{\mathrm{T}}_{0k}\boldsymbol{J}\boldsymbol{S}_k)\boldsymbol{S}_{0,\,0\sim k-1} \tag{9.6.22}$$

因为 $\boldsymbol{S}_k$、$\boldsymbol{S}_{0,\,0\sim k-1}$ 都是辛矩阵,故 $\boldsymbol{S}_{1k}$ 仍为辛矩阵。再因 $\boldsymbol{S}_k$ 与零次近似的 $\boldsymbol{S}_{0k}$ 相差不大,可表达为

$$\varepsilon\boldsymbol{S}_{k+}=\boldsymbol{S}_k-\boldsymbol{S}_{0k},\ \boldsymbol{S}_{1k}=-\boldsymbol{J}\boldsymbol{S}^{\mathrm{T}}_{0,\,0\sim k-1}(\boldsymbol{S}^{\mathrm{T}}_{0k}\boldsymbol{J}\boldsymbol{S}_k)\boldsymbol{S}_{0,\,0\sim k-1}=\boldsymbol{I}-\varepsilon\boldsymbol{J}\boldsymbol{S}^{\mathrm{T}}_{0,\,0\sim k-1}(\boldsymbol{S}^{\mathrm{T}}_{0k}\boldsymbol{J}\boldsymbol{S}_{k+})\boldsymbol{S}_{0,\,0\sim k-1} \tag{9.6.23}$$

表明 $\boldsymbol{S}_{1k}$ 与单位阵相差一个小量矩阵。对式(9.6.22)积分求出 $\boldsymbol{v}_{1k}(k=1,\ \cdots,\ m)$,它与单位向量也相差一个小量,就完成了一次保辛摄动。

以上是辛矩阵摄动法。势能原理对应于刚度阵法,其常规摄动保辛,公式已在 9.1 节给出。设有最简单的结构由 m 个子结构串联而成,两端及连接面编号 0, 1, …, m。设子结构刚度阵为

$$\boldsymbol{K}_k=\begin{bmatrix}1+\varepsilon & -1\\ -1 & 1.5+\varepsilon\end{bmatrix},\text{即}\ \boldsymbol{K}_{0,\,k}=\begin{bmatrix}1 & -1\\ -1 & 1.5\end{bmatrix},\ \boldsymbol{K}'_k=\begin{bmatrix}1 & 0\\ 0 & 1\end{bmatrix},\ k=1,\ \cdots,\ 10$$

给定两端位移 $q_0=3$, $q_{10}=0$ 的边界条件。该课题可简单地用最小势能原理求解,但也可用传递辛矩阵的保辛摄动计算,其与位移法摄动数值结果比较可在后面与混合能保辛摄动法一起给出。

9.6.4 串联式结构混合能法分析的总体表示

考虑混合能的保辛摄动法[14]。仍分析串联式条形结构,设整个长度由节点 $k=0$, 1, …, $k_{\mathrm{f}}=m$ 划分为 m 个区段。区段 #k 的两端为 $(z_{k-1},\ z_k)$, z 为长度坐标。区段可合并,合并后其长度可由若干段组成,表达为 $(z_{\mathrm{a}},\ z_{\mathrm{b}})$。 区段 #$k$ 的势能可表达为

$$U_k(\boldsymbol{q}_{\mathrm{a}},\ \boldsymbol{q}_{\mathrm{b}})=\frac{\boldsymbol{q}^{\mathrm{T}}_{\mathrm{a}}\boldsymbol{K}_{\mathrm{aa}}\boldsymbol{q}_{\mathrm{a}}}{2}+\frac{\boldsymbol{q}^{\mathrm{T}}_{\mathrm{b}}\boldsymbol{K}_{\mathrm{bb}}\boldsymbol{q}_{\mathrm{b}}}{2}+\boldsymbol{q}^{\mathrm{T}}_{\mathrm{b}}\boldsymbol{K}_{\mathrm{ba}}\boldsymbol{q}_{\mathrm{a}}-\boldsymbol{f}^{\mathrm{T}}_{\mathrm{a}k}\boldsymbol{q}_{\mathrm{a}}-\boldsymbol{f}^{\mathrm{T}}_{\mathrm{b}k}\boldsymbol{q}_{\mathrm{b}} \tag{9.6.24}$$

对 #k 区段,下标 a、b 分别代表左端、右端 $k-1$、k 站。结构的最小总势能原理为

$$\min_{\boldsymbol{q}}\left[\sum_{k=1}^{k_{\mathrm{f}}}U_k(\boldsymbol{q}_{k-1},\ \boldsymbol{q}_k)+\frac{(\boldsymbol{q}_0-\hat{\boldsymbol{q}}_0)^{\mathrm{T}}\boldsymbol{P}_0^{-1}(\boldsymbol{q}_0-\hat{\boldsymbol{q}}_0)}{2}+\frac{\boldsymbol{q}^{\mathrm{T}}_{\mathrm{f}}\boldsymbol{S}_{\mathrm{f}}\boldsymbol{q}_{\mathrm{f}}}{2}\right] \tag{9.6.25}$$

式中, $\boldsymbol{S}_{\mathrm{f}}$ 与 $\boldsymbol{P}_0$ 分别是右端刚度阵与左端的柔度阵。完成变分运算可导出以下平衡方程:

$$\boldsymbol{K}_{\mathrm{ba}}\boldsymbol{q}_{k-1}+(\boldsymbol{K}_{\mathrm{bb}}+\boldsymbol{K}_{\mathrm{aa}})\boldsymbol{q}_k+\boldsymbol{K}_{\mathrm{ab}}\boldsymbol{q}_{k+1}=\boldsymbol{f}_{\mathrm{b},\,k-1}+\boldsymbol{f}_{\mathrm{a},\,k} \tag{9.6.26}$$

以上方程用位移法推导出。变换到混合能（$a = k - 1$，$b = k$）：

$$V_k(\boldsymbol{q}_{k-1}, \boldsymbol{p}_k) = \frac{\boldsymbol{p}_k^{\mathrm{T}} \boldsymbol{G}_k \boldsymbol{p}_k}{2} + \boldsymbol{p}_k^{\mathrm{T}} \boldsymbol{F}_k \boldsymbol{q}_{k-1} - \frac{\boldsymbol{q}_{k-1}^{\mathrm{T}} \boldsymbol{Q}_k \boldsymbol{q}_{k-1}}{2} + \boldsymbol{p}_k^{\mathrm{T}} \boldsymbol{r}_{bk} + \boldsymbol{q}_{k-1}^{\mathrm{T}} \boldsymbol{r}_{ak} \quad (9.6.27)$$

式中，η 是区段长；$\boldsymbol{F}_k(\eta)$、$\boldsymbol{G}_k(\eta)$、$\boldsymbol{Q}_k(\eta)$ 是混合能子矩阵；下标 k 表示这些子矩阵可与区段有关；而 $\boldsymbol{r}_{ak}$ 与 $\boldsymbol{r}_{bk}$ 分别为 #k 子结构混合能左端的与右端的非齐次项。混合能与势能之间可互相变换，它们的互相关系是 Legendre 变换：

$$\boldsymbol{p}_b = \frac{\partial U}{\partial \boldsymbol{q}_b} = \boldsymbol{K}_{ba} \boldsymbol{q}_a + \boldsymbol{K}_{bb} \boldsymbol{q}_b - \boldsymbol{f}_b, \quad \boldsymbol{q}_b = \boldsymbol{F} \boldsymbol{q}_a + \boldsymbol{G} \boldsymbol{p}_b + \boldsymbol{G} \boldsymbol{f}_b \quad (9.6.28)$$

式中，$\boldsymbol{K}_{aa}$、$\boldsymbol{K}_{ba}$、$\boldsymbol{K}_{bb}$ 与混合能矩阵 $\boldsymbol{F}$、$\boldsymbol{Q}$、$\boldsymbol{G}$ 间的变换见式(9.6.20)。推导可得

$$\boldsymbol{r}_a = \boldsymbol{f}_a + \boldsymbol{F} \boldsymbol{f}_b, \quad \boldsymbol{r}_b = \boldsymbol{G} \boldsymbol{f}_b \quad (9.6.29)$$

即势能的非齐次项 $\boldsymbol{f}_a$、$\boldsymbol{f}_b$ 与混合能的非齐次项 $\boldsymbol{r}_a$、$\boldsymbol{r}_b$ 可互相变换。若区段（z_a，z_b）为（$k - 1$，k），则其中 $\boldsymbol{r}_{ak}$ 是 a 端的外力，而 $\boldsymbol{r}_{bk}$ 是 b 端的位移。

$$V_k(\boldsymbol{q}_a, \boldsymbol{p}_b) = \max_{\boldsymbol{q}_b} [\boldsymbol{p}_b^{\mathrm{T}} \boldsymbol{q}_b - U(\boldsymbol{q}_a, \boldsymbol{q}_b)], \quad \text{反之} \quad \max_{\boldsymbol{p}_k} [\boldsymbol{p}_k^{\mathrm{T}} \boldsymbol{q}_k - V_k(\boldsymbol{q}_{k-1}, \boldsymbol{p}_k)] = U(\boldsymbol{q}_{k-1}, \boldsymbol{q}_k)$$

$$(9.6.30)$$

故变换后又回到出发点。

串联式结构的混合能变分原理为

$$\min_{\boldsymbol{q}} \max_{\boldsymbol{p}} \left[\sum_{k=1}^{k_f} [\boldsymbol{p}_k^{\mathrm{T}} \boldsymbol{q}_k - V_k(\boldsymbol{q}_{k-1}, \boldsymbol{p}_k)] + \frac{\boldsymbol{q}_f^{\mathrm{T}} \boldsymbol{S}_f \boldsymbol{q}_f}{2} + \boldsymbol{p}_0^{\mathrm{T}} (\boldsymbol{q}_0 - \hat{\boldsymbol{q}}_0) - \frac{\boldsymbol{p}_0^{\mathrm{T}} \boldsymbol{P}_0 \boldsymbol{p}_0}{2} \right]$$

$$(9.6.31)$$

式中，下标 f 代表 k_f。执行变分给出对偶方程：

$$\left.\begin{aligned} \boldsymbol{q}_k &= \frac{\partial V_k}{\partial \boldsymbol{p}_k} = \boldsymbol{F} \boldsymbol{q}_{k-1} + \boldsymbol{G} \boldsymbol{p}_k + \boldsymbol{r}_{bk} \\ \boldsymbol{p}_{k-1} &= \frac{\partial V_k}{\partial \boldsymbol{q}_{k-1}} = -\boldsymbol{Q} \boldsymbol{q}_{k-1} + \boldsymbol{F}^{\mathrm{T}} \boldsymbol{p}_k + \boldsymbol{r}_{ak} \end{aligned}\right\} \quad k = 1, \cdots, k_f \quad (9.6.32)$$

边界方程：

$$\boldsymbol{q}_0 - \boldsymbol{P}_0 \boldsymbol{p}_0 - \hat{\boldsymbol{q}}_0 = \boldsymbol{0}, \quad \boldsymbol{p}_f + \boldsymbol{S}_f \boldsymbol{q}_f = \boldsymbol{0} \quad (9.6.33)$$

混合能变分原理是两类变量 $\boldsymbol{q}$、$\boldsymbol{p}$ 的变分原理。完成对向量 $\boldsymbol{p}_k$ 的取极大，则又退化到最小总势能原理。用总状态向量，它由维数各为（$k_f + 1$）· n 的总位移向量与总对偶向量组成：

$$\boldsymbol{q}_g = \{\boldsymbol{q}_0^{\mathrm{T}} \quad \boldsymbol{q}_1^{\mathrm{T}} \quad \cdots \quad \boldsymbol{q}_f^{\mathrm{T}}\}^{\mathrm{T}}, \quad \boldsymbol{p}_g = \{\boldsymbol{p}_0^{\mathrm{T}} \quad \boldsymbol{p}_1^{\mathrm{T}} \quad \cdots \quad \boldsymbol{p}_f^{\mathrm{T}}\}^{\mathrm{T}}; \quad \boldsymbol{v}_g = \{\boldsymbol{q}_g^{\mathrm{T}} \quad \boldsymbol{p}_g^{\mathrm{T}}\}^{\mathrm{T}} \quad (9.6.34)$$

则其总混合能矩阵（$\boldsymbol{Q}_0, \cdots, \boldsymbol{Q}_{k_f - 1} = \boldsymbol{Q}$，$\boldsymbol{G}_1 = \cdots = \boldsymbol{G}_f = \boldsymbol{G}$，$\boldsymbol{F}_1 = \cdots = \boldsymbol{F}_f = \boldsymbol{F}$）为

$$\boldsymbol{M}_g=\begin{bmatrix}-\boldsymbol{Q}_g & \boldsymbol{F}_g^{\mathrm{T}}\\ \boldsymbol{F}_g & \boldsymbol{G}_g\end{bmatrix},\ \begin{matrix}\boldsymbol{Q}_g=\mathrm{diag}(\boldsymbol{Q}_0,\ \boldsymbol{Q}_1,\ \cdots,\ \boldsymbol{Q}_{k_\mathrm{f}-1},\ \boldsymbol{S}_\mathrm{f})\\ \boldsymbol{G}_g=\mathrm{diag}(\boldsymbol{P}_0,\ \boldsymbol{G}_1,\ \cdots,\ \boldsymbol{G}_{k_\mathrm{f}-1},\ \boldsymbol{G}_\mathrm{f})\end{matrix},\ \boldsymbol{F}_g=\begin{bmatrix}\boldsymbol{0}&\boldsymbol{0}&\boldsymbol{0}&\boldsymbol{0}\\ \boldsymbol{F}_1&\boldsymbol{0}&\boldsymbol{0}&\boldsymbol{0}\\ \boldsymbol{0}&\ddots&\boldsymbol{0}&\boldsymbol{0}\\ \boldsymbol{0}&\boldsymbol{0}&\boldsymbol{F}_\mathrm{f}&\boldsymbol{0}\end{bmatrix} \tag{9.6.35}$$

对偶方程组合为

$$\boldsymbol{M}_g\boldsymbol{v}_g=\boldsymbol{f}_g \tag{9.6.36}$$

其中,

$$\boldsymbol{f}_g^{\mathrm{T}}=\{\boldsymbol{f}_p^{\mathrm{T}}\quad \boldsymbol{f}_q^{\mathrm{T}}\},\ \boldsymbol{f}_q^{\mathrm{T}}=\{\hat{\boldsymbol{q}}_0^{\mathrm{T}}\quad \boldsymbol{r}_{\mathrm{b1}}^{\mathrm{T}}\quad\cdots\quad \boldsymbol{r}_{\mathrm{bf}}^{\mathrm{T}}\},\ \boldsymbol{f}_p^{\mathrm{T}}=\{\boldsymbol{r}_{\mathrm{b1}}^{\mathrm{T}}\quad\cdots\quad \boldsymbol{r}_{\mathrm{bf}}^{\mathrm{T}}\quad \boldsymbol{0}\} \tag{9.6.37}$$

按能量代数,混合能表象的结构分析与势能表象结构分析给出相同结果,故是保守系统的分析。总体混合能矩阵 $\boldsymbol{M}_g$ 对称,是混合能结构分析的特点。

式(9.6.36)代表总体的对偶方程。以往此类串联式结构的分析都采用逐级子结构消元之法。分析小参数摄动时,仍以总体表达更为简洁。总体表达对于时滞控制系统等的分析也有用。

9.6.5 混合能法的小参数摄动

小参数 ε 的一次摄动只保留 ε 项本身而将 ε 的高次项略去,故是近似解法。不同表象的精确解一致并不能保证小参数摄动近似也一致。回顾数学分析中的渐近展开的 Stokes 现象,表明近似法并不唯一,所以分析不同表象的小参数摄动法进行比较,就有其必要性。

在分析小参数一次摄动时,其总体矩阵与总体向量应表达为

$$\boldsymbol{M}_g=\boldsymbol{M}_{g0}+\varepsilon\boldsymbol{M}_{g1},\ \boldsymbol{v}_g=\boldsymbol{v}_{g0}+\varepsilon\boldsymbol{v}_{g1} \tag{9.6.38}$$

代入式(9.6.36),并将 ε^2 项略去,给出

ε^0:

$$\boldsymbol{M}_{g0}\boldsymbol{v}_{g0}=\boldsymbol{f}_g,\text{即 }\boldsymbol{v}_{g0}=\boldsymbol{M}_{g0}^{-1}\boldsymbol{f}_g \tag{9.6.39}$$

ε^1:

$$\boldsymbol{M}_{g0}\boldsymbol{v}_{g1}=-\boldsymbol{M}_{g1}\boldsymbol{v}_{g0} \tag{9.6.40}$$

将式(9.6.38)代入式(9.6.39)有 $\boldsymbol{v}_{g1}=-\boldsymbol{M}_{g0}^{-1}\boldsymbol{M}_{g1}\boldsymbol{M}_{g0}^{-1}\boldsymbol{f}_g$, 从而

$$\boldsymbol{v}_g=(\boldsymbol{M}_{g0}^{-1}-\varepsilon\boldsymbol{M}_{g0}^{-1}\boldsymbol{M}_{g1}\boldsymbol{M}_{g0}^{-1})\boldsymbol{f}_g \tag{9.6.41}$$

对称阵的逆仍为对称阵。因零次近似的逆矩阵 $\boldsymbol{M}_{g0}^{-1}$ 与一次近似的逆矩阵 $(\boldsymbol{M}_{g0}^{-1}-$

$\varepsilon\boldsymbol{M}_{g0}^{-1}\boldsymbol{M}_{g1}\boldsymbol{M}_{g0}^{-1}$）都对称，故混合能结构分析的小参数摄动也保辛。但 $\boldsymbol{M}_{g}^{-1}=(\boldsymbol{M}_{g0}+\varepsilon\boldsymbol{M}_{g1})^{-1}=\boldsymbol{M}_{g0}^{-1}(\boldsymbol{I}+\varepsilon\boldsymbol{M}_{g1}\boldsymbol{M}_{g0}^{-1})^{-1}$，毕竟不等于 $(\boldsymbol{M}_{g0}^{-1}-\varepsilon\boldsymbol{M}_{g0}^{-1}\boldsymbol{M}_{g1}\boldsymbol{M}_{g0}^{-1})$。根据恒等式 $(\boldsymbol{I}+\boldsymbol{X})^{-1}=\boldsymbol{I}-\boldsymbol{X}+\boldsymbol{X}^{2}(\boldsymbol{I}+\boldsymbol{X})^{-1}$，可看到其误差。

根据分析结构力学，势能原理、混合能原理区段合并与辛矩阵的乘法一致。线性系统时区段势能与混合能矩阵之间的变换见式(9.6.20)，势能矩阵与辛矩阵间的变换见式(9.1.11)，混合能矩阵与辛矩阵之间的变换为

$$\begin{aligned}&\boldsymbol{S}_{22}=\boldsymbol{F}^{-\mathrm{T}},\ \boldsymbol{S}_{12}=\boldsymbol{G}\boldsymbol{F}^{-\mathrm{T}},\ \boldsymbol{S}_{11}=\boldsymbol{F}+\boldsymbol{G}\boldsymbol{F}^{-\mathrm{T}}\boldsymbol{Q},\ \boldsymbol{S}_{21}=\boldsymbol{F}^{-\mathrm{T}}\boldsymbol{Q}\\&\boldsymbol{F}=\boldsymbol{S}_{22}^{-\mathrm{T}},\ \boldsymbol{G}=\boldsymbol{S}_{12}\boldsymbol{S}_{22}^{-1},\ \boldsymbol{Q}=\boldsymbol{S}_{22}^{-1}\boldsymbol{S}_{21}\end{aligned}\tag{9.6.42}$$

可以互相变换。

9.6.6 混合能矩阵与刚度阵小参数摄动的数值比较

虽然势能与混合能的摄动近似都保辛，但仍有差别，故需数值比较。现用 9.6.3 节的数值例题进行传递辛矩阵的保辛摄动计算，数据为

$$\boldsymbol{K}_k=\begin{bmatrix}1+\varepsilon & -1\\ -1 & 1.5+\varepsilon\end{bmatrix},\text{即}\ \boldsymbol{K}_{0,k}=\begin{bmatrix}1 & -1\\ -1 & 1.5\end{bmatrix},\ \boldsymbol{K}_k'=\begin{bmatrix}1 & 0\\ 0 & 1\end{bmatrix},\ k=1,\ \cdots,\ 10$$

给定两端位移 $q_0=3$、$q_{10}=0$ 的边界条件。对应的混合能法子矩阵为

$$\boldsymbol{G}=(1.5+\varepsilon)^{-1},\ \boldsymbol{F}=(1.5+\varepsilon)^{-1},\ \boldsymbol{Q}=1+\varepsilon-(1.5+\varepsilon)^{-1},\ \boldsymbol{r}_{ak}=\boldsymbol{0},\ \boldsymbol{r}_{bk}=\boldsymbol{0}$$

再一次摄动，转变为

$$\boldsymbol{G}\approx\boldsymbol{G}_0+\varepsilon\boldsymbol{G}_1,\ \boldsymbol{F}\approx\boldsymbol{F}_0+\varepsilon\boldsymbol{F}_1,\ \boldsymbol{Q}\approx\boldsymbol{Q}_0+\varepsilon\boldsymbol{Q}_1$$

$$\boldsymbol{F}_0=\frac{2}{3},\ \boldsymbol{G}_0=\frac{2}{3},\ \boldsymbol{Q}_0=\frac{1}{3}$$

$$\boldsymbol{G}_1=-\frac{4}{9},\ \boldsymbol{F}_1=-\frac{4}{9},\ \boldsymbol{Q}_1=\frac{13}{9}$$

对应传递辛矩阵有

$$\boldsymbol{S}_k=\begin{bmatrix}1+\varepsilon & 1\\ 0.5+2.5\varepsilon+\varepsilon^2 & 1.5+\varepsilon\end{bmatrix},\ \boldsymbol{S}_{0k}=\begin{bmatrix}1 & 1\\ 0.5 & 1.5\end{bmatrix},$$

$$\boldsymbol{S}_{k+}=\begin{bmatrix}1 & 0\\ 2.5+\varepsilon & 1\end{bmatrix},\ k=1,\ \cdots,\ 10$$

注意，势能矩阵是基准；传递辛矩阵并未略去 ε 的高次项，而混合能矩阵则已略去了 ε 的高次项。选择小参数 $\varepsilon=0.2$，分别用位移刚度阵、混合能矩阵摄动法和传递辛矩阵摄动法计算节点位移，比较见图 9.12。由此看到保辛摄动的结果较好，混合能摄动较好。

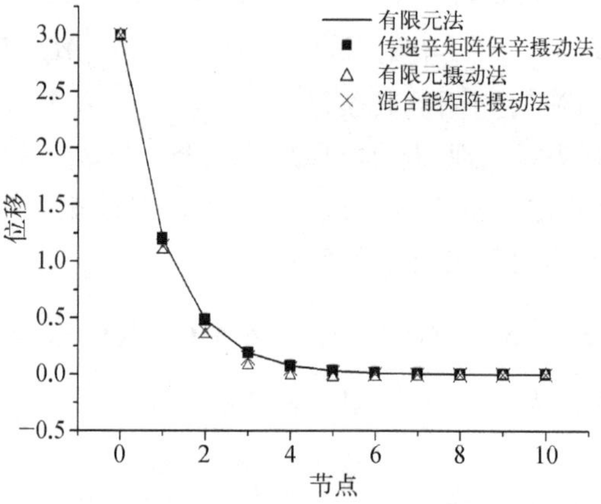

图 9.12　$\varepsilon = 0.2$ 时混合能摄动法、位移摄动法和传递辛矩阵摄动法计算结果比较

9.7　边界层的乘法摄动

以上是保守系统的保辛摄动问题。根据辛矩阵在乘法下构成一个群，指出保守体系传递辛矩阵的保辛摄动应采用乘法。但乘法摄动并不是只能用于辛矩阵的摄动，也为边界层的摄动求解提供了另一条思路。不妨用一个简单例题进行表述[12]。

微分方程：

$$\begin{aligned}&\varepsilon\ddot{\varphi}(z)+\dot{\varphi}(z)+\varphi(z)=0,\ 0<z<1\\&\varphi(0)=a,\ \varphi(1)=b\end{aligned}\tag{9.7.1}$$

小参数出现在最高阶微商项，在 $z=0$ 附近将出现边界层。

常系数微分方程可精确分析求解用于比较。现考虑边界层摄动法求解。当 $\varepsilon=0$ 时，微分方程可求解为

$$\varphi_0(z)=b\exp(1-z)\tag{9.7.2}$$

边界条件 $\varphi(1)=b$ 满足，但 $z=0$ 处的边界条件不能满足，因为有边界效应。为此，应考虑形如

$$\varphi(z)=q(z)\cdot\varphi_0(z)\tag{9.7.3}$$

的解，其中 $q(z)$ 待求，它是边界层的反映。从物理的角度看，边界层限于 $z=0$ 附近，故当 z 较大时，$q(z)\to1$。将式(9.7.3)的解代入微分方程(9.7.1)，给出

$$\varepsilon(\ddot{q}-2\dot{q}+q)+(\dot{q}-q)+q=0\quad\text{或}\quad\varepsilon\ddot{q}+(1-2\varepsilon)\dot{q}+\varepsilon q=0$$

推导至此，并未忽略什么。现将方程近似为

$$\varepsilon\ddot{q}+(1-2\varepsilon)\dot{q}=0,\text{解}\quad\dot{q}(z)=B\exp\left[\frac{-z(1-2\varepsilon)}{\varepsilon}\right]=B\exp\left(-\frac{z}{\varepsilon}+2z\right)$$

再积分一次：

$$q(z) = 1 - B\left(\frac{\varepsilon}{1-2\varepsilon}\right) \cdot \exp\left(-\frac{z}{\varepsilon} + 2z\right) \approx 1 - B\varepsilon \cdot \exp\left(-\frac{z}{\varepsilon} + 2z\right)$$

根据边界条件 $\varphi(0) = a = q(0) \cdot e = (1 - B\varepsilon) \cdot e$，故 $B\varepsilon = \left[1 - \left(\frac{a}{e}\right)\right]$。从而

$$q(z) = 1 - \left[1 - \left(\frac{a}{e}\right)\right] \cdot \exp\left(-\frac{z}{\varepsilon} + 2z\right)$$

从而

$$\begin{aligned}\varphi(z) &= b \cdot \exp(1-z) - \left[b - \left(\frac{a}{e}\right)\right]\exp\left(1 + z - \frac{z}{\varepsilon}\right) \\ &= b \cdot \exp(1-z) + (a - be)\exp\left(z - \frac{z}{\varepsilon}\right)\end{aligned}$$

如再用近似 $e^z \approx (1+z)$，则得到的结果与文献[5]和[12]的加法摄动相同。乘法摄动不必人为地采用内部解与外部解的连接，自然而又方便。

讨论：如取微分方程的近似为 $\varepsilon\ddot{q} + \dot{q} = 0$，则求解 $q(z) = 1 - B\varepsilon \cdot \exp\left(-\frac{z}{\varepsilon}\right)$，然后有

$$\varphi(z) = b \cdot \exp(1-z) + (a - be)\exp\left(-\frac{z}{\varepsilon}\right)$$

相差因子 $\exp(z)$ 与 $\exp\left(-\frac{z}{\varepsilon}\right)$ 相比，是变化很慢的因子，并不重要。

现在再考察常见的求解二阶线性微分方程：

$$\begin{aligned}&\varepsilon\ddot{\varphi}(z) + p_1(z) \cdot \dot{\varphi}(z) + p_0(z) \cdot \varphi(z) = 0,\ 0 < z < 1 \\ &\varphi(0) = a,\ \varphi(1) = b\end{aligned} \tag{9.7.4}$$

式中，$p_1(z)$、$p_0(z)$ 是给定函数。因为高阶微商项的小系数，故其解必有边界层。

当 $\varepsilon = 0$ 时，给出外部解：

$$\varphi_o(z) = b \cdot \int_z^1 \left[-\frac{p_0(\tau)}{p_1(\tau)}\right] d\tau \tag{9.7.4$'$}$$

不论是分析积分或是数值积分，认为积分已经完成。为了考虑边界效应，取乘法摄动：

$$\varphi(z) = q(z) \cdot \varphi_o(z) = q(z) \cdot b\int_z^1 \left[-\frac{p_0(\tau)}{p_1(\tau)}\right] d\tau \tag{9.7.5}$$

因子 $q(z)$ 反映了边界层。代入微分方程(9.7.4)，再消去 $\varphi_o(z)$，有

$$\varepsilon\left\{\ddot{q} - 2\dot{q} \cdot \left[\frac{p_1(z)}{p_0(z)}\right] + \dot{q} \cdot \left(\dot{p}_1 p_0 - \frac{p_1 \dot{p}_0}{p_0^2}\right)\right\} + p_1(z)\left\{\dot{q} + q \cdot \left[-\frac{p_1(z)}{p_0(z)}\right]\right\} + p_0 \cdot q = 0$$

至此,并未引入近似。显然 $\mathrm{d} \cdot /\mathrm{d}z \approx \varepsilon^{-1}$ 故可采用近似:

$$\varepsilon\ddot{q} + p_1(z) \cdot \dot{q} = 0,\ \dot{q}(z \to 1) = 0,\text{求出}\dot{q}(z) \approx B\exp\left[-\frac{p_1(0) \cdot z}{\varepsilon}\right] \tag{9.7.6}$$

其中 B 为待定积分常数。根据边界条件

$$q(z) \to 1\ \text{当}\ z \to 1;\ q(0) = \frac{a}{\varphi_o}(0),\ \varphi_o(0) = b\int_0^1\left[-\frac{p_0(\tau)}{p_1(\tau)}\right]\mathrm{d}\tau \tag{9.7.7}$$

再积分得

$$q(z) \approx 1 - \left[1 - \frac{a}{\varphi_o(0)}\right] \cdot \exp\left[-p_1(0) \cdot \frac{z}{\varepsilon}\right] \tag{9.7.8}$$

代入式(9.7.5),得

$$\varphi(z) = \varphi_o(z) \cdot \left\{1 - \left[1 - \frac{a}{\varphi_o(0)}\right] \cdot \exp\left[-p_1(0) \cdot \frac{z}{\varepsilon}\right]\right\} \tag{9.7.9}$$

结果简洁明了。与文献[12]的推导相比,只有高阶小量的区别。考虑到误差为 $O(\varepsilon)$,两者一致。

结论:辛矩阵乘法摄动的推导比较自然,直截了当,免除了内、外域的划分,也无须中间段的渐近匹配[5, 12],方便且容易理解,且精度相同。

练 习 题

9.1 设刚度方程为

$$\boldsymbol{Kx} = \boldsymbol{f},\ \boldsymbol{K} = \boldsymbol{K}_0 + \varepsilon\boldsymbol{K}_1$$

(1) 用摄动法求解上述方程的解 $\boldsymbol{x}$,要求解展开到二阶;

(2) 如果要求解展开到 n 阶,各阶解的表达式是什么?

9.2 位移摄动法为什么是保辛的,而辛矩阵加法摄动为什么不保辛?

9.3 分别采用精细积分法和位移摄动法,编程计算如下动力系统:

$$\ddot{x} + 2.01x = 0,\ x(0) = 1,\ \dot{x}(0) = 0$$

在 $t \in [0, 20]$ 的解,比较位移摄动法的精度。

9.4 令 $\dot{\boldsymbol{V}} = \boldsymbol{H}(t)\boldsymbol{V}$,如果 $\boldsymbol{V}$ 是辛矩阵,请证明 $\boldsymbol{H}$ 是 Hamilton 矩阵。

9.5 存在时变动力系统:$m\ddot{x} + c\dot{x} + k(1 + 0.1\sin t)x = 0$,请写出相应的 Riccati 微分方程。

9.6 浅谈区段合并与传递辛矩阵相乘之间的联系和区别。

9.7　刚度矩阵为 $\boldsymbol{K}=\begin{bmatrix}2 & -1\\ -1 & 2\end{bmatrix}$，分别计算混合能矩阵和传递辛矩阵。

9.8　某线性 Hamilton 正则方程为

$$\dot{\boldsymbol{u}}=\boldsymbol{H}\boldsymbol{u},\ \boldsymbol{u}(0)=\begin{pmatrix}1\\0\end{pmatrix},\ \boldsymbol{H}=\begin{bmatrix}0 & 1\\ -2 & 0\end{bmatrix}+e\begin{bmatrix}0 & 0\\ -1 & 0\end{bmatrix},\ e=0.01$$

采用传递辛矩阵保辛摄动方法求解上述问题。

9.9　微分方程：$\dot{x}=-hx-\varepsilon x^2$，$x(0)=1$，$\varepsilon=0.01$，取变换：$x(t)=\mathrm{e}^{-ht}x_{\mathrm{e}}(t)$，问：

(1) $x_{\mathrm{e}}(t)$ 应满足什么微分方程？

(2) 分析该问题的精确解；

(3) 基于乘法摄动，写出一个 $x(t)$ 的近似解，并比较这个近似解的精度。

9.10　什么是乘法摄动，与保辛摄动之间有什么关系？

9.11　二阶线性微分方程：

$$0.001\ddot{x}+\dot{x}+(1+0.1\sin t)x=0,\ x(0)=0,\ x(1)=1$$

采用乘法摄动，写出上述微分方程的近似解，并分析该近似解的精度。

参考文献

[1] Goldstein H. Classical Mechanics[M]. London: Addison-Wesley, 1980.

[2] 钟万勰. 应用力学对偶体系[M]. 北京：科学出版社，2002.

[3] Zhong. Duality system in applied mechanics and optimal control[M]. Boston: Kluwer Academic Publishers, 2004.

[4] Morse P M, Feshbach H. Methods of theoretical physics[M]. New York: McGraw-Hill Book Co., 1953.

[5] Hinch. Perturbation methods[M]. Cambridge; New York: Cambridge University Press, 1991.

[6] Harrison W A. Applied quantum mechanics[M]. Singapore: World Scientific Publishing Company, 2000.

[7] 冯康，秦孟兆. Hamilton 体系的辛计算格式[M]. 杭州：浙江科技出版社，2004.

[8] 钟万勰. 子结钩链及 LQ 控制的能量代数[J]. 大连理工大学学报，1991，(6)：635－638.

[9] Press W H, Teukolsky S A, Vetterling W T, et al. Numerical recipes in C[M]. Cambridge: Cambridge University Press, 1992.

[10] 钟万勰，孙雁. 小参数摄动法与保辛[J]. 动力学与控制学报，2005，3(1)：1-6.

[11] 钟万勰，高强. WKBJ 近似保辛吗？[J]. 计算力学学报，2005，22(1)：1－7.

[12] 程建春. 数学物理方程及其近似方法[M]. 北京：科学出版社，2004.

[13] 钟万勰，高强. 传递辛矩阵群收敛于辛 Lie 群[J]. 应用数学和力学，2013，34(6)：547－551.

[14] 钟万勰，孙雁. 三类保辛摄动及其数值比较[J]. 动力学与控制学报，2005，3(2)：1－9.

第十章
保辛水波动力学

绪论介绍的精细积分法在书中大量应用,取得了很好的效果,然而,这是针对线性系统的积分。可能给读者的一个印象是,它只能用于线性系统的数值积分,非线性系统不能采用精细积分法,这是不对的。精细积分法所依靠的是加法定理,在积分的时间步长增加时,能妥善地处理数值积分,例如时间加倍。非线性系统的椭圆函数,也有加法定理。19 世纪初,挪威的数学天才阿贝尔(Abel)给出了对于椭圆函数的加法定理,所以椭圆函数也可进行精细数值积分,同样可达到计算机精度。这是流体力学浅水波的计算基础。

10.1 椭圆函数的精细积分

非线性问题的理论与计算不可缺少,可通过椭圆函数、多体动力学、孤立波等讲述[1-5]。

椭圆函数是一种特殊的双周期复变函数,有广泛应用,尤其是非线性问题。在工程中遇到的椭圆函数以二阶椭圆函数为主,而且很多复杂的椭圆函数都可通过变换由二阶椭圆函数得到。二阶椭圆函数包括 Jacobi 椭圆函数和 Weierstrass 椭圆函数。它们虽可进行幂级数展开,但直接计算很不方便。椭圆函数的重要性质之一是具有加法定理,故可运用精细积分法计算。精细积分法是一种计算椭圆函数的高效稳定的方法。

椭圆函数的数值计算也可通过软件来解决,例如 Matlab、Mathematica 和 IMSL 等软件就有计算椭圆函数的模块。然而大量的数值算例指出,精细积分法得出的结果具有极高的精度,而且无论是在效率上还是在稳定性上精细积分法都明显地优于 IMSL 数学库的椭圆函数模块。

椭圆函数的计算应用很广泛。在流体力学浅水波方面,Jacobi 椭圆函数有重要应用。

第二类 Legendre 椭圆积分的定义是

$$u(z,\ k) = \frac{\int_0^z \mathrm{d}x}{\sqrt{(1 - x^2)(1 - k^2 x^2)}} \tag{10.1.1}$$

Jacobi 椭圆函数 $\mathrm{sn}(u,\ k) = z$ 定义为其反函数。另外两个基本 Jacobi 椭圆函数分别定义为

$$\begin{aligned} \mathrm{cn}(u,\ k) &= \sqrt{1-\mathrm{sn}^2(u,\ k)} = \sqrt{1-z^2} \\ \mathrm{dn}(u,\ k) &= \sqrt{1-k^2\mathrm{sn}^2(u,\ k)} = \sqrt{1-k^2z^2} \end{aligned} \tag{10.1.2}$$

式中,参数 k 称为椭圆函数的模数。这三个 Jacobi 椭圆函数的幂级数展开式分别为

$$\begin{aligned} \mathrm{sn}(u,\ k) &= u - \frac{(1+k^2)u^3}{3!} + \frac{(1+14k^2+k^4)u^5}{5!} - \cdots \\ \mathrm{cn}(u,\ k) &= 1 - \frac{u^2}{2!} + \frac{(1+4k^2)u^4}{4!} - \frac{(1+44k^2+16k^4)u^6}{6!} + \cdots \\ \mathrm{dn}(u,\ k) &= 1 - \frac{k^2u^2}{2!} + \frac{(4k^2+k^4)u^4}{4!} - \frac{(16k^2+44^4+k^6)u^6}{6!} + \cdots \end{aligned} \tag{10.1.3}$$

相应的加法公式为[2]

$$\begin{aligned} \mathrm{sn}(u+v,\ k) &= \frac{\mathrm{sn}(u)\cdot\mathrm{cn}(v)\cdot\mathrm{dn}(v)+\mathrm{sn}(v)\cdot\mathrm{cn}(u)\cdot\mathrm{dn}(u)}{1-k^2\mathrm{sn}^2(u)\mathrm{sn}^2(v)} \\ \mathrm{cn}(u+v,\ k) &= \frac{\mathrm{cn}(u)\cdot\mathrm{cn}(v)-\mathrm{sn}(u)\cdot\mathrm{dn}(u)\cdot\mathrm{sn}(v)\cdot\mathrm{dn}(v)}{1-k^2\mathrm{sn}^2(u)\mathrm{sn}^2(v)} \\ \mathrm{dn}(u+v,\ k) &= \frac{\mathrm{dn}(u)\cdot\mathrm{dn}(v)-k^2\mathrm{sn}(u)\cdot\mathrm{cn}(u)\cdot\mathrm{sn}(v)\cdot\mathrm{cn}(v)}{1-k^2\mathrm{sn}^2(u)\mathrm{sn}^2(v)} \end{aligned} \tag{10.1.4}$$

或

$$\begin{aligned} \mathrm{sn}(2v,\ k) &= \frac{2\mathrm{sn}\,v\cdot\mathrm{cn}\,v\cdot\mathrm{dn}\,v}{1-k^2\cdot\mathrm{sn}^4v} \\ \mathrm{cn}(2v,\ k) &= \frac{\mathrm{cn}^2v-\mathrm{sn}^2v\cdot\mathrm{dn}^2v}{1-k^2\cdot\mathrm{sn}^4v} \\ \mathrm{dn}(2v,\ k) &= \frac{\mathrm{dn}^2v-kn^2v\cdot\mathrm{sn}^2v\cdot\mathrm{cn}^2v}{1-k^2\cdot\mathrm{sn}^4v} \end{aligned}$$

给出坐标 u 和模数 k,运用加法定理与精细积分法可精细地计算这三个 Jacobi 椭圆函数。

引入一个小的空间步长 $\eta(=u/2^l)$,例如 $l=4$ 等。只要 $\mathrm{sn}(\eta)$ 等三个 Jacobi 椭圆函数求得,则运用加法定理就可计算函数在 u 的值。故问题成为计算 η 点的 Jacobi 椭圆函数。按常规,令

$$\tau = \frac{\eta}{m} \tag{10.1.5}$$

式中,$m=2^N$,例如 $N=20$,$m=1\ 048\ 576$。

由于 η 本来不大,则 $\tau=\eta/m$ 将是非常小的区段。因此对 τ,有

$$\operatorname{sn}\tau \approx \tau - \frac{(1+k^2)\tau^3}{3!} + \frac{(1+14k^2+k^4)\tau^5}{5!} = S_1$$

$$\operatorname{cn}\tau \approx 1 - \frac{\tau^2}{2!} + \frac{(1+4k^2)\tau^4}{4!} - \frac{(1+44k^2+16k^4)\tau^6}{6!} = 1 + C_1 \quad (10.1.6)$$

$$\operatorname{dn}\tau \approx 1 - \frac{k^2\tau^2}{2!} + \frac{(4k^2+k^4)\tau^4}{4!} - \frac{(16k^2+44k^4+k^6)\tau^6}{6!} = 1 + D_1$$

τ 很小，幂级数 4 项展开应已足够。在上式中，S_1、C_1 和 D_1 相对于单位 1 是非常小的量，因此在计算过程中至关重要的一点是数值的存储只能是式(10.1.6)中的 S_1、C_1 和 D_1，而不是 $1+C_1$ 和 $1+D_1$。因为 C_1 和 D_1 很小，所以当它们与单位 1 相加时，就会成为尾数，在计算机的舍入操作中，其精度将丧失殆尽。S_1、C_1 和 D_1 就是增量。此即以上提到的精细积分法的第二个要点。

把式(10.8.6)代入式(10.1.4)，并令 $\operatorname{sn} v = S_i$ 可得

$$\operatorname{sn}(2v) = \mathrm{F_S}(S_i, C_i, D_i) = \frac{[2S_i \cdot (1+C_i)(1+D_i)]}{1-k^2S_i^4} = S_{2i}$$

$$\begin{aligned}\operatorname{cn}(2v) &= 1 + \mathrm{F_C}(S_i, C_i, D_i)\\ &= 1 + \frac{[k^2S_i^4 + 2C_i + C_i^2 - S_i^2(1+D_i)^2]}{1-k^2S_i^4} = 1 + C_{2i}\end{aligned} \quad (10.1.7)$$

$$\begin{aligned}\operatorname{dn}(2v) &= 1 + \mathrm{F_D}(S_i, C_i, D_i)\\ &= 1 + \frac{[k^2S_i^4 + 2D_i + D_i^2 - k^2S_i^2(1+C_i)^2]}{1-k^2S_i^4} = 1 + D_{2i}\end{aligned}$$

因此，通过式(10.1.7)可逐步得到 S_m、C_m 和 D_m，从而求得 $\operatorname{sn}(\eta)$、$\operatorname{cn}(\eta)$ 和 $\operatorname{dn}(\eta)$。这样的计算一共需要执行 N 次，而且只有 S_i、C_i 和 $D_i(i = 2^0, 2^1, \cdots, 2^N)$ 被计算并存入内存。式(10.1.7)的 N 次计算相当于以下语句：

$$\begin{aligned}&\text{for(iter = 0; iter < } N\text{; iter ++);}\\ &\begin{cases} i = 2^{\text{iter}};\ S_{2i} = \mathrm{F_S}(S_i, C_i, D_i);\\ C_{2i} = \mathrm{F_C}(S_i, C_i, D_i);\ D_{2i} = \mathrm{F_D}(S_i, C_i, D_i); \end{cases}\Bigg\}\end{aligned} \quad (10.1.8)$$

当以上语句的循环结束后，再执行：

$$\begin{aligned}&\operatorname{sn}(m\tau) = \operatorname{sn}(\eta) = S_m\\ &\operatorname{cn}(m\tau) = \operatorname{cn}(\eta) = 1 + C_m;\ \operatorname{dn}(m\tau) = \operatorname{dn}(\eta) = 1 + D_m;\end{aligned} \quad (10.1.9)$$

由于 N 次迭代后，S_m、C_m 和 D_m 已不再是很小的量，这个加法已没有严重的舍入误差。以上便是 Jacobi 椭圆函数的精细积分算法[6]。

Weierstrass 椭圆函数的精细积分算法见文献[7]和[8]。

在本小节中将讨论精细积分算法的精度、效率和稳定性，相应的误差分析也将给出。

在本小节中精细积分算法的程序采用 Fortran90 语言编写，而且在全部的算例中如无特殊说明都取 $N = 20$。

当 Jacobi 椭圆函数的模数为零时，Jacobi 椭圆函数就蜕化为三角函数：

$$\operatorname{sn} u|_{k=0} = \sin u;\ \operatorname{cn} u|_{k=0} = \cos u;\ \operatorname{dn} u|_{k=0} = \tan u \tag{10.1.10}$$

三角函数的精确数值求解早已在各软件和计算机语言中实现，通过和相应的三角函数值对比，就可以得出精细积分法相对精度。

在复域内取 500 000 个点（不包括极点），用精细积分法计算 Jacobi 椭圆函数当 $k = 0$ 时在各点的值，并用各点相应的三角函数值对比。结果给出全部点的相对误差均小于 10^{-15}。

（1）特殊点验算。Jacobi 椭圆函数在每个单胞内都存在特殊点：

$$\begin{aligned}
&\operatorname{sn} K = 1,\ \operatorname{cn} K = 0,\ \operatorname{dn} K = k' \\
&\operatorname{sn}(\mathrm{i}K') = \infty,\ \operatorname{cn}(\mathrm{i}K') = \infty,\ \operatorname{dn}(\mathrm{i}K') = \infty \\
&\operatorname{sn}(K + \mathrm{i}K') = \frac{1}{k},\ \operatorname{cn}(K + \mathrm{i}K') = -\frac{\mathrm{i}k'}{k} \\
&\operatorname{dn}(K + \mathrm{i}K') = 0
\end{aligned} \tag{10.1.11}$$

式中，k' 为补模数；K 和 K' 为分别与 k 和 k' 相对应的全椭圆积分，相关定义见文献[2]。

通过对取不同模数 k 的 500 000 点的验算，发现相对误差的变化范围为 $10^{-6} \sim 10^{-16}$。分析相对误差产生的原因发现是当 k 或 k' 接近 0 或 1 时，K 和 K' 无法得到精度高的近似解。

（2）恒等式验算。Jacobi 椭圆函数存在如下恒等式：

$$\operatorname{sn}^2 u + \operatorname{cn}^2 u = 1,\ \operatorname{dn}^2 u + k^2 \operatorname{sn}^2 u = 1 \tag{10.1.12}$$

对于不同模数 k 的 Jacobi 椭圆函数在复空间内的任意一点（不包括极点）都应该满足式（10.1.12）。在一个单胞内取 500 000 个不同的坐标点作为算例，计算 Jacobi 椭圆函数的值并回代式（10.1.12），得到所有算例的相对误差均小于 10^{-14}。

（3）与 IMSL 模块对比。许多软件都存在计算 Jacobi 椭圆函数的模块，例如 Matlab、Mathematica 和 IMSL。将 Jacobi 椭圆函数的精细积分法程序与 IMSL fortran 库的 Jacobi 函数模块在进行对比。

（a）计算速度对比。分别用 IMSL 和精细积分法将 200 000 个算例计算 3 次，并将每种方法所消耗的时间计入表 10.1。当 $N = 20$ 时，IMSL 和精细积分法的精度都可以达到双精度的要求。但从表 10.1 中可以看出，精细积分法的效率大约是 IMSL 的 1.3 倍。而且调用精细积分法求解时，一次计算可同时给出 sn、cn、dn 的值。这意味着如果表达式中同时需要求解同一点的不同 Jacobi 椭圆函数值，那么精细积分法的效率就可在提高 2 倍（同时计算 2 种 Jacobi 椭圆函数）或 3 倍（同时计算 3 种 Jacobi 椭圆函数），此时精细积分法的效率就是 IMSL 的 2.6 或 3.9 倍，这是非常可观的。如果该问题需要大量迭代则可以节约很多时间。

表 10.1 IMSL 和精细积分的效率对比

	消耗的时间/s		
	IMSL	精细积分法	
		$N=10$	$N=20$
第 1 次	4.136 000 000 000 00	1.683 000 000 000 00	3.054 000 000 000 00
第 2 次	4.055 000 000 000 00	1.752 000 000 000 00	3.094 000 000 000 00
第 3 次	4.116 000 000 000 00	1.763 000 000 000 00	3.055 000 000 000 00

(b) 稳定性对比。Jacobi 椭圆函数在每个单胞内有 2 个奇点,在靠近奇点的区域无论是 IMSL 模块还是精细积分法都会产生误差。如果在复空间划分一个区域:(-10-10i, 10-10i, 10+10i, -10+10i),相对模数 $k^2=0.5$, 在该区域内 3 种 Jacobi 椭圆函数都存在完整的单胞。在该区域内沿实轴等间距分别作 $n-1$ 条虚轴的并行线,同理沿虚轴也作 $n-1$ 条实轴的并行线。空间被刨分出 $(n+1)\times(n+1)$ 个点,这些点都满足恒等式(10.1.12),可分别计算出每个点的值代入式(10.1.12)所得的相对误差。随着 n 的增加,近奇点区域内的点也会增加,相对误差大的点也会增多。表 10.2 中列出了相对误差的统计结果。

表 10.2 IMSL 与精细积分的稳定性对比

点的个数 $n\times n$	相对误差 $>10^{-12}$ 的点的个数		最大相对误差	
	IMSL	精细积分	IMSL	精细积分
40 401	8 104	0	$1.291\,027\,729\,1\times10^{-9}$	$4.823\,324\,033\,0\times10^{-13}$
161 604	32 380	37	$7.785\,274\,647\,1\times10^{-9}$	$1.455\,191\,522\,8\times10^{-11}$
1 010 025	201 709	228	$2.391\,170\,731\,8\times10^{-7}$	$1.164\,153\,226\,9\times10^{-10}$

从表 10.2 不难看出,精细积分法无论是精度还是稳定性都明显优于 IMSL 模块,并且还可大大改善(因 Jacobi 椭圆函数是整函数,在每个单胞内有 2 个单重奇点,在奇点附近适用 Lorand 级数展开,应表示为奇点的系数与可去奇点函数值之和;两方面的精度都可以达到高度精确)。

10.2 浅水孤立波

对称性是动力学的重要性质,不可忽视,动力学的 Noether 定理表明了这点。

孤立波是从浅水波发现的。传统方程用 Euler 方式描述,考虑二维浅水波,z 向水深 h 比较小,而 x 向长度 L 比较大。直角坐标 x、z 向的速度分别为 $u(x, z, t)$、$w(x, z, t)$。$z=-h$ 处 $w=0$ 是水底,$z=\eta(x, y, t)$ 是水面。三维浅水波的基本方程推导见著作[9]和[10]。本节只考虑二维浅水波。

因为水浅,即 h 比波长小很多,故浅水波的基本假定是压力:

$$p(x, z, t)=\rho g\cdot[\eta(x, t)-z] \tag{10.2.1}$$

式中,ρ 是水的密度,即与静水压力同。假定式(10.2.1)表明,压力梯度 $\partial p/\partial x=$

$\rho g(\partial\eta/\partial x)$，从而 u 也与 z 无关。未知函数为 $u(x, t)$、$\eta(x, t)$，连续性方程为

$$\frac{\partial\eta}{\partial t}+\frac{\partial[(\eta+h)\cdot u]}{\partial x}=0 \tag{10.2.2}$$

动力方程为

$$\frac{\mathrm{d}u}{\mathrm{d}t}=\frac{\partial u}{\partial t}+u\frac{\partial u}{\partial x}=-g\frac{\partial\eta}{\partial x} \tag{10.2.3}$$

这两个偏微分方程组成基本方程。引入单位元长度的质量(密度) $\tilde{\rho}$：

$$\tilde{\rho}=\rho\cdot(h+\eta) \tag{10.2.4}$$

以及水平向推动力 $\tilde{p}$：

$$\tilde{p}=\int_{-h}^{\eta}p\mathrm{d}z=\frac{\tilde{\rho}^2 g}{2\rho} \tag{10.2.5}$$

以上的方程都在 Euler 表示下描述,方程非线性,求解一般要用数值法。通常考虑用特征线法求解[9]。

显然该课题没有阻尼,是一个保守系统的动力学问题。但在 Euler 表示的描述下,相应的 Lagrange 函数、变分原理却不容易找到。在 Lagrange 坐标体系下求解是另一种方法。

10.2.1　浅水波在 Lagrange 表示下的变分原理

流体力学问题传统在 Euler 表示下求解,但在 Lagrange 表示下也可描述。浅水波的速度分布与 z 无关,表明位移也与 z 无关。这是浅水波理论的基本假定。用 $u(x, t)$ 代表原在 t_0 时在 x 处的质点,在时间 t 时的水平位移。这表示沿水的深度位移 $u(x, t)$ 相同,其实这就是类似结构力学中杆件的刚性横截面假定。原来在 x 的质点,时间 t 时的坐标是 $u(x, t)+x$。原来在 $x+\Delta x$ 的质点,在时间 t 时的坐标是 $u(x+\Delta x, t)+x+\Delta x$。两点间的距离为

$$\begin{gathered}\Delta x+[u(x+\Delta x, t)-u(x, t)]\approx(1+\varepsilon_x)\cdot\Delta x\\ \varepsilon_x=\frac{\partial u(x, t)}{\partial x}=u_x\end{gathered} \tag{10.2.6}$$

据此可运用不可压缩条件计算水面。原来的水面在 $z=0$，单位宽水深 h 长度 Δx 的体积为 $h\cdot\Delta x$。现在长度成为 $(1+u_x)\cdot\Delta x$，从而连续性条件给出 $(h+\eta)\cdot(1+u_x)\cdot\Delta x=h\cdot\Delta x$，故

$$(h+\eta)=\frac{h}{1+u_x},\ \eta=-\frac{hu_x}{1+u_x} \tag{10.2.7}$$

水面也可用位移 $u(x, t)$ 表达。从固体力学的角度讲,这是 Poisson 比等于 0.5 的情况。但应当指出,这不是在原先 x 坐标处,而是在位移后 $u(x, t)+x$ 处的水面高。这是固体力

学的非线性大位移问题。

Lagrange 函数是动能-势能。在 $\mathrm{d}x$ 内的质量为 ρh，速度为 $\dot{u}$，水平速度的动能为

$$T_1 = \int_0^L \frac{1}{2}\rho h \dot{u}^2 \mathrm{d}x,\ \dot{q} = \frac{\partial u}{\partial t} \tag{10.2.8}$$

是位移 $u(x,\ t)$ 的泛函。虽然水面变化，但微元质量不变，故其动能仍是式(10.2.8)。垂直方向速度 w 相对较小，其动能暂时忽略不计，但孤立波理论要考虑 w。势能由重力产生，以水面为势能的零点。令 $\mathrm{d}x$ 是原有坐标的微元长度，位移后的长度为 $(1+u_x)\cdot \mathrm{d}x$，而发生的地点在 $u(x,\ t)+x$ 处。该微元的势能计算为

$$\int_{-h}^{\eta} z\mathrm{d}z \cdot (1+u_x)\cdot \mathrm{d}x = \frac{1}{2}\rho g(\eta^2 - h^2)\cdot(1+u_x)\mathrm{d}x$$

积分给出总体势能。两端条件是 $u(0,\ t)=u(L,\ t)=0$，故 $\int_0^L -\frac{1}{2}\rho g h^2(1+u_x)\mathrm{d}x = -\frac{1}{2}\rho g h^2 L$。可计算势能为

$$\begin{aligned} U &= \int_0^L \frac{1}{2}\rho g(\eta^2 - h^2)(1+u_x)\mathrm{d}x = \frac{\int_0^L \frac{1}{2}\rho g u_x^2}{(1+u_x)\mathrm{d}x} - \frac{1}{2}\rho g h^2 L \\ &= \frac{1}{2}\rho g \int_0^L u_x^2(1 - u_x + u_x^2 - \cdots)\mathrm{d}x - \frac{1}{2}\rho g h^2 L \\ &\approx \frac{1}{2}\rho g \int_0^L u_x^2(1-u_x)\mathrm{d}x - \frac{1}{2}\rho g h^2 L \end{aligned} \tag{10.2.9}$$

仍是位移 $u(x,\ t)$ 的泛函。课题类似杆件结构力学的振动，只是势能的算式非线性。Lagrange 函数为 $\mathrm{L}(q,\ \dot{q}) = T_1 - U$。注意，$U$ 中的常数是不起作用的。变分给出非线性方程：

$$\ddot{u}(x,\ t) - \frac{gh\cdot\partial(u_x - 1.5u_x^2 + 2u_x^3 - \cdots)}{\partial x} = 0 \tag{10.2.10}$$

其求解只能用数值方法。同样的推导可用于三维的浅水波问题。

如果位移很小 $u_x \ll 1$，将高阶项忽略，则得线性理论的方程：

$$\ddot{u}(x,\ t) - \frac{gh\cdot\partial^2 u}{\partial x^2} = 0 \tag{10.2.11}$$

线性理论的波速为 $c_0 = \sqrt{gh}$ [1, 9, 10]。

表述水面的运动学条件很重要。水面处水平速度是 $\dot{u} = \partial u/\partial t$，垂直速度是 $\dot{\eta} = -h\dot{u}_x/(1+u_x)^2$。这是水面质点的运动，自然就勾画了水面质点的轨道。轨道是同一个

水面质点 x 在不同时间的位置,但也只是一个水面质点的运动。因为连续介质没有破碎,所以水面质点总在水面上。水面质点的轨道不能直接表示水面的形状。在发生波动时,水面不断变动。水面要由同一个时间的许多不同水面质点 x 来勾画。要观察同一时间的不同水面质点 x 的位置。

Euler 方程表示是固定于空间的坐标。固定的一个空间坐标,并不永远就是水面。水表面仍用 $\eta(x, t)$ 描述,固定时间 $t = t_a$,则 $\eta(x_e, t_a)$ 就给出当时的水面,x_e 是长度坐标的自变量。一定要注意 Euler 方程表示描述的水面 η,与前面 Lagrange 表示质点的 η 不同。

表面与水面质点的轨道有关,不同轨道用各质点的初始位置 x 表征,这些同一时间轨道的联机就是水面。此即 Lagrange 表示与 Euler 表示对水面的不同描述。

10.2.2 浅水孤立波

式(10.2.10)不出现孤立波,孤立波还要考虑更多因素。以上的推导将垂直速度对动能的贡献完全忽略了。考虑垂直运动不是零,因为 Poisson 比为 0.5,垂直速度比水平速度 $\dot{q}$ 小。考虑不可压缩(协调)条件,有

$$\dot{\eta} = -\frac{h\dot{u}_x}{(1 + u_x)^2} (\approx - h\dot{u}_x)$$

注意 $\mathrm{d}x$ 是原有坐标的微元长度,位移后的微元长度为 $(1 + u_x) \cdot \mathrm{d}x$,而发生的地点在 $x + u(x, t)$ 处。根据连续性条件,沿高度垂直速度线性分布,故微元的动能为 $[\rho(h^3/3)\dot{\eta}^2/2] \cdot (1 + u_x)\mathrm{d}x$,再沿长度积分,有

$$T_2 = \int_0^L \left[\rho\left(\frac{h^3}{6}\right)\dot{u}_x^2\right](1 + u_x) \cdot \mathrm{d}x \approx \int_0^L \left[\rho\left(\frac{h^3}{6}\right)\dot{u}_x^2\right] \cdot \mathrm{d}x$$

因 T_2 本身是小量,故做一些近似是合理的。于是动能为

$$T = T_1 + T_2 = \int_0^L \frac{1}{2}\rho h\left(\dot{u}^2 + \frac{h^2\dot{u}_x^2}{3}\right)\mathrm{d}x \tag{10.2.12}$$

这样,非线性微分方程[11]为

$$\ddot{u}(x, t) - \frac{\ddot{u}_{xx}h^2}{3} - gh(u_{xx} - 3u_x u_{xx}) = 0 \tag{10.2.13}$$

孤立波要求其行波解,引入 $u(x, t) = f(x - ct) = f(\xi)$, $\xi = x - ct$,给出积分,有

$$c^2\left(\dot{f} - \frac{h^2}{3}\dddot{f}\right) - gh\dot{f} + 3gh\dot{f}^2 = C_1$$

令 $v = \dot{f}$,

$$c^2\left(u - \frac{h^2}{3}\ddot{u}\right) - ghu + 3ghu^2 = C_1$$

乘 $\dot{v}$ 再积分，

$$c^2\left(\frac{v^2}{2}-\frac{\frac{h^2}{3}\dot{v}^2}{2}\right)-\frac{ghv^2}{2}+ghv^3-C_1v=C_2$$

或

$$\dot{v}^2-3\frac{[(c^2-gh)v^2-ghv^3+2C_1v+2C_2]}{(hc)^2}=0 \tag{10.2.14}$$

该方程可用椭圆函数求解。而孤立波要求 $\xi\to\pm\infty$ 时，$v(\xi)\to 0$，故积分常数 $C_1=C_2=0$（只有一个波幅时的结果；当多个波幅时会出现椭圆余弦波，此时 C_1、C_2 不为零），从而有

$$\dot{v}^2-3v^2\frac{[(c^2-hg)-ghv]}{(hc)^2}=0 \tag{10.2.15}$$

式(10.2.14)中，如果将 v^3 的项忽略，则自然得到线性理论 $c^2=gh$ 的结果。

对比文献[1]附录3B式(3B.7)，$\dot{v}^2-2Uv^2+2Av^3=0$，取 $U=3(c^2-hg)/(2h^2c^2)$，$A=-3gh/(2h^2c^2)$。令 $W^2=Au/U=-ghu/(c^2-gh)$，初始条件是 $W(0)=1$。可解出

$$W=\operatorname{sech}\left(\xi\sqrt{\frac{U}{2}}\right),\ \xi=x-ct,$$

$$v(\xi)=-\frac{(c^2-gh)\operatorname{sech}^2\left(\xi\sqrt{\frac{U}{2}}\right)}{gh}$$

从初始条件，有 $v(0)=-(c^2-gh)/gh$，故 $v(\xi)=v_0\operatorname{sech}^2(\xi\sqrt{U/2})$，$c^2=gh(1-v_0)$，即波速与波幅有关。波幅为 $\eta_0=-hv_0/(1+v_0)\approx -hv_0=(c^2-gh)/g$，而 v_0 不是波幅；波宽则由 $\sqrt{2/U}\approx\sqrt{4h^3/3\eta_0}$ 表征。用波幅表示波形，则因 $\eta=-hu_x/(1+u_x)=-hv/(1+v)\approx -hv$，故

$$\eta(\xi)=\eta_0\operatorname{sech}^2\left(\xi\sqrt{\frac{U}{2}}\right) \tag{10.2.16}$$

与文献[1]的结果一致。波速的公式为

$$c^2=gh\left(1+\frac{\eta_0}{h}\right) \tag{10.2.17}$$

这是在物质坐标下的描述。请务必注意，当前用的是 Lagrange 表示坐标，即物质坐标 x 的描述，而不是 Euler 的空间坐标 x_E。即 $\xi=x-ct$ 的坐标 x 本身也在空间坐标内移动。函

数 $\boldsymbol{v}$ 就是 $\dot{u}(x-ct)$。两种坐标的尺度不同,在无波动时,x 就是 x_E,但运动时 $\Delta x/\Delta x_E = 1+u_x$。Euler 表示下 KdV 方程的波速为

$$c^2 = gh\left(1+\frac{\eta_0}{2h}\right)^2$$

还应考虑到两种坐标的差别,表明传统的 KdV 方程也不是唯一的途径。应当指出,纯位移法提供了过多的约束。从线性系统本征值的变分原理知,纯位移约束总是使本征值单向提高,即结构的刚度提高。换成波传播问题,则成为波的传播速度增加。传统的 KdV 方程只能用于正向传播的波,不能产生反向的波,表明它破坏了对称性。

讨论: 既然位移法也导出了孤立波,而并未通过熟知的 KdV 方程,自然就要提出问题,位移法方程与传统 KdV 方程的推导之间,究竟有什么不同? 以下进行分析对比。

首先指出,线性近似的结果是一致的,都支持了水平速度沿高度不变的假定,位移法是刚性横截面。进一步,位移法考虑大变形,根据分析力学 Lagrange 体系的基本要求,运动学约束的不可压缩条件严格满足,然后根据变分原理导出动力方程。而对于孤立波则将垂直速度的动能也加以考虑。按文献[1]附录 3c,传统 KdV 方程是从速度势 ϕ 的 Laplace 方程,$\mathrm{div}(\mathrm{grad}\phi)=0$,即散度为零,进行小参数展开而推导。其零次近似支持了线性理论,一次项自动为零,二次项导出 KdV 方程。$\mathrm{grad}\phi=\boldsymbol{u}$ 意味着速度严格保证无旋条件,但无旋条件是动力学的条件,意味着无切力。小参数展开意味着散度为零的条件是近似满足的,而散度为零是运动学条件。

于是两种推导的差别就清楚了:位移法推导严格满足运动学(协调)条件,于是可运用分析结构力学、变分原理的方法;传统 KdV 方程的推导则放松了运动学条件,而部分严格满足动力学条件。应当看到,近似理论不可能全部严格满足其全部方程,总归顾此失彼。然而,位移法符合分析力学变分原理的基本要求,进一步对其非线性微分方程的积分可考虑保辛等基本要求,这是很重要的优点。应指出,常值水平位移的假定是最低档次的有限元半解析法,应考虑多个函数的半解析近似。位移法浅水波方程介于一般、固体、流体力学之间,属于交叉课题。保辛是动力学的基本要求,传统方法给出的 KdV 方程,因为不满足保辛,所以不行,况且在对称性方面也有问题。

水波动力学是既古老又很重要的领域。因为它重要,所以一贯受到学术界关注;又因为古老,所以现在发展不是很快。况且,中国有很长的海岸线,是海洋大国。但中国南海,却受到了霸权主义的挑战,我们不能无动于衷。对于海洋的问题,水波动力学很受关注。

美国工程院院士梅强中的著作《水波动力学》[12]是一本比较全方位的水波动力学的著作,其中还有周培源先生写的序言。书中第七、八两章讲非线性水波,很详细。当然,其思路也是基于流体力学传统的 Euler 表示法。但自从 J. Scott Russel 在 1834 年观察到孤立波以来,当时的理论在 Euler 表示之下,却总也不能得到妥善解释,成为一个严峻的问题。期间出现了现在还广泛使用的 SVE 方程,但也不能解释孤立波的存在。一直到 1895 年出现了 KdV 方程,才可以解释孤立波的存在。在著作[12]的第七章,也给出了 KdV 方程。然而 KdV 方程给出的孤立波理论,只能用于单方向的传播,其相反方向传播的孤立波还是不能表达,这说明违反了对称性原理,因此不够理想。

然而,将位移法分析引入,并用于浅水波的分析,完全可成功[3, 11, 13-16]。

《水波动力学》[12]中,首先看到动力学,然后冠之以水波的范围。既然是动力学,则辛对称性质就与之密切关联。然而书中却对辛对称群却完全没有考虑,这是一个欠缺,所以本章的标题是“保辛水波动力学”以突出动力学的本来性质。

《水波动力学》是一本有关水波很好的著作,继承了传统以速度为基本未知数的 Euler 描述体系在水波方面的发展。然而这是不够充分的,尤其是在非线性波的分析方面。本节一改传统思路,采用以位移为基本未知数,就是以动力学的辛对称群为基础的动力学体系来讲述问题随后的发展。

既然采用了不同的体系、不同的基础、不同的未知函数,理论还能够继续下去,当然也会有不完全相同的结果,而且因为考虑了辛对称群的基础,以及我国数学家冯康院士提出的保辛算法,这些结果还能够将以往课题的困难,予以解决推进,尤其是还可提供数值解法,发展到在计算机上执行数值求解,可以适应时代科技发展的需要。

采用位移法,首先要看辛对称群的出现,这是在动力学范畴内的表达。而在结构力学方面,《计算结构力学与最优控制》介绍了其模拟关系,这是先从离散的角度讲述的。第一章还从结构力学的角度,将离散的传递辛矩阵讲清楚了。只有传递辛矩阵才能构成传递辛矩阵群,而不是一个解向量。抽象一点讲,传递辛矩阵是一个算子。

位移法求解时,采纳了浅水波理论的基本假定[11, 13]后,将垂直方向的动力因素加入[11, 13, 17],就可将双方向传播的浅水孤立波予以分析求解,不但给出了正确的波速,而且也求解了孤立波交会的情况等许多问题[14, 18],表明对称性得到了保持。因为采用了基本的最小作用量变分原理进行分析推导,故动力学的基本性质得以保持。

这些是在浅水波的基本假定 $u(x, z, t)=u(x, t)$ (即刚性平移)之下得到。在此基本假定下,根据不可压缩条件得到水面,而势能就随之得到。采用了不可压缩条件,非线性也随之而来,具体的推导过程在文献[3]5.9 节已经给出,因此孤立波必然伴随着非线性。然而,由于当时并未注重流体力学方面的进展,我们只是展示了辛数学方法的广泛适应性,现在重新审视水波动力学方面的问题,从动力学的角度看,以往未能加以重视的辛对称群,以及数值分析要保辛等方面,就成为新的因素,可以走出一条新的保辛路子。

将孤立波通过动力学最小作用量变分原理加以分析,辛对称群、保辛等一整套内容就显示出其重要性。首先,浅水波的解不只有孤立波,选用不同的积分常数,还有椭圆余弦波。这些在文献[18]等中已经讲过,但还不够完整。椭圆余弦波是非线性周期性的(相当于积分常数 C_1、C_2 不为零时出现的),而且在波幅 η_0 很小时会与 Stokes 的线性理论波相衔接,而在波峰相距 L 很大时,又会与孤立波相衔接。所以说,椭圆余弦波是一种与不同的波浪理论相衔接的过渡态势的浅水周期波。我们关注椭圆余弦波,正是因为它的过渡态势。

10.3 基于二维位移法的浅水波

浅水波的椭圆余弦波虽然要求波幅远小于水深 $\eta_0 \ll h$, 但也考虑了非线性因素。当波幅 η_0 非常小时,它就会逼近线性分析解。

10.3.1　位移法二维浅水波

位移法水波的基本假定：本书在 Lagrange 表示下研究水波问题，通过跟踪水中粒子的位置来研究水波的演化过程，主要的未知量是粒子的位置（或位移）、动量和压强。为了由水波问题中的已知量求出未知量，必须建立已知量和未知量的关系，以及各个未知量之间的关系，从而导出一套求解的方程。在导出方程时，主要从三个方面来进行分析：一是力学方面，利用牛顿第二定律，建立动力学微分方程，得到水中位移与压强的联系；二是几何学方面，由此建立位移约束方程和边界位移方程；三是能量方面，由此建立水波的 Hamilton 变分原理，得到水波位移、动量和压强的关系。

在导出水波方程时，如果精确考虑方方面面的因素，则导出的方程非常复杂，实际上无法求解，因此需要对具体问题做出若干基本假定，略去一些可以暂不考虑的因素，使得导出的方程可以被解析或数值求解。本书中采用的基本假定[18]如下。

（1）假定水是连续的。也就是假定在整个感兴趣的计算域内全部被水充满，没有水泡的存在，在水的运动过程中，水仍然保持连续。这一假定意味着，在边界上（如自由水面、水底等）的质点在整个运动过程中，仍然保持在边界上，水中的一些基本物理量，如位移、速度、压强等都是连续的，因而可以用坐标的连续函数来表示它们的变化规律。实际上水是由分子构成，严格说来，不符合上述假定，但是对于许多实际工程中所遇到的水波问题如孤立波、涌浪等，问题的尺寸相比水分子之间的距离大得很多，因此关于连续性的假定，不会引起显著的误差。

注：本书不考虑水波破碎问题。虽然水波破碎是自然界常见现象，很值得研究。然而随着水波破碎，能量会有损耗，实际上已经不属于保守系统。如何确定能量损耗，还需结合实验进行研究。关于水波破碎问题，本书力有未逮，留待以后能人的继续努力。

（2）假定水是不可压缩的。所谓不可压缩，指的是“水变形前，计算域内任意体积的水在变形后，体积不变。在水的整个运动过程中，计算域内任意点处的密度保持不变”这一性质。严格来说，水是可压缩的，但本书主要讨论工程中常见的、重力作用下引起的水波问题，不包括高速传播等与流体压缩性相关的水下声波。在有工程实际意义的时空尺度上，水密度的变化微不足道，可以忽略不计。

（3）假定水是无黏的。除非特别说明，本书中所讨论的水波问题，均假定水无黏性，也就是将水波运动看成是一个无阻尼的运动过程。水的黏性很小，仅在流动的空间变化率很大时，如波长很短的张力波或靠近海底和物体壁面的边界层内的水波运动中，黏性才有可观的影响。对于许多实际工程中碰到的水波运动，将黏性忽略不计，不会引起显著的误差。

10.3.2　二维位移法浅水波的有限长度区段的反射

在浅水波的基本假定下，运用位移法和祖冲之方法论，可解决一系列课题。首先应验证波的反射数值问题。

非线性偏微分方程[11]为

$$\ddot{u}(x,t)-\frac{\ddot{u}_{xx}h^2}{3}-gh(u_{xx}-3u_xu_{xx})=0 \tag{10.3.1}$$

式(10.3.1)已经在前面推导。推导用最小作用量变分原理进行,而对于势能则使用 Taylor 展开式,忽略了高阶项。

前面讲,对称性是非常重要的动力学特性,传统 KdV 方程只能用于正向传播,而不能用于反向。这一点需要验证。

首先要推导、验证基本方程。而本节给出的基本方程式(10.3.1)可以满足正、反双向传播的需求。这只是断言,不能代替验证。可怎么验证呢?就要用数值例题来表达。在二维的条件下,可以用波的反射的数值例题来观察,一个正向波到边界时将有反射的现象,而反射波就是反向的。用数值例题可清楚地表达。在数值验证计算时,位移法的 Lagrange 函数仍可直接运用 $L=T-U$。作用量只要给出 $L=T-U$ 即可,代替偏微分方程,这是动力学最小作用量变分原理。

动能表达式是 $T=T_1+T_2$,其中 T_1 是水平方向速度提供的动能,T_2 是垂直方向速度提供的动能。势能表达式则可直接利用表达式:

$$U=\int_0^L\frac{1}{2}\rho g(\eta^2-h^2)(1+u_x)\mathrm{d}x=\frac{\int_0^L\frac{1}{2}\rho gu_x^2}{(1+u_x)\mathrm{d}x}-\frac{1}{2}\rho gh^2L$$

进行数值积分。不像分析法需要简洁的方程,而可直接用积分表达式。虽然改变不了波速,但数值上更优。

在两端有边界条件,因为式(10.2.13)以位移 $u(x,t)$ 为未知函数而求解,所以两端的边界条件也应对于位移 u 而表达:

$$\dot{u}(x,t)=0,\text{当 } x=0 \text{ 或 } x=L \tag{10.3.2}$$

对于任意时间 t 都成立。

初始条件是给出一个处于区间 $0<z<L$ 中间的正向传播的浅水波。在进行到边界 $z=L$ 就发生反射,变成反向传播的浅水波。到另一端 $z=0$ 处,又发生反射变成正向传播的浅水波,如此往复运动。所以反向的浅水波在此问题中是不可缺少的,传统 KdV 方程给出的波只能用于正向传播,无法求解。

直接运用位移法的动力学最小作用量变分原理,而不是用近似的偏微分方程,也可以求解。离散后的积分,其理论根据便是祖冲之类算法,不用考虑在插值区段内部的不可压缩约束条件,直接用位移的直线有限元法插值即可。方法简单,而且收敛非常好。因为是直线插值,所以在时间区段内,不可压缩的约束条件不能满足。而在节点处,不可压缩条件已经在确定波面 $\eta(x,t)$ 时考虑,所以可以认为,在节点处其不可压缩条件是满足的。

孤立波的传播,正向和反向传播的波总是在某处相撞击,而在撞击之后,又恢复各自的传播。这是很有趣的现象。在量子力学之中,物质被看成是某种波的现象,即所谓波-粒两重性。这是一种量子力学的基本假设。因为对于物质的电子提出了波-粒二象性和对于光的波-粒二象性,所以德布罗意获得了诺贝尔奖。在量子力学方面,这是开拓性的进展。现在浅水波传播中真实发生了这种现象,所以物理学家就称这类波包为孤立子(soliton)。

量子力学认为,基于波-粒二象性,粒子被认为是一个波包,这只可能是非线性波。所以非线性波包的碰撞非常重要。当然本书研究的只是浅水波。

实际上量子力学对于波-粒二象性的认识也经过了一番曲折。19 世纪末,经典物理学已经成为一个包括力、热、声、光、电等诸学科在内的、宏伟的理论体系,并被当时大多数物理学家认为是高度成熟的理论体系,然而黑体辐射的紫外灾难,却是飘在物理学美丽天空的一朵乌云,并由此诞生了量子论。为解决黑体辐射问题,1900 年 12 月 14 日,普朗克提出了量子论,标志着量子力学的诞辰。接着 1905 年,爱因斯坦提出引进光量子(光子)的概念,成功地解释了光电效应,也为此获得了诺贝尔奖。1913 年,玻尔在卢瑟福有核原子模型的基础上建立起原子的量子理论,并于 1922 年获得诺贝尔奖。1925 年,海森堡提出了著名的矩阵力学,实际上海森堡当时并不懂矩阵,还是波恩告诉海森堡他用的方法在数学中就是矩阵。1923 年,法国贵族德布罗意在其一页多的博士论文中,提出“物质波”的概念,指出粒子同样具有波的性质。德布罗意是法国贵族青年,对中世纪史感兴趣,后来兴趣转向物理学,在攻读博士学位时,大胆猜想粒子也可以是波,并就此写了一页多的博士论文,然而其博士论文很难通过答辩。德布罗意的导师朗之万将博士论文寄给著名的爱因斯坦。爱因斯坦读完,拍案叫绝,马上写信给郎之万,对德布罗意给予高度评价,由此德布罗意顺利通过答辩,量子力学的发展更进一步。实际上朗之万寄出的博士论文有一份来到了苏黎世大学。当时在苏黎世高工访问的中年讲师薛定谔在德拜的建议下研究德布罗意的论文,并找到一个波动方程,即薛定谔方程。薛定谔方程的诞生,在著作[19]中有生动的介绍,抄录于下。

1926 年初,在瑞士苏黎世联邦理工学院的一次学术报告会的末尾,德拜对薛定谔说:“你现在研究的问题不很重要,你为什么不给我们讲讲德布罗意的论文?”在下一次的学术讨论会上,薛定谔介绍了德布罗意如何将一个粒子和一列波联系起来,并得出波尔的量子化规则和索末菲定态轨道的驻波条件。德拜随便说了一句:“这样的报告相当孩子气,认真地讨论波动,必须有波动方程。”几个星期以后,薛定谔又做了一次报告。他开头说:“我的朋友德拜要求有一个波动方程,喏,我找到了一个。”于是,鼎鼎大名的薛定谔方程诞生了。

当时物理学界,包括那些学生,纷纷议论薛定谔神秘的 ψ(psi)。年轻的讲师许克耳对大教授颇为不恭地编了一首打油诗:

欧文(薛定谔的名字)用他的 psi,计算起来真灵通;但 psi 真正代表什么,没人能够说得清。问题是薛定谔自己也说不清,两年以后波恩才给 psi 一个统计诠释。

读者看到这个过程,可以体会一些创新的思路。关于量子力学的发展,有一大段历史[20],这里只是简单介绍。

10.3.3 浅水波的祖冲之类算法

浅水波的基本假定是水平位移,与竖向坐标无关,因此记为 $u = u(x, t)$。根据 10.2 节的分析表明,浅水波中竖向位移沿竖向坐标是线性分布的。因为在水底的竖向位

移为0,而在水面的竖向位移也写为

$$\eta(x, t) = w(x, 0, t) \tag{10.3.3}$$

故而可对竖向位移进行线性插值,令

$$w(x, z, t) = \left(\frac{z + h}{h}\right)\eta(x, t) \tag{10.3.4}$$

由上式可知,竖向速度为

$$\dot{w}(x, z, t) = \left(\frac{z + h}{h}\right)\dot{\eta}(x, t) \tag{10.3.5}$$

在水面压强为0,在水底的压强记为

$$\beta(x, t) = p(x, -h, t) \tag{10.3.6}$$

对压强也可以进行线性插值,得

$$p(x, z, t) = -\frac{z}{h}\beta(x, t) \tag{10.3.7}$$

于是,浅水系统的动能表达式可以改写为

$$T = \frac{1}{2}\int_0^L\int_{-h}^0 \rho(\dot{u}^2 + \dot{w}^2)\,\mathrm{d}x\mathrm{d}z = \frac{1}{2}\int_0^L \rho\dot{u}^2 h\mathrm{d}x + \frac{1}{2}\int_0^L \frac{h\rho\dot{\eta}^2}{3}\mathrm{d}x \tag{10.3.8}$$

注意,这里的动能表达式中没有对竖向速度的线性近似。如果势能只考虑重力势能,结合式(10.3.4)和式(10.3.7)可知,势能表达式为

$$U = \int_0^L\int_{-h}^0 \rho g(z + w)\,\mathrm{d}x\mathrm{d}z = C + \int_0^L \frac{h\rho g}{2}\eta(x, t)\,\mathrm{d}x,\ C = \int_0^L\int_{-h}^0 \rho gz\mathrm{d}x\mathrm{d}z \tag{10.3.9}$$

再考虑不可压缩条件,可以将拉格朗日函数势能项写为

$$\int_0^L\int_{-h}^0 p(u_x + w_z + u_x w_z - u_z w_x)\,\mathrm{d}z\mathrm{d}x = \frac{1}{2}\int_0^L \beta(x, t)(u_x h + \eta + u_x\eta)\,\mathrm{d}x \tag{10.3.10}$$

于是作用量可以写为

$$S = \int_0^t \left[\begin{array}{l} \dfrac{1}{2}\displaystyle\int_0^L \rho\dot{u}^2 h\mathrm{d}x + \dfrac{1}{2}\int_0^L \dfrac{h\rho\dot{\eta}^2}{3}\mathrm{d}x - C \\ -\displaystyle\int_0^L \dfrac{h\rho g}{2}\eta(x, t)\,\mathrm{d}x + \dfrac{1}{2}\int_0^L \beta(x, t)(u_x h + \eta + u_x\eta)\,\mathrm{d}x \end{array}\right]\mathrm{d}s \tag{10.3.11}$$

对上式变分即可得到

$$\begin{cases}\rho h\ddot{u}+\dfrac{1}{2}[(h+\eta)\beta_x+\eta_x\beta]=0\\ \dfrac{h\rho}{3}\ddot{\eta}+\dfrac{h\rho g}{2}-\dfrac{1}{2}\beta(1+u_x)=0\\ (u_x+1)(h+\eta)=h\end{cases}\tag{10.3.12}$$

上式便是基于约束 Hamilton 变分原理的浅水波方程,包含水平位移、水表面竖向位移和压强三类变量,这里将该方程简写为 SWE - Zu[14]。这是一个非线性方程组,其求解需要构造数值方法。由于 SWE - Zu 通过 Hamilton 变分原理导出,因此可以利用有限元分析,下面介绍数值计算方法。复杂的课题可以采用有限元法离散分析,例如下节的三维浅水波法。二维平底情况时,分析推导较为简单,因为不可压缩条件等全由分析推导满足,现在要由有限元法离散,另有方程确定,祖冲之方法论求解时加以满足,所以方程要更复杂,但本质相同。

1. 空间坐标离散

根据 Lagrange 函数,可以在空间离散,并进行计算。假设在空间上 $[0, L]$ 内进行离散如图 10.1 所示。

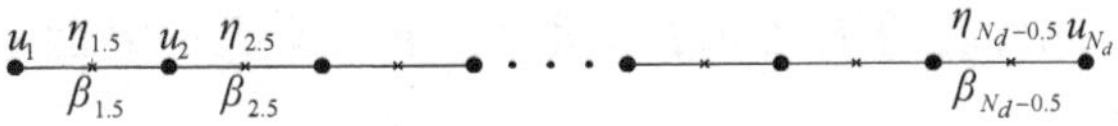

图 10.1 有限元网格

共 N_d-1 个有限元,在每个有限元上,对水平位移 $u(x)$ 线性插值,而令 $\eta(x)$ 和 $\beta(x)$ 为常值,因此有

$$\begin{gathered}u(x)=\frac{x_{n+1}-x}{\Delta x_n}u_n+\frac{x-x_n}{\Delta x_n}u_{n+1}\\ \eta(x)=\eta_{n+0.5},\ \beta(x)=\beta_{n+0.5}\end{gathered}\tag{10.3.13}$$

式中,x_n 是第 n 个节点在 x 方向的坐标;Δx_n 是第 n 单元的长度;u_n 是节点水平位移;$\eta_{n+0.5}$ 是单元中点的水面竖向位移;$\beta_{n+0.5}$ 是单元中点的水底压强。实际上对于位移和压强的空间离散必须恰当。这里单元内压强 $\beta(x)$ 取常数,其近似阶数比位移的近似阶数低一阶,这是混合有限元中常用做法。水面竖向位移 $\eta(x)$ 取常数,原因在于水面形状函数恰好是 u_x 的函数 $\eta=-u_xh/(1+u_x)$,参见式(10.3.3)。因此对于水面 $\eta(x)$ 的常数近似,与水平位移的近似是匹配的。实际测算表明,如果 $\eta(x)$ 在有限元内线性插值,计算结果会发散。前面采用分析法计算孤立波的方法是类似的。

根据式(10.3.13),在第 n 个单元上的不可压缩条件可以近似为

$$\left(\frac{u_{n+1}-u_n}{\Delta x_n}+1\right)(h+\eta_{n+0.5})\Delta x_n=h\Delta x_n\tag{10.3.14}$$

动能的计算采用集中质量矩阵计算较为方便,于是作用量可以表示为

$$S=\int_0^t\left(\frac{1}{2}\dot{\boldsymbol{u}}^{\mathrm{T}}\boldsymbol{M}_u\dot{\boldsymbol{u}}+\frac{1}{2}\dot{\boldsymbol{\eta}}^{\mathrm{T}}\boldsymbol{M}_\eta\dot{\boldsymbol{\eta}}-\boldsymbol{\eta}^{\mathrm{T}}\boldsymbol{G}+\frac{1}{2}\boldsymbol{\beta}^{\mathrm{T}}\boldsymbol{\theta}\right)\mathrm{d}\tau\tag{10.3.15}$$

式中，$\boldsymbol{u}$ 和 $\boldsymbol{\eta}$ 分别是水平位移向量和水面竖向位移的节点向量；$\boldsymbol{M}_u$ 和 $\boldsymbol{M}_\eta$ 分别是与 $\boldsymbol{u}$ 和 $\boldsymbol{\eta}$ 相关的质量矩阵；$\boldsymbol{G}$ 是重力向量；$\boldsymbol{\beta}$ 是压强向量；$\boldsymbol{\theta}$ 是体积变形向量。$\boldsymbol{M}_u$、$\boldsymbol{M}_\eta$、$\boldsymbol{G}$、$\boldsymbol{\beta}$ 和 $\boldsymbol{\theta}$ 可以表示成

$$\boldsymbol{M}_u = \mathrm{diag}\left\{\rho h \frac{\Delta x_1 + \Delta x_2}{2}, \cdots, \rho h \frac{\Delta x_n + \Delta x_{n+1}}{2}, \cdots, \rho h \frac{\Delta x_{N_d-2} + \Delta x_{N_d-1}}{2}\right\}$$

$$\begin{aligned}
&\boldsymbol{M}_\eta = \mathrm{diag}\left\{\frac{h\rho}{3}\Delta x_1, \cdots, \frac{h\rho}{3}\Delta x_n, \cdots, \frac{h\rho}{3}\Delta x_{N_d-1}\right\} \\
&\boldsymbol{G} = \left(\frac{h\rho g}{2}\Delta x_1 \quad \frac{h\rho g}{2}\Delta x_2 \quad \cdots \quad \frac{h\rho g}{2}\Delta x_{N_d-1}\right) \\
&\beta = (\beta_{1.5} \quad \beta_{2.5} \quad \cdots \quad \beta_{N_d-0.5})^{\mathrm{T}}, \\
&\boldsymbol{\theta}(\boldsymbol{u}, \boldsymbol{\eta}) = (\theta_{1.5} \quad \theta_{2.5} \quad \cdots \quad \theta_{N_d-0.5})^{\mathrm{T}}, \\
&\theta_{n+0.5} = \left(\frac{u_{n+1} - u_n}{\Delta x_n} h + \eta_{n+0.5} + \frac{u_{n+1} - u_n}{\Delta x_n}\eta_{n+0.5}\right)\Delta x_n
\end{aligned} \tag{10.3.16}$$

式(10.3.15)的积分项中，前两项之和表示动能，第三项表示势能，第四项表示约束项。对式(10.3.15)变分得

$$\begin{aligned}
\delta S = &- \delta \boldsymbol{u}^{\mathrm{T}}\boldsymbol{M}_u \ddot{\boldsymbol{u}} - \delta\boldsymbol{\eta}^{\mathrm{T}}\boldsymbol{M}_\eta \ddot{\boldsymbol{\eta}} - \delta\boldsymbol{\eta}^{\mathrm{T}}\boldsymbol{G} + \frac{1}{2}\delta\boldsymbol{\beta}^{\mathrm{T}}\boldsymbol{\theta}(\boldsymbol{u}, \boldsymbol{\eta}) \\
&+ \delta\boldsymbol{u}^{\mathrm{T}}\boldsymbol{F}_u(\boldsymbol{\beta}, \boldsymbol{\eta}) + \delta\boldsymbol{\eta}^{\mathrm{T}}\boldsymbol{F}_\eta(\boldsymbol{\beta}, \boldsymbol{u}) \\
&+ \frac{1}{2}\delta u_{N_d}\beta_{N_d-0.5}(h + \eta_{N_d-0.5}) - \frac{1}{2}\delta u_1\beta_{1.5}(h + \eta_{10.5})
\end{aligned} \tag{10.3.17}$$

其中，

$$\begin{aligned}
&\boldsymbol{F}_\eta(\boldsymbol{\beta}, \boldsymbol{u}) = \frac{1}{2}(f_{\eta,1} \quad f_{\eta,2} \quad \cdots \quad f_{\eta,N_e})^{\mathrm{T}} \\
&f_{\eta,n} = \beta_{n+0.5}(\Delta x_n + u_{n+1} - u_n) \\
&\boldsymbol{F}_u(\boldsymbol{\beta}, \boldsymbol{\eta}) = \frac{1}{2}(f_{u,2} \quad f_{u,3} \quad \cdots \quad f_{u,N_d-1})^{\mathrm{T}} \\
&f_{u,n} = \beta_{n-0.5}(h + \eta_{n-0.5}) - \beta_{n+0.5}(h + \eta_{n+0.5})
\end{aligned} \tag{10.3.18}$$

考虑到 $\delta u_1 = \delta u_{N_d} = 0$，因此有

$$\begin{cases}
\boldsymbol{M}_u \ddot{\boldsymbol{u}} - \boldsymbol{F}_u(\boldsymbol{\pi}) = \boldsymbol{0} \\
\boldsymbol{M}_\eta \ddot{\boldsymbol{\eta}} + \boldsymbol{G} - \boldsymbol{F}_\eta(\boldsymbol{\pi}, \boldsymbol{u}) = \boldsymbol{0} \\
\boldsymbol{\theta}(\boldsymbol{u}, \boldsymbol{\eta}) = \boldsymbol{0}
\end{cases} \tag{10.3.19}$$

式(10.3.19)是 DAE，其中第三个方程是约束条件。其求解方法有很多，比如指标类方法，然而这类方法不能严格满足约束条件。近年来我们针对 DAE 发展出祖冲之类算

法，可以严格满足约束条件，文献［18］进一步证明祖冲之算法不仅保约束，还可以保辛，本节将采用祖冲之类算法求解该 DAE 方程。

2. 保辛祖冲之类算法

非线性微分方程组(10.3.19)由式(10.3.15)变分得到。式(10.3.15)描述的是一个约束 Hamilton 系统，其时间积分需要保辛，而对于约束 Hamilton 系统，时间积分不仅需要保辛，还需约束预先满足。对于本节考虑的浅水波系统，Hamilton 函数可以写为

$$H(t)=\frac{1}{2}\dot{\boldsymbol{u}}^{\mathrm{T}}\boldsymbol{M}_u\dot{\boldsymbol{u}}+\frac{1}{2}\dot{\boldsymbol{\eta}}^{\mathrm{T}}\boldsymbol{M}_\eta\dot{\boldsymbol{\eta}}+\boldsymbol{\eta}^{\mathrm{T}}\boldsymbol{G} \tag{10.3.20}$$

Hamilton 函数往往表征能量，采用祖冲之类算法，能量也可保持得很好。这里采用祖冲之类算法计算式(10.3.19)，首先对作用量进行时间离散为

$$t=t_0,\ t_1,\ \cdots,\ t_k,\ \cdots,\ t_k=k\times\Delta t \tag{10.3.21}$$

在一个时间步长 $[t_k,\ t_{k+1}]$ 内，速度可以近似为

$$\dot{\boldsymbol{u}}_k(t)=\frac{\boldsymbol{u}_{k+1}-\boldsymbol{u}_k}{\Delta t},\quad \dot{\boldsymbol{\eta}}_k(t)=\frac{\boldsymbol{\eta}_{k+1}-\boldsymbol{\eta}_k}{\Delta t},\quad t\in[t_k,\ t_{k+1}] \tag{10.3.22}$$

式中，$\#_k=\#(t_k)$。位移近似为

$$\boldsymbol{u}(t)=\frac{\boldsymbol{u}_{k+1}+\boldsymbol{u}_k}{2},\quad \boldsymbol{\eta}(t)=\frac{\boldsymbol{\eta}_{k+1}+\boldsymbol{\eta}_k}{2},\quad t\in[t_k,\ t_{k+1}] \tag{10.3.23}$$

压强是常值，取为

$$\boldsymbol{\beta}(t)=\boldsymbol{\beta}_k,\quad t\in[t_k,\ t_{k+1}] \tag{10.3.24}$$

对作用量采用梯形公式进行积分：

$$\begin{aligned}S_k=&\frac{1}{2}(\boldsymbol{u}_{k+1}^{\mathrm{T}}-\boldsymbol{u}_k^{\mathrm{T}})\boldsymbol{M}_u\frac{\boldsymbol{u}_{k+1}-\boldsymbol{u}_k}{\Delta t}+\frac{1}{2}(\boldsymbol{\eta}_{k+1}^{\mathrm{T}}-\boldsymbol{\eta}_k^{\mathrm{T}})\boldsymbol{M}_\eta\frac{\boldsymbol{\eta}_{k+1}-\boldsymbol{\eta}_k}{\Delta t}\\&-(\boldsymbol{\eta}_{k+1}+\boldsymbol{\eta}_k)\frac{\Delta t}{2}\boldsymbol{G}+\frac{\Delta t}{4}\boldsymbol{\beta}_k^{\mathrm{T}}\boldsymbol{\theta}(\boldsymbol{u}_k,\ \boldsymbol{\eta}_k)+\frac{\Delta t}{4}\boldsymbol{\beta}_k^{\mathrm{T}}\boldsymbol{\theta}(\boldsymbol{u}_{k+1},\ \boldsymbol{\eta}_{k+1})\end{aligned} \tag{10.3.25}$$

根据作用量变分可知，

$$\begin{cases}\boldsymbol{M}_u\dfrac{\boldsymbol{u}_{k+1}-\boldsymbol{u}_k}{\Delta t}+\dfrac{\Delta t}{2}\boldsymbol{F}_u(\boldsymbol{\beta}_k,\ \boldsymbol{\eta}_{k+1})=\boldsymbol{p}_{u,\ k+1}\\-\boldsymbol{M}_u\dfrac{\boldsymbol{u}_{k+1}-\boldsymbol{u}_k}{\Delta t}+\dfrac{\Delta t}{2}\boldsymbol{F}_u(\boldsymbol{\beta}_k,\ \boldsymbol{\eta}_k)+\boldsymbol{p}_{u,\ k}=\boldsymbol{0}\\\boldsymbol{M}_\eta\dfrac{\boldsymbol{\eta}_{k+1}-\boldsymbol{\eta}_k}{\Delta t}-\dfrac{\Delta t}{2}\boldsymbol{G}+\dfrac{\Delta t}{2}\boldsymbol{F}_\eta(\boldsymbol{\beta}_k,\ \boldsymbol{u}_{k+1})-\boldsymbol{p}_{\eta,\ k+1}=\boldsymbol{0}\\-\boldsymbol{M}_\eta\dfrac{\boldsymbol{\eta}_{k+1}-\boldsymbol{\eta}_k}{\Delta t}-\dfrac{\Delta t}{2}\boldsymbol{G}+\dfrac{\Delta t}{2}\boldsymbol{F}_\eta(\boldsymbol{\beta}_k,\ \boldsymbol{u}_k)+\boldsymbol{p}_{\eta,\ k}=\boldsymbol{0}\\\boldsymbol{\theta}(\boldsymbol{u}_{k+1},\ \boldsymbol{\eta}_{k+1})=\boldsymbol{0}\end{cases} \tag{10.3.26}$$

式中，$\boldsymbol{p}_u$ 和 $\boldsymbol{p}_\eta$ 是动量向量，有

$$\boldsymbol{p}_u = \boldsymbol{M}_u \dot{\boldsymbol{u}},\ \boldsymbol{p}_\eta = \boldsymbol{M}_\eta \dot{\boldsymbol{\eta}} \tag{10.3.27}$$

式(10.3.26)是一个非线性方程组，其中 $\boldsymbol{u}_{k+1}$、$\boldsymbol{\eta}_{k+1}$、$\boldsymbol{p}_{u,k+1}$、$\boldsymbol{p}_{\eta,k+1}$、$\boldsymbol{\beta}_k$ 是未知量。未知量数目与方程数目相同，可以解出所有未知量。求解时可以采用牛顿迭代法。牛顿迭代法的优点是收敛速度快，具有二阶收敛性，其缺点是需要计算雅可比矩阵，并对雅可比矩阵求逆。这里介绍一种简单的计算方法。首先将式(10.3.26)改写为

$$\begin{cases}
\boldsymbol{u}_{k+1} = \boldsymbol{u}_k + \boldsymbol{M}_u^{-1}\left\{\dfrac{\Delta t}{2}(\boldsymbol{p}_{u,k+1} + \boldsymbol{p}_{u,k}) - \dfrac{\Delta t^2}{4}[\boldsymbol{F}_u(\boldsymbol{\beta}_k, \boldsymbol{\eta}_{k+1}) - \boldsymbol{F}_u(\boldsymbol{\beta}_k, \boldsymbol{\eta}_k)]\right\} \\
\boldsymbol{\eta}_{k+1} = \boldsymbol{\eta}_k + \boldsymbol{M}_\eta^{-1}\left\{\dfrac{\Delta t}{2}(\boldsymbol{p}_{\eta,k+1} + \boldsymbol{p}_{\eta,k}) - \dfrac{\Delta t^2}{4}[\boldsymbol{F}_\eta(\boldsymbol{\beta}_k, \boldsymbol{u}_{k+1}) - \boldsymbol{F}_\eta(\boldsymbol{\beta}_k, \boldsymbol{u}_k)]\right\} \\
\boldsymbol{p}_{\eta,k+1} = \dfrac{\Delta t}{2}[\boldsymbol{F}_\eta(\boldsymbol{\beta}_k, \boldsymbol{u}_{k+1}) + \boldsymbol{F}_\eta(\boldsymbol{\beta}_k, \boldsymbol{u}_k)] - \Delta t\boldsymbol{G} + \boldsymbol{p}_{\eta,k} \\
\boldsymbol{p}_{u,k+1} = \dfrac{\Delta t}{2}[\boldsymbol{F}_u(\boldsymbol{\beta}_k, \boldsymbol{\eta}_{k+1}) + \boldsymbol{F}_u(\boldsymbol{\beta}_k, \boldsymbol{\eta}_k)] + \boldsymbol{p}_{u,k} \\
\boldsymbol{\beta}_k = \kappa\boldsymbol{\theta}(\boldsymbol{u}_{k+1}, \boldsymbol{\eta}_{k+1}) + \boldsymbol{\beta}_k
\end{cases} \tag{10.3.28}$$

式中，κ 是辅助变量，用于辅助数值求解。上式可以采用如下迭代格式计算：

$$\begin{cases}
\boldsymbol{u}_{k+1}^{(n+1)} = \boldsymbol{u}_k + \boldsymbol{M}_u^{-1}\left\{\dfrac{\Delta t}{2}(\boldsymbol{p}_{u,k+1}^{(n)} + \boldsymbol{p}_{u,k}) - \dfrac{\Delta t^2}{4}[\boldsymbol{F}_u(\boldsymbol{\beta}_k^{(n)}, \boldsymbol{\eta}_{k+1}^{(n)}) - \boldsymbol{F}_u(\boldsymbol{\beta}_k^{(n)}, \boldsymbol{\eta}_k)]\right\} \\
\boldsymbol{\eta}_{k+1}^{(n+1)} = \boldsymbol{\eta}_k + \boldsymbol{M}_\eta^{-1}\left\{\dfrac{\Delta t}{2}(\boldsymbol{p}_{\eta,k+1}^{(n)} + \boldsymbol{p}_{\eta,k}) - \dfrac{\Delta t^2}{4}[\boldsymbol{F}_\eta(\boldsymbol{\beta}_k^{(n)}, \boldsymbol{u}_{k+1}^{(n)}) - \boldsymbol{F}_\eta(\boldsymbol{\beta}_k^{(n)}, \boldsymbol{u}_k)]\right\} \\
\boldsymbol{p}_{\eta,k+1}^{(n+1)} = \dfrac{\Delta t}{2}[\boldsymbol{F}_\eta(\boldsymbol{\beta}_k^{(n)}, \boldsymbol{u}_{k+1}^{(n+1)}) + \boldsymbol{F}_\eta(\boldsymbol{\beta}_k^{(n)}, \boldsymbol{u}_k)] - \Delta t\boldsymbol{G} + \boldsymbol{p}_{\eta,k} \\
\boldsymbol{p}_{u,k+1}^{(n+1)} = \dfrac{\Delta t}{2}[\boldsymbol{F}_u(\boldsymbol{\beta}_k^{(n)}, \boldsymbol{\eta}_{k+1}^{(n+1)}) + \boldsymbol{F}_u(\boldsymbol{\beta}_k^{(n)}, \boldsymbol{\eta}_k)] + \boldsymbol{p}_{u,k} \\
\boldsymbol{\beta}_k^{(n+1)} = \kappa\boldsymbol{\theta}(\boldsymbol{u}_{k+1}^{(n+1)}, \boldsymbol{\eta}_{k+1}^{(n+1)}) + \boldsymbol{\beta}_k^{(n)}
\end{cases} \tag{10.3.29}$$

上述迭代格式的优点是比牛顿迭代格式简单，缺点是收敛慢。实际测算表明，无论是上述迭代格式还是牛顿迭代格式，两者都能得到非线性方程组的解。如果将 $\boldsymbol{M}_\eta = \boldsymbol{M}_\eta \varepsilon$ 代入式(10.3.26)，其中 $\varepsilon \ll 1$，则式(10.3.26)可以用于分析不考虑竖向加速度的浅水波动，其结果与 Euler 坐标下的 SVE 的解相同。

3. 算例

考虑 $L = 50$ m，$h = 1$ m，水密度 $\rho = 1\,000$ kg/m^3，重力加速度为 $g = 10$ m/s^2，初始流场为 0，而初始水面形状为

$$\bar{\eta}(\xi, 0) = A\left[\alpha \operatorname{sech}^2\left(\frac{\alpha L}{2} - \alpha\xi\right) - \frac{2}{L}\tanh\left(\frac{\alpha L}{2}\right)\right] \tag{10.3.30}$$

式中，$\xi = x + u(x,\ 0)$；α 和 A 为两个形状参数，通过调节 α 和 A 可以改变初始水面形状。α 或者 A 越小，初始水面越平坦。式(10.3.30)满足 $\int_0^L \bar{\eta}(\xi,\ 0)\mathrm{d}\xi = 0$，因此初始状态水的变形满足不可压缩条件。SVE 的求解，采用有限差分法计算，网格均匀剖分，$\Delta x = 0.1$ m，时间步长取 $\Delta t = 0.01$ s。本节 SWE－DP 的求解，采用有限元空间离散，网格均匀剖分，$\Delta x = 0.25$ m，时间积分采用祖冲之类算法计算，时间步长取 $\Delta t = 0.01$ s，非线性方程采用牛顿迭代法计算，收敛准则为残差向量的 2 范数小于 10^{-6}。模型以位移和压强为基本变量，初始位移可以通过给出。根据式知初始的水面竖向位移为

$$\eta(x,\ 0) = A\left(\alpha \mathrm{sech}^2\left\{\frac{\alpha L}{2} - \alpha[x + u(x,\ 0)]\right\} - \frac{2}{L}\tanh\left(\frac{\alpha L}{2}\right)\right) \tag{10.3.31}$$

式(10.3.31)是一个关于 $u(x,\ 0)$ 的非线性方程，初始时刻已经采用线性单元对 $u(x,\ 0)$ 进行插值，因此在每个单元上有

$$(u_{n+1} - u_n)h + \eta_{n+0.5}\Delta x_n + (u_{n+1} - u_n)\eta_{n+0.5} = 0,\ 1 \leqslant n \leqslant N_{\mathrm{e}} \tag{10.3.32}$$

式中，N_{e} 为单元数，

$$\eta_{n+0.5} = A\left\{\alpha \mathrm{sech}^2\left[\frac{\alpha L}{2} - \alpha\left(x_{n+0.5} + \frac{u_n + u_{n+1}}{2}\right)\right] - \frac{2}{L}\tanh\left(\frac{\alpha L}{2}\right)\right\} \tag{10.3.33}$$

式(10.3.33)中，$u_1 = u_{N_d} = 0$，求解非线性方程(10.3.33)即可得到初始时刻的各节点上的初始位移 u_n，而初始速度则为 0。进一步可以利用式(10.3.33)得到各个节点上的 $\eta_{n+0.5}$。取 $A = 0.8$，$\alpha = 0.28$，分别采用 SWE－DP 和 SVE 计算 100 s，比较两者的水面演化过程，见图 10.2。

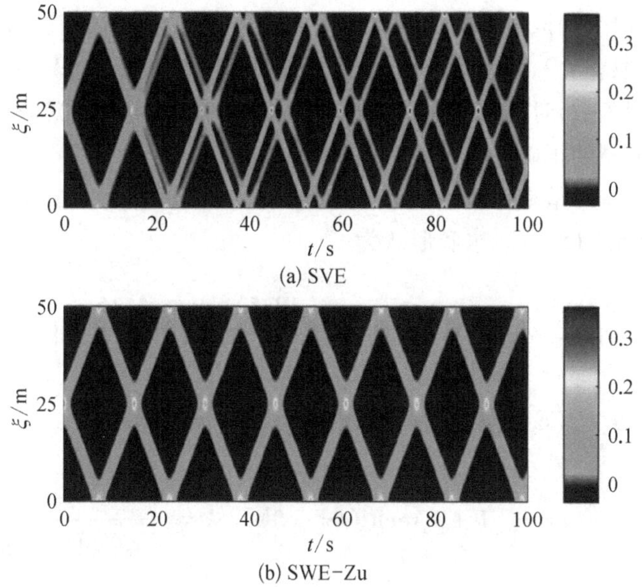

图 10.2　水面长时间演化的云图比较

由图 10.2 (a)是采用 SVE 计算的结果,出现了 2 个波形不能保持原来形状,因为对称性被破坏;图 10.2 (b)是采用 SWE－DP 计算的结果,波形表示很好。由图 10.2 可见,在 100 s 内,波两边对称地来回传递,共传递约 6.5 个周期,波形仍然保持得很好,不受两个孤立波相撞的影响;然而采用 SVE 模型计算的结果在整个演化过程中,波形出现了严重的变形,不能保持有规律地传播,这主要是因为本节 SWE－DP 方程中保留了最高阶微商的 $\ddot{u}_{xx}h^2/3$。

位移法再加上保辛,即祖冲之类算法,自然不会出现传统数值方法出现的诸如水量不守恒、静水变动问题、负水位等问题,有很大优点。中国人对祖冲之类算法有些偏爱可以理解,但还是要有科学态度,不敢以偏概全。

10.4 三维位移法的浅水波

10.3 节给出的 2－D 的平面问题,还可推广到 3－D 问题。3－D 问题依然可用变分原理的推导予以求解,其理论推导部分与二维相同,这里不再给出详细的公式,仅给出几个保辛方法计算的算例。

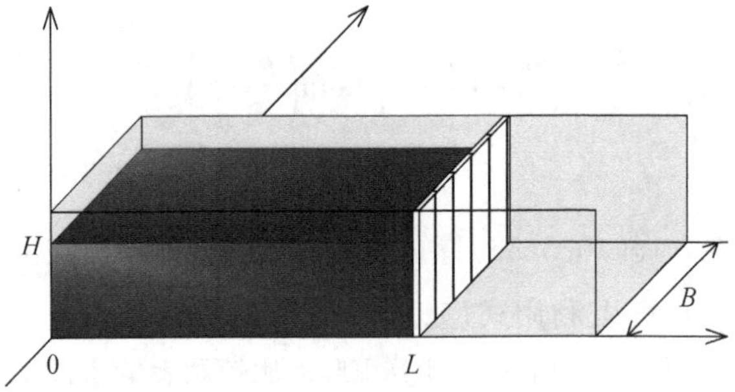

图 10.3 溃坝模型

溃坝问题: Schoklitsh 曾经做个一个溃坝实验,实验中水槽宽 0.096 m,高 0.08 m,长 20 m。水槽由光滑木材制成,在 10 m 处有一坝,坝的左边蓄水,蓄水深 0.074 m,坝右边水槽不再蓄水,因此可以模拟干河床,其 Manning 糙率为 0.009 $s/m^{1/3}$。坝在瞬间被抽走,水开始向右涌出,实验模型如图 10.3 所示,不同在于考虑了摩阻,在文献中也可以查到该实验的详细数据。这里采用保辛的位移法对该问题进行仿真计算,重力加速度取 $g = 9.806\,65\ m/s^2$, 在[0 m, 10 m]×[0 m, 0.096 m]内采用 200×2 个线性矩形单元空间离散,时间步长取 0.01 s,将仿真数据与实测数据进行比较,结果证明了位移法浅水波模型的正确性(图 10.4)。

孤立波过岛屿: 计算域为 $\Omega = [0\ m, 25\ m] \times [0\ m, 30\ m]$。圆形岛屿的圆心落在计算域的中心(12.5 m, 15 m)。水底形状为

$$h(x, y) = -A\exp\left[-\frac{(x-12.5)^2+(y-15)^2}{2\sigma^2}\right] \tag{10.4.1}$$

式中, $A = 0.857$; $\sigma = 1.6\ m$, 初始时刻的水面为

$$\eta_0(x, y) = h_0[1+\zeta_0\mathrm{sech}^2(kx-5)], \quad k = \sqrt{\frac{3\zeta_0}{4h_0^2(1+\zeta_0)}} \tag{10.4.2}$$

式中, $\zeta_0 = 0.1\ m$ 是孤立子波高; $h_0 = 0.32\ m$。初始时刻的速度为

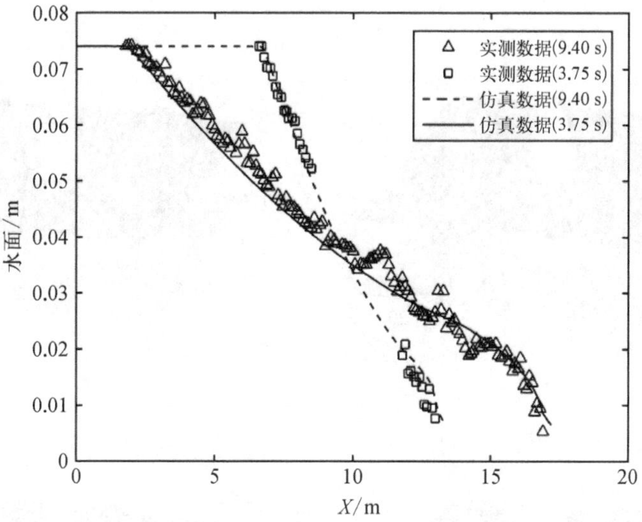

图 10.4　实测水面与仿真数据的对比

$$u(x,\ y,\ 0) = ck\sqrt{\frac{4h_0^2\zeta_0}{3}}\operatorname{sech}^2(kx - 5),\ v(x,\ y,\ 0) = 0 \tag{10.4.3}$$

式中，$c = \sqrt{gh_0(1 + \zeta_0)}$ 为孤立波波速，重力加速度 $g = 9.81\ \mathrm{m/s^2}$。计算域四周为竖壁，水不可渗透，边界条件是

$$u(0,\ y,\ t) = u(25,\ y,\ t) = v(x,\ 0,\ t) = v(x,\ 30,\ t) = 0 \tag{10.4.4}$$

在岛屿四周，水与岛屿的干湿交界面处水深为零。计算从 0 s 开始，到 8 s 结束，时间步长取 $\Delta t = 0.01$ s，空间采用 7 378 个三角形线性单元剖分，共 3 807 个节点，剖分如图 10.5 所示。

图 10.6 给出了孤立波过岛屿时水面的流程的演化历程。由图可见孤立波在行进的过程中，保持形状不变。但经过圆形岛屿之后，沿圆形岛屿四周产生环形反射波。

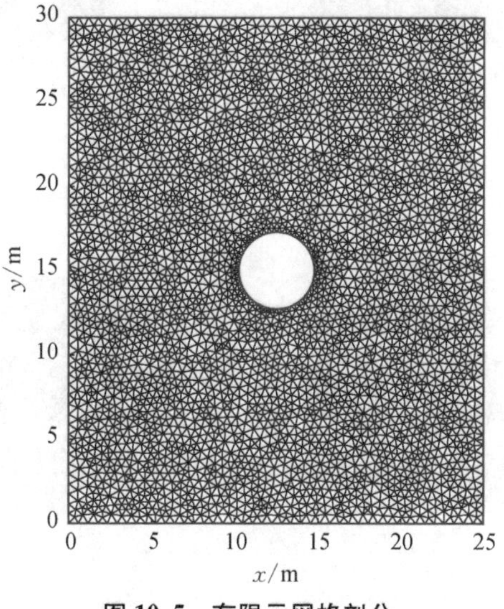

图 10.5　有限元网格剖分

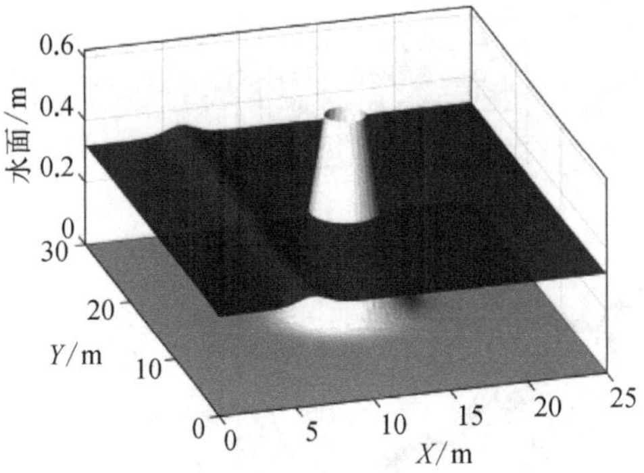

(a) $t = 0$ s

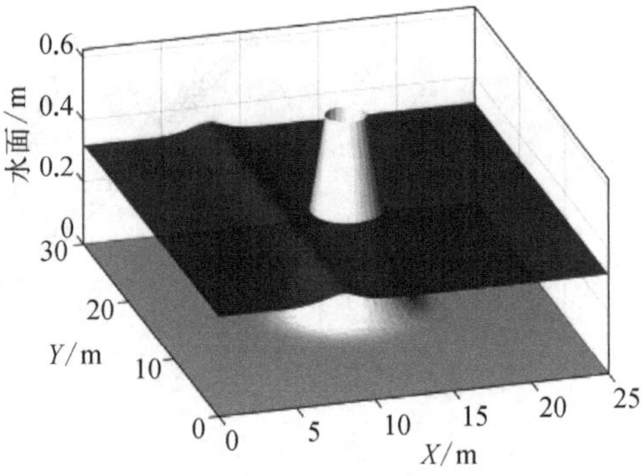

(b) $t = 1$ s

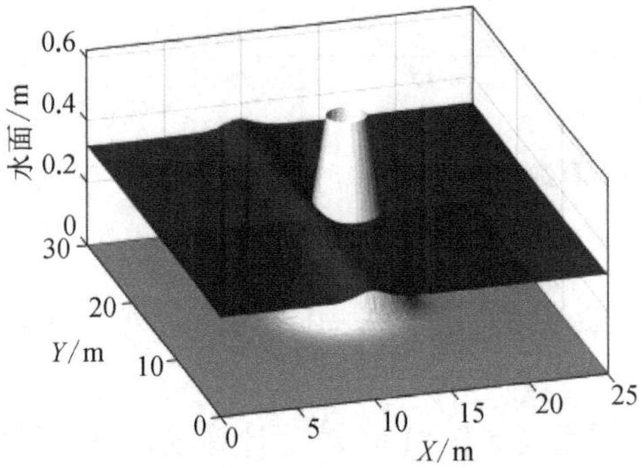

(c) $t = 2$ s

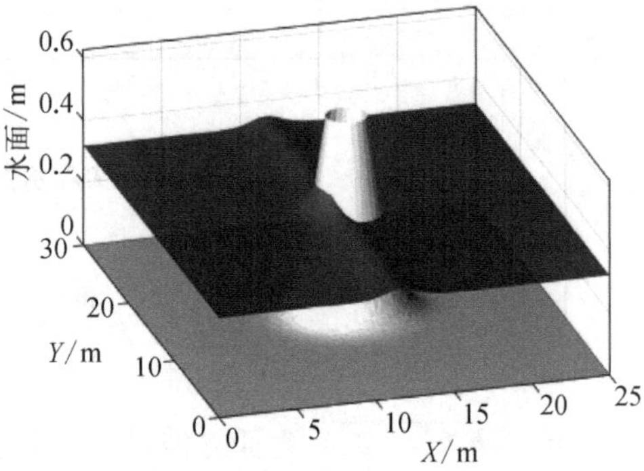

(d) $t = 3$ s

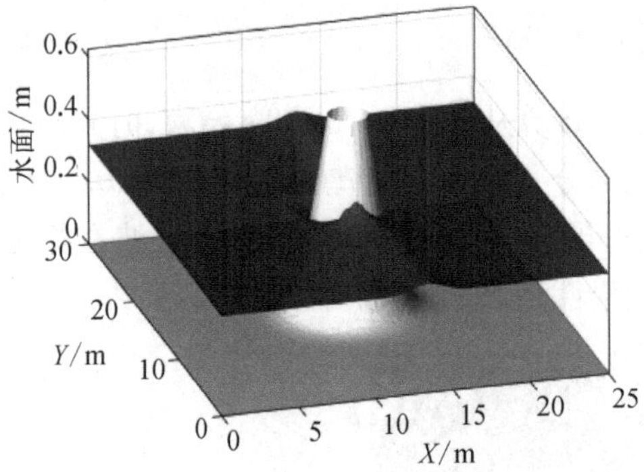

(e) $t = 4$ s

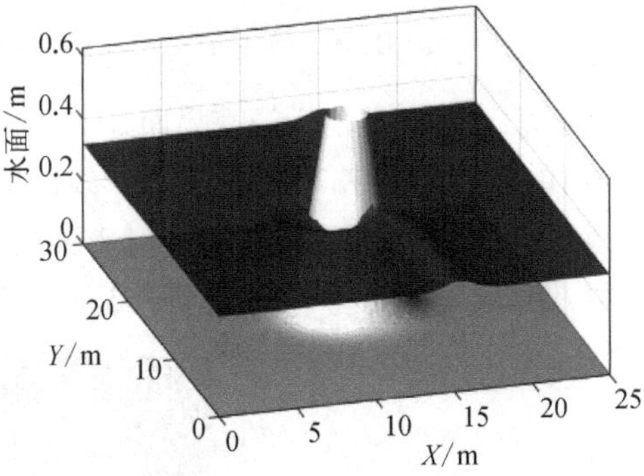

(f) $t = 5$ s

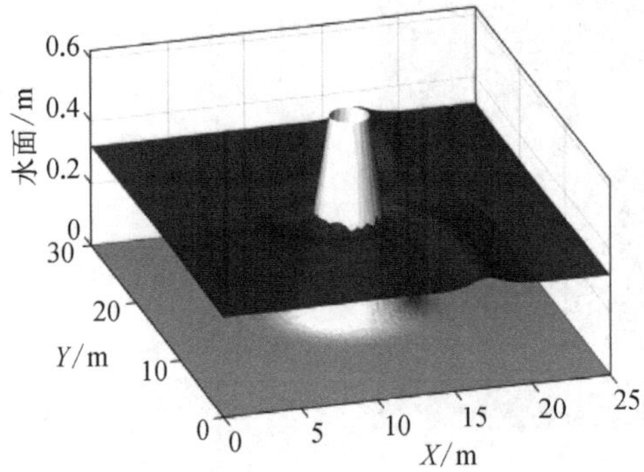

(g) $t = 6$ s

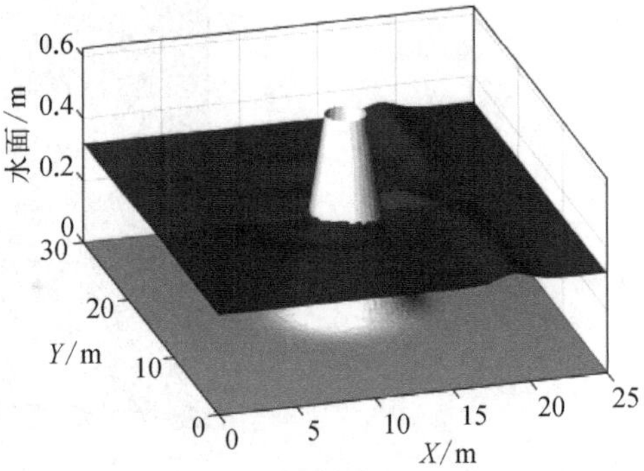

(h) $t = 7$ s

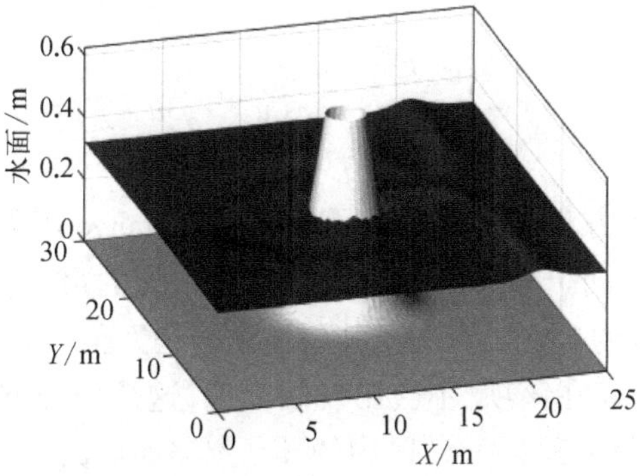

(i) $t = 8$ s

图 10.6　孤立波过岛屿的演化历程

10.5　浅水波的机械激波

激波问题众所关注。文献[10]讲述了激波的多个方面。在浅水波方面,其水跃实际上也是激波[9]。因为水不是气体,而是不可压缩的,热力学的影响可以忽略,因此文献[10]称其为机械激波(mechanical shock wave),当然也是强间断,并且也用了一些篇幅讲解间断面两端的 Hugoniot 条件等。本节力图论证水跃是多尺度问题。

浅水波是水动力学方面的一个重要论题,钱塘江潮水天下闻名,关键是其水跃的传播,文献[9]用了许多篇幅讲述水跃。水跃是流体激波,对此可以用作典型问题加以数值求解和论证。

1834 年,罗素在河道中观察到了孤立波,但其理论却历经多年争论。直到 1895 年 KdV 方程的发表,才建立了其浅水波的理论成因,虽然因为对称性问题,不是非常理想,但还是被广泛接受。浅水波理论常常采用 Saint Venant 的浅水方程,也称 Saint Venant equation(SVE),现在有许多文章的计算奠基于 SVE 理论,但 SVE 理论不能得到孤立波解,说明概括性不够。

在文献[3]、[11]和[14]中也论述了孤立波,是在质点位移空间 Lagrange 表示下做的。在位移空间建立方程,易于建立对应的变分原理。在变分原理基础上推导有限元法是基本手段,相信读者熟悉有限元法的基本方法。之后又出版了关于浅水波的著作[18],主要关注的是非线性方程的波。浅水波一般要求水深 $h \ll \lambda$,其中 λ 是波长。浅水波的基本假定主要是:变形前是垂直线,则变形后依然是垂直线的假定[3, 14, 15]。该基本假定对于一般的浅水波很好用,因为一般的浅水波波长比较长,当然,对于孤立波也好用。

本节要转向激波问题。既然称为激波,其意思就是强间断,其变量本身就是间断的,不只是变量的微商间断。其控制微分方程的最高阶微商一般是齐次的。由于黏性系数非常小,其最高价微商的系数非常小,于是就出现了边界层理论,这是普朗特的重要贡献之一。对应地就出现了应用数学的奇异摄动法(singular perturbation method),这主要由中国留美学者贡献。对此著作[3]的 5.7 节有奇异乘法摄动的解法描述。

著作[3]和[14]也讲述了浅水波理论,对于平底一维水槽按最小作用量变分原理,给

出了非线性偏微分方程:

$$\ddot{u}(x,\ t)-\frac{\ddot{u}_{xx}h^2}{3}-gh(u_{xx}-3u_x u_{xx})=0 \tag{10.5.1}$$

这是位移法的浅水波基本方程。其中采用了位移法 Lagrange 函数的方法,与传统以 Euler 流速为未知函数的方法不同。方程(10.5.1)从动力系统的最小作用量变分原理导出,而水平位移 $u(x,\ t)$ 是泛函的自变函数。尤其要注意的是方程中有 $\ddot{u}_{xx}$,它就是该方程的最高阶次微商项,而且因为存在该项,不会出现间断解,这是微分方程在质方面的变化。浅水波的 SVE 理论相当于将方程(10.5.1)中的 $\ddot{u}_{xx}$ 忽略而成为

$$\ddot{u}(x,\ t)-gh(u_{xx}-3u_x u_{xx})=0 \tag{10.5.2}$$

这是位移法,因此孤立波不会出现。为何说 $\ddot{u}_{xx}h^2/3$ 是小量呢?因为如按线性方程理论,其波速是 $c_0=\sqrt{gh}$,波长为 λ 的行波可写为 $e^{i\lambda^{-1}2\pi(x-c_0t)}u_0$,其圆频率如为 ν,则有 $\lambda/c_0=2\pi/\nu$。$\ddot{u}_{xx}h^2/3$ 与 $\ddot{u}$ 相比,有

$$\left|\frac{\left(\dfrac{\ddot{u}_{xx}h^2}{3}\right)}{\ddot{u}}\right|=\frac{(2\pi)^2}{3}\left(\frac{h}{\lambda}\right)^2\approx 13\left(\frac{h}{\lambda}\right)^2 \tag{10.5.3}$$

式中,h/λ 是浅水理论的重要参数,一般远小于 1,因此 $\ddot{u}_{xx}h^2/3$ 相对于 $\ddot{u}$ 是小量。

采用方程(10.5.1)寻求行波解,因此孤立波就得以呈现,而且其波速与罗素的实验符合得很好。关于这些方程的推导与求解在相关文献已经有详细论述,表明方程(10.5.1)的合理性。本节要探索机械激波,比较式(10.5.1)与式(10.5.2)的数值解,看到机械激波的成因,它是多尺度问题的极限。

按文献[3]、[11]和[14]的推导,$\ddot{u}_{xx}h^2/3$ 项的出现是因为考虑了垂直运动的动能,该项是小量,可用典型的小参数奇异摄动求解。本来按 SVE 理论的求解会出现的强间断解,因为有了该项方程成为式(10.5.1),动力学求解就成为小参数奇异摄动,不会出现间断解。在 SVE 理论的间断面附近,会出现边界层。这是下节的课题。

10.5.1 最小作用量变分原理的积分,与奇异摄动解

按引论,我们应当求解基本非线性偏微分方程(10.5.1),然而长期以来,关于浅水波问题,占统治地位的是 SVE 理论。它会出现浅水波的机械激波。按 SVE 理论求解,会出现强间断的解,记其解函数为 $u_s(x,\ t)$。$u_s(x,\ t)$ 满足方程(10.5.2)。虽然该方程也是在位移法的框架下推导的,与传统方程会有所不同,但本质同,即没有高阶偏微商的项。

现在要按基本非线性偏微分方程(10.5.1)而求解。两者之间的差别就在于出现了高阶偏微商 $\ddot{u}_{xx}h^2/3$,它代表垂直方向动能的贡献。文献[14]中已经一再指出,正是该项的出现,必然会有奇异摄动。本书 9.7 节(著作[3]的 5.7 节)就一个简单方面的问题介

绍了如何采用乘法摄动进行求解。

因为式(10.5.1)出现了高阶偏微商 $\ddot{u}_{xx}h^2/3$ 的小参数项，所以应先进行式(10.5.2)的求解，以得到 $u_s(x, t)$。非线性双曲型偏微分方程的求解，还会出现浅水机械激波的强间断解，显然并非易事。然而该问题很重要，结合一维 Riemann 问题的激波解，已经有一批文章发表。但本节的要点却不在于此，而是要面对含有高阶偏微商 $\ddot{u}_{xx}h^2/3$ 的小参数项的方程(10.5.1)，此时浅水机械激波的强间断解会发生变化，不会出现强间断而是在强间断的附近小范围内会出现与间断解 $u_s(x, t)$ 相对应的抖动，但依然是连续解。只要将网格分细而对于式(10.5.1)进行数值积分，就会出现这样的现象。基本方程是从动力学最小作用量变分原理推导的，即使水底不平也可用。

对比式(10.5.2)解的强间断解，因为高价微商项的出现，改变了微分方程的性质，这就为进行数值研究提供了可能。这样，为高价微分方程(10.5.1)的奇异摄动分析提供了可能与方向。以往，确定激波的位置，其数值方法是一个很难的问题。往往运用差分法，在预先划分好的网格，加人工阻尼，以确定激波位置。而浅水波方程的机械激波却加上了垂直方向动能，它本来就存在而不是人为加的，成为高阶微分方程，可以用最小作用量变分原理数值法硬积分的办法让它呈现出来。好在有最小作用量变分原理，保证了动力学解的合理性。

因为有小参数的高阶微商项，网格要划分更细，所以能让高频震荡能够呈现出来。

既然已经可以加密网格进行数值求解，那为何还要奇异摄动理论呢？这是因为一概加密网格数值求解过于笨拙。过去按 SVE 理论的方程求解，得到典型问题的 $u_s(x, t)$ 解仍可使用。在流体动力学中，边界层理论就是当作无黏性流动的补充而提出的。在远离边界层处的外域，就采用普通的无黏性流动的欧拉解，而在边界层附近才局部加以修正，得到了被当今广泛接受的一套奇异摄动方法论。

既然可设法寻求式(10.5.2)解 $u_s(x, t)$，其实这一步也很难做，直至今日，间断面的定位还是计算流体力学的一个困难问题。根据小参数奇异摄动理论的乘法摄动(文献[3]5.7 节)，式(10.5.1)奇异摄动理论的解就可表达为

$$u(x, t) \approx p(x, t)u_s(x, t) \tag{10.5.4}$$

式中，$p(x, t)$ 是摄动的乘子函数，待求，不过其性质却是可以预先加以描述。注意，按式(10.5.1)，$u(x, t)$ 是可以加密网格而硬积分求解。这里有一个问题：微分方程(10.5.1)用硬积分求解，出现了多尺度现象，多尺度时的解，其波长是否依然能保持 $h/\lambda \ll 1$？回答是理论方面难以保证。不过从数值结果来看，加密的网格，其高频振动的波长 λ，依然还是能达到比水深 h 大得多的要求。

按钱塘江潮水的某些实际情况，可以认为能达到。

奇异摄动理论，关注最高阶微商项的小参数 ε，当然要小。至于 ε 究竟是多少，要根据具体问题而定。按文献[12]，浅水波课题要求 $h/\lambda \ll 1$，其中 λ 是波长，课题的特征长度。

现在给一个数值计算的实例，初始时候水面为

$$\eta_0(x) = 0.4\tanh[0.1(25 - x)] - 0.6 + h_0 \tag{10.5.5}$$

水底为 $z=-h$, $h=1$ m, 水密度为 1 000 kg/m^3,重力加速度设为 $g=10$ m/s^2。边界条件为 $u(0, t)=u(L, t)=0$, $L=200$ m, 采用 800 个均匀网格剖分,用时间有限元计算,时间步长取 $\Delta t = 0.05$ s, h_0 分别取 1 m、0.8 m、0.6 m 和 0.4 m 计算, h_0 是上游水深。

该题的解是在 (x, z, t) 空间的曲面,不同 h_0 对应的不同时刻的水面如图 10.7 所示。从图 10.7 的各图看到,最前沿波与上游的连接黑色点处请关注,那是切线连续的。

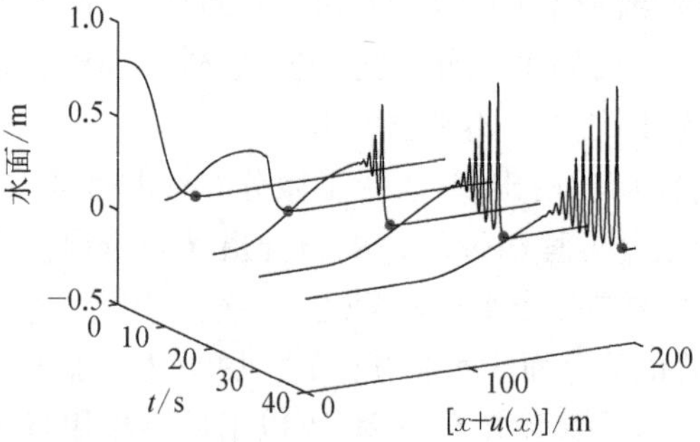

(a) h_0=1 m

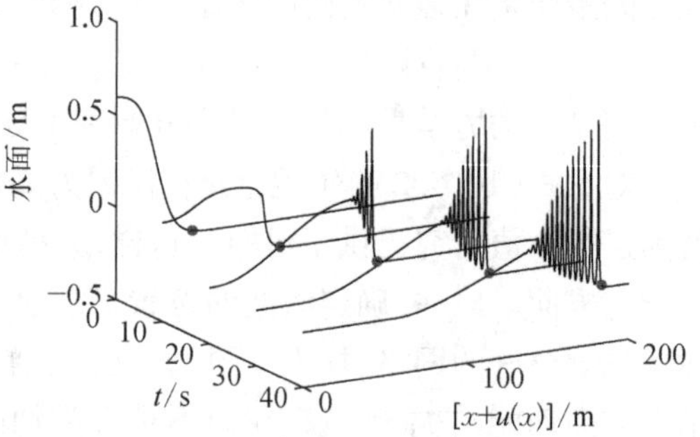

(b) h_0=0.8 m

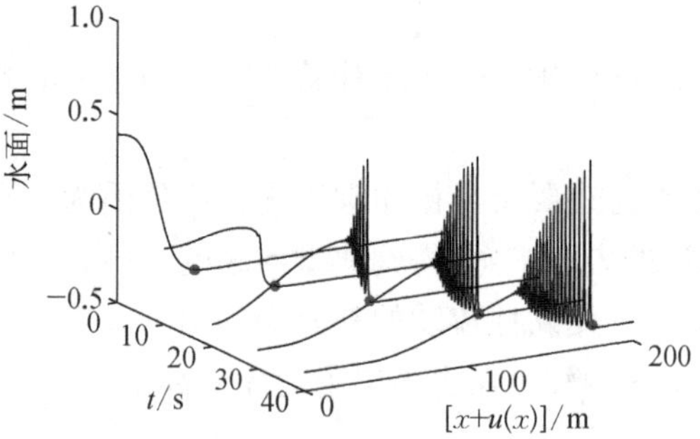

(c) h_0=0.6 m

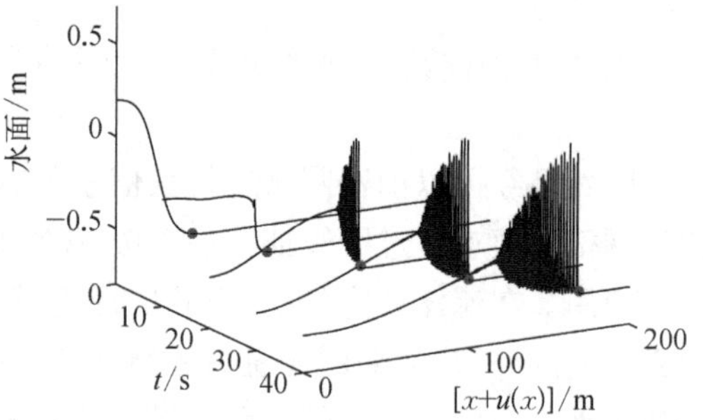

(d) h_0=0.4 m

图 10.7　(x, z, t) 空间内不同时刻的水面

图 10.8 为水面在 (x, t) 面的投影云图。从图 10.8 可见,由于高阶小量的存在,改变了方程的性质,不再出现强间断解,而波出现了散射现象,波峰在 (x, t) 面的散射,与解析分析中的特征线分布十分相似。图 10.8 中,最前沿的波面用虚线标记,其虚线的斜率即最前沿波的波速,即为 c_w。激波前沿看上去是直线,而实际上还是有弯曲的, c_w 随时间变化,不同时刻的波速列于表 10.3。

表 10.3　最前波面不同时刻的波速,及上游静水区域的波速对比

h_0/m	c_w/(m/s)					$\sqrt{gh_0}$/(m/s)
	t = 15 s	t = 20 s	t = 25 s	t = 30 s	t = 35 s	
1.0	4.17	4.21	4.25	4.27	4.35	3.16
0.8	3.91	3.99	4.04	4.07	4.20	2.83
0.6	3.69	3.85	3.90	3.95	3.99	2.45
0.4	3.52	3.73	3.79	3.85	3.88	2.00

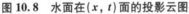

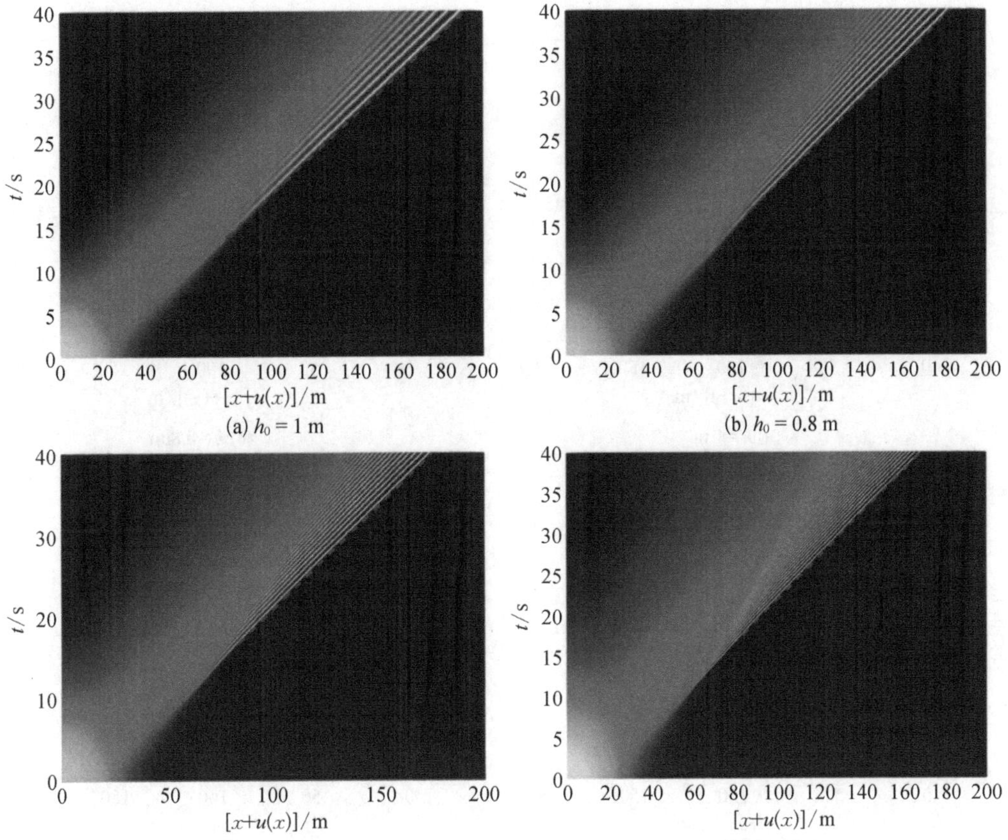

(a) $h_0 = 1$ m　(b) $h_0 = 0.8$ m　(c) $h_0 = 0.6$ m　(d) $h_0 = 0.4$ m

图 10.8　水面在(x, t)面的投影云图

表 10.3 表明，c_w 随时间 t 增大而增大，而又与静水区水深 h_0 成反比，并且总是大于上游静水区的浅水波速 $\sqrt{gh_0}$。后波的波速大于前波的波速，必然发生压缩波，然而并没有出现 SVE 中的激波，而是高频震荡波，这是高阶小量项的作用。

请注意，如果将长度方向也用水面方向同样的尺度比作图，则波长 λ 还是大大超过水深 h。图中看起来非常陡峭的波形，实际上还是比较平缓。

图 10.9 和图 10.10 分别给出了 10 s 和 20 s 时的水面。图 10.10 中虚线水面是采用滤波的方法对原解进行了滤波处理，消去高频震荡的短波效应，这区分出 SVE 理论的强间断解 $u_s(x, t)$。滤波的具体步骤为：① 对于平滑区不作处理，对于高频震荡区，取高频波的波峰和波谷的平均值代替原高频震荡；② 如果经过①步骤后，水面中仍然存在高频短波效应，重复步骤①，直至高频短波的效应不明显为止。强间断在 (x, t) 的空间是光滑曲面，而式(10.5.4)的乘法奇异摄动的近似表达式，是强间断面乘以乘法摄动 $p(x, t)$ 而得到的解。

前面介绍了加密网格进行计算，也可用于不平水底的课题。说微分方程是式(10.5.1)，而那是对于平底水域的；水底不平也会影响微分方程。要将不平水底的微分方程推导出来难度较大。好在我们的模型是采用位移法的，对此有最小作用量变分原理，只需将 Lagrange 函数的动能和势能表达清楚。对于水底不平课题，作者之前在文献

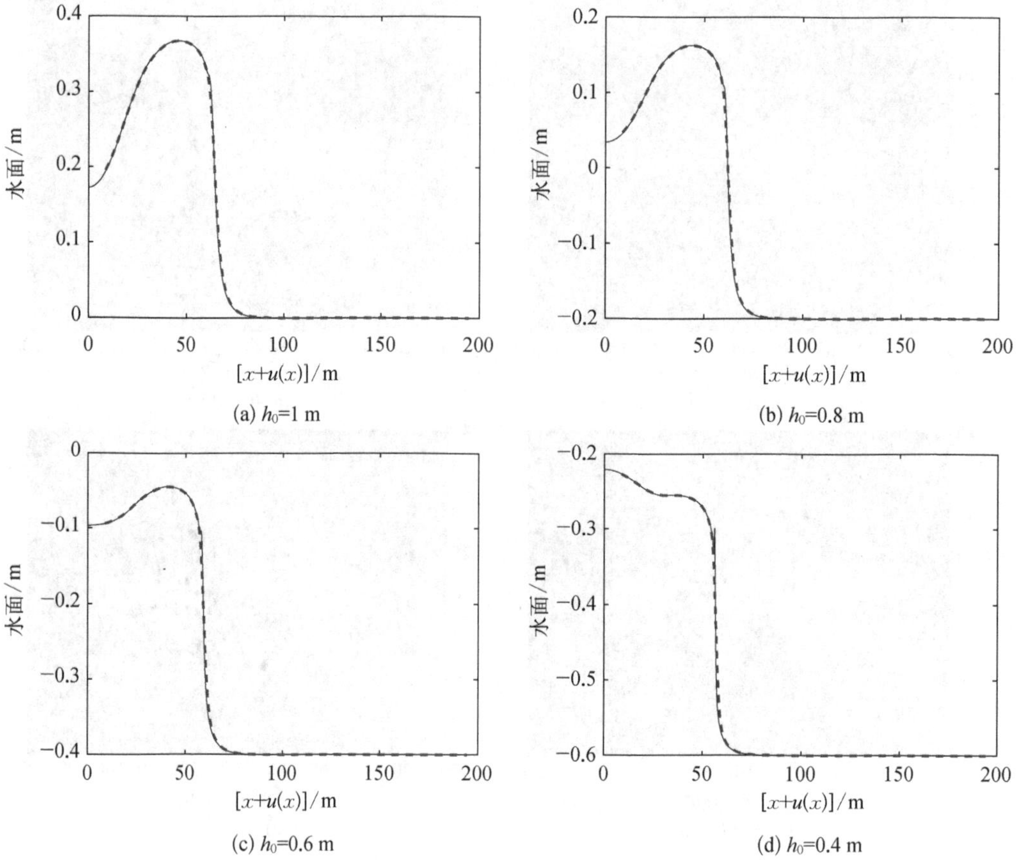

图 10.9　10 s 时的水面(图中虚线为滤掉短波后的水面)

[21]~[24]中进行了分析,当水域为 $0 \leqslant x \leqslant L$ 时,动能和势能分为表示为

$$T = \frac{1}{2}\int_0^L \left(h\rho \dot{u}^2 + \rho h h_x^2 \dot{u}^2 + \rho \dot{u}_x^2 \frac{1}{3} h^3 + \rho \dot{u}_x \dot{u} h^2 h_x \right) \mathrm{d}x \tag{10.5.6}$$

$$U = \int_0^L \frac{\rho g h^2(x)}{2}(u_x^2 - u_x^3)\,\mathrm{d}x + \int_0^L \rho g h\left(- h_x u - \frac{1}{2} h_{xx} u^2 - \frac{1}{6} h_{xxx} u^3 \right) \mathrm{d}x \tag{10.5.7}$$

这样,非线性微分方程为

$$\ddot{u} - \frac{1}{3}\ddot{u}_{xx} h^2 - \frac{\partial(\ddot{u} h h_x)}{\partial x} = g\frac{\partial^2}{\partial x^2}(hu) + g\left[\frac{1}{2} h_{xxx} u^2 - 3u_x \frac{\partial(hu_x)}{\partial x}\right] \tag{10.5.8}$$

直接求解偏微分方程很困难。然而通过最小作用量变分原理,完全可以处理好其数值解。而且数值解呈现出了高频振动的成分,如果只在微分方程解的范围内,则结果可信。但高频区的解不能满足浅水波的基本条件,数值结果与实际真能一致吗?

我们从钱江潮的实际观测可见到,其激波水跃明显可见。激波对其上游没有影响,但在激波下游,却存在混乱的一段,实际上在下游还是出现了波动现象,只要按同样的尺度

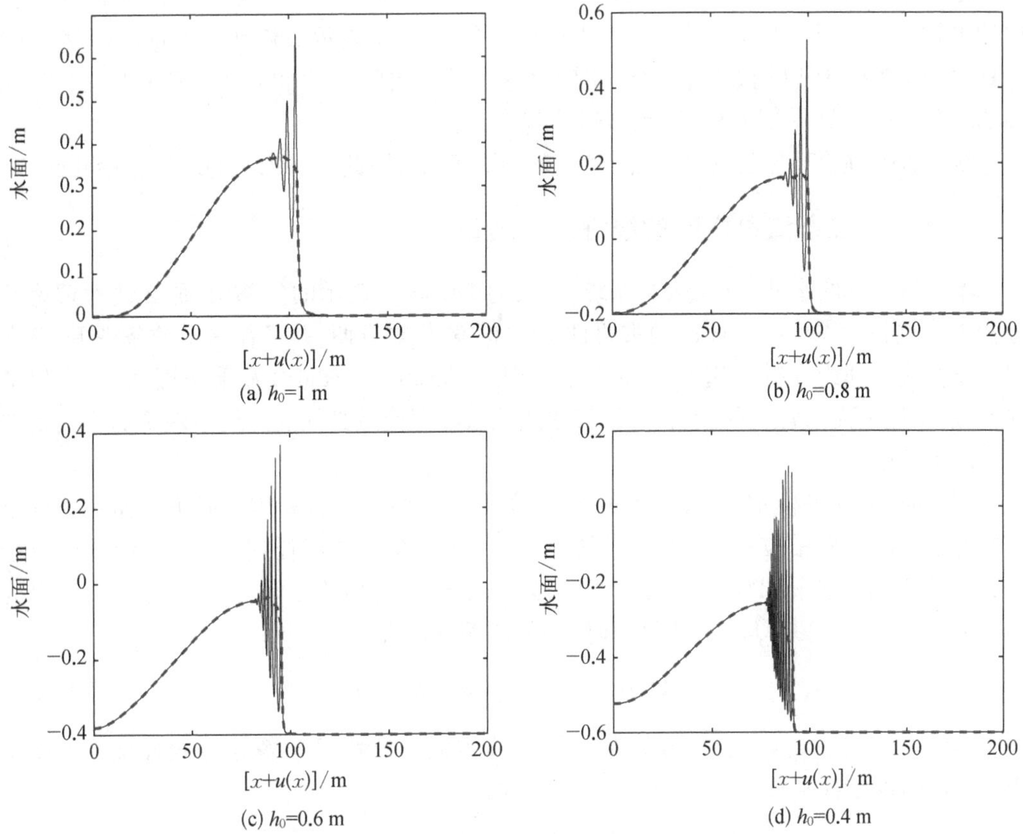

图 10.10　20 s 时的水面(图中虚线为滤掉短波后的水面)

比作图就可看到。从下文对于深水波的分析,可以看到还是类似的波动现象。

10.5.2　讨论

从热力学的角度看,混乱的度量是熵。激波本来是从空气动力学来的,在激波上游的平稳流到激波下游认为是一个间断而将内部边界层,完全忽略而使得定位发生困难。前文用浅水波动力学变分原理硬积分,可以(在纯动力学范围内)定位,然而 $h/\lambda \ll 1$ 的条件又发生困难。如果将混乱度的熵也考虑进去,则变分原理如何建立,还需进一步研究。

本节的作用,与其说是解决问题,不如说是经过一番努力,提出了问题。虽然看起来更深入,却并无十足把握。以后还需要深入研究。

10.6　位移法二维深水波理论

本节将原来的水波 Euler 表示系统,改换为 Lagrange 表示的位移法。当然因为深水而缺少了浅水基本假定,就带来了许多复杂性。

首先基本方程要重新考虑,而因为不可压缩条件,在浅水波时已经是非线性的基本方程,那么在深水波时其基本方程就更加困难了。好在以往在深水方面已经有许多研究,其基本图像还是非常有启发意义。虽然位移法改变了求解体系，但深水波是一种客观存在的事物，其基本图像不会因理论描述的改变（从 Euler 表示被修改为 Lagrange 表示的位移法）而改变，所以例如波浪的周期变化等还是一致的。20 世纪 60 年代出现的苏联 Zakharoff 的非线性周期方程等，也很有启发意义。

线性近似理论显然是其中最便于数学分析求解的，因此从深水波的线性理论开始。

10.6.1　位移法深水时的线性水波理论

本节将原来的水波 Euler 表示系统，改换为 Lagrange 表示的位移法，那么线性理论的分析也要重新考虑。线性理论的重要性，在于求解非常方便，并且在深水的条件下，其求解也要在线性理论分析的基础上，运用松弛法（relaxation method）及乘法摄动，通过保辛迭代，逐步逼近而求解，所以水波的位移法线性水波理论是必须的。线性理论的解则是迭代时的出发解。

深水时，刚性平移 $u(x, z, t) = u(x, t)$ 的假定已经不能再采用。而不可压缩条件是必要的，二维时，采用位移法，考虑水的不可压缩性，在不考虑任何假定的情况下，位于 (x, z) 的质点在水平和竖向分别产生位移 $u(x, z, t)$ 和 $w(x, z, t)$，移动后的位置为 $(x + u, z + w)$。根据 Jacobi 矩阵，显然不可压缩条件为

$$(1 + w_z)(1 + u_x) - u_z w_x = 1 \tag{10.6.1}$$

式中，$u(x, z, t)$、$w(x, z, t)$ 分别为水平、垂直方向的位移[18]。深水的线性理论不能采用浅水波时的刚性平移 $u(x, z, t) = u(x, t)$ 假定。

10.6.2　水波的最小作用量变分原理

在传统流体力学 Euler 表示求解时，只出现速度未知数。求解速度势一直是主流的方法。在 Euler 表示下求解，在平稳流（steady state flow）问题方面有很多优点。然而水波问题显然是非平稳流。而与速度势对偶，改换到以位移为基本未知数后，基本未知数是位移 u、w，方程体系变化了，就可以用动力学最小作用量变分原理来推导基本方程。

利用最小作用量变分原理分析水波问题。首先分析动能，二维水波问题的动能可写为

$$T = \frac{1}{2}\int \rho(\dot{u}^2 + \dot{w}^2)\,\mathrm{d}\Omega \tag{10.6.2}$$

式中，ρ 为水密度。势能为重力势能，根据不可压缩条件可表示为

$$U = \int_\Omega \rho g w\,\mathrm{d}\Omega \tag{10.6.3}$$

还要区域 Ω 内不可压缩条件的修正项：

$$R = \int_\Omega p(u_x + w_z + u_x w_z - u_z w_x)\,\mathrm{d}\Omega \tag{10.6.4}$$

式中，$p(x, z, t)$ 是压强，也是 Lagrange 参数的函数，压强 p 与约束条件为对偶变量，不得

不考虑。根据最小作用量变分原理可得水波动力学方程,它可写为

$$\begin{cases}\rho\ddot{u} = -\beta_x + \beta_z w_x - \beta_x w_z \\ \rho\ddot{w} = -\beta_z + \beta_x u_z - \beta_z u_x\end{cases} \tag{10.6.5}$$

其中,

$$p = -\rho g(z + w) + \beta \tag{10.6.6}$$

即将压强 p 分解为重力压强及波动产生的动压强 $\beta(x, z, t)$ 之和。动压强 $\beta(x, z, t)$ 是内力,在势能表达式之中不出现。

10.6.3　无旋条件

因为水没有黏性,所以在开始时没有漩涡,以后也不会有漩涡,称为无旋条件,这是动力学条件。

考虑无旋水波问题,需给出位移形式的无旋条件。方程组(10.6.5)中有两个方程,有 u、w 和 β 三个变量,因此可以将 β 消去。首先利用式(10.2.1)不可压缩条件,可将式(10.6.5)写为

$$\begin{cases}(1 + u_x)\ddot{u} + u_z\ddot{w} = -\dfrac{\beta_x}{\rho} \\ w_x\ddot{u} + (1 + w_z)\ddot{w} = -\dfrac{\beta_z}{\rho}\end{cases} \tag{10.6.7}$$

将上述方程组中第一、二两式分别对 z 和 x 求偏导之后再相减,并考虑到初始水波是无旋的特点,可得

$$(1 + u_x)\dot{u}_z + w_x\dot{w}_z = u_z\dot{u}_x + (1 + w_z)\dot{w}_x \tag{10.6.8}$$

此式即为位移形式的无旋条件,早在著作[9]式(12.1.4)中已经给出。

将 β 消去后,根据不可压缩条件式(10.2.1)和无旋条件式(10.2.8)就可以分析水波的运动。最小作用量变分原理不包含 β,对于变分原理的推导是有利的。

10.6.4　边界条件

式(10.6.1)和式(10.6.5)是水波的控制方程。式(10.6.1)是不可压缩条件,而式(10.6.5)是水波的动力学微分方程,除此之外分析水波问题还需边界条件。在水底 $z = -h$ 处,竖向位移为零,即 $w(x, -h, t) = 0$。水面 $z = 0$ 处要求压强 $p(x, 0, t) = 0$,根据式(10.6.6)可得

$$\beta(x, 0, t) = \rho g w(x, 0, t) \tag{10.6.9}$$

再将上式对 x 求偏微商,可得 $\beta_x(x, 0, t) = \rho g w_x(x, 0, t)$,结合式(10.6.7)可得

$$(1 + u_x)\ddot{u} + u_z\ddot{w} + g w_x(x, 0, t) = 0\text{(在水面处)} \tag{10.6.10}$$

这是以纯位移表示的 $z=0$ 处的边界条件。

10.6.5 线性水波理论

从分析的角度考虑水波问题,最方便的就是线性理论的波。线性理论时,认为位移非常小,在约束方程之中可只保留速度的一次线性项,从而不可压缩约束方程近似成为

$$u_x + w_z = 0 \tag{10.6.11}$$

这样就有流函数 $\psi(x, z, t)$,可自动满足式(10.6.11)线性不可压缩条件:

$$u = -\frac{\partial \psi}{\partial z},\ w = \frac{\partial \psi}{\partial x} \tag{10.6.12}$$

对于式(10.6.10)无旋条件,考虑线性情况时,忽略高阶项,可得

$$\dot{u}_z - \dot{w}_x = 0 \tag{10.6.13}$$

这与 Euler 表示的水动力学相一致,是在位移法基础下推导的。

另一方面从水动力学讲,因为一般不考虑黏滞性,所以也不会产生旋涡,必然满足无旋条件。故有速度势函数 $\phi(x, z, t)$:

$$\dot{u} = \frac{\partial \phi}{\partial x},\ \dot{w} = \frac{\partial \phi}{\partial z} \tag{10.6.14}$$

反映流动无旋,$-\dfrac{\partial \dot{u}}{\partial z} + \dfrac{\partial \dot{w}}{\partial x} = 0$。

综合两方面,有 $\partial\phi/\partial x = -\partial\psi/\partial z$, $\partial\phi/\partial z = \partial\psi/\partial x$, 其中 $\dot{u}$、$\dot{w}$ 分别为 x、z 方向的速度。这样,(ϕ, ψ) 相互间是 Cauchy-Riemann 方程的一对对偶函数,可以用复变函数来描述。当然全部分别满足 Laplace 算子的方程。只是可惜,它没有考虑非线性项的作用。本节采用位移法,在位移比较大时,就应当将不可压缩条件式(10.6.1)考虑进去。而将非线性项考虑进去后,式(10.6.11)不再成立。

按线性理论求解,对于矩形区域,则因无旋条件而有速度势函数 $\phi(x, z, t)$。该势函数 $\phi(x, z, t)$ 满足 Laplace 方程。因此区域成为矩形,这样 Laplace 方程就可用分离变量法求解。当然这只能在波幅 η_0 足够小时才成立,而不能用于 η_0 不够小的孤立波的解析。以上讲的只是线性理论。

线性理论时的解给出的是 Stokes 波,也可以选择流函数 $\psi(x, z, t)$ 的 Laplace 方程用分离变量法求解。线性时位移可按流函数表示,即式(10.6.12)。将式(10.6.12)代入无旋方程(10.6.13)可得到 Laplace 方程:

$$\frac{\partial^2 \dot{\psi}}{\partial z^2} + \frac{\partial^2 \dot{\psi}}{\partial x^2} = 0 \Rightarrow \frac{\partial^2 \psi}{\partial z^2} + \frac{\partial^2 \psi}{\partial x^2} = 0 \tag{10.6.15}$$

而在水底,则要求位移满足的边界条件 $w(x, -h, t) = 0$,根据式(10.6.12)可知在水底:

$$\frac{\partial\psi(x,\ -h,\ t)}{\partial x}=0\Rightarrow\psi(x,\ -h,\ t)=0 \tag{10.6.16}$$

在水面 $z=0$ 处的边界条件也可将位移用流函数表示,即将式(10.6.12)代入边界条件式(10.6.10),并忽略非线性高阶项,有

$$\frac{\partial\ddot{\psi}}{\partial z}=g\frac{\partial^2\psi}{\partial x^2}(\text{在水面 } z=0 \text{ 处}) \tag{10.6.17}$$

根据 Laplace 方程(10.6.15)和边界条件式(10.6.16)、式(10.6.17)即可求解。

水波的周期行波解,对于定性认识水波问题特别重要。如果求解行波,则流函数形式的解为

$$\psi(x,\ z,\ t)=\psi(\xi,\ z),\ \xi=x-Ct \tag{10.6.18}$$

式中,C 为波速。$\psi(\xi,\ z)$ 与位移的关系是

$$u=-\frac{\partial\psi}{\partial z}=\frac{\partial\Psi}{\partial z},\ w=\frac{\partial\psi}{\partial x}=\frac{\partial\Psi}{\partial\xi},\ \frac{\partial\psi}{\partial t}=\dot{\psi}=-C\frac{\partial\Psi}{\partial\xi}$$

于是 Laplace 方程和边界条件可以写为

$$\left\{\frac{\partial^2\Psi}{\partial z^2}+\frac{\partial^2\Psi}{\partial\xi^2}=0\right. \tag{10.6.19}$$

水面 $z=0$ 和水底 $z=-h$ 的边界条件分别为

$$\begin{cases}C^2\dfrac{\partial^2\Psi}{\partial z\partial\xi}=g\dfrac{\partial\Psi}{\partial\xi},\ z=0\\ \Psi=0,\ z=-h\end{cases} \tag{10.6.20}$$

求解区域是 $-h<z<0,\ 0\leqslant\xi\leqslant L$。采用分离变量法求解上式,最终可得

$$\Psi_i=\frac{\eta_0}{k_i\sinh(k_ih)}\sin(k_i\xi-\theta_0)\sinh[k_i(z+h)] \tag{10.6.21}$$

再根据式(10.6.12)、式(10.6.7)可得线性理论时的位移和压强为

$$\begin{aligned}u_i&=\frac{-\eta_0}{\sinh(k_ih)}\sin(k_i\xi-\theta_0)\cosh[k_i(z+h)]\\ w_i&=\frac{\eta_0}{\sinh(k_ih)}\cos(k_i\xi-\theta_0)\sinh[k_i(z+h)]\\ \beta_i&=\frac{\rho g\eta_0}{\cosh(k_ih)}\cos(k_i\xi-\theta_0)\cosh[k_i(z+h)]\end{aligned} \tag{10.6.22}$$

式中,θ_0 是积分常数;η_0 是波幅。$k_i=2i\pi/L_i(i=1,\ 2,\ \cdots)$,$L_i$ 为波长。这些 $i=1,\ 2,\ \cdots$ 的解对于任何水深都可运用,但只是线性理论的解。线性理论时,波的行进速度是

$$C_i = \sqrt{g \frac{\tanh(k_i h)}{k_i}} \tag{10.6.23}$$

水波理论不能只讲线性理论而不考虑非线性因素。观察到的浅水波就是非线性,因此不能停留在 Laplace 方程的求解,虽然这是非常经典的分析理论。非线性水波在表面上也常常表现出行波的形式,但非线性时的波速不同于线性波速,也不再适用线性时的式(10.6.22);而非线性理论的浅水波,虽然已经在前面三节介绍,但当振幅非常小时,分析解的水平向速度分布,应当会与浅水波的速度分布趋于一致。

水底 $z=-h$ 没有垂直速度,这在 10.4 节中已经考虑。当水深 h 比较小时,在 $-h<z<0$ 的区域内,水平位移沿深度变化很小。验证了浅水波的基本假定:认为沿水深基本上是平移,这符合浅水波的基本假定。线性理论本来是对于深水波讲的。如果 $kz \ll 1$,则因为有函数 $\cosh[k(z+h)]$ 的因子,$\cosh[k(z+h)]$ 基本上就没有变化,所以就支持了浅水波的基本假定。在这方面,线性理论与浅水波理论互相衔接。

对于 KdV 方程,文献[12]7.4 节给出了其一般形式,然而却不能达到保辛,而且还只能在一个方向传播孤立波,有悖于对称性。而在线性波方面,双方向传递是对称的。因为这些全部是在 Euler 表示下描述的,所以双向对称传递在浅水波方面就产生了困难。

有鉴于此,文献[3]、[11]、[13]、[14]提出选择 Lagrange 表示,以位移为基本未知数,并通过最小作用量变分原理,同样在浅水波基本假定下,推导出的浅水波基本方程,简单明了,并且双方向传播等对称性条件全部满足,还能达到保辛对称群的要求。在动力学中,对称性是具有重要意义的性质,以往的著作对此关注不够。海浪的周期性质是明显的,Stokes 线性波就呈现出周期性质。而到浅水波阶段,椭圆余弦波虽然非线性,却也是周期的,虽然不是正弦或余弦的形式。

前文已经比较深入地介绍了浅水波的位移描述理论,这里给予简单介绍。基本的位移浅水波方程可以写为

$$\ddot{u} - \frac{h^2}{3}\ddot{u}_{xx} - ghu_{xx} + 3ghu_x u_{xx} = 0 \tag{10.6.24}$$

水面可以表示为

$$\eta = \frac{-hu_x}{1+u_x} \approx -hu_x \tag{10.6.25}$$

浅水波理论给出的行波解是椭圆余弦波,可表示为

$$\eta(\xi) = -A\left[\left(\frac{\mathrm{E}(m)}{\mathrm{K}(m)} - 1\right)\frac{1}{m^2} + 1\right] + A\mathrm{cn}^2(K\xi,\ m) \tag{10.6.26}$$

式中,A 为波高,是行波的波峰与波谷之差。L 为波长,$\varepsilon = A/h$,有

$$\frac{L\sqrt{\varepsilon}}{h} = \frac{4}{\sqrt{3}}\mathrm{K}(m)\sqrt{(m^2 + 2\varepsilon - m^2\varepsilon) - 3\frac{\mathrm{E}(m)}{\mathrm{K}(m)}\varepsilon} \tag{10.6.27}$$

依据上式可以计算出 m。

$$K^2=\frac{3\mathrm{K}(m)\varepsilon}{4h^2[\mathrm{K}(m)(m^2+2\varepsilon-m^2\varepsilon)-3\mathrm{E}(m)\varepsilon]} \tag{10.6.28}$$

波速为

$$C^2=gh-gh\left[3\frac{\mathrm{E}(m)}{\mathrm{K}(m)}\frac{\varepsilon}{m^2}-2\frac{\varepsilon}{m^2}+\varepsilon\right] \tag{10.6.29}$$

当线性浅水理论时,行波退化为余弦形式:

$$\eta(\xi)=\frac{A}{2}\cos(k\xi),\ k=\frac{2i\pi}{L},\ i=1,\ 2,\ \cdots \tag{10.6.30}$$

还要有浅水波的椭圆函数表达,以下要考虑其 Fourier 分析。非线性深水波的分析在 Fourier 分析的基础上进行。

10.6.6　椭圆余弦波的 Fourier 分析

文献[25]中分析指出: $A\leqslant 0.42h$, $U_r\leqslant 5.34-12.85A/h$($U_r$ 为著名的 Ursell 参数),当非线性比较弱时,线性余弦波是椭圆余弦波的很好近似;当非线性较强时,解为椭圆余弦波。椭圆余弦波实际包含了多种不同波数的线性余弦波,现在计算分析椭圆余弦波式(10.6.26)的 Fourier 分解。在一个波长 $\xi\in\left[-\frac{L}{2},\frac{L}{2}\right]$ 内,将式(10.6.26)表示为 Fourier 级数的形式:

$$\eta(\xi)=\sum_{n=1}^{\infty}a_n\cos\frac{2n\pi x}{L} \tag{10.6.31}$$

式中, a_n 为各阶余弦波的波幅,可表示为

$$a_n=\frac{2}{L}\int_{-\frac{L}{2}}^{\frac{L}{2}}\eta(\xi)\cos\frac{2n\pi\xi}{L}\mathrm{d}\xi,\ n\geqslant 0 \tag{10.6.32}$$

式中, $\eta(\xi)$ 就是椭圆余弦波的水面。a_n 只能采用数值积分计算,其中涉及椭圆函数则采用精细积分计算,以保证精度。$A=1$ m, $h=10$ m, 取 $L=50$、100、200、500 m, 计算得到的不同 a_n 列于表 10.4 中。

表 10.4　Fourier 系数

L/m	50	100	200	500
U_r	2.5	10	40	250
a_1	4.995 1E-01	4.958 6E-01	4.590 8E-01	2.742 9E-01
a_2	1.802 8E-02	5.215 2E-02	1.522 7E-01	2.131 6E-01
a_3	4.881 3E-04	4.125 3E-03	3.894 9E-02	1.463 4E-01

续 表

L/m	50	100	200	500
a_4	1.174 8E-05	2.900 6E-04	8.863 1E-03	9.221 3E-02
a_5	2.650 9E-07	1.912 0E-05	1.890 8E-03	5.486 3E-02
a_6	5.742 2E-09	1.210 0E-06	3.872 5E-04	3.138 6E-02
a_7	1.209 3E-10	7.444 2E-08	7.710 9E-05	1.746 3E-02
a_8	2.494 9E-12	4.486 5E-09	1.504 0E-05	9.518 9E-03
a_9	5.070 8E-14	2.661 7E-10	2.887 8E-06	5.107 6E-03
a_{10}	1.147 3E-15	1.559 6E-11	5.476 2E-07	2.706 8E-03
a_{11}	1.422 5E-18	9.046 0E-13	1.028 1E-07	1.420 1E-03
a_{12}	1.371 1E-16	5.213 9E-14	1.914 2E-08	7.389 2E-04
a_{13}	1.597 0E-16	3.010 0E-15	3.539 2E-09	3.818 1E-04
a_{14}	1.396 8E-16	2.005 3E-16	6.505 0E-10	1.961 1E-04
a_{15}	-2.706 2E-17	-1.044 3E-17	1.189 5E-10	1.002 2E-04

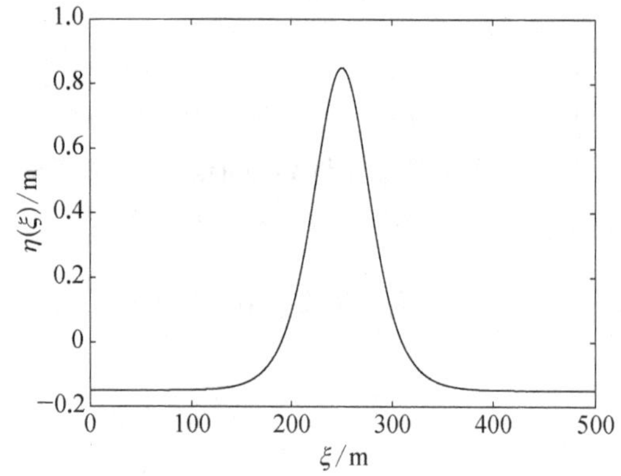

图 10.11　椭圆余弦波（A = 1 m, L = 500 m）

从表 10.4 可以看到，当波长为 $L = 50$ m 时，非线性程度较弱，椭圆余弦波主要由第一阶余弦波构成，而第二阶波的波幅 a_2 只有第一阶波波幅 a_1 的 3%。当波长为 $L = 500$ m 时，非线性很强，椭圆余弦波形状（图 10.11）几乎接近孤立波。然而即便是在这种非线性很强的情况下，其 Fourier 分解中，第十阶波的波幅 a_{10} 也只有第一阶波波幅 a_1 的 1%，第十五阶波的波幅 a_{15} 也只有第一阶波波幅 a_1 的 0.04%，两者相差 3 个数量级，再往后更多的波可以忽略不计。表明采用 Fourier 分解求解时，不必采用很多项展开，而只要选择例如 10~20 项进行数值积分。

以下开始分析非线性深水波。

10.7　深水波理论与其保辛迭代的数值求解

本节将限于在 xz 的二维平面讲述。水波动力学问题，应当更进一步考虑三维问题，既然是动力学，同样的方法论也可推广到三维，可留待以后解决。

波浪理论在非线性阶段求解非常困难，即使早已观察到的浅水孤立波，也引起了长时期争论。即使给出了 KdV 方程，也不理想，因为还没有考虑动力学的对称性。

1968 年，苏联的 V. E. Zakharov 给出非线性三次 Schroedinger 方程，以求解深水中的非线性波。这个思路也是在 Euler 表示体系表示下推导。本节在位移法的基础上进行，思路不同。然而，Zakharov 的工作代表了以往大量工作基础的一个高峰，其结论有许多启发性，即使在位移法表示下也有所借鉴。例如，椭圆余弦波的周期性，那是基于其基本假定而得到的，在进入到深水区域时，其分析也还依然在 xz 的二维平面类似的周期区域进行。基于以前长期大量的观察，以及 Zakharov 的分析工作，位移法体系的分析还应当依然是在类似的周期区域进行。基于基本假定，浅水椭圆余弦波的 x 方向的周期用 L 代表，根据 L 及水深就可以确定波幅 η_0。然而，在 xz 的二维平面则只能给出 L 及水深。然后，通过求解非线性动力学方程求解波幅。波幅是怎么规定的等一些问题，也要在求出数值解后再考虑其规定。周期 L 成为数值求解时的一个基本参数。本节既要面对非线性方程，还要给出恰当有效的数值求解方法。

考虑非线性因素，并在确定了求解区域后，如何进行数值求解，是一个大问题。仅仅给出一套非线性方程，而不能数值求解，依然解决不了问题，不能满足数值化时代的需求。

用位移法进行数值分析，依然是针对周期波。周期波表明对称性，可将数值分析的区域局限于半个周期，求解更方便。线性 Stokes 波的课题给出了波长 L 与周期的关系 $L=2\pi/k$，k 则称为波常数。

而在非线性波的条件下，在一个周期内不是直接的单色波而是波形复杂的一个周期，例如椭圆余弦波，它在一个周期内由多个余弦合成，给出的只能是一个周期 L 的波形；而不像线性理论，一定是单色的，这些概念必须很清楚。给出周期以后，就可使用 Fourier 展开，得到各种颜色的单色波的叠加。

10.7.1　非线性位移流函数及其求解

式(10.6.12)表示的流函数 $\psi(x,z,t)$ 只考虑了线性部分，而事实上非线性部分非常重要，因此不可压缩条件式(10.6.1)的非线性部分，必须考虑进去。回顾位移法在浅水波基本假定的条件下，满足了不可约束条件，就得到了势能函数，并未采用流函数等手段。所以说，位移法推导中，水的不可压缩性是产生波浪不可缺少的因素。式(10.6.1)可以写成

$$u_x+w_z+u_xw_z-u_zw_x=\frac{\partial(u+uw_z)}{\partial x}+\frac{\partial(w-uw_x)}{\partial z}=0 \tag{10.7.1}$$

所以考虑非线性时，可引入流函数 $\psi(x,z,t)$ 为

$$u+uw_z=-\frac{\partial\psi}{\partial z},\ w-uw_x=\frac{\partial\psi}{\partial x} \tag{10.7.2}$$

上式也可写为

$$u=-\psi_z-uw_z,\ w=\psi_x+uw_x \tag{10.7.3}$$

求解行波问题，令 $\psi(x,z,t)=\Psi(\xi,z)$，于是有

$$u=-\Psi_z-uw_z,\ w=\Psi_\xi+uw_\xi \tag{10.7.4}$$

将式(10.7.4)代入无旋条件式(10.6.10)可得

$$\frac{\partial^2\Psi_\xi}{\partial\xi^2}+\frac{\partial^2\Psi_\xi}{\partial z^2}+\varepsilon_c=0 \tag{10.7.5}$$

其中，

$$\varepsilon_c = \frac{\partial^2(uw_z)}{\partial z\partial\xi} + \frac{\partial^2(uw_\xi)}{\partial\xi^2} + w_z w_{\xi\xi} - w_\xi w_{z\xi} - u_\xi u_{z\xi} + u_z u_{\xi\xi} \tag{10.7.6}$$

边界条件为在水底要求 $\Psi(\xi, -h) = 0$。将式(10.7.4)代入水面边界条件式(10.6.10)可得

$$g\frac{\partial\Psi}{\partial\xi} - \frac{\partial^2\Psi}{\partial z\partial\xi} + C^2\varepsilon_2 = 0 \tag{10.7.7}$$

其中，

$$\varepsilon_2 = \frac{1}{2}u_\xi^2 + \frac{1}{2}w_\xi^2 + \frac{1}{C^2}guw_\xi - u_\xi w_z - uw_{z\xi} \tag{10.7.8}$$

将式(10.7.6)的 ε_c 突出出来，这是二次和以上的非线性项，可以集中注意力求解。

采用位移法的动力学系统，其动力学方程可以用最小作用量变分原理导出，而不是一定要走 Laplace 偏微分方程的路，虽然它很有帮助。线性理论的解从来是非线性理论的一个近似。既然到了非线性问题，该近似解可用作摄动法迭代求解的出发点。这样就成为沿 $0 < \xi < L$ 方向的波数域 Fourier 展开。

关于摄动的迭代求解还要在下文明确。摄动法出发点还是线性理论未知函数的方程。式(10.6.1)就给出了非线性的不可压缩条件，可以结合线性理论的基本解，再通过变分原理用保辛摄动的方法迭代求解。从水波的形状看，可以在 (ξ, z) 平面的 $0 < \xi < L$、$0 > z > -h$ 柱形区域内，沿采用 Fourier 展开的波数域求解。

信号处理时，往往在频域求解而不是在原来的时间域求解，现在 $0 < \xi < L$ 的长度域转换到波数域求解，道理一样。前文对于椭圆余弦波的 Fourier 分解，给出了直观的效果。

10.7.2 保辛摄动迭代

在 SVE 方程基础上，Boussinesq 方法采用的就是 Taylor 级数展开的概念。加法摄动不符合保辛的要求，且一概用 Taylor 级数展开也不必要。数学方法中，除 Taylor 展开无穷级数外，还有无穷乘积的展开，它也可用于摄动。9.7 节介绍了边界层的乘法摄动求解，就采用了乘法摄动。而根据辛对称群的要求，群内只有乘法而没有加法，因为乘法符合辛对称群的性质，所以现在更应当采用乘法。

前文对非线性保辛摄动问题，因为难以直接对复杂的非线性问题求得其分析解，所以只能采用逐步逼近的解法，就要采用乘法摄动。

以上只是概念性的描述，还要有一系列具体问题的算法予以支持，并且要收敛到真实解。基本方程依然可从非线性不可压缩条件给出。希望有精确的非线性变分原理，但给了变分原理然而不能数值求解，也是枉然。不如给出一系列的近似系统，其解能够保辛，解的合成是乘法，并且收敛到真实解。

具体说,虽然非线性项 ε_c 是非线性的变动函数,不能简单给出,那么逐步逼近还是可以数值求解。可设计一系列的保辛算法予以逼近。实际上,非线性就体现在小量 ε_c 之中。变分原理可为

$$H = \iint_{\Omega}\left[\left(\frac{\partial \Psi_{\xi}}{\partial z}\right)^2 + \left(\frac{\partial \Psi_{\xi}}{\partial \xi}\right)^2 - \varepsilon_c \Psi_{\xi}\right] \mathrm{d}\xi \mathrm{d}z$$
$$- \iint_{\Omega} \varepsilon_c \Psi_{\xi} \mathrm{d}\xi \mathrm{d}z - \int_0^L \Psi_{\xi} \varepsilon_2 \mathrm{d}\xi - \frac{1}{2C^2}\int g \Psi_{\xi}^2 \mathrm{d}\xi, \ \delta H = 0 \tag{10.7.9}$$

以上变分原理将小量 ε_c 当作是已知函数,而与变分函数 Ψ_{ξ} 无关,这样推导出的就是 Poisson 方程:

$$\Delta \Psi_{\xi} = \varepsilon_c \tag{10.7.10}$$

以及边界条件式(10.7.7),其中 ε_c 和 ε_2 处理为小量给定函数。这是由不可压缩条件及边界条件的非线性因素来的。如果能给出这个给定 ε_c 和 ε_2,那么求解一次就可得到 $\Psi(\xi, z)$,但难以做到,只能通过迭代确定。非线性方程的求解,采用迭代法几乎是必然的,但还应给出具体算法。

线性理论的解可作为非线性问题迭代的零次近似。此时 $\Psi_0(\xi, z)$ 的求解认为 $\varepsilon_c = 0$。得到了 $\Psi_0(\xi, z)$,从而也有了零次近似的位移。

$$u_{i,0}(\xi, z),\ w_{i,0}(\xi, z),\ j = 0$$

进一步 $j = 1$ 次近似时,既然已经有零次近似的位移,于是就可将零次近似的位移代入 ε_c 的公式,得到 $j = 1$ 次近似的给定小量函数 ε_c。求解式(10.7.10)的 Poisson 方程,这样就得到了 $\Psi_1(\xi, z)$,从而有了 $j = 1$ 次近似的位移。就是说,将上一次(第 $j - 1$ 次)所得到的位移,用于计算下一次(第 j 次)迭代的给定函数 ε_c,依此类推。数值分析的松弛法(relaxation method)就是这样。

那么为什么说这是乘法摄动呢?因为 Poisson 方程从变分原理式(10.7.9)而来。其中 ε_c 认为是给定的函数,不随变分函数 $\Psi(\xi, z)$ 而变。位移函数是 $\Psi(\xi, z)$ 确定的,所以 $\Psi(\xi, z)$ 具有位移的品质。用有限元法离散求解,根据有限元法常规,未知向量的 $\boldsymbol{\Psi}$ 是 $\Psi(\xi, z)$ 沿深度坐标 z 在离散格点处组成的向量。取变分的连续函数 $\Psi(\xi, z)$ 将改变为由向量 $\boldsymbol{\Psi}$ 表示。以前线性分析时,得到一系列 $i = 1, 2, \cdots$ 的波互相正交,也即互相独立,但非线性时互相独立的性质已经不能达到,它们互相联系在一起,只能逐步逼近。

Laplace 方程 $\Delta \Psi(\xi, z)$ 的算子离散给出的是 $\boldsymbol{\Psi}^{\mathrm{T}} \boldsymbol{D} \boldsymbol{\Psi}/2$,其中 $\boldsymbol{D}$ 是与 $\boldsymbol{\Psi}$ 同维的对称正定矩阵,而给定函数 ε_c 得到的项则是同维的给定 ε_c 向量,它所产生的项是 $\varepsilon_c^{\mathrm{T}} \boldsymbol{\Psi}$。这样,离散后的泛函成为

$$H(\psi) = \frac{\boldsymbol{\Psi}^{\mathrm{T}} \boldsymbol{D} \boldsymbol{\Psi}}{2} - \varepsilon_c^{\mathrm{T}} \boldsymbol{\Psi} = \min \tag{10.7.11}$$

这是对于未知向量 $\boldsymbol{\Psi}$ 的二次泛函,很明显这是一个对于 $\boldsymbol{\Psi}$ 为二次的 Hamilton 函数。

第四章给出了以 Poisson 括号为基础的李代数讲述,用于当前,则 Hamilton 函数给出的正是李代数。有限元法对于非线性 Hamilton 函数的离散给出的也是李代数,还给出了具体验证。这里要指出,李代数并不排斥加法,所以 Taylor 级数展开等手段完全可以用于李代数体。而离散后得到的二次 Hamilton 矩阵,符合第四章所述。

当积分后,相当于对李代数体进行了指数运算,则得到的是 Lie 群。以前李代数的加法,成为辛李群的乘法,而辛李群则没有加法。故对于辛李群的积分只可以用乘法摄动以达到保辛,而不能将加法摄动运用于辛李群。

松弛法是数值计算的一大套迭代算法,有超松弛法(over relaxation)、低松弛法(under relaxation)等。本课题使用普通的松弛法即可。

10.7.3 算例及其数值验证

1. 数值验证

深水波理论包含前面的线性水波解和椭圆余弦波。现在利用椭圆余弦波数值验证以上理论的正确性。非线性水波计算时,取波长 $L = 30$ m, 初始迭代时线性水波的波幅取 $\eta_0 = 0.1h$。 计算结果如图 10.12 所示。

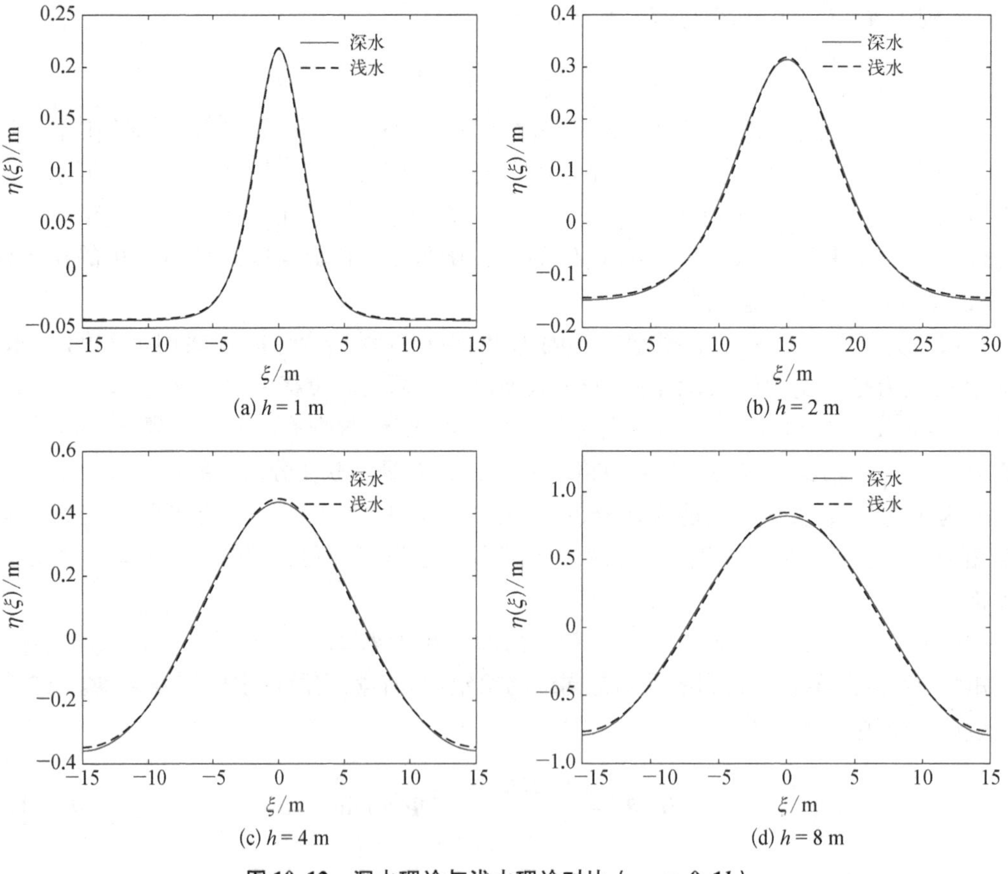

图 10.12 深水理论与浅水理论对比 ($\eta_0 = 0.1h$)

如果初始迭代时线性水波的波幅取 $\eta_0 = 0.2h$，计算结果如图 10.13 所示。图 10.12 和图 10.13 中不同水波参数见表 10.5。

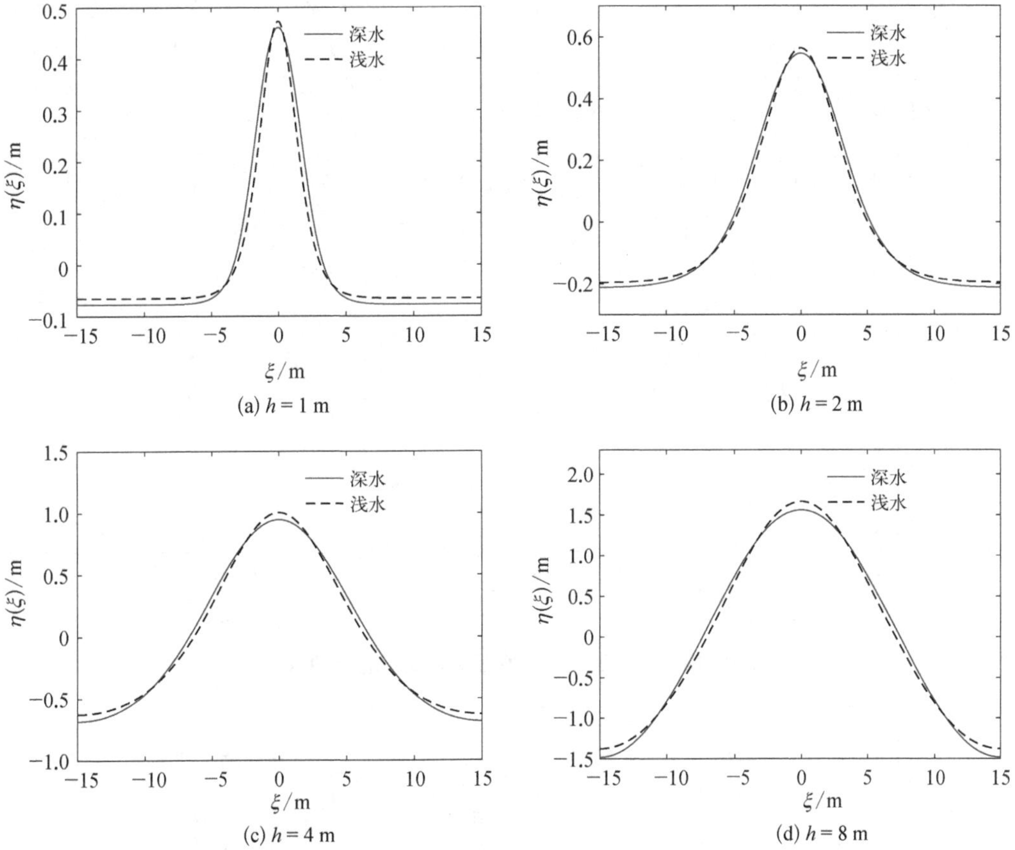

图 10.13　深水理论与浅水理论对比（$\eta_0 = 0.2h$）

表 10.5　图 10.12 和图 10.13 中不同水波的参数

	波长/m	水深/m	波高/m	波速/(m/s)	U_r
图 10.12(a)	30	1	0.26	3.63	234.26
图 10.12 (b)	30	2	0.41	4.53	46.25
图 10.12 (c)	30	4	0.80	5.82	11.19
图 10.12 (d)	30	8	1.61	6.71	2.83
图 10.13(a)	30	1	0.54	3.94	484.52
图 10.13 (b)	30	2	0.76	4.84	85.28
图 10.13 (c)	30	4	1.63	6.07	22.95
图 10.13 (d)	30	8	3.04	6.76	5.35

再取波长为 $L = 200$ m，水深取 $h = 10$ m、20 m、30 m 和 40 m，初始迭代时线性水波的波幅取 $\eta_0 = 0.1h$ 和 $\eta_0 = 0.2h$，计算结果分别如图 10.14 和图 10.15 所示，具体参数见表 10.6。

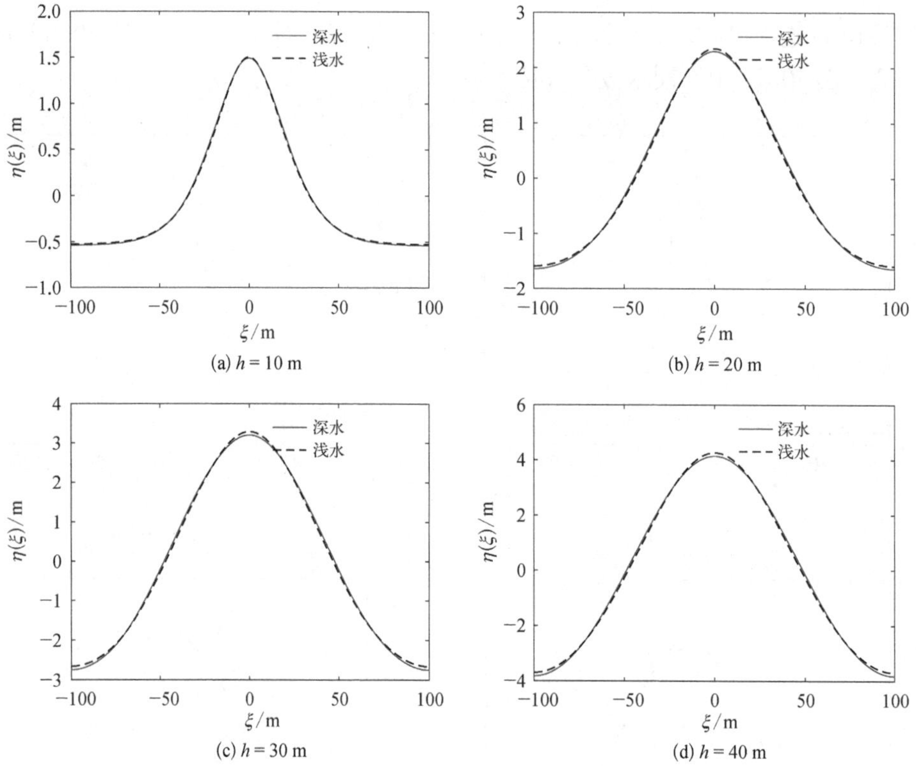

图 10.14　深水理论与浅水理论对比（$\eta_0 = 0.1h$）

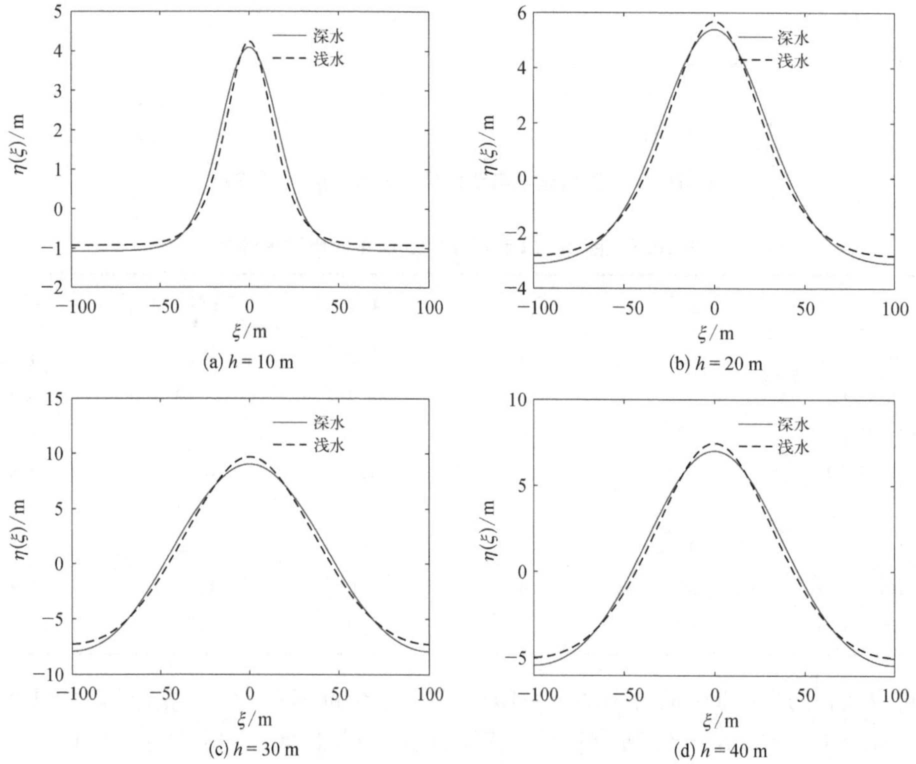

图 10.15　深水理论与浅水理论对比（$\eta_0 = 0.2h$）

表 10.6 图 10.14 和图 10.15 中不同水波的参数

	波长/m	水深/m	波高/m	波速/(m/s)	U_r
图 10.14(a)	200	10	2.03	10.37	81.17
图 10.14(b)	200	20	3.93	13.64	19.67
图 10.14(c)	200	30	5.94	15.54	8.80
图 10.14(d)	200	40	7.95	16.61	4.97
图 10.15(a)	200	10	5.16	11.85	206.46
图 10.15(b)	200	20	8.48	14.53	42.39
图 10.15(c)	200	30	12.43	16.11	18.41
图 10.15(d)	200	40	16.95	16.97	10.59

通过以上几个数值结果,可以得到以下结论:

(1) 深水理论给出的是具有周期性的行波解,当水深相对于波长较小时,该解与基于浅水假定给出的椭圆余弦波吻合;

(2) 在波长不变以及初始迭代的波幅与水深之比不变的条件下,当水深逐渐增加时,深水理论给出的周期行波解趋向于线性水波解,此时 Ursell 参数 U_r 逐渐减小,意味着非线性逐渐减弱;

(3) 在波长相同,水深相同的条件下,随着波幅的增加,Ursell 参数 U_r 增加,意味着水波的非线性变强,此时深水理论的周期行波解与基于浅水假定的椭圆余弦波解差异也随之增加。

这些数值结果,展示出其水面大体上与椭圆余弦波近似水面比较类似的结果,当然本书计算的课题还有不足,还要继续深入探讨。

2. 尖锐的水面

在水底平坦的浅水区域可以观察到椭圆余弦波,而在较深水域,可以观察到一种水面较尖的行波,如图 10.16 所示。

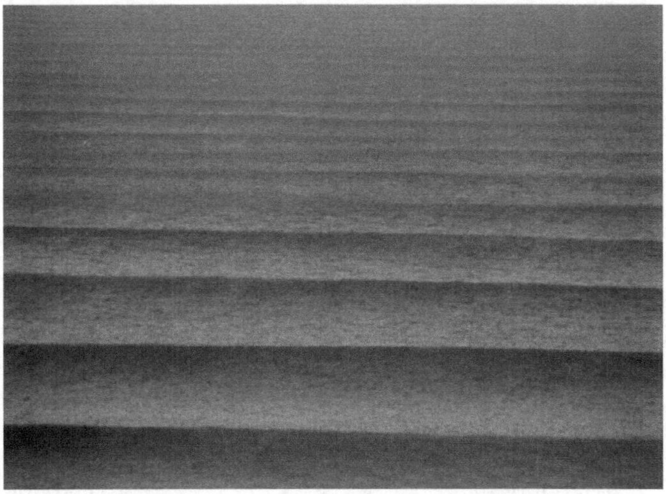

图 10.16 自然中观察到的尖锐水面[26]

这种水面尖锐的行波，也称为涌波（swell wave），被人认为是由风作用产生后，沿行进方向传播。涌波一般难以肉眼察觉，但可以通过照相观察，在澳大利亚曾观察到涌波传播距离超过 8 000 km。

一般认为，涌波不能由线性的 Stokes 波表达，因为 Stokes 波所给出的水面显然是正弦或余弦形式。这里采用位移法的水波理论，也可模拟出这种水面尖锐的涌波。首先观察位移线性水波解式（10.6.22），根据该解，水面可表示为

$$z = w(x,\ 0,\ t) = \eta(\xi,\ 0) = \eta_0\cos(k_i\xi) = \eta_0\cos[k_i(x - Ct)] \tag{10.7.12}$$

式（10.7.12）所描述的水面看似为余弦形式，但请注意这里采用的是位移描述，真实的水面由水面处所有质点的位置包络组成。在水面任意点 $(x,\ 0)$ 的质点的位置可以写为 $(X(x,\ z,\ t),\ Z(x,\ z,\ t))$，其中，

$$\begin{cases} X(x,\ z,\ t) = x + u(x,\ 0,\ t) = x - \dfrac{\eta_0}{\tanh(k_ih)}\sin[k_i(x - Ct)] \\ Z(x,\ z,\ t) = z(x,\ 0,\ t) = \eta_0\cos[k_i(x - Ct)] \end{cases} \tag{10.7.13}$$

描述行波水面，可以不考虑时间的影响，因此取 $t = 0$，水面实际可以表示为

$$Z = \eta_0\cos\left\{k_i\left[X + \frac{\eta_0\sin(k_ix)}{\tanh(k_ih)}\right]\right\} \tag{10.7.14}$$

上式可以描述尖锐的水面，下面给出数值算例。

数值计算可以直接从深水波理论出发，水深取为 $h = 50$ m，波长取 $L = 50$ m，初始迭代时，取线性波的波数 $i = 4$，$k_i = 4 \cdot 2\pi/L$ 迭代，初始迭代时线性波的波幅取为 $\eta = 0.02h$、$0.03h$、$0.035h$ 和 $0.06h$，经过一步迭代即收敛，实际上收敛到线性水波解，其水面如图 10.17 所示。

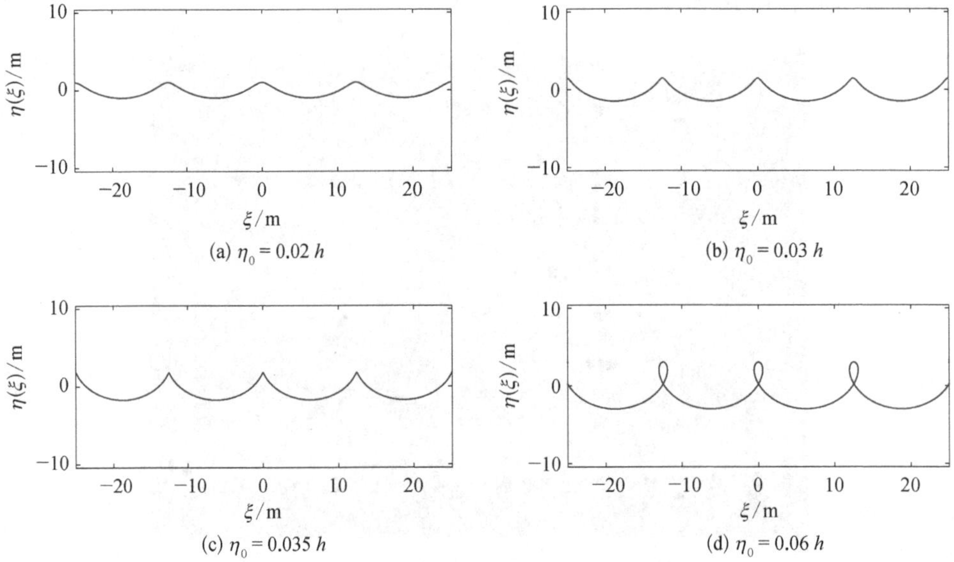

图 10.17　不同波幅对应的水面

由图 10.17 可见,采用位移描述给出了水面为涌波的形状,且随着波幅的增加,水面越来越尖,而当 $\eta_0 = 0.06h$ 时,水面出现了绕圈,这已经是非物理的水波波形。由数值结果可以分析知,必然存在一个极值波幅,此时涌波的波峰达到最尖,超过此波幅水面会发生破碎。在极值波幅处,波峰必然是水面的一个奇点,该点处水面不再光滑,其斜率为无穷,据此可找出基于线性理论的极值波幅为

$$\eta_0 \leqslant \frac{L}{2\pi}\tanh\left(\frac{2\pi h}{L}\right) \tag{10.7.15}$$

按 C. Adrian 的著作以及他在数学著名顶级期刊所讲述的,积分位移极其困难。本书 1.1 节就介绍了为什么积分了力的分布后,再积分位移会发生困难。反过来,当转移到以位移为未知数后,先将位移计算好,然后再计算内力就不会有困难,这其实是很自然的事。1.1 节的简单例题也表明了此情况。下文就给出波动时水下的质点位移。

3. 质点的轨迹

水波内各质点轨迹的研究对于研究河流泥沙堆积、海水内盐分、营养元素等浓度分布密切相关。本小节给出不同水深、波长、波幅对于水波内质点轨迹的影响。

首先取 $h = 1$ m, 初始迭代时波幅均取为 $\eta_0 = 0.1h$, 波长取 $L = 30$ m 和 50 m 分别计算,结果如图 10.18 所示。图中绘制了 5 个不同深度的粒子轨迹,粒子的横坐标均为 $x = 0$ m, 纵坐标从上到下分别为 $z = 0$ m、−0.3 m、−0.6 m、−0.9 m 和−1 m。

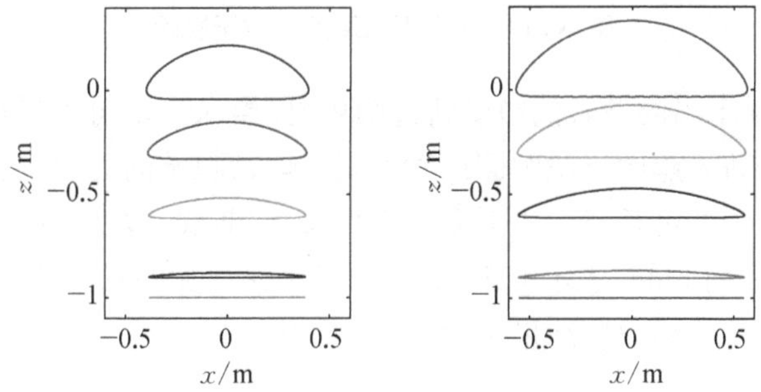

(a) $L = 30$ m　　(b) $L = 50$ m

图 10.18　5 个不同深度的粒子轨迹

图 10.18 (a)所对应的水面即为图 10.12 (a)。由图 10.12 (a)可见,此时的水波十分接近孤立波。图 10.18 (b)中的波长 $L = 50$ m, 图 10.18 (a)的波长相对更大,其水波更加接近孤立波。由图 10.18 可见,当波从左向右传来的时候,粒子沿一个拱形轨迹向上和向右运动,直至波幅达到该粒子时,粒子的位置处于最高,之后沿拱形向下和向右传播,波传过去之后,该粒子沿几乎水平的位置回到原点。在整个波传播过程中,粒子的在水平方向运动范围完全超过 1 m,比水深还大,而在竖向运动的范围远小于水平方向的运动范围,且粒子的位置越深,运动范围也越小。这说明在浅水区域,水波的波长越大,波幅越大,波越陡,水波对于水中泥沙、营养元素等运输作用越强。

大海是深水,逐渐过渡到海滩,如中国东海,大陆架一直延伸到冲绳海槽,有数百公里之遥。大陆架逐渐过渡到海滩后,就是浅水了,单纯计算浅水波,就显得非常局限,所以水

深要逐步变深。现在取 $h=10$ m，波长取 $L=30$ m、50 m、100 m 和 200 m 分别计算。相对于 $h=10$ m，波长 $L=30$ m 和 50 m 相当于深水波，而 100 m 和 200 m 相当于浅水波，比较相互之间的差异。计算时，初始迭代时波幅均取为 $\eta_0=0.1h$，结果如图 10.19 所示。图中绘制了 6 个不同深度的粒子轨迹，6 个粒子的横坐标均为 $x=0$ m，纵坐标从上到下分别为 $z=0$ m、-2m、-4m、-6m、-8m 和 -10m。

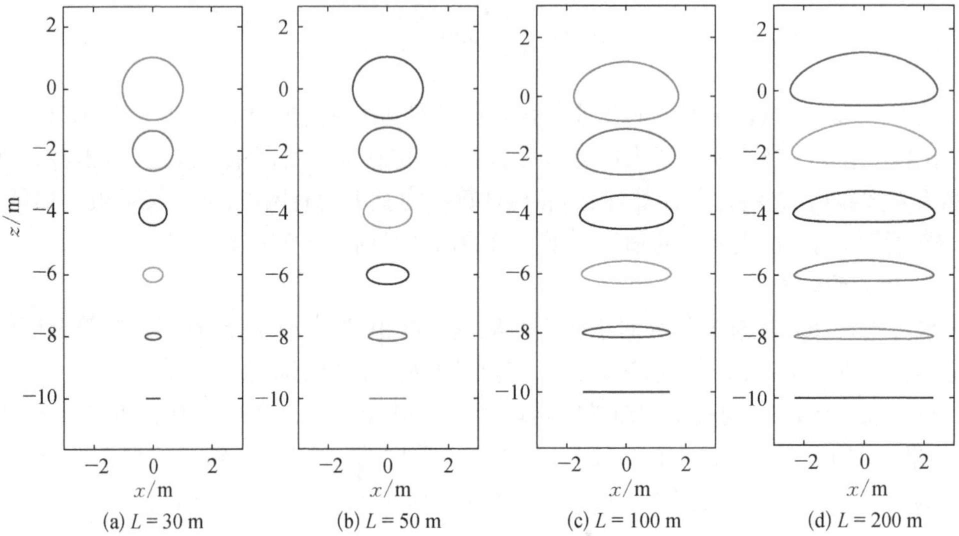

图 10.19　6 个不同深度的粒子轨迹

由图 10.19 的 4 个不同波长的粒子轨迹图可见，当水深相同及初始迭代波幅相同时，如果波长变短，粒子轨迹趋向于绕圆圈运动；波长越长，粒子的运动轨迹越扁。$L=30$ m 对应于深水波，此时粒子的运动范围由上而下指数衰减，非线性效应减弱。

因为以往传统采用 Euler 表示的未知数，所以位移计算困难。本文则采用了 Lagrange 表示的位移法，可以将位移数值结果求出。

10.8　本 章 小 结

水波动力学属于动力学问题，研究对象为水波，因此也是 Hamilton 体系，辛对称是其基本属性。以往，研究水波的主流理论是基于 Euler 描述，以速度或者速度势为基本变量，再采用各种加法摄动做渐近分析，往往忽视了辛对称这一动力学的基本属性。本章采用位移描述水波的运动，并注重水波的动力学属性，基于最小作用量变分原理给出水波方程。

10.6 节和 10.7 节通过最小作用量变分原理，首先给出基于位移法的水的不可压缩条件、水波方程、无旋条件及边界条件，接着基于位移描述，研究线性水波问题。在线性近似下，引入位移势函数从而得到 Laplace 方程，由此给出线性水波的周期性行波解。当波长远大于水深时，该线性水波的理论解可退化为线性浅水余弦波解，这为浅水理论中刚性平移假定的合理性提供了理论依据。

基于位移描述的水波理论,不仅能用于线性水波问题,也可用于非线性水波理论。根据浅水波的基本假定,水平向位移为刚性平移。水的不可压缩条件是基本物性,在不可压缩条件之下,推导了二维浅水波的基本方程,由于关注了辛对称的动力学基本属性,所以本节的基本方程不会出现传统 KdV 方程的一些不好的特性。这样推导出的浅水波基本方程,可以得到孤立波的解,还考虑了二维浅水波的位移椭圆余弦波解,并提供了椭圆函数的精细积分法,对于绝大多数的情况,可得到计算机精度的数值解。

为了以后对周期深水波的求解,考虑了位移函数的 Fourier 级数求解的思路。波浪视为多个三角函数的组合。在信号处理的领域,有时间域的直接处理,还有频率域的处理,很多情况下,研究者愿意采用频率域的处理方法。在波浪分析的情况下,频率域处理非常有吸引力。

我们重视浅水波,一方面,基于浅水波的刚性平移基本假定就可以处理变动边界问题的求解,还可以推广到三维浅水波问题的求解。这些进展反映在 10.3 节~10.5 节,其中祖冲之方法论和祖冲之类算法又发挥了重要作用,说明中国数学的成果发挥了重要作用,这些解在传统思路下被认为无法解决。

另一方面,还可以与给出二维的非线性深水波方程相衔接。为了深水波的理论与数值算法,以往出现了 Zakharoff 的三次近似方程,但如何求解却还是有待解决的课题。既然采用位移为基本未知数的体系,就已经更换了体系,其求解方法应重新考虑。可分析椭圆余弦波的 Fourier 分解。数值算例表明,仅需为数不多的几个不同波数的线性余弦波,就可以组成非线性很强的浅水椭圆余弦波,为研究深水非线性水波理论提供了铺垫。

考虑了不可压缩条件,得到的偏微分方程是非线性的,直接求解非线性偏微分方程是很困难的。一般来说,迭代法求解几乎是必然的途径。鉴于非线性项在偏微分方程之中是比较小的项,迭代法也应保辛。本章的保辛迭代采用了松弛法,每次松弛法迭代都用对于李代数的 Taylor 展开的近似,因李代数不排斥加法,所以其对应的李群也保辛。这些求解偏微分方程的方法很有用。

因为采用了位移为基本未知数,所以质点的轨迹及一些波形,传统方法无法处理而在本书正文中都得到了展示。

练　习　题

10.1　采用精细积分法,编程计算 Jacobi 椭圆函数: $\mathrm{sn}(1, 1)$, $\mathrm{cn}(1, 1)$, $\mathrm{dn}(1, 1)$。

10.2　浅水波的基本假定是什么? 浅水波的位移模型可比拟为固体力学中的什么模型?

10.3　位移法研究浅水波是通过什么途径导出浅水波方程的?

10.4　10.2.1 小节中介绍的线性浅水波,水面与水平位移之间存在关系 $\eta = -hu_x$, 请写出以 η 为未知量的浅水波方程。

10.5　线性浅水波,忽略竖向动能的影响,如果考虑水底不平,但属于缓坡,即

$$z = -h(x),\ |h_x(x)| \ll 1, \text{其中 } 0 \leqslant x \leqslant L,$$

在两端边界处有: $u(0) = u(L) = 0$, 水的密度记为 ρ, 重力加速度记为 g, 请建立考

虑水底不平线性浅水波的 Lagrange 函数，并基于 Hamilton 变分原理导出线性浅水波方程。

10.6 同上题，边界条件改为：$u(0)=0$，在 $x=L$ 处，水深为零，同时考虑竖向动能的影响，请基于 Hamilton 变分原理导出线性浅水波方程。

10.7 在位移浅水波模型中，竖向动能的作用是什么？

10.8 浅水机械激波与传统激波有何差异与联系？

10.9 已知某线性水波的位移流函数为 $\psi=\sin\left(\frac{\pi L}{2}x\right)\mathrm{e}^{\frac{\pi L}{2}z}$，请问：

(1) 该水波可不可能存在？

(2) 如果存在，水平和竖向位移分别是什么？

10.10 椭圆余弦波在什么条件下可退化为孤立波，又在什么条件下可退化为线性余弦波？

10.11 在同样的水深和波高条件下，比较线性余弦波、椭圆余弦波和孤立波等三种波的波速的大小。

参 考 文 献

[1] Remoissenet M. Waves called solitons: concepts and experiments[M]. Berlin: Springer, 1996.

[2] 高本庆. 椭圆函数及其应用[M]. 北京：国防工业出版社，1991.

[3] 钟万勰. 应用力学的辛数学方法[M]. 北京：高等教育出版社，2006.

[4] 钟万勰，高强. 约束动力系统的分析结构力学积分[J]. 动力学与控制学报，2006，4(3)：193－200.

[5] Goldstein H. Classical mechanics[M]. London: Addison-Wesley, 1980.

[6] 钟万勰，姚征. 时间有限元与保辛[J]. 机械强度，2005，27(2)：178－183.

[7] 姚征，钟万勰. 椭圆函数的精细积分改进算法[J]. 数值计算与计算机应用，2008，29(4)：251－260.

[8] 钟万勰，姚征. 椭圆函数的精细积分算法[C]. 北京：祝贺郑哲敏先生八十华诞应用力学报告会，2004.

[9] Stoker J J. Water waves: the mathematical theory with applications[M]. New York: Interscience Publishers LTD, 1957.

[10] Courant R, Friedrichs K O. Supersonic flow and shock waves[M]. NewYork: Wiely, 1948.

[11] 钟万勰，姚征. 位移法浅水孤立波[J]. 大连理工大学学报，2006，46(1)：151－156.

[12] 梅强中. 水波动力学[M]. 北京：科学出版社，1984.

[13] 钟万勰，陈晓辉. 浅水波的位移法求解[J]. 水动力学研究与进展(a 辑)，2006，21(4)：486－493.

[14] 钟万勰，吴锋. 力-功-能-辛-离散——祖冲之方法论[M]. 大连：大连理工大学出版社，2016.

[15] 吴锋，钟万勰. 浅水问题的约束 Hamilton 变分原理及祖冲之类保辛算法[J]. 应用数学和力学，2016，37(1)：3－15.

[16] 吴云岗，陶明德. 水波动力学基础[M]. 上海：复旦大学出版社，2011.

[17] 钟万勰，吴锋，孙雁. 浅水机械激波[J]. 应用数学和力学，2017，38(8)：845－852.

[18] 吴锋. 基于位移的水波数值模拟——辛方法[M]. 大连：大连理工大学，2017.

[19] 赵凯华，罗蔚茵. 量子物理[M]. 北京：高等教育出版社，2008.

[20] 张景勋. 量子力学发展简史[J]. 西北大学学报(自然科学版),1982,(4): 71 - 84.
[21] 姚征,钟万勰. 位移法浅水波方程解的特性分析[J]. 计算机辅助工程,2016,25(2): 21 - 25.
[22] Wu F, Zhong W. On displacement shallow water wave equation and symplectic solution[J]. Computer Methods in Applied Mechanics and Engineering, 2017,318: 431 - 455.
[23] 吴锋,钟万勰. 浅水动边界问题的位移法模拟[J]. 计算机辅助工程,2016,25(2): 5 - 13.
[24] 吴锋,钟万勰. 不平水底浅水波问题的位移法[J]. 水动力学研究与进展(a 辑),2016,31(5): 549 - 555.
[25] 吴锋,孙雁,姚征,等. 椭圆余弦波的位移法分析[J]. 计算机辅助工程,2018,(2): 1 - 5.
[26] Adrian C. Nonlinear water waves with applications to wave-current interactions and tsunamis[M]. New York: Society for Industrial & Applied Mathematics, 2011.

附录 1
混合能简介

第一章讲的是最小势能原理的区段合并求解,并指出区段合并与传递辛矩阵相乘,是一一对应的操作。最小总势能原理是众多变分原理之一,然而因精细积分算法的需要,我们提出了混合能变分原理。首先应讲清楚什么是混合能。混合能当然是能量。

变形能是给定两端位移而产生的能量,是位移法的能量。结构的边界条件并非一定要两端都有位移,在左端给定位移,而在右端给定拉力,也可以定解。一端给定位移、而另一端给定力的结构为悬臂结构。当然该悬臂结构也可以计算变形能。以单根弹簧的结构为例,右端拉力 f 内力也是 f, 产生的右端位移 $w_j = w_{j-1} + f/k$, $w_j - w_{j-1} = \Delta w_j = f/k$, 变形能 $U_{j\#}(w_{j-1}, w_j)$ 是 $k(\Delta w)^2/2 = f^2/(2k)$。但这是用左端位移与右端力表示的变形能。

区段 $(j-1 \sim j)$ 的混合能 $V_{j\#}(w_{j-1}, f_j)$ 的定义是

$$V_{j\#}(w_{j-1}, f_j) = \max_{w_j}[f_j w_j - U_{j\#}(w_{j-1}, w_j)] \tag{f1.1}$$

它表示为左端位移与右端力 w_{j-1}, f_j 的函数。右端表达式中虽有 w_j, 但在取极大时是要消去的。

以图 1.6 取出的典型区段为例,

$$f_j w_j - U_{j\#}(w_{j-1}, w_j) = f_j w_j - \frac{k_a w_{j-1}^2 + (k_a + k_c) w_j^2 - 2k_a w_{j-1} w_j}{2}$$

这是 w_j 的二次函数。用配平方法推导,取极大必然有

$$w_j = (k_a + k_c)^{-1}[f_j + k_a w_{j-1}]$$

再代入式(f1.1)得到

$$V(w_{j-1}, f_j) = \frac{(f_j + k_a w_{j-1})^2}{2(k_a + k_c)} - \frac{k_a w_{j-1}^2}{2} = \frac{f_j^2 + 2k_a w_{j-1} f_j - k_c k_a w_{j-1}^2}{2(k_a + k_c)} \tag{f1.2}$$

这就是区段 $(j-1 \sim j)$ 的混合能的算式。

因区段混合能是两项平方和之差,故是取不定值的二次型。

区段混合能可用式(f1.1),通过区段势能而定义;而根据区段混合能也可以反过来计算区段势能。从式(f1.1)推测,

$$U_{j\#}(\boldsymbol{w}_{j-1},\ \boldsymbol{w}_j)=\max_{\boldsymbol{f}_j}[\boldsymbol{f}_j^{\mathrm{T}}\boldsymbol{w}_j-V_{j\#}(\boldsymbol{w}_{j-1},\boldsymbol{f}_j)] \tag{f1.3}$$

下面对上式进行验证。

将区段混合能 $V_{j\#}(\boldsymbol{w}_{j-1},\boldsymbol{f}_j)$ 的式(f1.2)代入,有

$$\begin{aligned}U_{j\#}(\boldsymbol{w}_{j-1},\ \boldsymbol{w}_j)&=\boldsymbol{f}_j^{\mathrm{T}}\boldsymbol{w}_j-V_{j\#}(\boldsymbol{w}_{j-1},\boldsymbol{f}_j)\\&=\frac{-f_j^2+2f_j[-k_aw_{j-1}+(k_a+k_c)w_j]+k_ck_a\boldsymbol{w}_{j-1}^2}{2(k_a+k_c)}\end{aligned}$$

将分子配平方有

$$\begin{aligned}&-f_j^2+2f_j[-k_aw_{j-1}+(k_a+k_c)w_j]+k_ck_a\boldsymbol{w}_{j-1}^2\\&=k_ck_a\boldsymbol{w}_{j-1}^2+[(k_a+k_c)w_j-k_aw_{j-1}]^2-[f_j-(k_a+k_c)w_j+k_aw_{j-1}]^2\end{aligned}$$

最后一项平方取零将使混合能最大,而$f_j=(k_a+k_c)w_j-k_aw_{j-1}$ 正是式(1.4.2)的

$$f_j=K_{22}^{(j)}w_j+K_{12}^{(j)}w_{j-1}$$

这就验证了式(f1.3)。

变换式(f1.1)将本是 $\boldsymbol{w}_{j-1}$、$\boldsymbol{w}_j$ 函数的势能 $U_{j\#}(\boldsymbol{w}_{j-1},\ \boldsymbol{w}_j)$ 转换到以 $\boldsymbol{w}_{j-1}$、$\boldsymbol{f}_j$ 为变量的混合能 $V_{j\#}(\boldsymbol{w}_{j-1},\boldsymbol{f}_j)$。这种变换很重要,称为勒让德(Legendre)变换。从分析结构力学的角度来看,上面弹性串联区段的例题,是离散坐标的分析力学体系。而最小势能原理对应于离散分析力学 Hamilton 变分原理;区段变形能是离散的 Lagrange 函数;Legendre 变换则将离散的 Lagrange 函数转换到离散的 Hamilton 函数(区段混合能)。

如全部区段的刚度阵不变,即 $U_{j\#}(\boldsymbol{w}_{j-1},\ \boldsymbol{w}_j)=U(\boldsymbol{w}_{j-1},\ \boldsymbol{w}_j)$ 而与区段号 $j\#$ 无关。则 Legendre 变换后,其区段混合能必然也有相同性质,即 $V_{j\#}(\boldsymbol{w}_{j-1},\boldsymbol{f}_j)=V(\boldsymbol{w}_{j-1},\boldsymbol{f}_j)$,与区段号无关。

前面讲述了区段变形能合并消元,与辛矩阵的乘法有一致性。现在引入了区段混合能,既然区段变形能有合并消元的变分原理:

$$U_{(j-1)\#}+U_{j\#}=\frac{1}{2}\left[\begin{Bmatrix}w_{j-2}\\w_{j-1}\end{Bmatrix}^{\mathrm{T}}\boldsymbol{K}_{j-1}\begin{Bmatrix}w_{j-2}\\w_{j-1}\end{Bmatrix}+\begin{Bmatrix}w_{j-1}\\w_j\end{Bmatrix}^{\mathrm{T}}\boldsymbol{K}_j\begin{Bmatrix}w_{j-1}\\w_j\end{Bmatrix}\right]$$

则也应当寻找区段混合能的合并消元变分原理,这是可以推导的。从

$$U_c=U_{(j-2,\,j)}=\min_{w_{j-1}}[U_{(j-1)\#}+U_{j\#}]$$

将区段混合能式(f1.3)代入,然后倒换取极大-极小的次序:

$$\begin{aligned}U_c=U_{(j-2,\,j)}&=\max_{f_j}[f_jw_j-V_c(w_{j-2},f_j)]\\&=\min_{w_{j-1}}\{\max_{f_{j-1}}[f_{j-1}w_{j-1}-V_{(j-1)}(w_{j-2},f_{j-1})]+\max_{f_j}[f_jw_j-V_j(w_{j-1},f_j)]\}\\&=\max_{f_j}\{f_jw_j-\max_{f_{j-1}}\min_{w_{j-1}}[V_{(j-1)}(w_{j-2},f_{j-1})-f_{j-1}w_{j-1}+V_j(w_{j-1},f_j)]\}\end{aligned}$$

通过对比,就得到混合能的变分原理:

$$V_c(w_{j-2}, f_j) = \max_{f_{j-1}} \min_{w_{j-1}} [V_{(j-1)}(w_{j-2}, f_{j-1}) - f_{j-1} w_{j-1} + V_j(w_{j-1}, f_j)] \qquad (\text{f1.4})$$

相连两个区段的混合能,不是简单地相加,而是如式(f1.4)中的表示。这是两类变量 $\boldsymbol{w}$、$\boldsymbol{f}$ 的极大-极小问题。

混合能变分原理对于精细积分法是重要的基础。

附录 2
正则变换、辛矩阵

第一章的辛矩阵从两端状态传递的角度讲述。因为是状态向量之间的传递,所以自然就出现状态传递矩阵。另一方面传递矩阵有辛矩阵的数学性质,传递决定了辛矩阵的运算适用矩阵的乘法。串联弹簧的传递就对应辛矩阵的乘法。大家很熟悉的弹簧并联,与辛矩阵操作关系如何也是很密切的。分析动力学发展了正则变换,是分析力学的核心内容之一,在传统分析动力学的学习中也是难点之一。用弹簧的简单问题进行介绍有益于理解。

本附录从离散系统的角度,用辛矩阵的乘法介绍正则变换,以及其对于弹簧并联的运用。弹簧系统相当于离散坐标,这表明离散系统也适用正则变换的。从离散系统的角度,用辛矩阵的乘法介绍正则变换的运用,可得到最基本的概念。

正则变换是状态空间的变换,是不改变状态空间系统特性的变换。弹性系统的特性就是有正定变形能,其线性系统的刚度阵是对称的,从而其状态向量的传递是辛矩阵相乘。原来的系统符合这些条件,则进行状态空间正则变换后所得到的变换后系统仍满足这些条件。

从区段变形能看,弹簧并联的作用就是能量相加,变换到单元刚度阵的相加,就是弹簧刚度相加。

从辛矩阵的传递看,也是很清楚。辛矩阵与刚度阵相对应,辛矩阵还可用于变换。用恒常的辛矩阵 $\boldsymbol{S}$ 进行变换有:任意 2 个状态向量 $\boldsymbol{v}_1$、$\boldsymbol{v}_2$ 的变换 $\boldsymbol{S}\boldsymbol{v}_1$、$\boldsymbol{S}\boldsymbol{v}_2$,恒有不变的辛内积。即两个状态向量,用同一个辛矩阵做乘法变换不改变状态向量的辛内积。

正则变换与辛矩阵的乘法变换有密切关系。仍用简单的弹簧模型来探讨。弹簧有两端的状态向量 $\boldsymbol{v}_1$、$\boldsymbol{v}_2$,它们的传递是对应的辛矩阵 $\boldsymbol{S}$。传递给出 $\boldsymbol{v}_2=\boldsymbol{S}\boldsymbol{v}_1$。已经知道状态向量 $\boldsymbol{v}_1$、$\boldsymbol{v}_2$ 用恒常的辛矩阵变换,成为 $\boldsymbol{v}'_1=\boldsymbol{S}\boldsymbol{v}_1$,$\boldsymbol{v}'_2=\boldsymbol{S}\boldsymbol{v}_2$,则有 $\boldsymbol{v}_1^{\mathrm{T}}\boldsymbol{J}\boldsymbol{v}_2=\boldsymbol{v}'^{\mathrm{T}}_1\boldsymbol{J}\boldsymbol{v}'_2$。

如果用不同的辛矩阵 $\boldsymbol{S}_1$、$\boldsymbol{S}_2$ 相乘做变换,就是正则变换:

$$\boldsymbol{v}'_1=\boldsymbol{S}_1\boldsymbol{v}_1,\ \boldsymbol{v}'_2=\boldsymbol{S}_2\boldsymbol{v}_2 \tag{f2.1}$$

这样情况就不同了,原来的传递辛矩阵 $\boldsymbol{S}$ 变换成

$$\boldsymbol{v}_2=\boldsymbol{S}\boldsymbol{v}_1 \Rightarrow \boldsymbol{v}'_2=(\boldsymbol{S}_2\cdot\boldsymbol{S}\cdot\boldsymbol{S}_1^{-1})\boldsymbol{v}'_1 \tag{f2.2}$$

变换为矩阵 $\boldsymbol{S}_2\cdot\boldsymbol{S}\cdot\boldsymbol{S}_1^{-1}$ 的传递。因为按辛矩阵群的性质,辛矩阵的求逆、乘法仍给出辛矩阵:

$$\boldsymbol{S}' = \boldsymbol{S}_2 \cdot \boldsymbol{S} \cdot \boldsymbol{S}_1^{-1} \tag{f2.3}$$

仍然是传递辛矩阵。传递辛矩阵用于串联最方便。

既然是传递辛矩阵,一定可以返回到对称刚度阵:

$$\boldsymbol{v}_2' = \boldsymbol{S}' \cdot \boldsymbol{v}_1' \Rightarrow U = \frac{1}{2}\begin{Bmatrix} \boldsymbol{q}_1' \\ \boldsymbol{q}_2' \end{Bmatrix}^{\mathrm{T}} \begin{bmatrix} \boldsymbol{K}_{11}' & \boldsymbol{K}_{12}' \\ \boldsymbol{K}_{21}' & \boldsymbol{K}_{22}' \end{bmatrix} \begin{Bmatrix} \boldsymbol{q}_1' \\ \boldsymbol{q}_2' \end{Bmatrix} \tag{f2.4}$$

这就是辛矩阵乘法变换的作用,将单元刚度阵也变换了,但没有改变刚度阵对称的性质,所以不同辛矩阵的乘法变换也是正则变换。简单地说,正则变换对应于辛矩阵的乘法变换。此性质对于运用正则变换进行保辛摄动是有用的。这里出现了“摄动”(perturbation)的名词,物理学称“微扰”。摄动法往往是 Lagrange 函数出现加一个小项,相当于弹簧加一个小项。

如果式(f2.3)选择 $\boldsymbol{S}_1 = \boldsymbol{I}$, $\boldsymbol{S}_2 = \boldsymbol{S}^{-1}$, 则有 $\boldsymbol{S}' = \boldsymbol{I}$ 的恒等变换。传递矩阵为单位阵,相当于弹簧刚度无穷大。弹簧好像就不存在了,“消化”掉了。

前面介绍了弹簧的并联,现将传递辛矩阵用于弹簧并联。设有弹簧 k_a、k_b 的并联,其中 k_b 远比 k_a 小,k_b 是对于 k_a 的摄动(微扰)。刚度相加给出 $k_a + k_b = k_+$,对应的传递辛矩阵 $\boldsymbol{S}_+$ 可按常规求出。弹簧并联本来不必用正则变换,刚度做加法很简单,这里只是为了举例。

设已求出 k_a 的传递辛矩阵 $\boldsymbol{S}_a$,则可采用不同辛矩阵相乘的正则变换。选择 $\boldsymbol{S}_1 = \boldsymbol{I}$, $\boldsymbol{S}_2 = \boldsymbol{S}_a^{-1}$,式(f2.3)给出辛矩阵表达的正则变换后的传递矩阵:

$$\boldsymbol{S}' = \boldsymbol{S}_a^{-1} \cdot \boldsymbol{S}_+ \tag{f2.5}$$

依然是辛矩阵。这表明变换 $\boldsymbol{S}_1 = \boldsymbol{I}$, $\boldsymbol{S}_2 = \boldsymbol{S}_a^{-1}$ 是保辛的,因此是正则变换。将变换 $\boldsymbol{S}_1 = \boldsymbol{I}$, $\boldsymbol{S}_2 = \boldsymbol{S}_a^{-1}$ 用于弹簧并联,验证为

$$\boldsymbol{S}_a = \begin{bmatrix} 1 & \dfrac{1}{k_a} \\ 0 & 1 \end{bmatrix}, \quad \boldsymbol{S}_a^{-1} = \begin{bmatrix} 1 & -\dfrac{1}{k_a} \\ 0 & 1 \end{bmatrix}, \quad \boldsymbol{S}_+ = \begin{bmatrix} 1 & \dfrac{1}{k_a + k_b} \\ 0 & 1 \end{bmatrix}$$

$$\boldsymbol{S}_a^{-1} \cdot S_+ = \begin{bmatrix} 1 & \dfrac{1}{k_a + k_b} - \dfrac{1}{k_a} \\ 0 & 1 \end{bmatrix} = \begin{bmatrix} 1 & \dfrac{1}{k_c} \\ 0 & 1 \end{bmatrix}, \quad k_c = \frac{-(k_a + k_b)k_a}{k_b}$$

k_b 很小,正则变换后得到的弹簧刚度 k_c 取很大负值,怎么理解 k_c 呢?如果将 k_c 与 k_a 串联,则仍应给出 $k_a + k_b$。验证如下:弹簧串联公式是 $1/k_a + 1/k_c = 1/k_a - k_b/k_a(k_a + k_b) = 1/(k_a + k_b)$,其逆为 $k_a + k_b$,验证符合。解释 k_c 取很大负值的原因:假设 $k_b > 0$ 是小量,近似系统的柔度 $1/k_a$ 估计偏大,所以需要一个负的柔度 $1/k_c$ 相加(减);又因为 $1/k_c$ 的数值很小,所以 k_c 的数值就很大。本段说明辛矩阵的正则变换是合理的。正则变换的作用原来是:将弹簧的并联化成串联。

弹簧并联这类简单的课题本来有分析解,正则变换反而将问题变复杂了。然而在处

理一般非线性问题,严格分析解难以找到,只好近似进行摄动求解。此时只可能对于主要的刚度 k_a 有分析解。剩余部分 k_b 扰动虽小,却没有分析解。此时运用正则变换很有利,因为对于主要的刚度 k_a 有分析解。正则变换可利用分析解,将其主要部分"消化"掉,这是有利于分析与求解的。

弹簧的例题表明,用辛矩阵乘法做正则变换的方法是可行的。

例如,卫星绕地球飞行时,除地球外还有其他天体很小的引力作用。单纯考虑地球引力的卫星运动是 Kepler 问题,有分析解,可考虑为主要刚度 k_a。而其他天体的引力较复杂但很小,可考虑为剩余部分 k_b。这相当于弹簧 k_a 与 k_b 并联。运用 Kepler 问题的分析解求出正则变换的辛矩阵,进行辛矩阵的乘法变换,可分离出很小的剩余部分。如果一概用刚度表达,则剩余部分将表现为非常大的刚度,然而串联弹簧是柔度相加的,刚度大则柔度就很小。辛矩阵相乘本质上对应于串联的概念,故以采用柔度为好。

在刚度阵:

$$U = \frac{1}{2}\begin{Bmatrix} \boldsymbol{q}'_a \\ \boldsymbol{q}'_b \end{Bmatrix}^{\mathrm{T}} \begin{bmatrix} \boldsymbol{K}'_{aa} & \boldsymbol{K}'_{ab} \\ \boldsymbol{K}'_{ba} & \boldsymbol{K}'_{bb} \end{bmatrix} \begin{Bmatrix} \boldsymbol{q}'_a \\ \boldsymbol{q}'_b \end{Bmatrix}$$

之外,还有混合能:

$$V = \frac{1}{2}\begin{Bmatrix} \boldsymbol{q}'_a \\ \boldsymbol{p}'_b \end{Bmatrix}^{\mathrm{T}} \begin{bmatrix} \boldsymbol{F} & \boldsymbol{G} \\ -\boldsymbol{Q} & \boldsymbol{F}^{\mathrm{T}} \end{bmatrix} \begin{Bmatrix} \boldsymbol{q}'_a \\ \boldsymbol{p}'_b \end{Bmatrix}$$

$$\boldsymbol{G} = \boldsymbol{K}'^{-1}_{bb},\ \boldsymbol{F} = -\boldsymbol{K}'^{-1}_{bb}\boldsymbol{K}'_{ba},\ \boldsymbol{Q} = \boldsymbol{K}'_{aa} - \boldsymbol{K}'_{ab}\boldsymbol{K}'^{-1}_{bb}\boldsymbol{K}'_{ba} \tag{f2.6}$$

的表达,其中 $\boldsymbol{G}$ 是柔度阵。因此混合能表达对于正则变换的计算有利。用于弹簧刚度阵则

$$\boldsymbol{K} = \begin{bmatrix} k_a & -k_a \\ -k_a & k_a \end{bmatrix} \Rightarrow \boldsymbol{Q} = \boldsymbol{0},\ \boldsymbol{F} = \boldsymbol{I},\ \boldsymbol{G} = \frac{1}{k_a}$$

正则变换的表达可用势能表象,可用混合能表象,也可用辛矩阵表象。不同表象之间是可以互相变换的,它们在理论上是等价的,在实际运用时可灵活地选择,以求方便处理。例如,式(1.5.8)就给出了刚度阵势能表象到辛矩阵的变换。

航天、机器人等现代新领域对于分析动力学提出了挑战性课题。空间飞行、多体动力学、微分-代数方程及许多非线性问题的数值求解,需要辛矩阵、正则变换摄动等的理论与方法。这里也只是粗略介绍而已。

附录 3 概率论与随机过程初步

附录 3[5] 并不深入介绍概率论与随机过程,而只是介绍应具备的基本知识。

f3.1 概率论初步

许多事物的出现并不完全是确定性的而是有随机性的。对于这些事物的数学描述方法便是概率论。发生一个事件 A 是进行一次试验的结果。用 $\Pr(A)$ 表示发生事件 A 的概率,而 $\Pr(A)$ 可看成为事件 A 出现的次数与大量实验次数之比。如果共有 n 种实验结果 $A_i,\ i=1,\ 2,\ \cdots,\ n$,则有

$$\sum_{i=1}^{n} \Pr(A_i) = 1 \tag{f3.1.1}$$

当然这些事件 $A_i(i=1,\ 2,\ \cdots,\ n)$,互相排斥。概率论有一些基本运算规则,罗列如下。

同时出现 A、B、C 的联合事件可用 $A \cdot B \cdot C$ 来表示,其概率用 $P(ABC)$ 表示。如果事件 A、B、C 互相独立,则联合事件的概率是简单事件概率的乘积:

$$P(ABC) = P(A) \cdot P(B) \cdot P(C) \tag{f3.1.2}$$

将出现 A 或出现 B 或出现 C 的事件用 $A+B+C$ 来表示,则其概率为 $P(A+B+C)$。如果事件 A、B、C 互不相容,则有

$$P(A+B+C) = P(A) + P(B) + P(C) \tag{f3.1.3}$$

若事件 A 与 B 不是互不相容的,则

$$P(A+B) = P(A) + P(B) - P(AB) \tag{f3.1.4}$$

显然,若事件 A 与 B 为互不相容,则 $P(AB)=0$,又回到了式(f3.1.3)。

对于不独立的事件,可引入条件概率 $P(A \mid B)$ 的概念,即在事件 B 出现的条件下,出现事件 A 的概率为

$$P(A \mid B) = \frac{P(AB)}{P(B)} \tag{f3.1.5}$$

可以验证,若事件 A 与 B 互相独立,则条件概率退化为简单概率 $P(A)$。由于事件 A 与 B

可以互相置换,故有

$$P(A \mid B)P(B) = P(B \mid A)P(A) \tag{f3.1.6}$$

对于互相排斥的事件 $A_i(i = 1, 2, \cdots, n)$,再考虑其在 B 出现条件下的概率。根据上式有

$$P(A_i \mid B) = \frac{P(B \mid A_i)P(A_i)}{P(B)}$$

但又有

$$P(B) = \sum_{i=1}^{n} P(B \mid A_i)P(A_i)$$

故

$$P(A_i \mid B) = \frac{P(B \mid A_i)P(A_i)}{\sum_{j=1}^{n} P(B \mid A_j)P(A_j)} \tag{f3.1.7}$$

上式称为 Bayes 公式。

f3.1.1　概率分布函数与概率密度函数

通常随机变量的取值是实数,记为 X。以 $F(x)$ 表示随机变量 X 的概率分布函数:

$$F(x) = \Pr(X \leqslant x) \tag{f3.1.8}$$

显然,$X \leqslant x$ 是一个事件。对于连续取值的随机变量 X,界限变量 x 也是连续取值的。随机变量 X 在区间 $[x, x + \Delta x)$,即左端为闭区间右端为开区间,取值的概率为

$$\Pr(X \in [x, x + \Delta x)) = f(x)\Delta x \tag{f3.1.9}$$

式中,$f(x)$ 称为随机变量 X 的概率密度函数,它一定取正值。并且

$$f(x) = \frac{\mathrm{d}F(x)}{\mathrm{d}x} \tag{f3.1.10}$$

当随机变量 X 的取值范围为整个实轴 $-\infty < X < \infty$ 时,按(f3.1.2)式有

$$F(x) = \int_{-\infty}^{x} f(u)\mathrm{d}u,\ F(\infty) = \int_{-\infty}^{\infty} f(u)\mathrm{d}u = 1 \tag{f3.1.11}$$

状态空间法是本书的特点,其基本未知量是状态向量,当然是多维(n 维)的。此时应考虑多个未知量的联合概率密度。现以两个随机变量 X、Y 的情况来表述。其联合概率分布函数可写为

$$F(x, y) = \Pr(X \leqslant x, Y \leqslant y) \tag{f3.1.12}$$

相应地,联合概率密度函数为

$$f(x, y) = \frac{\partial^2 F(x, y)}{\partial x \partial y} \tag{f3.1.13}$$

如果只看随机变量 Y 的密度函数 $p(y)$，则有

$$p(y) = \int_{-\infty}^{\infty} f(x, y)\mathrm{d}x \tag{f3.1.14}$$

在给定条件 $Y = y$ 之下，X 的条件概率密度函数为

$$f(x \mid y) = \frac{f(x, y)}{p(y)} \tag{f3.1.15}$$

当 X、Y 为互相独立的随机变量时，有

$$f(x, y) = p(x) \cdot p(y) \tag{f3.1.16}$$

这些公式对于多维情况的推广是直接的。

f3.1.2 数学期望、方差和协方差

概率分布函数或概率密度函数是随机变量最详尽的描述。但确定这些函数很困难，因此就转而寻求随机变量的数字特征。最常用的是数学期望、方差和协方差等。

对于连续变量 X，其数学期望可表示为

$$E[X] = \int_{-\infty}^{\infty} xf(x)\mathrm{d}x \tag{f3.1.17}$$

即其可能的取值乘上取该值的概率再取积分。期望值称平均值或均值，亦称一次矩。同理，随机变量函数 $g(X)$ 的平均值为

$$E[g(X)] = \int_{-\infty}^{\infty} g(x)f(x)\mathrm{d}x \tag{f3.1.18}$$

描述随机变量 X 的另一个重要统计特征是其均方值。X 的均方值是 X^2 的期望值：

$$E[X^2] = \int_{-\infty}^{\infty} x^2 f(x)\mathrm{d}x \tag{f3.1.19}$$

$E[X^2]$ 又称 X 的二次矩，或二次原点矩。随机变量 X 的方差是其对期望值偏离的均方值，故又称二次中心矩，通常表示为 σ^2：

$$\sigma^2 = E[(X - E(X))^2] = \int_{-\infty}^{\infty} [x - E(X)]^2 f(x)\mathrm{d}x = E(X^2) - [E(X)]^2 \tag{f3.1.20}$$

其平方根 σ 是随机变量 X 的标准离差。只有零均值的随机变量，其二次矩才与方差相等。

协方差是对于不同的随机变量之间的。设有两个随机变量 X、Y，协方差定义为

$$E\{[X - E(X)] \cdot [Y - E(Y)]\} = \int_{-\infty}^{\infty} [x - E(X)][y - E(Y)]f(x, y)\mathrm{d}x\mathrm{d}y$$

$$= E(XY) - E(X) \cdot E(Y) \tag{f3.1.21}$$

即随机变量对其均值偏差乘积的期望值。两个随机变量的相关系数定义为

$$\rho_{xy} = \frac{E(XY) - E(X) \cdot E(Y)}{\sigma_x \sigma_y} \tag{f3.1.22}$$

相关系数是 X、Y 间线性相关程度的度量。若 X、Y 相互独立，则 $\rho_{xy} = 0$。但其逆不成立。若 Y 是 X 的线性函数，则 $\rho_{xy} = \pm 1$。

给出数字特性的一些性质是有用的。常用的有如下性质：

(1) 随机变量线性组合的期望等于各个期望的线性组合，即不论 $X_i(i = 1, \cdots, n)$ 是否线性相关，都有 $E\left[\sum_{i=1}^{n} c_i X_i\right] = \sum_{i=1}^{n} c_i E[X_i]$；

(2) 如果 $X_i(i = 1, \cdots, n)$ 为相互独立，则 $E[X_1 X_2 \cdots X_n] = \prod_{i=1}^{n} E[X_i]$，其和 $X = \sum_{j=1}^{n} X_j$ 的方差是各方差之和，即 $\sigma_X^2 = \sum_{j=1}^{n} \sigma_{X_j}^2$；常数乘 cX 将使方差乘平方 $\sigma_{cX}^2 = c^2 \sigma_X^2$；

(3) 当 $x = E[X]$ 时，$E[(X - x)^2]$ 取最小值 σ_x^2；

等等。

f3.1.3 随机向量的期望向量和协方差阵

一个 n 维向量，它的每一个分量 X_i 都为随机变量：

$$\boldsymbol{X} = \{X_1 \quad X_2 \quad \cdots \quad X_n\}^{\mathrm{T}} \tag{f3.1.23}$$

$\boldsymbol{X}$ 为 n 维随机向量。一个随机向量的均值向量及其协方差矩阵可用这些随机变量的均值（期望值）及方差来定义。其期望向量定义为

$$\begin{aligned} E(\boldsymbol{X}) &= \{E(X_1) \quad E(X_2) \quad \cdots \quad E(X_n)\}^{\mathrm{T}} \\ &= \int_{-\infty}^{\infty} \cdots \int_{-\infty}^{\infty} f(x_1, x_2, \cdots, x_n)\{x_1, x_2, \cdots, x_n\}^{\mathrm{T}} \mathrm{d}x_1 \mathrm{d}x_2 \cdots \mathrm{d}x_n \\ &= \int_{-\infty}^{\infty} \cdots \int_{-\infty}^{\infty} f(\boldsymbol{x}) \cdot \boldsymbol{x} \mathrm{d}x_1 \mathrm{d}x_2 \cdots \mathrm{d}x_n \end{aligned} \tag{f3.1.24}$$

如将密度函数 $f(\boldsymbol{x})$ 设想为整个 n 维空间质量的密度，其总质量为 1，则 $E(\boldsymbol{X})$ 便为其质心的位置，因此可以说 $E(\boldsymbol{X})$ 是质量分布的一次矩。

随机向量 $\boldsymbol{X}$ 的协方差阵定义为

$$\begin{aligned} \boldsymbol{P}_{xx} &= E\{[\boldsymbol{X} - E(\boldsymbol{X})] \cdot [\boldsymbol{X} - E(\boldsymbol{X})]^{\mathrm{T}}\} \\ &= \int_{-\infty}^{\infty} \cdots \int_{-\infty}^{\infty} [\boldsymbol{x} - E(\boldsymbol{X})][\boldsymbol{x} - E(\boldsymbol{X})]^{\mathrm{T}} \cdot f(\boldsymbol{x}) \mathrm{d}x_1 \mathrm{d}x_2 \cdots \mathrm{d}x_n \end{aligned} \tag{f3.1.25}$$

上式积分号内是列向量乘行向量，得到的是 $n \times n$ 矩阵。$\boldsymbol{P}_{xx}$ 可以解释为分布质量相对于质心的二次矩，常称为二阶中心矩，其第 i 号对角元素 p_{ii} 为分量 X_i 的方差，而 p_{ij} 则为 X_i 与 X_j 的协方差。可以证明，协方差矩阵与二次矩的关系为

$$P_{xx} = \int_{-\infty}^{\infty} \cdots \int_{-\infty}^{\infty} \boldsymbol{x}\boldsymbol{x}^{\mathrm{T}} \cdot f(\boldsymbol{x}) \mathrm{d}x_1 \mathrm{d}x_2 \cdots \mathrm{d}x_n - [E(\boldsymbol{X})][E(\boldsymbol{X})]^{\mathrm{T}} \tag{f3.1.26}$$

n 维向量 $\boldsymbol{X}$ 与 m 维向量 $\boldsymbol{Y}$ 之间的互协方差阵可定义为

$$\begin{aligned} \boldsymbol{P}_{xy} &= E\{[\boldsymbol{X} - E(\boldsymbol{X})] \cdot [\boldsymbol{Y} - E(\boldsymbol{Y})]^{\mathrm{T}}\} \\ &= \int_{-\infty}^{\infty} \cdots \int_{-\infty}^{\infty} [\boldsymbol{x} - E(\boldsymbol{X})][\boldsymbol{y} - E(\boldsymbol{Y})]^{\mathrm{T}} \cdot f(\boldsymbol{x}, \boldsymbol{y}) \mathrm{d}x_1 \mathrm{d}x_2 \cdots \mathrm{d}x_n \mathrm{d}y_1 \mathrm{d}y_2 \cdots \mathrm{d}y_m \end{aligned} \tag{f3.1.27}$$

式中,$f(\boldsymbol{x}, \boldsymbol{y})$ 为 $\boldsymbol{X}$ 与 $\boldsymbol{Y}$ 的联合概率密度函数。显然,$\boldsymbol{P}_{xy}$ 是 $n \times m$ 的矩阵,且 $\boldsymbol{P}_{xy} = \boldsymbol{P}_{yx}^{\mathrm{T}}$。

随机向量 $\boldsymbol{X}$ 的函数 $g(\boldsymbol{X})$ 的期望可定义为

$$E[g(\boldsymbol{X})] = \int_{-\infty}^{\infty} \cdots \int_{-\infty}^{\infty} g(\boldsymbol{x}) f(\boldsymbol{x}) \mathrm{d}x_1 \mathrm{d}x_2 \cdots \mathrm{d}x_n \tag{f3.1.28}$$

f3.1.4 随机向量的条件期望与条件协方差

设有随机向量 $\boldsymbol{X}$ 与 $\boldsymbol{Y}$ 的联合概率密度函数 $f(\boldsymbol{x}, \boldsymbol{y})$,$\boldsymbol{X}$ 对于给定 $(\boldsymbol{Y} = \boldsymbol{y})$ 的条件期望为

$$E(\boldsymbol{X} \mid \boldsymbol{Y} = \boldsymbol{y}) = \int_{-\infty}^{\infty} \cdots \int_{-\infty}^{\infty} \boldsymbol{x} f(\boldsymbol{x}, \boldsymbol{y}) \mathrm{d}x_1 \mathrm{d}x_2 \cdots \mathrm{d}x_n \tag{f3.1.29}$$

相应的条件协方差矩阵定义为

$$\begin{aligned} \boldsymbol{P}_{x|y} &= E\{[\boldsymbol{X} - E(\boldsymbol{X} \mid \boldsymbol{y})] \cdot [\boldsymbol{X} - E(\boldsymbol{X} \mid \boldsymbol{y})]^{\mathrm{T}}\} \\ &= \int_{-\infty}^{\infty} \cdots \int_{-\infty}^{\infty} [\boldsymbol{x} - E(\boldsymbol{X} \mid \boldsymbol{y})][\boldsymbol{x} - E(\boldsymbol{X} \mid \boldsymbol{y})]^{\mathrm{T}} \cdot f(\boldsymbol{x}, \boldsymbol{y}) \mathrm{d}x_1 \mathrm{d}x_2 \cdots \mathrm{d}x_n \end{aligned} \tag{f3.1.30}$$

条件期望有以下的性质:

$$E(\boldsymbol{A}\boldsymbol{X} \mid \boldsymbol{Y} = \boldsymbol{y}) = \boldsymbol{A}E(\boldsymbol{X} \mid \boldsymbol{Y} = \boldsymbol{y})$$

其中 $\boldsymbol{A}$ 为给定矩阵。

$$E(\boldsymbol{X} + \boldsymbol{Y} \mid \boldsymbol{Z} = \boldsymbol{z}) = E(\boldsymbol{X} \mid \boldsymbol{Z} = \boldsymbol{z}) + E(\boldsymbol{Y} \mid \boldsymbol{Z} = \boldsymbol{z})$$

$$E_{y_1}[E(\boldsymbol{X} \mid \boldsymbol{Y} = \boldsymbol{y}_1)] = E(\boldsymbol{X}) \tag{f3.1.31}$$

E_{y_1} 代表在给定条件 $(\boldsymbol{Y} = \boldsymbol{y}_1)$ 下(当然是 $\boldsymbol{y}_1$ 的函数),对 $\boldsymbol{y}_1$ 的均值。

f3.1.5 随机变量的特征函数

上文的讲述基于概率分布函数,本小节介绍特征函数。一个随机变量 $\boldsymbol{X}$ 的特征函数可表达为[随机变量 $\boldsymbol{X}$ 的分布函数是 $f(x)$]:

$$\phi_X(s) = E[\exp(\mathrm{i}sx)] = \int_{-\infty}^{\infty} \exp(\mathrm{i}sx) f(x) \mathrm{d}x \tag{f3.1.32}$$

显然,$\phi_X(0) = 1$。可以看到,特征函数就是分布函数的 Fourier 变换。反之,若已知特征函数 $\phi_X(s)$,则其密度函数也可通过 Fourier 反变换求得:

$$f(x)=\frac{1}{2\pi}\int_{-\infty}^{\infty}\exp(-\mathrm{i}sx)\phi_X(s)\,\mathrm{d}s \tag{f3.1.33}$$

将特征函数在 $s=0$ 处展开为幂级数,有

$$\phi_X(s)=\frac{1+\sum_{k=1}^{\infty}(\mathrm{i}s)^k m_k}{k!}$$

$\boldsymbol{X}$ 的 k 阶矩可由特征函数的微分求得

$$m_k=E(X^k)=\mathrm{i}^{-k}\left[\frac{\mathrm{d}^k\phi_X(s)}{\mathrm{d}s^k}\right]_{s=0} \tag{f3.1.34}$$

n 维随机向量 $\boldsymbol{X}=\{X_1\quad X_2\quad\cdots\quad X_n\}^{\mathrm{T}}$ 的联合特征函数可类似定义为

$$\phi_X(\boldsymbol{s})=E\left[\exp\left(\mathrm{i}\sum_{j=1}^{n}s_jx_j\right)\right]=\int_{-\infty}^{\infty}\cdots\int_{-\infty}^{\infty}\exp\left(\mathrm{i}\sum_{j=1}^{n}s_jx_j\right)f(\boldsymbol{x})\,\mathrm{d}x_1\cdots\mathrm{d}x_n \tag{f3.1.35}$$

这是多维的 Fourier 变换公式。当然,概率密度函数 $f(\boldsymbol{x})$ 也可以通过反向 Fourier 变换公式求得。

若 $\boldsymbol{X}$ 各分量 $X_i(i=1,\ \cdots,\ n)$ 都互不相关,则特征函数可表示为

$$\phi_X(\boldsymbol{s})=\prod_{j=1}^{n}\phi_{X_j}(s_j) \tag{f3.1.36}$$

即各个分量特征函数的乘积。

f3.1.6　正态分布

由于本书主要讲线性振动、控制与滤波系统,因此主要只用到高斯(Gauss)正态分布。以后的介绍也只限于高斯正态分布的情况。首先从一维正态分布讲起,此时其概率密度函数为

$$f(x)=\frac{1}{\sqrt{2\pi}\sigma}\exp\left[-\frac{(x-m)^2}{2\sigma^2}\right] \tag{f3.1.37}$$

其函数的形态见图 f3.1。由式(f1.1.37)见到,参数 m 与 σ, 即其期望值(均值)与标准离差,决定了该函数。$(m-\sigma,\ m+\sigma)$ 区间曲线下的面积为 0.68,而 $(m-2\sigma,\ m+2\sigma)$ 的面积为 0.95。这表明正态分布随机变量取值于 $m\ \pm 2\sigma$ 之外的概率约为 0.05。

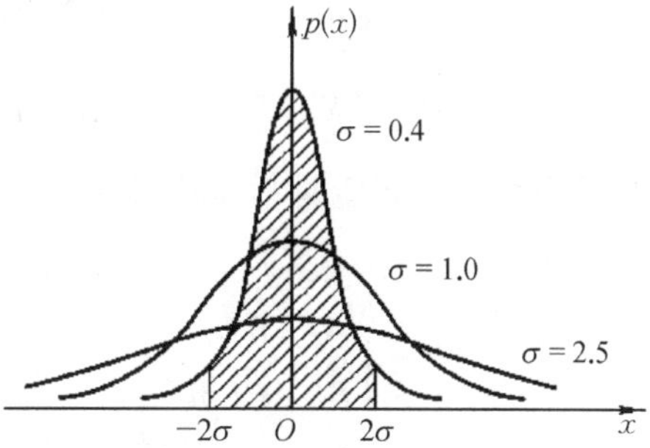

图 f3.1　正态分布曲线

可以证明,若干个正态分布变量之和的分布也是正态的。更为重要的是,概率论有中心极限

定理,如果 $X_1, X_2, \cdots, X_n$ 是一系列独立的具有相同分布的随机变量,当变量数目 n 无限增加时,它们的平均值 $S_n = (X_1 + X_2 + \cdots + X_n)/n$ 的分布将趋于正态分布。而经验也表明,大量随机变量所表现出来的概率分布非常接近于正态分布。

以下讲述 n 维随机向量 $\boldsymbol{X} = \{X_1 \quad X_2 \quad \cdots \quad X_n\}^{\mathrm{T}}$ 的联合密度函数为高斯分布:

$$f(\boldsymbol{x}) = [(2\pi)^n \cdot \det(\boldsymbol{P}_{xx})]^{-\frac{1}{2}} \exp\left\{\frac{-[\boldsymbol{x} - E(\boldsymbol{X})]^{\mathrm{T}}\boldsymbol{P}_{xx}^{-1}[\boldsymbol{x} - E(\boldsymbol{X})]}{2}\right\} \tag{f3.1.38}$$

式中, $\boldsymbol{P}_{xx}$ 为 $\boldsymbol{X}$ 的协方差阵,有

$$\boldsymbol{P}_{xx} = E\{[\boldsymbol{X} - E(\boldsymbol{X})][\boldsymbol{X} - E(\boldsymbol{X})]^{\mathrm{T}}\} \tag{f3.1.39}$$

相应的特征函数为

$$\begin{aligned}\phi_X(\boldsymbol{s}) &= E[\exp(\mathrm{i}\boldsymbol{X}^{\mathrm{T}}\boldsymbol{s})] = \int_{-\infty}^{\infty}\cdots\int_{-\infty}^{\infty}\exp(\mathrm{i}\boldsymbol{x}^{\mathrm{T}}\boldsymbol{s})f(\boldsymbol{x})\mathrm{d}x_1\mathrm{d}x_2\cdots\mathrm{d}x_n \\ &= \exp\left(\mathrm{i}\boldsymbol{m}_X^{\mathrm{T}}\boldsymbol{s} - \frac{\boldsymbol{s}^{\mathrm{T}}\boldsymbol{P}_{xx}\boldsymbol{s}}{2}\right)\end{aligned} \tag{f3.1.40}$$

式中, $\boldsymbol{m}_X = E(\boldsymbol{X})$ 为 $\boldsymbol{X}$ 的期望向量。如果有随机向量 $\boldsymbol{Y}$, 同样 $\boldsymbol{m}_Y = E(\boldsymbol{Y})$。 反过来,根据 Fourier 反变换,有

$$\begin{aligned}f(\boldsymbol{x}) &= (2\pi)^{-n}\int_{-\infty}^{\infty}\cdots\int_{-\infty}^{\infty}\exp(-\mathrm{i}\boldsymbol{s}^{\mathrm{T}}\boldsymbol{x})\phi_X(\boldsymbol{s})\mathrm{d}s_1\mathrm{d}s_2\cdots\mathrm{d}s_n \\ &= [(2\pi)^n \cdot \det(\boldsymbol{P}_{xx})]^{-\frac{1}{2}}\exp\left\{-[\boldsymbol{x} - E(\boldsymbol{X})]^{\mathrm{T}}\boldsymbol{P}_{xx}^{-1}\frac{[\boldsymbol{x} - E(\boldsymbol{X})]}{2}\right\}\end{aligned}$$

有了特征函数表达式,往往用它来定义高斯分布,以免于逆阵 $\boldsymbol{P}_{xx}^{-1}$。 于是在 $\boldsymbol{P}_{xx}$ 为半正定时也可用。

现考虑 n 维向量 $\boldsymbol{X}$ 与 m 维向量 $\boldsymbol{Y}$ 的联合高斯分布。采用联合特征函数来表示,为

$$\phi_{XY}(\boldsymbol{s}, \boldsymbol{r}) = \exp\left[\mathrm{i}\begin{Bmatrix}\boldsymbol{m}_X \\ \boldsymbol{m}_Y\end{Bmatrix}^{\mathrm{T}}\begin{Bmatrix}\boldsymbol{m}_X \\ \boldsymbol{m}_Y\end{Bmatrix} - \frac{1}{2}\begin{Bmatrix}\boldsymbol{s} \\ \boldsymbol{r}\end{Bmatrix}^{\mathrm{T}}\boldsymbol{P}\begin{Bmatrix}\boldsymbol{s} \\ \boldsymbol{r}\end{Bmatrix}\right] \tag{f3.1.41}$$

式中, $\boldsymbol{s}$、$\boldsymbol{r}$ 分别为 n、m 维的向量; $\boldsymbol{P}$ 为 $(n+m)\times(n+m)$ 的对称阵,该阵可分块如下

$$\begin{aligned}&\boldsymbol{P} = \begin{bmatrix}\boldsymbol{P}_{XX} & \boldsymbol{P}_{XY} \\ \boldsymbol{P}_{YX} & \boldsymbol{P}_{YY}\end{bmatrix}, \boldsymbol{P}_{XY} = E[(\boldsymbol{X} - \boldsymbol{m}_X)(\boldsymbol{Y} - \boldsymbol{m}_Y)^{\mathrm{T}}], \boldsymbol{P}_{YX} = \boldsymbol{P}_{XY}^{\mathrm{T}} \\ &\boldsymbol{P}_{XX} = E[(\boldsymbol{X} - \boldsymbol{m}_X)(\boldsymbol{X} - \boldsymbol{m}_X)^{\mathrm{T}}], \boldsymbol{P}_{YY} = E[(\boldsymbol{Y} - \boldsymbol{m}_Y)(\boldsymbol{Y} - \boldsymbol{m}_Y)^{\mathrm{T}}]\end{aligned} \tag{f3.1.42}$$

当 $\boldsymbol{P}$ 阵为对称正定时,可以用分块矩阵的求逆公式:

$$\boldsymbol{P}^{-1} = \begin{bmatrix}\boldsymbol{A} & \boldsymbol{B} \\ \boldsymbol{B}^{\mathrm{T}} & \boldsymbol{C}\end{bmatrix}\begin{matrix}n \\ m\end{matrix}, \quad \begin{aligned}\boldsymbol{A} &= (\boldsymbol{P}_{XX} - \boldsymbol{P}_{XY}\boldsymbol{P}_{YY}^{-1}\boldsymbol{P}_{YX})^{-1} = \boldsymbol{P}_{XX}^{-1} + \boldsymbol{P}_{XX}^{-1}\boldsymbol{P}_{XY}\boldsymbol{C}\boldsymbol{P}_{YX}\boldsymbol{P}_{XX}^{-1} \\ \boldsymbol{B} &= -\boldsymbol{A}\boldsymbol{P}_{XY}\boldsymbol{P}_{YY}^{-1} = -\boldsymbol{P}_{XX}^{-1}\boldsymbol{P}_{XY}\boldsymbol{C} \\ \boldsymbol{C} &= (\boldsymbol{P}_{YY} - \boldsymbol{P}_{YX}\boldsymbol{P}_{XX}^{-1}\boldsymbol{P}_{XY})^{-1} = \boldsymbol{P}_{YY}^{-1} + \boldsymbol{P}_{YY}^{-1}\boldsymbol{P}_{YX}\boldsymbol{A}\boldsymbol{P}_{XY}\boldsymbol{P}_{YY}^{-1}\end{aligned}$$

从而可得联合高斯分布：

$$f(\boldsymbol{x},\boldsymbol{y})=[(2\pi)^{n+m}\det(\boldsymbol{P})]^{-\frac{1}{2}}\exp\left(-\frac{1}{2}\begin{Bmatrix}\boldsymbol{x}-\boldsymbol{m}_X\\ \boldsymbol{y}-\boldsymbol{m}_Y\end{Bmatrix}^{\mathrm{T}}\begin{bmatrix}\boldsymbol{A} & \boldsymbol{B}\\ \boldsymbol{B}^{\mathrm{T}} & \boldsymbol{C}\end{bmatrix}\begin{Bmatrix}\boldsymbol{x}-\boldsymbol{m}_X\\ \boldsymbol{y}-\boldsymbol{m}_Y\end{Bmatrix}\right)$$

(f3.1.43)

如要求得单纯对 $\boldsymbol{Y}$ 的概率分布密度，可完成对 $\boldsymbol{x}$ 的积分。这也可以利用特征函数，得

$$f(\boldsymbol{y})=[(2\pi)^{m}\det(\boldsymbol{P}_{YY})]^{-\frac{1}{2}}\exp\left(\frac{-(\boldsymbol{y}-\boldsymbol{m}_Y)^{\mathrm{T}}\boldsymbol{P}_{YY}^{-1}(\boldsymbol{y}-\boldsymbol{m}_Y)}{2}\right)$$

其相应的特征函数为

$$\phi_Y(\boldsymbol{r})=\exp\left(\frac{\mathrm{i}\boldsymbol{m}_Y^{\mathrm{T}}\boldsymbol{r}-\boldsymbol{r}^{\mathrm{T}}\boldsymbol{P}_{YY}\boldsymbol{r}}{2}\right)$$

现给出条件高斯密度函数 $f(\boldsymbol{x}\mid\boldsymbol{y})$ 的表达式。经推导得

$$f(\boldsymbol{x}\mid\boldsymbol{y})=\frac{f(\boldsymbol{x},\boldsymbol{y})}{f(\boldsymbol{y})}=[(2\pi)^{n}\det(\boldsymbol{Q})]^{-\frac{1}{2}}\exp\left[\frac{-(\boldsymbol{x}-\boldsymbol{m})^{\mathrm{T}}\boldsymbol{Q}^{-1}(\boldsymbol{x}-\boldsymbol{m})}{2}\right]$$

(f3.1.44)

式中，$\boldsymbol{m}$、$\boldsymbol{Q}$ 分别为条件均值与条件协方差阵，依然是正态分布。但 $\boldsymbol{m}$ 与条件 $\boldsymbol{Y}=\boldsymbol{y}$ 有关，而 $\boldsymbol{Q}$ 阵却与条件 $\boldsymbol{Y}=\boldsymbol{y}$ 无关，

$$\boldsymbol{m}=E(\boldsymbol{X}\mid\boldsymbol{y})=E(\boldsymbol{X})+\boldsymbol{P}_{XY}\boldsymbol{P}_{YY}^{-1}[\boldsymbol{y}-E(\boldsymbol{Y})] \quad (f3.1.45)$$

$$\boldsymbol{Q}=\boldsymbol{P}_{X\mid y}=\boldsymbol{P}_{XX}-\boldsymbol{P}_{XY}\boldsymbol{P}_{YY}^{-1}\boldsymbol{P}_{YX} \quad (f3.1.46)$$

相应的条件特征函数为

$$\phi_{X\mid y}(\boldsymbol{s})=\exp\left(\frac{\mathrm{i}\boldsymbol{m}^{\mathrm{T}}\boldsymbol{s}-\boldsymbol{s}^{\mathrm{T}}\boldsymbol{Q}\boldsymbol{s}}{2}\right) \quad (f3.1.47)$$

由以上看到，高斯分布的一个特性是只要知道期望向量与协方差阵，就可定出随机向量的概率分布。这给分析带来很大便利。

f3.1.7　高斯随机向量的线性变换与线性组合

将高斯随机向量作用于一个线性系统，这就是对该线性系统的输入。系统作出的响应就是输出。从输入到输出相当于进行了一次线性变换。线性变换当然也包含线性组合。以下将阐明高斯随机向量经过任意的线性变换（或线性组合）后，仍给出高斯随机向量的输出。

先看线性变换。设 n 维随机高斯向量 $\boldsymbol{X}$ 有均值 $E(\boldsymbol{X})$ 及协方差 $\boldsymbol{P}_{XX}$。再设 $\boldsymbol{A}$ 为给定 $m\times n$ 的确定性矩阵，对 $\boldsymbol{X}$ 作的线性变换 $\boldsymbol{Y}=\boldsymbol{A}\boldsymbol{X}$ 给出一个 m 维随机向量 $\boldsymbol{Y}$。要证明，$\boldsymbol{Y}$ 是均值为 $E(\boldsymbol{Y})=\boldsymbol{A}E(\boldsymbol{X})$，协方差阵为 $\boldsymbol{P}_{YY}=\boldsymbol{A}\boldsymbol{P}_{XX}\boldsymbol{A}^{\mathrm{T}}$ 的高斯随机向量。

证明：$\boldsymbol{Y}$ 的特征函数可推导为

$$\begin{aligned}\phi_Y(\boldsymbol{r}) &= E[\exp(\mathrm{i}\boldsymbol{Y}^{\mathrm{T}}\boldsymbol{r})] = E[\exp(\mathrm{i}(\boldsymbol{A}\boldsymbol{X})^{\mathrm{T}}\boldsymbol{r})] = E[\exp(\mathrm{i}\boldsymbol{X}^{\mathrm{T}}\boldsymbol{A}^{\mathrm{T}}\boldsymbol{r})] = \phi_X(\boldsymbol{A}^{\mathrm{T}}\boldsymbol{r}) \\ &= \exp\left[\frac{\mathrm{i}\boldsymbol{m}_X^{\mathrm{T}}\boldsymbol{A}^{\mathrm{T}}\boldsymbol{r} - (\boldsymbol{A}^{\mathrm{T}}\boldsymbol{r})^{\mathrm{T}}\boldsymbol{P}_{XX}\boldsymbol{A}^{\mathrm{T}}\boldsymbol{r}}{2}\right] = \exp\left[\frac{\mathrm{i}(\boldsymbol{A}\boldsymbol{m}_X)^{\mathrm{T}}\boldsymbol{r} - \boldsymbol{r}^{\mathrm{T}}(\boldsymbol{A}\boldsymbol{P}_{XX}\boldsymbol{A}^{\mathrm{T}})\boldsymbol{r}}{2}\right]\end{aligned}$$

于是知，$\boldsymbol{m}_Y = \boldsymbol{A}\boldsymbol{m}_X$，$\boldsymbol{P}_{YY} = \boldsymbol{A}\boldsymbol{P}_{XX}\boldsymbol{A}^{\mathrm{T}}$，而特征函数的形式表明 $\boldsymbol{Y}$ 是高斯向量。证毕。

再看线性组合。若 $\boldsymbol{X}$、$\boldsymbol{Y}$ 分别是 n、m 维的高斯随机向量，则其联合 $\boldsymbol{X}_a = \{\boldsymbol{X}^{\mathrm{T}}, \boldsymbol{Y}^{\mathrm{T}}\}^{\mathrm{T}}$ 也是 $(n+m)$ 维的高斯随机向量。由此而得的线性组合可表达为 $\boldsymbol{Z} = \boldsymbol{A}\boldsymbol{X} + \boldsymbol{B}\boldsymbol{Y}$，设为 p 维，其中 $\boldsymbol{A}$、$\boldsymbol{B}$ 分别为 $p \times n$、$p \times m$ 矩阵，则 $\boldsymbol{Z}$ 必定也是高斯随机向量。这可阐明如下，显然 $\boldsymbol{Z}$ 是对于 $\boldsymbol{X}_a$ 的线性变换，其变换矩阵是 $[\boldsymbol{A}, \boldsymbol{B}]$。因此根据以上的证明推知，$\boldsymbol{Z}$ 是高斯随机向量，并且

$$\boldsymbol{m}_Z = \boldsymbol{A}\boldsymbol{m}_X + \boldsymbol{B}\boldsymbol{m}_Y,\ \boldsymbol{P}_{ZZ} = [\boldsymbol{A}, \boldsymbol{B}]\begin{bmatrix}\boldsymbol{P}_{XX} & \boldsymbol{P}_{XY} \\ \boldsymbol{P}_{YX} & \boldsymbol{P}_{YY}\end{bmatrix}\begin{bmatrix}\boldsymbol{A}^{\mathrm{T}} \\ \boldsymbol{B}^{\mathrm{T}}\end{bmatrix} \tag{f3.1.48}$$

由于高斯分布由其均值及方差矩阵完全确定，故只要两个高斯向量 $\boldsymbol{X}$、$\boldsymbol{Y}$ 的交互方差阵 $\boldsymbol{P}_{XY} = \boldsymbol{0}$，就意味着两个高斯向量互不相关。对于其他概率分布，这个性质未必成立。

f3.1.8 最小二乘法

概率论经常用于对随机对象作出估计，而最小二乘法是最常见的方法。对于动态对象的估计常常称为滤波。滤波的逼近比较复杂，第七章就此问题进行了详细讲述。这里先讲述静态问题的最小二乘法估计。

最小二乘法由高斯提出。最简单的是一个未知数 x 的估计问题。静态问题意味着没有任何动力过程噪声的干扰。用微分方程表示，便是

$$\dot{x} = 0, \quad x(0) = \hat{x}$$

现在对它进行 q 次量测，得到 $y_i(i = 1, 2, \cdots, q)$ 的结果。在量测时不可避免会有噪声的干扰，噪声(量测误差)为 $v_i(i = 1, 2, \cdots, q)$。因此有量测方程：

$$y_i = \hat{x} + v_i,\ i = 1, 2, \cdots, q$$

在该方程中，已知的是 $y_i(i = 1, 2, \cdots, q)$，而 $\hat{x}$ 为待求，真正的 x 未知，$\hat{x}$ 只能是其最优估计。

寻求 $\hat{x}$ 的准则是

$$J = \sum_{j=1}^{q}(y_j - \hat{x})^2 = \min, \quad \text{即} \quad \sum_{j=1}^{q} v_j^2 = \min$$

对 $\hat{x}$ 完成取最小，即取 $\dfrac{\partial J}{\partial \hat{x}} = 0$，可得

$$\hat{x} = \sum_{j=1}^{q}\frac{y_j}{q}$$

显然,指标 J 是误差的平方之和,所以称为最小二乘方。这种指标度量相当于取长度的平方,因此是欧几里得型的度量。以上是每次量测权重相同的情形。

如果在 q 次量测中,前几次采用普通仪器,而以后采用精密仪器,则取平均当然以精密仪器为主。即精密仪器的权重(即置信度) k_j 大。故最小二乘法的指标应改为

$$J = \sum_{j=1}^{q} k_j(y_j - \hat{x})^2 = \min, \quad \hat{x} = \frac{\sum k_j y_j}{\sum k_j}$$

权重大意味着精度高,或离散度小,即其方差 r_j^2 小, $k_j = r_j^{-2}$。用方差表示为

$$J = \frac{\sum_{j=1}^{q} (y_j - \hat{x})^2}{r_j^2} = \min$$

或用向量表示,为

$$\boldsymbol{J} = \boldsymbol{v}^{\mathrm{T}} \boldsymbol{R}^{-1} \boldsymbol{v} = \min$$

其中, $\boldsymbol{v} = \{v_1, v_2, \cdots, v_q\}^{\mathrm{T}}$, $\boldsymbol{R} = \mathrm{diag}(r_1^2, r_2^2, \cdots, r_q^2)$。最小二乘法就是最原始的滤波。$\boldsymbol{R}$ 取为对角阵,表明这 q 次量测互相无关。

最小二乘法是静态估计,它与力学有密切关系。可以用一个力学的模型与最小二乘法的方程联系起来。该力学模型如下:设有一个点在一维的 x 轴上,其位置 $\hat{x}$ 有待量测确定。将每一次量测 y_j 解释为,在 $\hat{x}$ 与 y_j 之间有一根弹簧相连,弹簧刚度为 k_j 而该 j 号弹簧的平衡点是 y_j。当量测 q 次后,寻求其平衡位置 $\hat{x}$,如图 f3.2 所示。

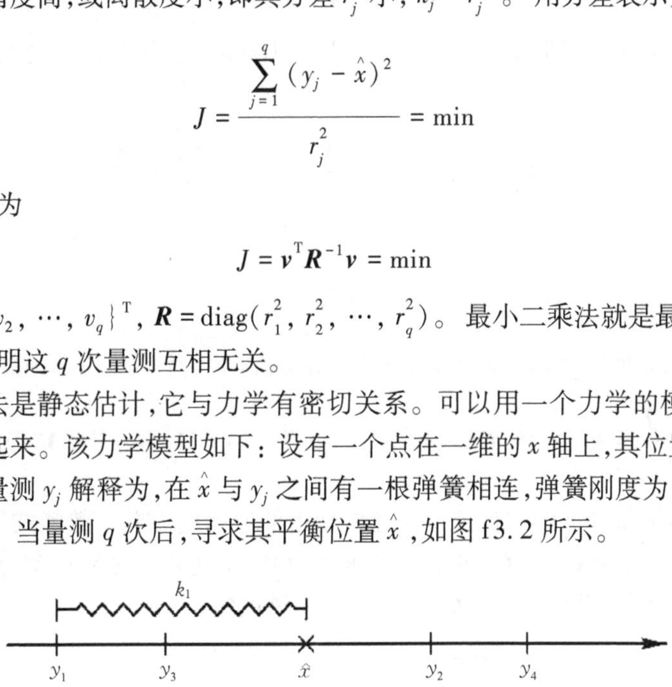

图 f3.2 最小二乘法的力学模型

$\hat{x}$ 是所有弹簧的综合平衡点,运用最小势能原理,即

$$U(x) = \sum_{j=1}^{q} k_j(y_j - x)^2, \ U(x) = \min$$

求出平衡点 $\hat{x}$。势能就是指标 J。取

$$\frac{\partial U(x)}{\partial x} = 0 \Rightarrow \sum_{j=1}^{q} k_j(y_j - \hat{x}) = 0, \ \hat{x} = \frac{\sum k_j y_j}{\sum k_j} \tag{f3.1.49}$$

结果相同。所以,权重其实就是力学中的弹簧刚度 k_j, 也是方差之逆 r_j^{-2}, 最小二乘法其实就是力学中的最小势能原理。

最小二乘法是一种估计,除了求出其平均值之外,进一步还要问 $\hat{x}$ 的方差数值。方差其实是刚度的倒数,即柔度。$\hat{x}$ 的刚度是 $\sum k_j$, 势能 $U(x)$ 是变量 x 的二次函数。刚度相

加表明弹簧并联。$\hat{x}$ 的方差即柔度,为

$$\frac{1}{\sum k_j}=\frac{1}{\sum r_j^{-2}} \tag{f3.1.50}$$

将方差与力学的柔度联系起来,这在概念上很有用。

以上是对一个未知数的多次量测。还要考虑多个 (n 个) 未知数 $\boldsymbol{x}=\{x_1, x_2, \cdots, x_n\}^{\mathrm{T}}$ 的情况。每一次量测可以是 $\boldsymbol{x}$ 的线性组合,共 q 次量测。于是量测方程为

$$\boldsymbol{y}=\boldsymbol{C}\boldsymbol{x}+\boldsymbol{v} \tag{f3.1.51}$$

式中,$\boldsymbol{C}$ 是 $q\times n$ 的给定矩阵,$q>n$ 并且 $\boldsymbol{C}$ 阵的秩为 n。为了给出 $\boldsymbol{x}$ 的估计 $\hat{\boldsymbol{x}}$,选择指标函数为

$$J=U(\boldsymbol{x})=\frac{\boldsymbol{v}^{\mathrm{T}}\boldsymbol{V}^{-1}\boldsymbol{v}}{2}=\frac{(\boldsymbol{y}-\boldsymbol{C}\boldsymbol{x})^{\mathrm{T}}\boldsymbol{V}^{-1}(\boldsymbol{y}-\boldsymbol{C}\boldsymbol{x})}{2} \tag{f3.1.52}$$

其中,

$$\boldsymbol{V}=E[\boldsymbol{v}\boldsymbol{v}^{\mathrm{T}}] \tag{f3.1.53}$$

是 $q\times q$ 阵,为误差向量 $\boldsymbol{v}$ 的方差阵,且正定。最优估计 $\hat{\boldsymbol{x}}$ 应当使指标函数取最小,即

$$\frac{\partial J}{\partial \boldsymbol{x}}=\boldsymbol{0},\ \boldsymbol{C}^{\mathrm{T}}\boldsymbol{V}^{-1}\boldsymbol{C}\hat{\boldsymbol{x}}-\boldsymbol{C}^{\mathrm{T}}\boldsymbol{V}^{-1}\boldsymbol{y}=\boldsymbol{0},\ \hat{\boldsymbol{x}}=(\boldsymbol{C}^{\mathrm{T}}\boldsymbol{V}^{-1}\boldsymbol{C})^{-1}\boldsymbol{C}^{\mathrm{T}}\boldsymbol{V}^{-1}\boldsymbol{y}$$

这就是多维无约束条件下的估计公式。还要给出估值 $\hat{\boldsymbol{x}}$ 的方差。势能式 $U(\boldsymbol{x})$ 对于变量 $\boldsymbol{x}$ 二次项的系数矩阵为 $\boldsymbol{C}^{\mathrm{T}}\boldsymbol{V}^{-1}\boldsymbol{C}$,它就是刚度阵,相应驱动外力便是 $\boldsymbol{C}^{\mathrm{T}}\boldsymbol{V}^{-1}\boldsymbol{y}$。现在要验证估值 $\hat{\boldsymbol{x}}$ 的方差就是柔度阵 $(\boldsymbol{C}^{\mathrm{T}}\boldsymbol{V}^{-1}\boldsymbol{C})^{-1}$。从方差阵的定义,有

$$\boldsymbol{P}=E[(\boldsymbol{x}-\hat{\boldsymbol{x}})(\boldsymbol{x}-\hat{\boldsymbol{x}})^{\mathrm{T}}] \tag{f3.1.54}$$

但 $\boldsymbol{x}-\hat{\boldsymbol{x}}=(\boldsymbol{C}^{\mathrm{T}}\boldsymbol{V}^{-1}\boldsymbol{C})^{-1}\boldsymbol{C}^{\mathrm{T}}\boldsymbol{V}^{-1}(\boldsymbol{C}\boldsymbol{x}-\boldsymbol{y})=-(\boldsymbol{C}^{\mathrm{T}}\boldsymbol{V}^{-1}\boldsymbol{C})^{-1}\boldsymbol{C}^{\mathrm{T}}\boldsymbol{V}^{-1}\boldsymbol{v}$,故

$$\boldsymbol{P}=(\boldsymbol{C}^{\mathrm{T}}\boldsymbol{V}^{-1}\boldsymbol{C})^{-1}\boldsymbol{C}^{\mathrm{T}}\boldsymbol{V}^{-1}E[\boldsymbol{v}\boldsymbol{v}^{\mathrm{T}}]\boldsymbol{V}^{-1}\boldsymbol{C}(\boldsymbol{C}^{\mathrm{T}}\boldsymbol{V}^{-1}\boldsymbol{C})^{-1}=(\boldsymbol{C}^{\mathrm{T}}\boldsymbol{V}^{-1}\boldsymbol{C})^{-1}$$

又一次看到,方差就是刚度阵之逆,即柔度阵。

再看对于 $\boldsymbol{x}$ 有约束的情况。仍考虑多个(n 个)未知数 $\boldsymbol{x}=\{x_1, x_2, \cdots, x_n\}^{\mathrm{T}}$,但这些分量受 g 个约束,表示为

$$\boldsymbol{G}\boldsymbol{x}=\boldsymbol{w},\ E(\boldsymbol{w}\boldsymbol{w}^{\mathrm{T}})=\boldsymbol{W} \tag{f3.1.55}$$

式中,$\boldsymbol{G}$ 为 $g\times n$ 的给定约束矩阵,不失一般性可以认为 $\boldsymbol{G}$ 是满秩的,并且 $g<n$;$\boldsymbol{w}$ 也是随机变量;$\boldsymbol{W}$ 则是 $g\times g$ 正定矩阵,给定的确定性矩阵。现在做了 q 次量测,其量测方程为式(f3.1.51)。将 g 个约束与 q 次量测合在一起应当能覆盖 n 维全空间,即 $(g+q)\times n$ 矩阵:

$$\boldsymbol{C}'=\begin{bmatrix}\boldsymbol{C}\\ \boldsymbol{G}\end{bmatrix} \tag{f3.1.56}$$

其秩为 n。现在要求对 $\boldsymbol{x}$ 作出估计,即给出其最优估计均值 $\hat{\boldsymbol{x}}$ 及方差矩阵 $\boldsymbol{P}$。

对此问题仍可取其指标函数如式(f3.1.52)所示。当然仍要取最小,对于约束的噪声也要加入指标函数,于是就有了扩展的指标函数:

$$J_A = \frac{\boldsymbol{w}^{\mathrm{T}}\boldsymbol{W}^{-1}\boldsymbol{w}}{2} + \frac{\boldsymbol{v}^{\mathrm{T}}\boldsymbol{V}^{-1}\boldsymbol{v}}{2} = \frac{(\boldsymbol{Gx})^{\mathrm{T}}\boldsymbol{W}^{-1}\boldsymbol{Gx}}{2} + \frac{(\boldsymbol{y} - \boldsymbol{Cx})^{\mathrm{T}}\boldsymbol{V}^{-1}(\boldsymbol{y} - \boldsymbol{Cx})}{2} \tag{f3.1.57}$$

这仍相当于无约束最小问题。对于 $\boldsymbol{x}$ 取微商为零:

$$\frac{\partial J_A}{\partial \boldsymbol{x}} = \boldsymbol{0}, \quad 即 \quad (\boldsymbol{C}^{\mathrm{T}}\boldsymbol{V}^{-1}\boldsymbol{C} + \boldsymbol{G}^{\mathrm{T}}\boldsymbol{W}^{-1}\boldsymbol{G})\hat{\boldsymbol{x}} - \boldsymbol{C}^{\mathrm{T}}\boldsymbol{V}^{-1}\boldsymbol{y} = \boldsymbol{0}$$

式中,$n \times n$ 阵 $\boldsymbol{C}^{\mathrm{T}}\boldsymbol{V}^{-1}\boldsymbol{C} + \boldsymbol{G}^{\mathrm{T}}\boldsymbol{W}^{-1}\boldsymbol{G}$ 一定保证正定,因为 $\boldsymbol{C}'$ 为满秩。由此有

$$\hat{\boldsymbol{x}} = (\boldsymbol{C}^{\mathrm{T}}\boldsymbol{V}^{-1}\boldsymbol{C} + \boldsymbol{G}^{\mathrm{T}}\boldsymbol{W}^{-1}\boldsymbol{G})^{-1}\boldsymbol{C}^{\mathrm{T}}\boldsymbol{V}^{-1}\boldsymbol{y}$$

式中,与前面一样,$\boldsymbol{C}^{\mathrm{T}}\boldsymbol{V}^{-1}\boldsymbol{y}$ 就是驱动外力。因此矩阵:

$$\boldsymbol{P} = (\boldsymbol{C}^{\mathrm{T}}\boldsymbol{V}^{-1}\boldsymbol{C} + \boldsymbol{G}^{\mathrm{T}}\boldsymbol{W}^{-1}\boldsymbol{G})^{-1} \tag{f3.1.58}$$

依然给出了柔度阵。请对比式(f3.1.54)以下的柔度阵。$\boldsymbol{P}$ 阵当然依然是对称阵,并且还能保证为非负。柔度是力学的解释,以下验证估值 $\hat{\boldsymbol{x}}$ 的方差 $\boldsymbol{P}_e = E[(\boldsymbol{x} - \hat{\boldsymbol{x}})(\boldsymbol{x} - \hat{\boldsymbol{x}})^{\mathrm{T}}]$,也得到 $\boldsymbol{P}_e = \boldsymbol{P}$ 的结论。

从力学的角度看,只要计算相应结构的柔度阵就是计算了系统的方差阵,这就方便多了。这一条规则对于线性系统的滤波、平滑的方差分析很有用。

f3.2 随机过程概述

顾名思义,过程意味着与时间有关,随机过程常常考虑为动态的概率论。但广泛地说,以连续坐标为自变量的随机函数也可看成为随机过程,但这里仍作为时间的函数来表述。

随机过程可区分为离散时间与连续时间两类,这是从取值的时间来区分的。还有一种区分是按其所取的值来划分。通常,信号的取值往往是连续的,例如力、位移、电流、电压、温度等,但有的随机过程取值是离散的,常常称为数值信号(digital signal),这在计算机处理中很常用,例如,图素的灰度采用 256 级,金钱的计数有一个基本单位等。这里只讨论连续取值的情形。

图 f3.3 给出了某随机变量随时间变化的曲线。看来没有什么规律,这只是一份随机过程的样本。如果再作一次量测,得到的将是另外一条曲线,这就是一个随机过程的例子。这类课题只能用统计的方法处理。

一个随机过程 $X(t)$,可以用其不同时间的联合概率分布来表述,例如用前后 n 个时间点取值的概率分布,即

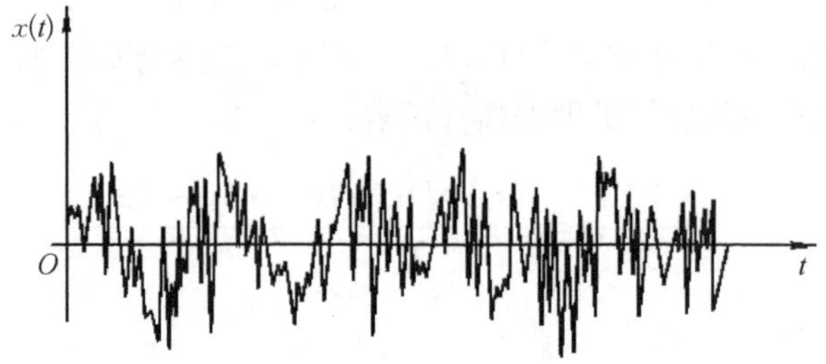

图 f3.3　某随机变量随时间变化的曲线

$$F(x_1, t_1; x_2, t_2; \cdots; x_n, t_n) = \Pr(X(t_1) \leqslant x_1, X(t_2) \leqslant x_2, \cdots, X(t_n) \leqslant x_n) \tag{f3.2.1}$$

当然,可以取 $n = 1, 2, \cdots$ 的数值。这些分布函数应当满足下述两个条件:

(1) 对称性条件,即对任意 $(1, 2, \cdots, n)$ 的置换 $(j_1, j_2, \cdots, j_n)$,总有

$$F(x_{j_1}, t_{j_1}; x_{j_2}, t_{j_2}; \cdots; x_{j_n}, t_{j_n}) = F(x_1, t_1; x_2, t_2; \cdots; x_n, t_n)$$

(2) 协调条件,即对任意 $m < n$,有

$$F(x_1, t_1; x_2, t_2; \cdots; x_m, t_m; \infty, t_{m+1}; \cdots; \infty, t_n) = F(x_1, t_1; x_2, t_2; \cdots; x_m, t_m)$$

分布函数的表述在数学上虽然确切,但要求给出详尽的分布函数,在应用中却难于措手。在力学或线性控制理论中,通常只用到高斯分布的过程。根据以上所述,在线性变换下其正态分布的性质依然保留,这就只需考虑其均值及二次矩或者方差,大大地简化了分析过程。

对于单变量的高斯过程 $X(t)$,给出 n 个时间 $t_1, t_2, \cdots, t_n$,就有 $X(t_1), \cdots, X(t_n)$,n 个随机变量,就有 n 维的高斯分布,其均值与协方差分别为

$$E[X(t_i)] = m(t_i),\ E\{[X(t_i) - m(t_i)][X(t_j) - m(t_j)]\} = p(t_i, t_j) \quad i, j = 1, \cdots, n$$

将均值组成向量 $\boldsymbol{m}$,而协方差组成矩阵 $\boldsymbol{P}$,于是有高斯密度分布:

$$f(x_1, x_2, \cdots; x_n; t_1, t_2; \cdots, t_n) = [(2\pi)^n \cdot \det(\boldsymbol{P})]^{-\frac{1}{2}} \exp\left[\frac{-(\boldsymbol{x} - \boldsymbol{m})^{\mathrm{T}} \boldsymbol{P}^{-1} (\boldsymbol{x} - \boldsymbol{m})}{2}\right]$$

采用特征函数:

$$\phi_X(\boldsymbol{s}; t_1, t_2, \cdots, t_n) = \exp\left(\frac{\mathrm{i}\boldsymbol{m}^{\mathrm{T}}\boldsymbol{s} - \boldsymbol{s}^{\mathrm{T}}\boldsymbol{P}\boldsymbol{s}}{2}\right)$$

也许更为方便。

f3.2.1　平稳和非平稳随机过程

若一个随机过程的统计性质不依赖于时间原点,则它是一个平稳随机过程;反之,若其统计性质显式地依赖于时间原点,则它是非平稳随机过程。

严格平稳的随机过程的概率分布在时间坐标平移下不变,即

$$F(x_1, t_1; x_2, t_2; \cdots; x_n, t_n) = F(x_1, t_1 + \tau; x_2, t_2 + \tau; \cdots; x_n, t_n + \tau) \tag{f3.2.2}$$

式中,τ 是任意时间长。这表明概率分布只依赖于时间差,而与时间的原点无关。在式(f3.2.1)的基础上,可计算概率密度函数(一阶的)及其期望值

$$p(x, t) = p(x, 0) = p(x),\ E[x(t)] = m = \text{const} \tag{f3.2.3}$$

对于二次相关函数的计算,由于其密度函数有

$$p(x_1, t_1; x_2, t_2) = p(x_1, x_2, \tau),\ \tau = t_2 - t_1 \tag{f3.2.4}$$

其交互二次矩 $\mu_2(\tau) = E[X(t) \cdot X(t+\tau)]$ 只是时间差 τ 的函数,其协方差也只是 τ 的函数:

$$\text{var}[X(t), X(t+\tau)] = E\{[X(t) - m][X(t+\tau) - m]\} = \mu_2(\tau) - m^2 = r(\tau) \tag{f3.2.5}$$

以上的平稳条件式(f3.2.2)、式(f3.2.4)过于严格。如果只讲究平均值为常值,且其协方差只是 τ 的函数,而不管其分布函数的式(f3.2.2),则称为宽平稳随机过程(弱平稳过程,二阶平稳过程)。由于高斯随机过程的密度函数由其均值及协方差完全决定,所以只要协方差如式(f3.2.5)所示,而均值 m 为常值,则也就是严平稳的过程了。显然 $r(\tau) = r(-\tau)$。

进一步,如果不要求 m 为常值,而只要求协方差如式(f3.2.5)所示,则称为协方差平稳随机过程。结构振动有很多自由度,通常都在高斯随机过程的假定下做分析。

对于离散时间随机过程的平稳性,以上定义也可使用。

f3.2.2　平稳过程的遍历性(各态历经)

概率论对于期望值的定义是,作出大量实验(即样本),称为系综(assembly)。平均是对系综作出的,也就是对在同一个时间的大量实验结果作出的。但由随机过程的平稳性,一个合理的设想是对一个长时间的样本(sample),截取其不同时间段的值进行平均,即将系综平均改为时间平均。这是基于这样的考虑,根据平稳性,任一时间段的统计性质都相同,因此不同时间的时间段就可以当作系综中的另一个样本。这就蕴含了一个假定,即只要时间足够长,各种可能的状态都会经历。这就是各态历经(ergodic)假定,或遍历性。

遍历性的数学定义如下。设 $f(X)$ 是随机过程 $X(t)$ 的给定函数,如果以下的平均值以概率1[即几乎处处,a. s. (almost sure)]成立:

随机序列(离散时间):

$$\lim_{k\to\infty} \frac{1}{k+1} \sum_{j=0}^{k} f(X(j)) = E[f(X(i))] \tag{f3.2.6}$$

随机过程:

$$\lim_{T\to\infty}\frac{1}{2T}\int_{-T}^{T}f(X(t))\,\mathrm{d}t=E[f(X(t))] \tag{f3.2.7}$$

则称平稳随机过程遍历。

遍历过程必定平稳,但平稳过程却并不一定遍历。在实际应用时,往往假定随机过程是平稳的、各态遍历的。如其不然,问题往往变得复杂不堪,分析时难于措手。

f3.3　二阶矩随机过程(正规随机过程)

凡是满足条件:

$$E\{[X(t)]^2\}<\infty \tag{f3.3.1}$$

的随机过程皆称为二阶矩过程,也称正规随机过程[1-4]。

由于要处理随机微分方程,因此,连续、微分、积分等极限的运算,对于随机过程也要建立。这就需要二阶矩过程的概念,所谓均方微积分。对于确定性的函数或过程,总是对一个函数进行分析。随机过程则一定会面对一个系综的运算。

首先注意,二阶矩过程总存在均值 $m(t)$ 与协方差 $v(t,\tau)$:

$$m(t)=E[X(t)],\ v(t,\tau)=E\{[X(t)-m(t)]\times[X(\tau)-m(\tau)]\}$$

只要由式(f3.3.1)再运用 Schwarz 不等式就可以予以证明。

取极限是微分、积分等的基础,应当先从均方极限讲起。设 $X(t)$ 是二阶矩随机过程,而 t_0 是一个极限点。如有一个随机变量 X_0,使

$$E(|X(t)-X_0|^2)\to 0,\ t\to t_0 \tag{f3.3.2}$$

则称在 $t\to t_0$ 处 $X(t)$ 收敛于随机变量 X_0。表示为均方(mean square)极限式:

$$X(t)\to X_0(\text{m. s. }),\ t\to t_0 \tag{f3.3.3}$$

即随机函数均方收敛于随机变量。从上式再对双方取均值,有

$$\lim_{t\to t_0}E[X(t)]=E[\lim_{t\to t_0}X(t)]=m(t_0) \tag{f3.3.4}$$

这表示对二阶矩过程来说,取均值与取均方极限可以交换次序。

以下定理表明协方差函数收敛于有限值是均方收敛的必要充分条件。

均方收敛定理:设 $X(t)$ 是二阶矩随机过程,并且自相关函数 $r(t,\tau)=E[X(t)\cdot X(\tau)]$ 在 $t,\tau\to t_0$ 时取有限值,则式(f3.3.3)成立;反之,如式(f3.3.3)成立,则 $r(t,\tau)=E[X(t)\cdot X(\tau)]$ 在 $t,\tau\to t_0$ 时取有限值,其极限为 $r(t,\tau)\to E[X_0^2]$。

证明:设式(f3.3.3)成立,则运用等式:

$$\begin{aligned}&E\{[X(t)-X_0]\cdot[X(\tau)-X_0]\}+E\{[X(t)-X_0]\cdot X_0\}+E\{[X(\tau)-X_0]\cdot X_0\}\\&=E[X(t)\cdot X(\tau)]-E(X_0\cdot X_0)\end{aligned}$$

根据 Schwarz 不等式,有

$$(E\{[X(t)-X_0]\cdot[X(\tau)-X_0]\})^2 \leqslant E\{[X(t)-X_0]^2\} \times E\{[X(\tau)-X_0]^2\} \to 0$$

$$(E\{[X(t)-X_0]X_0\})^2 \leqslant E\{[X(t)-X_0]^2\} \times E(X_0^2) \to 0$$

$$(E\{X_0[X(\tau)-X_0]\})^2 \leqslant E(X_0^2) \times E\{[X(\tau)-X_0]^2\} \to 0$$

因而当 $t,\ \tau \to t_0$ 时, $r(t,\ \tau) = E[X(t)\cdot X(\tau)] \to E(X_0^2)$。

反过来,如果当 $t,\ \tau \to t_0$ 时, $r(t,\ \tau) \to \gamma < \infty$, 则有

$$\begin{aligned} E\{[X(t)-X(\tau)]^2\} &= E[X(t)X(t)] - E[2X(t)X(\tau)] + E[X(\tau)X(\tau)] \\ &= r(t,\ t) - 2r(t,\ \tau) + r(\tau,\tau) \to \gamma - 2\gamma + \gamma = 0 \end{aligned}$$

这就满足了均方收敛的条件,故知当 $t \to t_0$ 时, $X(t) \to X_0$, 其中 X_0 是一个随机变量。式(f3.3.3)成立。证毕。

f3.3.1 正规随机过程的连续与可微性质

均方连续性可表示为

$$X(t+h) \to X(t)\,(\text{m.s.}) \quad 或 \quad E\{[X(t+h)-X(t)]^2\} \to 0,\ h \to 0 \tag{f3.3.5}$$

于是运用均方收敛定理,就有均方连续定理:自相关函数 $r(t,\ t+h)$ 在 $h \to 0$ 处连续,是正规随机过程 $X(t)$ 在 t 处连续的充要条件。

均方微分可表示为

$$\frac{[X(t+h)-X(t)]}{h} \to \dot{X}(t) \quad (\text{m.s.}),\ h \to 0 \tag{f3.3.6}$$

于是有均方微分定理:一个正规随机过程 $X(t)$ 在 t 处均方可微的充要条件是其自相关函数 $r(t,\ \tau)$ 为广义二次可微,并且在 $(t,\ t)$ 处有界。

证明: 将 t 固定, $Y(h) = \dfrac{[X(t+h)-X(t)]}{h}$ 就成为 h 的随机过程。令 $h \to 0$, 根据均方收敛定理,只要

$$E[Y_h Y_{h'}] = \frac{[r(t+h,\ t+h') - r(t+h,\ t) - r(t,\ t+h') + r(t,\ t)]}{hh'} \to \frac{\partial^2 r(t,\ \tau=t)}{\partial t \partial \tau}$$

当取 $h,\ h' \to 0$ 的极限存在,均方微分式(f3.3.6)就存在。但上式的极限就是 $r(t,\ \tau)$ 在 $(t,\ t)$ 处广义二次微商。证毕。

如 $X(t)$ 的均方微商在区间 $(t_0,\ t_f)$ 处处存在,则

$$\frac{\mathrm{d}m(t)}{\mathrm{d}t} = \frac{\mathrm{d}E[X(t)]}{\mathrm{d}t} = E[\dot{X}(t)] \tag{f3.3.7}$$

即取期望与均方微商的次序可以交换。其自相关函数 $r(t,\ \tau)$ 及以下微商存在:

$$E[\dot{X}(t)\cdot X(\tau)]=\frac{\partial r(t,\tau)}{\partial t},\ E[X(t)\cdot \dot{X}(\tau)]=\frac{\partial r(t,\tau)}{\partial \tau}$$

$$E[\dot{X}(t)\cdot \dot{X}(\tau)]=\frac{\partial^2 r(t,\tau)}{\partial t\partial \tau},\ t,\tau\in(t_0,t_f) \tag{f3.3.8}$$

只要注意到自相关函数与协方差函数有关系：

$$r(t,\tau)=v(t,\tau)+m(t)m(\tau)$$

则它们的微商相互之间的关系是显然的。

以上的讨论并未假定过程的平稳性。对于宽平稳过程,有

$$v(t,\tau)=v(t-\tau)=v(\eta),\ \eta=t-\tau$$

$$\frac{\partial^2 v(t,\tau)}{\partial t\partial \tau}=\frac{\partial^2 v(t-\tau)}{\partial t\partial \tau}=\frac{-\mathrm{d}^2 v(\eta)}{\mathrm{d}\eta^2} \tag{f3.3.9}$$

宽平稳过程的微商也是宽平稳过程。应用中的很多情况是宽平稳过程。

f3.3.2 随机均方积分

这里按黎曼积分同样的途径来定义积分：

$$I=\int_a^b X(t)\mathrm{d}t \tag{f3.3.10}$$

I 当然也是随机变量。可以证明,一个正规随机过程 $X(t)$,其自相关函数为 $r(t,\tau)$,在区间 (t_0,t_f) 黎曼可积,当且仅当以下双重积分存在：

$$\int_{t_0}^{t_f}\int_{t_0}^{t_f} r(t,\tau)\mathrm{d}t\mathrm{d}\tau=E\left[\int_{t_0}^{t_f}X(t)\mathrm{d}t\int_{t_0}^{t_f}X(\tau)\mathrm{d}\tau\right]=E(I_tI_\tau)$$

证明略。

同样积分与取均值也可以交换次序,即

$$E\int_{t_0}^{t_f}X(t)\mathrm{d}t=\int_{t_0}^{t_f}EX(t)\mathrm{d}t=\int_{t_0}^{t_f}m(t)\mathrm{d}t$$

通常的一些操作依然成立,如

$$\int_{t_0}^{t_f}[aX_1(t)+bX_2(t)]\mathrm{d}t=a\int_{t_0}^{t_f}[X_1(t)]\mathrm{d}t+b\int_{t_0}^{t_f}[X_2(t)]\mathrm{d}t$$

$$Y(t)=\int_a^t X(s)\mathrm{d}s\Rightarrow \dot{Y}(t)=X(t) \tag{f3.3.11}$$

即使 $X(t)$ 是平稳随机过程, $Y(t)$ 也不再保证平稳。

若随机过程 $X(t)$ 均方可积,而确定性函数 $f(t,s)$ 连续可微,则

$$Y(t) = \int_a^t f(t, s) X(s) \mathrm{d}s$$

有均方微商：

$$\dot{Y}(t) = \int_a^t \left(\frac{\partial f(t, s)}{\partial t} \right) \cdot X(s) \mathrm{d}s + f(t, t) X(t) \tag{f3.3.12}$$

这又与通常的卷积微商一样。另外，还有分部积分公式成立：

$$\int_a^t f(t, s) \dot{X}(s) \mathrm{d}s = [f(t, s) X(s)]_a^t - \int_a^t \left[\frac{\partial f(t, s)}{\partial s} \right] X(s) \mathrm{d}s \tag{f3.3.13}$$

以上的阐述都是针对一个随机过程 $X(t)$，以后用到的则大多是向量随机过程。然而，只要各分量过程都为正规且均方连续，则向量过程即为均方连续。可微与可积也是如此。

f3.4　高斯正态分布随机过程

高斯分布是平方可积的，因此高斯分布的随机过程是正规随机过程。在力学与控制理论中经常使用高斯随机过程。前文就单个变量随机过程推导的公式，可以推广到 n 维向量随机过程 $\boldsymbol{X}(t)$。现取 m 个时间点 $t_1, \cdots, t_m$，则 m 个 n 维随机向量 $\boldsymbol{X}(t_1), \cdots, \boldsymbol{X}(t_m)$ 的联合概率分布为高斯分布时，称为高斯向量随机过程。用联合特征函数来表达，则

$$\phi_X(\boldsymbol{s}_1, \cdots, \boldsymbol{s}_m) = \exp\left[\frac{\mathrm{i} \sum_{j=1}^{m} \boldsymbol{m}_j^{\mathrm{T}} \boldsymbol{s}_j - \sum_{i=1}^{m} \sum_{j=1}^{m} \boldsymbol{s}_i^{\mathrm{T}} \boldsymbol{P}_{ij} \boldsymbol{s}_j}{2} \right], \quad \boldsymbol{m}_j = E[\boldsymbol{X}(t_j)] \tag{f3.4.1}$$

式中，$\boldsymbol{s}_1, \boldsymbol{s}_2, \cdots, \boldsymbol{s}_m$ 是 m 个 n 维向量，而

$$\boldsymbol{P}_{ij} = E\{[X(t_i) - m_i][X(t_j) - m_j]^{\mathrm{T}}\} \tag{f3.4.2}$$

由此可见，高斯分布完全由 m 个 n 维均值向量 $\boldsymbol{m}_i$，以及 m^2 个 $n \times n$ 的协方差矩阵 $\boldsymbol{P}_{ij}(i, j = 1, \cdots, m)$ 所决定。因此只要对任意两个时间 t 和 $t + \tau$，将其自相关矩阵函数：

$$\boldsymbol{R}(t, t+\tau) = E[\boldsymbol{X}(t) \boldsymbol{X}^{\mathrm{T}}(t+\tau)] = \boldsymbol{m}(t) \boldsymbol{m}^{\mathrm{T}}(t+\tau) + \boldsymbol{P}(t, t+\tau) \tag{f3.4.3}$$

求出，则高斯分布便确定了。$\boldsymbol{P}(t, t+\tau)$ 就是协方差矩阵。

平稳过程的自相关函数只与时间差 τ 有关，$\boldsymbol{R}(t, t+\tau) = \boldsymbol{R}(\tau)$，协方差矩阵函数亦然。显然，平稳过程有

$$\boldsymbol{R}(\tau) = \boldsymbol{R}^{\mathrm{T}}(-\tau) \tag{f3.4.4}$$

高斯过程在线性运算之下仍保持为高斯正态分布，例如经过均方微商、均方积分等依然保持为高斯过程，这是很重要的优点，还有中心极限定理，使其他分布也趋向于高斯分

布，因此在力学与控制理论中得到广泛应用，本书中用到的基本都是高斯过程。

以上的公式针对实随机过程推导。对于复随机过程，其相应的公式为

$$\boldsymbol{R}(t,\ t+\tau)=E[\overline{\boldsymbol{X}}(t)\boldsymbol{X}^{\mathrm{T}}(t+\tau)]=\overline{\boldsymbol{m}}(t)\boldsymbol{m}^{\mathrm{T}}(t+\tau)+\boldsymbol{P}(t,\ t+\tau) \quad (\mathrm{f}3.4.3')$$

$$\boldsymbol{R}(\tau)=\overline{\boldsymbol{R}}^{\mathrm{T}}(-\tau)\underset{\mathrm{def}}{=}\boldsymbol{R}^{\mathrm{H}}(-\tau) \quad (\mathrm{f}3.4.4')$$

式中，上面一横表示取复数共轭；上标 H 代表取矩阵的厄米转置。

f3.5 马尔可夫随机过程

马尔可夫过程在微分方程中很重要。如果有任意 m 个时间点 $t_1<t_2<\cdots<t_m$，在这些时间点上共有 m 个 n 维向量 $\boldsymbol{X}_1,\ \boldsymbol{X}_2,\ \cdots,\ \boldsymbol{X}_m$。

当前面 $\boldsymbol{X}_1,\ \boldsymbol{X}_2,\ \cdots,\ \boldsymbol{X}_{m-1}$ 的值 $\boldsymbol{x}_1,\ \boldsymbol{x}_2,\ \cdots,\ \boldsymbol{x}_{m-1}$ 给定以后，$\boldsymbol{X}_m$ 对于这些条件下的条件概率分布函数具有下式的特点：

$$\Pr(\boldsymbol{X}_m\leqslant\boldsymbol{x}_m \mid \boldsymbol{X}_{m-1}=\boldsymbol{x}_{m-1},\ \cdots,\ \boldsymbol{X}_1=\boldsymbol{x}_1)=\Pr(\boldsymbol{X}_m\leqslant\boldsymbol{x}_m \mid \boldsymbol{X}_{m-1}=\boldsymbol{x}_{m-1}) \quad (\mathrm{f}3.5.1)$$

则称该随机过程为马尔可夫过程。其特点是下一步的概率分布只与当前一步的状态有关，而与以往的历史无关，此性质称为马尔可夫性质。用条件密度概率函数表示时，有

$$f(\boldsymbol{x}_m \mid \boldsymbol{x}_{m-1},\ \boldsymbol{x}_{m-2},\ \cdots,\ \boldsymbol{x}_1)=f(\boldsymbol{x}_m \mid \boldsymbol{x}_{m-1}) \quad (\mathrm{f}3.5.2)$$

上式只是一步的条件概率密度分布。可以逐步推导出

$$f(\boldsymbol{x}_m,\ \boldsymbol{x}_{m-1},\ \cdots,\ \boldsymbol{x}_1)=f(\boldsymbol{x}_m \mid \boldsymbol{x}_{m-1})f(\boldsymbol{x}_{m-1} \mid \boldsymbol{x}_{m-2})\cdots f(\boldsymbol{x}_2 \mid \boldsymbol{x}_1)f(\boldsymbol{x}_1) \quad (\mathrm{f}3.5.3)$$

这表明，如果初始概率密度函数 $f(\boldsymbol{x}_0)$ 已知，再给出传递概率密度函数 $f(\boldsymbol{x}_k \mid \boldsymbol{x}_{k-1})$，则过程的分布特性可被完全表征。

马尔可夫过程可以是任意概率分布，如果分布函数是高斯分布，则称为高斯马尔可夫过程。本书大量用到高斯马尔可夫过程。

f3.6 平稳随机过程的谱密度

相关函数描述的是平稳随机过程的时域特性，即随时间变化的特性。在振动理论及系统分析等领域中线性系统是基本的模型。对线性系统，常用频域方法表征。频域法描述系统的响应随频率变化的规律。谱密度将描述平稳随机过程随频率变化的特性，即频域特性。输入外载与系统响应都将表示为频率的函数。因此，谱密度在平稳过程的描述与响应分析中与相关函数一样起着关键作用。

最常用的谱分析是自相关函数与功率谱密度函数之间的变换，注意这两个函数都是确定性的。另一方面，则是直接对随机过程本身的谱分解。以下分别讲述。

f3.6.1 Wiener-Khintchin（维纳-辛钦）关系

频域法与 Fourier 变换密切相关。一个在 $(-\infty,\ \infty)$ 上绝对可积的非周期函数方可

表示为 Fourier 积分。然而,平稳随机过程的样本函数一般未必能满足绝对可积的要求。著作[1]给出了三种谱密度的定义,并证明了其等价性。最通常的谱密度表示是 Wiener-Khintchin 关系,分别提出了以下变换式:

$$\boldsymbol{R}_X(\tau)=\int_{-\infty}^{\infty}\boldsymbol{S}_X(\omega)\exp(\mathrm{i}\omega\tau)\mathrm{d}\omega \tag{f3.6.1}$$

$$\boldsymbol{S}_X(\omega)=\frac{\int_{-\infty}^{\infty}\boldsymbol{R}_X(\tau)\exp(-\mathrm{i}\omega\tau)\mathrm{d}\tau}{2\pi} \tag{f3.6.2}$$

显然 $\boldsymbol{R}_X(\tau)$ 与 $\boldsymbol{S}_X(\omega)$ 互为 Fourier 变换与逆变换。自相关函数代表的是时域的幅度统计信息,而谱密度 $\boldsymbol{S}_X(\omega)$ 表示的是该过程在频域内对于幅度的统计信息,$\boldsymbol{S}_X(\omega)$ 也称功率谱密度矩阵。根据式(f3.4.4′),可知 $\boldsymbol{S}_X(\omega)$ 是厄米阵,并且也正定。

$\boldsymbol{S}_X(\omega)$ 与 $\boldsymbol{R}_X(\tau)$ 是同一套信息的不同表达形式。当采用时域法分析时,普遍采用自相关函数;如果采用频域法分析,则频谱密度函数会更受欢迎。在工程实际量测中,仪器反映出来的往往是其频域信息。1965 年,Cooley 和 Tukey 发现了快速 Fourier 变换算法,称为 FFT 算法,两者的变换高速、方便,推动了整个通信与仪器行业的发展,于此可见高效算法的巨大推动作用。

f3.6.2 平稳随机过程 $\boldsymbol{X}(t)$ 的谱分解

以上变换的是相关函数 $\boldsymbol{R}_X(\tau)$,但还有对平稳随机过程 $\boldsymbol{X}(t)$ 本身的谱分解。Wiener 发展了一种广义谱和分析理论,任一确定性的振荡型时间函数 $\boldsymbol{x}(t)$ 在 $(-\infty,\infty)$ 可表示为如下的 Fourier-Stierjes 积分:

$$\boldsymbol{x}(t)=\int_{-\infty}^{\infty}\exp(\mathrm{i}\omega t)\mathrm{d}\boldsymbol{z}(\omega) \tag{f3.6.3}$$

式中,$\boldsymbol{z}(\omega)$ 是被 $\boldsymbol{x}(t)$ 唯一确定的复函数。当 $\boldsymbol{x}(t)$ 随 $t\to\infty$ 足够快地衰减时,$\boldsymbol{z}(\omega)$ 对所有 ω 可微,从而上式可化为 Fourier 积分。当 $\boldsymbol{x}(t)$ 是不衰减又非周期函数时,$\boldsymbol{z}(\omega)$ 不可微,且 $|\mathrm{d}\boldsymbol{z}(\omega)|=\mathrm{O}(\sqrt{\mathrm{d}\omega})$,这说明 $|\mathrm{d}\boldsymbol{z}(\omega)|$ 比 $\mathrm{d}\omega$ 大得多,因此不可微而只能表达为 Stierjes 积分。因为在 $(-\infty,\infty)$,非衰减信号的能量比衰减信号大得多。

如果 $\boldsymbol{x}(t)$ 是实过程,则 $\mathrm{d}\boldsymbol{z}(\omega)=\mathrm{d}\bar{\boldsymbol{z}}(-\omega)$。

将以上结果用于随机过程。对于一个均方连续的零均值的平稳随机过程 $\boldsymbol{X}(t)$,有

$$\boldsymbol{X}(t)=\int_{-\infty}^{\infty}\exp(\mathrm{i}\omega t)\mathrm{d}\boldsymbol{Z}_X(\omega) \tag{f3.6.4}$$

式中,$\boldsymbol{Z}_X(\omega)$ 是一个由 $\boldsymbol{X}(t)$ 唯一确定的左连续的复随机过程,它具有频域正交增量,即对 $\omega_1<\omega_2<\omega_3<\omega_4$,有

$$E\{[\bar{\boldsymbol{Z}}_X(\omega_2)-\bar{\boldsymbol{Z}}_X(\omega_1)][\boldsymbol{Z}_X(\omega_4)-\boldsymbol{Z}_X(\omega_3)]^{\mathrm{T}}\}=\boldsymbol{0}$$

用微分表示:

$$E[\mathrm{d}\bar{\boldsymbol{Z}}_X(\omega)\mathrm{d}\boldsymbol{Z}_X^{\mathrm{T}}(\omega_2)] = \boldsymbol{S}_X(\omega)\delta(\omega_2-\omega)\mathrm{d}\omega\mathrm{d}\omega_2 \tag{f3.6.5}$$

式中,上面一横表示取复数共轭; $\boldsymbol{S}_X(\omega)$ 就是平稳随机过程 $\boldsymbol{X}(t)$ 的谱密度。验证如下:

$$\begin{aligned}\boldsymbol{R}(\tau) = E[\bar{\boldsymbol{X}}(t)\boldsymbol{X}^{\mathrm{T}}(t+\tau)] &= \int_{-\infty}^{\infty}\int_{-\infty}^{\infty}\exp[-\mathrm{i}\omega t+\mathrm{i}\omega_2(t+\tau)]E[\mathrm{d}\bar{\boldsymbol{Z}}_X(\omega)\mathrm{d}\boldsymbol{Z}_X^{\mathrm{T}}(\omega_2)]\\ &= \int_{-\infty}^{\infty}\exp(\mathrm{i}\omega\tau)\boldsymbol{S}(\omega)\mathrm{d}\omega\end{aligned}$$

正是 Wiener-Khintchin 关系。验毕。谱密度与谱分解式(f3.6.4),就通过式(f3.6.5)联系起来。

f3.6.3 白噪声过程

在随机过程理论中,平稳随机过程常根据其谱密度的特性来分类,其中最通常的是白噪声。白噪声是均值为零、谱密度为非零常数 $\boldsymbol{S}_0$ 的平稳随机过程。这是随机振动、系统分析、控制理论等课题中经常采用的一类随机干扰的模型。真实系统中并无真正的白噪声,它只是一种人为的抽象,是为了数学上的方便,当然它又是一种很好的近似,所以在随机系统分析中特别有用。

先从离散时间序列讲起。如果随机序列 $\boldsymbol{X}(k)$ $(k=0, 1, 2, \cdots)$ 的均值为零向量:

$$\boldsymbol{m}_k = E[\boldsymbol{X}(k)] = \boldsymbol{0} \tag{f3.6.6}$$

并且不同时间的协方差(自相关)矩阵为零:

$$\boldsymbol{P}_{kj} = E[\boldsymbol{X}(k)\boldsymbol{X}^{\mathrm{T}}(j)] = \boldsymbol{Q}(k)\delta_{jk},\ \delta_{jk} = \begin{cases}1, & k=j\\ 0, & k\neq j\end{cases} \tag{f3.6.7}$$

式中, $\boldsymbol{Q}(k)$ 为非负矩阵。这样的 $\boldsymbol{X}(k)$ $(k=0, 1, 2, \cdots)$ 是白噪声序列, $\boldsymbol{Q}(k)$ 或 $\boldsymbol{Q}_k$ 是白噪声强度的表征。$\boldsymbol{Q}(k)$ 也可以与时间步的 k 有关,但这就不是平稳白噪声随机过程了,平稳过程要求 $\boldsymbol{Q}(k)$ 阵与 k 无关。由于式(f3.6.6),因此这是零均值的白噪声。有时 $\boldsymbol{m}_k$ 不为零时也称为白噪声,即有漂移的白噪声。有漂移的白噪声是协方差平稳过程。

连续时间的白噪声 $\boldsymbol{X}(t)$ 可以类似地定义,均值为零:

$$\boldsymbol{m}(t) = E[\boldsymbol{X}(t)] = \boldsymbol{0} \tag{f3.6.8}$$

而自相关函数(矩阵),或协方差为

$$\boldsymbol{R}(t, \tau) = E[\boldsymbol{X}(t)\boldsymbol{X}^{\mathrm{T}}(\tau)] = \boldsymbol{Q}(t)\delta(t-\tau) \tag{f3.6.9}$$

式中, $\boldsymbol{Q}(t)$ 是与白噪声强度有关的矩阵,对称非负。$\boldsymbol{Q}(t)$ 的表示白噪声强度与时间有关,这不是平稳随机过程的白噪声,平稳随机过程要求 $\boldsymbol{Q}(t)$ 与时间无关,是常值。由上式看到,即使是非常小的时间差,白噪声也是互不相关,这表明其惯性为零,因此其时程曲线毫无规律。例如图 f3.3,这种过程仍不真是白噪声,真实的白噪声是不存在的。

应当将相关函数式(f3.6.9)与谱密度表示联系起来。将式(f3.6.9)代入式(f3.6.2),认为 $\boldsymbol{Q}(t)$ 为常值,于是得

$$S(\omega)=\frac{Q}{2\pi}=S_0 \tag{f3.6.10}$$

也是取常值。这表示白噪声的功率谱密度函数为常值，其能量均匀地分布于全部频率。这表明其能量无穷大，实际是不可能的。频率很高的地方，由于惯性的缘故，功率谱密度不可能保持为常值。但白噪声只是一种合理的抽象，它代表频带很宽的谱密度函数。与此相应式(f3.6.9)中也不真正是 δ 函数。例如对于限带白噪声：

$$S(\omega)=\begin{cases}S_0, & \omega_1 \leqslant \omega \leqslant \omega_2 \\ 0, & \text{其余 } \omega\end{cases} \tag{f3.6.11}$$

$$R(\tau)=\frac{2S_0(\sin\omega_2\tau-\sin\omega_1\tau)}{\tau} \tag{f3.6.12}$$

理想白噪声是 $\omega_1=0$、$\omega_2\to\infty$ 的极限。

上述白噪声定义中只涉及了相关函数，因此并不能确定是哪一种概率分布。通常应用中都认为其概率分布是高斯分布。既然有频域的限带白噪声，也可以引入有限时段 $(0,\ t_f)$ 的白噪声。这一类白噪声在控制理论中大量使用。

但凡不是白噪声，便是有色噪声。为了数学处理方便起见，可引入有理谱密度的噪声类，其谱密度可表示为

$$S(\omega)=S_0\times\frac{\omega^{2n}+a_1\omega^{2n-2}+\cdots+a_n}{\omega^{2m}+b_1\omega^{2m-2}+\cdots+b_m} \tag{f3.6.13}$$

这种噪声可以由一个平稳白噪声作用在一个线性动力系统上，系统产生的输出便具有这样的功率谱。实际噪声往往用此类由白噪声驱动而得的噪声来逼近。

f3.6.4 Wiener 过程

Wiener 过程与 Poisson 过程也是最常见的两种随机过程。对其讲述应当先从时域独立增量过程开始。一个连续时间随机过程 $X(t)$，$0<t<\infty$，如果对于 $t_0<t_1<\cdots<t_n$，其各个时间区段的增量 $X(t_1)-X(t_0)$，…，$X(t_n)-X(t_{n-1})$ 为独立无关的随机变量，则该过程 $X(t)$ 称为独立增量过程。即 $E\{[X(t_{i+1})-X(t_i)]\cdot[X(t_{j+1})-X(t_j)]\}=0$，当 $i\neq j$ 时。

如果对于任意的 t_2、t_1、h，其增量 $X(t_2+h)-X(t_1+h)$ 具有与 $X(t_2)-X(t_1)$ 相同的概率分布，则该过程 $X(t)$ 称为平稳独立增量过程，当然也是马尔可夫过程。如果这些增量都是零均值，即对任意步 i，都有 $E[X(t_{i+1})-X(t_i)]=0$，则 $X(t)$ 称为零均值独立增量过程。其分布函数有

$$f(x_m,x_{m-1},\cdots,x_1)=f(x_m\mid x_{m-1})f(x_{m-1}\mid x_{m-2})\cdots f(x_2\mid x_1)f(x_1)$$

Wiener 过程是最基本的随机过程之一。Wiener 过程提供了描述 Brown 运动及电子线路热噪声等的数学模型。1827 年，布朗观察到花粉在水中有不规则的运动，称为布朗运动。对布朗运动现象的解释是统计力学的成功事例之一。1905 年爱因斯坦指出，布朗运

动可以解释为粒子不断地受到周围介质分子的撞击所致。令 $X(t)$ 代表布朗运动粒子在时间 t 的位移,初始位移 $X(0)=0$。粒子运动是许多次分子碰撞的后果,按中心极限定理,可以认为每一步位移 $X(t_2)-X(t_1)$ 的概率分布都为正态,均值为零,当然是独立增量过程,并且也是平稳的。这类运动便是 Wiener 过程,其定义为:

(1) $X(t)$ 是平稳独立增量过程;

(2) $X(t)$ 是正态分布;

(3) 均值为零 $E[X(t)]=0$, 当然其增量也是零均值;

(4) 初始位移 $X(0)=0$。

具备以上条件的随机过程便是 Wiener 过程。

虽然其增量过程是平稳的,但 Wiener 过程本身却不是平稳随机过程。

考察任意位移增量 $X(t_2)-X(t_1)$, 它当然是正态的,因此其分布可由均值与方差确定。按条件 $E[X(t_2)-X(t_1)]=0$, 至于方差,可选择等步长区段 $t_k=k\eta$, 其中 η 为时间区段长,于是概率分布函数有

$$f_{X(t_k),X(t_1)}(x_k,x_1)=f_{X(t_k)|X(t_1)}(x_k|x_1)\cdot f_{X(t_1)}(x_1),$$

记 $f_{X(t_1)}(x_1)=f_\eta(x_1)$。选择 $k=2$, 由于性质 1 有

$$f_{X(t_2)|X(t_1)}(x_2|x_1)=f_{X(t_2)-X(t_1)}(x_2-x_1)=f_\eta(x_2-x_1)$$

因为,

$$f_{X(t_2)}(x_2)=f_{2\eta}(x_2)=\int_{-\infty}^{\infty}f_{X(t_2),X(t_1)}(x_2,x_1)\mathrm{d}x_1=\int_{-\infty}^{\infty}f_\eta(x_2-x_1)\cdot f_\eta(x_1)\mathrm{d}x_1 \tag{f3.6.14}$$

考虑到概率分布函数是正态的,并且均值为零,故

$$f_\eta(x)=\frac{1}{\sqrt{2\pi}\sigma(\eta)}\exp\frac{-x^2}{2\sigma^2(\eta)}$$

现在要确定函数 $\sigma^2(\eta)$。由于性质(4),故知 $\sigma^2(0)=0$。将上式代入式(f3.6.14)并完成对 x_1 的积分,有

$$f_{2\eta}(x)=\frac{1}{\sqrt{2\pi}[\sigma(2\eta)]}\exp\left[-\frac{x^2}{2\sigma^2(2\eta)}\right]=\frac{1}{\sqrt{2\pi}[\sqrt{2}\sigma(\eta)]}\exp\left[-\frac{x^2}{4\sigma^2(\eta)}\right]$$

可知 $\sigma^2(2\eta)=2\sigma^2(\eta)$。进一步还可以得出 $\sigma^2(k\eta)=k\sigma^2(\eta)$, 其中 k 是任意正整数。根据 η 是可任意选择的参数,可导出

$$\sigma^2(t_2-t_1)=s^2\cdot(t_2-t_1) \tag{f3.6.15}$$

式中, s^2 为常数,其物理意义是质点单位时间的均方位移,当然这是对于布朗运动而言的。对于不同的课题应当有不同的解释。Wiener 过程是一种扩散过程, s^2 正比于扩散常数。Wiener 过程 $X(t)$ 在 $t=0$ 时确定为零。从概率的角度看,其均值为零而其方差也是零。

式(f3.6.15)与此相符。对任意时刻 t，均值为零由条件(3)规定，其均方偏离则为 $s\sqrt{t}$。

ΔX_k 是均值为零的正态分布，又由于增量独立，故 $E[\Delta X_i \cdot \Delta X_j] = 0$。从式(f3.6.15)看到，有

$$E[\Delta X_i \cdot \Delta X_j] = \delta_{ij} \cdot s^2\eta$$

因此，$\Delta X_k(k = 1, 2, \cdots)$ 是白噪声过程。所以说，Wiener 过程是白噪声过程的均方积分。

参 考 文 献

[1] 朱位秋. 随机振动[M]. 北京：科学出版社，1992.

[2] 欧进萍，王光远. 结构随机振动[M]. 北京：高等教育出版社，1998.

[3] 蔡尚峰. 随机控制理论[M]. 上海：上海交通大学出版社，1987.

[4] Oksendal. Stochastic differential equations[M]. Berlin: Springer-Verlag, 1995.

[5] 钟万勰. 应用力学对偶体系[M]. 北京：科学出版社，2002.